Eugene W. Oates, British Natural History Museum

Descriptive Catalogue of the Spiders of Burma

based upon the collection made by Eugene W. Oates and preserved in the British

Museum

Eugene W. Oates, British Natural History Museum

Descriptive Catalogue of the Spiders of Burma
based upon the collection made by Eugene W. Oates and preserved in the British Museum

ISBN/EAN: 9783337235376

Printed in Europe, USA, Canada, Australia, Japan

Cover: Foto ©berggeist007 / pixelio.de

More available books at **www.hansebooks.com**

DESCRIPTIVE CATALOGUE

OF THE

SPIDERS OF BURMA,

BASED UPON THE COLLECTION

MADE BY

EUGENE W. OATES

AND PRESERVED

IN THE

BRITISH MUSEUM.

BY

T. THORELL.

LONDON:

PRINTED BY ORDER OF THE TRUSTEES.

SOLD BY
LONGMANS & Co., 39 PATERNOSTER ROW ;
B. QUARITCH, 15 PICCADILLY; DULAU & Co., 37 SOHO SQUARE, W.;
KEGAN PAUL & Co., PATERNOSTER HOUSE, CHARING CROSS ROAD;
AND AT THE
BRITISH MUSEUM (NATURAL HISTORY), CROMWELL ROAD. S.W

1895.

ALERE FLAMMAM.

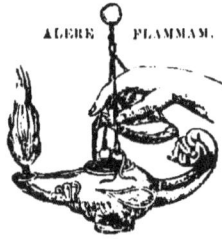

PRINTED BY TAYLOR AND FRANCIS,
RED LION COURT, FLEET STREET.

PREFACE.

Mr. E. W. Oates, who has made many valuable contributions to the Zoological Department in the British Museum, presented to the Trustees the large collection of Spiders which he had formed during his residence in Burma. He suggested at the same time that it should be offered for examination to Professor Dr. T. Thorell, who already on previous occasions had included Burmese Arachnida in the long series of invaluable memoirs by which he has advanced our knowledge of this class. Professor Thorell readily undertook the work, but found the collection much richer than he anticipated, and, in fact, devoted the greater part of his time for the last three years to its examination and description. The manuscript, when completed, proved to be too extensive for publication in a periodical, and therefore the Trustees considered it best that it should be published in the form of a separate work.

The best thanks are due to Mr. Oates for this important donation to the Museum, and to Professor Thorell for the great service he has rendered to science by working out the collection.

ALBERT GÜNTHER,
Keeper of the Department of Zoology.

British Museum (N. H.),
March 1st, 1895.

INTRODUCTION.

Mr. Oates's collection is extremely rich in species, new not only to the fauna of Burma but also to science. It contains, moreover, males or females of many species of which only one sex has hitherto been described. The number of known Burmese Spiders up till now was only 175. Mr. Oates's collection, however, contains no less than 310 species, of which 206 are new to Burma, and of these 153 appear to be new also to science! Thus Mr. Oates has more than doubled the number of known Burmese Spiders, which is now 381.

Mr. Oates has kindly sent me the following account of his method of collecting and of the places where he procured the specimens :—

"The Spiders were obtained in that part of Burma which, before the annexation of the whole country, was termed British Burma, and is now called Lower Burma. The collections were chiefly made at Tharrawaddy, a station about 70 miles north of Rangoon, during the years 1884–87. I also collected at Rangoon itself. Numerous friends sent me small collections from time to time from other places in British or Lower Burma, and the localities were in every case noted on the bottles containing the Spiders.

"As already remarked, the greater part of the collection was made at Tharrawaddy, where I had a large garden, and a portion of it was specially prepared for the attraction of spiders, which came to it in large numbers. I put in plants of those species which my experience told me were specially affected by spiders, and by this means I was able to observe very many species in a small compass. By carefully watching the females for some weeks, I generally contrived to secure the males in such a manner as to render their identification with their respective females certain. In addition to the garden, there were large forests not far from my house. I collected at all seasons of the year, but I found the rains, from May to October, most productive. I was greatly assisted by my wife, who soon overcame her natural repugnance to spiders and handled them freely."

Mr. Oates has been kind enough to permit me to retain, for my own collection, the duplicates of such species as I wished to possess. Consequently not all the specimens of the species enumerated are preserved in the British Museum. I ought perhaps to mention that, in accordance with Mr. Oates's directions, I have set apart for the Museum the *types* of all the new species, and one or more specimens of all the others, both male and female when both sexes were contained in the collection ; and whenever several specimens of a species were represented, the greater part of these, including the best and most interesting examples, were reserved for the Museum. All have been determined and labelled by myself *, and the places where they were found are noted on the labels. Many species were represented by a very large number of specimens, of which some have been reduced to mere fragments ; in such cases I have not counted them, and their number is, in consequence, not given in this Catalogue.

Of all the new forms, and of several others, as also of the hitherto unknown sex of some species, I have in the following pages given detailed descriptions ; of most of the somewhat imperfectly known species I have at least given such descriptive notes as I thought necessary or useful. Of already well-known Spiders I have generally given a diagnosis of the species when I have not already described it in some of my former treatises on South Asiatic Spiders ; of the remainder only the name and the localities where Mr. Oates found his specimens are mentioned. Reference to the author and the publication where the species was first described is, however, always given ; other synonyms are, for the most part, only added in cases where they are not to be found in my earlier works, especially " [Viaggio di Leonardo Fea in Birmania e regioni vicine. II.] Primo Saggio sui Ragni Birmani " †, and " Studi sui Ragni Malesi e Papuani, parte i.-iv." ‡

As to the system of classification followed by me in this work, it is in the main the same as that proposed in my paper " On Dr. Bertkau's Classification of the Order *Araneæ*, or Spiders " §, with the modifications introduced by myself in another treatise :

* Except some specimens which were in such a condition that they could not safely be determined or described.
† Ann. Mus. Civ. Genova, xxv. (ser. 2ª, v.) (1887).
‡ Ibid. x., xiii., xvii., xxviii. (ser. 2ª, viii.), xxxi. (ser. 2ª, xi.) (1877-92).
§ Ann. & Mag. Nat. Hist. 5th ser. xvii. (1886).

"Spindlar från Nikobarerna," etc.* Instead of using the terms *Tetrapneumones* and *Dipneumones* for the two suborders of the Order *Araneæ* (or *Araneæ theraphosæ* and *Araneæ veræ*, as they are now called by M. Simon)†, I call them *Parallelodontes* and *Antiodontes*, the backwardly directed parallel fangs of the mandibles being the surest character by which to distinguish the so-called Tetrapneumones from other Spiders ‡. I have retained the old Latreillean groups or tribus *Territelariæ*, *Tubitelariæ*, etc., with the addition of those lately proposed by Dr. Marx and by myself, and of which only the *Cavitelariæ* (fam. *Filistatoidæ*) and *Pseudo-territelariæ* (*Dysderoidæ*, etc.) are represented in Mr. Oates's collection. Of the Tribus *Verticulatæ*, Thor. (fam. *Liphistioidæ*), and *Umbellitelariæ*, Marx (fam. *Hypochiloidæ*), no representatives have as yet been found in Burma. The reasons why I cannot adopt the division of the *Antiodontes* into *Cribellatæ* and *Ecribellatæ* are stated in my paper on Dr. Bertkau's classification; nor am I prepared to adopt the two groups, *Haplogynæ* and *Entelogynæ*, into which M. Simon divides his *Araneæ veræ ecribellatæ*: these groups are, I think, not very natural, and several Spiders, f. inst. the family *Tetragnathoidæ*, which M. Simon refers to the Entelo-gynæ, would seem to belong to the Haplogynæ, according to the principal characters of these groups. (*Conf.* Sim. H. N. d. Araignées, 2ᵉ éd. i. no. 1–3 §.)

As my opinions regarding the rules for zoological nomenclature differ, in some particulars, from those entertained by several modern zoologists, I take this opportunity of making a few remarks on this subject. The rules for nomenclature which I, in this as in my

---

* K. Svenska Vet.-Akad. Handl. xxiv. no. 2 (1891).

† Ann. Soc. Entom. France, 6ᵉ sér. x. (1890); Hist. Nat. d. Araignées, 2ᵉ éd. i. no. 1 (1892).

‡ *Four* so-called "lung-sacs" are, as is known, found also in the Spiders belonging to the Tribus *Umbellitelariæ*, Marx; whereas the claws of the mandibles are parallel and directed backwards, as in the *Parallelodontes*, only in some *males* of other Spiders having, as a secondary sexual character, the mandibles abnormally directed forwards, as is the case in most *Salticinæ* (and in *Delozengma*, Cambr.?). See, moreover, Thor., 'Spindlar från Java och närgränsande öar,' etc., in Bihang till K. Svenska Vet.-Akad. Handl. xx. Afd. iv. no. 4, p. 4, where I have given my reasons for not accepting the names proposed by M. Simon for the two suborders.

§ I have, unfortunately, not had the opportunity of studying more than the first number of this most important work; I did not receive the third number till the manuscript of the present Catalogue had left my hands.

former works, have followed are, with very few exceptions, the
same as those that were proposed in 1842 by a Committee
appointed by the British Association for the Advancement of
Science, which rules are, for the most part, only a repetition
or development of those laid down by Linnæus in his 'Philosophia
Botanica,' and which Fabricius afterwards, in his 'Philosophia
Entomologica,' applied to entomological names. The only point
of importance in which I differ from the opinions of that
Committee concerns the *date* from which *priority* for zoological
names should be reckoned. This date, according to the Committee,
should be the year of publication of Ed. 12 of Linnæus's 'Systema
Naturæ,' that is 1767. Most zoologists, however, of the present
day prefer the date of the 10th edition of that work, 1758.
But as Linnæus had already, in his 'Philosophia Botanica,' 1751,
proposed and given rules for his binominal nomenclature, it seems
to me that it is from *that* year that the priority of *species*-names
should be reckoned, as soon as the names in question are formed in
full accordance with Linnæus's binominal system *. Linnæus
himself had already in 1754, in his 'Museum Regis Adolphi
Friderici,' described a number of animals under such binominal
names; and his disciple Clerck published in 1757 his classical work
'Svenska Spindlar, Aranei Suecici,' in which he describes and gives
good coloured figures of about 60 species of Swedish spiders, also
with binominal names, according to Linnæus's system. That we
ought to reject these names, simply because they were published
before the 10th or 12th edition of the 'Systema Naturæ,' no arach-
nologist can admit †.

Of course I think that the so-called " lex prioritatis " affords the

---

* See, especially, Thorell, "On European Spiders. I. Review of the
European Genera of Spiders, preceded by some Observations on Zoological
Nomenclature," in Nova Acta Reg. Soc. Scient. Upsal. ser. 3, vii. fasc. 1,
pp. 3–15.—For *generic* names, the date in question ought, it seems to me, to
be reckoned from the publication of the *first* edition of the 'Systema Naturæ,'
1735 (see "On Europ. Spiders," p. 8 *et seq.*).

† Perfectly just is the following rule, laid down in the ' Regeln für die
wissenschaftliche Benennung der Thiere, zusammengestellt von der Deutschen
zoologischen Gesellschaft ' (1894): " Unzulässig sind Art- und Gattungsnamen
aus solchen Druckschriften, in welchen die binäre Nomenclatur nicht principiell
zur Anwendung kommt "; but it is not the logical consequence of that rule
that " Die Anwendung des Prioritätsgesetzes beginnt mit der zehnten Ausgabe
von Linné's Systema Naturæ (1758) " (*loc. cit.* p. 6):

fundamental rule for determining the names of both genera and
species; but I suppose that this rule, like all rules, admits of
exceptions, and should not be pedantically applied. If a name
implies an error or an absurdity, it ought no doubt to be rejected.
I cannot, for instance, accept the name *Voluta lapponica* for an
Indian shell which has never been found in Lapland *. And
if a Latin word that signifies a certain well-known animal is
applied as a zoological name to quite another animal, I think this
name should be discarded †. To accept the *same* name for an
Order of animals, and for a *Genus* belonging to that Order—
for instance, Order *Scorpiones*, genus *Scorpio*, or Order *Araneæ*,
genus *Aranea* or *Araneus* ‡—was prohibited both by Linnæus and
Fabricius §.

I am perfectly aware that the progress of natural sciences has
made necessary several additions to the Linnæan rules of nomenclature, and that it would be in vain now to attempt to get certain
of those rules applied. But so long as the Linnean nomenclature
is generally adopted, and not replaced by an altogether different
system, I think its more essential rules should not be altered,
especially when the change proposed is of no practical utility.
It is an essential rule in the Linnean system that the scientific
names of plants and animals shall be in *Latin*, at least as to
their form. Now, as a great number of specific names consist
of the genitive of personal proper names, that genitive should,
when possible, be formed in analogy with the genitive of Latin
names or other words of a similar form. The genitive, for
instance, of Caligula, Livius, and Catullus being *Caligulæ*, *Livii*,

---

* A great many names given by modern zoologists are so absurd or bar-
barous ("exempla sunt odiosa"!), that I cannot understand how they are
tolerated; it seems as if neither common sense nor the dignity of science can
claim any rights against the whims, carelessness, or ignorance of certain authors!

† According to the "Règles de nomenclature adoptées par le Congrès Zoolo-
gique de Moscou" (see Zoolog. Anzeiger, 1892, p. 440), "Un mot quelconque
adopté comme nom générique ou spécifique ne doit pas être détourné du sens
qu'il possède dans sa langue originelle, s'il y désigne un être organisé."

‡ *Araneus* and *Aranea* are not two different words, but different ways of
writing the same word (as, for instance, *imbecillus* and *imbecillis*): that this
was the opinion also of Linnæus is seen from his writing *Araneus* in the first
edition of the 'Systema Naturæ,' but *Aranea* in the later editions of this work.
Clerck wrote *Araneus*, De Geer *Aranea*, etc.

§ "Nomina generica, cum Classium et Ordinum Naturalium communia,
omittenda sunt."

and *Catulli*, I cannot accept such specific names as *Doriai*,
Retziasi, *Catulloi*, but consider that they should be corrected
to *Doriæ*, *Retzii*, *Catulli*. Another rule given by Linnæus (and
Fabricius), which would seem to be forgotten by some modern
authors, is this : "Nomina generica, quam diu synonyma digna in
promptu sunt, nova non fingenda"; I have therefore restored a
few such old generic names when they have been discarded for
newer ones. When an old genus has been divided into two or
more genera, I have retained the old generic name for the species
for which the author who first made the division determined that it
should be preserved *. If a species is described under two or more
different names in the same book or brochure, so that these names
have been published *at exactly the same time*, I do not think that
the law of priority compels us to consider the name that is first
printed as that which is, in all cases, preferable to the others (for
instance, *Araneus sericatus*, Clerck, instead of *A. sclopetarius*, id.); still
less can the species *first* described or mentioned by an author under
a generic name be said to have been considered by him as the *type*
of the genus, unless he expressly states that such was the case.

In a previous publication "[Viaggio di L. Fea, etc. ii.] Primo
Saggio sui Ragni Birmani," 1887, I have cited the works, till then
published, in which Spiders from Burma are treated of; I have
shown that the number of known Burmese Spiders, which at that
period was only 33, had through Sig. Fea's beautiful collections, and
the addition of some other species mentioned in my above-named
work, risen to 157 †. Since that time only the following works
have been added to the list, and the number of known Burmese
species has been increased from 157 to 175 :—

E. Simon, in his *Étude sur les Arachnides de l'Asie méridionale
faisant partie des Collection de l'Indian Museum* (*Calcutta*). 1.
Arachnides recueillis à Tavoy (*Tennasserim*) *par Moti Ram* (Journ.
of the Asiat. Soc. of Bengal, lvi. part ii. no. 1, 1887), enumerates
30 species of Arachnida, of which 22 belong to the Spiders, and he

* See more on these points in Thor., "On Europ. Spid." p. 10; "Aracnidi di
Pinang," etc., in Ann. Mus. Civ. Genova, xxx. (ser. 2a, x.) p. 300.

† Not 163; for of the 163 species catalogued by me in the above-mentioned
work, pp. 8–11, 6 must be excluded as being only the other sex (*Homalattus
analis*), or, probably, varieties of other species (*Argyroepeira bigibba, Heremiia
mollis, Sarotes venustus, S. callipygus*, and *Diapontia simonis*).

describes those considered as new ; the following 13 species had
not before been observed in Burma, and 7 (or 8) among them (here
marked with a !) were, I think, new to science :—

> Ocyale atalanta, Sav.
> Heteropoda languida, Sim. !
> „ ferina, Sim. !
> Palystes kochii, Sim.
> Thelcticopis canescens, Sim. !
> Gasteracantha frontata, Blackw.
> Cærostris paradoxa (Dol.).
> Epeira masonii, Sim. !
> „ pavici, Sim. !
> Meta (Callinethis) fastigata, Sim.
> Leptoctenus (Ctenus) tumidulus, Sim. !
> Atmetochilus fossor, Sim. !
> Cyriopagopus paganus, Sim. !

[Epeira pavici, Sim., is, however, perhaps a variety of E. punctigera, Dol.; Epeira submucronata, Sim., is certainly only a variety
of E. de haanii, Dol.; Actinacantha propinqua (Cambr.), Sim., is
a variety of Plectana hasseltii (C. L. Koch); and Gasteracantha
annamita, Sim.=G. leucomelæna (Dol.), Thor.]

Cambridge, O. P., in a paper On some new Species and a new Genus
of Araneidea (Proceed. Zool. Soc. London, 1882), describes and figures,
under the name of Idiops colletti. Cambr., a species from Upper
Burma which does not seem to differ from Acanthodon crassus (Sim.).

G. W. and E. G. Peckham, Ant-like Spiders of the Family
Attidæ (Occasional Papers of the Nat. Hist. Soc. of Wisconsin, ii.,
1892). In this memoir two species from " Burmah " are described
and figured, viz. :

> Salticus robustus, Peckh., and
> Salticus nemorensis, Peckh. ;

both appear to be new, and to belong to the gen. Ascalus, Thor.

T. Thorell, Förteckning öfver Arachnider från Java och närgränsande öar, insamlade af Docenten Dr. Carl Aurivillius ; jemte be-
skrifningar å några Sydasiatiska och Sydamerikanska Spindlar

(Bihang K. Svenska Vet.-Akad. Handl. xx. Afd. iv. no. 4, 1894)*. Three species new to Burma are mentioned in this paper:—

> *Dictis domestica* (Dol.).
> *Notocentria sex-spinosa*, Thor.
> *Midamus lutescens*, Thor.

(Of the last-named, new, species, only a diagnosis is given; tho *Notocentria*, also new, is described in detail.)

Of the 381 species enumerated in the following Systematic List,

12	belong	to the	Territelariæ,
1	,,	,,	Cavitelariæ,
2	,,	,,	Pseudoterritelariæ,
42	,,	,,	Tubitelariæ,
56	,,	,,	Retitelariæ,
106	,,	,,	Orbitelariæ,
44	,,	,,	Citigradæ,
51	,,	,.	Laterigradæ, and
67	,,	,,	Saltigradæ.

381

As to the general character of the Burmese spider-fauna, it cannot, in spite of the numerous new genera which at present seem to be confined to Burma, be said to differ essentially from that of the neighbouring regions of Southern Asia—Indo-China, India, and Indo-Malaysia. A great many of the Burmese species have a very wide geographical distribution, and some are almost cosmopolitan. It will be seen from the "Systematic List" that of the 381 Spiders hitherto found in Burma, nearly *one third* (about 115 species) belong also to the fauna of Indo-Malaysia (with the Nicobar Islands), from which region about 600 species of Spiders are already known ; at least 50 of the Burmese species have been observed in India (and Ceylon) and about 30 in Indo-China. Nearly 50 among them have also been found in Austro-Malaysia or Papuasia, about 20 in Australia and Polynesia, and 17 in Africa. But all these numbers will, of course, be much augmented when the arachnological fauna of these regions is better known. Some (10) species are common to Burma and *Europe*: *Loxosceles erythrocephala, Theridium rufipes,*

---

* On page 6 (lines 26 and 27) of this paper, (Nephila and Aranea) *fasciata* is a slip of the pen for (Nephila and Aranea) *maculata.*

Th. tepidariorum, Epeira citricola, E. insulana, Tapinattus melano-gnathus, Cyrba algerina, Plexippus paykullii, Thyene imperialis, and *Hasarius adansonii* ; the following 10 are even found in America :—*Scytodes marmorata, Argyrodes argentatus, Theridium tepidariorum, Uloborus geniculatus, Nephilengys malabarensis, Epeira punctigera, E. theisii, Heteropoda venatoria, Tapinattus melano-gnathus,* and *Plexippus paykullii.*

Of the many new species described in the following pages, *two* are of especial interest—*Ligdus chelifer* and *Prolochus longiceps.* The former is a small flat spider belonging to the family Salti-coidæ, and resembles very much a Cheloneth (Pseudoscorpion) ; *Prolochus longiceps* has some resemblance to an Orbitelarian spider of the genus *Meta* (*M. segmentata,* f. inst.), but it has only *six* large eyes, and its head is very prominent or projecting over the base of the mandibles. I have, provisionally, included it in the family Archæoidæ ; but it ought probably to be made the type of a separate family : to what *Tribus* it belongs is as yet quite uncertain.

T. THORELL.

Montpellier, October 1894.

SYSTEMATIC LIST OF SPIDERS KNOWN AT PRESENT FROM BURMA *.

Subordo PARALLELODONTES.

Tribus TERRITELARIÆ.

Fam. THERAPHOSOIDÆ.

Subfam. CTENIZINÆ.

CONOTHELE, Thor., 1878.

Pegu

birmanica, *Thor.* Shwegoo.

ACANTHODON, Guér., 1838.

crassus (*Sim.*). Tharrawaddy, Minhla, Meiktela (Upper Burma);
—India ?   1

DAMARCHUS, Thor., 1891.

oatesii, sp. n. Moulmein, Rangoon, Tenasserim .   .   2

ATMETOCHILUS, Sim., 1887.

fossor, *Sim.* Tenasserim : Tavoy.

---

* In the descriptive part known species, but new to Burma, are marked with
one, and new species with two asterisks.

Subfam. T H E R A P H O S I N Æ.

PHLOGIUS, Sim., 1878.

CYRIOPAGOPUS, Sim., 1887.

paganus, *Sim.* Tenasserim : Tavoy, Egaya.

Fam. CALOMMATOIDÆ.

CAMPTOTARSUS, Thor., 1887.

truculentus *, *Thor.* Bhamò.

Subordo **ANTIODONTES.**

Tribus **CAVITELARIÆ.**

Fam. FILISTATOIDÆ.

FILISTATA, Latr., 1810.

Tribus **PSEUDOTERRITELARIÆ.**

Fam. OONOPOIDÆ.

XESTASPIS, Sim., 1884.

Tribus **TUBITELARIÆ.**

Fam. STENOCHILOIDÆ.

METRONAX, Sim., 1893.

---

* This spider, at least the male, differs from all others known to me, by having the anterior spiracles placed near the sides of the abdomen and the posterior still higher up, *exactly on the lateral median line.*

b 2

Fam. ARCHÆOIDÆ (?).

PROLOCHUS, gen. n.

CYRTARACHNE (continued).

Page

dimidiata, sp. n. Tharrawaddy .   204
melanosticta, sp. n. Rangoon .   205

CEROSTRIS, Thor., 1868.

paradoxa (Dol.). Rangoon, Tonghoo, Tenasserim (Tavoy: Mintas and Mita);—Ceylon: Indo-China: Indo-Malaysia.   207

PARAPLECTANA (Cap.). 1866.

[depressa, Thor. Celebes.]
Var. birmanica. Tenasserim 208
maritata, Cambr. Rangoon. Tharrawaddy;—Ceylon: Indo-Malaysia: Amboina 209

PLECTANA (Walck.), 1841.

arcuata (Fabr.). Tharrawaddy, Shwegoo;—Ceylon; Siam: Indo-Malaysia 210
hasseltii (C. L. Koch). Rangoon, Tharrawaddy, Tonghoo, Moulmein, Shwegoo, Bhamô, Tenasserim (Tavoy);— India: Cambodia: Nicobar Isl.: Indo-Malaysia . . 210

GASTERACANTHA (Sund.), 1833.

diadesmia, Thor. Tharrawaddy, Shwegoo, Bhamô;—Siam: Andamans: Nicobar Isl.: Penang 210
frontata, Blackw. Tharrawaddy, Tenasserim (Tavoy, Mita, Egaya, hills separating Burma from Siam, etc.);— India: Siam; Cochin China 210
leucomelæna (Dol.). Rangoon, Tharrawaddy, Tonghoo, Tenasserim (Tavoy);—Cambodia, Cochin China; Andamans: Nicobar Isl.; Indo-Malaysia 212
brevispina (Dol.). Moulmein, Tenasserim;—Andamans: India; Indo-China: Nicobar Isl.; Indo- and Austro-Malaysia; Australia; Polynesia: Réunion? . 213

Tribus **CITIGRADÆ**.

Fam. LYCOSOIDÆ.

Subfam. CTENINÆ.

CTENUS (Walck.).

trabifer, Thor. Bhamô, Tenasserim .   214
ramosus, Thor. Bhamô.

CAMARICUS, Thor., 1887.

TALAUS, Sim., 1886.

Tribus SALTIGRADÆ.

Fam. SALTICOIDÆ.

Subfam. LYSSOMANINÆ.

ASEMONEA, Cambr., 1869.

Subfam. SALTICINÆ.

ASCALUS, Thor., 1894.

TOXEUS, C. L. Koch, 1846.

Subfam. ATTINÆ.

HARMOCHIRUS, Sim., 1886.

c

ARACHNOIDEA BIRMANICA.

Ordo ARANEÆ.

Subordo PARALLELODONTES *.

Tribus TERRITELARIÆ.

Fam. THERAPHOSOIDÆ†.

Subfam. CTENIZINÆ.

ACANTHODON, Guér., 1838.

1. Acanthodon crassus (Sim.).

Idiops crassus, *Sim. Ann. Mus. Genova*, xx. p. 358 (1884).
Idiops colletti, *Cambr. Proc. Zool. Soc. London*, 1889, p. 37, pl. ii.
figs. 2 a–2 g.

Femina *Acanthodontis* ad Tharrawaddy capta *A.* (*Idiopis*) *crassi*
(Sim.) videtur: quæ (pauca) de hac specie loc. cit. dicit Cel. Simon,
in hoc exemplum satis bene cadunt. *I. collettii*, Cambr., vix ab eo
differt. *Figura*—etiam oculorum—quas *I. collettii* sui dedit Cel.
Cambridge, optime cum nostro exemplo conveniunt; *descriptio* ejus
in hoc exemplum quadrat quoque, exceptis nonnullis quæ de oculorum dispositione et magnitudine dicuntur, et quæ nescio an erronea
sint. In exemplo nostro, ut in fig. 2 b loc. cit. a Cambridge data,
oculi seriei 2ᵉ mediis seriei 3ᵉ multo, saltem duplo, majores sunt,
cum iis trapezium non parum latius postice quam antice formantes.
Oculi medii seriei 3ᵉ duplo minores sunt quam laterales hujus

---

* Vid. Thor., Bihang till K. Svenska Vet.-Akad. Handl. xx. Afd. iv. no. 4,
p. 4.
† *Theraphosoidæ*, Thor., 1869-1870, = *Aviculariidæ*, Sim., 1872-1873.—Cel.
Simon nuper (Hist. Nat. des Araignées, 2ᵉ édit. i. pp. 68 et 75) demonstravit,
numerum unguiculorum tarsorum diversum notam non præbere, quibus *familiæ*
in Territelariarum tribu dignosci possint; *Ctenizoidas* nostras igitur jure cum
Theraphosoidis (Aviculariidis) conjungit.

seriei, quorum diameter maxima diametrum oculorum 2ᵘ seriei fere æquat. Spatium inter oculos medios seriei 3ᵘ duplo majus est quam spatia, quibus hi oculi a lateralibus ejusdem seriei distant: hæc spatia oculi medii diametrum æquant. Oculi seriei 1ᵘ et armatura pedum, cet., plane ut in *I. collettii* esse videntur. Long. exempli nostri (sine mandibulis et mamillis) 26 millim. est. Cel. Cambridge (loc. cit.) præsertim eam ob causam *I. collettii* ab *I. crasso* differre judicat, quod Simon pedes hujus " spinis numerosis ut in *I. syriaco* dispositis " armatos dicit, quod non bene in *I. collettii* quadrat. Cel. Simon *I. syriacum* forsitan modo ex descriptione (et figuris) Cambridgei* novit : in hac descriptione de aculeis pedum modo dicitur, eos fortes esse et præsertim subter in pedibus 1ⁱ et 2ⁱ parium locatos : quæ etiam de *I. collettii* dici posse videntur.

DAMARCHUS, Thor., 1891.

**2. Damarchus oatesii, sp. n.

Cephalothorace testaceo-fusco vel nigricanti, abdomine supra nigro et sæpe maculis parvis clarioribus, interdum utrinque posterius in series obliquas dispositis, consperso, pedibus sordide testaceo-fuscis vel piceis; oculis mediis anticis spatio paullo majore a lateralibus anticis quam inter se separatis, oculis mediis posticis vix longioribus quam latioribus et laterales posticos magnitudine fere æquantibus; tibiis 1ⁱ paris in mare apice subter intus aculeo forti curvato, tuberculo alto imposito, armatis, bulbo genitali breviter piriformi in aculeum longum gracilem exeunte, cujus summus apex paullo dilatatus et oblique truncatus est.— ♂ ♀ ad. Long. ♂ circa 14½, ♀ saltem 22 millim.

Mas.—*Cephalothorax* circa ⅓ longior quam latior, pæne æque longus ac tibia cum patella 4ⁱ paris, anteriora et posteriora versus fere æqualiter et sat fortiter angustatus, humilis, parte cephalica partem thoracicam altitudine modo paullo superante et ad longitudinem levissime convexa. Impressiones cephalicæ obsoletæ; fovea ordinaria centralis mediocris, profunda, fortiter procurva, pæne dimidio longius a margine frontali quam a margine cephalothoracis postico remota. Tuber *oculorum* satis humile; area oculorum ⅓ latitudinis frontis occupat, plus duplo latior quam longior, rectangula. Series oculorum antica a fronte visa modice deorsum curvata est: linea recta margines inferiores mediorum anticorum tangens laterales supra medium secat: desuper visa series antica levissime procurva, pæne recta, est, series postica fortius recurva. Oculi antici pæne æque magni sunt, laterales eorum oblongi et valde obliqui mediis rotundis paullo longiores sed non latiores, potius paullo angustiores; oculi postici anticis fere duplo minores sunt, laterales paullo oblongi et obliqui, vix vel parum majores quam medii, qui æque lati ac longi sunt, postice extra subacuminati. Spatium inter oculos medios

---

* Proc. Zool. Soc. London, 1870, p. 108.

anticos vix ⅓ diametri oculi æquat et paullo minus est quam spatia, quibus a lateralibus anticis distant hi oculi. Spatium inter oculos binos laterales hæc spatia saltem æquat; spatia inter oculos posticos medios et laterales minuta sunt, pæne nulla; medii postici a mediis anticis spatiis paullo majoribus remoti sunt, a lateralibus anticis spatiis diametrum suam fere æquantibus separati. Spatium inter oculos medios posticos pæne quadruplam eorum diametrum æquat. *Sternum* paullo longius quam latius, anteriora versus non parum angustatum, impressionibus utrinque minus distinctis.

Mandibulæ a basi ad apicem rotundato-truncatum sensim non parum angustatæ sunt, ad basin femora antica crassitie pæne æquantes, plus triplo longiores quam latiores basi, ad longitudinem præsertim in medio modice convexæ, toto apice rastello sat debili præditæ *Maxillæ* paullo plus duplo longiores quam latiores, lateribus paral lelis, apice antico, intus, non producto, prope apicem posticum intus denticulis paucis minutissimis conspersæ. *Labium*, modo impressione semicirculari a sterno separatum, parvum est; paullo latius basi quam longius videtur, apicem subtruncatum versus sensim fortiter angustatum, convexum, læve. *Palpi* mediocres; extensi ad medium patellæ 1¹ paris pertinent. Pars femoralis insequentibus partibus palpi angustior est et modice incurva; pars patellaris, a basi ad apicem sensim paullo dilatata, plus dimidio, pæne duplo longior est quam latior; pars tibialis parte patellari pæne duplo longior est, circa triplo longior quam latior, præsertim a latere visa apicem versus sensim paullo angustata. Pars tarsalis, priore paullo angustior, desuper visa paullo longior quam latior et apice rotundata est, apice infra truncata et mollis, lævis, glabra et albicans, fissura longitudinali obliqua magis intus, in qua basis bulbi genitalis est inserta. Bulbus breviter piriformis fere est, rufo-piceus, sulco longitudinali in latere exteriore; apex ejus sensim angustatus in aculeum vel potius setam tenuem procurvam nigram excurrit, cujus summus apex paullo dilatatus et oblique truncatus videtur. In latere interiore partis tibialis, magis versus apicem, aculeo præditi sunt palpi. *Pedes* sat longi, modo anteriores scopula tenui præditi. Tarsi aculeis carent, ut femora; in patellis, præsertim posterioribus, setæ ad partem fortissimæ et aculeiformes sunt. Tibiæ 1¹ paris 1 aculeum vel aculeos 1 . 1. antice, 1 postice (basi) et 1 . 2. subter, præter 2 apice, habent, quorum interior fortior et anteriora versus curvatus est et apici procursus sive tuberculi alti impositus; tibiæ 2¹ paris inferius et antice aculeos circa 6 habent, præter 4 in apice. Tibiæ et metatarsi posteriores ii quoque aculeis non paucis in lateribus et subter armati sunt, etiam supra uno alterove aculeo præditi. Metatarsi anteriores antice 1, subter 1 . 2. aculeos habent, præter 2 in apice. Unguiculi tarsorum superiores serie longa singula (!) in medio fere in formam S sinuata dentium mediocrium (circa 12 in pedibus 1¹ paris) pectinati sunt; unguis inferior parvus, muticus. *Abdomen* angustius ovatum. *Mamillæ* superiores eo plus triplo breviores, metatarsum 3¹¹ paris longitudine æquantes; art. eorum 1² duplo longior quam latior est, art. 2² eo paullo angustior et pæne duplo brevior, paullo longior quam latior, art. 3² etiam paullo

angustior sed art. 2" paullulo longior (multo brevior tamen quam
art. 3ˢ), a basi ad apicem subobtusum sensim angustatus, circa duplo
et dimidio longior quam latior basi.

Color.—*Cephalothorax* nigro-piceus est, pube crassa obscure olivacea munitus (vestitus?) et setis nigris sparsus. *Sternum* cum
labio, *maxillis* (et coxis) testaceo-fuscum, nigro-setosum. *Mandibulæ*
obscure piceæ, nigro-pilosæ et -setosæ. *Palpi* et *pedes* sordide te-
stacco-fusci, femoribus versus basin subter paullo clarioribus; minus
dense nigro-pilosi sunt, setis aculeisque nigris prædi ti. *Abdomen*
nigricans, pilis brevibus subfuscis dense vestitum et pilis longis
fortibus suberectis nigris conspersum; subter magis fuligineo-
fuscum est. *Mamillæ* clarius fusco-testaceæ.

Femina adeo similis est feminæ *D. workmanii*, Thor.*, ut ad
descriptionem ejus lectorem revocare possim, pauca modo afferens,
quibus ab ea differat. *Cephalothorax* tibia cum patella 4ˡ paris non
parum longior est; impressiones cephalicæ minus fortes videntur;
fovea centralis mediocris, fortiter procurva. *Oculi* medii antici, qui
spatio sunt separati quod ⅓ diametri oculi vix vel non æquat, a
lateralibus anticis spatio paullo *majore* quam inter se remoti sunt.
Oculi laterales antici oblongi paullo angustiores quidem sed vix
breviores quam medii antici sunt. *Oculi* tres : medius posticus,
lateralis posticus et medius anticus inter se contingentes vel subcontingentes sunt. *Oculi* medii postici lateralibus posticis vix vel non
majores, vix longiores quam latiores, postice intus subacuminati :
in *D. workmanii*, ♀, contra, oculi laterales postici mediis posticis
oblongis circa dimidio longiores sunt. Series oculorum postica
minus fortiter recurva est quam in *D. workmanii:* linea recta
oculos posticos lateralem et medium tangens oculum medium anticum
alterius lateris vix secat, si intus producitur ; in *D. workmanii*,
♀, contra, talis linea hunc oculum fere in medio secat.

Mandibulæ tibiam cum dimidia patella longitudine fere æquant.
Pedes anteriores pæne ut in *D. workmanii* aculeati videntur :
aculei subter in tibiis anterioribus tamen potius setæ aculeiformes
appellandi sunt ; et tibiæ et (præsertim) metatarsi pedum posteriorum aculeis sat crebris sunt armati. Interdum tibiæ 3ⁱⁱ paris
aculeum etiam supra ostendunt. Unguiculi superiores pedum
etiam posteriorum dentes mediocres non densos circa 4+3 in duas
series breves, unam pone alteram, dispositos habent; in junioribus
dentium numerus major videtur. Unguiculus inferior muticus est.
Mamillarum art. 3ˢ vix vel parum longior est quam art. 2ˢ.

Color.—*Cephalothorax* et *mandibulæ* nigricantes sunt, *sternum*
cum *labio* testaceo-fuscum, *maxillæ* paullo obscuriores. *Abdomen*
supra nigrum, subter cinerascenti-fuscum ; dorsum ejus maculis
parvis testaceo- vel cinereo-fuscis, posterius plerumque in series
obliquas dispositis, est conspersum, interdum tamen totum nigrum.
Mamillæ fusco-testaceæ.

♂.—lg. corp. 14½ ; lg. cephaloth. 8½, lat. ej. 6¼, lat. front. fere
3¾ ; lg. abd. pæne 7, lat. ej. paullo plus 4½ millim. Palpi pæne 9¼ ;

---

* K. Svenska Vet.-Akad. Handl. xxiv. 2, p. 15.

ped. I 21¼, II 20¾, III circa 20, IV 27 millim. longi ; pat.+tib. IV 8¾ millim. Mandib. 4¼ millim. longæ, 1¾ millim. latæ. Mam. sup. 3 millim. longæ.

♀.—Lg. corp, 22 ; lg. cephaloth. 9, lat. cj. 6¼ ; lg. abd. 13, lat. cj. circa 8½ millim. Palpi circa 11½ : ped. I 19¾, II 18½, III 17, IV 23¼ millim. longi: pat.+tib. IV 7¾ millim. Mandib. 6 millim. longæ, 2⅛ millim. latæ. Mam. sup. 4 millim. longæ.

Marem adultum et feminam, quæ ea quoque adulta videtur, cum multis exemplis junioribus in Double island, ad Moulmein, collegit Cel. Oates ; etiam ad Rangoon feminam invenit. Alia exempla nonnulla in Tenasserim cepit, inter ea feminam singulam adultam, cujus cephalothorax 11½ millim. longus est.—Juniores adultis sæpe clariores sunt, pedibus fusco-testaceis vel testaceis interdum apice nigris.

Subfam. THERAPHOSIN.E.

PHLOGIUS, Sim., 1873.

**3. Phlogius cervinus, sp. n.

Obscure ferrugineo-fuscus, pube et pilis longis cinerascenti-fer-rugineis vestitus, sterno coxisque subter nigricantibus ; cephalothorace tibiam cum ⅓ patellæ 4i paris longitudine æquante ; area oculorum paullo plus duplo latiore quam longiore, serie oculorum antica a fronte visa sat fortiter deorsum curvata, desuper visa plane recta, oculis lateralibus anticis medios anticos magnitudine superantibus, lateralibus posticis mediis posticis (qui spatiis multo majoribus a mediis anticis quam a lateralibus posticis remoti sunt) paullo majori-bus quoque ; metatarsis posterioribus apice 3(–5) aculeis armatis ; mamillis superioribus ♂ metatarsi 4i paris longitudine circiter æquantibus ; palpis cephalothorace duplo longioribus, bulbo genitali subpiriformi in medio fortiter incurvo, parte ita intus directa sub-compressa a basi lata sensim angustata, ipso apice rotundato.— ♂ ad. Long. circa 31 millim.

Cephalothorace tibiam cum patella 4i paris parum longiore, sterno eo paullo pallidiore, pedibus anterioribus intus et subter ad maximam partem nigris ; oculis lateralibus posticis medios posticos (qui spatiis modo paullo majoribus a mediis anticis quam a lateralibus posticis separati sunt) magnitudine parum superantibus ; mamillis supe-rioribus metatarso 4i paris paullo brevioribus ; palpis cephalothorace non duplo longioribus, pedibus Ii paris pedes 4i paris saltem interdum longitudine æquantibus ; præterea ut in ♂ diximus.— ♀ ad. Long. circa 37 millim. (Nonne hujus speciei?)

Mas, cujus diagnosin supra dedi, pæne omnibus numeris cum descriptione *Ph. flavo-pilosi* (Sim.)* convenit : quæ de forma cephalothoracis, sterni, partium oris, palporum et pedum saltem sex posteriorum (pedibus Ii paris caret exemplum nostrum *Ph. cervini*, ♂!) et *mamillarum Ph. flavo-pilosi* dicit Cel. Simon, optime in

---

* Ann. Mus. Genova, xx. (1884) p. 358 (*Phrictus flavo-pilosus*).

marem nostrum cadunt; qui tamen saltem differt palpis et pedibus
longioribus, et *colore*: non "*flavo*-pilosus et hirsutus" est, sed
pube et pilis *cinereo-ferrugineis* vestitus; conf. præterea *mensuras*
a Cel. Simon loc. cit. datas.—Fovea ordinaria centralis, pæne duplo
longius a margine cephalothoracis antico quam a postico margine
remota, profunda est, modo leviter procurva, non parum angustior
(transversim) quam area oculorum. *Oculi* parum a descriptione
Ph. flavo-pilosi discrepant: area oculorum paullo plus duplo latior
quam longior mihi videtur; series oculorum antica desuper visa
plane recta est (linea margines eorum anticos tangens plane recta
quoque), series postica hoc modo visa modice recurva; a fronte visa
series antica sat fortiter deorsum est curvata: linea recta oculos
medios anticos infra tangens laterales fere in medio secat. Oculi
laterales antici oblongi et obliqui sunt, elliptici, et antice et postice
rotundati; diameter eorum longior non parum major est quam
diameter mediorum anticorum, diameter eorum brevior contra
diametro horum oculorum paullo minor vel saltem non major:
laterales igitur mediis paullo majores, non minores, dicendi.
Spatium inter oculos medios anticos eorum diametro paullo minus
est sed evidenter majus quam spatia, quibus a lateralibus anticis
distant hi oculi; quæ spatia parum vel vix majora sunt quam
intervalla subæqualia inter binos laterales, et inter medios anticos
et posticos, quæ oculi medii postici diametrum fere æquant. Spatium
inter oculum lateralem posticum et medium posticum parvum est,
his intervallis *multo* minus (in *Ph. flavo-piloso*, secundum descriptionem Cel. Simonis, iis *vix* minus). Oculi medii postici mediis
anticis circa duplo minores sunt, non parum longiores quam latiores,
extra levius, intus fortius rotundati, apice postico subacuminato;
laterales postici mediis posticis non parum majores (non tantum
longiores verum etiam latiores) sunt, lateralibus anticis pæne duplo
minores.

Mandibulæ patellâ 2^i paris paullo longiores. *Maxillæ* ad angulum
interiorem apicis postici aream sat parvam granulis minutis densissimis obsitam ostendunt: etiam inter medium et hanc aream, intus,
denticulis minutis conspersæ sunt. *Labium* saltem dimidio latius
quam longius, a basi anteriora versus paullo dilatatum, antice
latissime truncatum et leviter emarginatum, angulis rotundatis:
apex ejus fascia transversa lata granulorum minutorum densissimorum occupatur. *Palpi* cephalothorace duplo longiores; pars
eorum patellaris paullo plus duplo longior quam latior apice est, pars
tibialis, paullulo foras curvata, ea saltem dimidio longior et paullo
crassior; pars tarsalis parum longior quam latior est, basi angusta,
apice late et paullo oblique rotundato-truncata, subter rotundata,
paullo transversa, sulco profundo longitudinali persecta et scopula
densa vestita. Bulbus sat parvus, fere in medio longitudinis fortiter
incurvus, parte basali a latere visa breviter subpiriformi, parte
apicali intus directa compressa, a basi lata sensim angustata, supra
et subter carina tenui marginata, ipso apice obtuso, rotundato.
Pedes 4^i paris cephalothorace plus 4plo longiores: aculei 3 in apice
(et aculeus 4^s in latere interiore apicis) metatarsorum posteriorum

breves et minus faciles visu sunt. Fascia setarum secundum medium scopularum pedum 4^{i} paris satis obsoleta. Unguiculi omnes lœves. *Mamillœ* superiores pœne ⅔ metatarsi 4^{i} paris longitudine œquant ; art. earum 2° fere duplo longior quam latior est, reliquis duobus articulis paullo brevior.

Color.—Pœne totum corpus in fundo plus minus obscure ferrugineo-fuscum vel piceum est, pube densa cinereo-ferruginea et pilis longis ejusdem coloris (non flavis) vestitum. sterno et coxis subter cum femoribus palporumque parte femorali versus basin subter magis nigris ; scopulæ olivaceo- vel virenti-nigræ sunt.

Femina, quam hujus speciei credo, sed quæ forsitan femina *Ph. flavo-pilosi* est, cum descriptione brevi hujus loc. cit. a Cel. Simon data convenit, excepto quod palpos et pedes paullo longiores habet et pedes 4^{i} paris pedibus 1^{i} paris vix vel parum longiores ; color quoque alius videtur. Etiam *Ph. soricino* (Thor.)* simillima est, ita ut descriptio hujus a nobis data plane in eam quadret, his paucis exceptis. *Cephalothorax* paullo latior est (conf. mensuras) ; fovea centralis sat profunda et modice procurva latitudinem areæ oculorum latitudine (transversim) æquat. *Oculi* pœne ut in *Ph. soricino* diximus sunt ; desuper visa series eorum antica plane recta est, a fronte visa sat fortiter deorsum curvata : linea recta medios anticos infra tangens laterales anticos parum supra centrum secat. Oculi antici magni, laterales eorum elliptici et valde obliqui, apicibus rotundatis, diametro sua breviore (et diametro mediorum rotundorum) circa dimidio longiores ; oculi postici oblongi sunt, medii pœne paralleli, diametro oculi medii antici paullo breviores, laterales oblique positi, mediis non majores. Spatium inter oculos medios anticos dimidiam eorum diametrum æquare mihi videtur ; a lateralibus anticis intervallis non parum minoribus separati sunt. Spatium inter oculos binos laterales his intervallis paullo est majus, diametrum breviorem oculi lateralis postici saltem æquans ; spatia inter medios anticos et posticos eo non parum minora sunt, non multo majora quam spatia parva quæ medios posticos a lateralibus posticis sejungunt. Impressiones *sterni* parum distinctæ. *Maxillæ* et *labium* ut supra in mare diximus. *Palpi* extensi non usque ad apicem tibiæ 1^{i} paris pertinent. *Pedes* 4^{i} paris vix longiores quam 1^{i} paris sunt (num ita semper ?). Tibia cum patella 4^{i} paris brevior est quam tibia cum patella 2^{i} paris. Unguiculi tarsorum omnium lœves. *Abdomen* inverse ovatum.—Vid. præterea descriptionem nostram *Ph. soricini.*

Color.—*Cephalothorax* in fundo fuscus, pube subolivacea vestitus. *Sternum* subfuscum. *Mandibulæ* pube densa, supra ferrugineo-ochracea, in lateribus magis cinerascenti, vestitæ. *Maxillæ* ferrugineo-fuscæ, extra dense cinereo-ferrugineo-pubescentes, intus rufociliatæ. *Labium* rufo-ferrugineum. *Palpi*, ut pedes pube densissima sericea vestiti, ita cinereo-ferruginei sunt, intus et magis subter nigri ; pedes quoque cinereo-ferruginei, anteriorum coxis subter, intus, nigris, femoribus, patellis et tibiis horum pedum intus et ad

---

* Ann. Mus. Genova, xxv. (2 ser., v.) (1887) p. 15 (*Phrictus soricinus*).

maximam partem subter nigris quoque. Patellæ et tibiæ lineas binas longitudinales clariores plus minus distinctas supra ostendunt. Scopulæ olivaceo-nigricantes. *Abdomen*, in fundo cinereo-testaceum (?), pube densa olivaceo- vel fusco-ferruginea vestitum est et pilis longioribus pallidioribus intermixtis nigris sat dense sparsum. *Mamillæ* subfuscæ, summo apice albicantes.

♂.—Lg. corp. (sine mandib. et mam.) 31 ; lg. cephaloth. 15 (fere=tibia+⅓ patellæ IV), lat. ej. 13, lat. front. circa 7½ ; lg. abd. 16, lat. ej. 10 millim. Palpi 31½ ; ped. I ?, II 56½, III 49, IV 64 millim. longi ; pat.+tib. IV 19½ millim. Mandib. 7⅓ millim. longæ, 3¼ millim. latæ. Mam. sup. 9½ millim. longæ.

♀.—Lg. corp. 37 ; lg. cephaloth. 15¾, lat. ej. 13½, lat. front. 8² ; lg. abd. 20½, lat. ej. 12 millim. Palpi 29 ; ped. I 47½, II 42, III 37, IV 47¼ millim. longi ; pat.+tib. IV 15¼, metat. IV paullo plus 10 millim. Mandib. 7½ millim. longæ, 3¾ millim. latæ. Mam. sup. pœne 9 millim. longæ.

Marem, quem singulum et paullo mutilatum (pedibus 1ˢ paris carentem) vidi, in Tenasserim meridionali captus est ; femina supra descripta, quæ certe est adulta, ad Thayetmyo Birmaniæ inventa fuit. Cum ea aliæ feminæ nonnullæ nondum adultæ (pleræque modo 10–20 millim. longæ) ad Thayetmyo captæ sunt aliæque in Tenasserim, quæ hujus speciei videntur, quamquam pedes 4ˢ paris longiores quam pedes 1ˢ paris habent et colore plus minus obscure fusco pæne totæ sunt. In exemplis nonnullis junioribus ejusmodi unguiculi tarsorum saltem 4ˢ paris denticulum vel denticulos paucos parvos in vel ante medium subter ostendunt.—Juniores generis *Phlogii* vix certo determinari possunt ; etiam feminæ adultæ interdum ægerrime distinguuntur ; et fieri potest, ut non tantum *Ph. flavo-pilosus* et *Ph. cervinus*, verum etiam *Ph. fuligineus* (species insequens), *Ph. soricinus* et *Ph. paviei* (Sim.)*, quorum mares adhuc ignoti sunt, omnes ut varietates unius ejusdemque speciei sint considerandi.

**4. Phlogius fuligineus, sp. n.

Pæne totus nigro-fuscus, cephalothorace pube obscure olivacea tecto, abdomine et pedibus pube olivaceo-ferruginea vestitis et pilis longis pallidioribus dense sparsis ; serie oculorum antica desuper visa levissime procurva, a fronte visa fortiter deorsum curvata, oculis lateralibus anticis medios anticos non magnitudine superantibus, mediis anticis spatio paullo majore (dimidiam oculi diametrum circiter æquante) inter se quam a lateralibus anticis remotis, oculis mediis posticis lateralibus posticis non parum minoribus, spatio inter oculos binos laterales reliquis spatiis interocularibus majore ; palpis cephalothorace duplo longioribus ; pedibus 4ˢ paris pedes 1ˢ paris longitudine superantibus, tibia cum patella 4ˢ paris tibiam cum patella 1ˢ paris longitudine æquante, metatarsis posterioribus apice subter 3 (et apice intus 0–2) aculeis armatis ; unguiculi tarsorum etiam posteriorum lævissimis.— ♀ ad. Long. circa 35 millim.

Femina.—Ph. soricino (Thor.) † etiam hæc aranea valde affinis

---

* Actes Soc. Linn. Bordeaux, xl. (1886) p. 26 (*Phrictus paviei*).
† Ann. Mus. Genova, xxv. p. 15 (1887).

est : oculorum magnitudine et dispositione paullo aliis præsertim differre videtur.—*Cephalothorax* fere ¼ longior quam latior est, æquo longus ac tibia cum patella 4ᵗ paris, lateribus leviter rotundatis anteriora et posteriora versus æqualiter angustatus, fronte truncata circa ⅓ partis thoracicæ latitudine æquante. Sat humilis est, dorso a latere viso pone foveam centralem recto et anteriora versus sensim paullo assurgente, ante hanc foveam altiori et paullo fortius assurgente, sat leviter convexo, denique, versus tuber oculorum, paullulo proclivi. Impressiones cephalicæ sat leves sunt, leviter foras curvatæ, alii sulci radiantes tres utrinque evidentes quoque; fovea centralis, quæ formam habet sulci transversi profundi sat fortiter procurvi, paullo plus duplo longius a margine antico quam a margine postico cephalothoracis distat : latitudo ejus (transversim) paullo minor est quam latitudo areæ oculorum. Pube densa appressa sat crassa vestitus est cephalothorax (ut pæne totum corpus), in marginibus lateralibus longius pilosus, et setis præsertim ante tuber oculorum longis et ad partem erectis sparsus. Tuber *oculorum* modice altum, circa duplo latius quam longius : area oculorum rectangula paullo plus duplo latior quam longior est. Desuper visa series oculorum antica levissime *procurva* est, postica sat fortiter recurva; a fronte visa series antica sat fortiter deorsum est curvata : linea recta oculos medios anticos infra tangens laterales non parum supra centrum secat. Oculi antici non magni dicendi : laterales eorum oblongi et valde obliqui sunt et mediis paullo minores : diameter eorum longior diametro mediorum (rotundorum) evidenter paullo minor est. Oculi postici oblongi, laterales eorum obliqui, medii contra pæne paralleli : hi parvi sunt, lateralibus posticis (qui lateralibus anticis modo paullo sunt minores) multo minores. Spatium inter oculos binos laterales reliquis spatiis inter oculos majus est, diametrum majorem oculi lateralis postici fere æquans ; spatium inter oculos medios anticos hoc spatio paullo minus est (dimidiam oculi diametrum circiter æquans) et modo paullo majus quam intervalla, quibus hi oculi a lateralibus anticis sunt remoti. Spatia inter oculos medios anticos et posticos hæc intervalla circiter æquant et multo majora sunt quam spatia parva, quibus medii postici a lateralibus posticis sunt sejuncti. Spatium, quo inter se distant oculi medii postici, saltem æque magnum est ac longitudo seriei ab oculis duobus mediis anticis formata. Spatium, quo oculi laterales antici a margine clypei distant, eorum diametrum majorem æquare videtur. *Sternum* æque longum ac latum, latitudine maxima fere in medio, antice satis angustum et hic truncato-emarginatum, in lateribus antice fortiter, præterea leviter rotundatum, postice late truncatum, bis sinuatum et, in medio, brevissime acuminatum.

Mandibulæ sat fortes, ad longitudinem fortiter convexæ, duplo longiores quam latiores, patellis lᵗ paris paullo longiores. *Maxillæ* pæne duplo longiores quam latiores, angulo interiore apicis modo paullo producto, ad angulum interiorem-posteriorem in spatio parvo sat denso et subtilissime subgranulosæ; *labium*, sulco procurvo profundo a sterno separatum, subrectangulum est, pæne dimidio latius quam longius, antice truncatum et levissime emarginatum, secundum apicem fascia lata granulorum parvorum densissimorum munitum. *Palpi* extensi non usque ad apicem tibiæ 1ⁱ paris pertinent; pars patellaris duabus insequentibus æqualibus paullulo brevior est, pars tibialis duplo longior quam latior, cylindrata, pars tarsalis scopula densa et lata subter prædita. *Pedes* robusti, 4ⁱ paris cephalothorace 3plo longiores et pedes 1ⁱ paris longitudine superantes; tibia cum patella 4ⁱ paris tibiam cum patella 1ⁱ paris longitudine æquat. Metatarsi posteriores apice 3–5 aculeos ostendunt: 3 subter et præterea saltem plerumque 1 vel 2 intus; præterea aculeis carent pedes. Tarsi et metatarsi anteriores scopula densa et sat lata muniti sunt, tarsi posteriores et apex metatarsorum posteriorum scopula multo angustiore. *Abdomen* inverse ovatum, pube densa tectum et pilis longis sparsum. *Mamillæ* superiores metatarso 4ⁱ paris paullo breviores sunt, articulis cylindratis; art. 2ˢ non parum brevior est quam 1ˢ et 3ˢ, qui fere æque longi sunt, 3ˢ paullo angustior, apice obtusus.

Color.—*Cephalothorax* in fundo nigro-fuscus, pube olivacea tectus et setis nonnullis clarioribus sparsus. *Sternum* paullo clarius, pube olivaceo-ferruginea vestitum. *Mandibulæ* nigræ, dense olivaceo-ferrugineo-pubescentes et setis fuligineis conspersæ. *Maxillæ* nigricantes vel rufescenti-fuscæ, intus rufo-ciliatæ. *Palpi* et *pedes* fuligineo-nigri, dense subferrugineo-pubescentes, subferrugineo- et fuligineo- nigroque-pilosi, scopulis olivaceo-fuligineis. *Abdomen* in fundo cinerascenti- vel nigricanti-testaceum videtur; pube densa fuligineo-ferruginea tectum est et pilis longis pallidis intermixtis brevioribus nigris sat dense conspersum. *Mamillæ* subfuscæ.

Lg. corp. 35; lg. cephaloth. 15, lat. ej. 11, lat. front. circa 8⅔; lg. abd. 20, lat. ej. 13½ millim. Palpi 25½; ped. 1 43½, II 37½, III 33, IV 45¼ millim. longi: pat.+tib. IV 15, metat. IV 9½ millim. Mandib. 8 millim. longæ, 4 millim. latæ. Mam. sup. 8½ millim. longæ.

Feminam supra descriptam et haud dubie adultam, aliamque contusam et mutilatam ad Tharrawaddy cepit Cel. Oates. Exempla nonnulla alia parva, pullos et juniores, generis *Phlogii* in Tenasserim collegit, quæ certo determinari non possunt, sed quæ verisimiliter hujus vel insequentis sunt speciei.—Vix idem ac *Ph. pavici* (Sim.)* esse potest *Ph. fuligineus* noster, quum in *Ph. pavici* pars cephalica "vix convexa" dicatur, fovea centralis cephalothoracis "levissime procurva subrecta," et tibia cum patella 4ⁱ paris brevior quam tibia cum patella 1ⁱ paris: quæ in nostram speciem non cadunt. Vid. tamen quæ de his aliisque formis nonnullis gen. *Phlogii*, sup. p. 8 diximus.

****5. Phlogius sericeus,** sp. n.

Ferrugineo-fuscus pæne totus, pube et pilis longis mollibus ferrugineis vestitus; cephalothorace tibia cum patella 4ⁱ paris in mare paullo breviore, in femina paullo longiore; serie oculorum antica

---

* Actes Soc. Linn. Bordeaux, xl. (1886) p. 26.

*desuper visu in mare recta, in femina sæpissime paullo recurva,
oculis lateralibus anticis mediis anticis paullo minoribus, lateralibus
posticis medios posticos, qui parum longiores quam latiores sunt et
postice acuminati, longitudine superantibus; pedibus 4' paris in
femina et interdum in mare pedes 1' paris longitudine superantibus;
mamillis superioribus metatarsum 4' paris longitudine æquantibus;
palpis maris cephalothorace non multo plus dimidio longioribus, bulbo
genitali a latere viso transversim ovato, infra in procursum longum
procurvum apicem versus sensim attenuatum, ipso apice oblique
truncatum et acuminatum, producto.*— ♂ ♀ ad. *Long.* ♂ 17½-22½,
♀ circa 24 *millim.*

Mas.—Mare *Ph. cervini,* Thor., minor et paullo angustior est,
præsertim vero forma alia bulbi genitalis facile dignoscendus.
Cephalothorax tibia cum patella 4' paris paullo est brevior, humilis,
dorso partis cephalicæ, quæ parte thoracica parum altior est, pæne
librato et recto, parum convexo: impressiones cephalicæ et reliqui
sulci radiantes distinctissimi sunt. Fovea ordinaria centralis sulcum format sat fortem et modice procurvum; latitudo ejus (transversim) latitudine areæ oculorum paullo minor est. Tuber oculorum
sat humile; area eorum saltem duplo latior est quam longior, rectangula. Series oculorum antica desuper visa recta est, postica
modice recurva: a fronte visa series antica modice deorsum est
curvata: linea recta oculos medios infra tangens laterales anticos
non parum supra centrum secat. Oculi medii antici rotundi
et magni sunt, laterales antici obliqui et oblongi, subacuminati,
mediis anticis paullo minores: diameter eorum longior diametro
breviore vix dimidio major est et evidenter paullo minor quam
diameter mediorum anticorum. Spatium inter medios anticos
¾ diametri eorum vix superat et pæne æque magnum est ac spatium
inter oculos binos laterales, paullo majus vero quam intervalla,
quibus a lateralibus anticis distant oculi medii antici: quæ intervalla rursus paullo majora sunt quam spatia, quæ medios anticos a
mediis posticis separant: hæc spatia dimidium diametrum breviorem
oculi medii postici vix æquant, et paullo majora sunt quam intervalla parva inter medios posticos et laterales posticos. Spatium
inter oculos medios posticos paullo minus est quam longitudo seriei
ab oculis mediis anticis formatæ. Oculi medii postici mediis anticis
fere duplo minores sunt, vix vel parum longiores quam latiores, extra
modo leviter, intus fortissime rotundati, apice postico acuminato.
Oculi laterales postici iis evidenter longiores sed vix latiores sunt
et spatio modo minuto ab iis separati. *Sternum* ad formam ut in
specie priore.
Mandibulæ patellas 1' paris longitudine æquant, minus robustæ.
Maxillæ et *labium* plane ut in mare *Ph. cervini* diximus. *Palpi*
cephalothorace non multo plus dimidio longiores sunt, extensi non
usque ad medium sed modo ad ⅓ tibiæ 1' paris pertinentes. Pars
patellaris fere duplo longior est quam latior, pars tibialis eâ pæne
dimidio longior et paullo crassior; pars tarsalis, parum longior
quam latior, basi angusta est, apice late et paullo oblique rotundata,

subter semicirculata fere et scopulata et incisura media longitudinali
prædita. Bulbus genitalis ferrugineo-ruber a fronte visus breviter
piriformis est, a latere visus vero transversus et subovatus; apice
(subter, extra) in procursum subcompressum, reliquo bulbo multo
longiorem, anteriora versus curvatum exit, qui sat gracilis est,
sensim æqualiter attenuatus, apice a latere viso oblique truncatus
et ita acuminatus. *Pedes* 4[i] paris, cephalothorace fere triplo et
dimidio longiores, 1[i] paris pedes longitudine superant vel saltem
æquant; tibia cum patella 4[i] paris brevior est quam tibia cum
patella 1[i] paris. Metatarsi posteriores aculeos 3 apice subter
habent; præterea pedes etiam 1[i] paris mutici sunt. Unguiculi
tarsorum saltem 4[i] paris uno alterove denticulo minuto prædita vel
subcrenulati sunt. Scopulæ etiam in pedibus anterioribus satis
angustæ, in tarsis 4[i] paris fascia setarum distinctissima geminatæ.
Abdomen anguste et inverse ovatum. *Mamillæ* superiores metatarsum 4[i] paris longitudine æquant; art. earum 2[s] a latere inferiore
visus paullo plus duplo longior quam latior est, reliquis duobus vel
saltem 1° paullo brevior, 3° paullo crassior.

Color.—Corpus pæne totum obscure fuscum est, pube ferruginea
(subter olivaceo-ferruginea) et pilis longis ferrugineis et pallidioribus (in dorso abdominis pilis brevioribus nigris mixtis) vestitum;
maxillæ ferrugineo-fuscæ intus rufo-ciliatæ sunt.

Femina his notis a mare differt. *Cephalothorax* antice paullo
latior est, paullulo longior quam tibia cum patella 4[i] paris, parte
cephalica paullo altiore et ad longitudinem leviter quidem sed
evidentius convexa; latitudo foveæ centralis latitudinem areæ
oculorum æquat. Area *oculorum* non plane rectangula mihi videtur,
sed paullulo latior antice quam postice. Series oculorum antica
desuper visa leviter *recurva* est: etiam linea margines eorum anticos
tangens evidenter, etsi levissime, est recurva. A fronte visa paullo
fortius quam in mare deorsum curvata est hæc series: linea recta
oculos medios anticos subter tangens laterales anticos in centro
secat. Præterea oculi, *maxillæ* et *labium* sunt ut in mare dixi.
Mandibulæ paullo fortiores quam in eo. *Palpi*, qui cephalothorace
non parum plus dimidio longiores sunt, extensi ad apicem tibiæ
1[i] paris pertinent. Pars patellaris paullo plus duplo longior est
quam latior, pars tibialis etiam paullo longior, circa duplo et
dimidio longior quam latior; pars tarsalis partem patellarem longitudine æquat; unguis ejus sat parvus est, fortiter curvatus, lævis.
Pedes 4[i] paris 1[i] paris pedes longitudine non parum superant, cephalothorace circa triplo longiores: tibia cum patella 4[i] paris tibiam
cum patella 1[i] paris longitudine circiter æquat; metatarsi posteriores apice inferius aculeis 4 distinctissimis sunt armati. Scopulæ
et unguiculi ut in mare. *Color* plane ut in eo.

♂.—Lg. corp. 22¼: lg. cephaloth. 10½, lat. ej. 8, lat. front. 5½;
lg. abd. 12, lat. ej. 7 millim. Palpi 16½; ped. I 33½, II 29, III
26½, IV 35½ millim. longi; pat.+tib. IV 11½, metat. IV 9 millim.
Mandib. 5½ longæ, 2¼ latæ. Mam. sup. parum plus 6 millim. longæ.

♀.—Lg. corp. 24; lg. cephaloth. 11, lat. ej. 8, lat. front. 6; lg.
abd. 13, lat. ej. 7 millim. Palpi 18: ped. I 29½, II 27, III 23½,

IV 33 millim. ; pat.+tib. IV 10½, metat. IV 7 millim. Mandib. 6½ millim. longæ, parum plus 2½ millim. latæ. Mam. sup. 7 millim. longæ.

Tres mares et feminas multas—plerasque tamen nondum adultas —ad Rangoon collectos vidi. Cum una feminarum sacculus ovorum rotundus deplanatus tenuissimus est asservatus, cujus diameter circa 20 millim. est et qui magnam vim *pullorum* circa 4 millim. longorum continet.—A junioribus, quas *Ph. cervini* credo, et quæ eadem magnitudine eodemque colore sunt ac feminæ juniores *Ph. sericei*, hæ sæpissime eo distingui possunt, quod seriem oculorum anticam desuper visam levissime *recurvam* habent.

**6. Phlogius oculatus, sp. n.

Fuscus præne totus, pube et pilis fusco- vel olivaceo-ferrugineis vestitus, cephalothorace tibiá cum patellá 4ⁱ paris paullo breviore ; serie oculorum antica desuper visa paullo procurva, oculis lateralibus anticis mediis anticis multo majoribus, lateralibus posticis mediis posticis, qui fere duplo longiores quam latiores sunt, vix longioribus, spatiis inter oculos medios anticos et posticos spatia parva inter posticos medios et laterales vix superantibus ; pedibus 4ⁱ paris pedes 1ⁱ paris longitudine superantibus ; mamillis superioribus metatarsum 4ⁱ paris longitudine æquantibus.— ♀ jun. (?). *Long. circa* 24½ *millim.*

Femina (jun.?).—Præcedenti, *Ph. sericeo*, valde affinis, sed magnitudine oculorum alia ab eo non difficulter internoscenda.— *Cephalothorax* tibia cum patella 4ⁱ paris paullo brevior est, humillimus, dorso secundum totam longitudinem omnium levissime et æqualiter convexo, parte cephalica parum altiore quam est pars thoracica ; impressiones cephalicæ et sulci radiantes hujus partis distinctæ sunt ; fovea centralis leviter procurva latitudine (transversim) latitudinem areæ oculorum pæne æquat. Tuber *oculorum* humile, a fronte visum supra inter oculos medios anticos planum ; area oculorum saltem duplo latior quam longior est, antice paullulo latior quam postice. Series oculorum antica desuper visa paullo procurva est, postica minus fortiter quam in prioribus recurva ; a fronte visa series antica modice deorsum est curvata : linea recta oculos medios anticos infra tangens laterales non parum supra centrum secat. Oculi medii antici rotundi parvi sunt dicendi, laterales antici magni : horum diameter longior diametro eorum breviore pæne duplo major est et diametro mediorum non parum, pæne dimidio, major. Oculi postici magni sunt, oblongi, medii eorum fere duplo longiores quam latiores, et lateralibus posticis paullo angustiores quidem sed potius iis longiores quam breviores : diameter eorum longior diametro mediorum anticorum non multo minor est. Spatium inter oculos medios anticos dimidiam eorum diametrum superat vel saltem æquat, et paullo majus est quam spatia, quibus hi oculi a lateralibus anticis distant, et quam spatium inter binos laterales : hoc spatium diametro breviore oculi lateralis postici multo minus est. Intervalla, quæ oculos

medios anticos a mediis posticis separant, parva sunt, vix vel non
majora quam spatia, quibus laterales postici a mediis posticis sunt
sejuncti. Spatium inter oculos modios posticos longitudine seriei
ab oculis mediis anticis formatæ paullo minus est. *Sternum* ut in
prioribus.

Mandibulæ patellis 1^i paris evidenter longiores. *Maxillæ* et
labium ut in prioribus. *Palpi*, qui cephalothorace pæne duplo
longiores sunt et extensi pæne ad apicem tibiæ 1^i paris pertinent,
ut in femina speciei prioris sunt formatæ. *Pedes* ut in ea quoque,
4^i paris tamen paullo longiores; tibia cum patella 4^i paris tibia cum
patella 1^i paris paullo brevior est. Metatarsi posteriores 4 aculeos
apice inferius ostendunt. Unguiculi tarsorum posteriorum evidenter crenulati: unguiculi tarsorum 1^i paris denticulis paucis
minutis ii quoque muniti sunt. *Abdomen* fere duplo longius quam
latius. *Mamillæ* superiores æque longæ ac metatarsus 4^i paris, ut
in specie priore conformatæ.

Color.—Totum corpus, unguibus mandibularum nigris et ciliis
rubris in margine interiore maxillarum exceptis, sordide vel
fuliginoo-fuscum est, pube subolivaceo-ferruginea pilisque ejusdem
coloris vestitum. (Abdomen in nostro exemplo corrugatum est.)

♀ (*jun.*?).—Lg. corp. 24½; lg. cephaloth. 9¼, lat. ej. 7¼, lat.
front. 5; lg. abd. 14½, lat. ej. 7¼ millim. Palpi 18; ped. 1 27,
II 25, III 24, IV 30 millim. longi; pat.+tib. IV pæne 10, metat.
IV 7¼ millim. Mandib. 6 millim. longæ, 2⅙ millim. latæ. Mam.
sup. 7¼ millim. longæ.

Singulum exemplum femineum valde vitiatum et, ut videtur,
nondum adultum vidi, in Akyab captum.

Subordo ANTIODONTES*.

Tribus CAVITELARIÆ†.

Fam. FILISTATOIDÆ.

FILISTATA, Latr., 1810.

**7. Filistata zebrata, sp. n.

*Cephalothorace obscure fusco, late pallide testaceo-limbato et fascia
media longitudinali postice acuminata hujus coloris notato, quæ, a
margine clypei usque ad medium partis thoracicæ ducta, areâ oculorum
abrupta est; pedibus fusco-testaceis, nigro-annulatis; abdomine in-*

---

* Vid. Thor., Bihang Svenska Vet.-Akad. Handl. xx. Afd. iv. no. 4, p. 4.
† De hac Tribu vid. Thor., K. Svenska Vet.-Akad. Handl. xxiv. no. 2 (1891),
pp. 8 et 9.

verse ovato, superius obscure fusco, in dorso vittis testaceis transversis retro fractis et usque ad latera pertinentibus sex ornato; mamillis fere in medio inter plicaturam genitalem et apicem abdominis posticum locatis.—♀ jun. (?). *Long. saltem* 4 *millim.*

Femina.—*Cephalothorax* fere dimidio longior quam latior, non parum longior quam tibia cum patella 4ⁱ paris, in lateribus elevato-marginatus et usque ad oculos amplissime et, excepto antice et postice, modo leviter rotundatus, in medio postice retusus, ante oculos usque ad marginem clypei antice anguste rotundati et longe ante oculos prominentis sensim et cito angustatus. Satis humilis est cephalothorax, dorso ante declivitatem posticam longam usque ad oculos recto et librato, clypeo sat leviter proclivi, longitudine latitudinem areae oculorum circiter aequante; laevis et nitidus est et, ut reliquum corpus, paene glaber. Impressiones cephalicae fortes sunt, sulcus centralis obsoletus. *Oculi* laterales antici valde magni sunt, mediis anticis, quae mediis posticis saltem dimidio sunt majores, circa duplo majores; laterales postici mediis posticis circa dimidio majores sunt, medios anticos latitudine circiter aequantes. Series oculorum antica a fronte visa fortissime deorsum curvata est, series postica, quae antica parum est longior, desuper visa paullo procurva. Oculi medii aream occupant aeque circiter latam antice ac longam, et circa dimidio latiorem postice quam antice. Oculi bini laterales inter se, ut cum mediis anticis et cum mediis posticis, contingentes sunt; spatium inter oculos medios anticos ¼ eorum diametri vix vel non superat; spatium inter medios posticos duplam horum oculorum diametrum saltem aequat. *Sternum* vix longius quam latius, inaequaliter rotundatum.

Mandibulae paene duplo longiores quam latiores, tibiis 2ⁱ paris longitudine circiter aequantes. *Maxillae* labio paene duplo longiores, in medio intus fractae et apicibus inter se contingentes; *labium*, modo sulco levi a sterno separatum, parum latius quam longius est, lateribus leviter rotundatis paene parallelis, apice late rotundato. *Palpi* longi et fortes. *Pedes* breves, sat graciles, ut videtur aculeis carentes; pedes 4ⁱ paris cephalothorace non triplo longiores sunt visi (pedes anteriores in exemplo nostro defracti sunt). *Abdomen* saltem dimidio longius quam latum, inverso subovatum, antice et praesertim postice late rotundatum, erassum; plicatura genitalis modo in medio distincta est et hic ut videtur aperta et infuscata: circum eam venter pilosus fuisse videtur. *Mamillae*, fere in medio inter plicaturam genitalem et apicem abdominis posticum sitae, brevissimae sunt, conniventes, anteriores et posteriores fere aeque magni, art. 1° cylindrato-conico, parum longiore quam latiore, 2° minuto, obtuso. *Cribellum* parum distinctum.

Color.—*Cephalothorax* obscure fuscus, utrinque late et paullo inaequaliter pallido-testaceo-limbatus; fascia media lanceolata pallide testacea ab oculis usque paullo pono medium dorsi pertinente et postice acuminata ornatus est, ut et alia fascia media brevi lata ejusdem coloris, ab oculis ad marginem clypei ducta. *Sternum* cum coxis subter pallide testaceum, *partes oris* testaceo-fusca.

Palpi fusco-testacei, versus apicem sensim infuscati, parte femorali maculis vel annulis abruptis duobus nigris supra notata. *Pedes* ii quoque fusco-testacei, nigro-annulati : femora et tibiæ binos annulos inæquales vel abruptos, prope basin et apicem internodii sitos, habent, metatarsi saltem 4¹ paris annulum angustum subapicalem. *Abdomen* supra obscure fuscum est, vittis sex transversis in angulum retro fractis, usque ad latera pertinentibus, testaceis ornatum, quarum prima non parum pone basin dorsi sita est, ultimæ duæ paullo ante ipsum apicem posticum ejus et in hoc apice locum tenent. Venter pallide testaceus, secundum medium, inter plicaturam genitalem et mamillas, paullo infuscatus. *Mamillæ* pallide testaceæ.

l.g. corp. 4 ; lg. cephaloth. pæne 1½, lat. ej. parum plus 1 ; lg. abd. 2⅔, lat. ej. pæne 2 millim. Ped. I et II ?, III paullo plus 3, IV circa 3¾ millim. longi ; pat.+tib. IV paullo plus 1 millim.

Hæc aranea parva (colore insolito facile internoscenda), quam nondum adultam credo, speciem pulluli *Theraphosoidæ* cujusdam præ se fert. Singulum exemplum ad Tharrawaddy est captum.

Tribus PSEUDOTERRITELARIÆ *.

Fam. OONOPOIDÆ.

XESTASPIS, Sim., 1884.

**S. Xestaspis bipeltis, sp. n.

Ferrugineo-rubra, palpis pedibusque testaceis ; clypei altitudine pæne dimidiam diametrum oculi antici æquante ; cephalothorace æqualiter, subtilissime et densissime impresso-punctato, scutis duobus abdominis usque ad anum et mamillas pertinentibus, superiore crasse et dense, inferiore paullo minus crasse minusque dense impresso-punctato.— ♂ ad. Long. parum plus 2 millim.

Mas.—Gamasomorphæ (*X.*) *parmatæ*, Thor.†, simillimus, sed minor, scuto ventrali ut dorsuali usque ad mamillas pertinente, cet., distinguendus.—*Cephalothorax* eadem forma est atque in specie illa : dorsum ejus a latere visum ante declivitatem posticam (quæ ⅓ totius longitudinis dorsi occupat et fortiter declivis et leviter concavata est) usque ad oculos sat fortiter est proclive et leviter convexum. Ubique æqualiter, subtilissime et densissime impresso-punctatus est cephalothorax, sat nitidus, pæne glaber ; clypei altitudo fere dimidiam diametrum oculi antici æquare videtur. *Oculi* conferti, rotundati (vix vel parum longiores quam latiores), maximi, antici præsertim,

---

* Conf. Thor., K. Svenska Vet.-Akad. Handl. xxiv. no 2, pp. 8-9 (1891).

† Ann. Mus. Genova, xxviii. p. 391 (1889–1890).

qui reliquis oculis pæne dimidio majores sunt ; medii postici lateralibus modo paullulo sunt majores. Oculi omnes inter se contingentes sunt, eo excepto quod oculi duo antici spatio sunt separati, quod ⅓ diametri eorum pæne æquat. Series oculorum postica, quæ serie antica pæne diametro oculi lateralis longior est, leviter est recurva. *Sternum* suborbiculatum, paullo tamen longius quam latius, antice late truncatum et postice brevissime angustato-acuminatum, apice inter coxas 4ᵗ paris, quæ spatio earum longitudinem saltem æquante separatæ sunt, pertinens ; leviter convexum est, nitidum, sat subtiliter sed non dense impresso-punctatum, pilisque sparsum.

Mandibulæ directæ, parallelæ, apicem versus sensim paullo angustatæ, præterea pæne cylindratæ ; circa duplo et dimidio longiores quam latiores sunt, femoribus anticis paullo angustiores. *Palpi* breves et crassi, pilis conspersi, clava anguste ovata femora antica latitudine circiter æquante. Pars patellaris longior quam latior est, pars tibialis transversa ; pars tarsalis duas priores conjunctas longitudine circiter æquat, iis non multo latior. Bulbus lævissimus, humilis, saltem duplo longior quam latior, subter rectus (non inflatus), pallidus ; apex ejus ante apicem partis tarsalis in aculeum præsertim basi fortissimum, sat leviter deorsum curvatum, reliquum bulbi longitudine fere æquantem, fuscum, apice nigrum exit. *Pedes* breves, pilis brevioribus conspersi, aculeis carentes. Coxæ pleræque cylindrato-ovatæ dicendæ ; 2ᵗ paris, quæ reliquis paullo longiores sunt, dimidic sunt longiores quam latiores ; 3ᵗⁱ paris, reliquis breviores, parum longiores quam latiores, subglobosæ. Femora anteriora compressa et basi supra subito dilatato-convexa sunt ; tibiæ anteriores patellā circa ¼ longiores, metatarsi anteriores tarso pæne duplo longiores. *Abdomen* inverse ovatum, deplanatum, supra levissimo convexum. Scutum ejus superius totum dorsum usque ad anum tegit, et crasse et dense impresso-punctatum est ; scutum inferius, paullo minus crasse et minus dense quam scutum superius impressopunctatum, totum ventrem usque ad mamillas tegit : semiannulo duriusculo circum mamillas caret igitur abdomen.

Color.—*Cephalothorax, sternum et partes oris* læte ferrugineorubra ; *palpi et pedes* testacei, hi versus basin magis ferrugineotestacei. *Abdomen* obscurius ferrugineo-rubrum, spatio angusto utrimque, inter scuta, cinerascenti ; *mamillæ* testaceæ.

Lg. corp. parum plus 2 ; lg. cephaloth. 1, lat. ej. circa ⅔, lat. front. vix ⅙ ; lg. abd. pæne 1½, lat. ej. paullo plus 1 millim. Ped. I 2, II paulio plus 2, III pæne 2, IV 2⅔ ; pat.+ tib. IV pæne 1 millim.

Mas singulus ad Tharrawaddy est captus. A specie altera Birmanica, *N. inclusa*, Thor.*, præsertim et facillime distinguitur hæc species declivitate cephalothoracis postica mutica, non denticulis binis utrinque armata.

---

* Ann. Mus. Genov. xxv. p. 29.

Tribus TUBITELARIÆ.

Fam. STENOCHILOIDÆ.

METRONAX, Sim., 1893.

9. Metronax crocatus (Sim.).

Stenochilus crocatus, *Sim. Ann. Mus. Genov.* xx. p. 341, figs. 4, 5
(1884); *Thor. op. cit.* xxv. p. 31 (1887).

Feminam pullam 5 millim. longam, abdomine cinereo-rubro, præterea testaceam ad Tharrawaddy cepit Col. Oates.

**10. Metronax (?) lætus, sp. n.

*Cephalothorace late rufo-ferrugineo, subtilissime et densissime gra-
nuloso-scabro, impressionibus radiantibus in parte thoracica carente,
marginibus lateralibus non undulato-sinuatis ; sterno subtilissime et
sat dense impresso-punctato ; pedibus luteis, basi pallide testaceis ;
oculis 4 utriusque lateris inter se contingentibus, mediis anticis spatio
¼ diametri eorum fere æquante separatis, a mediis posticis vero spatiis
eadem diametro paullo majoribus remotis ; abdomine anguste ovato,
pallide cinereo.*— ♀ jun. *Long. saltem* 4¼ *millim.*

Femina jun.— *Cephalothorax* circa dimidio longior quam latior, et
tibiâ cum patella 4ᵗⁱ paris saltem dimidio longior quoque, subrhomboides, latitudine maxima non parum pone medium (paullulo pono
coxas 2ⁱ paris) sita, utrinque ante coxas 1ⁱ paris late et levissime
sinuatus, præterea in marginibus lateralibus vix evidenter sinuatus :
ab angulis lateralibus sive loco, ubi latissimus est, lateribus pæne rectis
anteriora versus sensim est angustatus et pæne acuminatus, fronte
angustissime truncata : etiam posteriora versus ab angulis lateralibus
lateribus levissime rotundatis sensim angustatus est, postice anguste
rotundato-truncatus.   Sat humilis est cephalothorax, declivitate
postica sat leni, recta et reliquo dorso paullo breviore, dorso ante
eam pæne recto, parum convexo paulluloque proclivi, area oculorum
mediorum fortius proclivi.   Subtilissime et densissime granuloso-
scaber est, tenuiter et non dense pilosus, pilis saltem ad partem
retro et sursum directis (!), impressionibus cephalicis parum distinctis ;
impressionibus sive sulcis radiantibus in parte thoracica caret ; sulcus
ordinarius centralis contra distinctissimus et sat longus est.   Area
oculorum, circiter æque longa ac lata, non dimidium sed modo paullo
plus tertiam partem latitudinis frontis occupat.   Oculi medii postici
(oblongi et paralleli) magni sunt, mediis anticis rotundis evidenter
majores, præsertim longiores ; laterales antici, qui medios anticos
magnitudine æquant, lateralibus posticis paullo majores sunt.   Oculi
medii aream occupant non parum longiorem quam latiorem et
paullulo latiorem postice quam antice ; medii antici spatio sunt

separati, quod ⅓ diametri eorum vix æquat, a mediis posticis spatiis diametro sua paullo majoribus separati ; spatium inter medios posticos eorum diametrum breviorem æquat. Oculi bini laterales inter se subcontingentes sunt et cum mediis tum anticis quum posticis contingentes quoque. Spatium inter oculos medios anticos et marginem clypei horum oculorum diametrum circiter æquat. *Sternum* inverse ovatum, antice truncatum, subtilissime et sat dense impresso-punctatum, nitidum, tenuiter pubescens.

Mandibulæ directæ, subcylindratæ, apice intus late et valde oblique truncatæ ; circa duplo et dimidio longiores quam latiores sunt, metatarsis anticis vix crassiores ; unguis sat longus et gracilis. *Maxillæ* in latere exteriore fortiter rotundatæ sive incurvæ, labio modo paullo longiores et ante id apicibus pæne inter se contingentes ; *labium* longum et angustum, a medio et versus basin et versus apicem acuminatum sensim paullo angustatum. Palpi sat longi et fortes, magis apicem versus paullo incrassati ; pars patellaris paullo longior quam latior est, pars tibialis ea paullo longior et non parum latior, a basi ad apicem sensim paullo dilatata, paullulo longior quam latior apice : pars tarsalis parte tibiali paullo longior sed, in medio, vix angustior est, in latere exteriore paullo rotundata, densius pilosa et fere a medio ad apicem rotundato-angustata. *Pedes*, parce pubescentes et pilosi, aculeis carent ; breves sunt, posteriores apicem versus sat graciles, anteriores vero crassiores et obtusi. Femora anteriora compressa et a basi angusta cito dilatata sunt, ita supra versus basin sat fortiter convexo-arcuata ; tibiæ 1ⁱ paris patellâ paullo longiores sunt, patellæ 2ⁱ paris tibiam longitudine æquant. Metatarsi anteriores tibiâ plus duplo breviores sunt, vix duplo longiores quam latiores ; tarsi anteriores, qui paullo foras sunt directi, metatarso paullo longiores et parum angustiores sunt. Unguiculi bini graciles et fortiter curvati dente breviore fere in medio muniti sunt. *Abdomen* longius ovatum, cute molli tectum. *Mamillæ* duæ, sat magnæ, art. 1° cylindrato et pæne æque longo ac lato, 2° eo non parum minore, æque fere longo ac lato, subconico, obtuso.

Color.—Cephalothorax et *mandibulæ* læte ferruginea ; *sternum, maxillæ* et *labium* clariora, pallide fusco-testacea, *palpi* et *pedes* lutei, basi pallide testacei. *Abdomen* testaceo-cinereum, tenuissime cinerascenti-pubescens. *Mamillæ* pallide cinerascentes.

♀ *jun.*—Lg. corp. 4⅓ : lg. cephaloth. circa 1⅔, lat. ej. paullo plus 1 : lg. abd. 2, lat. ej. 1⅓ millim. Ped. I circa 3, II 2¾, III circa 2, IV parum plus 3 ; pat.+tib. IV parum plus 1 millim.

Feminam singulam parvam (certe nondum adultam) examinavi, ad Tharrawaddy captam. *Stenochilo hobsonii*, Cambr.*, hæc species affinis est, cephalothorace non impresso-punctato sed subtilissimo granuloso-scabro, marginibus lateralibus ejus non nisi antice evidenter sinuatis, oculis mediis anticis spatio dimidia diametro sua multo minore separatis, oculis binis lateralibus contingentibus inter se, cet., ab eo distinguenda.

* Proc. Zool. Soc. London, 1871, p. 729, pl. xliv. figg. 1 1 *g*.

c 2

Fam. PALPIMANOIDÆ.

STERIPHOPUS, Sim., 1887.

Ann. Soc. Ent. France, 1887, p. 274.—*Steriphopus*, Sim.,= *Pachypus*,
Cambr., 1873.—*Pachypus* est nomen praeoccupatum: *Pachypus*,
Billb. 1820 Coleopt.].

**11. Steriphopus crassipalpis, sp. n.

*Cephalothorace fusco-rubro, omnium subtilissime coriaceo, sterno
obscure testaceo-fusco, subtilissime et densissime punctulato ; abdomine
cinereo et cute molli tecto, excepto in ventre ante plicaturam genitalem,
ubi cutis cornea et ferruginea est, et in declivitate antica, ubi subcornea
quoque est et ferrugineo-lutea ; parte tarsali palporum lanceolato-
triangula partem tibialem crassissimam longitudine modo aequante. —*
♂ ad. *Long. circa* $3\frac{1}{6}$ *millim.*

Mas.—Cephalothorax paene dimidio longior quam latior, desuper
visus paene ellipticus, lateribus modice, aequaliter et amplissime
rotundatis posteriora et anteriora versus paene aequaliter angustatus,
utrinque antice vix sinuatus, antice modo paullo latior quam postice,
ubi anguste rotundatus est, fronte rotundata apud oculos posticos
dimidiam partem thoracicam latitudine paene aequante. Altus et
transversim fortiter convexus est cephalothorax, declivitate postica
longa recta et non multo praerupta a latere visa reliquum dorsum
longitudine paullo superante, dorso ante eam praesertim posterius
non parum convexo et usque ad oculos medios anticos modice
proclivi. Clypeus valde praeruptus, paene directus, est, altitudine
longitudinem areae oculorum mediorum saltem aequante. Omnium
subtilissime coriaceus est cephalothorax, sat nitidus, parce pubescens;
impressionibus cephalicis caret ; sulcus ordinarius centralis brevissimus, latus et profundus locum fere in medio declivitatis posticae tenet.
Oculi medii antici magni sunt, mediis posticis plus triplo majores ;
oculi bini laterales minuti et oblongi mediis posticis paullo minores
(saltem angustiores) videntur. Area oculorum circa duplo latior
quam longior est ; series eorum postica, quae circiter diametro oculi
singuli lateralis longior est quam series antica, desuper visa leviter
procurva est, a fronte visa fortiter deorsum curvata ; series antica a
fronte visa recta est, desuper visa sat fortiter recurva. Area oculorum mediorum paullo latior est quam longior, parum latior postice
quam antice ; oculi medii antici a mediis posticis spatiis distant, quae
oculi medii antici diametro multo, sed vix vel non duplo, minora
sunt. Oculi bini laterales, angulum inter se formantes, contingentes
sunt inter se. Oculi antici spatiis aequalibus, mediorum diametro
circa duplo minoribus, separati sunt ; medii postici spatio diametro
sua saltem triplo majore sunt sejuncti, a lateralibus posticis paene
aeque longe atque inter se remoti. *Sternum* paullo longius quam
latius, heptagono-rotundatum fere, in medio antice emarginato-
truncatum, lateribus in medio parallellis, non inter coxas 4² paris

inter se sat longe remotas pertinens : cum cephalothorace procursibus corneis inter coxas sursum ductis conjunctum est, paullo convexum, subtilissime et densissime punctulatum, parcissime pubescens.

Mandibulæ pæne directæ, paullo plus duplo longiores quam latiores, tibiis 1[i] paris paullo crassiores, pæne a basi ad apicem intus sensim paullo angustatæ, in dorso parum convexæ. *Maxilla* in latero exteriore præsertim versus apicem fortiter rotundatæ sive incurvæ et in labium paullo inclinatæ, eo non multo longiores ; *labium* paullo longius quam latius, versus apicem subobtusum sensim angustatum, subtriangulum. *Palpi* sat breves, in medio crassissimi ; pars femoralis compressa a latere visa circa dimidio longior quam latior est, pars patellaris desuper visa parva et parum longior quam latior ; pars tibialis inflata et a latere visa subovata est, desuper visa parte patellari saltem triplo latior et longior et modo paullo longior quam latior ; pars tarsalis lanceolato-triangula est, partem tibialem longitudine æquans, basi hac parte non parum angustior, a basi ad apicem sensim angustata, circa duplo longior quam latior basi. Bulbus parum complicatus videtur. *Pedes* breves, parce pilosi, aculeis carentes ; pedes 1[i] paris coxas fortes et fere duplo longiores quam latiores habent, femora compressa et a basi angusta cito fortiter dilatata et versus basin supra fortissime convexo-arcuata : patellæ hujus paris tibiam longitudine æquant (in reliquis pedibus patellæ tibia breviores sunt). Metatarsus 1[i] paris tibia pæne triplo brevior est, non duplo longior quam latior, cylindratus, apice oblique truncatus : angulo ejus exteriori affixus est tarsus, qui metatarso gracilior et paullo longior est, subfusiformis, compressus et versus basin angustatus ; magis foras est directus, et ita angulum cum metatarso format. Metatarsi et tarsi 1[i] paris in latere interiore serie densa pilorum compressorum lamelliformium ciliati sunt. Unguiculi tarsorum bini graciles et fortiter curvati, excepto in pedibus anterioribus, in quibus fortiores et minus curvati sunt et dentibus binis inæqualibus præditi (in pedibus 1[i] paris unguiculi multo minores sunt quam in pedibus insequentibus). *Abdomen*, petiolo corneo cum cephalothorace conjunctum, modo paullo longius est quam latius, brevissime et inverse ovatum, parcius pubescens, cute molli tectum, excepto in declivitate antica et in ventre anto plicaturam genitalem, ubi cutis cornea est. *Mamillæ* duæ.

Color.—*Cephalothorax* fusco-ruber, summo margine nigro. *Sternum* et *partes oris* obscure testaceo-fusca. *Palpi* sordide lutei ; *pedes* luteo-fusci. *Abdomen* cinereum, declivitate antica quasi scuto ferrugineo-luteo occupata ; venter ante plicaturam genitalem in formam semicirculi, cum petiolo, ferrugineo-fuscus est. *Mamillæ* cinerascentes.

Lg. corp. 3⅙ ; lg. cephaloth. pæne 1⅔, lat. ej. circa 1¼. lat. front. circa ⅝ ; lg. abd. pæne 1⅔, lat. ej. pæne 1¼ millim. Ped. I pæne 4, II circa 3½, III 3½, IV pæne 4 ; pat. + tib. IV 1½ millim.

Mas singulus ad Tharrawaddy est inventus.—Hæc species *S. maclayi* (Cambr.)* valde affinis quidem est : differt præsertim cute

---

* Proc. Zool. Soc. London, 1873. p. 16. pl. xii. figg. 2, 2*a* (*Pachypus maclayi*).

abdominis modo in declivitate antica et ante plicaturam genitalem ventris duriore, nitida et obscuriore, ut et structura palporum maris, quorum pars tarsalis in *S. macleayi*, ♂, partibus tibiali et patellari conjunctis longior dicitur: pars tibialis præterea in nostra specie multo crassior quam in *S. macleayi* videtur. Secundum Cel. Cambridge unguiculi tarsorum in *S. macleayi* trini sunt (?): in *S. crassipalpi* modo binos unguiculos (etiam in pedibus 1ᶦ paris) video.

Steriphopus a *Chedima*, Sim.*, oculis mediis aream *non* longiorem quam latiorem occupantibus, cet., differre videtur, ab *Iheringia*, Keys.†, oculis mediis posticis *non* longius a lateralibus posticis quam inter se remotis, area oculorum mediorum saltem æque lata postice atque antice, cet.—Si re vera ternos unguiculos tarsales habet gen. *Steriphopus* sive *Pachypus* (ut *Sarascelis*, Sim., 1887, loc. cit.), typum novi generis formare videtur *S. crassipalpis* noster, quod *Loxotarsus* appellari potest.

Fam. ZODARIOIDÆ.

Subfam. STORENOMORPHINÆ.

STORENOMORPHA, Sim., 1884.

12. **Storenomorpha comotti**, Sim.

Storenomorpha comottoi, *Sim. Ann. Mus. Genova*, xx. p. 353 (1884).

Cephalothorace nigro, fascia media longitudinali cinereo-flavo-pubescenti lata et lineâ nigrâ geminata ornato, marginibus lateralibus partis thoracicæ fascia ejusmodi angusta occupatis; pedibus ferrugineo-fuscis, coxis et femoribus saltem ad maximam partem, cum tibiis saltem anterioribus ad magnam partem, nigris, metatarsis tarsisque apice plus minus evidenter nigricantibus; metatarsis anterioribus 3-5 paribus aculeorum minutorum dentiformium subter armatis; abdomine nigro, fasciis tribus longitudinalibus flavis secundum dorsum notato, quarum laterales duæ inæquales sunt vel in maculas abruptæ; ventre fasciis duabus flaventibus posteriora versus appropinquantibus et leviter incurvis ornato.— ♀ ad. Long. circa 11½ millim.

Vulva hujus speciei ex area magna fere subquadrata constat, quæ ex foveis duabus parum profundis sed longis et parallelis, antice rotundatis, posteriora versus angustatis, postice apertis, lageniformibus fere occupatur: septum humile, quo separatæ sunt hæ foveæ, latitudine eas æquat, antice angustius, posterius fere in

---

* Mém. Soc. roy. des Sci. de Liège, sér. 2, v. p. 151.
+ 'Die Spinnen Amerika's. III. Brasilianische Spinnen,' p. 25.

formam quadrati dilatatum et subexcavatum, postice truncatum. Mamillæ mediæ minutæ quidem sunt sed non obsoletæ, inter mamillas superiores locatæ et cum iis seriem transversam rectam formantes.

Feminam adultam ad Rangoon aliamque juniorem et multo minorem (palpis pedibusque ferrugineo-testaceis, paullo nigricanti-annulatis) ad Tharrawaddy cepit Cel. Oates.

Subfam. STORENINÆ.

STORENA, Walck., 1805.

**13. Storena decorata, sp. n.

Cephalothorace piceo-nigro, subtiliter coriaceo, anteriora versus modice angustato, fronte fortiter rotundata latitudine circa ⅔ latitudinis partis thoracicæ æquante; oculis 4 mediis, quorum antici oculis 4 posticis saltem dimidio majores sunt, aream rectangulam longiorem quam latiorem occupantibus, anticis eorum cum lateralibus posticis seriem modice recurvam, a fronte visam rectam formantibus; oculis binis lateralibus spatio minuto disjunctis; pedibus fuligineo-testaceis, apice obscurioribus, coxis late fusco-testaceis, femoribus plerumque nigricantibus et basi clarioribus; abdomine nigro, hac pictura testaceo-albicanti ornato: maculis 4 magnis ante medium dorsi sitis et in trapezium dispositis, pone eas vero maculis minoribus in series duas pone rectas, sensim inter se appropinquantes et supra anum coëuntes ordinatis; ventre aut nigro-piceo, fasciis vel maculis longitudinalibus pallidis 4, aut pallido, fasciis ejusmodi nigro-piceis 3. — ♀ ad. Long. 8–9 millim.

Femina.—Cephalothorax paullo plus dimidio longior quam latior, non parum longior quam tibia cum patella 4ᵢ paris, utrinque anterius modo levissime sinuatus, postice et in lateribus partis thoracicæ pulchre rotundatus, lateribus partis cephalicæ parum rotundatis anteriora versus paullo angustatus, fronte fortiter rotundata latitudine circa ⅔ partis thoracicæ æquante. Altus est cephalothorax, non altior postice quam antice, dorso a latere viso usque ad oculos satis æqualiter et fortiter convexo, area oculorum mediorum modice proclivi, clypeo pæne directo et paullo convexo; altitudo clypei latitudinem areæ oculorum pæne æquat. Minus nitidus est cephalothorax, subtiliter coriaceus, in parte cephalica tenuissime pubescens et inter oculos pilis nonnullis conspersus; impressiones cephalicæ et reliqui sulci radiantes tenuissimi sunt, sulcus ordinarius centralis brevis (coxis multo brevior), tenuis. Area oculorum circa ⅔ latitudinis frontis occupat, circa dimidio latior quam longior. Oculi medii antici oculis posticis æqualibus saltem dimidio majóres sunt, lateralibus anticis modo paullo majores. A fronte visa series oculorum antica sat fortiter deorsum est curvata: linea recta medios eorum infra tangens laterales supra vix tangit, saltem non secat. Series postica, quæ serie antica pæne dupla oculi lateralis antici diametro longior est, eodem modo visa etiam fortius deorsum est

curvata ; desuper visa series antica pæne recta (parum recurva) est,
series postica modice procurva. Oculi medii antici cum lateralibus
posticis seriem modice recurvam, a fronte visam rectam formant.
Oculi medii aream occupant rectangulam non parum longiorem
quam latiorem ; medii antici, qui spatio ¼ diametri oculi vix æquante
separati sunt, a lateralibus anticis spatiis hanc diametrum æquantibus
distant, a mediis posticis spatiis etiam et non parum majoribus
remoti ; a lateralibus posticis etiam paullo longius quam a mediis
posticis distant. Oculi medii postici spatio eorum diametrum
æquante sunt sejuncti, a lateralibus posticis circa triplo longius
quam inter se remoti. Oculi bini laterales spatio modo minuto
separati sunt. Spatium inter oculos medios anticos et marginem
clypei mandibularum longitudinem pæne æquat.

Mandibulæ subconicæ, femoribus anticis circa dimidio crassiores,
pæne duplo longiores quam latiores, apice anguste truncatæ, tuberculo longo basali in costam tenuem continuato in latere exteriore
præditæ. *Maxillæ* apicem rotundatum versus vix angustatæ, paullo
plus duplo longiores quam latiores, in labium inclinatæ et paullo
incurvæ ; *labium* paullo longius quam latius, triangulum, a basi ad
apicem anguste rotundatum sensim angustatum. *Palporum* pars
patellaris circa dimidio longior quam latior, pars tibialis etiam
paullo longior, pæne duplo longior quam latior, a basi ad apicem
sensim paullo incrassata ; pars tarsalis prioribus duabus conjunctis
paullo brevior est iisque paullo angustior, a basi ad apicem obtusum
sensim modo paullulo angustata. *Pedes* mediocres, metatarsis
tarsisque gracilibus ; parcius pilosi sunt, apice metatarsorum
posteriorum subter densius piloso ; aculeis sat crebris gracilibus, in
pedibus anterioribus brevibus, armati sunt. Femora 1ⁱ paris
aculeos 5 habere videntur, femora posteriora circa 7 aculeos.
Patellæ anteriores aculeum brevem intus habent, patellæ posteriores
1 aculeum antice, 1 postice. Tibiæ anteriores aculeos 1 . 1 . antice,
3+4 (vel 4+4) subter ostendunt, tibiæ posteriores, præter alios
aculeos, 1 . 1 . supra. Metatarsi anteriores vel saltem 2ⁱ paris
aculeum 1 antice, præter 3+3 aculeos subter, habere videntur ;
metatarsi posteriores undique aculeati sunt. Tarsi saltem posteriores aculeis paucis minutis subter muniti sunt. *Abdomen*
ovatum, postice subacuminatum, nitidissimum, tenuiter pubescens.
Margo anterior plicaturæ genitalis in medio in lobum latissimum,
apicem (latissime rotundato-truncatum) versus angustatum, fuscum
dilatatus est : hæc area *vulva*, in lateribus paullo rotundata, sulco
longo transverso antice limitata est, et circa triplo latior quam
longior. *Mamillæ* inferiores superioribus multo longiores et crassiores ; mamillæ mediæ minutæ sed distinctæ.

Color.—*Cephalothorax* piceo-niger est, *mandibulæ* ejusdem coloris,
sternum cum *labio* paullo clarius piceum, *maxillæ* fusco-testaceæ.
Palpi testaceo-fusci, parte tibiali magis picea, tarsali nigro-picea.
Pedes fuligineo-testacei sunt, apice plus minus late infuscati, coxis
læte fusco-testaceis, femoribus plerumque obscurioribus, subpiceis,
saltem posterioribus eorum basi plus minus late fusco-testaceis.
Abdomen nigrum et sericeo-micans est, hac pictura albicanti-testacea

et albo-pubescenti in dorso ornatum : ante medium maculas 4 sat magnas in trapezium antice paullo angustius dispositas ostendit, et pone eas series duas paene rectas macularum parvarum circa 5 vel 6 (utrinque), quae series magis intus initium capiunt, posteriora versus appropinquantes et in maculam inaequalem eam quoque albicantem, ipsum apicem dorsi occupantes coëuntes. Latera abdominis im-maculata videntur ; venter fascias 4 longitudinales parallelas pallidas plus minus latas et abbreviatas ostendit. quarum praesertim laterales adeo dilatatae sunt, ut venter pallidus dici possit. fasciis tribus longitudinalibus piceis. *Mamillæ* superiores et mediae, cum parte illa cui insistunt inferiores, testaceae sunt, mamillæ inferiores magis luteae.

♀.—Lg. corp. 9 ; lg. cephaloth. paullo plus 4. lat. ej. 2½, lat. front. (clypei) 2 ; lg. abd. 5, lat. ej. 3½ millim.   Ped. I 10½, II 9½, III 10, IV 12 ; pat.+tib. IV 3½ millim.

Exemplum singulum (dimensum) pulcherrimae hujus speciei ad Tharrawaddy est captum ; alia exempla feminea duo et masculum nondum adultum ad Rangoon collecta sunt.

**14. Storena suavis, sp. n.

Cephalothorace piceo-nigro, laevi, nitido, anteriora versus sat fortiter angustato, fronte levius rotundata, latitudine dimidiam partem tho-racicam evidenter superante ; oculis 4 mediis aream antice paullulo latiorem quam postice occupantibus, mediis eorum mediis posticis duplo, sed lateralibus oculis (paene aequalibus) modo dimidio majo-ribus ; oculis mediis anticis cum lateralibus posticis seriem minus fortiter recurvam, a fronte visam leviter sursum curvatam formantibus, oculis binis lateralibus subcontingentibus inter se ; pedibus ferrugineo-luteis, anterioribus basi magis luteis ; abdomine superius rufescenti-nigro, inferius sordide albicanti-testaceo, hac pictura testaceo-albicanti in dorso ornato : ante medium maculis 4 in trapezium dispositis, anterioribus earum minutis, posterioribus magnis, transversis et obliquis : tum linea transversa brevi crassa postice incisa, dein macula parva retro flexa vel subtriangula (et pone eam alia etiam minore ?), denique macula sat magna apicem dorsi occupante ; lateribus abdo-minis inferius vitta obliqua media et macula apicali rufescenti-nigris notatis, ventre vestigiis lineæ longitudinalis hujus coloris.— ♀ ad. Long. circa 8½ millim.

Femina.—Cephalothorax paene dimidio longior est quam latior, paullulo longior quam tibia cum patella 4[i] paris, anterius utrinque evidenter sinuatus, postice et in lateribus partis thoracicæ modico rotundatus. lateribus partis cephalicæ sat leviter rotundatis anteriora versus non parum angustatus, fronte levius rotundata dimidiam partem thoracicam latitudine non ita multo superante. Modice altus est cephalothorax, dorso a latere viso inter partes cephalicam et thoracicam leviter impresso, hác parte æqualiter convexo-declivi, parte illa paullo altiori. librata et sat leviter convexa, area oculo-rum mediorum sat fortiter proclivi, clypeo directo, parum convexo ; altitudo clypei latitudinem areæ oculorum paene æquat.   Lævis et nitidus est cephalothorax, vix evidenter coriaceus, pilis nonnullis antice sparsus, præterea glaber. Impressiones cephalicæ levissimæ sunt, ad latera tamen evidentes et latæ, sulcus ordinarius centralis fortis et brevis, diametrum patellæ 1ˢ paris longitudine æquans. Area *oculorum* plus ⅔ latitudinis frontis occupat, circa dimidio latior quam longior. Oculi ad magnitudinem et dispositionem non multum ab oculis præcedentis speciei differunt. Medii oculi aream occupant paullulo latiorem antice quam postice et paullulo longiorem quam latiorem antice; medii antici mediis posticis duplo, lateralibus vero circa dimidio majores sunt. Series oculorum antica, desuper visa pæne recta, a fronte visa sat fortiter deorsum curvata est; series postica, quæ diametro oculi lateralis singuli longior est quam antica, a fronte visa fortissime deorsum est curvata, desuper visa sat fortiter procurva. Series ab oculis mediis anticis et lateralibus posticis formata hoc modo visa minus fortiter recurva est, a fronte visa levissime sursum curvata. Oculi medii antici, spatio ⅔ diametri eorum circiter æquante separati, a lateralibus anticis spatiis hac diametro paullo minore sejuncti sunt, a lateralibus posticis spatiis eandem diametrum saltem æquantibus, a mediis posticis vero spatiis eâ non parum majoribus. Oculi medii postici spatio diametro sua paullo majore disjuncti sunt, a lateralibus posticis duplo longius quam inter se remoti. Spatium inter oculos binos laterales minutum vel potius vix ullum dicendum. Spatium inter oculos medios anticos et marginem clypei longitudinem mandibularum æquare videtur.

Mandibulæ paullo reclinatæ, conicæ, læves, nitidæ, pilosæ, femoribus anticis paullo crassiores basi, pæne duplo longiores quam latiores, apice anguste truncatæ, tuberculo basali et costa ab eo ad apicem ducta in latere exteriore munitæ. *Maxillæ* apicem obtusum versus sensim angustatæ, in labium fortiter inclinatæ: *labium* triangulum, paullo longius quam latius. *Palporum* pars patellaris dimidio longior quam latior, pars tibialis eâ paullo longior et, basi, paullo angustior, pæne duplo longior quam latior, a basi ad apicem sensim paullo incrassata; pars tarsalis prioribus duabus conjunctim paullo brevior est, basi iis vix angustior, a basi ad apicem subobtusum sensim non parum angustata. *Pedes* mediocres, metatarsis tarsisque gracilibus, parcius pilosi, apice metatarsorum posteriorum subter densius piloso. Aculeis sat crebris mediocribus armati sunt: femora 1ˢ paris 7 aculeos habent, quorum unus, antice versus apicem situs, reliquis longior et fortior est; femora saltem posteriora 9 aculeis sunt instructa. Patellæ anteriores aculeum parvum antice ostendunt, patellæ posteriores aculeum et antice et postice. Tibiæ anteriores aculeos 1 . 1 . 1 . antice, 4+4 subter habent; tibiæ posteriores, præter alios aculeos, 1 . 1 . supra. Metatarsi anteriores subter 3+3 (2 . 2 . 2) aculeis muniti sunt, posteriores metatarsi, ut tibiæ posteriores, undique sunt aculeati. Etiam tarsi præsertim posteriores subteraculeis parvis præditi sunt. *Abdomen* ovatum, postice acuminatum, læve et nitidissimum, pilis conspersum, sericeomicans. Margo anterior plicaturæ genitalis in medio (spatio sat brevi) modo paullulo retro productus est, marginem tenuem sub-

elevatum postice breviter rotundatum fuscum hic formans, qui sulco
transverso antice limitatus est : utrinque, ad extremitates hujus
marginis (areæ *vulva*), macula transversa nigra conspicitur, et non
parum ante eum fovea parva utrinque. *Mamillæ* superiores minutæ,
inferioribus multis partibus minores, crassiores quidem sed parum
longiores quam mamillæ mediæ.

Color.—Cephalothorax piceus, limbo partis thoracicæ postice
latius, anterius angusto pallidiore, subferrugineo. *Sternum* cum
labio ferrugineum. *Mandibulæ* piceæ, *maxillæ* piceo-testaceæ.
Palpi ferrugineo-lutei, apicem versus sensim infuscati, parte tarsali
picea, summo apice nigro. *Pedes* ferrugineo-lutei, coxis et femoribus præsertim anterioribus magis luteis, nigro-pilosi et aculeati.
Abdomen supra (et in lateribus superius) violaceo- vel rufescenti-
nigrum est, hac pictura pallida, albicanti-testacea : non procul a
basi maculas duas parvas ostendit dorsum, et pone eas, paullo ante
medium, alias maculas duas magnas, transversas et obliquas, quæ
cum iis trapezium antice angustum, postice latissimum formant ;
pone hoc trapezium adest lineola transversa brevis crassissima,
antice inæqualis, postice in medio incisa, quæ paullo pone medium
dorsi locum tenet ; dein sequitur macula parva retro fracta, denique
macula ejusmodi etiam minor et minus distincta, quæ cum macula
sat magna triangula apicem dorsi occupante ut videtur coalita est.
Latera abdominis inferius pallida sunt, vitta obliqua rufescenti-
nigra saltem singula in medio sita, et macula inæquali hujus coloris
in apice, ad latera mamillarum. Venter pallidus est, apice magis
luteo ; ante plicaturam genitalem præsertim secundum medium obscurior est, area vulvæ utrinque in margine macula parva nigra
notata ; pone plicaturam illam vestigia lineæ mediæ longitudinalis
nigricantis ostendit. *Mamillæ* inferiores subferrugineæ, basi albi-
canti-testaceæ vel cinereæ impositæ, reliquæ mamillæ hujus pallidi
coloris.

Lg. corp. 8½ ; lg. cephaloth. 3⅔, lat. cj. 2¼, lat. front. (clypei)
circa 1⅔ ; lg. abd. pæne 5, lat. cj. 3¼ millim. Ped. I 9⅔, II ?,
III 9¼, IV 12 ; pat.+tib. IV pæne 3½ millim.

Femina, quam unicam vidi, in Tenasserim inventa est.—*S. hilari*,
Thor. *, hæc species præsertim affinis videtur, serie ab oculis mediis
anticis et lateralibus posticis formata paullo sursum curvata, oculis
binis lateralibus contingentibus inter se, "area vulvæ" a medio
marginis anterioris plicaturæ genitalis formata integra vel æquali,
non in tubercula duo humilia divisa, cet., ab *S. hilari* distinguenda.

15. Storena irrorata, Thor.

Storena irrorata, *Thor. Ann. Mus. Genova*, xxv. p. 72 (1887) (= ♀
jun.).

Cel. Oates exempla sat multa—pæne omnia feminea tamen— ad
Rangoon collegit. Feminæ adultæ 8-10½ millim. longæ sunt, ♂ ad.
circa 7¾ millim. longus.

* Ann. Mus. Genova, xxviii. p. 338.

Feminae *adultæ* eo præsertim a ♀ jun. loc. cit. a mo descripta differunt, quod *cephalothorae* earum totus denso et minus subtiliter granuloso-coriaceus est et saltem in parte cephalica pube crassiore olivaceo- vel flaventi-cinerea vestitus; etiam maculæ pallidæ dorsi abdominis pube ejusmodi tectæ sunt. *Abdomen* nigrum et nigro-pubescens est, ut cephalothorax opacum; pictura ejus pallida ut in fem. illa jun. plerumque est: fascia longitudinalis utrinque profunde dentata postice in dorso ab ano anteriora versus ducta semper adest; etiam maculæ illæ ad basin dorsi in circulum postice lato apertum dispositæ plerumque distinctæ sunt: reliquæ maculæ dorsi vero sæpe sine ordine sparsæ, vel obsoletæ. Nonnumquam maculam oblongam ad basin ostendit dorsum, maculis illis fere in circulum ordinatis inclusam. Venter et latera inferius nigra maculis inæqualibus plerumque densis variata sunt. Femora non semper in femina nigricantia sunt, sed interdum, ut pedes posteriores, ferrugineo-lutea. *Vulva* simplicissima: margo anterior plicaturæ genitalis in medio laminam nitidissimam sublunatam circa duplo latiorem quam longiorem, postice, præsertim in medio, rotundatam et utrinque posterius paullo impressam, ferrugineam format, quæ antice et in lateribus anguste rotundatis sulco limitata est.

In *mare* cephalothorax anteriora versus fortius angustatus est, mandibulæ multo angustiores, abdomen minus, et pedes paullo longiores, nigricantes vel picei, apice saltem tibiarum paullo clariore. *Palporum* pars patellaris paullo longior quam latior est, pars tibialis eâ multo latior et circa dimidio brevior, basi angusta, duplo latior apice quam longior, apice truncato; apex lateris exterioris in procursum corneum fuscum porrectum sat fortem, ipsa parte tibiali paullulo breviorem, a basi apicem versus sensim modo paullulo angustatum, apice breviter subacuminatum et paullo deorsum curvatum, præterea rectum productus est. Clava femore 1[i] paris duplo est latior; pars tarsalis partibus duabus prioribus conjunctis fere duplo longior est, circa dimidio longior quam latior, pæne dimidiato-ovata, convexa: desuper visa in parte apicali lateribus rectis sensim angustata et satis acuminata est, præterea in latere exteriore (emarginato) recta, in latere interiore fortissimo rotundata. Bulbus complicatus: e parte ejus basali magis extus sita et retro directa excurrit spina longissima fortis, quæ bulbum exterius in formam arcus vel semi-ellipseos circumdat; apex bulbi anteriora versus in duos aculeos vel dentes exit.

♂.—Lg. corp. 7¾; lg. cephaloth. 4, lat. ej. pæne 3, lat. front. (clypei) 2; lg. abd. 4, lat. ej. 2½ millim. Ped. 1 10½, II pæne 9, III 9, IV 12¼; pat.+tib. IV 3½ millim.

ASCEUA, Thor., 1887.

(In diagnosi hujus generis *, p. 76, lin. 6, post: "pedes aculeis et scopulis carentes quoque," addendum est: "vel modo aculeo singulo supra in femoribus sito muniti.")

---

* Ann. Mus. Genova, xxv. p. 75.

***16. Asceua tenera, sp. n.

Cephalothorace rufo-piceo, pedibus luteis, femoribus aculeo supra praeditis ; abdomine nigro, in dorso anterius trapezio postice latissimo e maculis duabus parvis albis et lineolis duabus lateralibus transversis subobliquis ejusdem coloris formato ornato, in medio vero inter hoc trapezium et anum, qui puncto albo notatus est, linea brevi transversa alba ; ventre pone (apud) plicaturam genitalem vitta transversa lata inaequali albicanti, et fere in medio inter eam et mamillas serie transversa macularum parvarum 4 albicantium signato.— ♂ ad. Long. circa 3 millim.

Mas.—A. eleganti, Thor.*, ♀, simillimus, sed vix mas ejus ; descriptio nostra A. elegantis tamen plane in eum cadit, his exceptis : Cephalothorace nitidus et omnium subtilissime et densissime coriaceus anteriora versus sensim fortius angustatus est, fronte sat leviter rotundata vix dimidiam partem thoracicam latitudine aequante. Dorsum cephalothoracis satis alti a latere visum posterius assurgens, antice paene libratum, inter marginem posticum et oculos aequaliter et sat fortiter convexum est ; clypei altitudo longitudinem areae oculorum mediorum paullo superat, longitudinem mandibularum fere aequans. Oculi et sternum ut in A. eleganti diximus.

Mandibulae femoribus anticis non parum crassiores, in dorso ad longitudinem rectae. Palpi fortes, sat longi, clava maxima, femoribus anticis multo latiore. Pars patellaris parum longior quam latior est : pars tibialis desuper visa modo lobum paullo longiorem quam latiorem, apicem truncatum versus sensim paullulo angustatum, parte patellari circa duplo breviorem et duplo augustiorem, anteriora versus et paullo foras directum formare videtur ; e latere exteriore, inferius, stilum porrectum brevem rectum obscurum emittit. Pars tarsalis, reliquum palpi longitudine paene aequans, scaphoides fere est, compressa et supra ad longitudinem carinata, paene in semicirculum deorsum curvata ; bulbus eâ latior, sat magnus et complicatus, piceus : a latere visus in medio subter partem magnam deorsum directam ostendit, quae ut videtur postice, ad apicem, procursum fortem pallidum retro (versus partem tibialem) directum emittit. Pedes sat longi sunt, pedes 2ⁱ paris pedibus 3ⁱⁱ paris non parum longiores : in femoribus supra aculeum brevem habent pedes, praeterea aculeis carentes. Abdomen pulchre ovatum, apice subacuminatum, nitidissimum. Mamillae inferiores longae et cylindratae sunt, art. 1ᵘ multo longiore quam latiore, art. 2ᵘ parvo et subconico : mamillae superiores (et mediae ?) brevissimae.

Color.—Cephalothorace cum mandibulis rufescenti-piceus, sternum ferrugineo-testaceum, nigricanti-limbatum ; maxillae et labium subtestacea, hoc paullo obscurius. Palpi subtestacei, bulbo ad maximam partem piceo. Pedes lutei toti. Abdomen nigerrimum, hac pictura dorsi albissima : ad utrumque latus, non parum ante

---

* Ibid. p. 76.

medium longitudinis, lineola sive macula oblonga transversa paullo
obliqua conspicitur (conjunctim hæ lincolæ lineam vel vittam
longam transversam et paullo anteriora versus fractam, in medio
latissime abruptam formare dici possent), et ad ipsum marginem
anticum maculæ duæ minutæ adsunt, quæ cum liucolis illis trapezium saltem duplo latius postice quam antice et multo latius postice
quam longius formant: in medio inter hoc trapezium et anum
lincola transversa brevis recta conspicitur, in ipso apice dorsi vero
macula minuta, ea quoque albissima. Venter niger ante plicaturam
genitalem nigram subluteus est ; pone (apud) eam vitta albicanti
transversa longa et lata, in medio postice angustata, apicibus subacuminatis paullo procurvis est notatus, et pæne in medio inter
eam et mamillas serie longa transversa pæne recta macularum parvarum 4 albicantium, quarum mediæ paullo longius inter se quam
a lateralibus distant. *Mamillæ* luteo-testaceæ.

Lg. corp. 3 ; lg. cephaloth. pæne 1¼, lat. ej. parum plus 1 ; lg.
abd. 1¼, lat. ej. parum plus 1 millim. Ped. I parum plus 4, II 3½,
III 3½, IV 4¼ ; pat.+tib. IV pæne 1⅓ millim.
Mas singulus, ad Tharrawaddy inventus.

**17. Asceua flexuosa, sp. n.

Cephalothorace nigro-fusco, parte cephalica ferruginea ; area oculo-
rum saltem duplo latiore quam longiore, serie eorum postica desuper
visa modo levissime procurva ; pedibus aculeis carentibus, subluteis,
basi pallidioribus ; abdomine subpentagono-ovato, superius nigro, hac
pictura testaceo-albicanti ornato : ad marginem anticum dorsi lineolis
duabus crassissimis fortiter incurvis, fere in medio ejus vero vitta
transversa longissima ter flexuosa, cujus pars media ⌒ *magnum*
format, denique, postice utrinque, lineola crassa deorsum ad ventrem
late cinereo-albicantem producta.— ♀ ad. Long. circa 2⅔ *millim.*

Femina.—Cephalothorax circa ⅓ longior quam latior, utrinque
anterius vix evidenter sinuatus, lateribus postice modice, præterea
parum rotundatis anteriora versus non multo angustatus, fronte
fortiter rotundata circa ¾ latitudinis partis thoracicæ æquante,
impressionibus cephalicis nullis, sulco ordinario centrali brevi
et tenui. Satis altus est cephalothorax, dorso, a latere viso, a
margine postico usque ad oculos sat fortiter convexo et saltem
usque ad medium assurgente, pone oculos breviore spatio paullo
proclivi ; area oculorum mediorum etiam magis proclivi: clypeo
alto, directo, ad longitudinem paullo convexo. Altitudo clypei
transversim fortius convexi longitudine areæ oculorum mediorum
pæne duplo major est, longitudinem seriei oculorum anticæ et
longitudinem mandibularum æquans. Area *oculorum*, quæ circa
¾ latitudinis frontis occupat, paullo plus duplo latior est quam
longior. Sat parvi sunt oculi, medii antici reliquis paullo majores,
medii postici reliquis paullo minores ; in series transversas duas
modice deorsum curvatas et extremitatibus inter se paullo appropinquantes dispositi sunt, quarum postica anticâ paullo est longior. A
fronte visa series antica, ut dixi, modice deorsum curvata est (linea

recta medios oculos infra tangens laterales supra centrum secat), series postica paullo fortius deorsum curvata ; desuper visa series antica recta est, postica levissime procurva. Area oculorum mediorum modo paullo longior quam latior et paullulo latior postice quam antice. Oculi bini laterales spatio separati, quod eorum diametro paullo minus videtur ; spatia, quibus medii postici a mediis anticis distant, horum diametrum æquant. Spatia inter oculos 4 anticos minuta et subæqualia sunt ; oculi medii postici spatio eorum diametrum æquante sunt disjuncti, a lateralibus pæne dimidio longius quam inter se remoti. Sternum subtriangulum, paullo longius quam latius, antice latissime truncatum, lateribus levissime rotundatis posteriora versus sensim angustatum et breviter acuminatum, apice inter coxas posticas non multo late separatas pertinens ; leviter convexum est, submitidum, elevationibus levibus ad latera.

Mandibulæ conicæ, saltem dimidio longiores quam latiores, femoribus anticis circa dimidio latiores basi. Maxillæ et labium ut in affinibus. Pedes breves, graciles, breviter pilosi, aculeis carentes ; unguiculi tarsorum terni fere ut in A. eleganti, Thor.*, et A. tenera (specie priore) conformati. Abdomen paullo longius quam latius, pæne pentagono-ovatum, angulis lateralibus ample rotundatis ; antice breviter rotundato-truncatum est, tum lateribus rectis usque paullo pone medium posteriora versus sensim dilatatum, denique, ab angulis ad anum, lateribus rectis sensim angustatum, apice acuminato. Vulva ex area sat parva pæne rectangula ferruginea constat, quæ utrinque antice foveam ostendit, in margine postico vero granulum minutum nigrum. Mamillæ breves, superiores inferioribus angustiores et non parum breviores.

Color.—Cephalothorax nigro-fuscus, parte cephalica cum mandibulis ferruginea ; sternum, maxillæ et labium pallide ferruginea. Palpi et pedes ferrugineo-testacei vel sublutei, coxis, trochanteribus et basi femorum (1¹ paris exceptis) pallide flavo-testaceis. Abdomen supra et in lateribus superius piceo-nigrum est, hac pictura testaceo- vel cinereo-albicanti : in dorso ad ipsam basin ejus maculæ duæ sive lineolæ crassissimæ in semicirculum incurvæ et spatio sat parvo sejunctæ conspiciuntur, pone eas vero ⌢ maximum sat crassum in medio dorso situm, cujus apices postici lineola brevissima anteriora versus et foras directa cum sua quisque macula inæquali, ad ipsum latus dorsi, paullo ante angulos laterales et apices illos sita, conjuncti sunt, ita ut dorsum vitta transversa longa ter flexuosa parum ante medium ornatum dici possit. Præterea utrinque postice, non parum ante apicem dorsi, qui puncto purius albo notatus videtur, lineolam transversam crassam inæqualem deorsum et retro per latera ductam et recurvam ostendit dorsum, cum colore ventris pallido conjunctam : venter enim latissime testaceo- vel cinereo-albicans est, puncto nigro utrinque ante (apud) mamillas cinerascentes notatus. Latera abdominis antice maculam pallidam ostendunt quoque.

* Ann. Mus. Genova, xxv. p. 78.

Lg. corp. 2⅔ ; lg. cephaloth. paullulo plus 1, lat. ej. circa ¾ ; lg.
abd. 1¾, lat. ej. circa 1⅓ millim.   Ped. I paullo plus 3, II circa 2¼,
III 2½, IV circa 4 ; pat. tib. IV parum plus 1 millim.
Femina singula, ad Tharrawaddy inventa.   Hæc species transitum
ab *Ascemа* (et *Storena*) ad *Palestinam*, Cambr. *, formare videtur :
quum seriem oculorum posticam paullo fortius deorsum curvatam
quam anticam et desuper visam paullo procurvam habeat, potius ad
Ascenam quam ad *Palestinam* referendam eam judicavi.

Fam. DRASSOIDÆ.

DRASSUS (Walck.), 1805.

**18. Drassus rangunensis, sp. n.

*Cephalothorace in fundo rufescenti-ferrugineo, abdomine cinera-
scenti ; serie oculorum antica modo levissime deorsum curvata, serie
postica leviter procurva ; oculis mediis anticis reliquis majoribus
et intervallo dimidiam eorum diametrum vix vel non æquante separatis,
cum lateralibus anticis contingentibus ; spatio inter oculos medios
posticos intervallo illo majore, et diametrum oculorum mediorum posticorum saltem æquante, his oculis etiam paullulo longius a lateralibus
posticis quam inter se remotis ; mandibulis in dorso pilis longioribus
sparsis ; pedibus fusco-testaceis, patellis, tibiis et metatarsis anterioribus aculeis carentibus, patellis 4' paris aculeo postice munitis, tibiis
posterioribus modo subter et in lateribus aculeatis.— ♀ ad. Long.
circa 7½ millim.*

Femina.—*Cephalothorax* paullo longior quam tibia cum patella
4' paris, pæne dimidio longior quam latior, utrinque antice modo
levissime et late sinuatus, parte thoracica lateribus præsertim antice
minus fortiter rotundatis anteriora versus fortius et longius quam
posteriora versus angustata, postice in medio retusa ; pars cephalica brevissima, quoad libera est saltem duplo latior postice quam
longior, lateribus pæne rectis anteriora versus fortiter angustata ;
frons leviter rotundata, latitudine dimidiam partem thoracicam pæne
æquans. Satis humilis est cephalothorax, vix evidenter marginatus,
dorso ante declivitatem posticam sat prærupte declivem et paullo
convexam usque ad oculos recto et librato, area oculorum mediorum
modice proclivi. Spatium inter oculos medios anticos et marginem
clypei eorum diametrum vix æquat. Sulcus ordinarius centralis sat
fortis et non ita brevis, longe retro locatus. Lævis est cephalothorax,
nitidus, sat dense appresso-pubescens et pilis longioribus suberectis
antice sparsus. *Oculi* medii antici posticis oculis pæne æqualibus
fere dimidio majores sunt, lateralibus anticis oblongis et obliquis non
parum majores quoque ; medii postici deplanati postice subangulati

---

* Proc. Zool. Soc. London, 1872, p. 268 (58).

sunt, sed vix oblongi dicendi. Area oculorum circa duplo latior est quam longior, plus ¾ latitudinis frontis occupans. Series duae oculorum extremitatibus sat fortiter inter se appropinquant; series postica non parum longior est quam antica. Series antica a fronte visa modo levissime deorsum curvata est, postica hoc modo visa paullo fortius deorsum curvata; desuper visa series antica leviter est recurva, postica leviter procurva. Area oculorum mediorum paullo longior est quam latior, vix latior postice quam antice. Oculi medii antici, qui spatio sat parvo, dimidiam oculi diametrum non aequante, sunt separati, cum lateralibus anticis contingentes sunt ; oculi medii postici inter se spatio distant, quod eorum diametrum saltem aequat, a lateralibus posticis etiam paullulo longius remoti. Spatium inter oculos binos laterales diametro anterioris (paullo majoris) eorum plus duplo minus est, et plus duplo, fere triplo minus quam spatia, quibus medii antici a mediis posticis distant, his spatiis diametro oculi medii antici paullo majoribus. *Sternum* plus dimidio longius quam latius, inverse subovatum, paullo longius anteriora versus quam posteriora versus angustatum, antice anguste rotundato-truncatum, postice breviter acuminatum.

Mandibulae paene directae, ad longitudinem modice convexae, paullo plus duplo longiores quam latiores, patellas anticas longitudine aequantes, apicem femorum crassitie saltem aequantes, nitidae, pilis longioribus patentibus conspersae ; sulcus unguicularis lamina denticulata caret ; unguis sat longus, intus et retro directus. *Maxillae* labio plus dimidio longiores, formâ in hoc genere ordinariâ. *Labium* paullo longius quam latius, lateribus levissime rotundatis anteriora versus paullulo angustatum, apice sat late et leviter rotundatum. *Palporum* pars femoralis supra aculeis parvis 1 . 2. est munita; pars tarsalis cylindrata, modo apice obtuso sensim paullo angustata. *Pedes* breves, sat graciles, modice pilosi, tarsis et metatarsis anterioribus scopula instructis. Coxae 1ᵢ paris plus dimidio, paene duplo longiores quam latiores sunt, patellae 1ᵢ et 2ᵢ parium eadem longitudine inter se; tibiae 1ᵢ paris patellâ circa ⅓ longiores sunt, tibiae 2ᵢ paris patellâ paullo (non ⅓) longiores. Metatarsi anteriores tarso paene duplo longiores sunt. Femora 1ᵢ paris modo 1.1. aculeos, supra sitos, habent, 2ᵢ paris praeterea 1.1. anterius, versus apicem ; 3ᵢ paris femora aculeos 1 . 1 . 1. supra, 1 . 1. et antice et postice, 4ᵢ paris ut videtur 1 . 1 . 1. supra, 1 . 1. antice, 1 postice ostendunt. Patellae 4ᵢ paris aculeum postice habent, reliquae patellae, vel saltem anteriores, muticae sunt, ut tibiae et metatarsi anteriores. Tibiae et metatarsi posteriores supra aculeis carent, modo subter et in lateribus aculeati. *Abdomen* paene duplo longius quam latius, paene ovatum, antice tamen subtruncatum, et posterius lateribus parum rotundatis angustato-acuminatum ; pilis densis brevibus appressis vestitum est. *Vulva* ex area parva cornea subrotundata vel potius pentagona, parum elevata, fusco-ferruginea constat, quae postice foveolam longitudinalem longam profundam nigro-marginatam ostendit. *Mamillae* inferiores, spatio earum diametro multo majore separatae, plus duplo, paene triplo longiores quam latiores sunt, art. 2ⁿ vix eminente : mamillae superiores iis paullo breviores et crassiores sunt, art. 2° obtusissimo, latiore quam longiore.

Lg. corp. 7½ ; lg. cephaloth. pæne 3, lat. ej. 2, lat. front. pæne 1 ; lg. abd. 4¼, lat. ej. 2¾ millim. Ped. I pæne 6, II circa 5¼, III 5¼, IV 7½ ; pat.+tib. IV, ut metat. +tars. IV, paullo plus 2½ millim. Unicum exemplum, ad Rangoon inventum.

APHANTAULAX, Sim., 1878.

**19. Aphantaulax (?) zonata, sp. n.

Cephalothorace nigro, pilis tenuibus densis albis vestito ; serie oculorum postica modo levissime procurva, pæne recta : pedibus nigris, anteriorum patellis internodiisque insequentibus, cum coxis posterioribus, pallidioribus, pedibus posterioribus apicem versus paullo clarioribus quoque ; abdomine nigro, vittis tribus transversis albis ornato, quarum prima sive basalis e maculis duabus subobliquis formata est, reliquæ, media et subapicalis angustior, recta.— ♀ jun. Long. saltem 6¾ millim.

Femina jun.—*Cephalothorax* non parum longior quam tibia cum patella 4ᵖ paris, paullo plus dimidio longior quam latior, ante coxas 1ⁱ paris, utrinque, sinuato-angustatus, parte thoracica longa ovata in lateribus anterius modice, posterius leviter rotundata et anteriora versus citius et minus fortiter quam posteriora versus angustata, postice in medio rotundato-truncata, angulis fortiter rotundatis : pars cephalica brevis est, lateribus primum rectis dein rotundatis anteriora versus paullo angustata ; frons leviter rotundata dimidiam partem thoracicam latitudine vix æquat. Humilis est cephalothorax, dorso antice, pone oculos, paullulo proclivi, postice, ante declivitatem posticam, paullo declivi paulluloque convexo, præterea librato et pæne recto. Impressionibus cephalicis et sulco ordinario centrali caret ; lævis et nitidus est, pilis appressis dense vestitus. *Oculi* aream occupant paullo plus duplo latiorem postice quam longiorem et fronte non parum angustiorem. Oculi ad magnitudinem non multum inter se differunt: medii antici reliquis paullo majores videntur (?). Series oculorum postica, quæ antica pæne dupla oculi lateralis diametro longior est, ut series antica a fronte visa sat leviter deorsum est curvata : linea recta oculos medios anticos infra tangens laterales anticos fere in medio secat : desuper visa series postica omnium levissime recurva, pæne recta, est. Oculi medii aream occupant non parum latiorem postice quam antice, et paullulo breviorem quam latiorem postice. Oculi medii antici spatio sunt separati, quod dimidiam eorum diametrum vix superat : a lateralibus anticis spatiis etiam multo minoribus remoti sunt hi oculi. Spatium inter oculos medios posticos eorum diametrum saltem æquat et paullo majus est quam spatia, quibus medii postici a lateralibus posticis distant. Spatium inter oculos binos laterales eorum diametrum saltem æquat et non parum minus est quam spatia, quibus medii antici a mediis posticis sunt separati. *Sternum* angusto ellipticum, antice posticeque subacuminatum, plus triplo longius quam latius, dense pilosum.

Mandibulæ duplo longiores quam latiores, femoribus anticis vix angustiores, in dorso ad basin parum convexæ ; sulcus unguicularis lamina denticulata caret. Unguis brevis. *Maxillæ* duplo longiores quam latiores, labio duplo longiores, ante insertionem palpi parallelæ, transversim late impressæ. *Labium* paullo longius quam latius, apice late truncatum. *Pedes* breviores, aculeis præsertim in tibiis et metatarsis posterioribus sat crebris armati ; patellæ aculeis carent. In pedibus 1ⁱ paris tibiæ subter 1 . 1. aculeos, metatarsi subter 1 aculeum modo habent. Femora anteriora compressa et dilatata sunt, tarsi longitudine mediocri. *Abdomen* subdepressum, inverse subovatum, pæne duplo longius quam latius. *Mamillæ* cylindratæ, longæ ; inferiores, spatio diametro sua majore separatæ, tarsis po - ticis paullo longiores et multo crassiores sunt, apice truncatæ, ex articulo singulo circa quadruplo longiore quam latiore constantes ; mamillæ superiores iis simillimæ sunt sed non parum breviores et paullo crassiores, mamillæ mediæ inferioribus plus duplo breviores et angustiores.

Color. — *Cephalothorax* niger, pubo vel pilis tenuibus albis vestitus et pilis nigris antice conspersus. *Sternum* nigrum, dense albo-pilosum. *Mandibulæ* nigræ, pilis nigris sparsæ ; *maxillæ* et *labium* piceo-nigra. *Palpi* nigri, nigro-pilosi, parte patellari picea, tibiali et tarsali ferrugineis, dense pallido-pilosis. *Pedes* anteriores nigri, patellis et insequentibus internodiis piceis ; pedes posteriores nigri quoque, coxis luteis, pallido-pilosis, tarsis (in pedibus 3ⁱⁱ paris metatarsis quoque) subferrugineis. In his pedibus patellæ, ut femora basi, albo-pilosæ sunt ; pedes præterea ad maximam partem nigro-pilosi. *Abdomen* nigrum, vittis tribus transversis pallidis, pilis albis vestitis, supra ornatum, quarum prima, prope basin ejus sita, retro fracta et in medio abrupta est, itaque e maculis duabus obliquis formata ; vittæ secunda et tertia versus medium dorsi sensim paullo angustatæ et per latera usque ad ventrem productæ sunt, illa in medio dorso sita, hæc (paullo angustior) paullo ante anum locata.

♀ *jun.*—Lg. corp. 6¾ ; lg. cephaloth. 3, lat. ej. pæne 2, lat. front. fere 1 ; lg. abd. 4, lat. ej. parum plus 2 millim. Ped. I circa 6, II 5¾, III 2, IV 7 millim. ; pat. + tib. IV 2¼ millim.

Exemplum femineum junius et pullos paucos ad Tharrawaddy capta examinavi.—Cunctanter hanc speciem gen. *Aphantaulaci* subjungo : *Pœcilochrois* magis affinis videtur, sed cephalothorax ejus nullum vestigium sulci ordinarii centralis ostendit.

THAMPHILUS *, gen. n.

Cephalothorax formâ in gen. *Drasso* ordinariâ, fronte non multo lata, sulco ordinario centrali distinctissimo.

Series duæ oculorum breves, parallelæ, postica longior quam antica et desuper visa paullo recurva vel recta, series antica deorsum

---

* Nom. propr. pers.

curvata. Oculi laterales mediis oculis multo majores; oculi medii postici longius inter se quam a lateralibus posticis remoti.

Mandibulæ mediocres, aculeo in dorso carentes: margo inferior sulci unguicularis laminam denticulatam non format.

Maxillæ incurvæ, transversim impressæ, palpum in medio lateris exterioris gerentes; labium iis non parum brevius, modo paullo longius quam latius, apice late truncatum.

Palpi feminæ unguiculo pectinato-dentato instructi.

Pedes mediocres, ita : IV, I, II, III longitudine se excipientes, saltem in pedibus posterioribus paullo aculeati (tibiæ anteriores aculeis in series ordinatis carent); unguiculi tarsorum bini fortiter curvati, saltem interdum pectinato-dentati.

Abdomen ovatum vel inverse subovatum, fissura transversa posterius in ventre carens.

Mamillæ confertæ, superiores et inferiores pæne eadem magnitudine, breves, art. 2° brevissimo.

Typus : *Thamphilus gracilis*, sp. n.

Aranea, quam typum novi hujus generis feci, *Drasso* cuidam angusto sat similis est ; partes oris ejus ut in *Drasso* sunt, mamillæ contra fere ut in *Corinnommate* aliisque ; oculis lateralibus medios oculos magnitudine multo superantibus præterea a *Drassis* facile distingui potest.

20. Thamphilus gracilis, sp. n.

Cephalothorace ferrugineo-fusco, lævi et nitido, sterno paullo clariore, punctis parvis impressis sparso ; pedibus fusco-testaceis, saltem in tibiis et metatarsis aculeatis ; abdomine supra cinereo-nigricanti, subter pallidiore.— ♀ ad. *Long. circa* 4 $\frac{1}{4}$ *millim.*

Femina.—*Cephalothorax* inverse ovatus, circa dimidio longior quam latior et tibia cum patella 4^i paris paullo longior, in lateribus, ubi tenuiter marginatus est, modice rotundatus et anteriora versus sensim angustatus, utrinque anterius vix evidenter sinuatus, fronte truncata dimidiam partem thoracicam latitudine paullo superante. Humilis est, dorso a latere viso ante declivitatem posticam brevem recto et sensim paullulo assurgente, modo apud (pone) oculos paullulo convexo et, cum area oculorum mediorum, paullo proclivi : lævis et nitidus est, impressionibus cephalicis carens, sulco ordinario centrali tenui et sat brevi sed distinctissimo. Area *oculorum*, qui in duas series parallelas ordinati sunt, paullo plus $\frac{1}{4}$ latitudinis frontis occupat, paullo plus duplo latior quam longior ; series oculorum postica plus oculi lateralis diametro longior est quam antica et desuper visa levissime recurva, series antica a fronte visa sat fortiter deorsum curvata. Oculi laterales antici oblongi oculis mediis plus duplo, fere triplo majores, lateralibus posticis ut videtur paullo majores; medii antici rotundi mediis posticis subangulatis paullulo minores videntur. Area oculorum mediorum fere dimidio latior est postice quam antice et circiter æque longa ac lata antice : oculi bini laterales spatio minuto sed distincto separati sunt, quod spatium paullo minus est quam spatia, quibus oculi medii antici

a mediis posticis distant. Oculi 4 antici contingentes sunt inter se.
Oculi medii postici spatio oculi diametro non parum majore sunt
separati, a lateralibus posticis spatiis modo minutis, spatium inter
binos laterales fere æquantibus, remoti. Spatium inter oculos
medios anticos et marginem clypei vix ullum dicendum. *Sternum*
modo paullo longius quam latius, breviter subovatum, antice late
rotundato-truncatum, apice postico acuminato inter coxas 4ⁱ paris
late separatas producto, paullo convexum, nitidum, elevationibus ad
coxas præditum, punctis parvis impressis sparsum.

Mandibulæ anteriora versus et deorsum directæ, plus duplo
longiores quam latiores basi, coxis anticis paullo crassiores, a basi
ad apicem, præsertim magis versus eum, sensim paullo angustatæ,
in dorso versus basin fortiter convexæ, læves, nitidæ; sulcus
unguicularis inermis videtur (lamina denticulata in margine
inferiore caret); unguis sat longus et gracilis. *Maxillæ*, quæ
impressionem transversam obliquam distinctam ostendant, pæne
duplo longiores quam latiores sunt, labio pæne dimidio longiores, in
latere interiore fortiter incurvæ, a basi ad medium, i. e. ad insertionem palpi, sensim paullo dilatatæ et anteriora versus et foras
directæ, ante palpum anteriora versus et paullo intus directæ
et in latere exteriore, præsertim versus apicem et in angulo
ejus exteriore, rotundatæ, angulo interiore late et oblique truncato. *Labium* paullo longius quam latius, apice late truncatum.
Palpi sat longi, setis fortibus conspersi, unguiculo gracili, dentibus
6 mediocribus pectinato, muniti. *Pedes* mediocres, modice pilosi;
pedes posteriores sed vix anteriores paullo aculeati sunt: femora
saltem 3ⁱ paris aculeum supra habent, et tibiæ tum 3ⁱⁱ quam 4ⁱ
paris 2-3 aculeos subter; etiam metatarsi posteriores aculeo
uno alterove armati sunt. Tarsi anteriores scopula tenui muniti
videntur. Femora anteriora, præsertim 1ⁱ paris, compressa sunt
et a basi angusta cito dilatata et ita versus basin, supra, fortius
convexo-arcuata. Coxæ 1ⁱ paris plus duplo longiores quam latiores
sunt, tibiæ omnes patellà longiores, tarsi anteriores (non posteriores)
metatarso paullo longiores. Unguiculi tarsorum bini sat longi et
graciles, fortiter curvati, saltem in pedibus 1ⁱ paris dentibus paucis
pectinati: in pedibus 4ⁱ paris mutici sunt. *Abdomen* fere duplo
longius quam latius, inverse et anguste ovatum, antice subtruncatum, lateribus anterius parum, posterius modice rotundatis,
posteriora versus paullo dilatatum, postice breviter subacuminatum,
mamillis apicalibus. *Vulva* ex arcis duabus sat magnis subovatis,
postice subacuminatis, paullo obliquis (posteriora versus paullo
appropinquantibus), fuscis, spatio parvo separatis constat, quæ in
margine exteriore suum quæque punctum nigrum ostendunt.
Mamillæ superiores et inferiores pæne æque magnæ sunt, confertæ,
brevissimæ, superiores cylindratæ, art. 1º breviore quam latiore,
art. 2ⁿ eo vix angustiore sed multis partibus breviore, obtusissimo:
mamillæ inferiores magis conicæ videntur, art. 2ⁿ minuto. (Mamillas
medias discernere non potui.)

Color. — *Cephalothorax* ferrugineo-fuscus, *mandibulæ* ejusdem
coloris, *sternum*, *maxillæ* et *labium* paullo clariora, testaceo-fusca.

Palpi et *pedes* fusco-testacei, illi versus apicem late et sensim paullo infuscati. *Abdomen* supra nigro-cinereum, subter pallidius cinereum. *Mamilla* albicanti-cinereæ.

Lg. corp. 4⅛ : lg. cephaloth. pæne 2¼, lat. ej. paullo plus 1½, lat. front. circa ⅘ ; lg. abd. 2⅓, lat. ej. circa 1⅓ millim. Ped. I paullo plus 6, II paullo plus 5, III circa 4¼, IV 7 ; pat.+tib. IV fere 2 millim.

Exemplum singulum, quod supra descripsi, ad Tharrawaddy captum est.

TYRRHUS *, gen. n.

Cephalothorax longior, inverse subovatus, modice altus, impressionibus cephalicis carens, sulco ordinario centrali parvo sed distincto, altitudine clypei diametrum oculorum mediorum anticorum circiter æquante.

Oculi 8 mediocres, non multo inæquales, in series duas longas parallelas dispositi : series postica longior est quam antica et modice recurva, series antica leviter deorsum curvata. Oculi medii in trapezium paullo latius postice quam antice et circiter æque longum ac latum ordinati, medii antici, ut medii postici, longius inter se quam a lateralibus ejusdem seriei remoti ; oculi bini laterales saltem æque longe inter se separati ac medii antici a mediis posticis.

Mandibulæ breves, sat fortes ; margo inferior sulci unguicularis lamina denticulata caret.

Maxillæ vix duplo longiores quam latiores, parallelæ, labio plus duplo longiores, subovatæ, basi angustæ, non transversim impressæ ; labium transversum.

Palpi feminæ unguiculo minuto præditi.

Pedes graciles, mediocri longitudine, ita : IV, III, I, II (vel IV, I, II, III?) longitudine se excipientes, parce pubescentes, aculeati, aculeis subter in tibiis et metatarsis anterioribus per paria dispositis, gracilibus et appressis ; unguiculi bini minuti, pectinato-dentati.

Abdomen longius, pæne glabrum, fissura transversa posterius in ventre carens.

Mamillæ confertæ et conniventes, breves, superiores et inferiores eadem magnitudine fere.

Typus : *Tyrrhus nitidus*, sp. n.

Typus hujus generis *Corinnommati*, Karsch, præsertim affinis est, serie oculorum postica non parum recurva, mandibulis et maxillis brevioribus, labio transverso, oculorum ordinibus parallelis (non versus apicem inter se appropinquantibus) ut et corpore pæne glabro præsertim a *Corinnommate* dignoscendus.—Ut *Corinnomma*, fere intermedium inter Drassoidas et Clubionoidas videtur gen. *Tyrrhus*.

* Nom. propr. pers. mythol.

**21. Tyrrhus nitidus, sp. n.

Cephalothorace ferrugineo-fusco, pedibus anterioribus flavo-testaceis, nigro-fasciatis -maculatisque, 4ᵗⁱ paris nigris. flavo-testaceo-fasciatis et -annulatis : abdomine inverse ovato-cylindrato, fere duplo longiore quam latiore, in medio supra transversim impresso sive constricto et ibi vitta transversa in medio abrupta alba ornato, dorso pone eam nigro, ante eam magis piceo.—♀ jun. Long. saltem 4⅓ millim.

Femina jun.—Cephalothorax pæne duplo longior quam latior est, tibia cum patella 4ᵗⁱ paris paullo longior, utrinque anterius sat leviter et sat late sinuatus. in lateribus partis thoracicæ modice et æqualiter rotundatus, postice anguste rotundatus : pars cephalica sat longa est, lateribus pæne rectis anteriora versus sensim paullo angustata ; frons rotundata dimidiam partem thoracicam latitudine paullo superare videtur. Minus humilis est cephalothorax, transversim præsertim posterius modice convexus, dorso a latere viso postice, apud petiolum, depresso, præterea postice convexo et declivi, antice sat brevi spatio paullo convexo et proclivi, præterea, in medio, recto et librato ; area oculorum mediorum sat prærupto proclivis est. Facies sat humilis ; clypeus directus, tenuiter marginatus, altitudine diametrum oculorum mediorum anticorum æquans. Area *oculorum*, qui in series duas parallelas dispositi sunt, pæne totam latitudinem frontis occupat et pæne triplo latior est quam longior. Series oculorum postica serie antica dupla oculi lateralis diametro longior est, desuper visa modice recurva, a fronte visa levissime deorsum curvata : series antica a fronte visa leviter deorsum curvata est. Pæne eadem magnitudine sunt oculi, laterales antici tamen reliquis paullo minores, laterales postici reliquis fortasse paullo majores. Area oculorum mediorum paullulo latior est postice quam antice et æque longa ac lata postice. Oculi bini laterales spatio sunt sejuncti, quod posterioris (majoris) eorum diametro paullo majus est et saltem æque magnum ac spatia quæ medios anticos a mediis posticis separant. Oculi medii antici spatio diametro sua multo, circa dimidio. minore separati sunt, a lateralibus anticis spatiis etiam minoribus disjuncti : medii postici contra spatio sunt separati quod eorum diametro paullo majus est : a lateralibus posticis spatiis minoribus, diametrum oculi vix æquantibus, distant. *Sternum* non parum longius quam latius, subovatum, lateribus posterius pæne rectis sensim angustatum et inter coxas 4ᵗⁱ paris (qui tamen non longe separatæ sunt) retro continuatum ; impressionibus ad coxas præditum est, præterea læve, nitidum. *Petiolus* corneus, sat longus, paullo latior tamen quam longior. *Mandibulæ* subreclinatæ, breves, vix duplo longiores quam latiores, femoribus anticis fere dimidio latiores, in dorso sat fortiter convexæ, læves, nitidæ ; unguis mediocris. *Maxillæ* parallelæ, labio plus duplo longiores, circa dimidio longiores quam latiores, a basi ad apicem rotundatum sensim dilatatæ, ovatæ fere, impressione carentes. *Labium* transversum, apice rotundatum. *Palpi* graciles, unguiculo minuto, leviter curvato, ut videtur mutico. *Pedes* quoque

graciles, parce pubescentes et paullo aculeati : tibiæ anteriores
2 . 2 . 2. aculeos graciles appressos subter habent, metatarsi anteriores subter aculeos 2 . 2. etiam graciliores : etiam pedes posteriores
aculeis paucis muniti sunt. Unguiculi tarsorum bini minuti et
difficiles visu (pilis latis fasciculi unguicularis absconditi) : in dorso
versus basin recti sunt visi, et dentibus paucis longis pectinati.
Abdomen fere duplo longius quam latius, inverse ovato-cylindratum,
antice et præsertim postice fortiter rotundatum, lateribus in medio
rectis et pæne parallelis ; in medio supra transversim, per totam
latitudinem suam, impressum est, dorso ut videtur ante hanc impressionem duriore quam pone eam ; præterea læve et nitidissimum
est, ut videtur glabrum. *Mamillæ* breves, superiores et inferiores
confertæ, conniventes et pæne eadem magnitudine, art. 2º brevissimo,
subconico.

Color.—*Cephalothorax* ferrugineo-fuscus, antice paullo infuscatus,
summo margine nigro. *Sternum* sordide testaceum. *Mandibulæ*
nigræ; *maxillæ* et *labium* sordide testacea. *Palpi* nigricantes,
versus apicem testacei. *Pedes* flavo-testacei, nigro-fasciati et
-variati : in pedibus anterioribus modo femora ad longitudinem
nigro-fasciata sunt et patellæ maculam nigram subter habent ; in
pedibus 3ⁱⁱ paris etiam tibiæ et patellæ nigro-fasciatæ sunt : 4ⁱ paris
pedes ad maximam partem nigri sunt, femoribus flavo-testaceo-
fasciatis, tarsis totis flavo-testaceis, et tibiis metatarsisque apice
annulo hujus coloris cinctis : tibiæ præterea, ut patellæ, basi
anguste flavo-testaceæ sunt. *Abdomen* nigrum, subter paullo
clarius ; supra in medio, in impressione illa transversa, vitta transversa recta non multo lata et in medio abrupta alba est ornatum,
ante hanc vittam fortasse clarius, subpiceum ; in medio ventris, ad
utrumque latus, maculam sat parvam obliquam albidam ostendit.
Mamillæ cinerascentes.

♀ *jun.*—Lg. corp. 4⅓ : lg. cephaloth. 2¼. lat. ej. 1¼. lat. front.
fere 1 ; lg. abd. 2½. lat. ej. 1½ millim. Ped. 1 4⅓. II 4. III 4⅔, .
IV 6 ; pat. + tib. IV 2 millim.

Unicum exemplum, ad Tharrawaddy captum, vidi.

CORINNOMMA, Karsch, 1880.

22. Corinnomma harmandii, Sim.

Corinnomma harmandi, *Sim. Actes Soc. Linn. Bordeaux*, xl. p. (24)
(= ♀); *Thor. Ann. Mus. Genova*, xxv. p. 45 (1887) (= ♂)*.

Exempla duo adulta, masculum et femineum, cum duobus
junioribus quæ ejusdem speciei judico, ad Tharrawaddy invenit
Cel. Oates ; etiam ad Rangoon duo exempla (valde mutilata et
detrita) cepit.

---

* In hac descriptione, p. 46, lin. 24, "majore" lapsus est calami pro
"minore" : legendum est igitur : "a lateralibus anticis spatio multo (circiter
triplo) minore distant hi oculi."

Fam. CLUBIONOIDÆ.

ATALIA, Thor., 1887 *.

23. Atalia concinna, Thor.

Atalia concinna, Thor. Ann. Mus. Genova, xxv. p. 55 (1887).

Mas et femina, ad Tharrawaddy inventa.

CLUBIONA (Latr.), 1804.

**24. Clubiona analis, sp. n.

Cephalothorace æque longo ac tibia cum patella 4' paris, obscure testaceo-fusco, dense albicanti-pubescenti, fronte angustiore; oculis seriei anticæ æque fere magnis et spatiis æqualibus sejunctis, serie oculorum postica desuper visa recta; tibiis 3" paris subter 1.1. aculeis munitis. metatarsis anterioribus vel saltem 2' paris aculeis carentibus; abdomine anguste ovato, postice subacuminato, sordide et obscure testaceo, in area supra-anali paullo clariore nigro-maculato, pube densa cinerascenti, colorem æneo-viridem interdum sentiente, supra vestito; vulva ex maculis duabus minutis piceis, quæ spatio diametrum earum æquante separati sunt, constante.— ♀ ad. Long. circa 10 millim.

Femina.—*Cephalothorace* dimidio longior est quam latior, tibiam cum patella 4' paris longitudine æquans, fronte leviter rotundata dimidiam partem thoracicam latitudine æquante, vix superante, sulco ordinario centrali tenui et brevi, dimidium tarsum 3" paris longitudine non æquante. *Oculorum* series postica, antica multo longior, desuper visa recta est, series antica a fronte visa pæne recta, parum deorsum curvata; spatium inter marginem clypei et oculos medios anticos horum diametrum pæne æquat. Oculi 4 antici spatiis æqualibus, diametrum oculi pæne æquantibus, sunt separati; oculi medii postici spatio eorum diametro pæne triplo majore sejuncti sunt, a lateralibus posticis spatiis circa dimidio minoribus, oculi diametrum duplam vix æquantibus, separati. Spatium inter oculos binos laterales, diametrum eorum æquans, paullo minus est quam spatia, quibus medii antici a mediis posticis distant, et quæ oculi medii antici diametrum saltem æquant. *Sternum* duplo longius quam latius, subellipticum.

Mandibulæ, deorsum et paullo anteriora versus directæ, patellas anteriores longitudine æquant, paullo plus duplo longiores quam latiores, femora anteriora latitudine æquantes, apice intus oblique et sat late truncatæ; in dorso versus basin sat leviter convexæ sunt, læves et nitidæ, sat dense pilosæ. Sulcus unguicularis saltem antice intus duobus dentibus armatus est; unguis mediocris. *Maxillæ*

---

* *Atalia* aliud est nomen atque *Athalia* (*Athalia,* Leach [Hymenopt.]), ideoque *non* præoccupatum.

circa triplo longiores quam latiores, labio pæne duplo longiores, in medio angustæ et foras curvatæ, apice dilatatæ, angulo apicis exteriore rotundato, interiore oblique truncato; *labium* dimidio longius quam latius, lateribus pæne parallelis, apice late et leviter rotundato. *Palpi* aculeis nonnullis armati (2.1. supra in parte femorali); pars tarsalis paullo incrassata est, et vix longior quam pars tibialis; unguiculus cono minuto obtuso repræsentari videtur. *Pedes* sat longi; in pedibus 2¹ paris, e. gr., femora supra et postice 1.1.1., antice 1.1. aculeos habent, femora 3ⁱ paris 1.1.1. supra, antice et postice, 4¹ paris femora 1.1.1. supra, 1.1. antice et postice. Patellæ anteriores vel saltem 2¹ paris aculeis carent, posteriores patellæ aculeum modo postice ostendunt. Tibiæ anteriores vel saltem 2¹ paris 2+2 aculeos subter sitos habent (in metatarsis horum pedum nullum aculeum video). Tibiæ et metatarsi posteriores compluribus aculeis armati sunt: subter tibiæ 3ⁱ paris 1.1. aculeis sunt munitæ, antice et postice quoque 1.1., sed vix ullo supra. Metatarsi et tarsi anteriores dense scopulati. *Abdomen* anguste ovatum, postice sensim angustato-acuminatum. *Vulva* ex maculis duabus minutis piceis paullo ante plicaturam genitalem sitis et spatio diametrum earum fere æquante separatis constat. *Mamillæ* longæ, parallelæ, superiorum art. 1ˢ cylindratus, circa triplo longior quam latior, 2ˢ omnium brevissimus; mamillæ inferiores subconicæ, art. 1ᵘ saltem duplo longiore quam latiore basi, art. 2ᵘ brevissimo.

Color.—*Cephalothorax* obscure testaceo-fuscus, antice (area oculorum) paullo infuscatus, pube tenui sericea albicanti vestitus. *Sternum* pallide fusco-testaceum. *Mandibulæ* ferrugineo-fuscæ, *maxillæ* et *labium* obscure testaceo-fusca. *Palpi* et *pedes* pallide fusco-testacei; pedes apicem versus sensim paullo infuscati sunt. *Abdomen* supra sordide et obscure testaceum est; supra apicem plagam sat magnam paullo clariorem ostendit, in ea dense et inæqualiter nigro-maculatum; pube densa sericea cinerascenti, certo modo visa viridi-æneo-micante, supra vestitum est. Venter clarius, cinerascenti-testaceus. *Mamillæ* testaceæ.

Lg. corp. 10; lg. cephaloth. 4½, lat. ej. 3, lat. front. circa 1½; lg. abd. 5¼, lat. ej. 2¼ millim. Ped. 1 ?, II 10¾, III 9, IV 15; pat. + tib. IV 4½ millim.

Singulam feminam valde mutilatam (pedibus 1¹ paris carentem) examinavi, in Double Island (Moulmein) captam.

**25. Clubiona melanothele, sp. n.

Cephalothorace, tibiam cum dimidia patella 4¹ paris longitudine saltem æquante, ferrugineo-luteo, antice paullo infuscato, fronte sat lata; serie oculorum postica levissime procurva, antica pæne recta, vix deorsum curvata, oculis seriei anticæ pæne eadem magnitudine et spatiis pæne æqualibus separatis; partibus oris nigris vel piceis; pedibus testaceis, tibiis anterioribus modo singulo aculeo, subter sito, armatis, tibiis 3ⁱ paris subter singulo aculeo munitis; abdomine supra subviolaceo-cinereo, maculis parvis nigris dense consperso; vulva ex fovea parva, quæ V minutum nigrum continet, formata; mamillis nigris.— ♀ ad. Long. 4 4½ millim.

Femina.—Cephalothorax tibia cum patella 4¹ paris paullulo
longior est, circa dimidio longior quam latior, formâ ordinariâ,
fronte tamen sat lata, circa ⅔ partis thoracicæ latitudine æquante,
leviter rotundata ; impressiones cephalicæ plane nullæ, sulcus ordinarius centralis tenuis et brevissimus, ⅓ tarsi 3ⁱⁱ paris longitudine
vix æquans. Lævis et nitidus est cephalothorax, pube tenui sericea
vestitus. Series *oculorum* postica (serie antica circa dupla oculi
lateralis diametro longior) desuper visa levissime procurva est ;
series antica a fronte visa recta, vix vel parum deorsum curvata.
Oculi laterales antici medios anticos magnitudine saltem æquant ;
medii antici posticis oculis, quorum laterales mediis paullulo sunt
minores, evidenter majores sunt. Area oculorum mediorum fere
duplo latior est postice quam antice, paullo longior quam latior antice.
Spatium inter oculos medios anticos et marginem clypei eorum diametrum non æquat. Spatia inter oculos 4 anticos pæne æque magna
sunt, diametro oculi evidenter paullo minora (medii antici fortasse
paullulo longius a lateralibus anticis quam inter se distare dici
possunt). Spatium inter oculos medios posticos eorum diametro circa
duplo majus est : a lateralibus posticis spatio minore, diametro suo
circa dimidio majore, distant hi oculi. Oculi bini laterales spatio
sunt disjuncti, quod dimidiam diametrum oculi lateralis antici circiter
æquat, et quod non parum minus est quam spatia, quibus medii antici a mediis posticis sunt separati, his spatiis diametrum oculi medii
antici saltem æquantibus. *Sternum* non duplo longius quam latius,
ovato-ellipticum fere, lateribus posterius parum rotundatis ibi sensim
angustatum et subacuminatum ; læve et nitidum est, et pilis sparsum.
Mandibulæ, deorsum et paullo anteriora versus directæ, patellis
anterioribus multo, fere dimidio, longiores sunt, femoribus anticis
non parum, pæne dimidio, latiores, parum plus duplo longiores quam
latiores, pæne cylindratæ, apice intus tamen late et oblique truncatæ,
in dorso magis versus basin modice convexæ, læves, nitidæ, pilosæ.
Unguis mediocris. *Maxillæ* duplo longiores quam latiores apice,
labio non duplo longiores, formâ in hoc genere ordinariâ. *Labium*
circa dimidio longius quam latius, apice late truncatum. *Palpi*
mediocres, paullo aculeati ; in parte femorali 1 . 1. (1 . 2. ?) aculeos
parvos ostendunt. *Pedes* breves, pube tenui vestiti et aculeis sat
multis armati, præsertim in femoribus ut et in pedum posteriorum
tibiis et metatarsis. Patellæ posteriores aculeum postice ostendunt,
anteriores muticæ sunt. Tibiæ anteriores modo singulum aculeum
habent, subter situm, metatarsi 2ⁱ paris ii quoque aculeum singulum,
prope basin subter locatum ; 1ⁱ paris metatarsi inermes videntur.
Tibiæ 3ⁱⁱ et 4ⁱ parium subter aculeum singulum in medio ultimum
ostendunt. Metatarsi et tarsi anteriores scopula densa prædditi
sunt. *Abdomen* circa dimidio longius quam latius, subdepressum,
ovato-lanceolatum fere, postice acuminatum. *Vulva* ex fovea parva
fusca constat, quæ in fundo ⋁ minutum nigrum ostendit. *Mamillæ*
mediocres, superiores non parum longiores quam inferiores, art. 1ⁿ
cylindrato pæne triplo longiore quam latiore, art. 2ⁿ eo angustiore,
æque saltem longo ac lato ; mamillæ inferiores subconicæ, saltem
duplo longiores quam latiores, art. 2ⁿ brevissimo.

Color.—*Cephalothorax* ferrugineo-luteus, pube tenui flaventi vestitus, antice paullo infuscatus. *Sternum* testaceum. *Mandibulæ* nigro-piceæ, *maxillæ* et *labium* picea. *Palpi* testacei, apice infuscati. *Pedes* testacei ; anteriorum metatarsi et tarsi subter plus minus distincte infuscati sunt. *Abdomen,* supra tenuiter flaventi-pubescens, in dorso subviolaceo-cinereum est, maculis parvis nigris dense conspersum : harum macularum nonnullæ series duas longitudinales rectas a basi dorsi ad medium ejus pertinentes, postice inter se unitas et fasciam angustam pallidam postice acuminatam includentes formant ; reliquæ maculæ in series transversas obliquas utrinque in dorso—et secundum medium ejus etiam in series longitudinales—ordinatæ sunt. *Venter* pallide cinerascens, paullo fusco-variatus. *Mamillæ* atræ vel saltem nigricantes.

Lg. corp. 4½ ; lg. cephaloth. pæne 2¼, lat. ej. paullo plus 1½, lat. front. pæne 1¼ ; lg. abd. 2¼, lat. ej. 1½ millim. Ped. 1 4¼, II 4½, III paullo plus 4, IV 6 ; pat.+tib. IV paullo plus 2 millim.

Feminas tres ad Tharrawaddy invenit Cel. Oates.—Colore nigro mamillarum hæc species præsertim facile internosci potest.

EUTITTHA, Thor., 1877.

26. Eutittha caudata, Thor.

Eutittha caudata, *Thor. Ann. Mus. Genova,* xxv. p. 58 (1887).

Mas junior, quem hujus speciei (spatio magno inter oculos binos laterales a reliquis *Eutitthis* mihi cognitis differentis) credo, etsi abdomen non immaculatum sed maculis parvis albicantibus supra conspersum habet, ad Rangoon inventus est.

**27. Eutittha melanostoma, sp. n.

Cephalothorace fusco-testaceo vel testaceo, pube cinerascenti vestito, facie paullo infuscata ; sterno, palpis (apice excepto) et pedibus iis quoque testaceis vel fusco-testaceis, immaculatis ; mandibulis, maxillis et labio nigris vel piceis ; abdomine cinerascenti vel testaceo, immaculato ; oculis binis lateralibus pæne contingentibus inter se, oculis mediis anticis longius a lateralibus anticis quam inter se remotis ; pedibus 1° paris in mare cephalothorace circa 5plo, in femina 4plo longioribus ; pedibus omnibus aculeatis, tibiis anterioribus in mare aculeis (5)7, in femina aculeis 0–2 subter armatis, tibiis 3ii paris aculeo singulo utrinque præditis ; mamillarum superiorum art. 2° subconico, art. 1m longitudine non æquante ; palporum parte tibiali in mare plus triplo longiore quam latiore ; vulva e fovea pallida constante, quæ callis duobus incurvis fuscis includitur.—♂ ♀ ad. *Long.* ♂ 6–7⅓, ♀ circa 7½ *millim.*

Mas.—*E. montana,* Thor.*, et *E. incompta,* id.†, hæc species

---

* Ann. Mus. Genov. xxviii. p. 368.
† K. Svenska Vet.-Akad. Handl. xxiv. no. 2, p. 29.

præsertim affinis videtur : mas a descriptione maris *E. montanæ*, quam loc. cit. dedimus, notis in diagnosi allatis paucisque aliis differt et non difficulter internosci potest. *Cephalothorax*, tibiam cum dimidia patella 4[i] paris longitudine circiter æquans, saltem ⅓ longior quam latior est, fronte truncata dimidiam partem thoracicam latitudine paullo superante. Satis altus est, dorso a latere viso anterius fortiter, posterius magis leviter convexo, antice fortiter proclivi : sulcus ordinarius centralis brevissimus et levissimus, sed distinctus est. Nitidus et pube sat densa totus vestitus est cephalothorax. *Oculi* antici subæquales, posticis oculis, lateralibus præsertim, evidenter majores. Series oculorum antica a fronte visa recta est, vix deorsum curvata, series postica desuper visa paullulo procurva. Oculi bini laterales spatio modo minuto separati sunt, subcontingentes. Area oculorum mediorum æque longa est ac lata antice, non parum latior postice quam antice ; oculi medii antici, qui reliquis paullo majores sunt, inter se et a mediis posticis spatiis distant, quæ illorum diametrum saltem æquant : a lateralibus anticis fere dimidio longius quam inter se sunt remoti. Oculi medii postici spatio sunt separati, quod eorum diametro saltem dimidio majus est, a lateralibus posticis etiam paullo longius remoti.

Mandibula deorsum et paullo anteriora versus directæ, femoribus anterioribus paullo (non dimidio) latiores, patellis anterioribus non parum, circa ¼, longiores, saltem triplo longiores quam latiores, a basi ad circa ⅔ longitudinis minus fortiter, dein paullo fortius sensim angustatæ, a latere visæ a basi ad medium leviter convexæ, præterea rectæ; læves sunt, nitidæ, minus dense pilosæ. Sulcus unguicularis longus, in marginibus dense ciliatus et, ut videtur, in margine posteriore dentibus duobus armatus. Unguis longus, sat debilis. *Maxillæ* ad formam ut in *E. montana*, labio pæne duplo longiores: *labium* paullo longius quam latius, apicem late truncatum versus sensim paullo angustatum. *Palpi* sat longi et graciles, tibiis anterioribus paullo graciliores, clava femoribus anterioribus vix latiore. Pars femoralis insequentibus duobus internodiis conjunctis paullulo longior est, pars patellaris non parum, sed non dimidio, longior quam latior ; pars tibialis (quæ extra pilis valde longis conspersa est) eâ paullo angustior et circa duplo longior est, triplo—quadruplo longior quam latior, cylindrata, apice oblique truncata, apice lateris exterioris in procursum porrectum pæne rectum, basi crassiorem et pallidum, præterea gracilem et saltem apice fuscum producto, qui diametrum partis tibialis longitudine fere æquat. Præsertim a latere inferiore inspectus hic procursus apice oblique truncatus et ita acuminatus videtur. In apice subter, intus, procursum parvum obtusum sive tuberculum ostendit pars tibialis. Pars tarsalis, parte tibiali paullo longior et pæne triplo latior, subovato-lanceolata est, in medio utrinque sinuato-angustata (præsertim exterius, ubi ante hunc sinum sat fortiter est dilatata): calcar ejus ordinarium, a medio baseos, supra, exiens et retro et foras directum, gracillimum est, dimidiam partem tibialem longitudine vix vel non æquans. Bulbus breviter ovatus, pæne lævis

et nitidus; in latere exteriore spina longa tenui nigra cingitur.
Pedes sat longi (1' paris cephalothorace pæne 5plo longiores),
aculeis sat multis armati; in pedibus 1' paris, e. gr., femora antice et
postice 1.1. aculeos habent, tibiæ 7 vel pauciores subter, et metatarsi 3 subter: 2 versus basin. 1 versus medium. Tibiæ posteriores
utrinque versus apicem 1 aculeum ostendunt. *Abdomen* ovatum,
dense pubescens. *Mamillæ* superiores inferioribus fere dimidio
longiores sunt; art. eorum 2ˢ art. 1° evidenter brevior est, sed
saltem duplo longior quam latior, a basi ad apicem sensim paullo
angustatus.

Color.—*Cephalothorax* (facie infuscata excepta), *sternum, palpi*
(parte tarsali nigricanti excepta) et *pedes* fusco-testacea vel testacea
sunt, immaculata, pube testaceo-cinerascenti vestita ; aculei pedum
nigri. *Mandibulæ* nigro-piceæ : *maxillæ* et *labium* picea. *Abdomen*
obscurius cinereum, immaculatum, pube cinerascenti vestitum :
mamillæ subtestaceæ.

Femina, cum maribus hic descriptis captæ, et quas ejusdem
speciei habeo, non parum ab iis differunt, præsertim art. 2° mamillarum superiorum breviore et pedibus minus aculeatis; ab *E.
incompta*, cujus modo exemplum femineum junius descriptum fuit,
præsertim pedibus omnibus aculeatis differre videntur. *Cephalothorax*
ad formam ut in mare est, fronte tamen latiore, circa ⅔ partis
thoracicæ latitudine æquante : tibia cum patella 4' paris modo
paullo brevior est, sulco centrali *carens*. Oculi ut in mare, excepto
quod spatia interocularia paullo majora sunt : oculi bini laterales
spatio evidentiore, ¼ diametri posterioris eorum pæne æquante, sunt
separati ; oculi postici spatiis pæne æqualibus, duplam oculi medii
postici diametrum æquantibus, sejuncti sunt ; spatia, quibus medii
antici a mediis posticis distant, paullulo majora sunt quam spatium
inter oculos duos medios anticos.

Mandibulæ breviores quam in mare, tibiam cum ⅓ patellæ 3ⁱⁱ
paris longitudine circiter æquantes, femoribus anticis non parum
crassiores, paullo plus duplo et dimidio longiores quam latiores
basi, intus fere a medio ad apicem sensim paullo angustatæ, dorso
in medio leviter convexo, læves, nitidæ, pilosæ. *Palpi* aculeis
carent : pars eorum patellaris pæne duplo longior est quam latior,
pars tibialis eâ duplo longior et plus triplo, pæne quadruplo longior
quam latior : pars tarsalis, versus apicem obtusum paullo incrassata,
partem tibialem cum dimidia parte patellari longitudine æquat.
Pedes sat breves, 1' paris cephalothorace circa 4plo longiores.
Femora aculeos 1.1. vel saltem 1 aculeum antice versus apicem
habent ; tibiæ anteriores interdum subter aculeos 1 vel 2, interdum
nullum aculeum, ostendunt : metatarsi anteriores 2 aculeis versus
basin subter armati sunt. Tibiæ 3ⁱⁱ paris aculeum utrinque versus
apicem habent, tibiæ 4' paris aculeum saltem 1 postice. Metatarsi
posteriores, præsertim 4' paris, aculeis compluribus præditi sunt.
Scopula carent pedes. *Vulva* ex fovea rotundata pallida constat,
quæ callo corneo humili incurvo sublunato fusco utrinque saltem in
lateribus et postice includitur. *Mamillæ* superiores inferioribus
crassis et subconicis non parum longiores sunt ; art. eorum 1ˢ

cylindratus fere triplo longior est quam latior, art. 2' eo angustior
et plus duplo brevior, conicus, non multo longior quam latior
basi.

Color plane idem atque in mare est, modo abdomine plerumque
magis testaceo quam cinereo ; pars *palporum* tarsalis fusca est.

In *junioribus* abdomen interdum cinerascenti-viride est, et partes
oris plerumque pallidiores quam in adultis.

♂.—Lg. corp. $7\frac{1}{3}$; lg. cephaloth. paullo plus $3\frac{1}{2}$, lat. ej. $2\frac{2}{3}$. lat.
front. fere $1\frac{1}{2}$; lg. abd. 4. lat. ej. $2\frac{1}{2}$ millim. Ped. I $16\frac{3}{4}$, II $12\frac{1}{4}$,
III $9\frac{1}{4}$, IV $13\frac{1}{4}$; pat.+tib. IV $4\frac{1}{2}$ millim.

♀.—Lg. corp. $7\frac{1}{2}$; lg. cephaloth. $3\frac{1}{2}$, lat. ej. paullo plus $2\frac{1}{4}$. lat.
front. pæne $1\frac{3}{5}$; lg. abd. pæne 5, lat. ej. paullo plus 3 millim.
Ped. I $12\frac{1}{2}$, II 9, III 7, IV $10\frac{1}{2}$; pat.+tib. IV $3\frac{2}{3}$ millim.

Exempla nonnulla, adulta et juniora, ad Tharrawaddy capta sunt.

*28. Eutittha gracilipes, sp. n.

*Cephalothorace testaceo ; sterno, palpis (parte tarsali infuscata
excepta), pedibus et mamillis pallide testaceis, immaculatis, partibus
oris infuscatis ; abdomine cinerascenti, in dorso posterius maculis
nonnullis parvis albicantibus consperso ; oculis utrinsque serici
spatiis æqualibus inter se remotis, binis lateralibus pæne contingentibus
inter se ; palporum parte tibiali non duplo longiore quam latiore ;
pedibus gracillimis. I' paris cephalothorace circa 6plo longioribus,
pedibus omnibus aculeatis, tibiis I' paris subter aculeis 7–8 armatis ;
mamillarum superiorum art. 2° multo angustiore et non parum
breviore quam est art. I', apicem versus sensim angustato.— ♂ ad.
Long. circa 5 millim.*

Mas.—Cephalothorax ut in priore specie ad formam fere est, sed
tibia 4' paris evidenter brevior, sulco ordinario centrali carens.
Frons truncata (oculis mediis anticis cum tuberculo cui impositi
sunt tamen sat prominulis) dimidiam partem thoracicam latitudine
vix superat. Oculi ut in affinibus : oculi medii antici mediis
posticis tamen parum majores sunt, laterales postici reliquis evidenter minores. Series oculorum antica a fronte visa recta est,
series postica desuper visa paullulo procurva. Oculi bini laterales
pæne contingentes sunt inter se, medii antici spatiis diametrum
suam æquantibus inter se et a lateralibus anticis remoti ; oculi quoque
postici spatiis æqualibus, oculi medii diametrum non parum superantibus, sejuncti sunt.

Mandibulæ tibia 3ᵗⁱ paris breviores sunt, patellas anteriores longitudine saltem æquantes, femoribus anticis paullo latiores, saltem
triplo longiores quam latiores basi, in dorso versus basin leviter
convexæ, fere a medio ad apicem sensim paullo angustatæ et
paullulo divaricantes. *Palpi* graciles, sat longi : pars patellaris
paullo, vix dimidio, longior est quam latior, pars tibialis ejus latitudine et non multo longior, circa dimidio longior quam latior
desuper visa, cylindrata, apice oblique truncata ; apex lateris
exterioris ejus, magis subter, in procursum gracilem rectum pro-

ductus est, ut in ♂ *E. melanostomatis*. Pars tarsalis partibus duabus prioribus conjunctis circa duplo longior est, sublanceolata, in latere exteriore latissime emarginata, basi valde oblique truncata et, ut videtur, supra apicem partis tibialis retro producta, calcari illo retro directo in hoc genere et in *Chiracanthio* ordinario carens (an defractum est?); bulbus postice laminam tortuosam tenuissimam albicantem quasi seta gracili nigra marginatam et gyris suis longe retro pertinentem ostendit—num ita in statu ordinario palpi quoque?—(alter palporum in exemplo nostro deest). *Pedes* longi, gracillimi, 1ⁱ paris cephalothorace circa 6plo longiores; femora omnia versus apicem utrinque 1.1. aculeos habent, patellæ aculeis carent: tibiæ 1ⁱ paris subter 7 vel 8 aculeos ostendunt, 2ⁱ paris aculeos circa 5: metatarsi anteriores 2.2. vel 2.1. aculeis subter sunt muniti. Etiam tibiæ posteriores aculeatæ sunt (tibiæ 3ⁱⁱ paris aculeos 2 versus basin subter, 1.1. postice et 1 antice habent): metatarsi posteriores aculeis compluribus instructi sunt: unus, in apice eorum subter situs, præsertim in pedibus 3ⁱⁱ paris reliquis aculeis fortior est. *Abdomen* lanceolato-ovatum. *Mamillæ* graciles, inferiores subconicæ, circa duplo longiores quam latiores basi, superiores iis circa duplo angustiores, cylindratæ: art. eorum 1ˢ saltem duplo longior quam latior est, art. 2ˢ eo, ut videtur, non parum brevior et multo angustior, a basi ad apicem sensim paullo angustatus, diametro sua basali circa triplo longior.

Color.—Quoniam exemplum a me visum pellem nuper exuerat, color ejus haud dubie pallidior est quam in exemplis magis maturis: *cephalothorax* testaceus est, dense albicanti-cinereo-pubescens, *sternum*, *palpi* (clava paullo infuscata excepta), *pedes* toti et *mamillæ* pallide testacea; *partes oris*, præsertim mandibulæ, paullo infuscatæ sunt. *Abdomen* cinerascenti-testaceum, posterius in dorso maculis nonnullis parvis albicantibus conspersum: pube densa sericea pallide cinerascenti vestitum est et pilis nigricantibus sparsum.

Lg. corp. pæne 5; lg. cephaloth. 2¼, lat. ej. pæne 2, lat. front. circa 1¼; lg. abd. pæne 3, lat. ej. 1½ millim. Ped. 1 15¼, II paullo plus 9½, III 7¼, IV 11; pat.+tib. IV pæne 3½ (tib. 2¼) millim.

Exemplum singulum adultum ad Tharrawaddy est captum.

Femina, 4½ millim. longa, ad Rangoon capta, quæ hujus speciei fortasse est, his saltem rebus a mare supra descripto differt. *Cephalothorax* tibiam cum patella 4ⁱ paris longitudine æquat; frons plane truncata pæne ⅔ partis thoracicæ latitudine æquat. *Oculi* medii antici, qui reliquis oculis paullulo majores sunt, evidenter paullo longius (spatiis oculi medii diametrum saltem æquantibus) a lateralibus anticis quam inter se distant (postici oculi spatiis æqualibus separati sunt). *Mandibulæ* parallelæ, tibiis 3ⁱⁱ paris paullo longiores, femoribus anticis plus dimidio latiores, vix duplo et dimidio longiores quam latiores, pæne cylindratæ, apice intus oblique rotundato-truncatæ. *Palporum* pars tarsalis levissime incrassata partes duas priores conjunctim longitudine pæne æquat. *Pedes* breviores; 1ⁱ paris (9 millim. longi) cephalothorace (circa 2¼ millim. longo) fere 4-plo longiores sunt. Femora anteriora 1 aculeum antice, 3ⁱⁱ

paris femora 1 antice, 1 postice, 1' paris 1 postice habent. Patellæ
aculeis carent. Tibiæ 1' paris 6–8 aculeis subter armatæ sunt,
tibiæ 2' paris plane muticæ videntur ; tibiæ 3'' paris modo 1 aculeum
antice et 1 postice habent. Metatarsi anteriores versus basin subter
2 aculeis muniti sunt : aculei omnes metatarsorum posteriorum
pæne eadem sunt magnitudine. *Abdomen* supra colore cinereo est
totum. *Vulva* ex area subtransversa rotundato-triangula (apice
anteriora versus directo), in lateribus paullo elevato-marginata,
fusca constare videtur, cujus anguli posteriores area parva (tuberculo ?) rotundata occupantur, angulus anticus inæqualis est : in medio
lævis et nitidissima est area vulvæ. Art. 2' *mamillarum* superiorum angustior et multo brevior est quam art. 1', apicem versus
sensim angustatus.—Si propriæ speciei est hæc femina, *E. truncata*
appelletur.

**29). Eutittha trivialis, sp. n.

*Cephalothorace fusco-testaceo, pube albo-cinerascenti vestito, palpis
apice excepto pedibusque testaceis, partibus oris piceis, abdomine
testaceo vel cinerascenti ; oculis binis lateralibus contingentibus inter
se, oculis mediis posticis vix vel parum longius a lateralibus posticis
quam inter se remotis ; pedibus 1' paris cephalothorace saltem 4plo
longioribus, pedibus omnibus aculeatis, tibiis 1' paris aculeis 5 vel
paucioribus subter armatis, tibiis 3'' paris aculeo postice munitis ;
mamillarum superiorum art. 1° vix duplo longiore quam latiore, art.
2° cum longitudine saltem æquante, a basi ad apicem sensim angustato ; vulva ex area elevata subtrapezoidi, postice latiore et truncata
constante, cujus anguli postici depressi macula obscure fusca occupantur.— ♀ ad. Long. 5¼–7½ millim.*

Femina.—E. *melanostomati*, ♀, hæc aranea simillima est, vix
nisi alia forma vulvæ et art. 2'' mamillarum superiorum longiore
certo dignoscenda. *Cephalothorax* ejus ad formam ut in femina illa
est, tibia cum patella 4' paris paullo brevior, sulco centrali carens.
Oculi quoque fere ut in ea : oculi medii antici reliquis non parum
majores sunt, laterales antici posticis oculis paullulo minores. Series
oculorum antica a fronte visa recta est, series postica desuper visa
recta quoque, vix procurva. Oculi bini laterales pæne contingentes
sunt inter se ; oculi medii aream occupant non parum latiorem
postice quam antice et æquo longam ac latam antice. Oculi medii
antici spatio sunt separati, quod eorum diametrum fere æquat :
a lateralibus anticis paullo longius quam inter se remoti sunt.
Oculi medii postici, spatio duplam eorum diametrum pæne æquante
disjuncti, vix vel parum longius a lateralibus posticis quam inter se
distant. Spatia, quibus oculi medii antici a mediis posticis distant,
non majora sed potius paullulo minora videntur quam est spatium
inter medios anticos.

Mandibulæ, quoad formam ut in E. *melanostomate*, ♀, femoribus
anticis circa dimidio latiores sunt, tibiam cum dimidia patella 3''
paris longitudine æquantes, circa duplo et dimidio longiores quam

latiores basi. *Palporum* pars patellaris pæne duplo longior est quam
latior, pars tibialis eâ pæne duplo longior et plus triplo, pæne quadruplo longior quam latior, pars tarsalis prioribus duabus conjunctis
paullo brevior. *Pedes* 1ᵃ paris cephalothorace saltem 4plo longiores
sunt : femora anteriora 1 vel 1 . 1. aculeos antice habent, femora
posteriora 1 . 1. utrinque ; in tibiis 1ⁱ paris aculei subter (2–)5 fuisse
videntur : tibiæ posteriores aculeum postice ostendunt. Metatarsi
anteriores 2 aculeos subter versus basin et 1 aculeum apice subter
habent, posteriores metatarsi aculeis compluribus armati sunt.
Abdomen subovatum. *Vulva* ex area sat parva elevata sub-
convexa, subtrapezoidi, anteriora versus sensim paullo angustata,
postice truncata, nitida, in lateribus infuscata constat, cujus anguli
postici rotundato-excisi sive -depressi sunt et suam quisque maculam
obscure fuscam (quasi tuberculum), ipsum angulum occupantem,
amplectuntur : certo modo inspecta utrinque transversim substriata
videtur area vulvæ. *Mamillarum* superiorum art. 1ᵃ vix duplo
longior quam latior est, art. 2ᵃ eo non parum angustior eoque
paullo longior vel saltem non brevior, a basi ad apicem sensim
angustatus, circa triplo longior quam latior basi.

Color.—*Cephalothorax*, pube albicanti-cinerea vestitus, læte fusco-
testaceus est, facie paullo infuscata : *sternum* clarius fusco-testaceum.
Partes oris fuscæ vel piceæ. *Palpi* testacei, parte tarsali, basi
excepta, fusca. *Pedes* testacei. *Abdomen* in fundo testaceum est ;
in altero exemplo (minore) obscurius, subolivaceo-cinereum.
Mamillæ subtestaceæ.

Lg. corp. 7½ ; lg. cephaloth. parum plus 3, lat. ej. circa 2⅓, lat.
front. circa 1½ ; lg. abd. 4½, lat. ej. 2¾ millim. Ped. 1 13, II paullo
plus 8½, III paullo plus 6, IV 9½ ; pat. + tib. IV 3¼ (tibia parum
plus 2) millim.

Tria exempla feminea ad Tharrawaddy sunt capta.—Vix prioris,
E. gracilipedis, femina est hæc aranea.

**30. Eutittha murina, sp. n.

*Cephalothorace testaceo-fusco, pube pallide cinerea vestito, palpis
(apice infuscato excepto) et pedibus pallide fusco-testaceis, albicanti-
pubescentibus, abdomine obscure cinereo ; oculis binis lateralibus
pæne contingentibus inter se, oculis mediis (præsertim anticis) non
parum longius a lateralibus ejusdem seriei quam inter se remotis ;
pedibus 1ᵃ paris cephalothorace circa 4¾ longioribus, tibiis 1ᵃ paris
aculeis paucis subter armatis, tibiis 3ⁱⁱ paris utrinque 1 . 1. aculeis ;
mamillarum superiorum art. 2ᵃ art. 1ᵐ longitudine superante, gracilis
et pæne cylindrato, circa quadruplo longiore quam latiore ; vulva ex
fovea subtransversa magna constante, qua septo imperfecto antice in
duas divisa est.— ♀ ad. Long. circa 8¼ millim.*

Femina.—Etiam hæc aranea *E. melanostomatis* feminæ valde
similis est ; pedibus 3ⁱⁱ paris densius aculeatis et alia forma vulvæ
mandibularumque ab ea et a priore, *E. triviali*, distingui potest.
Cephalothorax pæne eadem forma est atque in prioribus, dorso

tamen magis æqualiter convexo ; paullo brevior est quam tibia cum patella 4' paris, et sulco centrali caret. *Oculorum* series antica a fronte visa pæne recta, parum deorsum curvata, est, series postica desuper visa recta, vix procurva : oculi bini laterales pæne contingentes sunt inter se : oculi medii aream occupant paullo latiorem postice quam antice, æque longam ac latam antice. Oculi medii antici (reliquis paullo majores) inter se spatio distant, quod eorum diametrum æquat : a mediis posticis spatiis hac diametro paullo, a lateralibus anticis vero spatiis eadem diametro plus dimidio majoribus separati sunt. Oculi medii postici spatio diametro sua plus dimidio, pæne duplo majore sunt sejuncti : a lateralibus posticis spatiis etiam paullo majoribus, oculi medii diametro paullo plus duplo majoribus sunt remoti.

Mandibulæ, femoribus anticis circa dimidio latiores, tibiis 3" paris vix longiores sunt, circa duplo et dimidio longiores quam latiores, pæne cylindratæ, apice intus late et valde oblique truncatæ (non usque a medio sensim angustatæ), sat dense pilosæ. *Palporum* pars patellaris pæne duplo, pars tibialis plus 3plo, pæne 4plo longior est quam latior : pars tarsalis duas priores conjunctim longitudine pæne æquat. *Pedes* longi et graciles, 1' paris cephalothorace circa 4¾ longiores. Femora anteriora antice 1 . 1. aculeos habent, 3" paris femora et antice et postice 1 . 1., 4' paris antice 1 . 1., postice 1 ; tibiæ 1' paris 2 aculeos versus medium (et 1 ad basin) subter ostendunt. Tibiæ 3" paris antice et postice 1 . 1. aculeis munitæ sunt, 4' paris modo 1 antice et 1 postice. Metatarsi anteriores 2. aculeos ad basin, 1 vel 2 versus medium habent, metatarsi posteriores compluribus aculeis armati sunt. *Abdomen* angustius ovatum. *Vulva* ex fovea magna et sat profunda, subtransversa et rotundata constat, quæ septo brevi e margine ejus antico exeunte et posteriora versus sensim humiliore in foveas duas modo antice bene separatas divisa est. *Mamillarum* superiorum art. 1' paullo plus duplo longior quam latior est, basi paullo angustatus, art. 2' eo paullo longior et fere duplo angustior, a basi ad apicem parum angustatus, pæne cylindratus, saltem quadruplo longior quam latior.

Color.—Cephalothorax testaceo-fuscus est, pube pallide cinerea vestitus. *Sternum* pallide fusco-testaceum : *partes oris* rufo-piceæ. *Palpi* (apice sat late infuscato excepto) et *pedes* pallide fusco-testacei, albicanti-pubescentes. *Abdomen* in fundo nigricanti-cinereum, pube pallide cinerea vestitum.

Lg. corp. 8¼ ; lg. cephaloth. 3¾. lat. ej. paullo plus 2¼. lat. front. circa 1¾ ; lg. abd. 4¼. lat. ej. 2½ millim. Ped. I 17½, II 12, III 8¼, IV 13½ ; pat.+tib. IV 4¼ (tibia 3) millim.

Unicam feminam vidi, ad Tharrawaddy inventam.

Fam. AGALENOIDÆ.

CEDICUS, Sim., 1875.

**31. Cedicus pumilus, sp. n.

Cephalothorace et mandibulis sordide fuscis, palpis pedibusque sordide testaceis, femoribus ad maximam partem nigricantibus, abdomine in fundo nigro; oculis serici antica, quorum medii reliquis oculis non parum minores sunt, spatiis oculi medii diametro minoribus separatis, oculis serici postica spatiis æqualibus, diametrum oculi æquantibus, inter se remotis.— ♀ ad. *Long. circa* 2⅔ *millim.*

Femina.—*Cephalothorax* circa dimidio longior quam latior, anterius utrinque modo levissime sinuatus, lateribus partis thoracicæ leviter, partis cephalicæ magnæ parum rotundatis anteriora versus sensim modo paullo angustatus, fronte rotundato-truncata ⅜ partis thoracicæ latitudine circiter æquante. Modice altus est cephalothorax, lævis et nitidus, pilis nonnullis sparsus, dorso a margine postico usque ad oculos, præsertim vero posterius, convexo, posterius sensim assurgens, anterius magis librato; in lateribus tenuiter elevato-marginatus est, impressionibus cephalicis et sulcis radiantibus utrinque duobus distinctis; sulcus ordinarius centralis fortis et sat longus, in declivitate postica situs. Clypeus humilis; altitudo ejus diametrum oculi medii antici æquare videtur. Area *oculorum* vix plus quam dimidium latitudinis frontis occupat, plus duplo latior quam longior. Series duæ oculorum, quarum postica fere oculi lateralis diametro longior est quam series antica, pæne parallelæ sunt, extremitatibus modo paullulo inter se appropinquantes; series antica a fronte visa leviter deorsum curvata est, series postica desuper visa recta. Mediocri magnitudine sunt oculi, medii antici reliquis pæne æqualibus non parum minores, laterales præsertim antici paullo oblongi, medii rotundi, omnes convexi. Oculi bini laterales spatio minuto sed evidentissimo, spatiis quibus distant medii antici a mediis posticis multo minore, sejuncti sunt; oculi medii aream occupant paullo latiorem postice quam antice et æque pæne longam ac latam postice. Oculi serici anticæ spatiis subæqualibus, oculi medii diametro minoribus, separati sunt; oculi serici posticæ pæne æquales sunt et spatiis æqualibus, horum oculorum diametrum æquantibus, inter se remoti. *Sternum* modo paullo longius quam latius, breviter ovatum fere, antice late rotundato-truncatum, in lateribus leviter rotundatum, lateribus posterius tamen magis rectis sensim sat breviter angustato-acuminatum, apice inter coxas non multo late separatas pertinens; leviter convexum est, impressionibus ad coxas carens, nitidus, pilis sat dense sparsum. *Mandibulæ* directæ, parallelæ, subcylindratæ, fortes, saltem duplo longiores quam latiores, femoribus anticis multo latiores; in dorso ad basin fortiter convexæ sunt itaquo basi sua anto clypeum non parum prominentes, apice intus oblique rotundato-truncatæ; pilis longis ad partem porrectis sat dense conspersæ sunt. *Maxillæ* parallelæ, pæne rectæ, paullo plus duplo longiores quam latiores, et labio circa dimidio longiores, apice extus rotundato, intus oblique truncato; *labium* paullo longius quam latius, lateribus parallelis, apice rotundato. *Palporum* unguiculus parvus, denticulis paucis proclinatis pectinatus. *Pedes* sat breves, obtusi, sat graciles, pilis et setis longis fortibus dense conspersi aculeisque paucis sparsis saltem in tibiis et metatarsis armati. Unguiculi superiores sat fortiter et æqualiter curvati, dentibus circa 8 longis densis pectinati; unguiculus inferior parvus dentibus longioribus modo 2 munitus est (ita saltem in pedibus 3ⁱⁱ paris). *Abdomen* anguste ovatum, mamillis apicalibus. *Vulva* ex tuberculis duobus nigro-fuscis nitidissimis, ut videtur intus retro productis et paullo foras curvatis, constare videtur: quum aranea in spiritu vini est immersa, maculas duas sat magnas (diametrum metatarsi 4ⁱ paris longitudine æquantes) et spatio hanc diametrum æquante separatas formant hæc tubercula. *Mamillæ* confertæ, fere in quadratum dispositæ, inferiores crassæ, subconicæ, contingentes inter se, art. 1° paullo latiore basi quam longiore, art. 2° parvo brevi obtusissimo; mamillæ superiores magis cylindratæ sunt, fere æque longæ atque inferiores, sed iis angustiores, art. 2° brevi et obtusissimo.

Color.—*Cephalothorax* sordide fuscus vel subtestaceo-nigricans est, anguste nigro-marginatus; *mandibulæ* sordide fuscæ quoque; *sternum, maxillæ* et *labium* ejusdem coloris, modo paullo clariora. *Palpi* et *pedes* sordido testacei, femoribus saltem ad maximam partem (in medio) nigricantibus. *Abdomen* nigricans, saltem subter albo-pilosum, mamillis pallidis. Pili et setæ, quibus corpus præterea ad maximam partem dense conspersum est, pleraque nigra videntur.

Lg. corp. pæne 2⅔; lg. cephaloth. circa 1¼, lat. ej. pæne 1; lg. abd. paullo plus 1½, lat. ej. pæne 1 millim. Ped. I 3, II pæne 3, III circa 2⅔, IV pæne 3¼; pat.+tib. IV pæne 1 millim.

Feminam singulam examinavi, ad Tharrawaddy captam.—Fortasse proprio generi adscribi potest parva hæc aranea, quæ tamen notis plerisque bene cum gen. *Cedico*, Sim.*, convenire mihi videtur.

ZOBIA †, gen. n.

Cephalothorax longior, minus altus, utrinque anterius fortiter sinuato-angustatus, fronte angusta, dorso inter declivitatem posticam et oculos posticos recto et librato: facies humilis, lateribus modice declivibus.

Oculi sat magni, lateralibus anticis exceptis; series oculorum antica a fronte visa fere recta est, series postica, eâ multo longior, fortissime recurva, ita ut oculi hujus seriei trapezium breve et

---

* Les Arachn. de France, ii. p. 18.
† Ζωβία, nom. propr. pers.

multo latius postice quam antice forment. Oculi medii antici
spatio majore inter se quam a lateralibus anticis remoti, a margine
clypei spatio eorum diametrum vix vel non æquante separati.

Mandibulæ mediocres, directæ vel reclinatæ.

Maxillæ parallelæ, fere ovatæ, labio transverso plus duplo longiores.

Pedes graciles, mediocri longitudine (4ᵗⁱ paris reliquis longiores),
aculeis paucis armati; unguiculi tarsorum saltem superiores dense
pectinato-dentati.

Abdomen subovatum; mamillæ superiores et inferiores crassiores,
fere in quadratum dispositæ, obtusæ, superiores inferioribus evidenter longiores.

Typus : Z. parvula, sp. n.

Hoc genus, ut *Anomalomma*, Sim.*, vel *Lysania*, Thor. †, aliaque,
intermedium inter *Agalenoidas* et *Lycosoidas*, a genere illo, cui
præsertim affine videtur, serie oculorum postica minus fortiter recurva (et oculis ideo minus evidenter in series transversas tres
ordinatis), serie antica seriem ex oculis duobus mediis posticis
formatam longitudine superante, oculis mediis anticis longius inter
se quam a lateralibus anticis separatis, cet., internosci potest.

**32. Zobia parvula, sp. n.

*Cephalothorace et mandibulis rufescenti- vel testaceo-fuscis, palpis
pedibusque subtestaceis, abdomine nigricanti; oculis mediis anticis
lateralibus anticis fere duplo majoribus et cum iis pæne contingentibus.— ♀ ad. Long. circa 1½ millim.*

Femina.—*Cephalothorax* saltem ⅓ longior quam latior, sat
humilis, utrinque anterius abrupte et fortiter sinuato-angustatus, in
lateribus partis thoracicæ ample et sat fortiter rotundatus, parte
cephalica quoad libera est parum latiore quam longiore et lateribus
pæne rectis anteriora versus sensim paullo angustata, fronte fortiter
rotundata parum plus ⅓ partis thoracicæ latitudine æquante.
Dorsum cephalothoracis a latere visi ante declivitatem posticam, quæ
reliquo dorso duplo brevior est, rectum et libratum, excepto inter
oculos posticos, ubi paullo est proclive. Lævis et nitidus est cephalothorax, parum pilosus, impressionibus cephalicis distinctissimis,
fovea centrali oblonga, levi. Clypei altitudo vix oculi medii antici
diametrum æquat. Area oculorum pæne totam latitudinem frontis
occupat, circa dimidio latior quam longior; series eorum antica a
fronte visa pæne recta, parum deorsum curvata, est, et serie ab
oculis duobus mediis posticis formata non parum longior; series
postica a fronte visa recta quidem, sed desuper visa fortissime recurva : hoc modo visi oculi postici trapezium parum longius quam
latius antice et circa duplo latius postice quam antice formant.

* Van Hasselt, in Max Weber, Zool. Ergebn. einer Reise in Niederl. Ost-
Indien, Hft. 2, p. 199.
† Ann. Mus. Genova, xxx. (ser. 2, x.) p. 312.

Oculi medii postici magni sunt, lateralibus posticis non parum majores : medii antici laterales posticos magnitudine aequare videntur, la'eralibus anticis pæne duplo majores. Oculi medii antici spatio sunt sejuncti, quod | eorum diametri non superare videtur : a lateralibus anticis spatio etiam minore separati sunt, cum iis pæne contingentes. Spatium inter oculos medios posticos dimidiam eorum diametrum vix superat ; a lateralibus posticis spatiis majoribus, horum oculorum diametrum pæne aequantibus, remoti sunt. Spatium inter oculos laterales duos posticos eorum diametro fere quadruplo est majus. *Sternum* paullo longius quam latius, brevius subovatum, antice sat late truncatum, lateribus antice fortius, præterea sat leviter rotundatis posteriora versus angustatum et breviter acuminatum, apice inter coxas 4ᵗ paris (spatio earum latitudinem aequante separatas) pertinens.

Mandibula paullo reclinatae, parallelae, plus duplo longiores quam latiores, femoribus anticis non vel parum latiores, pæne cylindratae, in dorso ad longitudinem parum convexae, pilosae. *Maxillæ* parallelae, subovatae (basi angustiores), labio plus duplo longiores ; *labium* transversum, apice late rotundatum. *Palporum* unguiculus fortiter et satis aequaliter curvatus est, a basi paullo ultra medium dentibus 6 paullo proclinatis, sat longis et densissimis, gradatim longioribus pectinatus. *Pedes* mediocri longitudine, sat graciles, sat dense pilosi, aculeis ut videtur modo paucis saltem in tibiis et metatarsis armati. Unguiculi tarsorum superiores sat longi et pæne aequaliter curvati dentibus compluribus longis dense pectinati sunt ; unguiculus inferior uno alterove dente longo præditus est visus (?). *Abdomen* breviter ovatum, postice obtusum, mamillis pæne apicalibus. *Mamillæ* minus confertae, superiores et inferiores fere in quadratum dispositae ; mamillæ superiores cylindratae sunt, inferioribus non parum longiores sed paullo angustiores, art. 1° longiore quam latiore, 2° aeque circiter lato ac longo, obtuso ; art. 2ᵘ mamillarum inferiorum brevissimus et obtusissimus est. Mamillæ mediae gracillimae mamillas inferiores longitudine aequare videntur.

Color.—*Cephalothorace* et *mandibulæ* rufescenti- vel subtestaceofusca ; *sternum*, *maxillæ* et *labium* sordide testacea, *palpi* et *pedes* clarius testacei, olivaceum colorem sentientes. *Abdomen* nigricans supra densius subfusco-pilosum fuisse videtur ; venter paullo albicanti-pilosus est.

Lg. corp. paullo plus 1½ : lg. cephaloth. pæne 1, lat. ej. pæne ⅔ ; lg. abd. circa ¾. lat. ej. pæne ⅔ millim. Ped. 1 pæne 2⅔, II ?, III fere 2⅙, IV pæne 3 ; pat.+tib. IV 1 millim.

Feminas tres satis detritas, quæ ova nuper deposuisse videntur, ad Tharrawaddy collegit Cel. Oates. Cum iis folliculos duos ovorum asservavit, qui duarum earum haud dubie fuerunt, antea apici abdominis affixi, ut in Lycosoidis. Qui folliculi subglobosi sunt, albicantes, diametri circa 1 millim., e tela tenui confecti et ova magna subfusca modo 6–7 continentes.

Fam. CHALINUROIDÆ.

HERSILIA (Sav.), 1827.

33. Hersilia savignyi, Luc.

Hersilia savignyi, *Luc. Mag. de Zool.* 6ᵉ année, classe viii. p. 10,
pl. xiii. fig. 1 (1836); *Thor. Ann. Mus. Genova,* xxv. (ser. 2, v.)
p. 80 (1887) (ubi cet. syn. videantur).
Hersilia calcuttensis, *Stol. Journ. Asiat. Soc. Bengal,* xxxviii.
p. 216, pl. xx. fig. 9–9 c (1869) ?

Exempla nonnulla utriusque sexus, "Pegu" signata. Duo
exempla feminea, adultum (?) et junius, in Tenasserim meridionali
capta, ejusdem speciei videntur.

34. Hersilia clathrata, sp. n.

*Cephalothorace in fundo testaceo-fusco, nigricanti-limbato, pube
cinerascenti vestito, facie tota prærupte proclivi, altitudine clypei
longitudinem areæ oculorum mediorum vix vel non superante, hac
area quadrata ; oculis mediis anticis medios posticos magnitudine non
parum superantibus, mediis posticis spatio diametrum oculi æquante
separatis ; pedibus testaceo-fuscis, nigricanti-annulatis ; abdominis
dorso cinereo-flaventi, paullo nigro-punctato, fascia media longitudinali angusta anterius, et utrinque apud eam maculis paucis lineo-
laque obliqua paullo foras curvata nigris notato, posterius vero
lineolis transversis brevibus retro fractis, alternantibus nigris et
pallidis, in seriem longitudinalem a medio dorso versus anum
extensam ordinatis ; lateribus abdominis fascia latissima nigra in
marginibus profunde dentata occupatis.— ♀ ad. Long. circa
10 millim.*

Femina.—Cephalothorax fere æque latus et longus est, formâ in
hoc genere ordinariâ, impressionibus cephalicis et sulco ordinario
centrali fortissimis, sulcis transversis utrinque duobus partis
thoracicæ fortibus quoque et apice recurvis, dorso a latere viso
inter partes cephalicam et thoracicam sat fortiter impresso, in hac
parte anterius non parum convexo, in illa fortius assurgenti et
modo leviter convexo, tota facie prærupte proclivi, supra clypeum
paullo prominentem transversim sat leviter impressa ; clypei altitudo longitudinem areæ *oculorum* mediorum vix superat. Hæc area
plane quadrata mihi videtur. Oculi medii antici mediis posticis (et
lateralibus posticis eos magnitudine æquantibus) evidenter paullo—
non dimidio tamen—majores sunt ; oculi medii postici spatio diametrum suam æquante sunt separati, reliqua spatia inter oculos
medios spatio illo paullulo sunt minora. Spatia, quibus medii
postici a lateralibus posticis distant, evidenter majora sunt quam

spatium, quo illi inter se sunt sejuncti. Spatia inter oculos laterales anticos (minutos et oblongos) et laterales posticos illorum diametro longiore evidenter majora sunt, et circa dimidio minora quam spatia, quibus medii antici a lateralibus anticis distant.

Mandibulæ directæ, pæne duplo longiores quam latiores, femoribus anticis multo angustiores. *Palpi* sat graciles ; pars eorum patellaris plus dimidio longior est quam latior, pars tibialis eâ paullulo angustior, fere triplo longior quam latior; pars tarsalis etiam paullo angustior et non parum longior, cylindrata, apice obtusa. *Pedes* aculeis non paucis, saltem in femoribus anticis brevissimis sed sat multis, armati fuisse videntur. *Abdomen* breviter et inverse ovatum fere. *Vulva* area parva brevis, cornea et fusca est, posteriora versus paullo dilatata, utrinque leviter transversim rugosa, apice postico late truncata et anguste incisa, hac incisione in fundo rotundata et costis duabus minutis pæne parallelis limitata. *Mamillæ* mediocres.

Color.—*Cephalothorax* in fundo testaceo-fuscus est, nigro-limbatus, parte cephalica antice, superius, nigricanti ; pube cinerascenti saltem ad maximam partem vestitus fuisse videtur, pube faciei vel saltem clypei magis albida. *Sternum, maxillæ* et *labium* fusco-testacea. *Mandibulæ* nigricantes. *Palpi* testaceo-fusci, parte tarsali basi et apice sat late nigra, parte tibiali quoque basi subinfuscata et versus apicem paullo nigro-variata ; setis et pilis nigris sparsi sunt. *Pedes* verisimiliter omnes testaceo-fusci et nigricanti-annulati : femora 3–4 annulos nigricantes ostendunt, patellæ infuscatæ sunt ; tibiæ et metatarsi binos annulos sat latos, alterum apicalem, alterum versus basin situm habent—ita saltem in pedibus 3ii paris (tibiis et internodiis insequentibus reliquorum pedum caret exemplum nostrum). *Abdomen* supra cinereo-flavum est, pictura nigra : antice fasciam mediam longitudinalem angustam a basi pæne ad medium extensam et postice acuminatam, nigram ostendit, quæ prope basin ramulum parvum retro et foras directum emittit ; paullo pone hos ramulos, prope fasciam, lineola brevis retro et paullo foras directa et curvata conspicitur, et non parum pone eas, in medio dorso, initium capit series media longitudinalis lineolarum nigrarum brevium transversarum retro fractarum saltem 5, quæ lineolis ejusmodi pallidis separatæ sunt, et quarum anteriores in medio sunt abruptæ (tertia reliquis longior et crassior videtur). Præterea punctis maculisque parvis nigris nonnullis conspersum est dorsum. Latera abdominis, infra albicantia, superius fascia lata flexuoso-undulata occupantur. Venter testaceo-cinerascens. *Mamillæ* superiores testaceo-fuligineæ, basi pallidiores, mamillæ inferiores sublutcæ, apice nigræ.

Lg. corp. 10 ; lg. cephaloth. 3¾, lat. ej. 3¼, lat. front. 1½ ; lg. abd. 7, lat. ej. 5¾ millim. Ped. III 12¼ millim. : *femur* I 11½, II 10⅔, III 4, IV 9 millim. Mam. sup. 9 millim. longæ.

Feminam unicam detritam (pedibus omnibus mutilatis) vidi, in Tenasserim meridionali captam.

***35. Hersilia pectinata, sp. n.

Cephalothorace pallide fusco, pube fusca et cinerascenti vestito, facie alba, utrinque oblique fusco-vittata ; altitudine clypei longitudinem areæ oculorum mediorum (rectangula et paullulo longioris quam latioris) paullo superante ; oculis mediis anticis oculos posticos magnitudine non parum superantibus ; pedibus pallide fusco-testaceis, parum distincte nigricanti-annulatis ; abdomine in fundo supra cinerascenti-testaceo, fascia media longitudinali postice acuminata fusca vittisque nonnullis transversis procurvis pallide cinerascenti-testaceis fusco-marginatis utrinque notato, dorso in lateribus fascia inæqualiter undulato-flexuosa nigro-fusca cincto ; palpis brevibus, parte tibiali sat crassa in angulo interiore pectine parvo nigro ex aculeis quattuor densissimis æqualibus parallelis formato munita.— ♂ ad. *Long. circa* 11 *millim.*

Mas.—Cephalothorace, in nostro exemplo valde contusus, eandem formam in universum atque in *H. savignyi*, Luc., habuisse videtur ; clypei altitudo tamen longitudinem areæ oculorum mediorum non ita multo—non diametro oculi medii antici—superat. *Oculi* medii antici oculis posticis, qui æque magni videntur, non parum (vix dimidio) majores sunt, oculi laterales antici oblongi lateralibus posticis saltem duplo sunt minores. Oculi medii aream plane rectangulam, paullulo longiorem quam latiorem, occupant. Spatium inter medios anticos, ut spatium inter medios posticos, oculi diametro paullulo est minus ; spatia, quibus medii antici a mediis posticis sunt remoti, oculi postici diametrum æquant. Spatia, quibus medii postici a lateralibus posticis distant, horum diametro pæne dimidio majora sunt : medii antici a lateralibus anticis spatiis fere æque magnis sunt separati. Spatium inter oculos binos laterales diametro longiore anterioris eorum evidenter paullo majus est, et parum minus quam diameter posterioris horum oculorum. *Sternum* paullulo longius quam latius, cordiforme, in medio antice paullo emarginatum, inter coxas 4ⁱ paris sat late disjunctas pertinens, læve, nitidissimum, parce pilosum.

Mandibulæ reclinatæ, pæne duplo longiores quam latiores, densius pilosæ. *Maxillæ* labio saltem dimidio longiores et in id inclinatæ. *Labium* paullo latius quam longius, lateribus basi parallelis, a medio ad apicem obtusum lateribus leviter rotundatis sensim fortissime angustatum. *Palpi* breves : pars femoralis, supra 6 aculeis sat parvis armata, basi paullo angustata est, præterea cylindrata, fere triplo et dimidio longior quam latior : pars patellaris ejus latitudine est, apice fortiter rotundata, circa dimidio longior quam latior ; pars tibialis parte patellari vix longior sed non parum latior est, desuper visa inæqualiter rotundata, magis a latere exteriore vero visa pæne triangula, apice trianguli angulum fortem sursum et interiora versus directum formante : hic angulus serie trans-versa densissima aculeorum 4 brevium fortium æquo longorum et parallelorum nigrorum, pecten intus et sursum directum formantium est munitus, dentibusque duobus disjunctis magis infra, cum aculeis illis lineam rectam formantibus. Pars tarsalis, oblique piriformis et in margine exteriore late excisus, partes duas priores conjunctas longitudine aequat; bulbus genitalis sat magnus et complicatus a latere visus paene globosus est et subter unicum fortem format, ante quem stilum deorsum directum ostendit, cujus apex apici unci illius adjacet. *Pedes* anteriores longissimi. 3ⁱⁱ paris iis 4plo breviores; aculeis non paucis armati sunt: in femoribus anterioribus, e. gr. saltem 8 aculeos sat breves et graciles video; tibia 1ⁱ paris 10, 2ⁱ paris tibiae saltem 8. metatarsi anteriores 5-6 aculeis mediocribus armati sunt. *Abdomen* breviter ovatum, subdeplanatum, foveolis 8 secundum dorsum munitum, in paria 4 ordinatis. *Mamillae* superiores tibiam cum patella 4ⁱ paris longitudine saltem aequant.

Color.—*Cephalothorace* pallide fuscus pube fusca et cinerascenti vestitus fuisse videtur; clypeus pube alba tectus est, et facies praeterea fasciam obliquam albam utrinque ostendit, inter oculos medios anticum et posticum initium capientem; etiam inter oculos binos laterales vittam transversam obliquam in lateribus partis cephalicae continuatam video. Alba quoque dici potest facies, vittis duabus obliquis fuscis utrinque, macula fusca in medio inter oculos medios, et vestigiis fasciae mediae longitudinalis fuscae in clypeo. *Mandibulae* nigricanti-testaceae. *Sternum*, *maxillae* et *labium* pallide fusco-testacea. *Palpi* ejusdem coloris, parte tarsali in dimidio apicali nigricanti, bulbo ad partem testaceo, ad partem nigro vel fusco. *Pedes* pallide fusco-testacei, tenuiter albicanti-pubescentes, patellis paullo obscurioribus, articulis tarsorum apice nigris; in femoribus vestigia annulorum obscuriorum 2 vel 3 conspiciuntur quoque. *Abdomen* supra cinerascenti-testaceum est, fascia media longitudinali inaequali fusca, a basi longe pone medium pertinente et postico sensim angustata et acuminata; utrinque ab hac fascia vel ex vicinitate ejus exeunt vittae transversae procurvae pallidae fusco-marginatae, singula inter suum quodque parium punctorum impressorum 1ⁱ-3ⁱⁱ, binae inter paria 3^m et 4^m, aliaeque paucae densae et vix vel non procurvae inter par 4^m et anum. Vestigia pubescentiae tenuis albo-sericeae, qua vestitum fuisse videtur dorsum abdominis, hic illic video. Latera a dorso fascia longitudinali nigro-fusca inaequaliter undulato-flexuosa separata sunt. Venter cinerascenti-testaceus. *Mamillae* fusco-testaceae.

Lg. corp. 11; lg. cephaloth. 4¾, lat. ej. circa 4¼, lat. front. et clypei 1½; lg. abd. 6½, lat. ej. 5 millim. Palpi paullo plus 5; ped. I 49½, II 46½, III 12, IV 40½; pat.+tib. IV 11¼ millim. Mam. sup. circa 11½ (art. earum 1 · 1¾) millim.

Unicum hujus speciei exemplum masculum valde mutilatum et contusum, structura palporum notabile, vidi, ad Rangoon captum.

Num mas *H. siamensis*, Sim.*, est *H. pectinata* nostra? In *H. siamensi* pedes aculeis " brevissimis paucissimis " armati dicuntur, quod non bene in nostram speciem quadrat.—A mare *H. savignyi* mas *H. pectinata* palpis alio modo formatis facillime internoscitur,

_ _

* Actes Soc. Linn. Bordeaux, xl. p. 22) (1886).

prætcrea ei simillimus; paullo major videtur, femoribus non distincto nigro-annulatis et vittis abdominis pallidis procurvis fortasse etiam differens. Si pars cephalica plane a latere inspicitur, oculus lateralis anticus cum posticis medio et laterali triangulum *duplo* latiorem quam altiorem in *H. pectinata*, ♂, formare videtur, in *H. savignyi*, ♂, vero triangulum circa *dimidio* latiorem quam altiorem.

**36. Hersilia pegnana, sp. n.

Cephalothorace in fundo subfuligineo-fusco, pube albu saltem ad partem vestito, facie prærupte proclivi, altitudine clypei longitudinem areæ oculorum mediorum diametro oculi medii antici superante, hac area vix longiore quam latiore, paullulo latiore postice quam antice; oculis mediis posticis medios anticos magnitudine superantibus et spatio diametrum suam saltem æquante separatis; pedibus subfusco-testaceis, nigricanti-annulatis; abdomine in fundo cinerascenti-testaceo, dorso fascia media longitudinali postice subacuminata nigra pallido-geminata, et utrinque vittis paucis transversis procurvis albicanti-cinereis nigro-limbatis notato, in lateribus saltem anterius fascia inæquali subundulata nigra cincto: area valvæ tota molli et pallida, in ipso margine postico leviter rotundato foveolis duabus parvis prædito.— ♀ ad. *Long. circa* $9\frac{1}{2}$ *millim.*

Femina.—Cephalothorax ad formam fere est ut in *H. savignyi*, parte cephalica tamen minus elevata: a latere visum dorsum cephalothoracis modo paullo fortius in parte cephalica quam in parte thoracica sensim assurgit; facies, sub oculis parum impressa et pæne æqualiter et sat prærupte proclivis, vix dimidio altior quam latior est. Altitudo clypei vix prominentis longitudinem areæ oculorum mediorum saltem diametro oculi medii antici superat. Area *oculorum* mediorum parum longior est quam latior antice, et paullulo (parum quidem) latior postice quam antice. Oculi medii antici oculis posticis subæqualibus circa dimidio *minores* sunt; oculi laterales antici minuti, mediis anticis saltem triplo minores. Spatium inter oculos medios posticos eorum diametrum saltem æquat; reliqua spatia inter oculos medios eorum diametro evidenter paullo majora sunt. Oculi medii postici paullo longius (spatio diametro oculi pæne dimidio majore) a lateralibus posticis quam inter se distant. Oculi laterales antici, circa duplo longius a mediis anticis quam a lateralibus posticis remoti, ab his oculis spatiis distant, quæ eorum diametro longiore non parum, saltem dimidio, majora sunt.

Mandibulæ directæ, pæne duplo longiores quam latiores, tibiis anticis parum crassiores. *Maxillæ* et *labium* ut in specie priore est dictum. *Palporum* pars patellaris saltem dimidio longior quam latior est, pars tibialis eâ paullo longior, duplo longior quam latior; pars tarsalis parte tibiali paullo longior et angustior, a basi ad apicem obtusum sensim paullulo angustata. *Pedes* mediocres; aculeis sat multis parvis saltem in femoribus anterioribus armati fuisse videntur. Art. 1ᵘˢ tarsorum saltem 1ⁱ paris art. 2ᵒ pæne triplo longior est. *Abdomen* formâ in hoc genere ordinariâ est, 4 paribus foveolarum in dorso, ut in affinibus. Regio ventris ante plicaturam genitalem sita versus medium sulcos duos longitudinales pæne parallelos ostendit, qui aream oblongam posteriora versus paullo dilatatam limitant: hæc *area vulvæ* mollis est et eodem colore ac reliquum ventris. In ipso margine postico sat leviter rotundato foveas duas parvas ostendit, quæ spatio $\frac{1}{4}$ latitudinis hujus marginis fere æquante separatæ sunt, et hic, inter marginem et ventrem, callus tenuis transversus paullo recurvus (lamina brevissima?) conspicitur, cujus extremitates foveis illis excipiuntur.

Color.—*Cephalothorax* in fundo subfuligineus est, parte cephalica postice pallida, antice superius, ut in lateribus, nigra, facie præterea subfusco-testacea; hic illic in dorso, et præsertim in clypeo, remanent vestigia pubis albissimæ, qua saltem ad magnam partem vestitus fuisse videtur cephalothorax. *Sternum, maxillæ et labium* cinereo-testacea fere. *Mandibulæ* nigricantes. *Palpi* pallide fusco-testacei, partibus tibiali et tarsali apice nigris, illa præterea macula parva nigra ad basin supra notata. *Pedes* subfusco-testacei, nigricanti-annulati: femora 1[i] paris fasciam longitudinalem nigram ad basin subter habent, præterea, ut reliqua femora pleraque, vestigia annulorum ternorum latorum nigricantium saltem supra ostendunt. Patellæ infuscatæ vel apice nigræ sunt; tibiæ 1[i] paris 3, metatarsi hujus paris 2 annulos nigricantes magis distinctos habent, et tarsorum articuli duo apice nigri sunt. Pedes 3[ii] paris minus evidenter annulati, metatarsis tarsisque apice nigris. (Reliqui pedes, femoribus exceptis, in nostro exemplo desunt.) *Abdomen* quoad colorem fundi fere ut in specie priore est: dorsum ejus cinerascenti-testaceum fascia inæquali longitudinali posteriora versus angustata nigra pallido-geminata est persectum, a qua utrinque, inter foveolas illas (subfuscas et pallido-limbatas), vittæ paucæ transversæ plus minus procurvæ albicanti-cinereæ nigro-limbatæ exeunt, apice dorsi pone eas vittas 2-3 densis brevibus inæqualibus pallidis notato. Fascia angusta inæquali subundulata nigra in maculas abrupta in lateribus saltem anterius cingitur dorsum. Latera inferius et venter cinerascenti-testacea sunt. *Mamillæ* cinerascenti-testaceæ: art. superiorum 2[s] prope basin annulum nigricantem habet, versus medium annulo ejusmodi latissimo præditus quoque.

Lg. corp. 9$\frac{1}{2}$: lg. cephaloth. 3$\frac{3}{4}$, lat. ej. 3$\frac{3}{4}$, lat. front. parum plus 1$\frac{1}{2}$; lg. abd. 6, lat. ej. 5 millim. Ped. I 25, II ?, III 8$\frac{1}{5}$, IV ?. Pat.+tib. I 7$\frac{1}{2}$, metat.+tars. I 9$\frac{1}{2}$ millim. Mam. sup. 7$\frac{1}{2}$ millim. longæ.

Feminam, quam unicam valde mutilatam et detritam examinavi, in Pegu capta est.—Hanc araneam vix ab *H. sumatrana*, Thor.[*], differentem credidissem, nisi aream vulvæ alio modo formatam habuisset. In utraque specie margo posticus areæ vulvæ in tres lobos brevissimos rotundatos divisus dici quidem potest, sed in

---

* Ann. Mus. Genova, xxviii. p. 319 (1890).

II. sumatrana hæc area cornea est, costa media longitudinali et
tuberculis duobus humilibus utrinque apud eam prædita, his 4
tuberculis in rectangulum dispositis.

Fam. DICTYNOIDÆ.

TITANŒCA, Thor., 1870.

**37. Titanœca birmanica, sp. n.

*Cephalothorace pæne duplo longiore quam latiore, piceo-fusco, fronte
parte thoracica modo paullo angustiore ; serie oculorum antica parum
deorsum curvata, postica parum recurva, oculis lateralibus anticis
oblongis reliquos magnitudine superantibus, mediis anticis medios
posticos magnitudine circiter æquantibus, area oculorum mediorum
postice non parum latiore quam antice, et æque pæne longa ac lata
postice ; pedibus luteo-fuscis, parcius aculeatis, femoribus modo anterioribus aculeo, intus sito, armatis : abdomine subfuliginco.—
♀ ad. Long. 7½-9 millim.*

Femina.—Cephalothorax pæne duplo longior quam latior, tibia
cum patella 4' paris pæne dimidio longior, apud (ante) coxas 1' paris
sat fortiter sinuato-angustatus, parte thoracica in lateribus sat
leviter rotundata, in medio postice emarginata : pars cephalica
magna, præsertim longa, quoad libera est vix latior quam longior,
transversim fortiter convexa, lateribus anterius paullo rotundatis
anteriora versus non angustata, sed sensim paullo dilatata, paullo
pone frontem latissimam et leviter rotundatam parte thoracica
parum angustior. A latere visum dorsum cephalothoracis sensim
usque fere ad medium partis cephalicæ modice assurgit, in parte
thoracica parum, præterea modice convexum et antice proclive, area
oculorum mediorum satis prærupte proclivi, clypeo directo. Spatium
inter marginem clypei et oculos medios anticos eorum diametro
paullo majus videtur. Lævis et nitidus est cephalothorax, sat
dense pilosus, impressionibus cephalicis (et sulcis radiantibus partis
thoracicæ) distinctissimis sed non in medio coëuntibus ; sulcus
ordinarius centralis brevis et fortis est et sat longe pone medium
partis thoracicæ locatus. Series *oculorum* duæ extremitatibus non
parum inter se appropinquant. Series postica, quæ serie antica
diametro dupla oculi lateralis postici longior est et pæne totam
frontis latitudinem occupat, a fronte visa modice deorsum curvata
est, series antica hoc modo visa pæne recta, vix vel parum deorsum
curvata ; desuper visa utraque series pæne recta est, vix vel parum
recurva. Oculi bini laterales, qui tuberculo humili communi sunt
impositi, evidentissime oblongi sunt, medii antici rotundi, medii
postici pæne rotundi ; laterales antici reliquis subæqualibus non
parum majores sunt. Oculi medii aream non parum latiorem
postice quam antice et pæne æque longam ac latam postice occupant.
Oculi medii antici spatio sunt separati, quod eorum diametro paullo

minus videtur, a lateralibus anticis circa dimidio longius quam
inter se remoti. Oculi medii postici spatio sunt sejuncti, quod
eorum diametro pæne dimidio majus est : a lateralibus posticis
spatio non parum majore, duplam oculi diametrum æquante, distant.
Spatium inter oculos binos laterales dimidiam diametrum (breviorem)
posterioris eorum non æquat, et multo minus est quam spatia, quibus
oculi medii antici a mediis posticis distant, et quæ oculi diametrum
fere æquant. Sternum paullo longius quam latius, breviter et inverse ovatum, antice truncatum, postice brevissime acuminatum,
læve, nitidum, parcius pilosum.

Mandibulæ directæ, fortes, ovato-cylindratæ, a basi ad apicem
oblique rotundato-truncatum sensim paullo angustatæ, saltem duplo
longiores quam latiores, versus basin sat fortiter convexæ, læves,
nitidæ, minus dense pilosæ, tuberculo ordinario oblongo ad basin
lateris exterioris munitæ. Denticuli sulci unguicularis, si adsunt,
pilis densis obtecti sunt : unguis brevis, sat leviter curvatus.
Maxillæ pæne duplo longiores quam latiores, labio saltem dimidio
longiores, versus basin intus in labium paullo inclinatæ, præterea
parallelæ, extus leviter rotundatæ, apice late et oblique truncatæ,
angulo exteriore breviter rotundato, interiore oblique rotundato-
truncato. Labium dimidio longius quam latius, in parte apicali
tertia apicem obtusum versus sensim angustatum. Palpi mediocres,
sat dense pilosi et in latere interiore partis tarsalis dense setosi
quoque : unguiculus magnus, sat leviter curvatus, apice fortius
deorsum curvato, brevissimo, inter eum et basin dentibus 14 longis
densissime pectinatus. Pedes mediocres, modice pilosi, aculeis paucis
armati : femora anteriora modo 1 aculeum habent, in latere interiore
versus apicem situm : femora posteriora, ut patellæ omnes, aculeis
carent. In tibiis e. gr. 1i paris 1 aculeum antice, versus apicem, et
2 . 2. aculeos subter video, in metatarsis hujus paris 1 . 1. antice et
2 . 2 . 2. subter, sivo 1 antice et 2 . 2. subter, præter 3 ad ipsum
apicem. Etiam in reliquis pedibus tibiæ et metatarsi aculeis paucioribus armati sunt. Unguiculi superiores sat leviter deorsum
curvati, apice fortius curvato breviore, inter eum et basin dentibus
sat longis saltem 12 densissime pectinati : unguiculus inferior
parvus, ad ipsam basin deorsum fractus, muticus (ita in pedibus 1i
paris). Abdomen inverse ovatum vel subellipticum. Vulva ex area
sat parva paullo transversa subovata fusca formatur, quæ callo
forti incurvo utrinque limitatur et posterius in foveas duas rotundas,
septo angusto separatas, divisa est : ante has foveas tubercula duo
parva nitida fusca video. Cribellum mediocre, linea media longitudinali fusca in duo divisum. Mamillæ inferiores sat crassæ, subconicæ, art. 2o minuto et obtuso ; mamillæ superiores iis vix
breviores sunt, art. 1o pæne duplo longiore quam latiore, cylindrato,
art. 2o eo multo angustiore, vix longiore quam latiore.

Color.—Cephalothorax piceo-fuscus, parte cephalica anterius paullo
obscuriore, cinerascenti- et, antice, paullo nigro-pilosus. Sternum
piceum. Mandibulæ nigræ ; maxillæ et labium piceo-nigra, apice
anguste pallidiora. Palpi luteo-picei, parte tarsali picea. Pedes
luteo-picei, ut palpi nigro-pilosi ; aculei nigri. Abdomen subtestaceo-

nigrum vel fuliginenm, secundum dimidium anterius vestigiis fasciæ longitudinalis nigræ postice acuminatæ præditum, pilis sericeis testaceo- vel rufescenti-nigricantibus vestitum. *Cribellum* albicans. Lg. corp. 9 ; lg. cephaloth. pæne 4½, lat. ej. pæne 2½, lat. front. 2 ; lg. abd. 5, lat. ej. 3 millim. Ped. I 10½, II 9, III pæne 8, IV 9½ ; pat.+tib. IV paullo plus 3 millim.

Feminas duas adultas ad Rangoon inventas examinavi ; juniores duæ, quas hujus speciei credo, ad Tharrawaddy captæ sunt.

Fam. PSECHROIDÆ.

FECENIA, Sim., 1887.

**38. Fecenia cylindrata, sp. n.

Cephalothorace duplo longiore quam latiore, piceo-fusco, interdum linea et fasciis duabus longitudinalibus flaventibus notato, pube cinerascenti vestito ; oculis lateralibus binis spatio disjunctis, quod posterioris eorum diametro paullo majus est ; pedibus flavo-testaceis, plus minus evidenter nigro-annulatis ; abdomine fere triplo longiore quam latiore, nigricanti, serie dupla longitudinali macularum flavarum secundum medium dorsi, in lateribus vero fasciis obliquis vel maculis flaventibus paucis notato, ventre nigro in medio maculis duabus magnis subtriangulis luteis vel flavis posteriora versus divaricantilus ornato, ante cribellum vero fascia parva transversa ejusdem coloris, et utrinque ante plicaturam genitalem macula flaventi.— ♂ ♀ juv. Long. saltem 10 millim.

Mas juv.—*Cephalothorax* duplo longior est quam latior, antice utrinque ante coxas 1[i] paris sinuato-angustatus : pars thoracica in lateribus leviter et æqualiter rotundata est, postice emarginata, pars cephalica lateribus parum rotundatis anteriora versus non angustata sed potius paullulo dilatata, fronte late rotundata circa ¾ latitudinis partis thoracicæ æquante. Impressiones cephalicæ sat fortes, longæ, pone medium partis thoracicæ in sulcum ordinarium centralem brevem fortem coëuntes. A latere visum dorsum cephalothoracis inter partes cephalicam et thoracicam leviter impressum est, hac parte humili et paullo assurgenti, parte cephalica eâ paullo altiore et usque ad oculos medios anticos modice et æqualiter convexa, facie directa. Spatium inter oculos medios anticos et marginem clypei eorum diametro saltem dimidio majus est, longitudine areæ oculorum mediorum non multo minus. Series duæ *oculorum* extremitatibus paullo inter se appropinquant. A fronte visa series postica (quæ serie antica plus dupla oculi lateralis diametro longior est) sat fortiter, series antica vero sat leviter deorsum est curvata : linea recta oculos medios anticos infra tangens laterales anticos in vel paullo sub centro secat. Desuper visa utraque series sat leviter recurva est. Oculi medii antici oculis posticis pæne æqualibus multo, pæne duplo, majores sunt ; oculi laterales antici posticis oculis non parum sunt minores. Oculi medii aream occupant paullo latiorem quam longiorem et paullulo

latiorem antico quam postico. Oculi medii antici spatio sunt
separati, quod eorum diametro paullo majus est et paullo majus
quoque quam spatia, quibus a lateralibus anticis distant. Spatium
inter oculos medios posticos eorum diametro fere dimidio majus est:
a lateralibus posticis hi oculi pæne duplo longius quam inter se sunt
remoti Oculi medii antici a mediis posticis spatiis sunt disjuncti,
quae horum diametrum æquant: spatium inter oculos binos laterales
his spatiis non minus, sed potius paullo majus est, oculi lateralis
postici diametro paullo majus. *Sternum* paullo longius quam
latius, ovato-triangulum, antice rotundatum, lateribus posterius rectis
sensim angustatum et acuminatum, tuberculis parvis apud coxas et
pone labium munitum, læve, nitidum, parcius pilosum.

Mandibulæ directæ, cylindratæ, basi fortiter convexæ, duplo
longiores quam latiores, læves, pilosæ. *Maxillæ* porrectæ, parallelæ,
duplo longiores quam latiores, labio duplo longiores, in medio leviter
constrictæ ; *labium* paullulo longius quam latius, in lateribus levitèr
rotundatum, apice late truncatum. *Palporum* clava femoribus
anticis circa duplo latior est. *Pedes* sat graciles, 1' paris longissimi,
reliqui longitudine mediocri. Aculeis sat paucis armati fuisse
videntur : in femoribus 1' paris modo 1 . 1. aculeos breves, intus
sitos, video. Unguiculi superiores modice et satis æqualiter curvati,
dentibus longis 10-12 pectinati: unguiculus inferior multo minor,
dentibus densis 3 sat longis inter basin et apicem fortiter deorsum
curvatum pectinatus. Pili fasciculorum unguicularium longi, non
multo crebri (ita saltem in pedibus 1' paris). *Abdomen* longum,
pæne triplo longius quam latius, in lateribus modo leviter rotundatum, subcylindratum. *Cribellum* magnum est, totum ventris
apicem occupans, indivisum. *Mamillæ* inferiores crassissimæ,
conicæ, art. 2" minuto.

Color.—Cephalothorax in fundo obscure fuscus est, limbo laterali
nigricanti, et pube tenui densa cinerascenti vestitus. *Sternum* et
labium nigra, hoc apice testaceum. *Mandibulæ* nigro-piceæ, apice
pallidiores. *Maxillæ* testaceo-nigricantes. *Palpi* flavo-testacei,
parte tarsali magis lutea. *Pedes* flavo-testacei, femoribus saltem 1'
paris apice nigris, præterea vix distincte nigro-annulati. *Abdomen*,
pube tenui cinerascenti vestitum, in fundo superius nigricans est,
pictura luteo-flava : secundum dorsum ejus extensa est fascia
angusta, anum versus angustata, nigra, quae series duas longitudinales macularum nonnullarum flavarum separat: maculæ primi
paris, prope basin dorsi sitæ, sat magnæ et oblongæ sunt, sequentes
gradatim minores et obliquæ. Latera abdominis nigricantia, vittis
obliquis flaventibus 3-4 notata. Venter niger in medio maculas
duas magnas subtriangulas luteas vel flavas, apice obtuso retro
directas et paullo divaricantes ostendit, et paullo ante cribellum
rufescens fasciam transversam flavam : etiam inter scuta pulmo-
nalia pallida et plicaturam genitalem macula subtriangula lutea
utrinque conspicitur, ut et fascia brevis flava utrinque, secundum
latera ventris a plicatura genitali ad maculas illas magnas medias
ducta.

Femina junior a mare, præter palpis, pedibus (præsertim anteri-

oribus) brevioribus et evidenter nigricanti-annulatis differt : cephalothorax ejus in fundo lineam longitudinalem mediam et fascias duas
laterales, in margine exteriore inæquales, flaventes ostendit, et
pictura flava dorsi abdominis minus expressa est; spatium inter
oculos binos laterales paullo minus est quam spatia, quibus medii
antici a mediis posticis distant.

♂ *jun.*—Lg. corp. 10$\frac{1}{4}$; lg. cephaloth. 4$\frac{1}{2}$, lat. ej. circa 2$\frac{1}{4}$, lat.
front. circa 1$\frac{3}{4}$; lg. abd. 6$\frac{1}{4}$, lat. ej. 2$\frac{2}{3}$ millim.   Ped. I 23$\frac{1}{2}$, II 13$\frac{1}{2}$,
III 8$\frac{1}{4}$, IV 12$\frac{1}{2}$; pat.+tib. IV 5$\frac{1}{2}$ (tib. 4$\frac{1}{3}$), metat.+tars. IV 4$\frac{1}{2}$
millim.

Marem supra descriptum ad Tharawaddy invenit Col. Oates;
feminam juniorem, modo 7$\frac{1}{2}$ millim. longam, in Tenasserim (" Reef
Island, Tavoy river ") cepit.   In tubulo vitreo, qui hanc feminam
continet, nidus ejus asservatur quoque : tubuliformis est, 28 millim.
longus, rectus, a fundo, cujus diameter 4 millim. est et qui clausus
videtur, sensim paullo dilatatus, diametro aperturæ circa 5$\frac{1}{2}$ millim.
E texto tenui fere vitreo fictus est, addito extus corio minus denso
quisquiliarum (herbulorum et seminum parvorum siccorum, cet.).
De quo nido hanc annotiunculam addidit Col. Oates :—" The nest is
placed horizontally in centre of small web and the spider stays in
it."   De forma retis nihil dicit ; quod doleo *.

Tribus RETITELARIÆ.

Fam. SCYTODOIDÆ †.

SCYTODES (Latr.), 1804.

*39. **Scytodes marmorata**, L. Koch.

Scytodes marmorata, *L. Koch, Die Arachn. Austral.* (i) p. 292,
    tab. xxiv. figg. 4–4 e.

Feminam singulam adultam ad Rangoon cepit Col. Oates.

---

* Secundum Simon retia *Psechri* et *Fecenia* magna sunt : rete hujus "rap-
pelle encore celle des *Uloborides* orbitéles " [?], " elle est, en effet, tendue entre
deux arbres au milieu de fils suspenseurs très forts, mais tout l'espace circon-
scrit par le cadre intérieur, au lieu d'être coupé de rayons et de cercles, est
occupé par une toile serrée, analogue comme tissu à celles des Tégénaires, et
tendue comme une toile de navire" (Simon, Hist. Nat. d. Araignées, 2ᵉ éd. i.
p. 225).
  † Col. Simon (H. N. d. Araignées, 2ᵉ éd. i. p. 261) hanc familiam *Sicariidæ*
appellat; sed *Sicarius*, Walck., idem est ac *Thomisoides*, Nic., quod genus
Walckenaer secundum figuras in tabula Nicoletii (in Gay, Hist. Fis. y Nat. de
Chili) sibi nescio quo modo—communicatam descripsit, sine ullo jure nomen
ejus in *Sicarium* commutans.

DICTIS, L. Koch, 1872.

40. Dictis gilva, Thor.

Dictis gilva, *Thor. Ann. Mus. Genova.* xxv. (ser. 2ª, v.) p. 83 (1887).

Femina sæpe non parum major (usque ad 6½ millim. longa) quam exemplum loc. cit. a me descriptum evadit, cephalothorace tibiam 4ⁱ paris longitudine modo æquante; abdomen ejus non semper cinereo-testaceum vel flavens est totum, sed sæpe lineis quattuor transversis tenuibus inæqualibus vel subundulatis nigris supra ornatum.

Mas, qui ad colorem cum femina convenit, eâ minor est, cephalothorace non parum humiliore, abdomine minore et pedibus longioribus, præsertim vero *femoribus* 1ⁱ *paris* serie longa non densa denticulorum acuminatorum satis longorum circa 12 subter armatis ab ea differens. *Palporum* pars patellaris paullo, vix dimidio, longior est quam latior, pars tibialis eâ paullo crassior et longior, fere dimidio longior quam latior; pars tarsalis parte tibiali saltem duplo longior est, basi eam latitudine æquans, sed hic cito sensim angustata et subtriangula, et in apicem longum pæne rectum subacuminatum (lateribus præterea parallelis) exiens, qui medium metatarsi 1ⁱ paris crassitie fere æquat et parte illa basali subtriangula circa triplo longior est. Bulbus, qui parti tarsali sub basi ejus affixus est et ibi ejus crassitie fere, basi globosus est, et antice in procursum porrectum longissimum, sensim angustatum, versus apicem paullulo undulatum productus, qui apice longo tenui acuminato nigro longe ante apicem partis tarsalis pertinet.

♂.—Lg. corp. 4¼; lg. cephaloth. 2¼, lat. ej. paullo plus 2; lg. abd. 2, lat. ej. circa 1½ millim. Ped. I 21, II 13½, III 8¾, IV 13; pat.+tib. IV 4½ millim.

Specimina nonnulla ad Rangoon et ad Tharrawaddy collegit Cel. Oates.

41. Dictis domestica (Dol.).

Scytodes domestica, *Dol. Verh. Nat. Vereen. Nederlandsch Indië,* v. p. 48, pl. vi. fig. 1 (1859); *Thor. Bihang Srenska Vet.-Akad. Handl.* xx. afd. iv. no. 4, p. 6 (1894).
Dictis fumida, *Thor. K. Srenska Vet.-Akad. Handl.* xxii. no. 2, p. 33 (1891).

Magnam vim feminarum *D. fumidæ* nostræ, quam eandem ac *Scyt. domesticam*, Dol., esse, jam veri simile mihi videtur, ad Tharrawaddy collegit Oates. Pleræque adultarum cephalothoracem totum rufescenti-nigrum habent, linea longitudinali media nigra pallidomarginata plus minus distincta notatum, abdomen totum nigrum vel rufescenti nigrum, pedes aut pallidos totos, aut pallidos, basi (femoribus) plus minus late nigricantes; sed interdum, et præsertim sæpe in junioribus, pictura illa pallida cephalothoracis et abdominis,

F 2

quam 1891, loc. cit., p. 34 et 35 descripsi, evidentissima est. Maxima feminarum 6 millim. longa est.

Mas, cum his feminis captus, ad colorem cum junioribus earum convenit, pictura cephalothoracis et abdominis distinctissima, pedibus fusco-testaceis, femoribus paullo infuscatis, tibiis apice et metatarsis basi anguste nigricantibus, metatarsis posticis apice quoque anguste nigris. *Cephalothorax* humilior quam in femina est, *pedes* vero longiores; femora 1ⁱ paris subter in medio seriem brevem sat densam setarum tenuiorum ostendunt (serie dentium carent). *Palporum* pars patellaris paullo longior quam latior est, pars tibialis eâ saltem dimidio latior et duplo longior, saltem dimidio latior quam longior, lateribus leviter rotundatis apicem versus angustata, ovata igitur, apice fere duplo angustior quam versus basin. Pars tarsalis basi apicem partis tibialis latitudine æquat, primum sensim augustata (hac portione basali non parum longiore quam latiore) et dein in apicem porrectum sat longum (portione basali pæne duplo longiorem), gracilem, pæne rectum, apicem metatarsi 1ⁱ paris crassitie æquantem excurrens. Bulbus basi rufo-testaceus et crassus est, partis tarsalis basi non parum crassior et latior, subglobosus, antice in spinam pallidam gracilem (modo basi sat crassam et sensim attenuatam), acuminatam exiens, quæ longe ante apicem partis tarsalis pertinet, ipso apice gracillimo subobliquo.

♂.—Lg. corp. paullo plus 5; lg. cephaloth. 2⅓, lat. ej. paullo plus 2; lg. abd. 2½, lat. ej. 2 millim. Ped. I 16½, II 13½, III 8½, IV 12; pat.+tib. IV 4 millim.

LOXOSCELES, Hein. et Lowe, 1831*.

*42. Loxosceles erythrocephala (C. L. Koch).

Loxosceles citigrada, *Lowe, Zool. Journ.* v. (no. xix.), p. 322 (1831)?
Scytodes erythrocephala, *C. L. Koch, Die Arachn.* v. p. 90, tab. clxviii. figg. 399 et 400 (1839).
Loxosceles erythrocephala, *Sim. Mém. Soc. Sci. Liège*, 2ᵉ sér. v. p. 38†
(1873).

Cephalothorace obscurius testaceo, anterius in parte cephalica magis rufescenti, pube sat densa testaceo-cinerascenti vestito, parte cephalica pone oculos laterales transversim sat leviter convexa, fronte inter hos oculos recta, vix convexa; oculis mediis, qui lateralibus inter se contingentibus paullo minores sunt, spatio ¼ corum diametri fere æquante separatis, a lateralibus anticis spatiis diametro sua pæne

---

* Vel fortasse 1832.

† Simon ad hanc speciem refert *Scytodem distinctam*, Lucas (Explor. de l'Algérie, Zool., Anim. Artic. i. p. 101, pl. 3. fig. 4), quam equidem potius *L. rufescenti* (Duf.), Sim., subjiciendam credo, quum Lucas de palporum parte tarsali in mare dicat, cam "très court, globuliforme" esse: conf. descriptiones hujus partis in maribus *L. erythrocephalæ* et *L. rufescentis*, loc. cit. a Simon datas.

triplo majoribus remotis, a margine clypei rotundati vero spatio, quod dimidiam longitudinem mandibularum circiter æquat; mandibulis ferrugineo-rubris, duplo et dimidio longioribus quam latioribus; palpis testaceis, partibus tibiali et tarsali ferrugineo-rubris; pedibus testaceo-rufescentibus, basi paullo clarioribus, dentibus unguiculorum tarsalium in pedibus 1ⁱ paris circa 12; abdomine cinereo, cinereo-testaceo-pubescenti.— ♀ ad. Long. circa 10 millim.

Lg. corp. 10; lg. cephaloth. pæne 4½, lat. ej. 3¼, lat. clyp. 1¾; lg. abd. 6¼, lat. ej. 3¾ millim. Ped. I 21, II 24¾, III 20¼, IV 23; pat.+tib. IV 7¼ millim.

Femina singula ad Tharrawaddy inventa est. A femina collectionis meæ in ins. Iviça capta et in quam descriptio *Scyt. erythrocephalæ* a C. L. Koch data optime cadit, non nisi magnitudine paullo majore differt; nomen *erythrocephalæ* in hac specie prætuli, quum *L. citigrada*, Lowe, synonymon valde incertum sit. *L. erythrocephala* enim a *L. rufescente* (Duf.), Sim.*, non facile distingui posse videtur, et hæ duæ formæ haud dubie sæpe confusæ fuerunt, e. gr. ab ipso Dufour et a Walckenaer†. Simon (loc cit.) differentias quasdam inter mares earum—mihi ignotos—sed non inter feminas indicavit: dicit tamen eas genere vitæ esse distinguendas ‡. Feminam (juniorem?) "*L. rufescentis*" a Cel. Simon multis abhinc annis benigne mecum communicatam a *L. erythrocephala* non nisi statura minore et colore cephalothoracis, palporum pedumque æqualiter testaceo dignoscere possum.

Fam. PHOLCOID.Æ.

ARTEMA, Walck., 1833 §.

*43. Artema sisyphoides (Dol.).

Pholcus sisyphoides, *Doleschal, Nat. Tijdsch. Nederlandsch Indië*, xiii. p. 408 (1857); *Thor. Ann. Mus. Genova*, xvii. p. 179, not. 1 (1881).

---

* Dufour, Ann. gén. d. sciences physiques, iv. (1820) p. 48, pl. lxxvi. fig. 5.—Simon, Mém. Soc. Sci. Liège, 2ᵉ sér. v. p. 38.

† H. N. d. Ins. Apt. i. p. 274 (*Scytodes rufescens*).

‡ "La *Loxosceles erythrocephala* habite toutes les régions méditerranéennes et se trouve sous les grosses pierres ou dans les fissures des rochers, où elle file une toile tubiforme assez semblable à celle de *Filistata bicolor*." La *L. rufescens* "se trouve dans les maisons, en Espagne, en Sicile et en Corse, je l'ai toujours prise errant sur les murs ou les plafonds des chambres, mais je ne lui ai jamais vu de toile."—Lucas (loc. cit. p. 105) de *L. distincta* sua hæc tamen habet : "Elle se tient sous les pierres peu humides où elle tend çà et là quelques fils de soie qui forment une toile lâche à réseaux très peu serrés."

§ Vid. Walck. Ann. Soc. Ent. France, ii. p. 442, ubi primum (paucis quidem) araneam indicat, ad quam recipiendam hoc genus creavit.

Artema convexa, *Blackw. Ann. Mag. Nat. Hist.* 3 ser. ii. p. 332 (1858); *id. ibid.* 3 ser. xviii. (1866), p. 459 (9); *id. ibid.* 3 ser. xix. p. 394 (8)—(ad partem).

Exempla nonnulla, inter ea masculum adultum, ad Tharrawaddy sunt collecta.—*Mas* plane cum descriptione maris *A. convexæ* Blackwallii (loc. cit. 3 ser. xviii.) convenit ; inter *feminas* et exempla feminea ex Honolulu et India nullam differentiam cernere possum. Exempla " *Artemæ convexæ* " ex *India* ad Blackwall missa *A. sisyphoidis* certe erant ; quæ ex *Africa* (et *America*) obtinuerat, fortasse non ejusdem erant speciei : conf. Thor., loc. sup. cit. Col. Marx nuper marem et feminam adultos in California a Col. Eisen captos ad me misit : feminam ab *A. sisyphoide* (♀) distinguere nequeo, sed palpi maris a palpis *A. sisyphoidis* (♂) non parum discrepant. *A. atalanta*, Walck., hæc duo exempla credo.

SMERINGOPUS, Sim., 1890.

*44. Smeringopus elongatus (Vins.).

Pholcus elongatus, *Vins. Aran. d. îles de la Réunion, Maurice et Madagascar*, p. 135. pl. iii. fig. 5 (1863).
Pholcus distinctus, *Cambr. Linn. Soc. Journ. Zool.* x. p. 380, pl. xi. figg. 28-30 (1869).

Ad Rangoon et Tharrawaddy exempla sat multa hujus speciei collecta fuerunt.—Inter specimina ad Tharrawaddy inventa nonnulla sunt, quæ ad colorem ab exemplis ordinariis non parum differunt et *rarietatem* distinctam formant : abdomen eorum fusco-cinerascens est, pictura dorsi et ventris magis fusca quam nigra et minus distincta, immo obsoleta : sternum non ad maximam partem nigrum est, sed clarius vel obscurius fuscum, et lineæ duæ nigræ clypei obsoletæ vel nullæ sunt. Hæc exempla ad *S. lincivenbrem*, Sim.*, retulissem, nisi dixerat Col. Simon, in mare hujus speciei procursum bulbi genitalis aliam formam atque in *S. elongato* habere (" apice obtusum " esse): in exemplo masculo varietatis illius *S. elongati*, quod singulum vidi, procursus bulbi apice late et oblique truncatus est, angulis apicis in spinas duas breves divaricantes nigras exeuntibus—plane ut in mare formæ ordinariæ sives principalis. Neque ullam aliam diversitatem inter palpos horum marium cernere possum : etiam vulva in varietate et in forma principali plane eodem modo figurata est.

*45. Smeringopus lyonii (Blackw.).

Pholcus lyoni, *Blackw. Ann. Mag. Nat. Hist.* 3 ser. xix. p. 392 (1867).

Cephalothorace testaceo, fascia longitudinali antice furcata nigricanti plus minus distincta secundum medium, lineisque duabus

---

* Ann. Soc. Ent. France, 6 sér. x. p. 95 (1890).

anteriora versus divaricantibus nigris in clypeo plerumque notato, in femina utrinque postice in tuberculum conicum elevato : parte palporum patellari feminæ nigra ; pedibus fusco-testaceis, nigro - maculatis, femoribus tibiisque apud apicem albicantem annulo nigro cinctis, patellis nigris quoque, femoribus 1^i paris in mare serie longa spinarum subter armatis ; abdomine vix vel non dimidio longiore quam latiore, postice, ubi a latere visum late truncatum est, paullo altiori quam antice, dorso postice in comum parvum supra mamillas elevato, ad colorem cinereo-testaceo, plus minus nigro-maculato ; ventre fascia longitudinali latissima nigra occupato, quæ antice areas duas ovatas transversas subobliquas pallidas continet. — ♂ ♀ ad. Long. circa 5-6¼ millim.

In mare femora 1^i paris subter seriem spinarum graciliorum erectarum fere 30 habent, ab apice internodii ad circiter ⅘ longitudinis ejus pertinentem. In hoc sexu palporum pars tarsalis apice extus in procursum longum fortissimum rectum sensim paullo angustatum est producta, cujus apex obtusus et inæqualis subter in spinam gracilem porrectam, apice foras curvatam exit, apud quam, extra, dens brevis conspicitur. Vid. præterea descriptionem Blackwallii optimam, loc. cit.

Hæc species similitudinem quandam cum *Pholco V-notato*, Thor.[*], habet, qui tamen serie oculorum anticorum recta, abdomine longiore, cet., facile internoscatur et generis *Pholci* (Walck.), Sim., non *Smeringopodis*, Sim., est.

Exempla nonnulla *S. lyonii*, antea modo in India (ad Merut, Agra vel Delhi) inventi, ad Tharrawaddy capta sunt.

PHOLCUS (Walck.), 1805.

**46. Pholcus calligaster, sp. n.

Cephalothorace testaceo, parte thoracica linea vel macula media nigricanti notato, parte cephalica minus alta, clypei altitudine longitudinem mandibularum æquante ; oculis mediis posticis spatio eorum diametro circa dimidio majore separatis ; sterno luteo vel subfusco ; pedibus testaceis, femoribus apice albicantibus, patellis nigris ; abdomine longo et angusto, cylindrato, cinerascenti, ordinibus duobus macularum nigricantium plus minus evidentium secundum dorsum, et etiam in lateribus saltem postice nigro-maculatum ; ventre fascia longitudinali lata nigra occupato, quæ ter constricta est et ita in partes quattuor divisa, quarum secunda maculam magnam pallidam, lineola longitudinali nigra notatam, includit.— ♀ ad. Long. circa 5 millim.

Femina.—Cephalothorax pæne orbiculatus, ut in affinibus ; pars cephalica, quæ non multo alta est, sed impressionibus cephalicis

---

[*] Ann. Mus. Genova, xii. p. 163 (1878); op. cit. xxv. (ser. 2ª, v.) p. 90 (1887).

fortibus limitata, non parum brevior est quam latior antice, fronte
truncata, postice breviter truncata quoque, sed non utrinque constricta ; a latere visa hæc pars modice assurgit et sat leviter convexa est ; a fronte visa inter oculos medios posticos fortiter emi-
nentes transversim plana videtur. Clypeus satis prærupte proclivis
mandibularum longitudinem altitudine fere æquat. *Oculi* tres
utriusque lateris magni et subæquales sunt et inter se contingentes,
medii duo parvi, iis circa triplo minores et spatio minuto separati :
a lateralibus anticis spatiis diametrum suam pæne æquantibus remoti sunt. Spatium inter oculos medios posticos eorum diametro
circa dimidio est majus. Linea oculos 4 anticos subter tangens
recta est, si a fronte inspicitur cephalothorax.

Mandibulæ circa duplo et dimidio longiores quam latiores, femora 2ⁱ paris (versus medium eorum) crassitie æquantes, in dorso
muticæ, pilis sparsæ. *Palpi* breves et graciles, tenuiter pilosi, ut
pedes, qui longissimi et gracillimi sunt. *Abdomen* 3½-4plo longius
quam latius, cylindratum, postice a latere visum obtusissimum,
apice dorsi postico rotundato, non in conum vel tuberculum elevato ;
mamillis apicalibus. *Vulva* ex lamina lata sed brevi, triangula,
saltem duplo latiore quam longiore, nitida, fusco-ferruginea constat,
quæ in apice (antice) dente armata est et in medio baseos latissimæ
tuberculum minutum ostendit.

Color.—Cephalothorax testaceus, linea vel macula media longitudinali inæquali nigricanti in parte thoracica notatus ; clypeus
immaculatus. *Sternum* et *partes oris* testaceo-lutea vel fusca. *Palpi*
pallide testacei ; *pedes* ejusdem coloris, patellis nigris, femoribus
apice albicantibus, metatarsis apice anguste nigricantibus. *Abdomen*
cinerascens, secundum dorsum ordinibus duobus parallelis macularum nigrarum notatum et etiam in lateribus saltem postice nigri-
canti-maculatum ; ad declivitatem posticam utrinque nigricans vel
in hac declivitate macula vel umbra nigricanti notatum est. Venter
fascia latissima nigra secundum totam longitudinem extensa orna-
tur, quæ sat fortiter ter constricta est et ita quasi ex maculis quattuor in lateribus rotundatis conflata : prima harum macularum in
area pallida vulvam fusco-ferrugineam continet ; secunda (quæ ut
tertia ovata est) maculam magnam ovatam pallidam includit, quæ
lineola media longitudinali nigra notata vel geminata est. *Mamillæ*
nigricantes.

Lg. corp. 5 ; lg. cephaloth. 1½, lat. ej. pæne 1½ ; lg. abd. 3¼,
lat. ej. fere 1 millim. Ped. I ?, II 26, III 18, IV 25¼ ; pat.+tib.
IV paullo plus 7 millim.

Feminas duas ad Rangoon invenit Cel. Oates.—Hæc species præsertim *Ph. gracillimo,* Thor.*, ex Sumatra, affinis videtur.

**47. Pholcus infirmus, sp. n.

Cephalothorace testaceo-ferrugineo, limbo pallide cinerascenti cincto ;

---

* Ann. Mus. Genova, xxviii, (2ᵉ ser. viii,) p. 298. - In diagnosi hujus speciei,
ibid., lin. 5, " *oculis mediis anticis* " lapsus est calami pro : *oculis mediis posticis.*

serie oculorum antica paullulo deorsum curvata ; pedibus pallide testaceis ; abdomine breviter ovato, supra ad longitudinem fortiter convexo, pallide cinereo, ventre anterius in tuberculum maximum elevato,
quod posterius sulcum transversum (vulvam) ostendit.— ♀ ad.
Long. circa 2 millim.

Femina.—*Cephalothorax* pæne circulatus, parte cephalica parva
transversa impressionibus cephalicis fortibus a parte thoracica separata, sed ea non altior ; a latere visus inter partes cephalicam et
thoracicam depressus est, dorso hujus partis æqualiter et modice
convexo, dorso partis cephalicæ fere eodem modo convexo. Clypei
altitudo mandibularum longitudine circa dimidio major est. *Oculi*
tres utriusque lateris magni et inter se contingentes sunt, medii
antici minuti, et spatio parvo, eorum diametro minore, separati ; a
lateralibus anticis, quibus triplo-quadruplo minores sunt, spatiis
sunt remoti, quæ oculi lateralis diametrum saltem æquant. Spatium
inter oculos medios posticos eorum diametro plus triplo, pæne quadruplo majus mihi videtur. A fronte visa series oculorum anticorum
pæne recta est vel potius paullulo deorsum curvata : linea recta
medios eorum infra tangens laterales in centro secat. *Sternum*
transversum, posteriora versus paullo angustatum, in lateribus
leviter rotundatum, antice latissime truncatum, non inter coxas
4[i] paris longe separatas pertinens : immo in medio postice paullo
incisum videtur ; convexum, læve et tenuissime pubescens est.

Mandibulæ cylindrato-ovatæ, dorso recto, duplo longiores quam
latiores, apicem femoris 3[ii] paris crassitie circiter æquantes ; in
dorso inermes sunt, læves et nitidi, parce pilosæ. *Maxillæ* in
labium fortiter inclinatæ, eo saltem duplo longiores. *Labium* transversum, apice late truncatum. *Palpi* gracillimi, parce pilosi ; pars
patellaris paullo longior quam latior est, pars tibialis pæne duplo
longior quam latior, pars tarsalis parte tibiali paullo longior et
paullo angustior, a basi ad apicem sensim paullo angustata. *Pedes*
(quorum omnes, altero 3[ii] paris excepto, in nostro exemplo desunt)
longi, graciles et parce pilosi certe sunt. *Abdomen* modo paullo
longius quam latius, circiter æque altum ac latum, desuperne visum
ovato-rotundatum, a latere visum anterius levius, præterea et supra
et postice fortissime convexum, mamillis in apice ventris positis.
Venter anterius tuberculum maximum subtransversum obtusissimum
antice fuscum format, quod postice sulcum transversum (*vulvam*)
ostendit.

Color.—*Cephalothorax* testaceo-ferrugineus, in lateribus et postice
limbo pallide cinereo cincto, parte cephalica quoque hujus pallidi
coloris. *Sternum* et *partes oris* pallide cinerea ; *palpi* magis flaventes. *Pedes* saltem 3[ii] paris pallide flavo-testacei ii quoque.
Abdomen pallide cinereum, subter paullo obscurius ; pili pauci,
quibus (saltem subter) est sparsum, pallidi sunt.

Lg. corp. 2½ ; lg. et lat. cephaloth. 1 ; lg. abd. 1½, lat. ej. pæne
1¼ millim. Ped. III 9½ millim. longi.

Exemplum male conservatum et pedibus pæne omnibus carens
examinavi, ad Rangoon captum.—Abdomine brevi, alto et fortiter
convexo cum formis generis *Artema* satis convenit hæc species.

Fam. THERIDIOIDÆ.

ARIAMNES, Thor., 1869.

*48. Ariamnes flagellum (Dol.).

Ariadne flagellum, *Dol. Nat. Tijdschr. Nederlandsch Indië,* xiii. p. 411, fig. 1 (1857).

Cephalothorace circa triplo longiore quam latiore, in dorso pone recto, sordide fusco-testaceo ; clypeo directo, altitudine ejus longitudine mandibularum circa duplo longiorum quam latiorum non parum minore; oculis mediis aream paullulo longiorem quam latiorem, vix vel non latiorem postice quam antice occupantibus, oculis lateralibus inter se et cum mediis anticis contingentibus, a mediis posticis spatio minuto separatis ; sterno aut testaceo, aut fusco-rubro ; partibus oris, palpis (simplicissimis) et pedibus clarius vel obscurius testaceis, pedum paribus 2 vel 3 anterioribus tamen plerumque fusco-rubris, basi et metatarsis (modo basi fusco-rubris) tarsisque testaceis exceptis ; unguiculo palmorum longo et gracillimo, aculeum leviter bis deorsum curvatum assimilante, modo ad basin dentibus brevibus 3–4 munito ; abdomine omnium longissimo, cylindrato, in caudam longissimam versus apicem sensim angustatam et in mucronem acuminatum exeuntem retro producto, cinerascenti, apice late infuscato, in lateribus dense subargenteo- vel aureo-maculato vel -punctato, et interdum supra utrinque (vel subter) fascia longitudinali fusco-rubra ornato ; mamillis usque ad 10plo longius ab apice dorsi quam a petiolo remotis. — ♀ ad. *Long.* 15–27 *millim.*

Exempla tria feminea hujus speciei, quæ typus generis *Ariamnis* est habenda, ad Tharrawaddy cepit Oates. Feminam ad Singapore a Workman captam vidi quoque : in ea pars posterior abdominis non ut in reliquis plus minus sursum curvata vel flexuosa est, sed tortuosa. Qua forma sit vulva, eruere non potui, quum in exemplis a me visis hæc pars materia fusca excreta ad partem abscondita sit.

Vix dubium mihi videtur, quin sit nostra aranea eadem ac *Ariadne flagellum,* Dol., ex Amboina. In vivis hujus speciei cephalothorax et abdomen viridia dicuntur, ille secundum medium flavescens, hoc utrinque punctis subaureis dense obsitum, apice rufescenti.

**49. Ariamnes gracillimus, sp. n.

Cephalothorace paullo plus duplo longiore quam latiore, in dorso late depresso, subluteo, altitudine clypei proclivis longitudinem mandibularum duplo et dimidio longiorum quam latiorum pone æquante ; oculis mediis rectangulum multo latiorem quam longiorem formantibus; sterno testaceo, fascia nigra subgeminata secundum medium notato ; partibus oris, pedibus et palpis pallide testaceis, his longissimis, clava parva ferruginea ; abdomine satis angusto, pone mamillas in caudam sat longam subcylindratam apice obtusam et mucrone auctam, retro et sursum directam producto, ad maximam partem urgentco, subter fascia lata nigra ab uno ad apicem cauda pertinenti ornato, mamillis circa duplo longius ab hoc apice quam a petiolo remotis.— ♂ ad. Long. circa 4 millim.

Mas.—Cephalothorax saltem duplo longior quam latior, antice utrinque cito angustatus, parte cephalica parva et alte elevata, impressionibus fortibus a parte thoracica divisa, non longiore quam latiore, lateribus leviter rotundatis anteriora versus angustata, fronte valde angusta ; a latere visum dorsum cephalothoracis anterius, pone partem cephalicam, latissime et profunde depressum est. Clypeus praerupte proclivis : altitudo ejus mandibularum longitudinem paene aequat. Series *oculorum* antica a fronte inspecta paullo sursum curvata videtur ; series postica desuper visa recta, vix procurva est. Area oculorum mediorum fere dimidio latior est quam longior, rectangula. Oculi medii antici, reliquis majores, spatio sunt separati, quod eorum diametro non parum majus est : oculi bini laterales, inter se contingentes, cum mediis anticis subcontingentes quoque sunt, a mediis posticis spatio magis evidenti separati. *Sternum* plus duplo longius quam latius, transversim convexum, antice truncatum et in medio sulco fortiter procurvo a labio divisum, apice longe retro inter coxas 4[i] paris producto, angusto, ipso apice vero pone eas in triangulum dilatato et cum abdomine juncto.

Mandibulae, deorsum et anteriora versus directae, cylindratae et in dorso rectae sunt, circa duplo et dimidio longiores quam latiores, femoribus anticis paullulo crassiores. *Maxillae,* in *labium* transversum et truncatum parum inclinatae eoque fere triplo longiores, saltem duplo longiores quam latiores sunt, in latere exteriore constrictae sive emarginatae, latere interiore ante labium recto, apice extra oblique rotundato, basi latiores quam apice. *Palpi* valdo longi et graciles, clava parva subovata femoribus paene duplo latiore. Pars femoralis longa et recta est, pars patellaris a basi ad apicem sensim paullo dilatata et circa quadruplo longior quam latior ; pars tibialis ea quoque versus apicem sensim incrassata est, parte patellari paullo crassior eaque circa dimidio longior ; pars tarsalis parte tibiali paene duplo est brevior et paullo latior, acuminata, intus vergens ; bulbus modice complicatus. *Pedes* omnium gracillimi, parce pubescentes. *Abdomen,* desuper visum anguste cylindrato-lanceolatum fere, supra mamillas sensim in caudam subcylindratam sat longam retro et sursum directam et paullo sursum curvatam est productum, quae reliquo abdomine fere duplo longior sed parum angustior est, versus apicem rotundatum et mucrone gracili auctum sensim paullo angustata. *Mamillae* paene duplo longius ab apice abdominis quam a petiolo remotae sunt.

Color.—Cephalothorax luteo-testaceus, secundum medium paullo clarior (?) ; in clypeo vestigia lineolarum duarum divaricantium, deorsum versus mandibulas directarum, vidisse videor. *Sternum* testaceum, fascia media longitudinali nigra, quae secundum maximam partem longitudinis suæ (in medio) lineâ testaceâ geminata est, et postice in ventrem ut linea nigra usque ad mamillas continuatur. *Mandibulæ* et *maxillæ* testaceæ, *labium* nigricans. *Palpi* pallide testacei, clava ferruginea. *Pedes* pallide testacei toti. *Abdomen* argenteum, in lateribus anterius subluteum et hic vestigiis lineæ longitudinalis nigræ munitum : ad basin fascia lata longitudinali postice abbreviata sublutea est notatum, quæ utrinque postice ramum latum oblique foras et retro directum emittit. Summus apex dorsi cum mucrone ejus niger est, et etiam supra in cauda, anterius, vestigia maculæ parvæ nigræ adesse videntur. Venter fascia lata nigra a mamillis usque ad apicem posticum abdominis (caudæ) ducta est ornatum ; a mamillis ad petiolum, ut dixi, linea tenuis nigra extensa est. *Mamillæ* testaceæ.

Lg. corp. paullo plus 4 ; lg. cephaloth. circa $1\frac{1}{2}$, lat. ej. pæne $\frac{3}{4}$: lg. abd. pæne $2\frac{1}{4}$, lat. ej. pæne $\frac{3}{4}$ millim. Palpi circa $3\frac{1}{4}$; ped. 1 12, II $7\frac{1}{2}$, III $3\frac{1}{4}$, IV $8\frac{1}{4}$: pat.+tib. IV parum plus 2 millim.

Mas singulus ad Tharrawaddy est captus. *A. nasico*, Sim.*. ad formam abdominis (non vero cephalothoracis) sat similis est ; caret procursu illo frontali, quo munitus est *A. nasicus*, ♂ .

**50. Ariamnes rufopictus, sp. n.

Cephalothorace paullo plus dimidio longiore quam latiore, in dorso late depresso, luteo-testaceo, linea duplici longitudinali rubra ornato, clypeo procliri et mandibulas altitudine (longitudine) fere æquante linea longitudinali rubra notato; oculis mediis in quadratum dispositis ; sterno et partibus oris testaceis, palporum simplicissimorum unguiculo dentibus longis dense pectinato ; pedibus testaceis et, 3^{tii} paris exceptis, plus minus dense nigro-punctatis vel -maculatis, femoribus et præsertim tibiis apice late ferrugineis, aculeisque compressis anguste lanceolatis nigris præditis ; abdomine sensim sursum et paullo retro in caudam fortem (versus apicem obtusum et mucrone minuto munitum cylindratum) elevato-producto, a latere viso triangulo et postice altissimo, ad colorem subluteo, supra albido, fascia longitudinali abbreviata sublutea ad basin dorsi, et undique striis vel maculis parvis rubris conspersco ; mamillis circa duplo longius ab apice dorsi quam a petiolo remotis.— ♀ ad. Long. circa 4 millim.

Femina.—Cephalothorax paullo plus dimidio longior quam latior, inverse ovatus fere, lateribus posterius fortius, anterius leviter rotundatis et denique rectis a medio usque ad oculos angustatus (sed non utrinque sinuatus), fronte dimidiam partem thoracicam latitudine non æquante, tuberculo oculorum mediorum anticorum latissime truncato et fortiter prominente. Lævis et nitidus est cephalothorax, humilis, parte cephalica antice et parte thoracica posterius paullo elevatis (dorsum ita a latere visum in medio latissime depressum), area oculorum mediorum paullo proclivi ; clypeus, sub oculis transversim profunde impressus, proclivis et prominens

---

* Mém. Soc. Sci. Liège, 2e sér. v. p. 132, pl. ii. figg. 17, 18, et 20 ; Les Arachn. de France, r. i. p. 19, pl. xxv. fig. 6.

est, sensim versus marginem suum non parum angustatus, altitudine longitudinem mandibularum et duplam longitudinem areæ oculorum mediorum fere æquans. *Oculi* sat magni, medii antici reliquis subæqualibus paullulo majores. Series oculorum postica modo paullo longior est quam antica, quæ a fronte visa paullulo deorsum curvata est, desuper visa fortiter recurva ; series postica desuper visa paullo est recurva, a fronte visa sat fortiter deorsum curvata. Oculi bini laterales contingentes inter se, area mediorum plane quadrata. Oculi medii antici, spatio eorum diametrum pæne æquante separati, saltem duplo longius inter se quam a lateralibus anticis distant : medii postici, spatio diametrum suam æquante sejuncti, paullo longius inter se quam a lateralibus posticis remoti sunt. *Sternum* non parum longius quam latius, subovatum, antice late truncatum et in medio paullo emarginatum, lateribus leviter rotundatis posteriora versus angustatum, apice postico truncato vix inter coxas 4ⁱ paris pertinente ; læve et nitidum est, ad longitudinem parum, transversim præsertim antice modice convexum, tenuiter pilosum.

Mandibulæ, deorsum et parum anteriora versus directæ, parallelæ sunt, debiles, circa duplo et dimidio longiores quam latiores. femoribus anticis non parum angustiores, a medio ad apicem intus sensim paullo angustatæ, præterea cylindratæ et in dorso rectæ, læves et nitidæ. *Maxillæ* magnæ, ultra mandibulas utrinque et antice pertinentes, circa duplo longiores quam latiores, apice extra late rotundatæ, intus rectæ ; in labium inclinatæ sunt eoque circa quadruplo longiores. *Labium* brevissimum, duplo latius quam longius, apice late truncatum ; sulco distincto a sterno divisum videtur. *Palpi* mediocres, parte tarsali partibus patellari et tibiali conjunctis paullo longior. apicem obtusum versus sensim parum angustata. Unguiculus dentibus longis densis pectinatus. *Pedes* (3ⁱⁱ paris exceptis) longi et non valde graciles, femoribus et præsertim tibiis versus apicem sensim paullo incrassatis et sat fortibus, metatarsis tarsisque vero gracilibus ; pilosi sunt, pilis in metatarsis et tarsis longioribus et fortioribus. Præterea aculeis compressis, latissimis, anguste lanceolatis fere saltem nonnullis sunt armati : in nostro exemplo detrito remanent duo ejusmodi aculei prope apicem femoris 4ⁱ paris. subter, unusque versus apicem tibiæ ejusdem paris, is quoque subter. Tuberculis minutis sparsi sunt pedes, quæ certe ejusmodi vel alios aculeos setasve gesserunt. *Abdomen* paullo compressum, sensim secundum arcum leviter concavatum sursum et paullo retro in procursum longum, fortem, basi sensim angustatum, præterea cylindratum productum, qui, a latere visum, supra versus apicem rotundatum paullo convexum est, apice infra tamen recto et mucrone minuto aucto. A latere visum abdomen igitur triangulum est, lateribus levitur concavatis, angulo uno (basi abdominis) truncato ; spatium inter mamillas et apicem dorsi sive procursus abdominis non multo minus est quam spatium inter petiolum et apicem illum, et circa duplo majus quam spatium inter petiolum et mamillas. *Vulva* ex fovea parva rotundata pallida constat, e qua anterius eminet procursus minutus brevis apice niger : pone eum, in fundo hujus foveæ, foveolæ duæ minutissimæ conspiciuntur. *Mamillæ* confertæ, breves sed fortes.

Color.—Cephalothorax luteo-testaceus est, lineis duabus rubris parallelis et spatio modo parvo separatis secundum longitudinem ornatus, posterius vero lineis duabus rubris posteriora versus divaricantibus, summo margine laterali anguste rufescenti ; clypeus linea media longitudinali rubra notatus est et oculi annulis rubris cincti. *Sternum* et *partes oris* flavo-testacea. *Palpi* pallide flavo-testacei, apice infuscati. *Pedes* quoque pallide flavo-testacei ; femora et præsertim tibiæ apice sat late ferruginea sunt, patellæ subferrugineæ quoque ; femora et tibiæ punctis nonnullis nigris sparsa sunt (metatarsi quoque unum alterum punctum nigrum et maculam parvam nigram ostendunt), et tibiæ et metatarsi utrinque ad basin lineola crassa longitudinali vel macula nigra notati ; metatarsi saltem 1^i paris apice sat late nigri sunt. (Ita in pedibus 1^i, 2^i et 4^i parium : pedes 3^{ii} paris pæne toti testacei sunt.) Aculei illi nigri, pili pallidi. *Abdomen* luteo-testaceum, sed superius et postice maculis minutis albidis densissimis ita obsitum, ut ibi albicans evadat, striis longitudinalibus non densis rubris conspersum, apice procursus abdominis densius rubro-maculato ; in dorso, quod magis albidum est, maculæ oblongæ hujus albidi coloris fasciam longitudinalem brevem latam sordide luteam limitant, ad basin dorsi sitam. In ventre subluteo maculæ paucæ parvæ inæquales rubræ series duas pæne parallelas longe inter se remotas formant ; secundum medium ejus lineola longitudinalis et macula una alterave minuta rubræ conspiciuntur. *Mamillæ* sublutea.

Lg. corp. (a fronte ad mamillas) 4 ; lg. cephaloth. circa 1$^3_4$, lat. ej. paullo plus 1, lat. front. vix $\frac{1}{2}$; lg. abd. (a basi ad apicem dorsi) 4$\frac{1}{2}$, lat. ej. 1$^3_4$ millim. Ped. I 14, II 9$\frac{1}{4}$, III 6$\frac{1}{2}$, IV 13 ; pat.+tib. IV paullulo plus 3 millim.

Feminam singulam detritam examinavi. Aculeis illis pedum lanceolatis sive anguste foliiformibus valde notabilis est hæc aranea, fortasse generi proprio adscribenda.

THWAITESIA, Cambr., 1881.

**51. Thwaitesia phœnicolegna, sp. n.

Cephalothorace, sterno et partibus oris pallide testaceis, illo anguste nigro-marginato et fascia media longitudinali lata rubra notato : oculis mediis posticis non longius inter se quam a lateralibus posticis remotis ; pedibus albicanti-testaceis, annulis et maculis parvis nigris rubrisve signatis ; abdomine breviter et inverse suborbato, postice alto ibique ample et æqualiter rotundato et aculeis (saltem) 4 in seriem transversam dispositis armato : ad colorem subtestacco, in lateribus et infra punctis vel lituris paucis nigris sparso, in dorso vittis nonnullis retro fractis et ad partem abruptis, anterioribus earum nigris, posterioribus rubris, et pone eas plaga rubra ornato.— ♀ ad. Long. circa 2$\frac{1}{4}$ millim.

Femina.—Cephalothorax inverse cordiformi-ovatus, non parum

longior quam latior, in lateribus partis thoracicae usque ad oculos
postice fortius, antice leviter rotundatus, utrinque apud eos paullulo
sinuatus, parte cephalica quoad libera est brevissima, anteriora
versus angustata, fronte rotundata circiter ⅓ partis thoracicae latitudine aequante, tuberculo oculorum mediorum truncato; pars
thoracica utrinque sulco marginali praedita est; impressiones cephalicae distinctae, fovea centralis magna et oblonga. Laevis et nitidissimus est cephalothorax, parce et tenuiter pubescens, humilis,
dorso a latere viso inter partes thoracicam et cephalicam paullulo
depresso, posterius paullulo convexo, anterius recto, area oculorum
mediorum sat praerupte proclivi. Clypeus valde praeruptus, paene
directus, sub oculis transversim impressus; altitudo ejus longitudinem areae oculorum mediorum aequat, dimidiam longitudinem
mandibularum paullo superans. *Oculi* sat parvi, medii antici reliquis paullo majores, laterales postici reliquis paullo minores. Series
oculorum antica a fronte visa recta est, desuper visa fortissime
recurva; series postica desuper visa recta, a fronte visa sat fortiter
deorsum curvata. Oculi bini laterales contingentes sunt inter se;
oculi medii aream magnam aeque longam ac latam antice et paullulo
latiorem antice quam postice occupant. Spatium inter oculos
medios anticos eorum diametrum aequat; a lateralibus anticis
spatio fere triplo minore, quam quo inter se distant, remoti sunt.
Oculi medii postici, spatio eorum diametrum saltem aequante separati, a lateralibus posticis parum longius quam inter se distant.
Sternum longius quam latius, antice late subtruncatum, lateribus sat
leviter rotundatis posteriora versus angustatum, apice obtuso longe
inter coxas late separatas pertinens; sat leviter convexum est, laeve,
nitidum, parce et tenuiter pilosum.
Mandibulae paene directae, parallelae, graciles, cylindratae, duplo
et dimidio longiores quam latiores, femora antica crassitie aequantes.
Maxillae circa duplo longiores quam latiores, in latere exteriore
versus apicem rotundatae, et hoc latere in labium inclinatae, lateribus
interioribus vero ante labium parallelae; labio transverso, duplo
latiore quam longiore et apice late truncato saltem triplo longiores
sunt. *Palpi* gracillimi, parte tarsali prioribus duabus conjunctis
non parum longiore, apicem versus sensim paullo angustata; unguiculus gracilis, modice curvatus, dentibus nonnullis sat longis et
densis pectinatus. *Pedes* sat longi, gracillimi, pilis longis sparsi et
aculeis armati: in exemplo nostro, quod detritum est, remanent
modo aculeus gracilis supra in patella unusque alterve alius supra
in tibia. Tarsorum pili forma plane ordinaria sunt. Unguiculi
eorum graciles, superiores modice et aequaliter curvati, dentibus
paucis sat densis pectinati; inferior, iis parum minor, versus
medium deorsum flexus, inermis videtur. *Abdomen*, aeque altum
postice ac longum, paullo longius quam latius est, desuper visum
breviter et inverse ovatum fere, antice angustum, postice latum et
ample rotundatum, lateribus antice parum, postice fortiter rotundatis; a latere visum supra convexum et posteriora versus assurgens
est, itaque non parum altius postice quam antice, postice oblique
rotundato-truncatum, apice dorsi tamen late rotundato, mamillis

longe infra et paullo ante eum positis. In apice dorsi lato aculei
sat longi graciles (saltem) quatuor, duo utrinque, conspiciuntur,
in seriem transversam longam dispositi ; præterea pilis sat longis
tenuibus sparsum est abdomen, molle, læve et nitidum. *Vulva* ex
annulis vel circulis duobus minutis fuscis, spatio parvo separatis et
non longe pone petiolum sitis constare videtur.

Color.—*Cephalothorax* pallide testaceus, fascia media longitudinali
lata paullo inæquali rubra ornatus ; punctis paucis nigris utrinque
sparsus est, summo margine laterali partis thoracicæ nigro, margine
clypei nigro quoque. *Sternum* et *partes oris* pallide testacea,
immaculata. *Palpi* et *pedes* etiam pallidiores, albicanti-flaventes,
illi parum, hi evidentissime annulati (3ii paris exceptis, qui modo
paullo nigro-punctati videntur) ; femora plus minus evidenter apice
infuscata sunt et maculis parvis punctisque nonnullis nigris sparsa ;
tibiæ apice sat late obscure rubræ sunt, et annulo vel macula pæne
media ejusdem coloris munitæ, summa basi (cum apice patellæ)
anguste et plus minus evidenter infuscata quoque ; metatarsi apice
sat late nigri sunt, annulo vel macula nigra versus medium ; tarsi
apice sat late nigri. *Abdomen* subtestaceum, ventre pallidiore :
dorsum ejus lineas sive vittas transversas angustas gradatim longiores, retro fractas et—excepto saltem prima, in declivitate antica
posita—in medio late abruptas circa 6–7 ostendit, quarum anteriores
nigræ, posteriores rubræ sunt, postica vel posticæ in plagam rubram,
dorsi partem posticam occupantem et postice (infra) albo-limbatam
dilatatæ. Declivitas postica abdominis præterea, ut latera et
venter, punctis vel lituris paucis nigris est sparsa. Aculei illi
abdominis nigri. *Mamillæ* pallide testaceæ.

Lg. corp. pæne 2½ ; lg. cephaloth. paullo plus 1, lat. ej. circa ⅔ :
lg. abd. 1¾, lat. ej. 1½ millim. Ped. I 8, II circa 4, III pæne 3, IV
paullo plus 5 ; pat.+tib. IV 1½ millim.

Femina singula adulta aliæque junior ad Tharrawaddy sunt captæ.
A formis magis typicis gen. *Thwaitesiæ* hæc species non parum
differt, præsertim oculis posticis pæne æque longe inter se remotis,
et formâ abdominis ; quum vero oculis mediis anticis multo longius
inter se quam a lateralibus anticis remotis et pedibus aculeatis, cet.,
cum *Thwaitesia* conveniat, potius ad hoc genus quam ad *Theridium*,
cui etiam valde affinis est, eam referendam judicavi.

**52. Thwaitesia spinicauda, sp. n.

*Cephalothorace flavo-testaceo, aut (♀) fasciâ media inæquali—
antice acuminata et rubra, postice sat lata et nigricanti—ab oculis
posticis ad marginem posticum ducta ornato, aut (♂) lineâ media
longitudinali antice abbreviata nigra ; oculis mediis posticis longius
inter se quam a lateralibus posticis remotis ; sterno et partibus oris
flavo-testaceis, palpis et pedibus pallide flavo-testaceis, his saltem in
♀ punctis nigris plus minus sparsis, tibiis apice (ut patellis) subluteis, metatarsis apice nigris ; abdomine subrhomboidi-ovato (a latere
viso fere trapezoidi), apice dorsi in conum mediocrem retro et sursum
directum producto, hoc cono in utroque latere serie longitudinali*

aculeorum 4 armato : ad colorem subtestaceo vel cinerascenti, maculis albis plus minus densis superius sparso (vel superius utrinque inæqualiter albo) et maculis parvis raris nigris undique consperso.— ♂ ♀ ad. *Long. circa* 2¾ *millim.*

Femina.—*Cephalothorax* desuper inspectus ut in specie priore est, modo ut videtur minus distincte marginatus; a latere vero visus inter partes cephalicam et thoracicam fortius depressus est, illa sensim acclivi, hac sat fortiter convexa; clypei altitudo longitudine areæ oculorum mediorum saltem dimidio est major et longitudine mandibularum non multo minor. *Oculi* medii antici posticis mediis parum majores videntur, lateralibus pæne æqualibus non parum majores. Series oculorum antica a fronte visa recta est, desuper visa fortissime recurva; series postica desuper visa recta, a fronte visa sat fortiter deorsum curvata. Oculi bini laterales contingentes inter se; area oculorum mediorum pæne quadrata, parum latior antice quam postice. Oculi medii antici, spatio eorum diametrum saltem æquante separati, circa triplo longius inter se quam a lateralibus anticis distant; oculi medii postici, qui spatio eorum diametro paullulo minore disjuncti videntur, evidenter paullo longius inter se quam a lateralibus posticis remoti sunt. *Sternum* ut in priore diximus.

Mandibulæ directæ et parallelæ, cylindratæ, graciles, circa duplo et dimidio longiores quam latiores, femoribus anticis multo angustiores. *Maxillæ* et *labium* ut in priore specie, illæ labio plus duplo latiore quam longiore ut videtur saltem quadruplo longiores. *Pedes* gracillimi pilis longioribus sat dense sparsi sunt et aculeis saltem nonnullis gracilibus armati. *Abdomen* paullo longius quam latius et paullo longius quoque quam altius, desuper visum rhomboidi-ovatum, in medio sat latum, lateribus parum rotundatis anteriora et posteriora versus sensim angustatum, apice dorsi subito in conum non multo magnum, retro et paullo sursum directum producto; qui conus *utrinque* serie longitudinali deorsum curvata aculeorum gracilium 4 armatus est. A latere visum abdomen trapezoide fere est, postice paullo altius quam antice, ubi satis altum est, ipso dorso usque ad conum illum leviter convexo; postice, inter basin coni et anum, late sed parum oblique rotundato-truncatum est, mamillis paullo ante apicem coni sitis et circa æque longe ab eo atque a petiolo remotis. *Vulva* ex maculis (tuberculis?) duabus rotundatis sat magnis nigris, spatio earum diametrum æquante separatis et non longe a petiolo remotis constat.

Color.—*Cephalothorax* flavo-testaceus (marginibus ejusdem coloris), fascia media longitudinali utrinque crassissime dentata sive saltem bis constricta, antice acuminata et rubra, præterea sat lata et nigricanti et apud petiolum in V parvum nigrum desinente ornatus. *Sternum* et *partes oris* flavo-testacea, *palpi* et *pedes* etiam paullo pallidiores, illi immaculati; femora punctis et striis parvis transversis nigris minus dense sparsa sunt, patellæ luteæ, tibiæ apice sat late luteæ (vel, in pedibus 1ⁱ paris, nigricantes) ibique macula oblonga nigra vel maculis binis nigris utrinque notatæ, et præterea

g

punctis nonnullis nigris conspersæ; metatarsi apice nigri sunt et punctis paucis nigris sparsi. *Abdomen* subtestaceum, superius maculis parvis albis dense obsitum, ita ut dorsum ejus saltem utrinque et latera superius declivitasque postica inæqualiter et plus minus late albicantia evadant, præterea punctis nigris raris undique sparsum; aculei nigri. *Mamillæ* pallide testaceæ.

Mas.—Ad formam mas parum a femina differt, nisi pedibus longioribus, abdomine minore paulloque angustiore, et palpis. *Palpi* sat breves sunt, clava ovata non magna sed femoribus anticis non parum crassiore, bulbo ferrugineo parum complicato. Pars patellaris æque lata ac longa est, pars tibialis eâ paullo longior et, apice, non parum latior, a basi ad apicem sensim dilatata, pæne triangula (desuper visa). *Abdomen*, ut dixi, paullo angustius quam in femina et desuper visum magis ovatum, præterea eadem forma. In cono apicali nostri exempli (detriti) remanent modo 1 vel 2 aculei utrinque. *Color* idem atque in femina est, his exceptis: *cephalothorax* modo lineam mediam longitudinalem nigram in parte thoracica ostendit; *abdomen* cinereo-testaceum parcius albo- et nigro-maculatum est; *pedes* magis unicolores, pallide flaventes, vix evidenter nigro-punctati vel -maculati nisi utrinque in apice tibiarum, qui (ut patellæ) modo paullo saturatius coloratus est; metatarsi aut toti pallide flaventes aut modo summo apice nigri.

♀.—Lg. corp. circa 2¾; lg. cephaloth. paullo plus 1, lat. ej. pæne 1; lg. abd. 2½, lat. et alt. ej. circa 1¼ millim. Ped. I pæne 11, II 6, III circa 4¼, IV pæne 8; pat.+tib. IV paullo plus 2 millim.

♂.—Lg. corp. 2¾; lg. cephaloth. parum plus 1, lat. ej. pæne 1; lg. abd. 1½, lat. et alt. ej. pæne 1 millim. Ped. 1 13, II ? (sine tarso 7), III circa 5, IV 8½; pat.+tib. IV paullo plus 2 millim.

Feminas duas (in altera earum aculei abdominis detriti sunt) maremque singulum ad Tharrawaddy cepit Col. Oates. Hæc species *Theridio spiniventri*, Cambr.*, valde affinis certe est: diversam eam puto, quum non tantum cephalothorax ejus margine nigro careat, et abdomen quoque alio colore sit quam in *Th. spiniventre*, verum etiam quia abdominis dorsum in *Thw. spinicauda* nostra in conum retro et sursum directum est productum, quod ita in *Th. spiniventre* non esse videtur. Has duas species eodem jure quo speciem priorem, *Thw. phœnicolegnam*, gen. *Thwaitesiæ* subjiciendas censeo.

PHYSCOA †, g. n.

Cephalothorax inverse ovatus fere, fronte non valde angusta, impressionibus cephalicis longis, fovea ordinaria centrali magna et transversa; altitudo clypei longitudinem arcæ oculorum mediorum et dimidiam longitudinem mandibularum non multo superat.

Oculorum series antica a fronte visa recta, series postica paullo

---

* Journ. Linn. Soc., Zool. x. p. 384. pl. xii. figg. 52–56.
† Φυσκόα, nom. propr. pers.

recurva vel pæne recta. Oculi bini laterales contingentes inter se ; area oculorum mediorum pæne quadrata. Spatium inter oculos medios posticos multo minus est quam id, quo a lateralibus posticis distant hi oculi.

Mandibulæ directæ, femoribus anticis non vel parum crassiores, circa duplo longiores quam latiores, ungui sat parvo.

Maxillæ circa dimidio longiores quam latiores, parallelæ, non in labium inclinatæ, eo plus duplo longiores.

Labium subtransversum, apice rotundatum.

Palpi feminæ unguiculo pectinato-dentato instructi.

Pedes longiores, ita : I, IV, II, III longitudine se excipientes, aculeis carentes.

Abdomen cute molli tectum.

Typus : *Ph. scintillans*, sp. n.

Gen. *Theridio* (cum quo *Chrysso*, Cambr., conjugenda nunc mihi videtur) hujus generis typus valde affinis est, maxillis *parallelis* præcipue ab eo differens ; ad formam et picturam abdominis cum *Thwaitesia* similitudinem non levem ostendit, alia dispositione oculorum, cet., ab hoc genere remotus.

**53. Physcoa scintillans, sp. n.

Cephalothorace, sterno et partibus oris luteo-testaceis, pedibus testaceis, annulis paucis nigris ; abdomine desuper viso breviter pentagono-ovato fere, apice dorsi supra et pone mamillas in conum breviorem sursum et retro directum elevato ; ad colorem nigricanti-cinereo, maculis argenteis undique, excepto secundum medium dorsi, consperso, et macula magna humerali nigra vel maculis ejusmodi binis utrinque notato, secundum medium dorsi paullo nigro-maculato quoque, apice coni apicalis nigro, mamillis testaceis in medio plaga magnæ oblongæ nigræ positis.— ♀ ad. Long. circa 4 millim.

Femina.—*Cephalothorax* fere dimidio longior quam latior, utrinque antice leviter sinuatus, in lateribus partis thoracicæ modice et satis ample rotundatus, parte cephalica modo quoad libera est sat brevi et lateribus pæne rectis anteriora versus paullo angustata, fronte fortiter rotundata (inter oculos medios anticos truncata) dimidiam partem thoracicam latitudine pæne æquante, oculis mediis anticis modice prominulis. Lævis et nitidus est cephalothorax, parce pilosus, impressionibus cephalicis longis et profundis sed non postice coëuntibus, fovea ordinaria centrali magna et transversa ; humilis est, dorso a latere viso recto, clypeo, sub oculis leviter transversim impresso, pæne directo, satis humili, altitudine longitudinem areæ oculorum mediorum et dimidiam longitudinem mandibularum non multo superante. *Oculi* sat magni, medii postici reliquis paullo majores ; series oculorum postica paullo longior est quam antica, quæ a fronte visa recta, desuper visa fortiter recurva est : series postica desuper visa levissime recurva, pæne recta, a fronte visa modo leviter deorsum curvata. Area oculorum mediorum paullulo (parum) latior antice quam postice, et æque longa ac lata antice. Oculi medii antici, spatio eorum

diametrum æquante separati, paullulo longius a lateralibus anticis
quam inter se remoti sunt: medii postici, qui spatio dimidiam
eorum diametrum vix æquante sunt sejuncti, a lateralibus posticis
spatio multo majore (diametro oculi saltem dimidio majore) quam
inter se separati sunt. *Sternum* paullo longius quam latius, antice
late subtruncatum et in medio emarginatum, lateribus præsertim
postice paullo rotundatis breviter acuminatum et vix inter coxas 4[i]
paris sat late separatas pertinens: modice convexum est, læve et
nitidum, impressionibus ad coxas carens, parcius pilosum.

Mandibulæ parallelæ, pæne directæ, ovato-cylindratæ, in dorso
modice convexæ, læves et nitidæ; paullo plus duplo longiores quam
latiores sunt, basin femorum anticorum crassitie æquantes; unguis
sat parvus, leviter curvatus. *Maxillæ* porrectæ, parallelæ (non ante
labium in id inclinatæ), saltem dimidio sed non duplo longiores quam
latiores, labio plus duplo, pæne triplo longiores: extra versus
apicem oblique rotundato-truncatum rotundatæ sunt, intus ante
labium primum rectæ et parallelæ, et dein, versus apicem, levissime
divaricantes. *Labium* paullo latius quam longius, apice rotundatum.
Palpi mediocres, pilosi: pars patellaris vix longior quam latior est,
pars tibialis pæne duplo longior quam latior, pars tarsalis prioribus
duabus conjunctis non parum longior, a basi ad apicem sensim
leviter angustata. Unguiculus sat longus, gracilis, versus medium
deorsum curvatus, apice igitur longo, pæne recto, levissime flexnoso;
inter medium et vicinitatem baseos dentibus 4-5 densis et longitudine citissime decrescentibus pectinatus est. *Pedes*, 3[ii] paris
exceptis, sat longi sunt, non multo graciles, femoribus et præsertim
tibiis versus apicem levissime incrassatis; aculeis carent, sed pilis
saltem ad partem (præsertim versus apicem tibiarum?) longis et sat
densis vestiti sunt. Unguiculi graciles, eadem longitudine fere,
superiores dentibus paucis densis cito decrescentibus pectinati, apice
longo deorsum flexo pæne recto; unguiculus inferior, repentius
deorsum flexus, muticus videtur. *Abdomen*, molle, læve et pilis
sparsum, paullo longius est quam latius, paullo altius postice quam
antice, apice dorsi in conum sat parvum sursum et retro directum
supra et paullo pono mamillas producto; utrinque paullo ante
medium longitudinis, superius, paullo dilatatum est, ita quasi duos
humeros obtusissimos formans, inter quos dorsum ejus pæne planum
vel rectum est. Desuper visum breviter pentagono-ovatum fere est
abdomen, a basi angusto rotundata lateribus pæne rectis primum
(non usque ad medium) sensim sat fortiter dilatatum, dein, pone
humeros late rotundatos, lateribus pæne rectis vel paullo rotundatis
ad apicem acuminatum, ubi utrinque sinuatum est, eodem modo
angustatum. A latere visum dorsum ejus usque ad conum illum
sensim plus minus assurgit: postice satis oblique rotundato-truncatum
est, mamillis circiter æque longe ab apice dorsi (coni) atque a petiolo
remotis. *Vulva* ex sulco transverso lato et forti constat, qui in
medio constrictus est et ita foveas duas transversas plus minus
discretas format. *Mamillæ* anteriores (inferiores) posterioribus
paullo majores videntur.

Color.—*Cephalothorax, sternum et partes oris* luteo-testacea.

Palpi testacei, parte tarsali paullo infuscata. *Pedes* testacei, nigro-annulati. 3" paris pæne totis testaceis exceptis: in reliquis pedibus femora, tibiæ et metatarsi apice sat late nigra sunt. femora præterea (ut tibiæ 1' paris) annulo nigro versus basin cincta; pili pallido testacei, excepto in annulo nigro apicali tibiarum saltem 4' paris, ubi nigri sunt. *Abdomen* nigro-cinereum, maculis sat magnis argenteis undique conspersum, et macula magna nigra, interdum in duas (anteriorem et posteriorem) abrupta, in utroque latere dorsi, anterius, notatum, remanente nigro-cinerea fascia media longi-tudinali lata postice dilatata in dorso, a basi ejus versus apicem, qui is quoque niger est, ducta, et serie lineolarum macularumque nigrarum notata: etiam in declivitate postica, apud anum, macula magna nigra conspicitur. quæ, cum macula ejusmodi ventris con-juncta, cum ea plagam magnam oblongam format, cujus in medio *mamillæ* pallide testaceæ locum tenent.

Lg. corp. 4: lg. cephaloth. 2. lat. ej. pæne 1⅓, lat. front. circa ½: lg. et alt. abd. 3, lat. ej. 2½ millim. Ped. 1 11¾, II 7¾, III paullo plus 4, IV pæne 8 : pat. + tib. IV paullo plus 2½ millim.

Feminæ duæ ad Tharrawaddy sunt inventæ.

JANULUS, Thor., 1881.

***54. Janulus bifrons, sp. n.

Cephalothorace ferrugineo-fusco, utrinque testaceo-limbato ; oculis posticis spatiis æqualibus separatis; pedibus, 3" paris testaceis exceptis, subluteis et in dimidio apicali plus minus infuscatis; abdomine paullo transverso, subtriangulo-pentagono, postice latiore ibique in utroque latere angulum rotundatum granulo auctum formante, in dorso subfusco (declivitate postica pallidiore) et fascia transversa lata brevi flava paullo retro fracta et in maculas duas abrupta, paullo ante angulos illos sita, ornato.—Long. circa 4 millim.

Femina.—*J. bicorni*, Thor.*, ex Nova Hollandia, valde affinis est hæc aranea, sed oculis posticis spatiis æqualibus sejunctis præsertim facile internoscenda. *Cephalothorax* ad formam ut in ea specie diximus est. fronte angusta supra oculos medios anticos, inter eos et medios posticos, in tubercula duo apice convexa et pæne æque alta ac lata basi elevato ; altitudo clypei longitudine mandibularum paullo minus est. *Oculi* magni dicendi, medii antici. qui soli anteriora versus spectant, reliquis multo majores, laterales antici reliquis minores. A fronte visa series oculorum antica fere recta est, desuper visa fortissime recurva ; series postica desuper visa paullo recurva est. Oculi bini laterales contingentes inter se ; oculi medii aream occupant, quæ non parum latior antice quam postice est, et saltem æque longa ac lata antice. Spatium inter oculos medios anticos, quod eorum diametrum vix vel non æquat, paullo majus videtur quam spatia, quibus a lateralibus anticis distant hi oculi ; oculi medii postici, spatio eorum diametro paullo minore

---

separati, æque longe a lateralibus posticis atque inter se remoti sunt. *Sternum* magnum, triangulo-ovatum, nitidum, apice postico obtuso et rotundato inter coxas posticas pertinente. *Mandibulæ* femoribus anticis multo angustiores, duplo longiores quam latiores. *Maxillæ* breves, vix duplo longiores quam latiores, in labium inclinatæ eoque saltem triplo longiores : extra versus apicem late rotundato-angustatæ sunt, lateribus interioribus ante labium fere rectis et parallelis ; *labium* parvum, transversum. *Pedes* sat graciles, ¡ arcius pilosi, 1ⁱ paris reliquis fortiores. *Abdomen* paullo latius quam longius, non altum, desuper visum subtriangulo-pentagonum : basi anguste rotundatum est, dein lateribus parum rotundatis, pæne rectis, ad circa ¾ longitudinis sensim fortiter dilatatum, denique usque ad anum lateribus pæne rectis cito angustatum, angulis lateralibus rotundatis granulo apicali auctis : declivitas postica (inter angulos laterales et anum) prærupta est, dorsum ante eam pæne rectum, parum convexum. Foveolis quattuor in trapezium antice angustius dispositis munitum et punctis impressis sparsum est dorsum abdominis, subnitidum, parce et breviter pubescens. *Vulva* ex maculis (foveolis?) duabus parvis nigris, spatio earum diametrum fere æquante separatis, constare videtur. *Mamillæ* parvæ et breves.

Color.—*Cephalothorax* ferrugineus, utrinque sat late testaceo-marginatus ; *sternum* et *partes oris* ferrugineo-testacea, summo margine illius infuscato. *Palpi* et *pedes* ferrugineo-testacei vel sub-lutei : in pedibus 1ⁱ paris (in nostro exemplo mutilatis) saltem femora magis ferruginea sunt, basi pallida et apice cum patellis infuscata : 2ⁱ paris pedes in dimidio apicali paullo infuscati sunt, 3ⁱⁱ paris toti pallide testacei, 4ⁱ paris, femoribus exceptis, infuscati. *Abdomen* supra nigro-fuscum et pallido-pubescens est, pone angulos laterales sensim pallidius, denique sordide testaceum ; posterius, paullo ante angulos illos, maculis duabus sat magnis subtrapezoidibus flavis, linea longitudinali fusca separatis ornatum est dorsum ejus, vel, si mavis, fascia flava transversa brevi lata paullo retro fracta et in medio anguste abrupta. Subter sordide fuscum est abdomen, lateribus pallidioribus. *Mamillæ* sordide fuscæ.

Lg. corp. pæne 3 ; lg. cephaloth. pæne 1, lat. ej. saltem ⅔ ; lg. abd. parum plus 2, lat. ej. pæne 2¼ millim. Ped. I ? (fem. pæne 2), II 3¼, III circa 2½ (?). IV circa 4⅓ : pat.+tib. IV pæne 1½ millim. Femina singula, ad Rangoon capta.

THERIDIUM (Walck.), 1805.

**55. Theridium oatesii, sp. n.

Cephalothorace nigro, sæpe testaceo-limbato ; serie oculorum antica deorsum curvata, serie postica paullo recurva, oculis mediis anticis longius inter se quam a lateralibus anticis remotis, oculis posticis spatiis æqualibus sejunctis ; palpis et pedibus flavis, immaculatis ; abdomine transverso, desuper viso pæne elliptico, nigro, maculis quattuor sat magnis flavis in rectangulum transversum dispositis in dorso ornato (quarum tamen anteriores interdum obsoletæ vel nullæ sunt) et præterea plerumque macula duplici in declivitate postica sita notato. — ♀ ad. *Long.* 2¼ 2½ *millim.*

Femina.—*Cephalothorax* paullo longior quam latior, paullo brevior quam tibia cum patella 4ᵢ paris, cordiformis fere, lævis et nitidissimus, pilis paucis anterius sparsus; lateribus posterius fortiter, antice parum rotundatis anteriora versus fortiter angustatus est, utrinque apud oculos levissime sinatus; frons latitudine ⅓ partis thoracicæ circiter æquat, tuberculo oculorum mediorum lato et truncato fortiter prominente. Impressiones cephalicæ modo versus margines expressæ sunt ibique distinctissimæ. Postice parum, antice satis altus est cephalothorax, dorso a latere viso usque a margine postico sensim assurgente, posterius sat leviter convexo, dein pæne recto, area oculorum mediorum præruptæ proclivi. Altitudo clypei longitudine hujus areæ evidenter major est, longitudinem ordinis a tribus oculis seriei anticæ formati circiter æquans, longitudine mandibularum vero multo minor. *Oculi* conferti, sat magni; medii postici reliquis subæqualibus paullo majores videntur (?). A fronte visa series oculorum antica modice, postica fortius deorsum curvata est; desuper visa series postica modo leviter est recurva. Oculi bini laterales contingentes inter se; oculi medii aream plane quadratam occupant. Oculi medii antici, spatio eorum diametro paullo majore separati, a lateralibus anticis spatiis modo minutis (multo minoribus quam quo inter se distant) sejuncti sunt; oculi medii postici, spatio diametro oculi paullulo minore disjuncti, fere æque longe a lateralibus posticis atque inter se remoti sunt. *Sternum* paullo longius quam latius, modice convexum, læve et nitidum, apice postico obtusissimo longe inter coxas 4ᵢ paris pertinens.

Mandibulæ directæ, fere duplo et dimidio longiores quam latiores, femora antica crassitie æquantes. *Palpi* et *pedes* breves, graciles, pilis sat longis et sat densis conspersi. *Abdomen* transversum, satis altum, transversim parum, ad longitudinem fortiter convexum, desuper visum pæne ellipticum, plerumque tamen postice fortius rotundatum quam antice, ubi interdum in medio pæne truncatum est, angulis lateralibus rotundatis plus minus prominentibus, ipso apice cum ano et mamillis breviter acuminato; a latere visum postice latissime rotundato-truncatum et pæne directum est. *Vulva* ex callo transverso lato nitido ferrugineo-fusco vel nigro constat, qui in medio impressus est, ita quasi duo tubercula obtusa formans.

Color.—*Cephalothorax* niger, sæpe, præsertim in junioribus, antice et in lateribus late testaceo- vel flavo-limbatus. *Sternum* cum *partibus oris* fuscum vel subtestaceum. *Palpi* et *pedes* flavi, immaculati, pallido-pilosi. *Abdomen* nigrum vel fuligineum, maculis 4 flavis pæne in rectangulum non parum latius quam longius dispositis in dorso ornatum, quarum saltem posteriores sat magnæ sunt anteriores iis minores, plerumque subtransversæ et paullo obliquæ, sæpe in formam lineolæ redactæ, interdum obsoletæ vel nullæ. In medio inter anum et posteriores harum macularum macula flava minor, plerumque in medio ad longitudinem abrupta conspicitur, quæ tamen interdum obsoleta vel nulla est. Pilis raris pallidis

superius conspersum est abdomen. Venter nigricans vel fuligineus,
immaculatus.

Lg. corp. fere $2\frac{1}{2}$; lg. cephaloth. 1, lat. ej. pæne 1 ; lg. abd.
pæne 2, lat. ej. pæne $2\frac{1}{2}$ millim. Ped. 1 circa $3\frac{3}{4}$, II pæne 3, III
circa $2\frac{1}{2}$, IV 3 ; pat.+tib. IV paullo plus 1 millim.

Exempla nonnulla feminea, ad Tharrawaddy et Rangoon collecta.
Theridulæ quadripunctatæ, Keys.*, hæc aranea affinis videtur, sed
vix eadem est, quum abdomen ejus cute molli tectum sit, non cute
duriuscula : etiam *Theridio opulento*, Walck., sat similis est.

**56. Theridium acrobeles, sp. n.

*Cephalothorace cum sterno et partibus oris pallide fusco, altitudine
clypei duplam longitudinem areæ oculorum mediorum saltem æquante;
oculis mediis posticis paullo longius inter se quam a lateralibus posticis remotis ; palpis testaceis. dimidio apicali nigricanti ; pedibus
pallide testaceis, apice tibiarum 4^i paris nigro ; abdomine desuper
viso breviter ovato, præsertim postice satis alto, apice dorsi in conum
minorem, retro et sursum directum, abruptius (non sensim) producto :
ad colorem fusco-cinereo, serie longitudinali duplici lineolarum
macularumque parvarum flaventium in dorso ornato.— ♀ ad. Long.
circa $2\frac{1}{2}$ millim.*

Femina.— *Cephalothorax* inverse ovatus, circa $\frac{1}{3}$ longior quam
latior, lateribus partis thoracicæ ample et pæne æqualiter rotundatis, paullo pone oculos utrinque levissime sinuatus, parte cephalica
brevi anteriora versus sensim angustata, fronte rotundata non
valde angusta sed dimidiam partem thoracicam latitudine pæne
æquante, oculis mediis anticis parum prominentibus. Modice altus
est cephalothorax, dorso ante declivitatem posticam postice convexo
et acclivi, præterea recto et librato, clypeo alto, sub oculis modo
leviter impresso, prærupte proclivi (non directo), et ad longitudinem
et transversim convexo : altitudo ejus longitudine areæ oculorum
mediorum duplo major est et longitudine mandibularum non ita
multo minor. Impressiones cephalicæ obsoletæ sunt, fovea centralis
mediocris, paullo transversa. Lævis et nitidissimus est cephalothorax et, ut videtur, glaber. *Oculi* sat parvi, magnitudine pæne
æquali. Series eorum antica a fronte visa pæne recta, parum
deorsum curvata, est, desuper visa sat leviter recurva ; series postica
desuper visa leviter est procurva, a fronte visa sat leviter deorsum
curvata. Oculi bini laterales contingentes inter se ; oculi medii
aream occupant paullulo (parum) latiorem postice quam antice et
saltem postice paullo latiorem quam longiorem. Oculi medii antici,
spatio eorum diametrum pæne æquante separati, modo paullulo
longius inter se quam a lateralibus anticis distant ; medii postici,
qui spatio eorum diametrum saltem æquante sejuncti sunt, ii quoque
paullo longius inter se quam a lateralibus posticis sunt remoti.
Sternum non parum longius quam latius, ovato-triangulum, lateribus

---

* Die Spinnen Amerikas : II. Theridiidæ, p. 32, tab. xi. fig. 151.

antice rotundatis, præterea vero pæne rectis posteriora versus
angustatum et acuminatum, inter coxas 4' paris pertinens, leviter
convexum, læve et nitidum.

Mandibulæ deorsum et paullo anteriora versus directæ, parallelæ,
subcylindratæ, basi paullo convexæ, saltem duplo longiores quam
latiores ; graciles sunt, femoribus anticis non parum angustiores.
Maxillæ in labium paullo inclinatæ eoque plus duplo longiores, in
latere exteriore magis versus apicem rotundato-angustatæ ; *labium*
non vel parum latius quam longius, apice rotundatum. *Palpi* sat
fortes, in medio (parte tibiali) paullulo incrassati, parte tarsali a
basi ad apicem subacuminatum sensim angustata, partes duas priores
conjunctim longitudine æquante. *Pedes* breves et graciles, pilis
longioribus sat dense sparsi et setis fortibus (quæ vix aculei dicendæ
sunt) saltem una alterave, e. gr. supra in apice patellæ et supra in
tibia 1' paris, præditæ. *Abdomen* præsertim postice altum est,
dorso postice in conum sat parvum retro et sursum supra et pono
mamillas directum producto ; desuper visum ovatum fere est, apice
angustato-acuminatum, basi et lateribus rotundatum, his ad basin
coni sinuatis et dein rectis ; a latere visum primum, apud declivitatem anticam, fortius convexum est, dorso deinde, usque ad basin
coni, parum convexo, pæne recto, et sensim paullo assurgente ;
postice, inter basin coni et anum, latissime et paullo oblique rotundato-truncatum est, mamillis saltem æque longe ab apice coni atque
a petiolo remotis. *Vulva* formâ satis notabili est : in medio apud
(ante) plicaturam genitalem elevatio rotundata pallide fusca postice
impressa adest, quæ fere in medio maculam (foveam?) anteriora
versus fractam vel Y-formem obscure fuscam ostendit ; parum ante
hanc elevationem aliæ duæ conspiciuntur, una utrinque, quæ a
latere visæ formam calli versus ventrem curvati habent et maculam
parvam obscuram prope ventrem ostendunt, quasi in semicirculum
circa eam curvatæ.

Color.—*Cephalothorax, sternum* et *partes oris* pallide sive testaceo-
fusca sunt, summo margine cephalothoracis nigro ; *palpi* testacei,
partibus tibiali et tarsali nigricantibus. *Pedes* pallide flavo-
testacei, apice tibiarum 4' paris nigro. *Abdomen* fusco-cinereum vel
subfuligineum, cono apicali pallidiore ; secundum medium dorsi,
usque ad basin hujus coni, extensæ sunt series duæ (spatio sat parvo
sejunctæ) lineolarum longitudinalium macularumve parvarum flaventium, quæ series anterius parallelæ sunt, postice in unam unitæ.
In declivitate postica, apud anum, macula parva nigra conspicitur,
lineaque longitudinalis nigra paullo supra eam. Venter dorso
paullo pallidior est, scutis pulmonalibus nigricantibus ; *mamillæ*
cinereo-testaceæ.

Lg. corp. circa 2½ ; lg. cephaloth. pæne 1, lat. ej. circa ¾ ; lg.
abd. saltem 2, lat. et alt. ej. 1½ millim. Ped. 1 ', II 2¾, III
paullo plus 2, IV pæne 3½ : pat.+tib. IV 1 millim.

Singulam feminam cognovi, ad Tharrawaddy captam.— Hæc
species, ut insequens, *Th. conurum*, generis *Achæa*, Keys.[*], est, quod

---

genus modo abdomine supra postice in tuberculum vel conum producto a *Theridio* differt. sed non gen. *Achœœ*, Cambr.*, quod præsertim oculis mediis anticis reliquis multo majoribus notabile est.

**57. Theridium conurum, sp. n.

*Cephalothorace cum sterno et partibus oris obscure rufo-fusco, alti-
tudine clypei longitudine areæ oculorum mediorum fere dimidio
majore; oculis mediis posticis paullo longius inter se quam a lateralibus posticis remotis; palpis nigris, pedibus pallide testaceis, apice
tibiarum 4ᵢ paris nigro; abdomine non parum longiore quam latiore,
posterius sensim in conum retro (et parum sursum) directo producto,
nigro vel cinereo-piceo, plaga maxima pallida in utroque latere, quæ
plagæ, in ventre bis inter se unitæ, etiam supra in dorsum sunt productæ, ita ut utrinque in eo cuneum pallidum forment.— ♀ ad. Long.
circa 2¼- 2½ millim.*

Femina.—Præcedenti, *Th. acrobeli*, satis affinis est hæc aranea,
sed paullo minor et, præter colore alio, præsertim abdomine
posteriora versus *sensim* in conum retro producto ab ea differens.—
Cephalothorax saltem ⅓ longior quam latior est, paullo longior et in
lateribus partis thoracicæ paullo minus fortiter rotundatus quam in
Th. acrobele, fronte dimidiam partem thoracicam latitudine æquante.
Sat humilis est cephalothorax, lævis et nitidus, impressionibus
cephalicis satis evidentibus, fovea centrali sat magna, subtransversa:
ipsum dorsum ejus pæne libratum et rectum est; clypeus prærupte
proclivis, et transversim et ad longitudinem convexus: altitudo ejus
longitudine areæ oculorum mediorum circa dimidio major est,
longitudine mandibularum non multo minor. *Oculi* parvi, subæquales. Series eorum antica a fronte visa paullulo deorsum curvata est, series postica desuper visa pæne recta, parum procurva.
Oculi medii aream occupant, quæ paullo latior est quam longior et
vix vel parum latior postice quam antice. Oculi medii antici, spatio
eorum diametro paullo minore separati, paullulo longius inter se
quam a lateralibus posticis distant; medii postici, qui spatio eorum
diametro paullo majore sejuncti sunt, a lateralibus posticis spatiis
hac diametro paullo minoribus sunt remoti. *Sternum* ut in specie
priore est dictum.

Mandibulæ deorsum directæ, parallelæ, subcylindratæ, basi convexæ, femoribus anticis non multo angustiores, plus duplo longiores
quam latiores. *Maxillæ, labium, palpi* et *pedes* fere ut in priore.
Abdomen dimidio vel ultra longius quam latius, posteriora versus
sensim in conum retro et parum sursum directum productum,
modico altum, læve, nitidum; desuper visum anguste ovato-acumi-
natum est, antice et in lateribus modice rotundatum, lateribus
posterius rectis sensim angustatum et acuminatum: a latere visum
postice paullo altius est quam antice, dorso pæne recto, immo versus
apicem leviter concavato; postice inter apicem dorsi (coni) et

---

* Proc. Zool. Soc. London, 1882. p. 428.

mamillas late et valde oblique truncatum est abdomen, mamillis
tamen non longius ab hoc apice quam a petiolo remotis. *Vulva*
ex area paullo elevata rotundata inaequali (ut videtur fovea in medio
praedita) ferrugineo-fusca constare est visa.

Color.—*Cephalothorax, sternum* et *partes oris* obscure rufo-fusca
sunt, *palpi* nigri vel nigro-fusci. *Pedes* flavo-testacei, tibiis 4ᵗⁱ paris
apice nigris. *Abdomen* nigrum (interdum cinereo-piceum) plaga
maxima cinereo-testacea in utroque latere notatum, quae plagae
pallidae, postice inferius usque ad anum pertinentes, etiam sursum
continuantur, utrinque in dorso cuneum formantes ; quo fit, ut
dorsum abdominis desuper inspectum plus minus pone medium
vittam transversam pallidam paullo retro fractam, interiora versus
sensim angustatam et in medio abruptam ostendat. In ventre plagae
illae bis late inter se unitae sunt, et venter igitur cinereo-testaceus
dicendus, remanentibus nigris area ante plicaturam genitalem
plagaque vel macula media (et cono apicali etiam subter). *Mamillæ*
pallidae.

Interdum dorsum abdominis fasciam longitudinalem subgeminatam albicantem ostendit.

Lg. corp. paene 2½, lg. cephaloth. circa 1, lat. ej. circa ⅔ ; lg. abd.
1½, lat. ej. circa 1 millim. Ped. I 4, II 2½, III saltem 2, IV 3 ;
pat.+tib. IV paullo plus 1 millim.

Col. Oates feminas paucissimas ad Tharrawaddy collegit.

**58. Theridium quadripapulatum, sp. n.

*Cephalothorace, sterno et partibus oris nigricantibus ; oculis mediis
anticis longius inter se quam a lateralibus anticis, mediis posticis
longius a lateralibus posticis quam inter se remotis ; palpis pedibusque
subtestaceis, pedibus posterioribus nigricanti-annulatis : abdomine
alto, subgloboso, nigro, in lateribus in ventre lituris paucis albis
notato, postice in dorso tuberculis quattuor humilibus convexis in
quadratum dispositis praedito.*— ♀ jun. *Long. saltem* 1⅚ *millim.*

Femina jun.—*Cephalothorax* paullulo longior quam latior, inverse
ovato-cordiformis fere, laevis et nitidus, parce pubescens, impressionibus cephalicis fortibus : satis altus est, a latere visus a margine
postico usque ad oculos convexus, antice paullo proclivis. Latitudo
frontis dimidiam latitudinem partis thoracicae paene aequat : clypei
altitudo longitudinem areae oculorum mediorum evidenter superat,
longitudine mandibularum parum minor. *Oculi* magni : series
eorum antica a fronte visa paullo deorsum curvata videtur, series
postica desuper visa recta. Area oculorum mediorum paullulo
latior antice quam postice est et aeque longa ac lata antice. Oculi
medii antici, spatio eorum diametro paullo majore separati, non
parum longius inter se quam a lateralibus anticis distant : medii
postici, qui spatio sunt disjuncti quod eorum diametrum vix aequat,
longius a lateralibus posticis quam inter se remoti sunt. *Sternum*
paullulo longius quam latius, antice late truncatum, lateribus leviter
rotundatis posteriora versus angustatum, apice obtuso inter coxas

4ᵗ paris pertinens ; sat leviter convexum est, subtilissime coriaceum, subnitidum, pilis raris sparsum.

Mandibulæ saltem duplo longiores quam latiores, femoribus anticis paullo angustiores. *Maxillæ* in labium fortiter inclinatæ coque plus duplo longiores. *Labium* paullo latius quam longius, subtriangulum (?), apice rotuudato. *Pedes* breves, minus graciles, pilosi, aculeis carentes. *Abdomen* parum longius quam latius, altum, subglobosum, postice in dorso tuberculis 4 sat parvis et humilibus, subhemisphæricis, fere in quadratum dispositis, munitum, quorum duo posteriora paullo retro eminent quum desuper inspicitur abdomen : hoc modo visum brevissime ovato-globosum est, postice inter tubercula posteriora truncatum ; a latere visum in dorso primum, supra declivitatem anticam reclinatam, convexum est, dein, usque ad tubercula anteriora, pæne rectum et libratum, inter tubercula vero rectum et declive : postice late (rotundato-) truncatum est, mamillis circiter æque longe a tuberculis posterioribus atque a petiolo remotis.

Color.—Cephalothorax, sternum et *partes oris* nigricantia. *Palpi* testaceo-nigricantes, basi pallidiores. *Pedes* obscure testacei, basi pallidiores, anteriores minus evidenter? posteriores vel saltem 4ᵗ paris evidentissime nigricanti-annulati : saltem in his pedibus femora apice nigricantia sunt et versus medium annulo satis angusto ejusdem coloris cincta, tibiæ et metatarsi annulis binis nigricautibus præditi, et tarsi apice nigricantes. *Abdomen* nigrum, inferius paullo albomaculatum : in utroque latere, anterius, lineolam obliquam subprocurvam albam ostendit, in ventre vero striam parvam transversam ejusdem coloris, apud (pone) plicaturam genitalem sitam, aliamque ejusmodi striam (vel seriem brevem transversam punctorum paucorum alborum) in medio inter eam et mamillas, quæ nigricantes sunt.

♀ (*jun.*).—l.g. corp. 1⅝ : lg. cephaloth. pæne ⅔, lat. ej. saltem ½ : lg. abd. circa 1¼, lat. ej. paullo plus 1 millim. Ped. I 2⅔, II parum plus 2, III circa 1⅔, IV circa 2½ : pat. + tib. IV circa ¾ millim.

Singulam feminam nondum adultam (pullam?) ad Tharrawaddy captam examinavi.

59. **Theridium workmanii,** Thor.

Theridium workmanii, *Thor. Ann. Mus. Genova,* xxv. p. 101 (1887).

Multa exempla, mascula et feminea, ad Tharrawaddy sunt collecta. In feminis hujus speciei color, præsertim abdominis, non parum variat. *Cephalothorax, sternum* et *partes oris* sæpissime rufo- vel ferrugineo-lutea sunt, immaculata, *palpi* et *pedes* pallide testacei et plerumque immaculati. *Abdomen* tum fascia media longitudinali dorsuali alba plerumque *caret* et supra et in lateribus aut totum virescenti- vel albicanti-testaceum est, aut modo linea longitudinali ramosa nigricanti anterius in dorso præditum : venter aut pallidus aut nigricans est, sæpissime macula nigra paullo ante mamillas sita, et plerumque maculis duabus parvis nigris apud mamillas, in ipso apice dorsi, notatus. Sæpe tamen abdomen supra fasciam longitudinalem latissimam posteriora versus angustatam et in marginibus crasse dentatam albicantem secundum totum dorsum extensam ostendit, et tres vel modo duas fascias albicantes (vel nigras) deorsum directas in utroque latere: in ejusmodi exemplis pedes annulis paucis angustis nigris plerumque cincti sunt et punctis nigris plus minus dense conspersi. Cephalothorax interdum subfuligineus vel testaceum est, tum nonnumquam nigro-limbatus et secundum medium fascia nigricanti praeditus; sternum quoque subfuligineum vel fuscum (et nigro-limbatum) esse potest. Area valva magna (coxis posticis plus duplo latior), transversa, saltem in lateribus fortius rotundata, aequaliter et modice convexa est, laevis et sat nitida : in medio marginis postici impressionem vel foveam minutam ostendit ; aut nigricans est, aut pallida, et tum saepe secundum medium anguste obscurior, quasi si ex duobus circulis inter se paene contingentibus esset formata.

60. Theridium inquinatum, Thor.

Theridium inquinatum, *Thor. Ann. Mus. Genova,* xii. p. 155 (1878).

Duo exempla feminea, ad Tharrawaddy capta. In iis sternum pallide fuscum est, linea media nigricanti per paene totam longitudinem ducta notatum.—Cel. Workman ad Singapore feminam hujus speciei invenit, cujus sternum magis testaceum est, litura paeue T-formi postice et punctis duobus nigris in utroque margine, antice. signatum; margines partis thoracicae anterius modo angustissime nigri in hoc exemplo sunt.

**61. Theridium melanoprorum, sp. n.

Cephalothorace et sterno flavo-testaceis, parte cephalica supra saltem pone oculos in formam trianguli nigra, partibus oris infuscatis vel nigris quoque; altitudine clypei longitudinem areae oculorum mediorum parum superante et longitudine mandibularum circa duplo minore, area oculorum mediorum quadrata ; pedibus flavo-testaceis, punctis nigris interdum plus minus conspersis ; abdomine subgloboso, subluteo vel -testaceo, maculis minutis albis plus minus densis consperso et praeterea maculis parvis nigris supra notato, quarum duae supra anum et duae utrinque supra in lateribus, posterius, plerumque distinctae sunt, dorso ad basin plerumque maculis paucis parvis nigris (et albis) vel macula plagare fusca vel nigra notato, ventre in medio macula majore nigra signato.— ♂ ♀ ad. Long. circa 2½ millim.

Var. β, stethodesmia, *parte thoracica sat late nigro-limbata, sterno V magno crasso nigro incluso ; praeterea ut in forma principali diximus.*

Femina.—Cephalothorax paullo brevior quam tibia cum patella 4[i] paris, vix vel parum longior quam latior, fronte rotundata circa ⅓ partis thoracicae latitudine aequante, oculis mediis anticis paullo prominulis; clypeus plus duplo latior quam altior est : altitudo ejus longitudinem areae oculorum mediorum vix vel parum superat.

longitudine ordinis a tribus oculis seriei anticæ formati multo minor
et dimidiam longitudinem mandibularum circiter æquans. Lævis et
nitidus est cephalothorax, pilis nonnullis antice sparsus. Oculi sat
magni, medii præsertim antici lateralibus pæne æqualibus et inter
se contingentibus non parum majores. Series oculorum antica
a fronte visa recta, desuper visa fortiter recurva est, series postica
desuper visa recta. Oculi medii aream plane quadratam occupare
videntur. Oculi medii antici, spatio eorum diametro paullo
minore separati, spatio etiam paullo minore (oculi lateralis diametro
minore) a lateralibus anticis distant; oculi postici spatiis æqualibus,
oculi lateralis diametrum æquantibus, sejuncti sunt. Sternum
levissime convexum, paullulo longius quam latius, pæne triangulum,
lateribus levissime rotundatis posteriora versus angustato-acuminatum, apice inter coxas 4ⁱ paris pertinens, elevationibus obsoletis
ad coxas munitum, præterea læve, nitidum, parce pubescens.
Mandibulæ directæ, parallelæ, femoribus anticis vix vel parum
crassiores, circa duplo et dimidio longiores quam latiores. Maxillæ,
quarum latera parallela sunt, duplo longiores quam latiores, in
labium inclinatæ eoque paullo plus duplo longiores; labium paullo
latius quam longius, apicem sat late rotundatum versus sensim
angustatum. Palpi et pedes graciles: pedes 1ⁱ paris cephalothorace
circa 6plo longiores sunt visi. Abdomen parum longius quam
latius, subglobosum, mamillis pæne apicalibus. Vulva ex fovea
parva rotundata vel subquadrata pallida utrinque nigricanti-limbata
constare videtur, quæ basi metatarsorum 4ⁱ paris vix latior est:
quum in spiritu vini vel aequa immersa est aranea, ante hanc foveam
circuli duo parvi pellucent, inter se et cum hac fovea contingentes.
Color.—Cephalothorax flavo-testaceus, parte cephalica supra in
formam trianguli apice (postice) truncati vel obtusi nigra, hoc
colore nigro sæpe non usque ad oculos pertinente, interdum in tres
lineas anteriora versus divaricantes dissoluto; margo clypei et,
interdum, partis thoracicæ anguste niger est. Oculi medii antici
colore nigro sunt conjuncti. Sternum pallide testaceum, summo
margine interdum nigro. Mandibulæ, maxillæ et labium testaceo-
fusca, fusca vel nigra, mandibulæ plerumque basi clariores. Palpi
flavo-testacei: pedes ejusdem coloris, interdum punctis nigris plus
minus conspersi; femora 1ⁱ paris interdum apice plus minus late
nigra vel infuscata sunt. Abdomen subluteum vel flavens, maculis
minutis albis sæpe adeo densis obsitum, ut albicans dici possit, et
præterea, superius, maculis parvis nigris non multo densis (interdum
paucissimis) sparsum, quarum saltem tres utrinque—duæ in utroque
latere, posterius, et duæ paullo supra anum sitæ— plerumque distinctissimæ sunt; ad basin dorsi sæpe maculæ paucæ parvæ nigræ
(et sæpe maculæ duæ parvæ albæ), ut et (vel) stria longitudinalis
nigra conspiciuntur, vel plaga obscura, immo nonnumquam macula
maxima oblonga nigra. Venter in medio maculam nigram ostendit,
sæpe colore albido inæqualiter inclusam.
Var. β, stethodesmia (♀)—quæ vix propria species est—præter
parte thoracica limbo lato nigro in lateribus prædita et sterno V
magno lato nigro incluso (in uno exemplo, ut videtur hujus speciei,

sternum totum nigro-fuscum est), etiam abdomine paullo aliter
atque in forma principali colorato ab ea differt. Femora, tibiae et
metatarsi apice interdum anguste nigra esse possunt. *Abdomen*
subluteum et plus minus evidenter et dense albo-punctatum est, hac
pictura : in declivitate antica vel paullo supra eam maculam inæqualem nigram plerumque ostendit ; dein, paullo ante medium,
plagam maximam transversam nigricantem ostendit dorsum, quæ
triangula fere est, basi (postice) latissime truncata, in medio colore
clariore (vel ordinibus duobus brevibus macularum albicantium) plus
minus inæqualiter ad longitudinem abrupta ; sat longe pone eam
series longa transversa macularum parvarum inæqualium nigrarum
conspicitur, et sæpe ante et pone eam maculæ nonnullæ parvæ
nigræ, saltem interdum in seriem vel series transversas ordinatæ.
Utrinque, apud anum et mamillas, macula vel fascia brevis longitudinalis valde inæqualis conspicitur ; in utroque latere maculæ
duæ nigræ, anterior et posterior, plerumque adesse videntur.
Venter in medio maculam majorem nigricantem plus minus distinctam ostendit, quæ maculis 4 inæqualibus albis inclusa esse
potest.

Mas formæ principalis ad colorem cum femina convenit, quoad
structuram abdomine paullo angustiore, pedibus longioribus et
palpis præsertim ab ea differens. *Mandibulæ* femoribus anticis
paullo crassiores videntur, clypei altitudinem duplam evidenter
longitudine superantes, apice paullo divaricantes. *Palpi* graciles,
pallide testacei ; clava ovata subferruginea est, femoribus anticis
paullo latior, mandibulam latitudine æquans, partis tibialis apice
circa dimidio latior. Pars femoralis reliquum palpi longitudine
pæne æquat ; pars patellaris paullo longior est quam latior, elevata ;
pars tarsalis ea quoque versus apicem sensim modice incrassata est,
circa duplo longior quam latior ad apicem, latere exteriore anteriora
versus producto ; pars tarsalis partem tibialem longitudine æquat,
subovata, convexa, magis intus vergens. Bulbus apice extus procursum porrectum sat brevem, basi crassiorem et subferrugineum,
apice nigrum (et tortuosum ?) ostendit.

♀.—Lg. corp. $2\frac{1}{2}$; lg. cephaloth. parum plus 1, lat. ej. 1 ; lg. et
lat. abd. paullo plus $1\frac{1}{2}$ millim. Ped. I 7, II circa 6 ; III pæne 3,
IV circa $3\frac{1}{2}$: pat.+tib. IV circa $1\frac{1}{3}$ millim.

Exempla nonnulla, pæne omnia feminea, ad Tharrawaddy sunt
collecta.

*62. **Theridium tepidariorum**, C. L. Koch, var. **australe**. n.

[Theridium tepidariorum, *C. L. Koch, Die Arachn.* viii. p. 75,
tab. cclxxiv. figg. 646 648 (1841) (=forma principalis)] ; *Thor.
Ann. Mus. Genova*, xxviii. p. 270 (1890) (ad partem).

Abdominis dorso posterius angulum formante.— ♀ ad. *Long.* $4\frac{1}{2}$
6 *millim.*—*Præterea vix a forma princip. differens.*

Feminas nonnullas hujus varietatis (an speciei propriæ ?), cujus
mentionem jam loc. supra cit. feci, ad Tharrawaddy et Tonghoo

collegit Cel. Oates. Nullam certam notam, qua a " *Th. tepidariorum*" distingui possit, inveni, nisi in forma abdominis, cujus
dorsum non undique est rotundatum, sed angulum distinctissimum
magis postice, longe supra mamillas, format.—*Cephalothorax* piceus,
fuscus vel luteus est, *palpi* et *pedes* subtestacei, illi apice late nigricantes vel infuscati ; femora, patellæ, tibiæ et metatarsi plerumque
apice infuscata vel nigra sunt, femora et tibiæ interdum præterea
basi et in medio infuscata. Clypei altitudo longitudine scriei
oculorum anticorum parum minor est, saltem $\frac{2}{4}$ longitudinis mandibularum æquans. Series *oculorum* antica a fronte visa pæne recta
est, vix vel parum sursum curvata, series postica desuper visa
levissime procurva, pæne recta. Area oculorum mediorum, quorum
antici reliquis paullo majores sunt, plane quadrata est, vel vix latior
antice quam postice. Oculi medii antici spatio diametrum oculi
æquante separati sunt, paullo longius inter se quam a lateralibus
anticis remoti ; oculi postici spatiis æqualibus, oculi diametrum
æquantibus, sejuncti videntur. *Sternum* luteum vel subtestaceum,
plerumque macula vel fascia longitudinali abbreviata nigra postice
notatum. *Mandibulæ* saltem triplo longiores quam latiores. *Abdomen*, quod paullo altius quam longius est, a latere visum
supra ante angulum illum omnium fortissime est convexum,
pone angulum præruptum et plus minus convexum ; mamillæ
circa æque longe ab angulo atque a petiolo remotæ sunt. Ad
colorem abdomen plerumque plus minus obscure cinereum est,
nigricanti-subreticulatum, maculis striisque nigris præsertim posterius sparsum, pictura præterea albicanti. In dorso anterius
fascia media longitudinalis lata obscura, posteriora versus sensim
paullo dilatata, postice truncata, non usque ad angulum dorsi
pertinens conspicitur, quæ utrinque fascia inæquali albicanti limbata
est, postice maculis duabus albicantibus limitata (spatium inter eas
et angulum dorsi sæpe nigrum est, area inter angulum et mamillas
plerumque infuscata quoque). A maculis illis, vel paullo ante eas,
exit utrinque fascia angusta inæqualis albicans primum (brevissimo
spatio) magis foras directa, præterea per latera, postice, deorsum
ducta et paullo procurva, ante quam in dorso et lateribus superius
fascia brevior obliqua fortiter sursum curvata albida conspicitur :
omnes hæ fasciæ sæpe nigro-limbatæ sunt. Præterea latera plus
minus albicanti- et nigro-variata sunt. Area inter angulum dorsi
et mamillas plerumque superius lineis vel fasciis duabus albicantibus, Λ angustum apice abruptum formantibus includitur, in
medio alio Λ albicanti notato. Venter plerumque niger vel nigricans ante mamillas maculas duas albidas longe inter se remotas et
sæpe linea transversa ejusdem coloris postice conjunctas ostendit ;
plicatura genitalis sæpe anguste pallida est, et paullo pono eam
maculæ duæ minutæ albidæ adsunt. Interdum vero pæne tota
pictura albida, præsertim ventris et areæ supra-mamillaris, obsoleta
est. *Vulva* ex (fovea vel) sulco brevi transverso, postice callo nitido
limitato constat, qui longitudine (transversim) diametrum femoris
postici vix vel non æquat et in medio ita constrictus est, ut in duas
foveolas subtransversas dividatur.

THERIDIUM.

97

**63. Theridium T-notatum, sp. n.

Cephalothorace piceo vel clariore, immaculato, pedibus testaceis, plus minus distincte nigro- vel ferrugineo-annulatis ; abdomine sub-globoso, æqualiter concexo, fusco vel cinerascenti, plus minus nigro-variato et pictura albi plus minus expressa ornato: utrinque in dorso lineis binis albis retro et foras directis et divaricantibus signato, quæ anterius in dorso, altera paullo pone alteram, initium capiunt, et quarum saltem posterior longa et procurva est ; pone eas, paullo supra declivitatem posticam, T angusto albo notato, et sub hac litura, magis versus anum, lineis vel maculis transversis duabus nigris, quarum superior subundulata et albo-limbata est : vulva ex circulis duabus maximis inter se contingentibus formata.— ♀ ad. Long. 3⅓ 5 millim.

Femina. —*Cephalothorax* pæne dimidio longior quam latior, ut in affinibus inverse ovato-cordiformis fere, utrinque antice modice sinuatus, parte cephalica parva, lateribus brevissimis anteriora versus paullo angustata, fronte latitudine vix ⅓ latitudinis partis thoracicæ superante, tuberculo oculorum mediorum lato fortiter prominente. Fovea ordinaria centralis magna et transversa est, impressiones cephalicæ bene expressæ : præterea lævis et nitidus est cephalothorax, parce pilosus. Altitudo clypei longitudinem ordinis a tribus oculis seriei anticæ formati saltem æquat et ¾ longitudinis mandibularum evidenter superat. Series *oculorum* antica a fronte visa recta est, series postica desuper visa recta quoque. Area oculorum mediorum quadrata est, vix latior postice quam antice, non latior quam longior. Oculi medii antici, reliquis paullo majores et spatio diametrum oculi æquante sejuncti, non parum longius inter se quam a lateralibus anticis distant ; medii postici, spatio eorum diametrum pæne æquante separati, ii quoque paullo longius inter se quam a lateralibus posticis remoti sunt. *Sternum* magnum, paullo longius quam latius, subcordiforme, in lateribus sat leviter rotundatum, antice sat late truncatum et in medio leviter emarginatum, apice postico sat breviter acuminato inter coxas 4ᵢ paris non parum pertinens ; leviter convexum est, tuberculis ad coxas præditum, præterea læve, sat nitidum, tenuissime pubescens.

Mandibula femoribus anticis non parum angustiores, modo duplo longiores quam latiores. *Maxillæ* longæ, in labium transversum inclinatæ et eo saltem quadruplo longiores. *Palporum* pars tarsalis apicem versus sensim angustata. *Pedes* non longi, sat graciles. *Abdomen* paullo longius quam latius, circa æque altum ac longum, pæne globosum, a latere visum supra fortissime et etiam postice pæne æqualiter convexum, mamillis paullo ante apicem dorsi amplissime rotundatum positis. *Vulva*, quæ maxima est (latitudo ejus diametro femoris 4ᵢ paris triplo-quadruplo est major), ex foveis duabus pallidis, suo quaque callo circulato fusco cinctis, constat, qui calli, inter se contingentes, non alti sed intus sat lati sunt, extra angustiores et hic abrupti, extremitate anteriore paullo extra extremitatem posteriorem pertinente : in medio inter hos circulos et

H

ventrem, postice, procursus parvus pæne semi-circulatus (" scapus ")
retro directus eminet.

Color.—*Cephalothorax* piceus vel ferrugineus, *sternum* cum *labio*
et *maxillis* fuscum vel subluteum, anguste nigro-marginatum.
Mandibulæ ferrugineæ vel luteæ. *Palpi* subtestacei, partibus
saltem tibiali et tarsali apice nigricantibus vel infuscatis. *Pedes*
luteo-testacei, femoribus, tibiis et metatarsis apice plus minus
distincte infuscatis vel nigris (tibiis 4' paris præsertim apice sat
late nigris); interdum tibiæ et metatarsi etiam basi anguste infuscata sunt et, ut femora, annulo medio vel macula media notata ;
patellæ plus minus late infuscatæ. *Abdomen* fuscum vel cinerascens,
punctis et striis nigris conspersum et hac pictura alba ornatum : ad
basin lineolas duas longitudinales albicantes, spatio non magno
separatas, ostendit dorsum ejus, quæ postice cito deorsum fractæ sunt
et hic, in lateribus, procurvæ : pone eas, sed ante medium dorsi,
conspiciuntur utrinque lineæ duæ albæ foras et retro directæ paulloque divaricantes, apicibus (intus) pæne contingentes inter se,
quarum anterior brevis et recta vel parum recurva est, posterior
longa, paullo anteriora versus curvata et usque ad maculam magnam
albicantem posterius in latere sitam pertinens ; spatium magnum
dorsuale inter lineas duas posteriores inclusum posterius T angusto
albo paullo supra declivitatem posticam sito ornatum est, pone
hanc figuram vero linea transversa undulata nigra infra albe-
limbata, et denique, inter eam et anum, lineola vel macula transversa nigra. Venter nigricanti- et subluteo-variatus linea transversa
alba non parum ante mamillas notatus est, spatio inter eam et
mamillas, ut et ad latera mamillarum, nigro. Interdum (ut in
exemplo, cujus abdomen cinereum est) hæc pictura ad maximam
partem est obsoleta.

Lg. corp. 3⅓, lg. cephaloth. parum plus 1½, lat. ej. paullo plus 1,
lat. front. vix ⅓ : lg. abd. 2½, lat. ej. 2 millim. Ped. 1 pæne 6,
II 4, III circa 3, IV 4¼ ; pat.+tib. IV paullo plus 1¾ millim.

Feminas tres ad Tharrawaddy captas vidi ; a Cel. Workman
femina hujus speciei in ins. Singapore inventa est.—*Th. formoso*
(Clerck) et *Th. tepidariorum*, C. L. Koch, hæc species affinis est, sed
minor, et præsertim forma peculiari vulvæ solito majoris agnoscenda *.

---

* In *Java* Cel. Workman feminam alius speciei cepit, quæ adeo similis est
Th. T-*notato*, ut non facile nisi statura minore et vulva alio modo formata ab
ea distingui possit : utile igitur erit, diagnosin ejus, additis paucis aliis, hic
affere :

THERIDIUM HELOPHORUM, sp. n.

*Cephalothorace testaceo-nigro, immaculato, sterno ferrugineo-testaceo ; pedibus
testaceis, dense nigro-annulatis : abdomine subgloboso, æqualiter convexo, cinerascenti, punctis et maculis nigris albisque variato et præterea hac pictura alba
ornato : paullo ante mediam dorsi utrinque lineola brevi crassa subobliqua aliaque
longiore cum ea angulum acutum formante et deorsum et retro in latera ducta,
tum, postice, supra declivitatem posticam, litura clarum (vel T angustum)
assimilante, et denique, in declivitate postica, /\ nigro-marginato aliaque litura
ejusmodi sub ea ; rufea ex area subtriangula lævi convexa constante, inter cujus*

64. Theridium mundulum. L. Koch.

Theridium mundulum, *L. Koch. Die Arachn. Australiens*, i. p. 263, tab. xxii. fig. 3 (1872).
Th. amœnum, *Thor. Ann. Mus. Genova*, x. p. 463 (1877).

Feminæ sat multæ, ad Tharrawaddy, Rangoon et Tonghoo captæ.

**65. Theridium astrigerum, sp. n.

Cephalothorace fusco-testaceo, fascia longitudinali partis cephalicæ et limbo laterali nigris, sterno fusco-testaceo, fascia longitudinali postica nigra ; altitudine clypei longitudinem arcæ oculorum et dimidiam longitudinem mandibularum circiter æquante ; oculis mediis (in quadratum dispositis) parum longius inter se quam a

---

marginem posticum et ventrem foveæ duæ transversæ sat magnæ conspiciuntur.— ♀ ad. *Long. circa* 2¼ *millim.*

Femina.—Cephalothorax ad formam ut in *Th.* **T-**-*notato* est dictum, parte cephalica ut videtur tamen majore quam in eo ; altitudo clypei longitudinem ordinis a tribus oculis seriei anticæ formati saltem æquat et non parum major est quam ¾ longitudinis mandibularum. Area oculorum mediorum paullo longior quam latior mihi videtur, et paullulo latior postice quam antice ; oculi medii postici, spatio eorum diametrum æquante separati, non parum longius inter se quam a lateralibus posticis distant. *Partis oris* et *pedes* ut in *Th.* **T-***notato* diximus. *Abdomen* ad formam ut in eo quoque. Area *vulvæ*, mihi ut in magna, subtriangula, convexa, lævis et pallida est ; inter marginem ejus posticum et ventrem foveas duas transversas sat magnas video, septo angusto separatas: conjunctim hæ duæ foveæ latitudine (transversim) diametrum femoris postici multo superant.

Color.—Cephalothorax testaceo-niger vel subpiceus est, *sternum* ferrugineo-testaceum, serie striarum paucarum parvarum transversarum nigricantium in utroque margine. *Mandibulæ, maxillæ* et *labium* sordide testacea. *Palpi* ejusdem coloris, apice latissime testaceo-nigricantes, pallido-pilosi. *Pedes* testacei, nigro-annulati, sat dense nigro-pilosi et -setosi ; femora, tibiæ et metatarsi apice late, basi anguste nigra sunt, et præterea annulo angusto vel macula media ejusdem coloris notata, patellæ infuscatæ et tarsi annulo nigro versus medium vel apicem præditi. *Abdomen* cinerascens, nigro-punctatum et -maculatum, hac pictura albida : prope basin supra lineolas duas parallelas, e maculis 2-3 parvis formatas, ostendit, quæ spatio sat parvo separatæ sunt ; a vicinitate earum linea longior procurva deorsum in latera est ducta, ea quoque in maculas abrupta : paullo ante medium dorsi, utrinque, lineola brevis crassa transversa paullo obliqua conspicitur, aliaque linea longa angustior, ab ea (prope apicem ejus interiorem) deorsum et retro in latera ducta et cum ea angulum acutum formans. Spatium minutum, quo lineolæ illæ in medio dorsi sunt separatæ, nigrum est ; spatium inter lineas deorsum in latera ductas plagam nigram anterius in utroque latere, occupat, superius, format. Postice, versus declivitatem posticam, dorsum lituram longitudinalem apice superiore incrassatam (et hic macula nigra antice limitatam), clavi-formem fere, albam ostendit, et in medio inter illam et anum ⋀ album supra nigro-marginatum, aliamque lituram ejusmodi etiam magis infra. Area tota posterior dorsi cum declivitate postica nigredine inclusa est. Latera et venter nigra dicenda, illa plaga inæquali pallida notata, venter linea transversa alba non parum ante mamillas sita ; *mamillæ* etiam postice maculis minutis albis quasi ciuctæ sunt.

Lg. corp. 2¼; lg. cephaloth. circa 1¼, lat. ej. pæne 1 ; lg. abd. circa 1¾, lat. ej. 1½ millim. Ped. I pæne 4⅔, II paulo plus 3, III circa 2¼, IV circa 4 : pat.+tib. IV paullo plus 1 millim.

Feminam singulam a Cel. Workman in Java inventam examinavi.

u 2

*lateralibus ejusdem seriei remotis; pedibus brevibus, fusco-testaceis,
sæpe plus minus distincte nigro- vel fusco-annulatis; abdomine
breviter elliptico, sordide testaceo et nigricanti- vel piceo-punctato et
-maculato, supra tamen plerumque inæqualiter piceo et macula maxima
media valde inæquali substelliformi alba ornato, e qua utrinque linea
alba procurva, vel 2-3 ejusmodi lineæ, deorsum in latera ductæ sunt.
— ♀ jun. Long. saltem 3½ millim.*

Femina jun.—*Cephalothorax* inverse cordiformi-ovatus, æque fere
longus ac tibia cum patella 4[i] paris, non parum longior quam latior,
fronte circa ⅓ partis thoracicæ latitudine æquante, tuberculo oculorum
mediorum fortiter prominente, lato et truncato. Modice altus est
cephalothorax, lævis, nitidus, parce pilosus, impressionibus cephalicis
fortibus, fovea centrali mediocri, quadrato-rotundata, dorso a latere
viso postice convexo, anterius pæne recto et librato, area oculorum
mediorum modice proclivi. Clypeus satis humilis, longitudinem
areæ oculorum mediorum et dimidiam mandibularum longitudinem
altitudine circiter æquans. *Oculi* sat magni, laterales mediis pæne
æqualibus paullo minores. Series oculorum antica, quæ a fronte
visa paullo deorsum curvata videtur, desuper visa omnium fortissime
est recurva; series postica hoc modo visa recta est. Area oculorum
mediorum æque longa ac lata, vix latior postice quam antice,
quadrata igitur. Oculi medii utriusque seriei, spatio eorum diametrum æquante separati, parum longius inter se quam a lateralibus
ejusdem seriei distant. *Sternum* latum, paullo longius quam latius,
pæne cordiformi-triangulum, antice late truncatum et leviter emarginatum, apice inter coxas 4[i] paris sat late disjunctas producto et
sursum curvato; leviter convexum est, læve, nitidum et pilis
sparsum.

Mandibulæ subcylindratæ, femoribus anticis circa dimidio angustiores, circa duplo et dimidio longiores quam latiores, læves, nitidæ.
Maxillæ in labium paullo inclinatæ (lateribus interioribus ante
labium brevissimum fere parallelis), circa duplo longiores quam
latiores, labio plus triplo longiores, versus apicem, extra, late et
leviter rotundatæ. *Labium* parvum, duplo latius quam longius,
apice latissime rotundato-truncatum. *Palpi* mediocres, parte tarsali
apicem obtusum versus modo paullo angustata. *Pedes* breves, sat
fortes, pilis sparsi; pedes 1[i] paris cephalothorace vix triplo et
dimidio longiores videntur. *Abdomen* paullo longius quam latius,
modice altum, læve et nitidum, pilis sat dense sparsum; desuper
visum breviter ellipticum est, et antice et postice ample rotundatum,
a latere visum fortiter convexum, mamillis non parum ante apicem
posticum positis.

Color.—*Cephalothorax* ferrugineo- vel fusco-testaceus, fascia
longitudinali inæquali partis cephalicæ et marginibus lateralibus
late nigris; pili ejus, ut reliqui corporis, pallide testacei sunt.
Sternum fusco-testaceum, fascia vel linea longitudinali antice
abbreviata nigra. *Partes oris, palpi* et *pedes* fusco-testacei, pedum
internodiis plerisque sæpe apice (femoribus nonnunquam etiam
basi et in medio) nigris vel fuscis. *Abdomen* sordide vel subluteo-

testaceum dicendum, plus minus nigro- vel piceo-punctatum et hac
pictura picea et alba ornatum : superius antice plagis duabus magnis
inæqualibus piceis, una utrinque (interdum in unam confusis),
occupatur, pone et inter eas vero plagam vel maculam magnam
præne centralem valde inæqualem, inæqualiter stelliformem fere,
pallidam, saltem utrinque albam ostendit : utrinque ab hac plaga
linea vel fascia procurva alba deorsum per latera ducta est (interdum
latera 2–3 ejusmodi fascias vel lineas plus minus breves ostendunt).
Plagæ mediæ albæ postice adjacet plaga inæqualis picea (sæpe, ut
plaga alba, fascia longitudinali sordide testacea persecta), et pone
eam, in declivitate postica, alia plaga vel maculæ ejusmodi, interdum
cum ea confusa. Interdum tota pictura dorsi fascia longitudinali
sordide testacea persecta est. Venter secundum medium fasciam
brevem latam inæqualem piceam ostendit ; in lateribus abdominis,
inferius, plaga ejusdem coloris valde inæqualis conspicitur. Nonnunquam tota pictura abdominis in puncta et maculas dissoluta est.
♀ jun.—Lg. corp. 3½ : lg. cephaloth. fere 1⅓, lat. ej. parum
plus 1 : lg. abd. 2¼, lat. ej paullo plus 2 millim. Ped. I 4¾,
II paullo plus 3½. III paullo plus 2½. IV 4½ : pat.+tib. IV 1½
millim.
Exempla pauca feminea nondum adulta, ad Tharrawaddy
collecta.

66. **Theridium rufipes**, Luc.

Theridium rufipes, *Luc. Explor. de l'Algérie. Zool., Anim. Artic.,*
p. 263, pl. xvi. figg. 5–5 d.

Ad Tharrawaddy feminæ paucæ hujus speciei inventæ sunt.

67. Theridium minutulum. sp. n.

*Cephalothorace, sterno et partibus oris rufo-piceis, palpis clava
infuscata excepta cinerascenti-testaceis, pedibus ejusdem coloris, femoribus anterioribus saturatius coloratis, abdomine breviter ovato
cinereo-nigro ; oculis magnis, confertis, mediis in rectangulum parum
longius quam latius dispositis, posticis eorum spatio ¼ diametri oculi
vix æquante separatis, serie oculorum postica desuper visa parne
recta.— ♂ ad. Long. circa 1¾ millim.*

*Mas.—Cephalothorax circa ⅓ longior quam latior, inverse sub-
ovatus, lævis et nitidus, utrinque anterius sat fortiter sinuato-
angustatus, parte thoracica in lateribus ample et sat fortiter rotundata, parte cephalica lateribus brevibus rectis anteriora versus
paullulo angustata, fronte rotundata dimidiam partem thoracicam
latitudine vix vel non æquante, oculis mediis anticis parum prominulis. Impressiones cephalicæ distinctæ sunt, fovea centralis
transversa, sat levis. Dorsum cephalothoracis modice alti usque ad
oculos posticos leviter convexum sensim paullo assurgit ; area
oculorum mediorum satis proclivis est ; clypei altitudo longitudinem
hujus areæ fere æquat, longitudine mandibularum plus dimidio,
pæne duplo minor. Desuper inspectus in medio postice emarginatus

videtur cephalothorax et hic parte parva cornea transversa posteriora versus sensim angustata auctus, quæ pars, ut videtur utrinque inferius in apicem sterni transiens, petiolum brevem excipit. *Oculi* conferti, magni. præsertim postici, qui pæne æquales sunt: laterales antici reliquis minores. Series oculorum antica a fronte visa recta vel paullulo sursum curvata videtur: series postica desuper visa pæne recta, parum recurva est. Oculi bini laterales contingentes sunt inter se; oculi medii aream rectangulam, modo paullulo longiorem quam latiorem, occupant. Oculi antici spatiis pæne æqualibus, dimidiam oculi medii diametrum vix æquantibus, separati sunt; spatium inter medios posticos vix $\frac{1}{2}$ diametri eorum æquat: a lateralibus posticis paullulo longius quam inter se remoti videntur hi oculi. *Sternum* æque latum ac longum, pæne triangulum, lateribus antice levissime rotundatis, præterea rectis posteriora versus angustatum, apice lato inter coxas 4^{i} paris late disjunctas pertinens; leviter convexum est, nitidum et subtiliter impresso-punctatum.

Mandibulæ parallelæ, directæ, cylindratæ, plus duplo et dimidio longiores quam latiores, femoribus anticis paullo angustiores. *Maxillæ* in labium paullo inclinatæ eoque paullo plus duplo longiores, duplo longiores quam latiores: *labium* non multo latius quam longius, apice rotundatum. *Palpi* graciles, sat breves, clava anguste ovata femoribus anticis paullo angustiore. Pars patellaris paullo longior quam latior est, pars tibialis ejus longitudine, apicem oblique truncatum versus sensim paullo dilatata; pars tarsalis partes duas priores conjunctim longitudine saltem æquat, parte tibiali circiter duplo latior, anguste ovata vel sublanceolata; bulbus ut videtur parum complicatus. *Pedes* mediocres, pilosi, aculeis carentes; pedes anteriores, præsertim femora, posterioribus paullo fortiores sunt: femora 1^{i} paris levissime in formam $\smile$ sunt sinuata. *Abdomen* breviter ovatum, postice subacuminatum, mamillis apicalibus; in margine antico *organo stridulationis* præditum videtur.

Color.—*Cephalothorax*, *sternum* et *partes oris* obscure rufo-picea. *Palpi* pallide cinereo-testacei, clava infuscata. *Pedes* pallide cinereovel flaventi-testacei, femoribus anterioribus magis luteis. *Abdomen* cinereo-nigricans, ventre paullo clariore. *Mamillæ* pallidæ.

Lg. corp. 1$\frac{3}{4}$; lg. cephaloth. pæne 1, lat. ej. circa $\frac{4}{5}$; lg. abd. 1, lat. ej. circa $\frac{3}{4}$ millim. Ped. 1 3. 11 pæne 2$\frac{2}{3}$, 111 circa 1$\frac{2}{3}$, 1V paullo plus 2; pat.+tib. 1V circa $\frac{3}{4}$ millim.

Hæc aranea minuta, cujus mas singulus ad Tonghoo inventus est, speciem *Erigonis* præ se fert, oculis mediis non in trapezium sed pæne in quadratum dispositis et mandibulis femoribus anticis angustioribus, cet., a formis gen. *Erigonis* differens.

DIPŒNA (Thor.), 1869.

**69. Dipœna subflavida, sp. n.

Cephalothorace, sterno et partibus oris luteo-flaventibus, palpis et pedibus ejusdem coloris, versus apicem infuscatum magis luteis;

pedibus 1' *paris reliquos longitudine superantibus; abdomine pallide cinerascenti; clypei altitudine mandibularum longitudinem et duplam longitudinem areæ oculorum mediorum circiter æquante; oculis sat parvis, mediis subæqualibus, serie oculorum antica a fronte visa recta, serie postica desuper visa recta, area oculorum mediorum quadrata.— ♀ ad. Long. circa 2 millim.*

Femina.—Cephalothorax saltem æque latus ac longus, inverse cordiformis fere, antice satis altus: a latere visus anteriora versus sensim modice assurgit, parte cephalica abruptius paullo altiore et antice usque ad oculos posticos levius assurgente. Area oculorum mediorum sat prærupte proclivis est, clypeus etiam magis prærupte proclivis (non directus tamen). Lævis et nitidus est cephalothorax, impressionibus cephalicis fortibus, pilis longioribus suberectis in parte cephalica sparsus. Frons rotundata ⅓ partis thoracicæ latitudine circiter æquat; clypeus sub oculis sat fortiter transversim impressus est: altitudo ejus longitudinem mandibularum et duplam longitudinem areæ oculorum mediorum æquat, longitudinem seriei oculorum anticæ fere æquans quoque. *Oculi* non magni, medii subæquales lateralibus inter se contingentibus et subæqualibus parum majores. Series oculorum antica a fronte visa recta est, vix deorsum curvata, desuper visa sat fortiter recurva; series postica, desuper visa recta, vix procurva, a fronte visa modice deorsum curvata est. Area oculorum est plane quadrata mediorum. Spatium inter oculos medios anticos eorum diametrum æquat; a lateralibus anticis spatio paullo minore quam inter se separati sunt bi oculi; oculi postici spatiis æqualibus, oculi medii diametrum æquantibus, sejuncti sunt. *Sternum* parum longius quam latius, lateribus leviter rotundatis posteriora versus angustatum, ovato-triangulum fere, apice brevi obtusissimo inter coxas 4' paris longe inter se separatas pertinens; leviter convexum est, læve, nitidissimum.

Mandibulæ parvæ, subcylindratæ, paullo plus duplo longiores quam latiores, femoribus anticis paullo angustiores, in dorso parum convexæ. *Maxillæ* rectæ, sensim paullulo angustatæ, in labium fortiter inclinatæ eoque circa triplo longiores; *labium* circa duplo latius quam longius, versus apicem truncatum sensim angustatum. *Palpi* graciles, parte tarsali a basi ad apicem sensim modo levissime attenuata. *Pedes* quoque graciles, sat breves, minus dense pilosi; pedes 1' paris reliquis longiores sunt. *Abdomen* modice altum, brevissimo et inverse ovatum, postice brevissime acuminatum, parce pubescens, mamillis apicalibus. Area *vulvæ* formam habet tuberculi magni convexi subfusci, quod pilis longioribus erectis sparsum est et in medio postice foveam minutam ostendit, ad basin antice vero maculas (foveas?) duas parvas rotundatas nigricantes, spatio earum diametro paullo majore separatas.

Color.—Cephalothorax, sternum, partes oris et *palpi* luteo-flava, horum pars tarsalis sublutea. *Pedes* quoque luteo-flavi, pallido-pilosi, tibiis posterioribus et metatarsis omnibus, basi (anguste) excepta, luteis. Tarsi infuscati vel fuliginei. *Abdomen* undique pallide cinerascens, immaculatum; *mamillæ* ejusdem coloris.

Lg. corp. paullo plus 2 ; lg. et lat. cephaloth. circa 1. lg. abd. 1¾, lat. ej. 1½ millim. Ped. 1 4½, 11 paullo plus 3½. III circa 2½, IV circa 3½ ; pat.+tib. IV parum plus 1 millim.
Femina singula ad Tharrawaddy est capta.

***69. Dipœna fornicata, sp. n.

Cephalothorace ad longitudinem valde convexo, flavo-testaceo ; sterno et partibus oris pallide flavo-testaceis, pedibus ejusdem coloris, tibiis et metatarsis apice nigris, pedibus 4ᵢ paris reliquos longitudine superantibus : abdomine cinerascenti, supra punctis lineolisve minutis paucis nigris antice et postice notato (et subfusco-variato?) ; clypei altitudine mandibularum longitudinem superante et duplam aream oculorum mediorum longitudinem æquante ; oculis parvis, mediis anticis reliquis majoribus, serie oculorum antica a fronte visa recta, postica desuper visa recta, area oculorum mediorum antice paullo latiore quam postice. — ♀ ad. Long. paullo plus 3 millim.

Femina.—Cephalothorax æque latus ac longus, non parum brevior quam tibia cum patella 4ᵢ paris, inverse cordiformis fere, altus, lævis et nitidus, pilis saltem in parte cephalica sparsus : dorsum ejus a latere visum usque ad oculos anticos valde convexum est, posterius fortiter declive, anterius fere æque fortiter proclive. Clypeus directus ; altitudo ejus duplam longitudinem areæ oculorum mediorum æquat et longitudinem mandibularum non parum superat. *Oculi* parvi, medii antici reliquis subæqualibus tamen non parum majores. Series oculorum antica a fronte visa recta est, vix vel parum deorsum curvata, desuper visa fortiter recurva ; series postica desuper visa est recta, a fronte visa sat fortiter deorsum curvata. Area oculorum mediorum æque longa est ac lata postice, paullo latior antice quam postice. Spatium inter oculos medios anticos eorum diametro non parum est majus ; spatium inter eos et oculos medios posticos diametrum oculi medii antici æquat ; a lateralibus anticis spatiis multo minoribus, diametrum oculi lateralis vix æquantibus, distant. Oculi medii postici spatio diametro sua saltem dimidio majore separati sunt, inter se evidenter et non parum longius quam a lateralibus posticis remoti. *Sternum* magnum, latum, subtriangulum, in lateribus modo leviter rotundatum, apice postico obtuso inter coxas 4ᵢ paris late separatas pertinens.
Mandibulæ parvæ, debiles, subcylindratæ, femoribus anticis multo angustiores, plus duplo longiores quam latiores ; unguis longus, gracilis. *Maxillæ* in labium sat fortiter inclinatæ eoque plus duplo longiores, circa duplo longiores quam latiores. *Labium* paullo latius quam longius, apicem rotundatum versus angustatum. *Palporum* pars tarsalis a basi ad apicem sensim angustata. *Pedes* breves, graciles, sat dense pilis conspersi : pedes 4ᵢ paris reliquis longiores sunt. *Abdomen* paullo longius quam latius, altum, læve et nitidum, pilis sparsum ; desuper visum inverse et breviter ovatum est, antice et postice sat late rotundatum (paullo latius postice quam antice), a latere visum fortiter convexum, mamillis apicalibus (in

apice ventris positis). *Vulva* ex tuberculo transverso triangulo
pallido, apice nigro, deorsum et anteriora versus directo constat :
paullo ante hoc tuberculum maculae duae parvae nigrae conspiciuntur,
cum apice tuberculi triangulum formantes, quum a ventre inspicitur
abdomen.

Color.—Cephalothorax flavo-testaceus est, ut reliquum corpus
pallido-pilosus : *st rnum, partes cris et palpi* pallidius flavo-testacea,
horum pars tibialis apice anguste fusca. *Pedes* pallide flavo-
testacei, tibiis et metatarsis apice fuscis vel nigris. *Abdomen* flaventi-
cinereum, lituris paullo obscurioribus supra paullo (minus evidenter
quidem) variatum ; in margine antico dorsi puncta duo nigra vel
lineolas duas minutas nigras ostendit, et in declivitate postica,
non parum supra anum, alias duas lineolas longitudinales minutas
nigras. Praeterea in apice puncta duo minutissima nigra, parum
supra mamillas posita, habet abdomen.

Lg. corp. paullo plus 3 ; lg. et lat. cephaloth. parum plus 1 ; lg.
abd. 2⅖. lat. ej. paullo plus 2 millim. Ped. I 3⅖, II parum plus
3¼. III paene 3½. IV 4½ : pat. + tib. IV 1½ millim.

Femina singula, ad Rangoon capta.

EURYOPIS (Menge), 1868.

**70. Euryopis molopica, sp. n.

*Cephalothorace et sterno luteis ; altitudine clypei duplam aream
oculorum mediorum longitudinem fere aequante, hac area paene quadrata, paullulo latiore antice quam postice, serie oculorum antica a
fronte visa paene recta, parum deorsum curvata ; pedibus luteis, versus
apicem sensim obscurioribus, tarsis nigris ; abdomine cinereo-luteo,
utrinque in dorso serie longitudinali macularum inaequalium ternarum
nigricantium notato.— ♀ ad. Long. circa 4 millim.*

Variat *obscurior, subpicea, abdomine nigro, utrinque in dorso serie
vittarum transversarum obliquarum ternarum cinerascentium notato ;
praeterea ut in forma principali est dictum.*

Femina.—Cephalothorax aeque saltem latus ac longus. parte
thoracica magna et paene circulata, lateribus fortissime rotundatis,
parte cephalica parva, lateribus rectis anteriora versus non parum
angustata ; frons vix ⅓ partis thoracicae latitudine aequat, tuberculo
oculorum mediorum anticorum fortiter prominente, truncato ; impressiones cephalicae obsoletae sunt, fovea centralis sat magna et
profunda. Laevis et nitidus est cephalothorax, non valde altus,
dorso a latere viso paene usque ad oculos medios posticos sensim
modice assurgente, area oculorum mediorum sat fortiter proclivi :
altitudo clypei directi duplam aream oculorum mediorum longitudinem
fere aequat, longitudinem mandibularum saltem aequans. *Oculi*
mediocres : medii (quorum antici posticis parum sunt majores)
lateralibus inter se contingentibus parum majores sunt. Series
oculorum antica a fronte visa recta vel potius paullulo deorsum
curvata est, series postica hoc modo visa sat leviter deorsum curvata ;

desuper visa series antica fortissime, postica sat fortiter est recurva. Area oculorum mediorum pæne quadrata est, parum latior antice quam postice, et æque longa ac lata antice. Spatium inter oculos medios anticos eorum diametrum circiter æquat; a lateralibus anticis spatiis plus duplo minoribus sejuncti sunt hi oculi. Oculi medii postici spatio sunt disjuncti, quod eorum diametro paullo minus est, a lateralibus posticis spatio etiam paullo minore separati. Sternum æque fere latum ac longum, subtriangulum, in lateribus leviter rotundatum, apice postico inter coxas 4[i] paris non ita longe separatas pertinens; leviter convexum est, læve, nitidum, pilis sparsum.

Mandibulæ femoribus anticis non parum angustiores, circa duplo longiores quam latiores, saltem a medio ad apicem sensim angustatæ et paullo divaricantes, læves, nitidissimæ; unguis longus et gracilis. *Maxillæ* in labium valde inclinatæ (apicibus contingentes inter se) eoque parum plus duplo longiores, saltem duplo longiores quam latiores. *Labium* latius quam longius, fere semi-circulatum. *Palpi* sat fortes, parte tibiali paullulo incrassata, parte tarsali eâ non parum angustiore, a basi ad apicem acuminatum sensim attenuata. *Pedes* breves, sat graciles, pilis sat longis et fortibus conspersi; pedes 1[i]-3[ii] parium pæne eadem longitudine sunt. *Abdomen* paullo longius quam latius, ut in reliquis hujus generis formis postice angustato-acuminatum; modice altum est, a latere visum sat fortiter convexum, desuper visum breviter subovatum, antice fortiter rotundatum, lateribus anterius rotundatis, postice rectis, mamillis in ipso apice acuminato sitis; supra pilis sat longis et fortibus conspersum est. *Vulva* ex fovea sat magna antice rotundata, postice truncata, semi-elliptica fere, fusca constat.

Color.—*Cephalothorax, sternum, maxillæ, labium, palpi* et *pedes* pulchre lutea; *mandibulæ* testaceæ: pedes apicem versus magis magisque infuscati sunt: tibiæ saltem posteriores paullo saturatius coloratæ, metatarsi saltem versus apicem nigricantes, tarsi nigri; palporum pars tarsalis infuscata quoque. *Abdomen* cinereo-luteum, serie longitudinali sat longa macularum inæqualium ternarum nigricantium utrinque in dorso, quarum saltem media magna et transversa est. Venter paullo clarior, scutis pulmonalibus fuscis. *Mamillæ* sordide luteæ. Pili, quibus pæne totum corpus est conspersum, ad maximam partem nigri sunt, ad partem pallidi.

Lg. corp. 4; lg. et lat. cephaloth. circa 1½; lg. abd. 3¼, lat. ej. 2½ millim. Ped. 1-III circa 4½, IV 6 millim.; pat.+tib. IV circa 1¾ millim.

Femina (singula) supra descripta ad Rangoon est capta. Alia femina (ex Tonghoo), quæ multo obscurior est, partibus in illa luteis in hac pallide piceis, abdomine nigro, vestigiis vittarum ternarum obliquarum cinerascentium utrinque in dorso, varietas ejusdem speciei videtur.

71. Euryopis jucunda, sp. n.

Cephalothorace et sterno piceis; altitudine clypei longitudine areæ oculorum mediorum dimidio majore, hac area fere quadrata, serie oculorum antica a fronte visa sursum curvata ; pedibus (saltem sex posterioribus) piceis, femoribus nigris basi late pallidis; ab lamine nigro, dorso ejus V maximo et crassissimo flavo, plagam subtriangulam nigram includente occupato, ventre limis duabus transversis argenteis ornato, quarum posterior recurva est.— ♀ ad. Long. circa 4 millim.

Femina.—Cephalothorax paullulo longior quam latior, lateribus posterius fortiter rotundatis, anterius rectis anteriora versus non ita multo angustatus, latitudine frontis dimidiam partis thoracicæ latitudinem paullo superante, tuberculo oculorum mediorum anticorum satis prominente, lato et truncato. Lævis et nitidus est, pilis sparsus, impressionibus cephalicis vix ullis, fovea centrali magna et sat profunda ; antice altus est, a declivitate postica brevi usque paullo pone oculos medios posticos sensim assurgens, tum brevi spatio, usque ad hos oculos, sat fortiter proclivis, area oculorum mediorum etiam fortius proclivi, clypeo directo. Altitudo clypei longitudine hujus areæ circa dimidio major est et longitudinem mandibularum saltem æquat. *Oculi* magni, subæquales (medii antici reliquis tamen paullo majores); series eorum antica a fronte visa non parum sursum curvata est, series postica eodem modo visa paullo deorsum curvata ; desuper visa series antica fortissime, postica sat fortiter est recurva. Oculi bini laterales contingentes inter se ; oculi medii aream rectangulam, parum latiorem quam longiorem et vix latiorem postice quam antice occupant. Oculi medii antici, spatio eorum diametro circa dimidio majore sejuncti, a lateralibus anticis spatio hanc diametrum modo æquante distant. Spatium, quo medii postici separati sunt, duplam eorum diametrum fere æquat ; a lateralibus posticis spatio minore, hac diametro circa dimidio majore, distant hi oculi. *Sternum* ut in specie priore diximus.

Mandibulæ parvæ, apicem versus sensim angustatæ, circa dimidio longiores quam latiores basi, femoribus 2i paris paullo angustiores. *Maxillæ* in labium fortissime inclinatæ eoque circa duplo longiores, vix duplo longiores quam latiores. *Labium* paullo latius quam longius, apice rotundatum. *Palporum* pars tarsalis a basi ad apicem acuminatum sensim angustata. *Pedes* breves, pilis longioribus sat densis sparsi, crassitie mediocri, metatarsis tarsisque tamen gracilibus. Femora subter paullo inæqualia sunt. *Abdomen* parum longius quam latius, non valde altum ; desuper visum subtriangulum est, antice ample rotundatum, lateribus anterius leviter rotundatis, postice rectis sensim angustatum, a latere visum non multo convexum et postice acuminatum, mamillis apicalibus. *Fovea* ex fovea sat magna profunda, antice rotundata, postice truncata, circiter æque longa ac lata constat.

Color.—Cephalothorax, sternum, maxillæ et labium picea, *mandibulæ* flavæ, apice nigræ. *Palpi* flaventes, apicem versus obscuriores, nigro-subannulati. *Pedes* (saltem sex posteriores) picei, pallido-pilosi, apice paullo pallidiores, femoribus nigris basi late pallide flavis, hoc colore flavo supra ut fascia usque ad apicem femoris producto. *Abdomen*, in lateribus et subter nigrum, supra flavum et pallido-pilosum est, plaga maxima pæne triangula nigra a margine dorsi antico fere ad $\frac{4}{5}$ longitudinis ejus pertinente ornatum; quæ plaga antice late rotundata est et hic modo linea transversa flava a declivitate antica nigra divisa, apice (postice) subobtusa, in lateribus inæqualis et utrinque profunde incisa, quasi si ex area transversa subrhomboidi et triangulo conflata esset (præterea puncta vel lituras paucas nigras ostendit dorsum). Color flavus dorsi igitur V maximum et crassissimum, plagam illam nigram includentem format. Venter nigerrimus paullo pone plicaturam genitalem fascia transversa sat brevi recta argentea notatus est, in medio vero inter eam et mamillas alia fascia transversa brevi argentea recurva. *Mamillæ* inferiores nigræ, superiores pallidiores.

Lg. corp. 4; lg. cephaloth. circa $1\frac{1}{3}$, lat. ej. paullo plus 1; lg. abd. pæne 3, lat. ej. pæne $2\frac{1}{2}$ millim. Ped. I ?, II $3\frac{3}{4}$, III circa $3\frac{1}{4}$, IV $4\frac{1}{2}$; pat.+tib. IV paullo plus $1\frac{1}{2}$ millim.

Femina singula valde mutilata, pedibus 1[i] paris, cet., carens, ad Tonghoo capta.

ERIGONE (Sav.), 1825 27.

**72. Erigone chiridota, sp. n.

Cephalothorace cum mandibulis luteo-rufo, parte cephalica ejus alta, clypei altitudine longitudine areæ oculorum mediorum saltem dimidio majore; serie oculorum antica recta, postica desuper visa levissime recurva, pæne recta; oculis mediis, præsertim seriei anticæ, multo longius a lateralibus quam inter se remotis; palpis luteis, apice latissime nigricantibus: pedibus quoque luteis, apice femorum et internodiis insequentibus totis nigricantibus; abdomine nigro.— ♀ ad. *Long. circa* $2\frac{3}{4}$ *millim.*

Femina.—*Cephalothorax* fere inverse et sat breviter ovatus, fere $\frac{1}{3}$ longior quam latior, utrinque antice sat fortiter sinuato-angustatus, in lateribus partis thoracicæ ample et fortiter rotundatus, postice truncatus, parte cephalica brevi, lateribus rectis anteriora versus angustata, fronte leviter rotundata latitudine paullo plus $\frac{1}{3}$ partis thoracicæ æquante. Sat nitidus est cephalothorax, in parte thoracica subtiliter coriaceus, ut videtur glaber, impressionibus cephalicis fortibus et postice in angulum rectum coëuntibus, fovea centrali magna sed omnium levissima. Postice humilis, antice altus est cephalothorax, dorso partis thoracicæ a latere viso pæne librato et parum convexo, parte cephalica vero repente et fortiter assurgente (versus oculos magis librata) et secundum pæne totam longitudinem sat fortiter convexa. Area oculorum mediorum modice proclivis; clypeus altus, sub oculis impressus, præterea rectus (modo transversim convexus) et pæne directus: altitudo ejus longitudinem areæ oculorum mediorum saltem dimidio major est, $\frac{2}{3}$ longitudinis mandibularum circiter æquans. *Oculi* parvi, subæquales; medii antici lateralibus anticis parum minores sunt. Series oculorum antica a fronte visa recta est, series postica desuper visa paullulo

recurva. Oculi medii trapezium formant, quod postice multo latius
est quam antice et aeque longum ac latum postice. Oculi medii
antici spatio modo minuto separati sunt: a lateralibus anticis spatiis
multis partibus majoribus, oculi medii diametrum duplam superantibus, sunt remoti. Oculi medii postici, spatio eorum diametrum
aequante sejuncti, a lateralibus posticis circa dimidio longius quam
inter se distant. *Sternum* evidenter longius quam latius, antice
late truncatum, in lateribus usque ad coxas 4[i] paris rotundatum et,
posterius, sensim angustatum, ad has coxas magis repente angustatum et inter eas, quae late separatae sunt, pertinens, apice sursum
reflexo et truncato.

Mandibulae directae et parallelae, cylindrato-ovatae fere, laeves et
nitidae, femoribus anticis dimidio latiores, duplo longiores quam
latiores, in dorso versus basin modice convexae, apice intus late et
oblique rotundato-truncato. Sulcus unguicularis antice serie
longiore dentium parvorum est munitus, postice serie breviore
ejusmodi dentium. Unguis aequaliter curvatus, basi extus liber
(non ibi a mandibula obtectus). *Maxillae* paene parallelae, in
labium parum inclinatae eoque ut videtur circa triplo longiores, circa
dimidio longiores quam latiores, apice late et paullo oblique truncatae.
Labium parvum, circa duplo latius quam longius, apice incrassato,
late rotundato-truncato. *Palporum* pars patellaris vix longior quam
latior, pars tibialis ea plus duplo longior, fere duplo et dimidio
longior quam latior; pars tarsalis subcylindrata prioribus duabus
conjunctis paullo longior est, unguiculo carens. *Pedes* longi et
graciles, metatarsis tarsisque longis et cylindratis praesertim
gracillimis, tarsis omnibus metatarso circa duplo brevioribus; pilis
brevissimis sat dense conspersi sunt pedes: pilus paullo longior,
versus medium tibiarum (saltem) 4[i] paris, situs, diametro
internodii brevior est. *Abdomen* pulchre ovatum, postice subacuminatum, tenuiter pubescens, *mamillis* apicalibus. *Vulva* ex
callo transverso forti et alto, inaequali constat, qui in medio anterius
impressionem ostendit, in latere vero postico praerupto maculas
(tubercula?) duas rotundatas nigerrimas, spatio earum diametrum
fere aequante separatas.

Color.—Cephalothorax et *partes oris* luteo-rubra, *sternum* paullo
obscurius, fusco-rubrum. *Palpi* lutei, apice latissime nigricantes.
Pedes olivaceo-nigri, basi latissime lutei: coxae enim, trochanteres
et femora, horum apice excepto, lutea sunt (femora 1[i] paris a basi
sat late lutea apicem versus magis magisque nigricantia evadunt).
Abdomen cum *mamillis* nigrum.

Lg. corp. 2¾; lg. cephaloth. circa 1¼, lat. ej. circa 1; lg. abd. 1¾,
lat. ej. paene 1¼ millim. Ped. I paullo plus 5, II 4½, III 4, IV 4¾;
pat.+tib. IV 1½ millim.

Singulam feminam pulchrae hujus speciei vidi, ad Tharrawaddy
captam. Vix ullo generum " *Erigoninorum* " a Cel. Simon in ' Les
Arachn. de France' acceptorum, nisi forsitan *Gonatio* (Menge),
Sim.*, adscribi potest haec aranea.

* *Op. cit.* v. 3. p. 460 et 546.

***73. Erigone crucifera, sp. n.

Cephalothorace rufescenti- vel testaceo-fusco, palpis pedibusque fla-ventibus ; abdomine ovato, cinerascenti vel testaceo, dorso ejus folio magno subovato nigro occupato, quæ cruce magna pallida (e fascia media longitudinali et fascia transversa antica recurva formata) in quattuor partes divisum est, lateribus abdominis infra fascia longa inæquali nigra notatis.— ♀ ad. *Long.* 2–2½ *millim.*

Femina.—*Cephalothorax* inverse ovatus fere, non parum longior quam latior, utrinque antice leviter sinuatus, postice truncato-emarginatus, fronte dimidiam partem thoracicam latitudine fere æquante, rotundata, neque oculis mediis anticis, neque oculis binis lateralibus multo prominentibus. Lævis et nitidus est cephalo-thorax, impressionibus cephalicis levibus, fovea vel sulco centrali carens ; modice altus est, dorso a latere viso a margine postico pæne usque ad oculos medios posticos sensim modice assurgente et pæno recto (inter partes thoracicam et cephalicam paullo depresso tamen), dein brevi spatio, pone oculos illos, paullulo proclivi, area oculorum mediorum fortius proclivi. Altitudo clypei longitudinem areæ oculorum mediorum circiter æquat, longitudine mandibularum plus duplo minor. *Oculi* sat magni, medii antici reliquis subæqualibus minores. Series oculorum antica a fronte visa leviter sursum cur-vata, pæne recta, est, series postica desuper visa recta. Oculi laterales contingentes inter se ; oculi medii aream formant multo angustiorem antice quam postice et fere æque longam ac latam postice. Spatium inter oculos medios anticos dimidiam eorum dia-metrum vix æquat ; a lateralibus anticis pæno æque longe atque inter se remoti sunt hi oculi. Oculi medii postici spatio sunt se-juncti, quod eorum diametrum æquat, a lateralibus posticis spatiis circa duplo minoribus separati. *Sternum* vix longius quam latius, antice late truncatum, lateribus anterius modice, posterius parum rotundatis posteriora versus sensim angustatum (anterius brevi spatio anteriora versus paullo angustatum quoque), apice brevi obtuso inter coxas 4[i] paris sat longe separatas pertinente ; leviter convexum est, læve, nitidum, pilis longis sparsum. *Mandibulæ* vix vel parum divaricantes, apicem versus modo leviter attenuatæ, duplo longiores quam latiores, femoribus anticis circa duplo crassiores, apice oblique rotundato-truncato. Margo anticus sulci unguicularis serie longa dentium longiorum armatus est. margo posticus seriem abbreviatam denticulorum minutorum versus basin unguis ostendit. Unguis mediocris, æqualiter curvatus, etiam basi, exterius, liber (non a mandibula obtectus). *Maxillæ* parallelæ, apice extra rotundatæ, circa dimidio longiores quam latiores, labio saltem duplo longiores ; *labium* transversum, apice latissime rotundatum. *Palpi* graciles ; pars tibialis parte patellari fere duplo longior est, pars tarsalis ungue apicali caret. *Pedes* quoque graciles, longitudine mediocri, sat dense pilosi, aculeis carentes ; longitudo pilorum longiorum supra in tibiis diametrum internodii non parum superat ; tibiæ saltem 4[i] paris versus medium pilum fortiorem suberectum ostendit. Tarsi metatarsis breviores, longi. graciles et cylindrati. *Abdomen* pulchre ovatum, apice postico subacuminato, læve et nitidissimum, tenuiter pubescens. *Vulva* ex tuberculo transverso, forti et alto, subtriangulo, apice anguste rotundato, deorsum vel retro et deorsum directo, fusco-ferrugineo constat, quod antice convexum est, postice excavatum : a latere visa procursum vel uncum basi fortissimum, versus apicem paullo recurvum sensim angustatum formare videtur vulva.

Color.— *Cephalothorax, sternum* et *partes oris* rufescenti- vel testaceo-fusca, *palpi* et *pedes* flaventes, immaculati. *Abdomen* pallidius vel obscurius cinereum, interdum subtestaceum, hac pictura nigra : dorsum ejus, excepto postice, ut in lateribus plus minus anguste, plaga maxima sive " folio " nigro in lateribus inæquali vel crassissime dentato, a basi abdominis ad declivitatem ejus posticam pertinente occupatur, quod fascia longitudinali angustiore æquali et recta pallida est persectum, hac fascia antice alia ejusmodi fascia transversa recurva decussata, ita ut " folium " cruce pallida in quattuor partes divisum evadat, quarum anteriores posterioribus duplo breviores sunt. Latera abdominis, infra, fasciam longitudinalem inæqualem nigram, a mamillis usque ad declivitatem anticam pertinentem et sæpe anterius ita dilatatam, ut cum parte antica folii dorsualis confluat, notata sunt : venter inter has fascias plerumque pallidus et paullo nigro-maculatus est, interdum nigricans. *Mamillæ* aut nigræ, aut pallidæ.

Lg. corp. $2\frac{1}{4}$; lg. cephaloth. circa $\frac{5}{6}$, lat. ej. circa $\frac{2}{3}$; lg. abd. circa $1\frac{2}{3}$, lat. ej. saltem 1 millim. Ped. 1 circa $3\frac{1}{4}$, II 3, 111 pæne 3, IV $3\frac{1}{2}$; pat.+tib. IV circa $1\frac{1}{2}$ millim.

Exempla nonnulla feminea ad Tharrawaddy collegit Cel. Oates. Sectionis *Gonatinorum*, Sim.[*], est hæc aranea, ut videtur *Gongylidio* (Menge), Sim., subjungenda.

***74. Erigone birmanica, sp. n.**

Cephalothorace ad longitudinem modo leviter convexo, plus minus pallide ferrugineo-fusco, pedibus cinerascenti- vel ferrugineo-testaceis, abdomine cinerascenti vel cinereo-nigro, maculis duabus rotundatis vulvæ nigerrimis ; serie oculorum antica paullulo sursum curvata, serie postica desuper visa recta, oculis mediis hujus seriei rix vel non longius inter se quam a lateralibus posticis remotis, mediis anticis lateralibus anticis non parum minoribus et spatio majore ab iis quam inter se separatis, trapezio oculorum mediorum æque longo ac lato postice ; mandibulis maris dente forti in dorso armatis, parte patellari palporum ejus apice subter dente fortissimo deorsum directo munita.— ♂ ♀ ad. Long. 2–$3\frac{1}{2}$ millim.

Mas.— Cephalothorax fere inverse ovatus, circiter $\frac{1}{4}$ longior quam latior, sat humilis, dorso a latere viso usque ad oculos medios posticos sensim paullo assurgente et inter partes thoracicam et cephalicam leviter impresso, et ante et pone hanc impressionem

* Les Arachn. de France, v. 3, p. 458.

levissime convexo, fronte rotundata dimidiam partem thoracicam
latitudine vix æquante, impressionibus cephalicis distinctissimis,
ut fovea centrali, quæ sulcum longitudinalem tenuem contineat.
Lævis et nitidissimus est cephalothorax, posterius utrinque tenuissime
marginatus, sulco submarginali et denticulis marginalibus carens.
Clypei altitudo longitudinem areæ oculorum mediorum evidenter
superat, mandibularum longitudine plus duplo minor. *Oculi* bini
laterales sessiles, non tuberculo evidenti impositi : oculi medii
antici reliquis oculis minores sunt. Series oculorum antica a
fronte visa paullulo sursum est curvata, series postica desuper visa
recta ; oculi medii aream occupant, quæ non parum latior est
postice quam antice et æque longa ac lata postice. Oculi medii
antici spatio minuto sejuncti sunt, a lateralibus anticis paullo
longius, spatio dimidiam eorum diametrum fere æquante, separati :
oculi medii postici spatio eorum diametro paullulo minore sunt
disjuncti, a lateralibus posticis spatiis hanc diametrum æquantibus
remoti.

Mandibulæ fortes, subpiriformes, femoribus anticis fere triplo
latiores, fere duplo longiores quam latiores, versus basin in dorso
et extra valde convexæ, a medio ad apicem sensim fortiter angustatæ,
et hic non parum divaricantes ; in dorso intus, magis versus apicem,
dente forti acuminato sunt armatæ : secundum marginem exteriorem
dorsi seriem longitudinalem inæqualem fere duplicem granulorum
ostendunt, etiam versus basin dorsi, magis intus, granulis nonnullis
sparsæ. Sulcus unguicularis in margine *postico* seriem dentium
mediocrium 4–5 habet, quorum duo, ad basin unguis siti, longiores
sunt et basi inter se proximi ; secundum marginem anticum sulci
unguicularis series longior granulorum parvorum conspicitur.
Maxillæ apice truncatæ, angulo apicis exteriore dentem foras
directum formante. *Palpi* sat longi ; pars femoralis partibus
patellari et tibiali conjunctis paullulo brevior est ; pars patellaris,
apicem versus sensim satis incrassata, duplo longior est quam
latior apice, et hic subter dente conico fortissimo deorsum directo
armato, qui longitudine diametrum apicalem internodii pæne
æquat. Pars tibialis (sine procursu ejus apicali) parte patellari
paullo brevior est, et extra vel supra fere dimidio longior quam
latior apice, fere a medio ad apicem sensim dilatata et, in apice,
partis prioris apice non parum latior ; desuper visus apex ejus
oblique truncatus in medio modico rotundato-incisus est, ita intus
lobum apice rotundatum, non longiorem quam latiorem formans,
extra vero procursum anteriora versus et paullo sursum directum,
angustiorem et fere duplo longiorem, apicem versus sensim angustatum. A latere visa valde oblique truncata est pars tibialis, angulo
inferiore apicis acuminato quasi dentem formante. Pars tarsalis
desuper visa rectangulo-elliptica est, circa dimidio longior quam
latior, patellis anticis parum latior, eas vix longitudine æquans.
Bulbus apice subter procursu subporrecto sat brevi nigro (in-
strumento extrahendis corticibus subsimili) est munitus, et paullo
pone eum, extra, alio procursu pallido oblongo porrecto multo
latiore et apice rotundato, foliiformi fere : e margine superiore

apicis hujus procursus exit seta quædam pellucida tenuissima
secundum apicem procursus curvata, quæ pilis minutis tenuissimis
pellucidis sat dense vestita est. *Pedes* graciles et sat longi, internodiis cylindratis (etiam femoribus anterioribus pæne plane cylindratis, non leviter inflatis vel subfusiformibus); tibiæ omnes setam
longiorem suberectam versus medium supra habent, patellæ ejusmodi setam apice supra. Metatarsi tarsis circa duplo longiores.
Abdomen pulchre ovatum, minus nitidum, tenuiter pubescens.

Femina non multum a mare differt. *Cephalothorax* et *oculi* sunt
ut in mare diximus, excepto quod series oculorum postica desuper
visa paullulo (parum) procurva videtur, et quod oculi medii postici
non longius a lateralibus posticis quam inter se remoti sunt.
Mandibulæ angustiores quam in mare, femoribus anticis vix duplo
latiores, plus duplo longiores quam latiores, extra ad longitudinem
modo leviter convexæ, fere ovatæ, apice intus sat late rotundato-
truncatæ, in dorso et extra inermes et læves. Sulcus unguicularis
in margine *anteriore* serie dentium longiorum 5 armatus est, in
margine posteriore vero serie multo breviore dentium parvorum 4.
Apex *maxillarum* extra dentem non format. Pars tibialis *palporum*
parte patellari (vix longiore quam latiore) paullo plus duplo longior
est, pars tarsalis prioribus duabus conjunctis paullulo brevior.
Abdomen paullo brevius ovatum quam in mare. *Vulva* ex fovea
transversa constat, cujus extremitates tuberculis duobus rotundatis
humilibus paullo inæqualibus nigerrimis, spatio eorum diametrum
circiter æquante separatis, occupantur; quæ tubercula semper
distinctissima sunt, præsertim quum in fluido immersa est aranea,
tum maculas duas nigerrimas in ventre assimulantia.

Color utriusque sexus idem, excepto quod clava palporum in
mare plerumque infuscata est. *Cephalothorax, sternum* et *partes
oris* plus minus pallide ferruginea vel ferrugineo-fusca, interdum
cinereo-fusca: cephalothorax sæpe anguste nigro-marginatus est.
Palpi et *pedes* pallidiores, ferrugineo- vel cinerascenti-testacei
(rarissime hæ partes omnes coloris magis rufescentis sunt). *Abdomen*
cinereum vel cinereo-nigrum, sæpe anterius cinerascens et postice
nigricans, ventre sæpe obscuriore: tubercula (maculæ) duo vulvæ,
ut diximus, nigerrima.

♂.—Lg. corp. 3; lg. cephaloth. 1¼, lat. ej. pæne 1¼: lg. abd. 1⅓,
lat. ej. paullo plus 1 millim. Ped. I pæne 5, II 4½, III 3½, IV
pæne 4½; pat.+tib. IV parum plus 1½ millim.

♀.—Lg. corp. 3½: lg. cephaloth. pæne 1¼, lat. ej. paullo plus 1:
lg. abd. paullo plus 2, lat. ej. 1½ millim. Ped. I pæne 5, II 4¾,
III 3¾, IV saltem 4¾: pat.+tib. IV parum plus 1½ millim.

Hujus speciei, quæ ad magnitudinem valde variat, magnam vim
feminarum nonnullosque mares ad Tharrawaddy collegit Cel. Oates.
Gen. *Gongylidii* (Menge) Sim. est, et *E.* (*G.*) *graminicola*, Sund.,
adeo affinis, ut varietatem hujus facile eam credideris: parum nisi
colore paullo alio et oculis mediis anticis lateralibus anticis evidentissime minoribus a *E. graminicola* differt. In *E. graminicola*
cephalothorax et pedes (saltem femora) colore rubro plus minus
læte tincti sunt, et abdomen puro nigrum: oculi medii antici
lateralibus anticis in hac specie vix vel parum minores videntur.

**75. Erigone occipitalis, sp. n.

Cephalothorace fusco, dorso ejus a latere viso primum levius, dein fortius assurgente et in tuberculum sat magnum obtusissimum, supra pilosum, paullulo pone oculos situm transeunte; palpis busi late luteo-testaceis, præterea nigricantibus, pedibus totis luteo-testaceis; abdomine nigro.— ♂ ad. Long. 2-2¼ millim.

Mas.—*Cephalothorax* inverse ovatus, vix utrinque anterius sinuatus, lateribus posterius modice rotundatis, anterius rectis anteriora versus angustatus, postice truncato-emarginatus, fronte plus ¼ partis thoracicæ latitudine æquante, oculis mediis anticis prominulis; lævis et nitidus est, impressionibus cephalicis distinctis, fovea centrali oblonga, sulcum latum levem formante. Dorsum cephalothoracis a latere visum a margine postico primum, fere ad medium, modice convexum sensim sat leviter assurgit, dein, spatio paullo breviore, multo fortius secundum lineam paullo concavatam assurgit, antice sensim in tuberculum sat magnum apice rotundatum et obtusissimum, paullulo pone oculos situm, transiens : quod tuberculum antice humile et præruptum est, supra pilis nonnullis curvatis præditum, quorum unus, reliquis longior et fortior, seta potius appellari debet. (In medio cephalothoracis alium pilum vidisse videor.) Area oculorum mediorum modice proclivis est. Clypeus, transversim convexus sed non sub oculis impressus, a latere visus rectus et directus vel potius paullulo reclinatus est : altitudo ejus longitudinem areæ oculorum mediorum non parum superat, longitudine mandibularum vix vel parum minor. *Oculi* magni, medii antici reliquis minores ; series oculorum antica a fronte visa recta est, series postica desuper visa paullulo recurva, pæne recta. Area oculorum mediorum multo latior est postice quam antice, paulloque latior postice quam longior. Oculi medii antici, qui spatio eorum diametro minore sunt sejuncti, spatiis etiam paullo minoribus a lateralibus anticis remoti sunt. Oculi medii postici spatio eorum diametrum æquante separati sunt : a lateralibus posticis spatiis dimidiam hanc diametrum vix superantibus distant. *Sternum* ovato-cordiforme, non multo longius quam latius, antice minus late truncatum, in lateribus anterius sat fortiter rotundatum, lateribus posterius pæne rectis posteriora versus angustatum, apice inter coxas non multo late separatas pertinens.

Mandibulæ femoribus anticis saltem dimidio latiores, directæ, paullo divaricantes, subovatæ, apice intus oblique et latissime, pæne usque ad medium, truncatæ et leviter rotundatæ ; læves et nitidæ sunt, sulco unguiculari antice serie longa dentium circa 5 acuminatorum munito, postice vero, ut videtur, serie breviore denticulorum parvorum. *Palpi* mediocri longitudine, basi graciles, clava subrotundata maxima, femoribus anticis fere duplo et dimidio latiore. Pars patellaris, a basi ad apicem sensim paullo incrassata, paullo longior quam latior apice est ; pars tibialis, eâ non parum longior, basi est angusta sed præterea latissima, paullo latior quam longior, apice partis patellaris circa duplo et dimidio latior, et clava non multo angustior, apice altior quam longior et latior. A latere visa antice late et profunde in duas portiones, quasi ramos, angulum

rectum vel subobtusum inter se formantes divisa videtur: portio
superior, cujus apex desuper visus extra truncatus est et in medio
apicis dentem minorem nigrum format, paullo pone eum dentem
multo majorem, a latere interiore formatum et a dente illo incisura
profunda divisum ostendit : qui dentes anteriora versus et paullo
intus directi sunt paulloque deorsum curvati. Pars tarsalis late
subovata duas partes priores longitudine aequat, circiter aeque lata
ac pars tibialis. Bulbus sat complicatus videtur. *Pedes* mediocri
longitudine, graciles, tenuiter pilosi : pilus major supra in tibiis (et
in apice patellarum) diametrum internodii longitudine superat.
Abdomen angustius ovatum vel ellipticum.

Color.—Cephalothorax, sternum et partes oris plus minus obscure
fusca, cephalothorax anguste nigro-marginatus. *Palpi* luteo-
testacei, clava et parte tibiali nigro-fuscis. *Pedes* toti luteo-
testacei. *Abdomen* nigrum : *mamillae* nigricantes.

Lg. corp. 2¼ : lg. cephaloth. paullo plus 1, lat. ej. circa ⁴⁄₅ : lg.
abd. 1¼, lat. ej. fere ⁴⁄₅ millim. Ped. I circa 3½, II paullo plus 3,
III paene 3, IV 3½ ; pat.+tib. IV paullo plus 1 millim.

Mares paucissimi ad Tharrawaddy sunt inventi.—Haec species
E. (Gongylidia) apicata, Blackw., affinis est ; differt forma cephalothoracis alia (in *E. apicata*, ♂, dorsum cephalothoracis a latere
visum primum praeruptius, dein lenius acclive est), clava palporum
multo majore, cet.

COLEOSOMA, Cambr., 1882.

*76. Coleosoma blandum, Cambr.

Coleosoma blandum, *Cambr. Proc. Zool. Soc. London*, 1882, p. 426,
pl. xxix. figg. 3 a–3 f.

*Cephalothorace pallide fusco, palpis nigro-fuscis, pedibus fusco-
testaceis, in femoribus linea longitudinali nigra notatis ; abdomine
nigro, parte antica (sive collo) rufo-testacea, postice vero supra fascia
transversa pallida retro et deorsum in latera producta et dilatata
ornato.*—♂ ad. *Long. circa* 2¼ *millim.*

Mas.—Cephalothorax circa dimidio longior quam latior, subovatus, vix evidenter utrinque antice sinuatus, sed lateribus posterius
parum, praeterea modice rotundatis anteriora et praesertim posteriora
versus sat fortiter angustatus, postice angustissime subtruncatus,
fronte rotundata dimidiam partem thoracicam latitudine non
aequante. Sat humilis est cephalothorax, impressionibus cephalicis
distinctis, fovea centrali sat magna, paullo transversa ; praeterea
laevis et nitidissimus est, paene glaber. Dorsum ejus a latere visum
paene rectum est, sensim modo paullulo (in parte cephalica parva
parum fortius) acclive ; clypeus, sub oculis leviter transversim
impressus, minus praerupte proclivis (non directus) est, et transversim
et ad longitudinem convexus : altitudo ejus longitudine areae oculorum mediorum circa triplo est major, longitudinem mandibularum
aequans, immo superans. *Oculi* parvi, satis conferti, paene eadem
magnitudine ; laterales bini contingentes inter se, medii in aream
paullulo latiorem postice quam antice et aeque longam ac latam

antice dispositi. Series oculorum antica a fronte visa recta est.
desuper visa modice recurva : series postica desuper visa eodem
modo procurva est, a fronte visa sat leviter deorsum curvata. Oculi
medii antici spatio oculi diametrum æquante separati sunt, inter se
parum longius quam a lateralibus anticis remoti ; oculi medii postici,
spatio eorum diametro paullo majore sejuncti, æque longe a lateralibus posticis atque inter se distant. *Sternum* non parum longius
quam latius, pæne triangulum, lateribus modo levissime rotundatis
posteriora versus angustatum et subacuminatum, in medio antice
paullo emarginatum, apice postico inter coxas 4¹ paris modo paullo
pertinens ; leviter convexum est, læve, nitidissimum, parce pilosum,
impressionibus ad coxas carens. *Petiolus* brevis, vix longior quam
latior.

Mandibulæ deorsum directæ, parallelæ, a basi ad apicem sensim
paullo angustatæ, circa duplo et dimidio longiores quam latiores,
femoribus anticis parum crassiores, in dorso ad longitudinem modice
convexæ, læves et nitidæ, parce pubescentes ; unguis sat brevis,
gracilis, parum curvatus. *Maxillæ* circa duplo longiores quam
latiores, basi extra paullo dilatatæ, præterea apicem extra rotundatum versus sensim paullo angustatæ, in labium paullo inclinatæ
et eo circa triplo longiores. *Labium* parvum subtransversum et
apice rotundatum videtur. *Palpi* fortes, sat longi, nitidi, pilosi,
clava maxima, frontem latitudine æquante. Pars femoralis, longa
et levissime in formam *λ* sinuata, femora antica diametro æquat ; pars
patellaris eâ paullo crassior est, æque lata apice ac longa : pars
tibialis, in latere exteriore partem patellarem longitudine (ut
latitudine) fere æquans, supra et intus omnium brevissima est ; pars
tarsalis prioribus duabus saltem duplo latior et iis conjunctis multo
longior est, subfusiformis, ad longitudinem ut transversim fortiter
convexa, intus in lobum fortem deorsum directum producta ; bulbus
eâ multo latior, satis complicatus, setâ longa forti in circulum curvata
extra cinctus. *Pedes* sat graciles, longitudine mediocri, pubescentes, ut mihi videtur aculeis carentes. Unguiculi tarsorum
graciles, superiores æqualiter curvati et dentibus nonnullis brevissimis (ultimo reliquis fere æqualibus longiore) muniti, unguiculus inferior iis parum minor, versus medium fortiter deorsum
curvatus, ut videtur muticus :—ita saltem in pedibus 1¹ paris.
Abdomen longum et angustum, quasi ex partibus duabus compositum :
pars ejus posterior, quæ elliptico-ovata et cute molli tecta est, antice
satis abrupte in partem anteriorem humiliorem et sensim angustatam
corneam (quasi collum) est continuata, cujus apex (anticus) utrinque,
supra petiolum, in procursum brevem est productus : hæc pars
anterior, in dorso reliquo abdomine triplo-quadruplo brevior, oblique
deorsum et retro continuatur, ita ut dimidium vel plus dimidium
longitudinis ventris occupet. *Mamillæ* confertæ, breves, superiores
et inferiores conicæ ; paullo ante apicem rotundatum abdominis
locatæ sunt.

Color.—*Cephalothorax, sternum* et *partes oris* pallide fusca sive
castanea sunt ; *palpi* obscuriores, nigro-fusci. *Pedes* fusco-testacei,
basi pallidiores (interdum toti testacei), linea tenui longitudinali

nigra antice in femoribus notati; interdum metatarsi (præsertim
postici) infuscati vel linea longitudinali nigra signati ii quoquo
sunt, et tibiæ posticæ apice nigræ. *Abdomen* nigrum, parte antica
angustata rufo-testacea, hoc colore oblique deorsum usque in
ventrem continuato, ita ut dimidium ventris anterius rufo-testaceum
sit ; paullo pone medium dorsum partis posterioris sive principalis
abdominis vittam transversam pallidam plerumque latam (interdum
in medio angustatam vel subabruptam) ostendit, quæ utrinque
usque in ventrem deorsum et retro est producta et dilatata, plagam
magnam pallidam in utroque latere formans. *Mamillæ* nigricantes
vel pallidæ.

Lg. corp. pæne 2½ : lg. cephaloth. circa ⅚, lat. ej. pæne ⅔ ; lg.
abd. 1½, lat. ej. pæne ⅗ millim. Ped. I 4⅔, II paullo plus 3, III
2½, IV 4; pat.+tib. IV fere 1½ millim.

Exempla mascula paucissima hujus araneæ, formicæ subsimilis,
examinavi, ad Tharrawaddy Birmaniæ a Cel. Oates, et ad Singapore
a Cel. Workman inventa. Primum hanc formam a *C. blando*,
Cambr., ex ins. Taprobane, diversam credidi, quod verisimiliter
erroneum erat ; descriptionem uberiorem ejus dare attamen non
inutile judico.

Coleosoma blandum, Keys.*, ex Florida, aliam speciem crediderim,
quum saltem alio colore abdominis a nostra aranea differat.

ARGYRODES, Sim., 1864.

*77. Argyrodes flavescens, Cambr.

Argyrodes flavescens, *Cambr. Proc. Zool. Soc. London*, 1880, p. 321,
pl. xxviii. figg. 1-1 *f*.
Argyrodes sumatranus, *Thor. Ann. Mus. Genova*, xxviii. p. 247 (1890).

Exempla feminea duo adulta ad Rangoon unumque ad Tharrawaddy sunt capta.

Vix dubium esse potest, quin sit *A. sumatranus* noster idem
atque *A. flavescens*, Cambr., ex ins. Taprobane.—Ad colorem valdo
variat hæc aranea : inter exempla nuper in ins. Singapore a Cel.
Workman collecta nonnulla inveni, quæ reliquis multo obscuriora
sunt, abdomine aut modo subter aut toto nigricante vel nigro,
pictura argentea tum plerumque multo magis expressa quam in
exemplis clarioribus.

78. Argyrodes fissifrons, Cambr.

Argyrodes fissifrons, *Cambr. Journ. Linn. Soc., Zool.* x. p. 380,
pl. xii. figg. 31 38 (1869) ; *Thor. Ann. Mus. Genova*, xii. p. 145
(1878).
Argyrodes inguinalis, *id. ibid.* p. 149.
Argyrodes procrastinans, *Cambr. Proc. Zool. Soc. London*, 1880.
p. 330, pl. xxix. figg. 9 9*e*.

Hujus speciei exempla nonnulla formæ ordinariæ ad Tharrawaddy
collegit Cel. Oates ; præterea marem adultum et feminam juniorem

---

* ' Die Spinnen Amerikas,' II. Theridiidæ, p. 212, tab. x. figg. 127-127 *c*.

in reti *Euetriœ moluccensis* (Dol.) ad Rangoon cepit. Inter exempla ex Tharrawaddy feminam formæ illius inveni, quam loc. cit. *A. inguinalem* appellavi ; hæc forma non nisi "vulva ex tuberculo magno convexo rotundato lævi nigro constante" ab *A. fissifronte* differt : quod tuberculum ex materia excreta, vulvam veram tegente et cum ea concreta formatum esse, cum Cel. Cambridge jam facile crediderim.

Ad Tonghoo feminam invenit Oates, quæ tum ad formam quum ad colorem abdominis cum descriptione et figuris *A. procrastinantis*, Cambr. (loc. cit.), ex Bombay, optime convenit, abdomine modo paullo obscuriore, pæne toto nigro, plaga pallida utrinque posterius tamen evidentissima. In hoc exemplo vulva plane ut in *A. fissifronte* est : in alio exemplo*, cujus abdomen eadem est forma, sed paullo pallidius (apice abdominis non ut in illo pure nigro, sed pallidiore), vulva tuberculum ejusmodi format atque in "*A. inguinali*" et in "*A. procrastinante*"! Etiam in exemplis magis typicis "*A. fissifrontis*" abdomen interdum formam ostendit, quæ transitum ad abdomen *A. procrastinantis* præbet : quare non possum, quin hanc araneam modo varietatem *A. fissifrontis* censeam.

79. Argyrodes xiphias, Thor.

Argyrodes xiphias, *Thor. Ann. Mus. Genova*, xxv. p. 95 (1887).

Exempla non pauca utriusque sexus ad Tharrawaddy collecta sunt.—Feminam hujus speciei ad Singapore cepit Cel. Workman.

Color abdominis feminæ plerumque plus minus obscure cinereotestaceus vel subfuscus est, plaga magna nigra utrinque, versus apicem dorsi posticum, aliaque plus minus distincta postice inter hunc apicem et mamillas, dorso interdum antice, ut ventre, nigricanti ; in dorso posterius $\wedge$ maximo argenteo plerumque notatum est, maculaque argentea vel tribus ejusmodi maculis in seriem transversam dispositis pone id, aliaque utrinque in latere inferiore plagæ illius lateralis nigræ sita ; vitta transversa lata argentea inter plicaturam genitalem et mamillas, maculisque duabus ejusdem coloris, una utrinque, non parum supra mamillas ornatum quoque est, maculaque vel stria argentea in utroque latere, antice (interdum etiam macula una alterave magis postice in lateribus, ante illam in margine inferiore plagæ lateralis nigræ sitam).

*80. Argyrodes argentatus, Cambr.

Argyrodes argentata, *Cambr. Proc. Zool. Soc. London*, 1880, p. 325, pl. xxviii. figg. 5–5 c.

Cephalothorace cum mandibulis pallide fusco, sterno obscure fusco vel nigricanti : palpis testaceis, parte tarsali nigricanti, pedibus testaceis, patellis totis, femoribus et tibiis plerumque apice sat late infuscatis ; abdomine in conum altiorem quam longiorem elevato, argenteo, linea vel fascia plerumque inæquali et postice plus minus

* Ad Rangoon capto et a Cel. Workman mecum communicato.

abbreviata nigra supra, ut et macula parva nigra pone eam, in ipso apice dorsi sita, notato ; ventre cum lateribus infra nigro quoque, hac area nigra in utroque margine inaequali et, posterius, crassissime bidentata, et non parum ante mamillas nigras maculis duabus rotundatis argenteis, una utrinque, signata ; capite maris, anteriora versus et sursum producto, fissura profunda in duos lobos diviso, hac fissura a latere visa primum (antice) versus fundum sensim angustata, triangula, tum brevi spatio angustissima, et in ipso fundo in foramen minutum oblongum dilatata : lobo capitis superiore inferiore saltem duplo latiore, lobo inferiore plus duplo longiore quam latiore, non subelevato sed brevissime submucuminato, basi recto lateribus paene parallelis, versus apicem vero supra deorsum curvato et fortiter convexo-arcuato, subter parum deorsum curvato, paene recto.— ♂ ♀ ad. *Long.* 2 2¼ *millim.*

Hujus speciei, antea in India, in ins. Taprobane et Madagascar ut et in America meridionali inventae, exempla paucissima ad Tharrawaddy Birmaniae collegit Cel. Oates.

§1. Argyrodes callipygus, sp. n.

Cephalothorace cum mandibulis subfusco, sterno nigricanti, palpis testaceo-fuscis, parte tarsali obscuriore, pedibus pallide testaceis, patellis et apice tibiarum metatarsorumque infuscatis ; abdomine sensim sursum et retro supra mamillas elevato, parte summa rotundata, supra et in lateribus superius argenteo, fascia longitudinali subcuneata nigra anterius in dorso notato, subter et in lateribus infra latissime nigro, postice inter summum dorsi et mamillas late nigro quoque, et hic maculis quinque argenteis ornato ; area nigra ventrali in lateribus postice dentem crassum formante, utrinque ad mamillas macula parva argentea et ante eas macula tertia argentea notata.— ♀ ad. *Long. circa* 2 *millim.*

Femina.—*Cephalothorace* circa dimidio longior quam latior, a medio anteriora versus (lateribus leviter sinuatis) et praesertim posteriora versus (lateribus rectis) sat fortiter angustatus, fronte dimidiam partem thoracicam latitudine circiter aequante, tuberculo oculorum mediorum non multo prominente, latissimo, truncato. Dorsum a latere visum paene rectum est, antice leviter convexum, area oculorum mediorum paullo proclivi. Series *oculorum* antica a fronte visa paene recta, parum deorsum curvata, est, series postica desuper visa levissime recurva. Area oculorum mediorum, quorum antici reliquis oculis majores sunt, rectangula, non parum latior quam longior ; antici eorum, spatio diametro sua evidenter majore separati, fere triplo longius inter se quam a lateralibus posticis distant. Oculi medii postici, qui spatio eorum diametro saltem dimidio majore sunt sejuncti, ii quoque circa triplo longius inter se quam a lateralibus posticis distant. Oculi bini laterales contingentes inter se. Altitudo clypei, sub oculis transversim impressi, longitudinem areae oculorum mediorum fere aequat.

Mandibulae paullo plus duplo, vix duplo et dimidio, longiores quam latiores, femoribus anticis pæne duplo crassiores. *Palpi* graciles : pars patellaris paullo longior quam latior est, pars tibialis dimidio longior quam latior ; pars tarsalis prioribus duabus conjunctis paullo est longior. *Pedes* gracillimi, longiores, parce pubescentes ; pedes 1ᵢ paris cephalothorace saltem ?plo longiores sunt visi. *Abdomen* sensim retro et sursum supra mamillas elevatum est, a latere visum subtriangulum igitur, apice sursum directo rotundato tamen, non acuminato (an ita semper?) ; æque circiter altum ac longum est, antice et postice leviter convexum, mamillis non parum pone apicem illum sitis et longe ab eo remotis. *Vulva* ex sulco transverso forti lato constare videtur : inter eam et petiolum venter callum maximum transversum, fortiter convexum, lævissimum et nitidissimum format.

Color.—*Cephalothorax* et *mandibulæ* castaneo-fuscæ; *sternum* cum *labio* et *maxillis* nigricans. *Palpi* testaceo-fusci, parte tarsali obscuriore. *Pedes* pallide testacei, patellis et apice tibiarum metatarsorumque infuscatis. *Abdomen* supra et in lateribus superius argenteum est, fascia nigra postice abbreviata, posteriora versus angustata, cuneiformi fere, supra versus basin notatum : venter cum lateribus inferius et area inter anum et summum abdominis nigra quoque sunt, hac area postica maculis argenteis 5, una supra, 4 pæne in rectangulum dispositis inter eam et anum locatis ornata. Area magna ventralis nigra in lateribus postice dentem magnum sursum directum format ; utrinque, ad latera mamillarum, macula minuta argentea conspicitur, et ante has duas maculas, iu ventre, macula ejusmodi tertia paullo major. *Mamillæ* nigræ.

Lg. corp. 2 ; lg. cephaloth. circa $\frac{5}{6}$, lat. ej. pæne $\frac{2}{3}$, lat. front. pæne $\frac{1}{3}$, lg. et alt. abd. paullo plus 1. lat. ej. circa $\frac{3}{4}$ millim. Ped. I $7\frac{2}{3}$, II ?, III ?, IV circa $2\frac{1}{4}$: pat. + tib. IV circa $\frac{5}{3}$ millim.

Feminam singulam examinavi, ad Tharrawaddy inventam. Feminæ prioris speciei, *A. argentato*, Cambr., sat similis est hæc aranea, præsertim abdominis colore et vulvæ structura ab ea differens. Pedes longiores quam in *A. argentato* videntur quoque et abdomen minus altum, apice dorsi (summo ejus) non acuminato sed obtuso et rotundato.*

**82. Argyrodes apiculatus, sp. n.

Cephalothorace, sterno et partibus oris (mandibulis subtestaceis exceptis) subpiceis, pedibus anterioribus fere ejusdem coloris, metatarsis tarsisque pallidioribus, pedibus posterioribus pallidioribus quoque, nigricanti-subannulatis ; abdomine alto, ovato-globoso, nigricanti, apice postico dorsi æqualiter convexi in tuberculum non magnum subconicum obtusum pallidum elevato, mamillis longe sub hoc tuberculo locatis.— ♀ ad. Long. circa 3 millim.

Femina.—*Cephalothorace* pæne duplo longior quam latior, ante-

---

* Aliam feminam mutilatam vidi, a Workman ad Rangoon captam, quæ hujus speciei videtur.

riora et posteriora versus sat leviter angustatus, postice truncatus ; frons parte thoracica non multo angustior est, tuberculo oculorum mediorum sat prominente, latissimo, truncato. Laevis et nitidus est cephalothorax, glaber (?), impressionibus cephalicis latis sed brevibus, sulco centrali magno transverso longe retro locato ; sat humilis est, dorso a latere viso anteriora versus sensim paullo assurgente et anterius leviter convexo. Clypei altitudo longitudinem areæ oculorum mediorum circiter æquat, longitudine mandibularum circa 4plo minor. *Oculi* medii antici reliquis oculis subæqualibus non parum majores. Series oculorum antica a fronte visa recta vel potius paullulo deorsum curvata est, series postica desuper visa recta, vix procurva. Area oculorum mediorum rectangula, non parum latior quam longior, oculi bini laterales contingentes inter se. Oculi medii antici spatio inter se distant, quod eorum diametrum æquat, et quod circa duplo majus est quam id, quo a lateralibus anticis separati sunt ; oculi medii postici spatio eorum diametro circa duplo majore sunt disjuncti, circa duplo longius inter se quam a lateralibus posticis remoti.

Mandibulæ femoribus anticis circa dimidio crassiores, plus duplo longiores quam latiores. *Maxillæ* rectæ, parallelæ, fere duplo longiores quam latiores, *labio* transverso et apice lato rotundato ut videtur plus duplo longiores. *Pedes* graciles, non longi (1¹ paris cephalothorace vix 4plo longiores), tenuiter pilosi ; femora longa 1¹ paris in formam ⌒ leviter sinuata sunt. *Abdomen* parum longius quam latius, ovato-globosum, altum, læve, nitidissimum, ut videtur parce pubescens, apice dorsi in tuberculum conicum sat parvum, crassum et obtusum (vel quasi verrucam) elevato ; a latere visum dorsum abdominis æqualiter convexum est, et spatium inter tuberculum illud et mamillas (declivitas abdominis postica) leviter convexum et reclinatum multo majus quam spatium inter mamillas et petiolum. *Vulva* ex fovea sat magna oblonga fusca, antice bis rotundata, postice acuminata constare videtur. *Mamillæ* sat magnæ, quasi in apice coni cujusdam locatæ.

Color.— *Cephalothorax, sternum, maxillæ, labium* et *pulpi* sordido testaceo-fusca vel subpicea sunt, *mandibulæ* magis testaceæ. *Pedes* anteriores colore cephalothoracis fere, metatarsis tarsisque subtestaceis ; pedes posteriores sordide testacei quoque, apice patellarum, tibiarum et metatarsorum infuscatis. *Abdomen* nigricans est, tuberculo sive cono illo apicis dorsi testaceo, quasi in macula rotunda testacea posito, et, in hac macula, annulo macularum parvarum albicantium circumdato. *Mamillæ* nigricantes.

Lg. corp. 3 ; lg. cephaloth. paullo plus 1, lat. ej. vix ⅔ ; lg. abd. paullo plus 2, lat. et alt. ej. 2 millim. Ped. I 4, II pæne 3, III pæne 2½, IV circa 4 ; pat. + tib. IV pæne 1 millim.

Singulam feminam minus bene conservatam vidi, ad Tharrawaddy captam.

Fam. ARCHÆOIDÆ?

PROLOCHUS *, gen. n.

Cephalothorax multo longior quam latior, fere in medio longitudinis, inter partes cephalicam et thoracicam, fortiter constrictus; pars cephalica alta, longissima, subrectangula, longe ante mandibulas prominens; pars thoracica ea circa dimidio latior, pæne circulata, sulco centrali longo et profundo.

Oculi sex, magni, in series duas transversas ordinati: series antica, paullo longior quam postica, e quattuor oculis formata est, paullo recurva et paullo sursum curvata.

Mandibulæ parallelæ, directæ, longæ, ungue mediocri.

Maxillæ paullo divaricantes vel parallelæ, subovatæ, labio circa duplo longiores.

Labium transversum, apice late rotundatum.

Pedes ita: I, II, IV, III longitudine se excipientes, sat graciles, aculeati. Unguiculi tarsorum terni sat fortes, superiores pectinato-dentati, inferior ad basin denticulis paucis munitus.

Abdomen subovatum, molle, cribello carens.

Mamillæ 6, confertæ, breves, superiores et inferiores bi-articulatæ, art. 2º brevi.

Typus: Prolochus longiceps, sp. n.

Aranea valde notabilis, quam typum hujus generis feci, fortasse familiæ propriæ consideranda est. Ad habitum in universum formis nonnullis gen. Meta (C. L. Koch), e. gr. M. segmentata (Clerck), subsimilis est; sed forma cephalothoracis et oculis magnis modo sex toto cœlo ab omnibus mihi cognitis Orbitelariis abhorret. Cum Dolichognatha, Cambr. †, quoad formam cephalothoracis et mandibularum similitudinem quandam (levem quidem) ostendit: quum hoc genus (quod Retitelariarum Tribus mihi videtur) a Cel. Simon ‡ Archæoidis subjungatur, etiam Prolochum ad eandem familiam ad tempus refero.

**83. Prolochus longiceps, sp. n.

Cephalothorace pæne duplo longiore quam latiore, fusco- vel olivaceo-testaceo, pedibus olivaceo- vel fuligineo-testaceis, vix vel parum nigricanti-annulatis; abdomine antice satis alto, posteriora versus sensim declivi et a latere viso postice truncato (dorso postice angulum formante), nigricanti vel olivaceo (et nigro-variato), maculis parvis albicantibus consperso et variato, his maculis interdum in plagas majores confluentibus.— ♂ ♀ ad. Long. 6-6½ millim.

* Nom. propr. mythol.
† Journ. Linn. Soc., Zool. x p. 387. pl. 12. figg. 39-45.
‡ Ann. Soc. Ent. France, 6ᵉ sér. x. p. 81 (1889).

Mas.—*Cephalothorax* multo, pæne duplo, longior quam latior, in medio sulco profundo fortissime constrictus, parte cephalica partem thoracicam longitudine paullo superante. Pars thoracica pæne circulata est, in lateribus fortiter et æqualiter rotundata, postice truncata et, in medio, leviter retusa ; ad longitudinem præsertim anterius fortiter convexa et etiam transversim sat fortiter convexa est, sulco medio profundo per totam longitudinem exarata. Pars cephalica, parte thoracica dimidio angustior, saltem dimidio longior est quam latior, lateribus parallelis, levissime rotundatis, postice rotundata, antice truncata, transversim fortissime convexa : a latere visa sensim sat fortiter assurgit, longe ante mandibulas prominens, supra leviter convexa, antice (area oculorum) oblique truncata et ita sat præ-rupte proclivi, sub oculis reclinata. Area *oculorum*, quæ totam latitudinem frontis occupat, fere dimidio latior quam longior est. Oculi valde magni, subæquales, rotundi et convexi, laterales præsertim suæ quisque elevationi humili niti-dissimæ impositi. Series oculorum antica serie postica paullo longior est, paullo recurva et paullo sursum curvata : oculi medii antici pæne contingentes sunt inter se, a lateralibus anticis spatio parvo magis evidenti remoti. Spatium inter oculos laterales anticum et posticum eorum diametro circa dimidio majus videtur ; oculi duo (laterales) seriei posticæ spatio sunt separati, quod eorum diametro pæne 4plo majus est. Oculi antici ipso margine clypei (cornei) profunde emarginati proximi sunt, sed a basi mandibularum spatio sejuncti, quod oculi diametro non parum est majus. *Sternum* leviter convexum, læve, subovatum, in medio antice tamen paullo emarginatum, postice acuminatum, non inter coxas 4' paris pertinens.

Mandibulæ directæ et parallelæ, pæne cylindratæ, apice breviter et oblique truncatæ, 3½ 4plo longiores quam latiores, in dorso rectæ (modo summa basi convexæ), læves et nitidæ, paullo pilosæ. Sulcus unguicularis antice dentibus 3 mediocribus, postice 2 minori-bus, armatus est. Unguis intus directus, sat fortis, latitudine apicali mandibulæ parum longior. *Maxillæ* saltem dimidio longiores quam latiores, labio duplo longiores ; parallelæ vel potius paullo divaricantes sunt, subovatæ, basi angustæ, apice late et oblique truncato-rotundato, latere exteriore pæne recto, interiore ante labium recto quoque. *Labium* paullo latius quam longius, lateribus brevi-bus parallelis, apice amplissime et fortiter rotundato et subincrassato. *Palpi* graciles et sat breves, clava sat parva, ovata, patellas anticas crassitie æquans. Pars patellaris plus dimidio, pæne duplo longior quam latior est, pars tibialis eâ pæne dimidio longior sed vix crassior, a basi ad apicem sensim paullo incrassata, circa duplo longior quam latior apice : pars tarsalis, intus vergens et modo latus interius bulbi tegens, basi in laminam subtriangulam incurvam intus excavatam elevata est. Bulbus ovatus, ut videtur parum com-plicatus. *Pedes* anteriores longi sunt, sat graciles, metatarsis et tarsis gracilibus, patellis brevibus, metatarsis tibiis paullo brevi-oribus, tarsis sat brevibus ; pedes posteriores, præsertim 3'' paris, anterioribus multo breviores sunt. Aculeis crebris sat longis armati sunt pedes et pilis præsertim in metatarsis et tibiis longis, patentibus et recurvis dense sparsi. Unguiculi tarsorum sat fortes sunt, superiores sat leviter et æqualiter curvati et dentibus brevibus densis circa 8 pectinati; unguiculus inferior, superioribus non multo minor et versus basin deorsum flexus. ad ipsam basin denticulis 3 brevissimis obtusis et densis munitus est (ita saltem in pedibus 2ᵢ paris). *Abdomen*, quod declivitatem posticam cephalothoracis tegit, molle et parcius pilosum est, desuper visum subovatum, paullo altius anterius quam latius, et ibi circa duplo altius quam postice, dorso a latere viso ad basin convexo, dein pæne recto, posteriora versus sensim declivi et in angulum desinente; postice inter mamillas et hunc angulum sat late truncatum est abdomen, mamillis non vel parum ante eum locatis. *Mamillæ* breves; inferiores, quæ superioribus non parum crassiores et paullulo longiores sunt, art. 1ᵐ conico-cylindratum et æque longum ac latum habent, art. 2ᵐ brevissimum et obtusissimum, saltem duplo latiorem quam longiorem; mamillarum superiorum art. 1ˢ cylindratus et paullo longior quam latior est, art. 2ˢ multo minor, obtuse subconicus, paullo latior quam longior. *Mamillæ* mediæ minutæ.

Color.—*Cephalothorax* fusco- vel olivaceo-testaceus, fascia media longitudinali (secundum medium partis cephalicæ linea tenui geminata) obscuriore plus minus evidenti notatus, cinerascenti-pubescens. *Oculi* maculis nigris impositi. *Sternum* fusco- vel olivaceo-testaceum, ut *maxillæ* et *labium*, quæ tamen apice late pallidiora sunt. *Mandibulæ* clarius fusco-testaceæ. *Palpi* testacei, clava testaceo-ferruginea. *Pedes* olivaceo- vel fuligineo-testacei, versus apicem pallidiores, vix vel parum nigricanti-annulati (tibiæ interdum apice sat late infuscatæ sunt), nigro-aculeati, pallido- et, magis versus apicem. nigricanti-pilosi. *Abdomen*, pilis cinerascentibus minus densis conspersum, nigricans (vel subolivaceum et nigro-variatum) est et maculis parvis inæqualibus albis vel albicantibus dense et plus minus æqualiter conspersum : interdum hæ maculæ hic illic in maculas majores vel plagas confluunt, quæ maculas obscuras—e. gr. maculam maximam subtriangulam antice in dorso, maculam transversam utrinque pone eam, et maculam magnam subtrapezoidem postice, ante angulum dorsi—limitant.

♀ (?).—lg. corp. 6¾; lg. cephaloth. paullo plus 3½, lat. ej. paullo plus 2, lat. front. paullo plus 1; lg. abd. 4, lat. ej. 2⅓ millim. Ped. I (sine tarso) 15¼, II 11½, III pæne 6, IV 8; pat. + tib. IV paullo plus 3 (tibia 2¼) millim.

Mares tres detritos, quorum pedes plerique mutilati sunt et tarsi pæne omnes deperditi, ex Tenasserim obtinuit Cel. Oates. Exemplum quartum cum iis captum, quod palpis caret et abdomen subter valde vitiatum habet, femineum videtur, quum pedes ejus breviores sint quam in maribus supra descriptis; mensuras hujus exempli supra dedi.

Tribus ORBITELARIÆ.

Fam. ULOBOROIDÆ.

PHILOPONUS. Thor., 1887.

84. Philoponus pteropus, Thor.

Philoponus pteropus. *Thor. Ann. Mus. Genova*, xxv. p. 128 (1887).

Ad hanc speciem feminam detritam nondum adultam (4 millim. longam) ad Tharrawaddy captam refero, quæ modo colore paullo alio a descriptione loc. cit. a me data differre videtur. Cephalothorax ejus nigricans lineam longitudinalem pallidam ostendit, quæ postice, in declivitate postica, in plagam dilatata est, antice inter oculos posticos paullo dilatata quoque. Tarsi 1' paris non toti nigricantes sunt, sed basi pallidi; metatarsi pallide testacei, apice sat late nigerrimi. Præterea pedes 1' paris nigricantes sunt, basi pallidiores, femoribus vitta transversa pallida paullo anteriora versus fracta versus medium supra notatis, tibiis basi angustissime pallidis. Pedes 2' paris præsertim supra nigricantes vel fuliginei sunt, femoribus et tibiis basi latius pallidioribus, illis annulo angusto pallido versus medium munitis. Pedes posteriores testacei dicendi: femora annulo lato apicali nigricanti alioque fere medio (supra nigro) notata sunt, patellæ apice nigricantes, tibiæ apice late nigræ et versus medium annulo nigro cinctæ, metatarsi apice minus evidenter infuscati. Abdominis forma eadem est atque in specie insequenti, *P. lugubri*; dorsum ejus saltem anterius cinereo-nigricans videtur, in tuberculis humeralibus macula lutea notatum, maculisque duabus minoribus pallidis magis inter se appropinquantibus ante has maculas luteas; inter maculas fascia media longitudinalis nigra conspicitur, a basi dorsi retro ducta. Venter (convexo-inflatus) posterius pallidus est; utrinque ad latera ejus macula magna nigra conspicitur. Pictura abdominis igitur pæne eadem est atque in *P. lugubri*.

**85. Philoponus lugubris, sp. n.

Cephalothorace in fundo nigro; area oculorum circa ⅓ longitudinis cephalothoracis occupante, oculis mediis posticis saltem duplo longius inter se quam a lateralibus posticis remotis; pedibus nigris, saltem metatarsis tarsisque ad maximam partem rufescentibus, femoribus anterioribus in latere interiore paullo incrassatis; abdomine subtriangulo-ovato, utrinque anterius in tuberculum obtusum elevato, supra et in lateribus nigro, et maculis 4 sat magnis albicantibus in trapezium dispositis in dorso anterius ornato, ventre inflato, plaga pallida posterius, cui ad utramque latus adjacet macula rotundata nigra.— ♀ ad. (?). Long. circa 3⅓ millim.

Femina.—*Cephalothorax* paullulo longior est quam latior, inverse

subcordiformis, antice subtruncatus, postice in medio emarginatus ;
in lateribus partis thoracicæ posterius sat fortiter rotundatus est,
lateribus præterea pæne rectis anteriora versus sensim sat fortiter
angustatus, fronte vix dimidiam partem thoracicam latitudine
æquante. Postice altus est cephalothorax, antice humilis, dorso
partis thoracicæ a latere viso fortiter convexo, postice prærupte
declivi, antice minus fortiter proclivi : dorsum partis cephalicæ
pone oculos medios rectum et pæne libratum est, area oculorum
mediorum paullo proclivi. Impressiones cephalicæ vix ullæ, fovea
ordinaria centralis sat parva, paullo pone medium partis thoracicæ
locata. Area oculorum maxima, circa ⅔ longitudinis cephalothoracis
occupans, et vix dimidio latior postice quam longior. Oculi parvi :
laterales postici, tuberculo parvo sed alto impositi, reliquis paullo
majores sunt, medii antici posticis paullo minores, laterales antici
minuti, difficiles visu. Series duæ oculorum extremitatibus non
parum divaricant ; series postica non parum longior est quam antica.
Desuper visa series antica fere recta est, postica fortiter recurva.
Area oculorum mediorum paullo longior est quam latior postice et
circa duplo latior postice quam antice. Spatium inter oculos medios
anticos eorum diametrum fere æquare videtur; a lateralibus anticis
circa duplo longius quam inter se remoti sunt hi oculi (?). Oculi
medii postici spatio sunt sejuncti, quod eorum diametro multis
partibus est majus, et spatiis, quibus a lateralibus posticis remoti
sunt, plus duplo majus.

Mandibulæ directæ, circa dimidio longiores quam latiores, femoribus anticis multo angustiores. *Pedes* aculeis carere videntur: pedes 1¹
paris reliquis multo fortiores sunt. Femora hujus paris intus
paullo incrassata sunt, tibiæ a basi ad apicem sensim modo levissimo
incrassatæ, pæne cylindratæ et saltem subter fimbria sive serie densa
pilorum longorum deorsum directorum munitæ; metatarsi, basi
excepta, et tarsi graciles. *Abdomen*, altum valde, desuper visum
subovatum est, antice sensim in angulum paullo productum, in
lateribus anterius leviter rotundatum, lateribus posterius pæne
rectis, posteriora versus sensim angustatum et subacuminatum, dorso
sat longe ante medium utrinque in tuberculum obtusum elevato :
venter fortiter convexo-inflatus est, et abdomen eam ob causam a
latere visum subrhomboide, antice (supra petiolum et antice in
ventre) oblique truncatum, supra, ante tubercula illa, modice convexum et proclive, pone ea pæne rectum et prærupte declive, subter
(inter medium ventris et mamillas) subconcavatum. Vestigia
fasciculorum pilorum erectorum crassiorum hic illic in dorso vidisse
videor. Margo anticus rimæ genitalis in medio in laminam pallidam
retro directam et in duos lobos triangulos vel conicos fissam productus est.

Color.—*Cephalothorax* in fundo niger est, pube cinerea et fusca
munitus (vestitus ?). *Sternum* nigrum, pube crassa cinerascenti
tectum. *Mandibulæ* testaceæ. *Maxillæ* nigræ, apice et intus anguste testaceæ; *labium* nigrum, testaceo-marginatum. *Palpi* nigri,
saltem apice subter rufo-testacei. *Pedes* nigri, his exceptis : metatarsi (apice anguste nigri) et tarsi ad magnam partem in pedibus

anterioribus rufo-testacei sunt, in pedibus posterioribus rufo-fusci : in his pedibus tibiæ quoque ad partem rufo-fuscæ sunt, patellæ maculam pallidam supra ostendunt, femora vero annulum angustum albicantem, inter medium et apicem situm. Pube cinerascenti vel subfusca muniti (vestiti ?) sunt pedes, fimbriis nigris. *Abdomen* nigrum, maculis 4 majoribus albicantibus supra ornatum, quæ trapezium postice latius quam antice formant ; duæ (majores) harum macularum tubercula dorsi occupant, reliquæ duæ ante eas, versus declivitatem anticam, locum tenent ; inter has 4 maculas fascia longitudinalis brevis sublanceolata atra conspicitur. Declivitas antica prope petiolum albicans est. Venter posterius plaga magna subrhomboidi flaventi occupatur, cui adjacet, ad utrumque latus, macula sat magna rotundata atra.

Lg. corp. $3\frac{3}{4}$, lg. cephaloth. $1\frac{3}{4}$, lat. ej. $1\frac{1}{4}$. lat. front. vix $\frac{3}{4}$; lg. abd. pæne 3, lat. ej. paullo plus 2, alt. ej. $2\frac{1}{4}$ millim. Ped. I $5\frac{1}{4}$, II $3\frac{1}{2}$, III circa $2\frac{3}{4}$, IV pæne 5 ; pat.+tib. IV paullo plus 1 millim.

Feminam singulam, ut videtur adultam, alianique multo minorem et juniorem vidi, ad Tharrawaddy inventus. Varietas *Ph. pteropodis* (speciei præcedentis) certe non est hæc aranea, quum, e. gr., spatium inter oculos medios posticos saltem duplo majus quam spatia inter eos et laterales posticos habeat : in *Ph. pteropode* spatium illud his spatiis parum plus dimidio (non duplo) majus est.

ULOBORUS (Latr.), 1806.

86. Uloborus geniculatus (Oliv.).

Aranea geniculata, *Oliv. Encycl. Méthod.* cet. II. p. 214 (1789) [sec. Simon].
Uloborus zosis, *Walck. H. N. d. Ins. Apt.* ii. p. 231 : *Atlas*, pl. 20. figg. 2 A -2 D ("Zosis caraibe") (1841).

Exempla plurima, ad Tharrawaddy, Rangoon et Tonghoo collecta. Cum una feminarum ad Tharrawaddy captarum folliculos ovorum duos invenit Cel. Oates ; deplanati et cinereo-fusci sunt, diametro millim. 8–9, circuitu inæquali et in lobos 6-8 producto, quibus folliculus affixus fuisse videtur. Altero eorum aranea etiam nunc incumbit, more *Epeirarum* aliarumque etiam post mortem progeniem custodiens.

**87. Uloborus manicatus, sp. n.

Cephalothorace in fundo sordide fusco, fasciis duabus longitudinalibus latis nigricantibus in parte thoracica notato ; oculis in series duas pæne æqualiter recurvas ordinatis, oculis mediis posticis circa dimidio longius inter se quam a lateralibus posticis remotis ; pedibus aculeatis, subtestaceis (I* paris subinfuscatis), plus minus fusco- vel rubro-annulatis, metatarsis tarsisque anterioribus ad maximam partem subrubris ; abdomine anguste ovato, tuberculis distinctis carente, cinerascenti, fasciis vel lineis duabus nigricantibus incurvis, spatium fere ovatum (linea vel fascia lanceolata obscura persectum)

includentibus in dimidio anteriore dorsi notato.— ♂ ad. *Long.*
circa 3½ *millim.*

Mas.—*Cephalothorax* paullo longior quam latior, lateribus
posterius ample et sat fortiter rotundatis, antice pæne rectis anteriora
versus sensim sat fortiter angustatus, utrinque antice levissime
sinuatus, fronte rotundata dimidiam partem thoracicam latitudine
vix vel non æquante. Impressiones cephalicæ levissimæ, postice in
fovea ordinaria centrali sat magna coëuntes. A latere visus
cephalothorax posterius modice altus et sat fortiter convexus est,
præterea humilis, dorso usque inter oculos posticos recto et paullo
proclivi (his oculis fortiter eminentibus), denique, in area oculorum
mediorum, paullo magis proclivi. Area *oculorum* brevis, vix ½ longitudinis cephalothoracis occupante ; oculi in series duas modice et
pæne æqualiter recurvas sunt dispositi, serie postica paullo longiore
quam antica. Spatium inter oculos binos laterales vix majus est
quam sunt spatia, quibus medii antici a mediis posticis distant.
Oculi seriei posticæ æquali magnitudine fere sunt ; oculi medii
antici iis non minores, sed potius paullo majores mihi videntur ;
laterales antici parvi sunt. Oculi medii aream occupant, quæ modo
paullo, non dimidio, latior est postice quam antice, et parum longior
quam latior postice. Oculi medii antici spatio sunt disjuncti, quod
eorum diametro paullo majus videtur ; a lateralibus anticis spatiis
etiam paullo majoribus remoti sunt. Spatium inter oculos medios
posticos duplam eorum diametrum saltem æquat ; quod spatium
circa dimidio, vix duplo, majus est quam id, quo a lateralibus
posticis separati sunt hi oculi, et quod eorum diametro non multo
est majus.

Mandibulæ parvæ, breves, in dorso vix convexæ. *Maxillæ* breves,
non longiores quam latiores apice, labio parum plus duplo longiores ;
labium longius quam latius videtur, apicem anguste rotundatum
versus sensim angustatum. *Palpi* breves, clava globosa, trochanterem
pedum 1[i] paris crassitie fere æquante. Pars patellaris paullo
latior quam longior est, pars tibialis eâ paullo latior sed saltem non
longior, fere duplo latior quam longior. *Pedes* 1[i] paris reliquis non
parum fortiores sunt, femoribus cylindratis (vix intus incrassatis),
tibiis pæne cylindratis quoque, modo levissime a basi ad apicem
incrassatis, metatarsis et tarsis gracilibus. Aculeis sat multis
saltem in tibiis armati sunt pedes, metatarsis quoque aculeatis ;
tibiæ 2[i] paris undique aculeatæ sunt, tibiæ 1[i] paris saltem supra et
in lateribus aculeatæ : in latere interiore harum tibiarum aculei
pallidi circa 8 seriem densam longam ab apice versus basin internodii ductam formant. *Abdomen* non altum, anguste ovatum, basi
paullo retusum, tuberculis distinctis carens ; a latere visum supra
anterius modice, posterius parum convexum est, ventre pæne recto,
non convexo-inflato.

Color.—*Cephalothorax* sordide fusco-testaceus, fasciis duabus
longitudinalibus latis parallelis nigricantibus in parte thoracica ;
vestigia pubescentiæ crassæ albicantis hic illic video. *Sternum*
nigrum, linea media pallida notatum, secundum totam longitudinem
ejus ducta. *Mandibulæ* testaceæ ; *maxillæ* sordide testaceæ, in

medio nigræ. *Palpi* testacei. clava paullo nigricanti-vittata.
Pedes 1ⁱ paris nigricanti-testacei. subter magis nigri, metatarsis
basi excepta et tarsis subrubris ; etiam in pedibus 2ⁱ paris metatarsi et tarsi hujus coloris sunt, femora apice infuscata. In pedibus
posterioribus femora et tibiæ apice infuscata sunt et vestigiis alius
annuli vel maculæ fuscæ prædita ; metatarsi 4ⁱ paris annulos circiter
tres subrubros ostendunt. *Abdomen* cinereo-albicans, dense nigri-
canti-reticulatum ; utrinque in dorso ejus, anterius, conspicitur
linea vel fascia longitudinalis inæqualis incurva nigra ; hæ fasciæ,
ad basin dorsi incipientes, saltem usque ad medium ejus pertinent,
aream albicantem subovatam postice acuminatam includentes, quæ
fascia media breviore sublanceolata obscura persecta est ; posterius
dorsum in medio obscurius videtur. et in utroque latere macula
nigricanti inæquali notatum est. Venter fasciam mediam latam
nigram a rima genitali ad cribellum extensam ostendit, quæ lineis
duabus tenuibus pallidis ad longitudinem tripartita est.
  Lg. corp. 3½ ; lg. cephaloth. circa 1¼. lat. ej. paullo plus 1, lat.
front. circa ¼ ; lg. abd. 2¼, lat. ej. paullo plus 1 millim. Ped. I
paullo plus 5. II 3¾. III circa 2½, IV 3¾ ; pat.+tib. IV pæne
1½ millim.
  Marem singulum vidi, ad Tharrawaddy captum. Vix mas
speciei insequentis, *U. omoedi*, esse potest, quum non tantum pedibus
aculeatis. verum etiam serie oculorum antica fortius recurva, cet.,
ab ea differat.

**88. Uloborus omoedus, sp. n.

*Cephalothorace in fundo subtestaceo, plaga nigricanti utrinque in
parte thoracica ; oculis mediis posticis vix vel parum longius inter se
quam a lateralibus posticis remotis ; pedibus subtestaceis, plus minus
nigricanti- vel fusco-annulatis -maculatisve. 1ⁱ paris interdum ad
magnam partem infuscatis ; abdomine triangulo-ovato, anterius
alto, dorso utrinque, pone basin, in tuberculum obtusum sat forte
elevato, et aut cinereo-flaventi (sæpe secundum medium purius flaventi)
et linea media longitudinali inæquali nigra plus minus longe retro
pertinente notato, aut nigro, fascia media longitudinali latissima
flava ornato, quæ inter tubercula humeralia dilatata est, ea intus
occupans, pone ea vero utrinque late subemarginata.—♀ ad. Long.
4½-5 millim.*

Femina.—*Cephalothorax* paullo longior quam latior, utrinque
anterius evidenter sinuatus, parte thoracica in lateribus sat fortiter
rotundata. parte cephalica brevi lateribus rectis anteriora versus
paullo angustata, fronte levissime rotundata. latitudine dimidiam
partem thoracicam fere æquante. Impressiones cephalicæ distinctissimæ sunt, postice in angulum obtusissimum unitæ ; fovea
ordinaria centralis mediocris, parum ante medium partis thoracicæ
locata. hac parte pone eam ad longitudinem depressa. A latere
visus in parte thoracica sat altus est cephalothorax. dorso fortiter
convexo, ante hanc partem late depresso vel concavato et brevi
spatio usque ad oculos medios posticos rectum et paullulo assurgente,

denique, inter oculos medios, paullo declivi : hic paullo concavatum
videtur dorsum, quia oculi illi sat fortiter sursum eminent. Clypeus
directus, diametrum oculi medii antici altitudine saltem æquans.
Area oculorum circa $\frac{1}{4}$ longitudinis cephalothoracis (et totam latitudinem frontis) occupat, nou multo plus duplo latior postice quam
longior. In series duas, extremitatibus evidenter divaricantes,
ordinati sunt oculi, quarum postica evidentissime longior est quam
antica. Oculi laterales antici reliquis oculis pæne æqualibus et sat
magnis multo minores sunt. A fronte visa utraque series oculorum
sat leviter deorsum est curvata ; desuper visa series antica (ad
ipsum marginem frontalem locata) levissime est recurva, postica sat
fortiter recurva. Oculi medii antici spatio sunt disjuncti, quod
eorum diametrum pæne æquat ; a lateralibus anticis circa duplo
longius quam inter se remoti sunt. Oculi medii postici, spatio
eorum diametro saltem duplo majore separati, vix longius inter se
quam a lateralibus posticis distant. Spatia, quibus medii antici a
mediis posticis sunt separati, horum diametro circa duplo majora
sunt et evidenter paullo minora quam est spatium inter oculos
binos laterales. Area oculorum mediorum æque longa est ac lata
postice, et non parum (saltem diametro oculi) latior postice quam
antice. *Sternum* pæne dimidio longius quam latius, antice truncatum, in lateribus primum pæne parallelis modo leviter rotundatum,
dein, in parte fere tertia, apicem posticum versus fortiter sinuato-
angustatum, hoc apice obtuso, inter coxas 4^i paris paullo pertinente.
Mandibulæ femoribus anticis parum angustiores, circa dimidio
longiores quam latiores, in dorso sat fortiter convexæ. *Maxillæ*
parum divaricantes, non longiores quam latiores apice, hoc truncato,
angulo exteriore rotundato ; *labium* parvum, subtransversum, subtriangulum, maxillis fere triplo brevius. *Pedes* mediocres ; 1^i paris
reliquis non parum fortiores sunt, femoribus cylindratis (non in
latere interiore incrassatis), tibiis a basi ad apicem sensim modo
paullulo incrassatis, metatarsis tarsisque iis multo gracilioribus :
tibiæ 2^i paris in medio paullo compressæ sunt itaque desuperne vel
a latere inferiore visæ versus basin et præsertim apicem versus
sensim paullo incrassatæ. Calamistrum circa $\frac{2}{3}$ longitudinis metatarsi 4^i paris occupat, paullo ante basin internodii initium capiens.
Aculeis carent pedes ; tibiæ 1^i paris subter, versus apicem, fimbria
sat brevi munitæ sunt, aliaque fimbria etiam breviore supra versus
apicem : etiam in femoribus 1^i paris, versus apicem intus, vestigia
fimbriæ video (omnes fimbriæ in nostris exemplis plus minus detritæ
sunt). *Abdomen* altum, circa dimidio longius quam latius, desuper
visum triangulo-ovatum, antice rotundatum, lateribus primum sat
fortiter, denique parum rotundatis posteriora versus angustato-
acuminatum, dorso anterius, fere in parte quarta longitudinis, ad
utrumque latus in tuberculum forte, satis humile, obtusum, sursum
et paullo foras directum elevato ; a latere visum ante hæc tubercula
fortiter rotundato-proclive est abdomen, pone ea leviter convexum
et usque ad colulum et mamillas (apicales) modice declive. Postice
in dorso plerumque 2–3 paria tuberculorum parvorum conspiciuntur,
quæ suum quodque fasciculum pilorum parvum gessisse videntur (?).

Venter non inflatus. Margo anticus rimæ sive plicaturæ genitalis in medio procursum vel lamina retro directam albicantem in duos lobos triangulos vel conicos fissam format, quæ aperturam vulvæ tegere videtur.

Color.—*Cephalothorax* in fundo subtestaceus est, plaga vel fascia longitudinali nigricanti utrinque in parte thoracica; ut reliquum corpus saltem ad magnam partem pube crassa cinereo-alba vestitus fuisse videtur. *Sternum* nigrum vel fuscum, linea media longitudinali pallida, marginibus plerumque pallidis quoque. *Partes oris* subtestaceæ, ut *palpi*, qui apice nigricantes tamen sunt. *Pedes* testacei, plus minus evidenter nigricanti- vel fusco-annulati; interdum pedes 1^i paris magis fuliginei sunt, metatarsis (apice infuscatis) et tarsis testaceis, tibiis basi late testaceis, et femoribus basin versus clarioribus quoque; in pedibus 4^i paris coxæ subter sæpe nigræ sunt et femora tibiæque nigro-maculata vel -subannulata. *Abdominis* color valde variat. Aut supra et in lateribus cinereo-flavens est, et secundum medium dorsi fascia latissima, inter tubercula humeralia dilatata, flaventi, plus minus distincta sæpe ornatum, quæ lineâ longitudinali inæquali (in lineolas vel maculas parvas interdum divulsâ) saltem anterius est geminata: in lateribus tum sæpe stria vel striis obliquis nigris, vel plaga nigra est notatum. Aut superius nigrum dici potest, fascia longitudinali latissima purius flava, per totum dorsum extensa, tuberula humeralia occupante et utrinque fere in medio late subemarginata ornatum, colore nigro latera abdominis pæne tota interdum occupante quoque, lateribus tum fasciis obliquis pallidis notatis vel pallido-variatis: declivitas antica pallida ea quoque interdum nigro-variata est. Venter pallidus secundum medium fasciam sat latam nigram, sæpe lineis duabus longitudinalibus pallidis tripartitam, ostendit; fere in medio utrinque, versus latera, macula nigra sæpe notatus quoque est. *Mamillæ* plerumque pallidæ, interdum nigræ.

Lg. corp. pæne 5; lg. cephaloth. paullo plus 1$\frac{1}{4}$, lat. ej. pæne 1$\frac{1}{2}$, lat. front. circa $\frac{3}{4}$; lg. abd. paullo plus 3$\frac{1}{4}$, lat. ej. 2$\frac{1}{4}$ millim. Ped. I 5$\frac{3}{4}$, II pæne 4, III circa 3, IV 5: pat.+tib. IV paullo plus 1$\frac{1}{2}$ millim.

Exempla sat multa feminea, adulta et juniora, ad Tharrawaddy collecta sunt.

**89. Uloborus limbatus. sp. n.

Cephalothorace nigro, fusco pubescenti, limbo pallido albo-pubescenti cincto; oculis mediis posticis evidenter paullo longius inter se quam a lateralibus posticis remotis: pedibus flavo-testaceis, plus minus evidenter nigro- vel fusco-annulatis -maculatisque, 1^i paris infuscatis, metatarsis tarsisque pallidis; abdomine subtriangulo-ovato, antice altissimo et hic, ad ipsam basin, utrinque in tuberculum forte et obtusissimum, foras et anteriora versus prominens elevato, ad maximam partem cinereo-testaceo, fascia longitudinali lata nigra secundum totum dorsum extensa ornato, quæ antice in plagam sub-rhomboidem, etiam tubercula humeralia occupantem, dilatata est.— ♀ ad. *Long. circa* 4$\frac{1}{2}$ *millim.*

Femina.—Præcedenti, *U. omœdo*, ad structuram simillima est hæc aranea, sed colore alio et forma abdominis (vulvæque) paullo alia sine negotio dignoscenda. *Cephalothorax* plane ut in specie priore est : *oculi* quoque ut in ea, excepto quod oculi medii postici evidenter paullo longius inter se quam a lateralibus posticis remoti videntur. *Sternum*, inter coxas 4¹ paris paullo productum, postice magis æqualiter angustatum est, hic vix utrinque sinuatum. *Pedes* forma eadem atque in specie priore; ut in ea aculeis carere videntur, et saltem in tibiis 1¹ paris subter versus apicem fimbria sunt muniti. *Abdomen* circa dimidio longius quam latius, subovatum, antice altum et hic, ad latera et pæne ad ipsam basin, utrinque in tuberculum forte et obtusissimum, sursum, foras et anteriora versus directum elevatum ; desuper visum antice, inter tubercula humeralia, quæ non parum foras prominent, etiam anteriora versus paullo prominentia, rotundato-truncatum est, tum, pone (apud) hæc tubercula, lateribus leviter rotundatis primum (brevi spatio) sensim paullulo dilatatum, dein, præsertim posterius, sensim angustatum et subacuminatum. Posterius in dorso 6 fasciculos pilorum parvos video, in series duas longitudinales sive in paria tria dispositos. A latere visum antice, ad tubercula, altissimum est abdomen, declivitate antica sat leviter rotundata pæne prærupta, pone tubercula modice convexum et sensim usque ad anum declive. Procursus marginis anterioris plicaturæ genitalis integer, *non* bifidus, mihi videtur.

Color.—*Cephalothorax* niger, pube fusca vestitus, utrinque et postice sat late flaventi-limbatus, hoc limbo pube alba tecto. *Sternum* nigrum, dense cinerascenti-pubescens, linea media longitudinali pallida, et margine anguste pallido quoque. *Mandibulæ* flavo-testaceæ, *maxillæ* et *labium* obscuriora. *Palpi* flavo-testacei, apice nigricantes. *Pedes* flavo-testacei, saltem tibiis, metatarsis et tarsis apice infuscatis ; etiam femora versus apicem infuscata sunt vel macula una alterave nigra subter notata. Pedes 1¹ paris, metatarsis tarsisque exceptis, obscuriores sunt, præsertim subter, ubi femora hujus paris inter medium et apicem vittam transversam pallidam ostendunt ; fimbriæ nigræ sunt. *Abdomen* ad maximam partem cinereo-testaceum et sat subtiliter fusco-reticulatum est, supra secundum medium nigrum : declivitas enim antica cum area inter tubercula humeralia et his tuberculis supra et antice nigra est, hac area magna subrhomboidi nigra pone tubercula sensim cito angustata et ut fascia lata nigra albicanti-limbata lateribus pæne parallelis pæne usque ad anum continuata, apice postico rotundato vel breviter acuminato. Venter secundum medium fasciam nigricantem ostendit, quæ lineis duabus longitudinalibus pallidis tripartita videtur. *Mamillæ* sordide testaceæ.

In *pullis*, qui hujus speciei haud dubie sunt, cephalothorax vestigia lineæ mediæ longitudinalis pallidæ ostendit, quam in exemplo adulto non video, et pedes 1¹ paris pæne toti, metatarsis tarsisque exceptis, nigri sunt, reliqui pedes flavo-testacei.

Lg. corp. 4½ ; lg. cephaloth. 1½, lat. ej. circa 1½, lat. front. circa ⅘ : lg. abd. 3½, lat. ej. 2½, alt. ej. circa 3 millim. Ped. I 5½, II 3½, III paullo plus 3, IV paullo plus 3½ : pat.+tib. IV circa 1½ millim.

Feminam singulam adultam, ovis plenam, cum pullulis tribus ad Tharrawaddy cepit Cel. Oates.

**90. Uloborus truncatus, sp. n.

Cephalothorace in fundo sordide testaceo; oculis in series duas parallelas leviter recurvas dispositis, serie antica paullulo longiore quam postica, a fronte visa fortius deorsum curvata; oculis mediis aream non parum longiorem quam latiorem et parum latiorem postice quam antice occupantibus; pedibus pallide testaceis, minus evidenter fusco-annulatis; abdomine albicanti- vel cinereo-testaceo, linea media longitudinali inæquali obscuriore anterius in dorso notato, desuper viso subovato, apice postico tamen sat late truncato.— ♀ ad. Long. circa 3¼ millim.

Femina.—*Cephalothorax* paullo longior quam latior, in lateribus partis thoracicæ fortiter rotundatus, antice utrinque leviter sinuatus, parte cephalica lateribus rectis anteriora versus sensim non parum angustata, fronte pæne truncata, dimidiam partem thoracicam latitudine vix æquante: impressiones cephalicæ obsoletæ sunt. fovea ordinaria centralis magna. Sat humilis est cephalothorax, dorso a latere viso in parte thoracica leviter convexo, dein recto et paullulo assurgente, denique (area oculorum mediorum) levissime proclivi. *Oculi* aream brevem occupant; series duæ, in quas dispositi sunt, et quarum antica paullulo longior est quam postica, pæne parallelæ sunt, leviter recurvæ, apicibus vix divaricantes; spatium inter oculos binos laterales non evidenter majus est quam id. quo distant medii antici a mediis posticis. A fronte visa series antica fortiter deorsum est curvata. Area, quam occupant oculi medii, multo, vix dimidio tamen, longior est quam latior, et parum latior postice quam antice. Oculi medii antici, qui posticis subæqualibus majores sunt. spatio sunt disjuncti, quod eorum diametrum fere æquat; a lateralibus anticis (qui reliquis oculis minores sunt) spatiis pæne duplo majoribus separati videntur. Oculi postici spatiis æqualibus, diametro eorum non parum majoribus, sunt sejuncti.

Mandibulæ femoribus anticis non multo angustiores, circa dimidio longiores quam latiores. *Maxillæ* breves, *labio* subtriangulo duplo longiores. *Pedes* breves, aculeis carentes (?); 1¹ paris reliquis parum fortiores sunt. *Abdomen* circa dimidio longius quam latius, desuper visum ovatum, sed postice sat late truncatum; a latere visum anterius non parum altius est quam posterius, dorso antice inæqualiter convexo (tuberculum obtusum anterius, in tertia parte longitudinis, formante?), dorso dein pæne recto, postice supra mamillas (brevi spatio) pæne truncato et directo. Margo anticus plicaturæ genitalis in medio in laminam brevem deorsum directam, nitidam, pallidam, fusco-marginatam et in apice sat late truncato levissime retusam sive emarginatam est productus.

Color.—*Cephalothorax* sordide testaceus, pube crassa alba saltem ad magnam partem vestitus. *Sternum* cum *maxillis* et *labio* fuscum. *Mandibulæ* subtestaceæ. *Palpi* et *pedes* flavo-testacei, hi minus expresse nigricanti- vel fusco-annulati: tibiæ apice sat late infuscatæ sunt, vestigiis annuli fusci ad basin quoque, metatarsi apice

angustius nigricantes et versus apicem annulo nigricanti cincti,
tarsi apice nigri ; etiam femora, saltem 1ᵢ paris, vestigia annuli vel
umbræ obscurioris ad apicem ostendunt. Hic illic in pedibus
remanent vestigia pubescentiæ densæ albæ. *Abdomen* pæne totum
testaceo-albicans est, subfusco-reticulatum et linea media longitudinali subfusca, antice inæqualiter dilatata, subramosa, secundum
dorsum extensa notatum. Cribellum nigricans. *Mamillæ* sordide
testaceæ

Lg. corp. 3¼ ; lg. cephaloth. parum plus 1, lat. ej. circa 1, lat.
front. fere ½ ; lg. abd. 2¾, lat. ej. pæne 2 millim. Ped. I paullo
plus 4, II circa 2⅔, III ?, IV circa 3¼ ; pat. + tib. IV parum plus 1
millim.

Femina una ad Tharrawaddy est inventa ; alia, minor, ad
Tonghoo.

**91. Uloborus mollis, sp. n.

*Cephalothorace in fundo nigricanti, linea brevi longitudinali
pallida in parte thoracica ; oculis in duas series parallelas leviter
recurvas dispositis, quarum antica paullo longior est quam postica et
a fronte visa fortius deorsum curvata ; oculis mediis aream pæne
rectangulum, non parum longiorem quam latiorem occupantibus ;
pedibus dense nigro- et pallido-annulatis ; abdomine subovato, postice
truncato, ad colorem cinereo-albicanti et præsertim in dorso postice et
in lateribus maculis nigris notato.— ♀ ad. Long. circa 3¼ millim.*

Femina.—Cephalothorax paullo longior quam latior, in medio
postice emarginatus, utrinque anterius sat fortiter sinuato-angustatus, parte thoracica in lateribus fortiter rotundata, parte cephalica
lateribus rectis anteriora versus paullo angustata, fronte vix
dimidiam partem thoracicam latitudine æquante, inæqualiter rotundata, tuberculo oculorum mediorum truncato paullo prominente.
Impressiones cephalicæ evidentes sunt, fovea ordinaria centralis sat
magna. Sat humilis est cephalothorax, parte thoracica paullo
altiore et a latere visa sat leviter convexa, dorso dein usque ad
oculos posticos recto, area oculorum mediorum sat leviter proclivi.
Area oculorum brevis est : series eorum duæ pæne parallelæ et sat
leviter recurvæ sunt : spatium inter oculos binos laterales modo
paullulo majus videtur quam sunt spatia, quibus distant medii
antici a mediis posticis. Series antica, quæ posticâ paullulo longior
est, a fronte visa sat fortiter deorsum est curvata. Oculi medii,
quorum antici reliquis oculis majores sunt, aream non parum
longiorem quam latiorem et vix vel non latiorem postice quam
antice occupant. Spatium inter oculos medios anticos eorum
diametro paullo minus videtur ; a lateralibus anticis multo longius
quam inter se remoti sunt. Oculi serici posticæ spatiis pæne
æqualibus, oculi diametro circa dimidio majoribus, sunt separati.
Mandibulæ femoribus anticis non multo angustiores, circa dimidio
longiores quam latiores. *Maxillæ* vix longiores quam latiores, *labio*
subtriangulo circa duplo longiores. *Pedes* breves, ut videtur
aculeis carentes ; 1ᵢ paris reliquorum forma fere sunt, iis parum

robustiores. *Abdomen* saltem dimidio longius quam latius, desuper visum pæne ovatum, sed postico sat late truncatum. A latere visum antice, ubi altius est quam postice, supra convexum est, dorso posterius pæne recto; postice (brevi spatio) pæne truncatum et directum. Margo anticus plicaturæ genitalis in medio in laminam sat brevem pallidam fusco-marginatam, antice concavatam, in apice late truncato vix emarginatam est elevatus.

Color.—*Cephalothorax*, pube densa alba vestitus, niger est, linea brevi longitudinali pallida in parte thoracica, posterius. *Sternum, maxillæ* et *labium* nigricantia. *Palpi* et *pedes* nigri, dense pallido-annulati, vel pallidi, dense nigricanti-annulati; tibiæ, metatarsi et tarsi 1 paris interdum ad maximam partem nigra sunt. *Abdomen* cinereo-albicans, nigro-maculatum: paullo pone medium dorsi adsunt maculæ duæ parvæ nigræ, una utrinque, spatio sat parvo separatæ, et pone eas, non multum ante apicem posticum, duæ maculæ magnæ vel plagæ inæquales nigræ, cum illis trapezium antice angustum formantes: etiam anterius in dorso vestigia parium duorum macularum et lineæ longitudinalis tenuis ejusdem coloris interdum conspiciuntur. Latera abdominis posterius maculis (vel striis crassis obliquis) binis notata sunt, etiam anterius una alterave macula minore nigra prædita: venter fasciam longitudinalem sat latam nigram ostendit. *Mamillæ* nigricantes.

Lg. corp. 3¼; lg. cephaloth. 1, lat. ej. circa ⅔, lat. front. vix ½; lg. abd. 2½, lat. ej. 1¾ millim. Ped. I 5, II 2¾, III pæne 2½, IV 3¼; pat.+tib. IV pæne 1¼ millim.

Feminas duas adultas aliamque juniorem ad Tharrawaddy captas examinavi.

**92. Uloborus leucosagma, sp. n.

Cephalothorace nigro: palpis pedibusque pallidis, dense nigro-annulatis; abdomine ovato, postice tamen truncato, supra nigro, macula longiore triangula albissima fere in medio dorso ornato, inferius fascia albida utrinque cincto; ventre crasse et sat dense albo-pubescenti.— ♀ ad. *Long. circa 3 millim.*

Femina.—*Cephalothorax* paullo longior quam latior, inverso cordiformis fere, postice emarginatus, lateribus partis thoracicæ fortiter, partis cephalicæ vero leviter rotundatis anteriora versus angustatus: ante oculos laterales cito angustatus et productus fuisse videtur. Præterea forma ejus, ut dispositio *oculorum*, in exemplo nostro non distingui potest, quum pars anterior cephalothoracis in eo corrugata sit. *Mandibulæ* femora antica latitudine æquare videntur. *Pedes* graciles, pubescentes, aculeis carentes. *Abdomen* desuper visum ovatum est, posteriora versus sensim angustatum et apice satis anguste truncatum, a latere visum fortiter convexum et præsertim posteriora versus declive, postice breviter et paullo oblique truncatum, ventre convexo, mamillis modo paullo ante apicem dorsi locatis. *Vulva* ex lamina transversim posita deorsum directa pallida constat, quæ foveam maximam subtransversam postice et in lateribus limitat.

Color.—*Cephalothorax* in fundo niger est, *sternum* nigricans quoque. *Mandibulæ* nigricanti-testaceæ. *Palpi* et *pedes* albicanti-vel cinereo-testacei, dense nigro-annulati ; coxæ basi nigricantes sunt, femora et tibiæ ternis annulis nigris cincta, patellæ saltem apice nigricantes ; metatarsi binos vel ternos annulos ostendunt, tarsi apice nigri sunt. *Abdomen* supra et in lateribus superius nigrum et pube fusca conspersum (vestitum ?) est, macula sat magna longiore subtriangula alba, pube albissima tecta, in medio dorsi (paullo magis postice) ornatum ; apex (rotundatus) hujus maculæ retro directus est. Apex dorsi albicans maculis duabus parvis albis, una utrinque, est notatus : antice, in declivitate antica, dorsum vitta recurva in medio abrupta alba cinctum est, hac vitta utrinque retro et deorsum producta et ita fasciam longi-tudinalem latam minus æqualem in utroque latere, infra, formante. Venter inter has fascias cum *mamillis* niger est. Inferius abdomen pube crassa alba sat densa est vestitum.

Lg. corp. 3 ; lg. cephaloth. 1¼, lat. ej. parum plus 1, lat. front. circa ½ : lg. abd. paullo plus 2½, lat. ej. 1¼ millim. Ped. I ? (sine tarso circa 4), II pæne 4, III 2¼, IV 4 : pat.+tib. IV circa 1¼ millim.

Singulum exemplum vitiatum examinavi, ad Tonghoo inventum.

**93. Uloborus nasutus, sp. n.

Cephalothorace in fundo obscure fusco, tuberculo oculorum medi-orum anticorum fortiter prominente ; serie oculorum antica fortius quam postica recurva, spatio inter oculos binos laterales evidenter minore quam sunt spatia inter medios anticos et posticos, oculis seriei posticæ spatiis pæne æqualibus sejunctis ; pedibus aculeatis, testaceis, vix evidenter annulatis ; abdomine circa duplo longiore quam latiore, anguste ovato, cinerascenti, in dorso maculis paucis obscuris aliisque minoribus albicantibus et, ut videtur, in series duas longitudinales digestis variuto.— ♂ ad. Long. circa 2¼ millim.

Mas.—*Cephalothorax* paullo longior quam latior, in lateribus ample et fortissime rotundatus, lateribus antice tamen rectis sensim usque inter series duas oculorum anteriora versus fortiter angustatus, hic subito sinuato-angustatus et lateribus rectis quasi in rostrum paullo depressum anteriora versus et paullo sursum directum, paullo brevius quam latius, rectangulum, antice trun-catum, et hic, ad angulos, oculos medios anticos gerens productus : spatium inter hoc oculos et marginem clypei ita multo majus quam in formis ordinariis generis *Ulobori* evadit. Posterius sulcum transversum longum inæqualem, utrinque anteriora versus fractum vel procurvum, qui impressiones cephalicas et foveam centralem repræsentat, ostendit cephalothorax. Modice altus est, dorso a latere viso ante declivitatem posticam præruptam usque ad oculos posticos librato, pæne recto (modo paullulo convexo) et postice impressione angusta sed profunda prædito : apud (ante) oculos medios posticos paullo depressum est, denique (in tuberculo frontali) sensim paullo assurgens. Area *oculorum* brevis, non ½ longitudinis cephalothoracis occupans; series oculorum antica fortiter recurva est, series postica, quæ eà paullulo est brevior, minus fortiter recurva. Spatium inter oculos binos laterales evidenter minus est quam sunt spatia, quibus medii antici a mediis posticis separantur. Oculi medii aream occupant non parum longiorem quam latiorem postice. et parum latiorem postice quam antice. Oculi postici æquales et spatiis æqualibus separati. Oculi medii antici, qui reliquis oculis paullo majores sunt, spatio oculi diametrum pæne æquante sunt sejuncti, ab oculis lateralibus anticis, reliquis oculis minoribus, spatiis non parum majoribus separati.

Mandibulæ parvæ, breves: *maxilla* paullo breviores quam longiores mihi videntur, et *labium* parvum, subtriangulum. *Palpi* breves, clava subglobosa, femoribus anticis multo, circa dimidio, crassiore. Partes patellaris et tibialis brevissimæ sunt. hæc illà brevior et latior, pæne duplo latior quam longior. *Pedes* sat graciles ; pedes 1' paris reliquis non multo robustiores sunt. femoribus subcylindratis (non intus incrassatis), tibiis cylindratis quoque. Aculeis non paucis armati fuisse videntur pedes ; in nostro exemplo ad maximam partem detriti sunt. *Abdomen* anguste ovatum, sat humile, tuberculis carens, antice fortiter rotundatum, lateribus leviter rotundatis præsertim posteriora versus sensim angustatum, postice tamen non acuminatum sed late rotundato-truncatum, *mamillis* apicalibus.

Color.—*Cephalothorax* in fundo obscure fuscus est. *Sternum*, *maxillæ* et *labium* testaceo-nigricantia. *Mandibulæ* pallidæ. *Palpi* testacei, clava fusca. bulbo subter scutulam rotundam paullo convexam lævissimam flaventem fere formante. *Pedes* testacei, vix evidenter fusco-annulati. *Abdomen* cinereo-albicans, maculis paucis fuscis et, ut videtur, maculis sex minoribus albicantibus in duas series longitudinales parallelas secundum dorsum ordinatis paullo variatum, pictura distincta præterea in dorso vix ulla ; venter secundum medium fasciam nigram ostendit.

Lg. corp. 2¼; lg. cephaloth. parum plus 1, lat. ej. pæne 1 : lg. abd. 1¼, lat. ej. circa ¾ millim. Ped. 1 3¼, 11 2¼ ?, III circa 2, IV pæne 3; pat.+tib. IV circa ¾ millim.

Mas supra descriptus ad Rangoon est inventus ; aliud exemplum masculum ad Tharrawaddy captum est.

Fam. TETRAGNATHOIDÆ.

PACHYGNATHA, Sund., 1823.

**94. Pachygnatha vorax, sp. n.

Cephalothorace piceo, duplo longiore quam latiore, parte thoracica subscabra ; mandibulis fortiter divaricantibus, pæne triplo longioribus quam latioribus, palpis et pedibus flavo-testaceis ; abdomine cinereonigro, fascia argentea inæquali in margine superiore bidentata secundum utrumque latus, et serie duplici macularum inæqualium ejusdem coloris secundum medium dorsi notato.— ♀ ad. (?) Long. circa 3 millim.

Femina.—*Cephalothorax* duplo longior quam latior, parte
thoracica lateribus anterius leviter rotundatis posterius rectis
posteriora versus sensim sat fortiter angustata, postice angusto
truncata, parte cephalica lateribus rectis anteriora versus modo
leviter angustata, fronte saltem ⅔ partis thoracicæ latitudine
æquante, tuberculo oculorum mediorum anticorum modice prominente. Impressiones cephalicæ fortes sunt, fovea ordinaria
centralis sat magna, sed levissima ; pars cephalica lævis et nitida
est, pars thoracica punctis impressis vel granulis subscabra videtur.
Humilis est cephalothorax, dorso a latere viso sensim paullo
assurgente, inter partes cephalicam et thoracicam impresso, pono
hanc impressionem, ut ante eam (usque ad oculos), leviter convexo.
Altitudo clypei directi longitudinem areæ oculorum mediorum
paullo superat. *Oculi* medii postici reliquis subæqualibus paullo
sunt majores. Series oculorum antica a fronte visa recta est, series
postica desuper visa recta quoque, vix recurva. Oculi bini laterales
contingentes sunt inter se ; oculi medii aream occupant paullulo
latiorem postice quam antice, et æque longam ac latam postice.
Spatium inter oculos medios anticos eorum diametrum circiter
æquat: a lateralibus anticis modo paullo longius quam inter se
remoti sunt hi oculi. Oculi medii postici spatio eorum diametro
paullo minore sejuncti sunt : a lateralibus posticis spatiis distant,
quæ hac diametro paullo sunt majora. *Sternum* circa dimidio longius
quam latius, pæne triangulum, lateribus rectis posteriora versus
angustatum ; leviter convexum est, punctis parvis impressis sat
dense conspersum.

Mandibulæ deorsum et paullo anteriora versus directæ, fere ad
rectos angulos divaricantes, pæne triplo longiores quam latiores,
dimidium cephalothoracem longitudine paullo superantes, femoribus
anticis fere triplo latiores, anguste ovatæ, basi, extra, leviter
sinuatæ, læves, nitidissimæ. Sulcus unguicularis in margine antico
3 dentibus acuminatis armatus est, quorum unus versus apicem
mandibulæ situs est, reliqui duo versus basin ejus, et multo longius
ab illo quam inter se remoti ; in margine postico 4 dentes habet,
unum, reliquis dentibus omnibus longiorem, in apice mandibulæ (ad
ipsam basin unguis), reliquos tres sat longe ab eo remotos. Unguis
longus, æqualiter curvatus, muticus. *Maxillæ* circa duplo longiores
quam latiores, in labium paullulo inclinatæ eoque circiter duplo
longiores, anguste ovatæ fere (basi angustiores), apice obliquo
rotundato-truncatæ, intus ante labium late et paullo oblique
truncatæ. *Labium* fere æque latum ac longum, apice late rotundatum. *Palpi* et *pedes* gracillimi, non longi, pilosi, aculeis carentes.
Abdomen paullo longius quam latius, inverse globoso-ovatum,
mamillis apicalibus.

Color.—*Cephalothorax* et *mandibulæ* picea sunt, *sternum, maxillæ*
et *labium* paullo clariora. *Palpi* et *pedes* flavo-testacei toti. *Abdomen*
cinereo-nigricans, pictura argentea parum distincta : dorsum ejus
series duas longitudinales macularum parvarum inæqualium argentearum, spatium satis angustum sublanceolatum includentes,
ostendit ; latera abdominis fascia lata inæquali argentea occu-

pantur, cujus margo superior in medio et paullo pone eum ramulos sive dentes duos crassos sursum directos emittit. Venter totus cinereo-niger.

Lg. corp. 3; lg. cephaloth. pæne 1½, lat. ej. circa ⅓; lg. abd. pæne 1¾, lat. ej. 1¼ millim. Ped. I 4¾, II 4½, III 3, IV 4; pat. + tib. IV circa 1¼ millim.

Feminam singulam, quae adult i videtur, ad Tharrawaddy legit Cel. Oates.—Cephalothorace et mandibulis longis hæc species *Tetragnathis* simillima est, sed forma maxillarum cum *Pachygnathis* congruit, etiam pedibus brevioribus et forma coloreque abdominis cum hoc genere conveniens.

TETRAGNATHA (Latr.), 1804.

95. Tetragnatha mandibulata, Walck.

Tetragnatha mandibulata, *Walck. II. N. d. Ins. Apt.* ii. p. 211 (1841); *Sim. Ann. Soc. Ent. France*, sér. 6, x. p. 134 (1890).
Tetragnatha minatoria, *Sim. Ann. Soc. Ent. France*, sér. 5, vii. p. 83.
Tetragnatha leptognatha, *Thor. Ann. Mus. Genova*, x. p. 441 (1877).

Femina adulta ad Rangoon inventa est.

T. mandibulata, Thor., 1890 *, alia est species, quam eandem ac "*T. mandibulatam*, Walck." Keys.†, et "*T. mandibulatam*, Walck.?" L. Koch ‡, antea credidi. Cel. Simon (loc. in syn. cit., 1890) haud dubie recte veram *T. mandibulatam*, Walck., eandem ac *T. minatoriam*, Sim., sive *T. leptognatham*, Thor., judicans, nomen *T. keyserlingii* speciei dedit, quae a Keyserlingio *T. mandibulata* vocatur. Sed hæc species, in Nova Granada Americæ meridionalis inventa, alia certe est ac *T. mandibulata*. Thor., 1890, ut jam video, postquam marem et feminam hujus, in Singapore a Cel. Workman inventos, examinare potui: hanc speciem *T. maxillosam* nunc appello. In femina *T. keyserlingii* oculi medii postici pæne duplo longius inter se quam medii antici inter se remoti dicuntur: in *T. maxillosa*, ♀, spatium inter medios posticos non dimidio majus est quam spatium, quo distant medii antici inter se. Dens 2ᵉ seriei superioris sulci unguicularis mandibulae in *T. maxillosa*, ♀, ex-adversus dentem 6ᵐ vel 7ᵐ seriei inferioris locum tenet: in femina *T. keyserlingii*, secundum figuras loc. cit., ex-adversus dentem 5ᵐ (vel 4ᵐ) hujus seriei positus est. Mandibulæ maris in *T. maxillosa* graciles sunt et hoc modo armatæ: supra, exterius, versus apicem, spina solita apice leviter bifida sunt munitæ, ante quam granulum mediocre conspicitur. Prope basin unguis, in latere mandibulæ inferiore, duos dentes sat parvos et spatio minuto separatos, alterum (minorem) supra et paullo ante alterum situm ostendit mandibula, qui dentes ita non parum *sub* initio sulci unguicularis locum tenent, spatio sat magno a dentibus reliquis (circa 12) seriei dentium inferioris

---

* Ann. Mus. Genova, xxviii. (ser. 2ª, viii.) p. 221.
† Verhandl. d. k. k. zool.-bot. Gesellsch. in Wien, xv. (1864), p. 848, Taf. xxi. figg. 6-9.
‡ Die Arachn. Austral. i. p. 194, Taf. xvii. figg. 2-3 b.

longissimæ remoti, his dentibus sat parvis, densis. Dens 1ʳ seriei
superioris sulci unguicularis ex-adversus dentes illos binos (primos)
seriei inferioris locum tenet ; sat magnus est, et spatio magno a
dento 2° remotus : hic dens maximus est, dente 1° circa duplo
longior et spatio sat magno a dente insequente remotus, fere ex-
adversus dentem 5ᵐ seriei inferioris positus ; dentes 2ˢ et sequentes
sensim magnitudine decrescunt ; spatia inter quattuor primos
reliquis spatiis multo majora sunt. Præterea mutica est mandibula. Unguis muticus, longus, basi ample et fortiter incurvus,
apice incurvus quoque, præterea pæne rectus, in medio modo
levissime sinuatus.

Etiam *T. mandibulata* L. Kochii a *T. maxillosa* nostra haud
dubie differt : vid. e. gr. descriptionem distributionis oculorum a
Cel. L. Koch datam, quæ nullo modo in nostram speciem quadrat
(conf. descriptionem nostram loc. cit., 1890). Quum species illa,
in insulis Oceani Pacifici vitam degens, etiam a *T. keyserlingii*,
Sim., differre nobis videatur, *T. kochii* eam appellamus.

96. Tetragnatha gracilis (Stol.).

Meta gracilis, *Stol. Journ. Asiatic Soc. Bengal*, xxxviii. p. 224,
pl. xiv. figg. 2-2c (1869) : Tetragnatha gracilis, *Thor. Ann. Mus.
Genova*, xxviii. (ser. 2ª, viii.) p. 214 (1890).
Tetragnatha latifrons, *Thor. Ann. Mus. Genova*, x. p. 434 (1877).

Marem adultum singulum et feminas paucas ad Tharrawaddy
collegit Cel. Oates.

*97. Tetragnatha fronto, Thor.

Tetragnatha fronto, *Thor. Ann. Mus. Genova*, xxviii. p. 214 (1890).

Femina mutilata, ut videtur adulta, cum duobus junioribus ad
Tharrawaddy est capta.

*98. Tetragnatha geniculata, Karsch.

Tetragnatha geniculata, *Karsch, Berlin. entom. Zeitschr.* xxxvi.
p. 286 (1891).

*Cephalothorace plus duplo longiore quam latiore, testaceo-fusco,
mandibulis pedibusque paullo clarioribus ; oculis in series duas
extremitatibus paullo inter se appropinquantes dispositis, serie
antica evidenter paullo sursum curvata, vix vel parum breviore quam
est series postica recurva ; oculis mediis utriusque seriei modo paullo
longius a lateralibus ejusdem seriei quam inter se remotis ; area
quam occupant oculi medii paullo latiore postice quam longiore et
paullulo latiore postice quam antice ; mandibulis sat gracilibus,
cephalothorace non parum brevioribus, foras curvatis et valide divaricantibus, modo in sulco unguiculari dentatis, serie dentium superiore
hujus sulci ex circa 6 dentibus formata, quorum 1ˢ sat magnus est,
2ˢ longe retro, ex-adversus dentem 6ᵐ seriei inferioris, locatus, dentibus
seriei inferioris circa 9, quorum 1ˢ magnus est, prope basin unguis
positus, his dentibus spatiis pæne gradatim decrescentibus separatis ;
ungue mandibulæ subtortuoso, bis intus fracto, in dimidio basali intus*

incrassato et hic dente forti munito, alioque dente ad basin subter ; abdomine longo, subcylindrato, cinereo, ordinibus duobus macularum longiorum nigrarum secundum latera dorsi notatum.—♀ ad. *Long. circa* 12½ *millim.*

Femina.—*Cephalothorax* tibia 4¹ paris multo brevior est, plus duplo longior quam latior, antice utrinque leviter sinuatus, in lateribus partis thoracicæ modo leviter rotundatus, parte cephalica lateribus parum rotundatis anteriora versus parum angustata ; frons, dimidia parte thoracica non multo latior, inæqualiter rotundata est, tuberculo oculorum mediorum anticorum modice prominente et truncato (ipsis oculis non prominulis), oculis lateralibus anticis paullulo prominulis. Impressiones cephalicæ distinctissimæ, fovea in medio partis cephalicæ magna sed levis, fovea ordinaria centralis rotundata, quasi ex duabus foveis incurvis formata. A latere visum dorsum fere apud partem tertiam posteriorem longitudinis suæ depressum est, pone hanc depressionem leviter convexum, ante eam primum rectum et levissime assurgens, denique paullulo convexum et, anterius, paullulo proclive, area oculorum mediorum modice proclivi. Series duæ *oculorum* extremitatibus modo leviter inter se appropinquant. Series antica, quæ serie postica vix vel parum brevior est, a fronte visa modo leviter sursum est curvata ; desuper visa series antica fortiter, postica sat fortiter recurva est. Oculi medii, quorum postici anticis paullo majores videntur, aream paullo latiorem quam longiorem et paullulo latiorem postice quam antice occupant. Oculi bini laterales spatio diametrum anterioris (minoris) eorum saltem æquante disjuncti sunt, hoc spatio evidenter minore quam sunt spatia, quibus medii antici a mediis posticis distant, et quæ horum oculorum diametrum fere æquant. Spatium inter oculos medios anticos, ut inter medios posticos, oculi diametrum evidenter superat ; medii antici modo paullo longius a lateralibus anticis quam inter se distant : etiam oculi medii postici modo paullo longius a lateralibus posticis quam inter se remoti sunt. *Sternum* circa dimidio longius quam latius, ovato-triangulum, antice in medio truncatum, postice breviter acuminatum, paullo convexum, læve, nitidum, parce pilosum, procursibus inter coxas exeuntibus et sursum directis cum cephalothorace conjunctum.

Mandibulæ cephalothorace paullo breviores, circa 4-plo longiores quam latiores, valde divaricantes, potius subcylindratæ quam clavatæ dicendæ ; a basi ad medium sensim parum incrassatæ sunt, dein paullo magis incrassatæ et denique, ad apicem, ubi paullulo incurvæ sunt, sensim vix vel parum angustatæ, paullo latiores apice quam prope basin. In latere exteriore modice foras curvatæ sunt, excepto brevi spatio ad apicem, ubi rectæ sunt et leviter impressæ : latus mandibulæ interius æqualiter et modice arcuato-convexum est. Modo in sulco unguiculari dentibus armatæ sunt mandibulæ, præterea muticæ. Series dentium hujus sulci pæne eadem longitudine sunt, mandibulâ non parum breviores. Series inferior ex circa 9 dentibus constat, quorum 1ˢ sat magnus est, prope basin unguis positus, et spatio non parum majore a dente 2⁰ remotus, quam quo hic a 3ⁱⁿ, et 3ˢ et reliqui inter se, distant, his omnibus dentibus sat parvis. In serie superiore, quæ ex 5 vel 6 dentibus formata est, dens 1ˢ paullo pone dentem 1ᵐ seriei inferioris est locatus et eo paullo minor, spatio maximo a dente 2ⁿ (paullo minore), qui ex-adversus dentem 6ᵐ seriei inferioris est positus, remotus : reliqui dentes seriei superioris gradatim magnitudine decrescunt, spaiis subæqualibus separati. Unguis mandibulæ multo brevior est, sat fortis, paullo tortuosus, prope basin fortiter intus fractus, in medio leviter intus fractus, apice brevi incurvo, præterea rectus ; in parte dimidia basali, intus, paullo incrassatus est, et hic, magis versus fracturam basalem, dente forti armatus, ut et alio dente minore prope basin. subter. *Pedes* sat longi et graciles, pilis patentibus aliisque muniti et aculeis gracilibus, ut videtur paucioribus, armati. *Abdomen* longissimum (cephalothorace pæne 5plo longius), subcylindratum, apice rotundatum ; *mamillæ* apicales.

Color.—Cephalothorax sordide testaceo-fuscus ; *sternum* cum *labio* eo paullo obscurius. *Mandibulæ* fusco-testaceæ, *maxillæ* ejusdem coloris, nigro-lineatæ. *Palpi* testacei, apice nigricantes, nigro-pilosi et -setosi. *Pedes* sordide testacei (1ⁱ paris paullo obscuriores), tibiis, metatarsis et tarsis, cum femoribus anterioribus, apice nigricantibus. *Abdomen* supra et in lateribus cinereum, subter nigricans : utrinque in dorso, secundum latera, seriem longitudinalem macularum longiorum circa 6 ostendit, quæ series per totam longitudinem dorsi extensæ et parallelæ sunt. *Mamillæ* nigricantes.

Lg. corp. 12½ ; lg. cephaloth. pæne 2½, lat. ej. pæne 1⅓ ; lat. front. circa ⅔ ; lg. abd. 10½, lat. ej. circa 1½ millim. Ped. I 25 (tib. 7½), II 15, III 6, IV 14 millim. longi ; pat.+tib. IV 4½ (tib. 4) millim.

Femina mutilata supra descripta. quæ vix a *T. geniculata*, Karsch, (ex Taprobane) differt, ad Tharrawaddy inventa est.—*T. hasseltii*, Thor., et *T. maxillosa*, id. (vid. sup., p. 139) satis affinis est hæc species, ungue mandibulæ dentibus duobus armato, cet., sine ullo negotio tamen dignoscenda.

In alio exemplo (abdomine carente). quod eodem loco est captum et hujus speciei videtur, mandibulæ magis clavatæ sunt, dente 2ⁿ seriei dentium superioris sulci unguicularis ex-adversus dentem 5ᵐ seriei inferioris locato, et ungue paullo longiore, modo paullo breviore quam ipsa mandibula ; pedes 2ⁱ paris vix vel non longiores in hoc exemplo sunt quam pedes 4ⁱ paris.

*99. **Tetragnatha hasseltii**, Thor., var. birmanica.

Tetragnatha hasseltii, *Thor. Ann. Mus. Genova*, xxviii. (ser. 2ª, viii.) p. 217 (1890) (= *forma principalis*).

Ad Tharrawaddy exempla non pauca collegit Cel. Oates. Varietatem (certe non speciem distinctam) repræsentant, quæ a specimine typico (femineo), in Celebes invento, statura minore (long. 7-9 millim.), colore clariore (cephalothorace ferrugineo-testaceo, mandibulis sublutis) et præsertim abdomine cylindrato, a latere viso vix posteriora versus sensim paullo incrassato, postice plus minus oblique truncato quidem, sed hic supra vix vel non in conum distinctum retro directum producto differunt. Etiam quoad armaturam sulci unguicularis paullo discrepant feminae Birmanicae. Dentes hujus sulci quidem ad magnitudinem et dispositionem in iis paullo variant, sed semper paullo minores quam in femina typica videntur, et spatia inter dentes 1ᵐ et 2ᵐ utriusque seriei, praesertim inferioris, minora sunt quam in ea, non multo majora quam spatia proxime sequentia; quo fit, ut dens 2ˢ seriei inferioris (qui 1° non vel parum minor est) non ex-adversus dentem 2ᵐ seriei superioris, sed plus minus longe ante eum locum teneat. Spatia quibus oculi medii antici a lateralibus anticis distant vix majora videntur quam spatium quo illi inter se separati sunt.

Maris mandibulae graciliores quam feminae, cephalothorace paullo longiores, basi foras curvatae, in latere interiore rectae. Ad basin unguis, exterius, dentem parvum gracilem anteriora versus directum paulloque curvatum ostendunt, praeterea, excepto in sulco unguiculari, muticae. Series dentium inferior longissima ex circa 10, superior (brevior) ex 7 dentibus formata est, spatiis inter dentes omnes (primis seriei inferioris exceptis) sat magnis. Dens 1ˢ utriusque seriei prope basin unguis locum tenet; dens 1ˢ seriei inferioris parvus et magis foras directus est, dens 2ˢ sat magnus et magis sursum (et ante dentem 2ᵐ seriei superioris) locatus, et spatio minore a 1° quam a 3° remotus; spatia sequentia subaequalia. Dens 1ˢ seriei superioris, paullo pone dentem 1ᵐ seriei inferioris locatus, magnus et reliquis omnibus fortior est, apice anteriora versus curvato; insequentes 5 mediocri magnitudine sunt et spatiis subaequalibus inter se separati; spatium inter 1ᵐ et 2ᵐ his spatiis paullo minus est. Unguis longus et gracilis, muticus, ad ipsam basin paene ad rectos angulos intus fractus, dein secundum circa ⅓ longitudinis levissime incurvus, tum rectus, denique, in parte quarta vel quinta apicali, fortius incurvus. Procursus apicalis bulbi genitalis, qui procursum longum partis tarsalis longitudine aequat, compressus et modice curvatus est, in apice obtuso dente parvo gracili acuminato inflexo auctus (non apice tridentatus ut in *T. planata*, Karsch *). Pedes 2ⁱ paris in utroque sexu (praesertim in mare) pedes 4ⁱ paris longitudine superant.

100. Tetragnatha puella, sp. n.

Cephalothorace circa dimidio longiore quam latiore, flavo-testaceo vel luteo, partibus oris et extremitatibus flavo-testaceis vel flavis quoque; abdomine duplo-triplo longiore quam latiore, in mare cylindrato, in femina anguste ovato, subaureo vel albicanti, saepe linea obscura secundum dorsum notato, qua interdum antice et postice in plagam dilatata est; oculis in duas series parallelas et fortiter recurvas ordinatis, serie antica longiore quam postica, oculis mediis aream antice paullulo latiorem quam postice occupantibus et paullo longius a lateralibus ejusdem seriei quam inter se remotis:

---

* Berlin. entom. Zeitschr. xxxvi. p. 287, Taf. xi. figg. 10 et 10 a.

mandibulis maris *longis, supra pone apicem spina sat longa et forti, apice integra et acuminata armatis, dente 1º seriei inferioris dentium sulci unguicularis (ex circa 6 dentibus formatæ) solito fortiore, et magis infra in mandibula posito, serie superiore ex circa 7 dentibus formata, quorum 2ᵉ ex-adversus 3ᵐ–4ᵐ locum tenet, unque longo, ad basin, extra, dente munito ; mandibulis feminæ brevioribus, circa duplo et dimidio longioribus quam latioribus, magis deorsum directis, cylindrato-ovatis, utrinque in sulco unguiculari dentibus circa 5 armatis, præterea muticis, unque mutico quoque.— ♂ ♀ ad. Long. 4–4½ millim.*

Mas.—Cephalothorax tibia cum patella 4ⁱ paris fere duplo brevior, saltem dimidio longior quam latior, anterius utrinque sat leviter sinuatus, in lateribus partis thoracicæ modice rotundatus, hac parte sat late elevato-marginata, parte cephalica lateribus pæne rectis anteriora versus sensim non parum angustata, fronte dimidiam partem thoracicam latitudine paullo superante, inæqualiter et fortiter rotundata, tuberculo oculorum mediorum anticorum non parum prominente, his oculis pro se paullo prominulis quoque ; etiam oculi laterales antici, tuberculo parvo satis alto extra impositi, paullo prominentes sunt. Impressiones cephalicæ fortes, fovea ordinaria centralis sat magna et profunda, oblonga ; pars cephalica quoque fovea leviore sat magna prædita est ; præterea lævis et nitidissimus est cephalothorax, ut videtur glaber, humilis, dorso a latere viso recto, area oculorum mediorum modice proclivi. *Oculi*, quorum medii antici reliquis, lateralibus præsertim, evidenter majores sunt, in series duas parallelas, apicibus vix vel parum appropinquantes, ordinati sunt ; series antica non parum est longior quam postica et a fronte visa parum sursum curvata, postica hoc modo visa recta : desuper visæ ambæ series fortiter recurvæ sunt. Oculi medii aream æque longam ac latam antice et paullulo latiorem postice quam antice occupant ; oculi laterales bini, quorum anterior posteriore parum minor est, spatio sunt sejuncti, quod oculi diametro evidenter majus est et saltem æque magnum ac spatia, quibus medii antici a mediis posticis separantur. Oculi medii antici spatio eorum diametrum saltem æquante sunt sejuncti, a lateralibus anticis pæne dimidio longius distantes ; medii postici, spatio oculi diametro circa dimidio majore separati, a lateralibus posticis pæne dimidio longius quam inter se ii quoque distare videntur. *Sternum* cordiformi-triangulum, paullo longius quam latius, apice postico subobtuso inter coxas 4ⁱ paris disjunctas paullo pertinente ; leviter convexum est, lævissimum et nitidissimum, ut videtur glabrum. *Mandibulæ*, deorsum et anteriora versus directæ satisque divaricantes, cephalothorace non parum breviores sunt, sat fortes, pæne triplo longiores quam latiores, modo ad basin, ubi satis angustæ sunt, foras curvatæ, præterea in latere exteriore convexo-arcuatæ, latere interiore paullo minus fortiter convexo-arcuato ; non longe pone apicem, supra, spina forti acuminata (non bifida), anteriora versus curvata armatæ sunt, et præterea dente minuto obtuso ante

hanc spinam supra, ad ipsam basin unguis, præditæ. Sulcus unguicularis duobus ordinibus dentium est armatus, quorum inferior dente
magno et crasso (denticulo minuto in margine anteriore munito),
paullo anteriora versus et intus curvato initium capit : hic dens
non multo pone basin unguis, sed magis infra, pæne in latere
inferiore mandibulæ, locum tenet ; quem sequitur, paullo magis
intus, series dentium mediocrium 5. Omnes hi 6 dentes (seriei
inferioris) spatiis subæqualibus separati sunt. Series superior
inferiore non parum longior est, ex 7 dentibus composita, quorum
1ª sat magnus est, prope basin unguis locatus, 2ª parvus, sat longo
retro, ex-adversus dentem 3ᵐ vel 4ᵐ seriei inferioris, positus, 3ª 2°
paullo major et spatio majore ab eo separatus quam sunt spatia
insequentia sensim decrescentia. Unguis mandibula paullo brevior
est, satis æqualiter incurvus, dente sat parvo ad ipsam basin, extra,
munitus, inter medium et basin, intus, in tuberculum obsoletissi-
mum elevatus quoque. *Maxillæ* paullo plus duplo longiores quam
latiores apice, latere exteriore foras curvato, et ita paullo divaricantes, labio fere triplo longiores ; *labium* transversum, apice
latissime rotundatum et late elevato-marginatum. *Palpi* longi,
parte patellari dimidio longiore quam latiore ; pars tibialis ejus
longitudine et latitudine est, a basi ad apicem oblique truncatum
et apice intus in dentem parvum desinentem sensim paullo dilatata ;
pars tarsalis (lamina superior) angusta partes duas priores conjunctas longitudine æquat. Bulbus latissimus, pæne circulatus, et
ita compressus, ut desuper vel a lateribus visus anguste ellipticus
fere videatur ; nitidissimus est, ad maximam partem læte flavens ;
stilus porrectus, in quem centrum ejus antice exit, partes patellarem
et tibialem conjunctas longitudine fere æquat, ipso apice acuminato
uncum minutum formante, præterea pæne rectus ; lamella angustissima et longissima inferior partis tarsalis apice suo paullo ultra
apicem hujus stili pertinet. *Pedes* sat longi, gracillimi, parce pilosi
et aculeis gracilibus, ut videtur modo paucis, armati. *Abdomen*
cylindratum, circa triplo longius quam latius, *mamillis* apicalibus.

Color.—*Cephalothorax* luteus est, *mandibulæ* magis flavo-testaceæ,
ungue ferrugineo-rufo. *Sternum*, *maxillæ*, *labium* et *palpi* pallide
flavo-testacea vel flava, nonnunquam lutea. *Abdomen* cinereo-
fuscum maculis parvis aureis vel albicantibus adeo dense est obsitum,
ut aureum vel albicans evadat, remanente sæpe cinereo-fusca linea
longitudinali plus minus æquali secundum dorsum extensa : venter
interdum fasciam longitudinalem angustam nigricantem ostendit,
ante plicaturam genitalem ut et apud mamillas in plagam dilatatam.

Femina.—*Cephalothorax* plane ut in mare est, modo paullo
brevior ; *oculi* quoque ut in eo. *Mandibulæ* cephalothorace duplo
breviores, deorsum et paullo anteriora versus directæ, minus divaricantes, cylindrato-ovatæ fere, duplo et dimidio longiores quam
latiores, in latere exteriore modo leviter convexo-arcuatæ, in latere
interiore a basi ultra medium pæne rectæ, dein usque ad apicem sat
fortiter arcuato-angustatæ. Modo in sulco unguiculari dentatæ
sunt, præterea inermes. Utraque series dentium hujus sulci brevis
est et ex dentibus 5-6 sat densis et spatiis gradatim decrescentibus

separatis formata ; dentes anteriores mediocri magnitudine sunt,
ultimi minuti. Unguis mandibulæ circa duplo brevior, æqualiter
et sat fortiter incurvus, inermis et lævis. *Maxillæ* modo duplo
longiores quam latiores apice. *Pedes* breviores quam in mare.
Abdomen breve, duplo—duplo et dimidio longius quam latius,
anguste ovatum ; venter ante aperturam genitalem paullo inflatus
est.

Color feminæ idem est atque in mare dixi, eo excepto quod
cephalothorax plerumque magis flavo-testaceus est, et fascia media
cinerascenti-fusca in dorso abdominis plerumque magis inæqualis,
sæpe nigricans et interdum in duas plagas dilatata, quarum anterior
triangula est et non longe pone basin dorsi locata, altera longior
et ovato-triangula, partem dorsi posteriorem occupans. Venter
plerumque secundum medium cinerascenti-fuscus vel, interdum,
niger est, ante aperturam genitalem interdum cinereo-albicans.

♂.—lg. corp. 6; lg. cephaloth. 2, lat. ej. pæne 1½, lat. front.
pæne 5/6 ; lg. abd. 4, lat. ej. parum plus 1 millim. Ped. I 18,
II pæne 14, III 7½, IV 12, pat. + tib. IV 4 millim. Mandib.
1½ millim. longæ.

♀.—lg. corp. 5 ; lg. cephaloth. 2, lat. ej. 1½, lat. front. saltem
3, lg. abd. 3¼, lat. ej. 1½ millim. Ped. I 14, II pæne 11, III 5½,
IV 9 ; pat. + tib. IV 2¼ millim. Mandib. pæne 1 millim.
longæ.

Exempla sat multa ad Tharrawaddy sunt collecta.

LIMOXERA, Thor., 1890.

*101. Limoxera marginata, Thor.

Limoxera marginata, *Thor. Ann. Mus. Genova*, xxviii. p. 230 (1890).

Singulum exemplum femineum valde mutilatum, ad Tonghoo
captum.

EUCTA, Sim., 1881.

*102. Eucta javana, Thor.

Eucta javana, *Thor. Ann. Mus. Genova*, xxviii. p. 236 (1890) (= ♂).

Feminam *Euctæ* adultam, cum alia mutilata ad Tharrawaddy
captam, ad hanc speciem refero. Vix eadem atque *E. isidis* (Sim.)*
esse potest, quum in descriptione hujus nulla mentio facta sit
dentis magni, quem mandibulæ nostræ araneæ, non tantum
maris, verum etiam feminæ, in latere interiore ostendunt.—Cephalothorax *feminæ* totus pallide ferrugineus est, fovea ordinaria centrali transversa, elliptica. Area *oculorum* non longior est quam latior,

---

* *Eugnatha isidis*, Sim. Bull. Soc. Ent. France, 1880, no. 13, p. 34 (Séance
du 11 Août) ; *Eucta isidis*, id. Les Arachn. de France, v. i. p. 7 ; id. Bull. Soc.
Zool. France, 1885, p. 450.

vix vel parum latior postice quam antice. Plane a fronta visa series oculorum antica sat leviter deorsum curvata est, series postica hoc modo visa etiam paullo levius sursum curvata. Spatium inter oculos medios anticos eorum diametrum saltem æquat ; a lateralibus anticis spatio saltem dimidio majore remoti sunt hi oculi. Oculi medii postici paullulo longius inter se quam a lateralibus posticis distant. Mandibulæ cephalothorace fere duplo breviores sunt, circa triplo longiores quam latiores, anteriora versus et deorsum directæ, non multo divaricantes, sat fortes, a basi ultra medium (usque ad dentem lateris interioris) sensim modo paullo dilatatæ, lateribus dein, in parte tertia longitudinis, pæne parallelis, latere exteriore levissime concavo-arcuato, ad apicem tamen paullo convexo-arcuato, latere interiore sat leviter convexo-arcuato, apice truncatæ ; a latere visæ supra sat leviter convexæ sunt. In latere interiore superius, non parum ante medium, dente sat brevi sed forti, anteriora versus et intus directo armatæ sunt, et in latere exteriore, non multo pone basin unguis, dente minuto præditæ quoque. Sulcus unguicularis series duas dentium mediocrium prope basin unguis initium capientes ostendit, quarum superior sat longa est et ex circa 7 dentibus formata, dente 1° longissimo a 2° remoto ; dens 2ˢ (qui pæne sub dente illo lateris interioris, et ex-adversus dentem 3ᵐ seriei inferioris, locatus est) et dentes insequentes intervallis sensim decrescentibus sunt separati. Series inferior brevior, ut videtur modo ex 5 dentibus formata, quorum 2ˢ a 1° sat longe remotus est et magis deorsum locatus, reliqui spatiis sensim paullo decrescentibus sejuncti. Unguis mandibulâ multo brevior, satis æqualiter incurvus, muticus. Pedes parcius aculeati ; in latere interiore femorum 1ⁱ paris tamen aculei plures quam 4 fuisse videntur. Abdomen aureo-flavum, subtiliter fusco-reticulatum, postice sensim paullo obscurius, et linea longitudinali obscura secundum medium dorsi, anterius, notatum : venter quoque obscurius, nigricans. Mamillæ multo, circa dimidio, longius a petiolo quam ab apico postico abdominis distant.

Lg. corp. 14 ; lg. cephaloth. parum plus 3, lat. ej. 1½, lat. front. circa ¾ ; lg. abd. 11½, lat. ej. circa 1¼ millim. Ped. I 26½, II 15, III 7¾, IV circa 15 ; pat.+tib. IV 5 (tibia 4) millim. Mandib. 1½ millim. longæ.

Fam. EUETRIOIDÆ.

CHORIZOPES (Cambr.), 1871.

*103. Chorizopes frontalis, Cambr.

Chorizoopes frontalis, Cambr. Proc. Zool. Soc. London, 1870, p. 737, pl. xliv. fig. 6 (1871).

Hujus araneæ, antea modo in ins. Taprobane (Ceylon) inventæ, Cel. Oates feminam adultam aliamque minorem (immaturam?) ad Tharrawaddy invenit.

ANANIA *, gen. nov.

Cephalothorax oblongus, altus, antico fortiter convexo-proclivis, fronte lata, parte thoracica sulco medio longitudinali prædita; facies a fronte visa supra valde convexa, clypeo spatium inter oculos medios anticos et posticos altitudine circiter æquante, sed non transversim impresso.

Oculi subæquales, in duas series recurvas ordinati; oculi bini laterales contingentes inter se et non parum longius ab oculis mediis ejusdem seriei quam hi inter se remoti; oculi medii pæne in quadratum dispositi.

Mandibulæ directæ, apicem versus sensim paullo angustatæ, sulco unguiculari dentibus paucis armato; unguis mediocris.

Maxillæ parallelæ, breves, non longiores quam latiores, labio transverso plus duplo longiores.

Palpi feminæ unguiculo pectinato-dentato prædita.

Pedes breviores, ita : IV, I, II, III longitudine se excipientes, aculeis carentes; unguiculorum tarsorum superiores pectinato-dentati, unguiculus inferior dente saltem singulo munitus; unguiculi spurii nulli.

Abdomen oblongum, molle, saltem interdum tuberculatum.

Mamillæ breves, subconicæ, art. 2° superiorum et inferiorum, quæ pæne eadem longitudine sunt, brevissimo.

Typus : A. bituberculata, sp. n.

Genus satis incertæ sedis Anania est, ad formam cephalothoracis cum nonnullis Zodarioidis similitudinem haud levem præ se ferens, formâ maxillarum et labii ut et clypeo non transversim impresso plane cum Euetrioidis conveniens, clypeo solito altiore (fere ut in Theridioidis) a plerisque Euetrioidis discrepans. Gen. præcedenti, Chorizopi, Cambr., affine tamen videtur hoc genus.

**104. Anania bituberculata, sp. n.

Cephalothorace piceo ; palpis pedibusque testaceis, nigro-annulatis ; abdomine circa dimidio longiore quam latiore, inverse ovato fere, subdepresso, posteriora versus sensim paullo altiore, dorso postice, supra mamillas, in duo tubercula obtusa nigerrima elevato, dorso præterea nigricanti, fasciis duabus latis inæqualibus pæne rectis pallidis secundum latera extensis ornato, quæ ad basin dorsi incurvæ et inter se unitæ sunt, et etiam paullo ante medium fasciâ transversâ vel maculis duabus pallidis unitæ.— ♀ ad. Long. circa 3¼ millim.

Femina.—Cephalothorax circa dimidio longior quam latior, lævis et nitidus, tenuiter pubescens, utrinque anterius paullo sinuato-angustatus, impressionibus cephalicis, angulum obtusum inter se

* Ἀνάνιος. nom. propr pers.

formantibus. latis et inferius fortibus, supra vero sat levibus ; sulco ordinario centrali longo. Pars thoracica in lateribus modice rotundata est, postice in medio truncata ; pars cephalica magna et lata, lateribus parum rotundatis anteriora versus modo levissime angustata, fronte fere ⅓ partis thoracicæ latitudine æquante et secundum lineam bis retro fractam rotundata, i. e. in medio, inter oculos medios, augustius et transversim, utrinque vero, inter eas et oculos laterales, latius et oblique truncata. Altus est cephalothorax, dorso a latere viso ante declivitatem posticam sat præruptam, longam et modo superius paullo convexam primum librato et fere in medio paullo depresso, dein spatio sat magno (usque ad oculos medios posticos) fortiter proclivi et convexo, area oculorum mediorum valde prærupta, pæne directa, clypeo paullo reclinato, recto. Facies altissima, æque alta ac lata, a fronte visa supra fortissime convexa, lateribus inferius paullulo reclinatis ; clypei altitudo spatium inter oculos medios anticos et posticos saltem æquat. Oculi sat parvi, medii antici reliquis parum majores. Series oculorum antica, quæ posticâ paullo brevior est, a fronte visa modice sursum est curvata, series postica hoc modo visa leviter deorsum curvata ; desuper visa utraque series fortiter recurva est. Oculi medii aream pæne quadratam, modo paullulo latiorem antice quam postice occupant ; oculi laterales bini contingentes sunt inter se. Oculi medii spatiis diametrum eorum paullo superantibus disjuncti sunt ; medii antici a lateralibus anticis circa dimidio longius quam inter se, medii postici a lateralibus posticis saltem duplo longius quam inter se remoti sunt. Sternum paullo longius quam latius, ovato-triangulum, antice truncatum, apice postico inter coxas 4[i] paris pertinens ; punctis impressis dense conspersum videtur, parum convexum, elevationibus ad coxas carens, parce pilosum.

Mandibulæ directæ, parallelæ, femora antica crassitie saltem æquantes, duplo longiores quam latiores, a basi ad apicem sensim paullo angustatæ, in dorso versus basin modice convexæ, læves, nitidæ, pilis longioribus magis intus conspersæ. Sulcus unguicularis dentibus postice 3, antice saltem 2 (4?) sat fortibus armatus est. Maxillæ parallelæ, latæ, subtransversæ vel saltem non longiores quam latiores, in latere exteriore et apice extus rotundatæ, intus rectæ, labio duplo triplo longiores : labium breve, transversum, apice late rotundatum, non elevato-marginatum. Palpi mediocres, parte tarsali cylindrata, duas priores conjunctas longitudine æquante. Pedes breviores, mediocri crassitie, minus dense pilosi, aculeis, ut videtur, carentes. Abdomen circa dimidio longius quam latius, desuper visum inverse ovatum fere (postice paullo latius quam antice), sed antice et postice modo leviter rotundatum, paullo depressum, non altum, posteriora versus sensim paullo altius : prope apicem posticum dorsum ejus utrinque in tuberculum sat magnum sed non altum, supra convexum elevatum est, his tuberculis spatio diametro sua non multo majore separatis. A latere visum supra parum convexum, pæne rectum est abdomen, postice late rotundato-truncatum et directum (non oblique truncatum), mamillis in apice ventris, parum pone tubercula dorsi, locatis. Area vulvæ fusca e venter maculam sat magnam nigram paullo ante mamillas sitam ostendit.

Mas non multum a femina discrepat; pedes ejus longiores sunt et abdomen minus quam in ea, ut fere semper. Cephalothorax lineam longitudinalem nigram ostendit (qua saepe caret cephalothorax feminae): haec linea in parte cephalica in duos ramos anteriora versus paullo divaricantes divisa est. Oculi medii antici vix longius a lateralibus anticis quam inter se distant (ut saltem in junioribus feminis: in feminis adultis spatium inter oculos medios anticos plerumque paullo minus est quam sunt spatia, quibus a lateralibus anticis distant hi oculi). Mandibulae paene triplo longiores quam latiores. Palpi graciles et longi (partibus trochanterali et femorali elongatis), clava subglobosa, femoribus anticis plus duplo latiore. Pars patellaris vix longior est quam latior, pars tibialis ea non parum longior et, apice, latior, a basi ad apicem sensim modice dilatata, circiter aeque longa ac lata apice. Pars tarsalis, quae bulbum genitalem modo in latere interiore tegit, calcari tenui sat brevi intus directo pallido basi est armata; bulbus maximus, inflatus et apice in dentem tenuem exiens e duabus partibus constare videtur, altera (superiore) maxima, breviter ovata, fortissime convexa, nitidissima, testacea. fusco-venosa; ei extus et infra adjacet pars altera rufo-fusca paullo minor (praesertim humilior), quae a latere exteriore visa angustius ovata est, anteriora versus sensim angustata et acuminata. Conf. Van Hasselt, Midden-Sumatra cet., Araneae, p. 25.

106. **Argyroepeira ditissima,** Thor.

Argyroepeira ditissima, *Thor. Ann. Mus. Genova,* xxv. (ser. 2ª, v.) p. 143 (1887).

Exempla sat multa feminea (2-3 millim. longa) ad Tharrawaddy collecta sunt. Postquam ea examinavi, pleniorem vulvae hujus speciei descriptionem dare possum. Area vulvae humilis transversim convexa opaca saepe nigro-fusca a plicatura genitali, ubi latissime truncata est, usque ad petiolum pertinet: lateribus rectis vel leviter sinuatis (interdum tenuiter elevato-marginatis) anteriora versus sensim est angustata, brevior quam latior, multo latior postice quam antice, et fovea levi magna (interdum obsoleta) utrinque postice praedita. Margo posticus hujus areae in medio late et sat leviter convexo-elevatus est, spatium transversum humile anguste lunatum fere inter se et ipsam plicaturam genitalem reliquens; hoc spatium (vulva) septo corneo sat lato in foveolas duas est divisum, quae interdum non bene visibiles sunt nisi si ab ano inspicitur vulva. Corpora (laminae) illae pallida, quae ex his foveis nonnunquam eminent vel eas claudunt, nescio an " signa coïtus " (" Begattungszeichen," Bertkau) sint, quum modo in exemplis ovis repletis ea viderim. Valde affinis quidem est haec aranea *A. argentina* (Van Hass.), Thor., sed statura paullo minore, tuberculis abdominis minus fortibus et cephalothorace pallide testaceo unicolore non difficulter distinguenda.

serim captum, hujus speciei judico. Aream oculorum mediorum paullulo latiorem postice quam antice et æque longam ac latam postice habet. Cephalothorax, sternum, partes oris et palpi testacea sunt. pedes ejusdem coloris, apice infu-cati, tibiis anteriori-bus apice paullo infuscatis quoque. Antice in femoribus 1ᵘ paris modo 1.1. aculeos graciles video. Apex dorsi abdominis pæno duplo longioris quam latioris tuberculum retro directum format. Color abdominis cinereo-fuscus quidem est, sed dorsum et latera ejus, hæc præsertim, maculis parvis angulatis argenteis adeo dense est conspersum, ut argentea et modo tenuiter subfusco-reticulata evadant, excepto secundum medium dorsi, anterius, ubi fasciam angustam sive lineam format color cinereo-fuscus : hujus coloris præterea est spatium inter apicem dorsi et mamillas, ut et venter, qui tamen maculam magnam fortissime recurvam vel potius ⋏-formem argenteam in medio ostendit. Maculis nigris in apice et ad mamillas plane caret abdomen hujus exempli.

109. **Argyroepeira leprosa, sp. n.

Cephalothorace plus ¼ longiore quam latiore, tibiam cum patella 4' paris vix vel non longitudine æquante, cum sterno, partibus oris et palpis (apice nigris) fusco-testaceis ; pedibus fusco-testaceis. apice tibiarum saltem anteriorum nigris; abdomine dimidio—duplo longiore quam latiore, cylindrato-ovato vel subcylindrato, apice dorsi postico in conum parvum vel tuberculum retro directum producto : præterea non tuberculato, plus minus obscure cinereo-fusco, maculis parvis luteis, aureis vel argenteis saltem in dorso dense consperso, et maculis duabus parvis nigris in lateribus tuberculi apicalis, ut et maculis duabus ejusmodi apud mamillas sitis notato, in ventre quoque sæpe duabus maculis sat parvis nigris non parum ante mamillas locatis signato ; vulva ex area parva humili subquadrata nitidissima formata, quæ in medio marginis postici impressa est. hac impressione in formam sulci anteriora versus producta.— ♀ ad. Long. 4½–6½ millim.

Femina.—Valde affinis est hæc aranea speciei priori, *A. gemmeæ* (Van Hass.): ab *A. stictopyga*, Thor.*. et *A. scabri*, Thor.†, quibus forma corporis simillima quoque est, dorso abdominis pictura distincta carente facile dignosci potest ; præsertim structura vulvæ ab omnibus his formis differt. Ad descriptionem, quam *A. scabris* loc. cit. dedimus, lectorem revocantes, hic modo ea annotabimus, quæ a descriptione illa discrepare videntur. *Cephalothorax*, qui tibiam cum dimidia patella 4ᵘ paris longitudine vix æquat, pæne dimidio longior est quam latior. A fronte visa series *oculorum* antica sat leviter sursum curvata est, series postica etiam paullo levius deorsum curvata : desuper visa sat leviter recurva est hæc series : linea recta oculos medios posticos postice tangens, laterales posticos antice tangit, vix secat. Oculi medii, quorum antici posticis saltem non

* Ann. Mus. Genova, xxviii. (ser. 2ᵃ, viii.) p. 204.
† Ibid. p. 200.

minores sunt, aream quadratam (non latiorem postice quam antice)
occupant. Oculi medii antici circa dimidio longius a lateralibus
anticis quam inter se distant ; medii postici vix plus duplo longius
a lateralibus posticis quam inter se sunt remoti.

Mandibulæ femoribus anticis fere dimidio crassiores sunt ; sulcus
unguicularis antice 3, postice 4 dentes distinctissimos habet. *Pedes*
longi, cephalothorace fere 5plo longiores, graciles ; minus crebre
aculeati quam in *A. scalari* videntur : in femoribus 1ⁱ paris, e. gr.,
seriem aculeorum 4 video, et 1 . 1. aculeos magis postice versus
apicem. *Abdomen*, quod dimidio-duplo longius est quam latius, vix
vel non altius est antice quam postice ; desuper visum angustius
ovatum vel ovato-cylindratum est, apice dorsi conum parvum sive
tuberculum retro directum formante : a latere visum postice sub hoc
tuberculo paullo oblique truncatum est abdomen. *Vulva* ex area
parva humili cornea pæne plana et quadrata (saltem antice rotundata tamen), nitidissima, ferruginea constat, quæ in medio marginis
postici truncati ita impressa est, ut hic margo tubercula duo humillima formare videatur ; impressio illa triangularis est et ut sulcus
anteriora versus interdum producta. Interdum marginem tenuem
elevatum aream vulvæ antice et in lateribus (in his incurvum)
limitantem video.

Color.—*Cephalothorax, sternum, partes oris* et *palpi* (apice plus
minus late nigri) fusco-testacea sunt, *pedes* ejusdem coloris, tibiis
saltem anterioribus apice plus minus late nigris vel fuscis, et
interdum annulis medio et basali infuscatis cinctis quoque ; femora
anteriora sæpe annulum subapicalem fuscum habent, metatarsi et
tarsi sæpe apice vel prope apicem annulo lato nigricanti prædita
sunt. *Abdomen* cinereo-fuscum, maculis parvis angulatis luteis,
aureis vel argenteis plus minus densis (interdum densissimis) supra
conspersum, remanente cinereo-fusca fascia satis angusta secundum
medium totius dorsi ducta ; utrinque in apice dorsi, in lateribus
tuberculi apicalis, macula sat parva nigra conspicitur, aliaque
macula ejusmodi utrinque apud mamillas ; venter plerumque duas
maculas tales non parum ante mamillas sitas ostendit ; præterea
venter et latera modo maculis ejusmodi pallidis atque in dorso sed
minus densis plerumque sparsa sunt.

In exemplo uno dorsum abdominis antice duas lineas longitudinales pæne parallelas obscuras, spatio sat parvo separatas ostendit,
quæ ordinibus duabus macularum obscuriorum posteriora versus
continuantur ; interdum latera abdominis umbras 2-3 obliquas
obscuriores ostendunt, et sternum et mandibulæ tum plus minus
infuscata sunt pedesque evidentius annulati. Ejusmodi exempla
magnam similitudinem cum feminis minoribus speciei insequentis,
A. ventralis, Thor., habent, ab iis formâ vulvæ, cephalothoraco
unicolore et colore abdominis alio internoscenda.

♀.—Lg. corp. 5½ ; lg. cephaloth. 2½, lat. ej. paullo plus 1½, lat.
front. circa 1 ; lg. abd. 3½, lat. ej. 2 millim. Ped. 1 17½, II 11¼,
III 5½, IV paullo plus 9 ; pat.+tib. IV 3 millim.

Exempla feminea nonnulla ad Tharrawaddy sunt inventa. *Mas*
quoque singulus mutilatus ibidem est captus : 4 millim. longus est,

cephalothorace pæne 2 millim., pedibus 1' paris 16½ millim., tibia cum patella 4' paris 3½ millim. longis. *Cephalothorax* fasciam mediam nigricantem in parte cephalica furcatam ostendit. *Mandibulæ* circa duplo et dimidio longiores quam latiores sunt, a medio ad apicem sensim angustatæ et divaricantes, in dorso muticæ, sulco unguiculari antice 3 dentibus (2 versus apicem, 1 versus medium) armato, postice serie dentium 4. *Palpi* mediocres, testacei, clava obscure fusca femoribus anticis pæne duplo crassiore ; pars patellaris pæne dimidio longior quam latior est, pars tibialis ea vix vel parum longior, a basi ad apicem sensim paullo dilatata, paullo longior quam latior apice ; pars tarsalis basi laminam dentiformem, a basi lata apicem acuminatum versus sensim paullo angustatam, intus et anteriora versus directam et paullo procurvam format ; quæ lamina subtestacea est, linea media longitudinali nigra. Bulbus nigro-fuscus nitidus apice partem testaceam ostendit, cujus ex apice spina tenuis nigra eminet. *Pedes* et *abdomen* ad colorem fere ut in femina sunt, hoc tamen modo in lateribus maculis minutis albicantibus sparsum ; maculis duabus parvis nigris in apice postico dorsi aliisque duabus ejusmodi maculis apud mamillas ut in femina notatum est abdomen ; venter secundum medium nigricans maculam parvam nigram utrinque, non parum ante mamillas sitam, ut sæpe in femina, ostendit.

110. Argyroepeira ventralis (Thor.).

Meta ventralis, *Thor. Ann. Mus. Genova*, x. p. 423 (1877).
Argyroepeira ventralis, *id. Ann. Mus. Genova*, xxv. p. 138 (1887).

Hujus speciei exempla nonnulla ad Tharrawaddy, Rangoon et in Double Island (Moulmein) ut et in Tenasserim collegit Cel. Oates.

111. Argyroepeira celebesiana (Walck.).

Tetragnatha celebesiana, *Walck. H. N. d. Ins. Apt.* ii. p. 222 (1841).
Argyroepeira celebesiana, *Thor. Ann. Mus. Genova*, xxv. p. 138 (1887) (ubi alia synon. videantur).

Specimina sat multa feminea, adulta et juniora, ad Tharrawaddy et Rangoon inventa sunt.

112. Argyroepeira tessellata (Thor.).

Callinethis tessellata, *Thor. Ann. Mus. Genova*, xxv. p. 135 (1887).

Exempla nonnulla in Tenasserim collegit Cel. Oates. Tubercula abdominis duo semper humillima sunt, interdum plane obsoleta ; præsertim in feminis post partum, et in *mare*, qui non ut in maribus generis *Callinethis* a me visis femina multis partibus minor et ei valde dissimilis est, sed parum nisi structura palporum et pedibus longioribus ab ea differt, ut in omnibus maribus gen. *Argyroepeira* (Em.), Thor., mihi cognitis. Quamquam *femina* hujus speciei

oculis mediis longius a lateralibus remotis a reliquis *Argyroepeiris*
differt et cum *Callinethi* convenit, rectius nunc credo, eam ad *Argy-
roepeiram* referre, non tantum propter structuram maris, verum
etiam quia abdomen ejus *non*, ut in formis gen. *Callinethis*, anteriora versus supra cephalothoracem plus minusve productum est, sed
contra tuberculis duobus humeralibus (plus minus distinctis quidem)
est munitum et fasciis duabus longitudinalibus pallidis in ventre
ornatum ; quæ notæ in species gen. *Callinethis*, quas cognovi, non
cadunt.

Mas A. tessellatæ mari *A. ventralis*, Thor., ad formam sat similis
est, præsertim quum tibiæ 4[i] paris ejus vix ut in femina versus
apicem paullo incrassatæ ibique longius pilosæ sint ; sed sine
negotio præsertim eo internosci potest, quod femora 1[i] paris secundum totam longitudinem aculeis crebris (circa 15) armata et partem
tibialem palporum multo longiorem quam in *A. ventrali*, ♂, habet.
Cephalothorax obscure testaceo-fuscus est ; spatia inter oculos
posticos medios et laterales latitudinem areæ oculorum 4 mediorum
modo æquat. *Palpi* flavi, parte tarsali obscuriore, bulbo nigro :
gracillimi et non multo longi sunt, clava ovata femoribus anticis
non multo latiore. Pars patellaris paullo longior est quam latior ;
pars tibialis, a basi ad apicem sensim incrassata, duplo longior
quam latior apice. Pars tarsalis basi intus calcar acuminatum,
basi intus directum, sursum et anteriora versus curvatum habet ;
basi, extra, profunde rotundato-excisa est hæc pars, ita ut basis ejus
hic procursum satis angustum, versus apicem rotundatum paullo
dilatatum formet. Apex bulbi nigri anguste truncatus supra in
laminam parvam pallidam deorsum directam, cui intus spina tenuis
tortuosa deorsum directa nigra adjacere videtur, exit. *Pedes* testaceo-fusci, apicem versus sensim obscuriores, aculeis creberrimis
armati : cilia femorum 4[i] paris series duas brevissimas formant.
Abdomen longum et cylindratum, cinerascens, fascia angusta albicanti secundum totam longitudinem laterum extensa utrinque
notatum, dorsi et laterum pictura præterea vix ulla.

CALLINETHIS (Thor.), 1887.

113. Callinethis elegans (Thor.).

Meta elegans, *Thor. Ann. Mus. Genova*, x. p. 416 (1877) ; Callinethis
    elegans, *id. op. cit.* xxv. (ser. 2ª, v.) p. 134 (1887) (= ♀).

Magnam vim feminarum ad Tharrawaddy nonnullasque ad Rangoon collegit Cel. Oates.
Marem minutum ad Tharrawaddy captum, qui hujus speciei
certe est, quamquam toto cælo a femina differt, jam describam :

*Cephalothorace pallide luteo, anteriora versus sensim assurgente et
cum mandibulis longe ante et supra maxillas producto ; mandibulis
longis, directis et in dorso utrinque dense aculeatis sive spinosis ;*

palpis longissimis, apice balbi latissimo in angulo superiore spina longa deorsum directa prodito, in angulo inferiore vero dente magis sursum directo; pedibus testaceis, aculeis nonnullis omnium gracillimis armatis; abdomine inverse ovato, cinereo- vel olivaceo-testaceo, maculis argenteis saltem una utrinque, paullo supra anum sita, notato, ventre in medio fascia transversa lata argentea in medio postice angustata ornato.— ♂ ad. Long. circa 3 millim.

Mas.—Ad formam in universum cum mare C. auro-cinctæ (Thor.)*
convenit, multis rebus vero ab eo differens. Cephalothorace, lævis et nitidissimus, non parum longior est quam tibia cum patella 4ᵗⁱ paris, fere dimidio longior quam latior, antice utrinque late et leviter sinuato-angustatus ; pars cephalica magna anteriora versus paullulo angustata est, cum mandibulis longe ante et supra maxillas producta, frons rotundata, tuberculo oculorum mediorum anticorum truncato et modice prominente. Impressiones cephalicæ præsertim versus margines laterales distinctæ sunt, fovea ordinaria centralis transversa, magna sed non profunda. A latere visum dorsum cephalothoracis pæne rectum sensim usque ad oculos assurgit, inter partes thoracicam et cephalicam levissime impressum, ante et pone hanc impressionem modo levissime convexum ; area oculorum mediorum sat prærupte proclivis est, clypeus etiam magis prærupto proclivis, altitudine diametrum oculi medii antici fere æquans. Series oculorum antica a fronte visa paullo sursum curvata est, series postica paullo fortius deorsum curvata : desuper visa series antica fortiter, postica sat leviter est recurva. Area oculorum mediorum, quorum antici reliquis oculis majores sunt, pæne quadrata, non longior quam latior antice, parum latior antice quam postice. Oculi medii postici spatiis saltem duplo majoribus a lateralibus posticis distant, quam quo inter se disjuncti sunt ; oculi medii antici, spatio eorum diametrum circiter æquante separati, pæne duplo longius a lateralibus anticis quam inter se distare videntur. Sternum ovato-triangulum, parum longius quam latius, antice sat late truncatum, postice acuminatum, lateribus antice rotundatis, posterius rectis.

Mandibulæ, spatio magno (latitudinem mandibulæ maximam circiter æquante) a maxillis remotæ, deorsum et paullo anteriora versus directæ sunt, pæne parallelæ, a medio ad apicem tamen paullulo divaricantes ; longissimæ sunt, a fronte visæ subplanæ, femoribus anticis duplo latiores et pæne quadruplo longiores quam latiores, lateribus pæne parallelis, latere exteriore recto, modo ad basin paullo rotundato, basi anguste rotundatæ ; a latere visæ secundum totam longitudinem sat leviter excavatæ vel concavatæ sunt et apicem versus attenuatæ, basi paullo elevata (sursum dilatata) non parum ante frontem prominente. In dorso utrinque secundum totam longitudinem laterum (ut et basi) serie duplici satis æquali et sat densa aculeorum præsertim in latere exteriore longorum et hic foras et anteriora versus directorum armatæ sunt,

---

* Ann. Mus. Genova, x. p. 420 (1877).

aculeo uno alterove in basi mandibulæ porrecto et reliquis aculeis
longiore. Etiam subter aculeos paucos ostendunt mandibulæ.
Sulcus unguicularis dentibus 3 antice et 4 postice armatus videtur ;
unguis non solito longior, æqualiter incurvus. *Maxillæ* paullo
divaricantes, modo paullo longiores quam latiores, apice latissimo et
paullulo oblique truncatæ, labio circa duplo longiores. *Labium*
æque latum ac longum, apicem anguste rotundatum versus sensim
angustatum. *Palpi* graciles, clava vero magna et crassa, femoribus
anticis circa duplo latiore ; longissimi sunt, partibus trochanterali,
femorali et tibiali (apicem versus sensim incrassata et patellis anticis circa duplo longiore) valde elongatis, parte patellari circa
dimidio longiore quam latiore. Pars tarsalis basi in calcar longum
gracile acuminatum procurvum producta est ; bulbus subcompressus
a latere visus inverse ovatus est, apice latissimo emarginato-truncato
et in angulo suo superiore in spinam sat longam deorsum curvatam
et directam producto ; in angulo inferiore dente acuminato sursum
(versus spinam illam) directo munitus est apex bulbi. *Pedes* graciles, sat longi, modice pilosi, aculeis nonnullis omnium gracillimis
armati ; cilia femorum 4[i] paris longissima, in duas series longas
parallelas disposita. *Abdomen* inverse ovatum, antice et postice
rotundatum (non antice productum).

Color.—*Cephalothorax* pallide luteus vel testaceus. *Sternum* et
labium testaceo-fuliginea. *Mandibulæ* fuscæ, aculeis nigris. *Maxillæ*
testaceæ, ad longitudinem nigricanti-lineatæ. *Palpi* testacei,
clava nigricanti, calcari partis tarsalis testaceo excepto. *Pedis*
basi latissime testacei, apicem versus vero magis magisque olivaceo-
testacei ; tibiæ saltem anteriores vestigia annuli basalis pallidioris
ostendunt. *Abdomen* cinerascenti- vel testaceo-olivaceum vittas
paucas transversas paullo pallidiores (obsoletas) in dorso ostendit
ut et vestigia macularum argentearum utrinque anterius in dorso ;
postice, ad latera, non multo supra anum, macula magna argentea
utrinque est ornatum, in medio ventris vero vitta argentea transversa lata, in medio postice angustata sive profunde emarginata,
quasi e duabus maculis subobliquis conflata. *Mamillæ* sordide
testaceæ.

Lg. corp. 3 : lg. cephaloth. 1½, lat. ej. parum plus 1, lat. front.
circa ⅔ : lg. abd. 1½, lat. ej. circa 1 millim. *Ped.* I 5½, II 4¾, III
paullo plus 2½, IV pæne 4 ; pat. + tib. IV pæne 1⅙ millim. Palpi
circa 2½ millim. longi.

Mandibulis longis spatioque sat magno a maxillis remotis et
solito altius quam eæ cephalothoraci injunctis hic mas speciem valde
peculiarem præ se fert, *Landana petitii*, Sim.[*], quodammodo
similis, sed non tantum mandibulis duplo brevioribus, verum etiam
oculorum dispositione, cet., a *Landana* differens. Cel. Simon *L.
petitii*, cujus modo mas adhuc cognitus est, ad *Archæoidas* refert—
an recte ?—Desuper visus cephalothorax *Callinethis elegantis*, ♂,
cephalothoraci *Mecysmauchenii segmentati*, Sim.[†], simillimus videtur.
Gen. *Mecysmauchenius*, quod id quoque a Cel. Simon *Archæoidis*

---

subjungitur, ab iis oculis modo sex et mamillis modo duabus differt, typum familiæ propriæ certe formans. (Conf. gen. *Prolochum*, n., p. 122, *supra*.) *Mas Callin-this elegantis*—et nescio an omnes mares generis *Callinethis*—evidenter demonstrare mihi videntur, longitudinem insolitam mandibularum marium et insolitam coniormationem cephalothoracis eorum, *ex longitudine illa prælentem*, non magni esse momenti in affinitate aranearum dijudicanda.

NEPHILA, Leach, 1815.

114. Nephila maculata (Fabr.).

Aranea maculata, *Fabr. Ent. Syst.* ii. p. 425 (1793).
Nephila maculata, *Thor. Ann. Mus. Genova*, xvii. p. 146 (1831); *id. op. cit.* xxv. p. 149 (1887) (ubi alia syn. videantur).

Magnam vim feminarum adultarum et juniorum, ut et mares adultos paucos ad Tharrawaddy collegit Cel. Oates; etiam ad Rangoon, ad Tonghoo et in Tenasserim hanc speciem cepit.

In mare adulto abdomen sæpissime unicolor est, pictura distincta carens; interdum vero vestigia macularum ejusmodi atque in femina ostendit venter ejus; nonnunquam fasciis duabus longitudinalibus flavis in dorso unaque in utroque latere ornatum est abdomen maris, per totam longitudinem ejus ductis.

*115. Nephila imperialis (Dol.).

Epeira imperialis. *Dol. Nat. Tijdschr. Nederlandsch Indië*, xiii. p. 413 (1857); Nephila imperialis, *Thor. Ann. Mus. Genova*, xiii. p. 118 (1878).
Nephila flagellans. *L. Koch. Die Arachn. Austral.* i. p. 153, tab. xii. figg. 5-6 *a* (1872)?
Nephila baeri, *Sim. Ann. Soc. Ent. France*, 2ᵉ sér. vii. p. 82 (1877).
Nephila holmeræ, *Thor. Ann. Mus. Genova*, xvii. p. 141 (1881).

Multa hujus speciei exempla adulta et juniora, præsertim feminea, ad Tharrawaddy a Cel. Oates collecta sunt; ad Rangoon feminam pullam cepit quoque.

N. imperialis (♀) valde variat, et non tantum ad colorem: in plerisque exemplis cephalothorax modo tibiam 4ⁱ paris longitudine æquat, in maximis vero æque longus est ac tibia 2ⁱ paris, sive ac tibia cum dimidia patella 4ⁱ paris. Pubescentia densa subter ad basin extremitatum in exemplis Birmanicis non lutea sed argentea est; sternum nigrum, tuberculum pone labium nigrum, reliqua sterni tubercula rufa vel testacea. Annulum e pube argenteo formatum in tibiis anterioribus non video: pedes nonnunquam (in exemplo maximo) toti nigri sunt, apice coxarum subter excepto; plerumque vero femora et tibiæ apice (et interdum metatarsi basi) plus minus late pallidiora sunt. Abdominis color præsertim variat. Dorsum ejus interdum vix ullam picturam distinctam habet, plerumque tamen 5 paria macularum rotundatarum lutearum, series duas secundum medium totius dorsi extensas formantium ostendit, et ad ipsam basin vittam transversam inæqualem luteam, plerumque e maculis tribus confluentibus formatam. Venter quoque interdum minus distincte pictum est; plerumque tamen vittam transversam luteam apud (pone) vulvam (quæ eâ formâ plane est atque in descriptione *N. holmeræ*, loc. cit. diximus) ostendit, et lineas duas longitudinales ab extremitatibus hujus vittæ retro ductas, striasque et maculas ejusdem coloris posterius. Sæpe, et præsertim in junioribus, dorsum abdominis, præter picturam illam, secundum latera vel in iis seriem macularum longiorum ostendit, et venter lineis jam dictis aliisque ita pictus est, ut area rectangula longiore quam latiore (postice stria transversa vel maculis duabus notata) et, pone eam, area breviore antice rotundata ab his lineis inclusis occupetur. Latera abdominis striis maculisque parvis variata sunt. Tota pictura lutea vel testacea est, pube argentea tecta. Long. feminæ adultæ 26–42 millim.!

Mas ad. mare *N. maculatæ* major est (7–11 millim. longus), et ab eo facile distingui potest. Color enim ejus obscurior est : cephalothorax ferrugineo-fuscus, pedes ad maximam partem nigricanti-fusci, abdomen supra paullo clarius olivaceo-fuscum vel nigricans, pictura carens. Procursus bulbi genitalis, paullo tortuosus, niger est, basi supra pallida : secundum circa ¾ longitudinis leviter et æqualiter retro curvatus est, tum vero subito angustatus et fortius anteriora versus curvatus, pæne ut in figura maris *N. flagellantis*, L. Koch (loc. cit. tab. xii. fig. 5), quæ figura dorsum abdominis fere ut in *femina N. imperialis* pictum repræsentat. Venter feminæ *N. flagellantis* (non vero dorsum abdominis ejus!) ad colorem simillimus est ventri *N. imperialis*: vid. ibid. figg. 6 et 6a.

Exempla juniora parva ex ins. Celebes multis abhinc annis in Museo Civico Genuensi vidi, quæ *N. imperialis* sunt, quamquam ea tum determinare non potui.—Num *N. wallacei*, Thor.*, ex insula illa, modo varietas *N. imperialis* est ?

NEPHILENGYS, L. Koch, 1872.

*116. Nephilengys malabarensis (Walck.).

Epeira malabarensis, *Walck. H. N. d. Ins. Apt.* ii. p. 102 (1841).
Nephilengys malabarensis, *Thor. Ann. Mus.* }
  Genova, xvii. p. 156 (1881): id. op. cit. xxviii. } (ubi cet. syn. vid.).
  (ser. 2ª, viii.) p. 188 (1890).   }

Exempla pauca, inter ea masculum et femineum adulta, ad Tharrawaddy et in Tenasserim capta sunt.

---

* Ann. Mus. Genova, x. p. 419.

ARGIOPE, Sav., 18 sui

117. Argiope u. emor.

Argiope undulata, *Thor. Ann. Mus. Gedxxv. p. 154 (1887).*

Feminae duæ adultæ ad Tharrawaddy sunt captæ.—Ante partum lobi sive tubercula abdominis marginalia anteriora obsoleta sunt, duo vero utrinque, quæ apicibus posticæ (tertiæ) vittarum dorsualium respondent, distinctissima. Quamquam *A. pulchella* valde allinis est hæc aranea, præsertim ad formam vulvæ, dorsi abdominis vittis tribus optime limitatis flavis, quæ vittis duabus ejusmodi nigricantibus vel nigris disjunctæ sunt, ut et colore pedum paullo alio, sino negotio ab ea distingui potest.

Hoc loco paucis marem describam, qui fortasso *A. undulata* est :

A. undulata, *Thor.* (?), *cephalothorace et pedibus testaceo-fuscis, femoribus 1' paris in latere interiore modo 1 . 1. aculeis armatis, femoribus 4' paris subter serie aculeorum circiter 3 munitis ; abdomine supra olivaceo-testaceo, maculis parvis albis in ordines duos rectos et posteriora versus appropinquantes dispositis notato ; bulbo genitali subter,extra, procursibus tribus valde conspicuis munito, primo (basali) eorum longo, forti, fere in medio in angulum pæne rectum fracto et sub apice obtuso spinula tenui prædito, prope basin vero, supra, dente instructo, procursu secundo (medio) lamellijormi, tertio sive apicali ex seta longa forti, cum procursu secundo parallela, formato.— ♂ ad. Long. circa 4½ millim.*

Mas.—Adeo similis mari *A. pulchellæ* est hic mas, ut modo res paucas de eo afferre necesse sit. *Cephalothorax* ad formam ut in mare illo est, impressionibus cephalicis debilibus, sulco centrali longo, distinctissimo. *Oculi* quoque ut in eo : oculi medii antici, spatio diametrum eorum vix æquante separati, paullulo longius inter se quam a lateralibus anticis distant. *Partes oris* ut in allinibus. *Palporum* pars patellaris paullulo latior est quam longior, seta longa supra munita ; pars tibialis parte patellari paullo brevior sed multo latior est, pæne duplo latior quam longior, apicem latissimo truncatum versus sensim paullo dilatata et præsertim in apice intus pilis paucis longis prædita ; pars tarsalis forma solita est, procursu basali forti, versus apicem anteriora versus fracto. Bulbus tres procursus ordinarios ut in *A. pulchella,* ♂, sitos habet, sed ad formam non parum differentes : procursus primus, basi foras et retro directus, non parum longior est quam in eo, et in medio pæne ad rectos angulos anteriora versus et foras fractus, setula recurva prope apicem, subter, instructus : ad basin ejus, supra, dens triangulus conspicitur. Procursus secundus lamellam longam apice rotundatam et ad angulum retro fractam (sive apice, postice, subito et late dilatatam), pæne securiformem format : procursus tertius sive apicalis, ei adjacens, modo ex seta longa fortissima constare videtur, quæ basi sua (secundum apicem bulbi) fortius curvata et foras directa est, tum deorsum curvata et directa, parte deorsum directa modo leviter curvata et pæne ad apicem procursus secundi pertinens.

M

Pedes plane ut in *A.* ?*chella* diximus aculeati videntur, eo excepto quod femora 4[i] paris⁻⁻⁻er, inter medium fere et apicem, seriem aculeorum saltem 3 tentil̄it.

Color.—Cephaloth[m] ⁊ et *pedes* testaceo-fusci, coxis pallidioribus ; *sternum, maxillæ, labium* et *palpi* (clava obscure fusca excepta) pallidiora, flavo-testacea ; posterius in cephalothorace adsunt vestigia pubescentiæ albicantis. *Abdomen* supra et in lateribus olivaceotestaceum, vestigiis macularum parvarum albicantium, quæ in duas series rectas longitudinales et posteriora versus appropinquantes, aream longam subtriangulam sive hastatam secundum medium dorsi extensam includentes dispositæ sunt. Venter niger, linea longitudinali alba utrinque limitatus.

Cel. Oates marem singulum ad Tharrawaddy invenit.

118. Argiope pulchella, Thor.

Argiope pulchella, *Thor. Ann. Mus. Genova,* xvii. p. 74 (1881) (= ♀) ; *id. op. cit.* xxv. p. 158 (1887) (= ♂).
Argiope versicolor, *id. op. cit.* xxviii. p. 95 (♂, non ♀) (1890)?

Exempla feminea nonnulla adulta et juniora maresque tres adultos ad Tharrawaddy collegit Cel. Oates ; marem unum ad Tonghoo invenit quoque. Procursus tertius apicalis bulbi genitalis maris, qui plerumque procursui secundo arcte applicatus est, setam longam acuminatam nigram continet, cujus apex interdum liber eminet ; quare hic procursus tum " in apice in dentem acuminatum fissus " (vid. descriptionem ejus loc. cit., 1887) videri potest. Pedes maris aculeis sat crebris et longis armati sunt ; femora e. gr. 1[i] paris supra 1 . 1 . 1., antice et postice 1 . 1. aculeos habent, tibiæ anteriores supra, antice et postice 1 . 1. aculeos, subter quoque 1 . 1. aculeos debiles ; subter femora omnia mutica sunt, eo excepto quod 4[i] paris saltem interdum aculeo ad apicem ibi sunt instructa. Oculi medii antici paullo longius inter se quam a lateralibus anticis remoti sunt. Tibiæ plerumque apice anguste nigræ.

Aranea ex Sumatra, quam 1890, loc. cit., ut marem *A. versicoloris* (Dol.) descripsi, ea quoque ad *A. pulchellam,* ♂, referenda videtur, etsi in femoribus 4[i] paris, subter, 1 . 1. aculeos, non modo aculeum singulum, habet. Femina *A. versicoloris* vix nisi forma vulvæ plane alia atque in *A. pulchella* ab hac distingui potest.

*119. Argiope catenulata (Dol.).

Epeira catenulata, *Dol. Verh. Nat. Vereen. Nederlandsch Indië,* v. p. 30, tab. ix. fig. 1 (1859) (= ♀).
Pronous (?) chelifer, *Van Hass. Midden-Sumatra,* cet., *Araneæ,* p. 24, pl. ii. fig. 3, pl. iv. fig. 7–10 (1882) (= ♂).
Argiope catenulata, *Thor. Ann. Mus. Genov.* xxviii. p. 90 (1890) (*ubi cet. syn. feminæ videantur*).
Argiope chelifera, *id. ibid.* p. 92 (= ♂).

Marem et feminam adultos ex Tharrawaddy feminamque juniorem ex Moulmein examinavi. Mas re vera idem est ac *Pronous* (?) *chelifer,* Van Hass. ; plaga antica maculæque media et laterales (tres utrinque) in dorso abdominis albidae sunt et pube sericea argenteo-alba tectæ fuisse videntur. Femora 1ⁱ paris intus aculeis 8 (non modo 5) armati sunt ; 4ⁱ paris femora subter ordinem aculeorum 4 habent, 3ⁱ paris subter fere in medio aculeum gracilem ostendunt ; reliqua femora subter mutica sunt.

120. Argiope æmula (Walck.).

Epeira æmula, *Walck. II. N. d. Ins. Apt.* ii. p. 118 (1841).
Argiope æmula, *Thor. Ann. Mus. Genov.* xvii. p. 63 (1881) (*u'ni alia syn. videantur*); *id. op. cit.* xxv. p. 164 (1887).

Exempla sat multa feminea paucissimaque mascula ad Tharrawaddy et Rangoon collecta sunt. Marem, quem ad *A. æmulam* loc. sup. cit. retuli, re vera marem esse hujus speciei, Col. Oates perspexit, qui feminam et mares tres—haud dubie in reti feminæ cum ea captos—in tubo vitreo speciali asservavit, " ♂ ♀, Tharrawaddy " signato.

HERENNIA, Thor., 1877.

121. Herennia multipuncta (Dol.).

Epeira (Argyopes) multipuncta, *Dol. Verh. Nat. Vereen. Nederlandsch Indië,* v. p. 32, tab. xi. figg. 1–1*b* (1859).
Herennia multipuncta, *Thor. Ann. Mus. Genov.* xxv. p. 166 (1887) (*ubi cet. syn. videantur*).
Herennia mollis, *id. ibid.* (=var.).

Exempla pauca feminea adulta et pulla ad Tharrawaddy, ad Rangoon et in Tenasserim collegit Oates. Apud exemplum ex Rangoon hanc ejus annotatiunculam magni momenti inveni : " Rangoon 8/8 87. Makes a web about 3 feet long on a smooth tree-trunk. Width ⅓ or ¼ of girth of tree. All the lines are vertical or horizontal, forming a perfect rope-ladder. The web follows the convexity of the trunk, and is everywhere about ⅛ inch from it. Verticals about 1 inch apart, horizontals about ¾ inch apart." Rete formæ adhuc plane ignotæ igitur facit *Herennia multipuncta* !

Postquam plura hujus speciei exempla vidi, veri simile mihi videtur, *H. mollem,* Thor., modo ejus varietatem esse, vix certo nisi abdomine supra molli et minus dense minusque fortiter impressopunctato a "*H. multipuncta*" sive forma principali speciei distinguenda. Ad spatia inter oculos serici anticæ quod attinet, in hac specie paullo variant : in junioribus fortasse semper sunt ut in "*H. molli*" loc. cit. diximus.

Marem parvum, quem hujus speciei cre⁰ . structura bulbi genitalis magis cum mare *Nephilengyis* r....abarensis convenit, quam cum maribus gen. *Argiopis* (*A. pulchellæ,* cet.), quibus in universum sat similis est, jam describam :

H. multipuncta (*Dol.*) *cephalothorace fusco-testaceo, fascia brevi longitudinali alba in medio et umbra longitudinali nigricanti utrinque notato ; pedibus testaceo-nigricantibus, basi late clarioribus, femoribus apice late nigris vel annulis binis nigris cinctis : abdomine ovato, depresso, integro, nitidissimo, olivaceo-testaceo ; clava palporum sub-globosa, bulbo parum complicato, subter in procursum fortem omnium longissimum, tortuosum vel fere L-formem, basi antice lamina quadam flavo-testacea inclusum exeunte.— ♂ ad. Long. circa 3½ millim.*

Mas.—Cephalothorax paullo longior est quam latior, anterius utrinque vix sinuatus, in lateribus partis thoracicæ ample rotundatus, partis vero cephalicæ lateribus rectis anteriora versus sat fortiter angustatus, fronte dimidiam partem thoracicam latitudine fere æquante, fortiter rotundata, tuberculo oculorum mediorum anticorum satis prominente, his oculis ut lateralibus anticis paullo prominulis. Humilis est cephalothorax, dorso a latere viso ante declivitatem posticam brevem modo antice paullo proclivi (area oculorum mediorum etiam paullo magis proclivi) et subconvexo, præterea recto ; im-pressiones cephalicæ debiles sunt, sulcus centralis sat longe retro locatus et in depressione lata positus. Clypei altitudo diametrum oculi medii antici circiter æquat, vix superat. Nitidus, lævis et glaber est cephalothorax. *Oculorum* series antica a fronte visa sat fortiter sursum curvata est, series postica pæne æque fortiter deorsum curvata ; desuper visa series postica recta est, antica fortiter recurva. Area oculorum mediorum, quorum antici posticis multo majores sunt, plane quadrata mihi videtur. Spatium inter oculos medios anticos eorum diametrum circiter æquat et non parum majus est quam spatia quibus a lateralibus anticis distant ; medii postici, spatio diametro sua circa dimidio majore separati, a lateralibus posticis spatiis diametrum illorum modo æquante distant. Oculi bini laterales, suo quisque tuberculo impositi, mediis posticis paullo minores sunt, et spatio oculi diametrum vix æquante separati. *Sternum* subtriangulum, nitidissimum et lævissimum.

Mandibulæ paullo reclinatæ, ovato-conicæ, ad basin femoribus anticis paullo crassiores, fere duplo longiores quam latiores, in dorso versus basin leviter convexæ. *Maxillæ* paullo longiores quam latiores, extra fortiter rotundatæ, apice oblique truncatæ, in *labium* plus duplo latius quam longius et pæne semicirculatum paullo inclinatæ. *Palpi* breves, clava subglobosa femoribus anticis saltem duplo latiore. Pars patellaris æque lata ac longa est, seta erecta supra munita ; pars tibialis eâ paullulo longior et, apice, non parum latior est, a basi ad apicem truncatum sensim dilatata, non parum latior apice quam longior, pilis longis supra sparsa. Pars tarsalis late ovata et convexa bulbum genitalem modo intus tegit ; procursus ejus ordinarius basalis angustus et bulbo appressus est visus (?). Bulbus suborbiculatus et parum complicatus subter procursu longissimo et fortissimo, ipso bulbo longiore, tortuoso, fere L-formi est munitus : pars longa basalis hujus procursus magis retro directa et leviter procurva est, et antice ad basin procursu quodam longo pallido quasi limitata vel inclusa ; apice subito in ramos duos, anticum et posticum, transit, quorum posticus brevis et dentiformis est, anticus longus (parte basali tamen brevior), primum rectus,

dein cito sursum curvatus, denique apice (acuminato) anteriora
versus curvatus, quodammodo S-formis igitur. *Pedes* modice longi,
gracillimi, aculeis gracilibus armati ; coxæ, ut femora, subter
muticæ sunt, femoribus 4' paris exceptis, quæ subter ad apicem
saltem 1 aculeum ostendunt. Metatarsi anteriores tibiam cum
patella longitudine modo æquant, non, ut in femina, superant.
Abdomen pulchre ovatum, marginibus integris (non lobatis), depressum, nitidissimum, cute dorsuali paullo duriore.

Color.—*Cephalothorax* fusco-testaceus, fascia media longitudinali
antice et postice abbreviata alba notatus ; utrinque in parte thoracica
vestigia umbræ longitudinalis nigricantis ostendit. *Mandibulæ*
fusco-testaceæ. *Sternum, maxilla* et *labium* testacea. *Palpi* testacei, clava testaceo-nigricanti. *Pedes* nigricanti-testacei, basi late
testacei, femoribus apice late nigricantibus vel duobus annulis
nigricantibus, in apice et versus eum, cinctis. *Abdomen* supra
olivaceo-testaceum, paullo albicanti-punctatum, punctis ordinariis
impressis 4 infuscatis. In lateribus abdomen linea nigricanti
cinctum videtur. Venter testaceo- et albicanti-variatus est.

Lg. corp. 3½ ; lg. cephaloth. pæne 2, lat. ej. parum plus 1¼, lat.
front. circa ⅔ ; lg. abd. parum plus 2, lat. ej. pæne 1¼ millim.
Ped. I 8, II 7½, III pæne 4¼, IV 6⅔ ; pat.+tib. IV 1¾ millim.
Exemplum singulum ad Tharrawaddy captum est.

GEA, C. L. Koch, 1843.

*122. Gea subarmata, Thor.

Gea subarmata, *Thor. Ann. Mus. Genova*, xxviii. p. 101 (1890).

Feminas paucas, 5–7 millim. longas, ad Tharrawaddy collegit Cel.
Oates.—Cephalothorax in fundo obscure fuscus, interdum ferrugineus, interdum niger est, parte cephalica pallidiore et punctis
duobus nigricantibus postice notata ; pars thoracica plerumque
dense pallido-radiata et in lateribus pallido-marginata. Sternum
nigrum vel nigricans, fascia longitudinali simplici flavissima
ornatum, tuberculis marginalibus quoque plerumque flavis vel
luteis. Pedes plerumque distincte nigro- vel ferrugineo-annulati
et nigro-punctati, femoribus et tibiis tum annulis medio et apicali
cinctis, patellis apice late, metatarsis et tarsis apice anguste nigris ;
interdum vero annuli plus minus obsoleti sunt. Abdominis color
valde variat. Superius cinerascenti-testaceum vel nigricans est,
pictura interdum vix ulla, modo punctis albicantibus, interdum
vittis inæquales parum distinctas antice in dorso formantibus, conspersum ; interdum lineas transversas flexuosas (1–)3 sat breves
nigras ostendit, quarum postica aream sat magnam triangulam
nigricantem posterius in dorso sitam et linea flexuosa nigra utrinque
limitatam antice definit ; interdum lineæ nigræ plus minus bene
maculas rotundatas albas, interdum sericeo-albo-pubescentes, limitant, quæ maculæ tum series longitudinales saltem duas secundum
medium dorsi (ubi maculæ posteriora versus gradatim magnitudine

decrescunt) et unam in utroque latere formant. Venter, secundum medium nigricans, fascias duas longitudinales rectas parallelas albicantes ostendit, quæ ex maculis paucis plus minus confluentibus interdum sericeo-albis formatæ sunt; utrinque apud mamillas duæ ejusmodi maculæ conspiciuntur.—*G. (Ebaw) bituberculata,* Thor.*, ex Nova Guinea, valde affinis hæc species haud dubie est : forma vero vulvæ in ea plane alia atque in *G. subarmata* videtur.

**123. Gea festiva, sp. n.

Cephalothorace cum mandibulis luteo-rufo, reliquis partibus oris, sterno et coxis luteis, palpis pallido-testaceis, pedibus pallide testaceis quoque, dense nigro-annulatis; abdomine nigro, superius ordinibus longitudinalibus tribus macularum majorum sericeo-albarum ornato et maculis minoribus ejusdem coloris consperso ; vulva ex tuberculo sat parvo alto transverso constante, quod paullo ante medium foveas duas transversas, intervallo X *-formi separatas ostendit.—* ♀ ad. *Long.* 4½-6 *millim.*

Femina.—Cephalothorax eadem forma plane est atque in *G. subarmata* (vid. descriptionem hujus, loc. supra, p. 165, cit.). *Oculi* ut in ea fere : medii postici tamen mediis anticis evidenter majores sunt, laterales posticos magnitudine saltem æquantes ; laterales antici lateralibus posticis plus duplo minores sunt, spatio vix ullo ab iis separati. Series oculorum anticorum a fronte visa paullulo deorsum est curvata, series vero, quam formant medii antici cum lateralibus posticis, hoc modo visa recta est. Series oculorum 4 posticorum, quæ a fronte visa sat fortiter deorsum curvata est, desuper visa fortissime est procurva : oculi medii postici cum lateralibus posticis trapezium non parum latius antice quam longius et duplo latius antice quam postice formant ; trapezium ab oculis 4 mediis formatum saltem ¼ longius est quam latius antice, et plus dimidio (vix duplo) latius antice quam postice. Spatium inter oculos medios anticos eorum diametro paullo majus est, et paullo majus quam spatia, quibus hi oculi a lateralibus anticis sunt sejuncti : a margine clypei spatio diametrum suam circiter æquante remoti sunt, ab oculis mediis posticis spatio hac diametro saltem triplo majore. Oculi medii postici spatio sunt disjuncti, quod eorum diametro plus dimidio (vix duplo) majus est : a lateralibus posticis spatio etiam majore, duplam eorum diametrum æquante, distant. *Mandibulæ* pæne duplo et dimidio longiores quam latiores sunt, femoribus anticis paullo angustiores. *Palporum* pars tarsalis apicem versus sensim angustata, subacuminata. *Pedes* mediocres, modice pilosi, aculeis gracilibus sat crebris armati. *Abdomen* pæne dimidio longius quam latius, subovatum, antice rotundato-truncatum et lateribus primum pæne rectis, tum leviter rotundatis usque fere ad medium sensim paullo dilatatum, dein lateribus rotundatis citius angustatum, postice obtusum, mamillis parum ante apicem dorsi

---

* Ann. Mus. Genova, xvii. p. 60 (1881).

positis; a latere visum modice et æqualiter convexum est abdomen, non depressum. Anguli dorsi basales sive humerales in tubercula duo sat humilia subconica sursum et paullo foras directa elevata sunt. *Vulva* ex tuberculo sat parvo alto transverso subovato nitido pallido constat, quod paullo ante medium duas foveas magnas transversas in fundo nigras ostendit, interstitio fere ꓵ-formi separatas.

Color.—*Cephalothorax* in fundo luteo-rufus est, *sternum* luteum, fascia longitudinali minus lata pallide flava. *Mandibulæ* ferrugineo-rufæ, *maxillæ* et *labium* lutea. *Palpi* pallide testacei, parte tarsali densius nigro-pilosa. *Pedes* quoque pallide testacei vel flaventes, dense et distinctissime nigro-annulati, coxis et trochanteribus luteis: femora, tibiæ et metatarsi annulis binis plus minus latis nigris, medio et apicali, cincta sunt et, femoribus posterioribus exceptis, etiam basi anguste nigra, patellæ et tarsi apice nigra. *Abdomen* in fundo nigrum est, declivitate antica albicanti, et maculis rotundatis vel subtransversis sericeo-albis pulchre pictum: superius tres series longitudinales macularum ejusmodi posteriora versus magnitudine decrescentium ostendit, unam secundum medium dorsi, reliquas duas apud latera abdominis extensas. Præterea maculis parvis punctisque sericeo-albis conspersum est dorsum. Venter niger utrinque maculis duabus majoribus sericeo-albis inter se plus minus coalitis est ornatum, et utrinque apud mamillas maculis binis ejusdem coloris. *Mamillæ* subluteæ.

Lg. corp. 6; lg. cephaloth. 2½, lat. ej. 2¼, lat. front. 1; lg. abd. 4, lat. ej. pæne 3¼ millim. Ped. I 9½, II 9¼, III 5½, IV 9; pat.+tib. IV 3 millim.

Tres feminæ adultæ ad Tharrawaddy a Cel. Oates inventæ sunt.— Cel. Workman hanc speciem in ins. Singapore cepit.

124. Gea nocticolor, Thor.

Gea nocticolor, *Thor. Ann. Mus. Genova*, xxv. p. 170 (1887).

Feminam singulam adultam ad Tharrawaddy cepit Cel. Oates.

POLTYS, C. L. Koch, 1843.

**125. Poltys pannuceus, sp. n.

Cephalothorace fusco, pedibus in fundo subferrugineis, nigro-annulatis -maculatisque; abdomine supra cinerascenti-argenteo, maculis duabus magnis nigris (posteriore earum maxima) secundum medium, versus latera vero lineis paucis transversis nigris ornato: breviter ovato, antice superius in procursum sat longum et crassum (⅕ latitudinis maximæ abdominis diametro fere æquantem), anteriora versus et sursum directum, apice truncatum et 4-tuberculatum, et utrinque in medio et ad basin quoque tuberculo instructum producto, abdomine præterea serie tuberculorum marginalium libratorum 12 cincto et tuberculis duobus magnis paullo supra humeros sitis aliisque

duobus paullo minoribus longe postice locatis in dorso munito.—
♀ ad. *Long. circa* 12¼ *millim.*

Femina.—Cephalothorax inverse cordiformis fere, antice sub-
acuminatus, humilis, sulco forti pæne semicirculari inter partes
thoracicam et cephalicam constrictus, et sulco centrali longitudinali
forti, a sulco illo retro ducto præditus ; in lateribus partis thoracicæ
ample (posterius fortiter) rotundatus est, utrinque anterius modice
sinuatus, parte cephalica sat parva et angusta lateribus eat fortiter
rotundatis anteriora versus sensim angustata, inter oculos laterales
anticos et posticos denuo sinuata et fortius angustata, parte apicali
hoc modo formata et oculos sex anteriores gerente ea quoque apicem
versus sensim sat fortiter angustata, latiore basi quam longiore et
multo longiore quam latiore apice, ubi truncata et directa est et
oculos 4 medios gerit. A latere visus cephalothorax inter partes
thoracicam et cephalicam fortiter depressus est, utraque harum
partium sat fortiter convexa, thoracica præsertim, quæ parte
cephalica paullo est altior : hæc pars anteriora versus leniter proclivis est, a parte sua apicali depressione forti separata : a latere
visa pars apicalis (subquadrata) ita postice brevius et fortius
declivis evadit. A fronte visa series *oculorum* anticorum leviter
sursum est curvata. Oculi medii, magnitudine fere æquali, aream
pæne quadratam, modo paullulo latiorem postice quam antice et
paullo latiorem postice quam longiorem occupant : spatium inter
medios anticos eorum diametro non parum majus est, spatium inter
medios posticos eorum diametro pæne duplo majus. Spatia, quibus
medii antici a lateralibus anticis distant, paullo minora sunt quam
intervallum inter illos, eorum diametrum circiter æquantia ;
spatium inter oculos binos laterales his spatiis saltem triplo majus
est.

Mandibulæ circa triplo longiores quam latiores, femore antico
fere duplo angustiores, apicem versus sensim paullo angustatæ, in
dorso parum convexæ ; nitidæ sunt, transversim tenuiter striatæ,
pilis patentibus minus dense sparsæ : sulcus unguicularis dentibus
fortibus postice 3, antice 4 (apicali horum reliquis latiore) armatus.
Palpi longi, dense pilosi et aculeati. *Pedes* mediocres, metatarsis
tarsisque apicem versus attenuatis, tibiis anterioribus et 4' paris
paullo foras curvatis. Aculeis crebris ad magnam partem brevibus
armati sunt pedes ; in latere interiore tibiarum et metatarsorum
pedum anteriorum aculei densissimi et appressi sunt, ad partem sat
longi, plerique tamen brevissimi. *Abdomen*, depressum et valde
tuberculatum (tuberculis mollibus, subconicis, plus minus obtusis),
breviter ovatum dici potest ; antice tamen in procursum fortissimum
anteriora versus et sursum directum est productum, qui paullo
longior est quam latior, in medio paullo latior quam antice et
postice, antice (apice) truncatus et directus, et hic tuberculis sat
parvis 4 in quadratum dispositis in angulis munitus : in medio
utrinque tuberculum majus foras et anteriora versus directum habet
hic procursus, et ad basin utrinque tuberculum ejusmodi minus.
Latitudo procursus sextam partem latitudinis maximæ abdominis
circiter æquat. Præterea abdomen serie tuberculorum marginalium

libratorum cinctum est, sex utrinque (posteriora eorum anterioribus majora sunt), et 4 tuberculis fortibus in dorso, duobus sursum et foras directis paullo supra humeros sitis, duobus longe postice, paullo supra et ante tubercula marginalia ultima, quae non parum supra anum locum tenent. *Vulva* ex area sat parva elevato-marginata constat, quae (ab ano inspecta) postice, ad ipsam plicaturam genitalem, aream transversam subrhomboidem format, in qua maculae duae fuscae conspiciuntur, spatio sat magno separatae.

Color.—Cephalothorax obscure fuscus, antice (saltem in apice antico oculigero ferrugineo) luteo-, praeterea albicanti-pilosus. *Sternum* ferrugineum. *Mandibulae* nigro-piceae, *maxillae* et *labium* fusca, illae intus, hoc apice anguste testacea. *Palpi* ferrugineo-testacei, dense pallido-pilosi, aculeis piceis. *Femora* ferruginea (*P.* paris subpicea) sunt, *pedes* praeterea testaceo-ferruginei, nigro-annulati et maculati, annulis binis plus minus separatis, apicali et fere medio, in tibiis et metatarsis praesertim conspicuis ; supra pube brevi densa cinerea et nigra vestiti et variati sunt pedes, excepto in femoribus, quae subter, ut reliqua internodia subter, minus dense pallido-pubescentes et-pilosi sunt. Aculei plerique nigri. *Abdomen* supra ad maximam partem cinerascens est, nigris maculis et lineis ornatum, in partibus cinerascentibus pube brevi densa argentea vestitum, procursu antico in fundo obscurius cinereo et maculis parvis nigris consperso: antice, inter et paullo pone tubercula duo anteriora dorsi, maculam magnam subtransversam, inverse triangulo-cordiformem fere, nigram ostendit abdomen, et pone eam maculam etiam majorem subtriangulam (angulis rotundatis) nigram, cujus basis paene usque ad tubercula dorsi posteriora pertinet, et cujus apex modo linea brevi recurva a basi maculae anterioris divisa est. Tubercula marginalia sordide testacea sunt, dorsualia paullo obscuriora, anteriora eorum basi nigro-variata : pone ea in utroque latere dorsum lineas transversas nigras circa 4 ostendit, inter tubercula marginalia pertinentes. Latera abdominis posterius magis supra obscure fusca sunt, praeterea, eum ventre posterius et spatio sat parvo supra mamillas, cinereo-testacea : venter pone plicaturam genitalem, praesertim anterius, fuligineus est; utrinque apud *mamillas* sordide testaceas maculae duae flaventes conspiciuntur.

Lg. corp. 12¼ ; lg. cephaloth. 5½, lat. ej. 4½, lat. front. circa 1 ; lg. abd. ab apice procursus antici ad anum 12⅔, a basi hujus procursus ad anum 9½, lat. ej. apud humeros 7 millim. Ped. 1 21½, II 20, III 14, IV 17 : pat.+tib. IV 6 millim.

Femina unica, ad Rangoon capta.

EUETRIA, Thor., 1887.

126. **Euetria moluccensis** (Dol.).

Epeira moluccensis, *Dol. Nat. Tijdschr. Nederlandsch Indië*, xiii. p. 418 (1857): *Thor. Ann. Mus. Genova*, xiii. p. 40 (1878) (*ubi alia syn. videantur*).
Euetria moluccensis, *id. op. cit.* xxviii. p. 111 (1890).

Ad Tharrawaddy feminas duas, adultam et juniorem, invenit

Cel. Oates, aliamque feminam adultam ad Rangoon. Cum ea, in reti ejus, duo exempla " araneæ parasitæ " (*Argyrodis fissifrontis*, Cambr.) cepit ; quum nihil de forma hujus retis in annotatiuncula sua dixerit vir clarissimus, veri simile mihi videtur, id formâ retium Orbitelariarum solitâ fuisse.

127. Euetria feæ, Thor.

Euetria feæ, *Thor. Ann. Mus. Genova*, xxv. p. 174 (1887).

Sat multa hujus speciei exempla, adulta et juniora, ad Tharra-waddy et Rangoon collegit Cel. Oates. Mas feminâ *non* multo minor est, sed eam magnitudine fere æquat. Feminæ adultæ $9\frac{1}{2}$- 13 millim. longæ sunt ; vulva ex fovea maxima circa duplo latiore quam longiore, antice bis rotundata, in lateribus anterius fortiter rotundata (lateribus postice rectis et parallelis) constat, quæ postice late aperta est, antice et in lateribus margine nigricanti præsertim antice valde alto limitata : hæc fovea septo sat brevi pallido, antice angusto, posteriora versus vero sensim fortiter dilatato, ad ipsum ventrem denuo subito dilatato, e medio marginis antici foveæ exeunte in duas divisa est.

128. Euetria salebrosa (Thor.).

Epeira salebrosa, *Thor. Ann. Mus. Genova*, xiii. p. 48 (1878). Euetria salebrosa, *id. op. cit.* xxviii. p. 115 (1890).

Exempla nonnulla feminea ad Tharrawaddy sunt capta. Mas hujus speciei adhuc ignotus est.

EPEIRA (Walck.), 1805.

129. Epeira de haanii, Dol.

Epeira de haanii, *Dol. Verh. Nat. Vereen. Nederlandsch Indië*, v. p. 33, pl. ii. fig. 7 (1859); *Thor. Ann. Mus. Genova*, xxv. p. 178 (1887) ; *id. op. cit.* xxviii. p. 125 (1890) (*ubi alia syn. videantur*).
Epeira bogoriensis, *Dol. tom. cit.* p. 35, pl. xi. fig. 7 (?).
Epeira submucronata, *Sim. Journ. Asiatic Soc. Bengal*, lvi. p. 106 (1887).
Epeira crestata, *Thor. Ann. Mus. Genova*, xxviii. p. 122 (1890) (= ♂).

Exempla feminea nonnulla adulta et juniora ad Tharrawaddy lecta sunt. Pleraque eorum (non omnia) tuberculum distinctum tertium sub tuberculis duobus apicalibus abdominis ostendunt (*E. submucronata*, Sim.).—*E. bogoriensis*, Dol. (ex Java), secundum figuram, non ad naturam, a Doleschall descripta, vix ab *E. de haanii* sive *E. spectabili* ejus differt. Etiam *E. balanus*, Dol. (*loc. cit.* p. 36, tab. iii. fig. 1) fortasse ad eandem speciem est referenda, ut *E. caput lupi*, Dol. (*loc. cit.* p. 35, tab. viii. fig. 6).—

Color praesertim abdominis in femina valde variat : in exemplis ex Tharrawaddy dorsum ejus interdum supra sordide ferrugineum vel subtestaceum est, pictura vix ulla ; in exemplo uno (juniore) cinereo-ferrugineum est dorsum abdominis, area ante et inter tuborcula humeralia, cum iis intus, atra et maculis duabus parvis albis, Λ antice abruptum formantibus in medio notata ; paullo pono hanc aream, quae in medio postice sat late truncata est, macula sat magna triangula atra, apice retro directo conspicitur.

Marem minutum, quem sub nomine *E. castata* descripsi, marem *E. de haanii* nunc credo. Exemplum ejus ad Tharrawaddy cepit Cel. Oates. Abdomen hujus exempli supra nigrum est, fascia lata cinerea intus angulato-flexuosa secundum utrumque latus extensa ornatum, quibus fasciis area dorsualis nigra subtriangula non ita lata includitur.

*130. Epeira (Cyrtophora ?) unicolor, Dol.

Epeira unicolor, *Dol. Nat. Tijdschr. Nederlandsch Indië*, xiii. p. 419, (1857) ; *id. Verh. Nat. Vereen. Nederl. Indië*, v. pl. ii. fig. 1 (1859) ; *Thor. Ann. Mus. Genova*, xiii. pp. 53 & 296 (1878).
Epeira stigmatisata, *Karsch, Zeitschr. f. d. ges. Naturwiss.* li. p. 326, pl. xi. fig. 3 (1878) (?).
Epeira stigmatisata, var. serrata, *Van Hass. Midden-Sumatra, cet., Aran.*, p. 21, pl. ii. fig. 1, & pl. iv. fig. 5 (1882).
Epeira serrata, *Thor. Ann. Mus. Genova*, xxviii. p. 33 (1890).

Postquam exempla Birmanica, quae cum descriptione et figuris a Van Hasselt *loc. cit.* datis plane congruunt, cum exemplis *E. unicoloris* ex Amboina comparare potui, dubium mihi quidem esse non potest, quin sit species Van Hasselti eadem ac Doleschallii, quum ab hac modo dentibus et granulis cephalothoracis pustulisque dorsi abdominis paullo fortioribus discrepet ; praeterea structura totius corporis, etiam vulvae, ut color, in his duabus formis eadem est. *E. stigmatisata*, Karsch, contra, synonymon minus certum videtur, quum in hac aranea, secundum Karsch, oculi laterales bini aeque longe inter se atque oculi medii inter se distant, et de granulis *sterni* mentio facta sit : in *E. unicolore* sternum granulis caret, et oculi medii antici evidentissime (circa dimidio) longius a mediis posticis distant quam laterales bini inter se (oculi medii aream paullo longiorem quam latiorem antice et paullo latiorem antice quam postice occupant). Vulva *E. unicoloris* interdum, ut in exemplo a me *loc. cit.* 1878 descripto, quasi immissa est ; sed, quum extrahitur, talem formam fere habet, qualem dicit Van Hasselt *loc. cit.* : area parva cornea vulvae postice truncata est et hic foveas duas extus rotundatas, paene semicirculatas, retro vergentes et totam latitudinem marginis ejus postici occupantes ostendit ; quae foveae non a margine areae vulvae formantur, sed suo quaeque margine corneo limitatae sunt et septo directo, ipsis foveis paullo angustiore, separatae ; fundus utriusque foveae interdum intus, infra, tuberculum humile nigrum formare videtur.

*131. Epeira (Cyrtophora) citricola (Forsk.).

Aranea citricola, *Forskål, Descript. Animalium .... quæ in itinere orient. observ., cet.*, p. 86 (1775); *id. Icones rer. natural.* pl. xxiv. fig. D (1776).

Epeira opuntiæ, *Duf. Ann. gén. Sci. phys.* v. p. 355, pl. lxix. fig. 3 (1820); *Walck. Ins. Apt.* ii. p. 140; *Atl.* pl. xviii. fig. 2 D et 2 d (1841).

Epeira citricola, *Walck. Ins. Apt.* ii. p. 143 (1841).

Epeira cacti-opuntiæ, *Lucas, in Webb & Berthelot, Hist. Nat. des îles Canaries, Anim. Art. Arachn., cet.*, p. 40, pl. vi. fig. 7-7 a (181..).

Epeira emarginata, *id. in Thomson, Arch. Ent.* ii. p. 42, pl. 12. fig. 5 (1858).

Epeira flava, *Vinson, Aran. des îles Réun. Maurice et Madag.* pp. 222 & 313, pl. viii. fig. 3 (1863).

Cyrtophora sculptilis, *L. Koch, Die Arachn. Austral.* [i.] p. 128, pl. ix. fig. 9 et 9 a (1872) (?).

Cyclosa citricola, *Gerst., Von der Decken's Reisen in Ost-Afrika*, iii. 2, p. 494 (1873).

Cyrtophora opuntiæ, *Sim. Les Arachn. de France*, i. p. 34, pl. i. fig. 3 (1874).

Exempla feminea (detrita) sat multa ad Tharrawaddy et Rangoon collegit Col. Oates. Ad varietatem illam, quam *E. flavam* appellat Vinson, referenda sunt: abdomen supra sordide flavens est, ad ipsam basin plerumque maculis duabus oblongis inæqualibus vel cuneiformibus nigris, Λ albo vel annulo angusto angulato albo (quod interdum unum versus continuatur) sejunctis notatum, sæpissime alia pictura distincta in dorso carens; interdum tamen linea angulato-undulata albicans intus nigro-marginata per tubercula utriusque lateris ducta aream dorsualem includunt. Magnitudo harum feminarum adultarum valde variat: 6¾-12 millim. longæ sunt! Spatium inter oculos medios posticos corum diametro paullo majus est vel hanc diametrum æquat. Vulva ex area sat parva nigricanti ad ipsam plicaturam genitalem sita constat, quæ postice truncata est et hic foveas duas retro spectantes ostendit, quæ suo quæque tuberculo rotundato repletæ sunt: hæ duæ foveæ septo brevi angusto sunt disjunctæ. Scapo libero igitur caret *E. citricola* (Forsk.) sive *E. opuntiæ*, Duf., hac re (et tuberculis dorsi ante apicem dorsi modo quattuor, cet.) ab *E. opuntiæ*, C. L. Koch *, differens: hæc enim vulvam scapo " pæne 2 lin. longo, sinuato-curvato acuiformi " præditam habere dicitur.

Epeira dorsuosa, Blackw.†, *E. citricolæ* valde affinis haud dubie est: ab ea præsertim eo differre videtur, quod dorsum abdominis ejus pustulis nitidis ("glossy convexities, in bas-relief") conspersum est.

Col. Workman exemplum femineum adultum modo 6¾ millim. longum et pulcherrime pictum in ins. Singapore nuper cepit, quod varietatem *E. citricolæ* credo, etsi spatium inter oculos medios posticos eorum diametro evidenter paullo minus habet: in exemplis

---

* Die Arachn. xi. p. 102, tab. ccclxxx. fig. 909.

† Ann. Mag. Nat. Hist. 3 ser. xviii. p. 462 (1866).

æque magnis ex Birmania spatium illud oculi diametrum saltem æquat. In his exemplis, ut in illo ex Singapore, oculi bini laterales spatio diametro sua evidenter paullo minore separati sunt. Exemplum ex Singapore ad *Cyrtophoram sculptilem*, L. Koch, referendum videtur, sed propria species vix est. Vulva ejus plane eadem est forma atque in *E. citricola.*

Cel. Cavanna* dicit pullos hujus speciei "ut reliquæ Epeiræ" rete orbiculatum construere, adultas vero supra rete "irregulare" rete tenuissimum libratum e maculis rectangulis compositum fabricare.

*132. Epeira (**Cyrtophora**) exanthematica, Dol.

Epeira exanthematica, *Dol. Verh. Nat. Vereen. Nederlandsch Indië*, v. p. 38, tab. iii. fig. 3, tab. xi. fig. 4 (1859); *Thor. Ann. Mus. Genova*, xiii. p. 57 (1878).

Duæ feminæ juniores ad Tonghoo captæ sunt.

133. Epeira (Cyrtophora**) acrobalia, sp. n.

Cephalothorace luteo-ferrugineo, tuberculo oculorum mediorum non elevato, modice proclivi, oculis mediis aream antice paullo latiorem quam postice occupantibus, anticis eorum non dimidio longius a lateralibus anticis quam inter se remotis, oculis binis lateralibus spatio distinctissimo separatis, serie oculorum postica sat leviter recurva; pedibus vix aculeatis, fusco-testaceis, dense fusco-annulatis; abdomine paullo longiore quam latiore, præne triangulo, depresso, antice truncato, angulis in tuberculla duo fortia subconica foras directa productis, lateribus primum, apud (pone) hæc tuberculla, paullo sinuatis, dein leviter rotundatis posteriora versus sensim angustato et in angulum truncatum desinente; dorso abdominis luteo-ferrugineo, in tuberculis humeralibus lineola recta obliqua albicanti notato, pone eu vero serie longitudinali linearum transversarum albicantium 3-4 in medio plus minus evidenter abruptarum notato, quarum apices fortiter anteriora versus et intus curvati sunt, apice dorsi infra lineola crassa alba in medio subabrupta signato.— ♀ jun. Long. saltem 7¾ millim.

Femina jun.—*Cephalothorax* vix ¼ longior quam latior, non altus, utrinque anterius fortiter sinuato-angustatus, impressionibus cephalicis fortibus, fovea ordinaria centrali magna in declivitate postica locata. Pars cephalica sat magna est, lateribus leviter rotundatis anteriora versus sensim paullo angustata, fronte dimidiam partem thoracicam latitudine æquante; tuberculum oculorum mediorum desuper visum sat fortiter prominet; tubercula duo oculorum lateralium paullo prominentia quoque sunt. A latere visum dorsum ante declivitatem posticam longam præne rectum et parum proclive est, modo antice versus oculos medios posticos fortius

---

convexo-proclive (nullibi assurgens); area oculorum mediorum, inter oculos paullo convexa, etiam fortius proclivis est. *Oculi* medii, qui fere eadem magnitudine videntur et lateralibus sub-æqualibus non parum majores sunt, aream æque longam ac latam antice, et paullo latiorem antice quam postice occupant. Desuper visa series oculorum antica sat leviter, postica fortius recurva est; a fronte visa series antica leviter sursum est curvata, postica modice deorsum curvata. Oculi medii postici spatio diametrum suam æquante sunt separati; reliqua intervalla inter oculos medios eorum diametro evidenter majora sunt. Oculi medii antici non parum, sed non dimidio, longius a lateralibus anticis quam inter se distant: medii postici a lateralibus posticis circa duplo longius quam inter se remoti sunt. Oculi bini laterales, tuberculo humili (non lateri exteriori costæ ante oculos prominentis) impositi, spatio oculi dia-metro fere duplo minore disjuncti sunt.

Mandibulæ femoribus anticis parum angustiores, præne duplo et dimidio longiores quam latiores, versus basin modice convexæ. *Sternum, maxillæ* et *labium* ut in affinibus. *Palporum* pars tar-salis in dimidio basali cylindrata est, dein sensim attenuata et sub-acuminata. *Pedes* breviores et sat robusti, pilosi et setosi, aculeis veris, ut videtur, carentes. *Abdomen* paullo longius quam latius, sat humile et parum convexum; desuper visum triangulum est et antice latissime truncatum, angulis tubercula duo subconica fortia foras et paullulo sursum directa formantibus, antice inter hæc tubercula latissime et leviter concavatum; in lateribus antice, apud ea, subsinuatum est, lateribus dein leviter rotundatis posteriora versus sensim angustatum, apice angulum truncatum vel quasi tuberculum obtusissimum formante. A latere visum subrhomboide est abdomen, circa duplo longius quam latius, non multo altius antice quam postice, ubi late et paullo oblique est truncatum; in dorso rectum est. Antice dorsum ejus pustulis minutis nitidis con-spersum est, et foveolis impressis quattuor ordinariis munitum.

Color.—Cephalothorax testaceo-ferrugineus, minus dense albi-canti-pilosus. *Sternum* nigricans, secundum medium paullo clarius; duas maculas marginales paullo clariores utrinque habere videtur quoque. *Mandibulæ* pallidius fusco-testaceæ; *maxillæ* et *labium* testaceo-fusca, apice clariora. *Palpi* fusco-testacei, partibus tribus ultimis, tarsali præsertim, apice infuscatis. *Pedes* fusco-testacei, præsertim versus apicem distincte fusco- vel (pedes posteriores) nigricanti-annulati; tibiæ et metatarsi ternos annulos plus minus bene expressos habent, patellæ saltem posteriores et tarsi apice infuscati sunt. *Abdomen*, parce pallido-pubescens, supra et in lateribus luteo-ferrugineum est; tubercula humeralia supra linea recta albicanti ab apice tuberculi secundum longitudinem ejus intus et retro ducta sunt notata: pone has lineas dorsum tres lineas transversas longas tenues ejusdem coloris, apicibus fortiter ante-riora versus et tum intus curvatis, ostendit, quarum saltem prima, fere in medio longitudinis dorsi locata, in medio late abrupta est; tertia earum paullo ante angulum sive tuberculum apicale locum tenet. Hoc tuberculum supra lineola transversa tenui albicanti in

medio subabrupta est notatum, et paullo sub eo, in declivitate ʃem quam
minis postica fusca, alia lineola transversa brevis crassa all rmanicum
medio subabrupta conspicitur. Pustulæ abdominis fuscæ s⸗ m. ! Hoc
latera ejus strias obscuras deorsum et paullo retro directas sau mm pal-
deusas ostendunt. Venter ante plicaturam genitalem sordide vel
olivaceo-testaceus est, macula nigra in medio; pone plicaturam linea
longitudinali breviore flava utrinque notatur, quæ lineæ aream subtransversam posteriora versus paullulo dilatatam sordide flaventem
includunt ; mamillæ annulo angusto inæquali nigro cinctæ sunt, in
quo, utrinque, maculæ duæ flaventes conspiciuntur. Mamillæ sordide testaceæ.

♀ jun.—Lg. corp. 7⅓, lg. cephaloth. pæne 3½, lat. ej. pæne 3, lat.
front. circa 1½ ; lg. abd. 5½, lat. ej. pæne 5 millim. Ped. I 9½,
II 8½, III 5½, IV pæne 8 : pat.+tib. IV 3 millim.

Feminam singulam nondum adultam vidi, ad Tonghoo captam.
E. (C.) diazoma, Thor.*, haud dubie affinis est hæc aranea, sed alia
forma cephalothoracis alioque colore abdominis haud difficulter
distinguenda.

**134. Epeira (Cyrtophora?) perfissa, sp. n.

Oculis mediis aream oblongam antice latiorem quam postice occupantibus, oculis lateralibus binis spatio distinctissimo disjunctis,
anticis eorum spatio circa duplo majore a mediis anticis remotis quam
quo distant hi inter se ; cephalothorace, sterno, partibus oris, palpis
et pedibus subtestaceo-ferrugineis vel -luteis ; abdomine longissimo,
cinereo-ferrugineo, in medio antice profunde inciso et lobos duos
porrectos, apice rotundatos, supra macula flaventi notatos ita formante, posteriora versus sensim angustato et in caudam longam apice
dentibus 5 parvis conicis albicantibus instructam producto.— ♀ juu.
Long. saltem 4½ millim.

Femina jun.—Cephalothorax longus, fere dimidio longior quam
latior, parte thoracica in lateribus minus fortiter rotundata, parte
cephalica lateribus rectis anteriora versus paullulo angustata, fronte
dimidiam partem thoracicam latitudine saltem æquante, tuberculo
oculorum mediorum anticorum satis prominente, truncato; facies
minus alta est, a fronte visa supra modice convexa. Impressiones
cephalicæ fortes, postice, ut videtur, non coëuntes; fovea centralis
magna, fere T-formis. Minus altus est cephalothorax, a latere
visus inter partes thoracicam et cephalicam paullo impressus : hæc
pars illa paullulo humilior est, leviter convexa et anterius usque ad
oculos paullo proclivis. Oculorum series antica a fronte visa recta
est, postica fortiter deorsum curvata; desuper visa series antica
fortiter, postica modice recurva est. Oculi medii, quorum antici
posticis evidenter majores sunt, aream paullo longiorem quam
latiorem antice, et non parum latiorem antice quam postice occupant. Oculi bini laterales spatio sunt disjuncti, quod eorum dia-

* Ann. Mus. Genova, xxviii. p. 127 (1890).

convexo-pl[.]o paullo est minus. Etiam oculi medii postici spatio eorum inter ocul[i] etro paullo minore sunt separati; oculi medii antici vero spatio medii, qui[.]r se distant, quod eorum diametro paullo est majus : a latera- æqualib[.]ibus anticis hi oculi spatio circa duplo majore sunt remoti, quam aut quo inter se distant. Spatia, quibus medii postici a lateralibus posticis sunt sejuncti, spatio quo inter se distant circiter quadruplo majora videntur.

Mandibulæ femoribus anticis paullo angustiores, duplo longiores quam latiores. *Palporum* pars tarsalis apicem versus paullo atte-nuata, subacuminata. *Pedes* brevissimi, sat robusti, pilis sat crassis et sat densis vestiti, aculeis carentes; femora 1[i] paris apice paullo foras, præterea vero paullo intus curvata sunt, leviter S-formia fere, desuper visa. *Abdomen* hoc modo visum angusto triangulum fere est, pæne triplo longius quam latius, a basi ad apicem lateribus primum leviter et amplissime rotundatis, dein levissime sinuatis, donique (apice) parallelis posteriora versus angustatum, ita caudam longe pone mamillas pertinentem, retro (et sursum?) directam for-mans; spatium inter apicem ejus posticum et mamillas majus est quam spatium inter petiolum et mamillas. Antice supra petiolum et pæne usque ad eum incisum est abdomen, antice igitur lobos duos porrectos apice rotundatos formans; apex ejus posticus subobtusus dentes quinque parvos molles conicos acuminatos format, 1 in medio ipsius apicis, 2 paullo supra eum, 2 magis infra. Cauda neque apice incrassata est, neque ibi magis quam abdomen præterea pilosa.

Color.—*Cephalothorax* testaceo-ferrugineus, pilis longioribus sub-testaceis conspersus, *sternum* et *partes oris* ejusdem coloris fere; *pedes* ferrugineo-testacei vel sublutei, luteo-pilosi, anteriores apice infuscati. *Abdomen* cinerascenti-ferrugineum, humeris supra macula oblonga flava occupatis, cauda apice supra subferruginea, denticulis apicis albicantibus.

♀ *jun.*—Lg. corp. 4½; lg. cephaloth. circa 1½, lat. ej. circa 1, lat. front. paullo plus ½; lg. abd. 3, lat. ej. fere 1¼ millim. Ped. I paullo plus 3, II 3, III paullo plus 2, IV circa 3; pat.+tib. IV fere 1⅛ millim.

Exemplum singulum nondum adultum et subcorrugatum vidi, ad Tharrawaddy captum.—Hæc species *E. feredayi*, L. Koch*, (ex Nova Zeelandia) valde affinis est, cauda abdominis pæne usque ad apicem sensim angustata (non apice incrassata, neque ibi longius pilosa), cet., dignoscenda.

135. Epeira enucleata, Karsch.

Epeira enucleata, *Karsch, Zeitschr. f. d. ges. Naturwiss.* lii. p. 55((1879).
Epeira albertisii. *Thor. Ann. Mus. Genova,* xxv. p. 182 (1887).
Epeira soronis, *id. op. cit.* xxviii. p. 143 (1890).

Hujus speciei, quæ, ut tres proxime insequentes, ad colorem e magnitudinem valde variat, feminas tres adultas ad Tharrawaddy collegit Col. Oates; quartam, quæ ejusdem speciei videtur, quam-

* Die Arachn. Austral. [i.] p. 122, Taf. xi. figg. 2 et 2a.

quam scapum vulvæ paullo breviorem (vix plus 3½ longiorem quam latiorem) habet, ad Tonghoo invenit. Exemplum Birmanicum maximum 14 millim. longum est ; minimum modo 7 millim.! Hoc exemplum cephalothoracem testaceum habet, pedes et sternum pallidius testacea, illos paullo ferrugineo-annulatos ; abdomen ejus supra ad maximam partem, posterius, testaceo-cinereum est, pictura obscuriore parum distincta, antice vero transversim flavens, hac parte flaventi postice latissime truncata, fere ut in varietate illa *E. hispida*, Dol., quam (1877, loc. supra cit.) *luniferam* vocavi.

E. soronis, Thor., varietas *E. albertisii* certe est ; oculorum dispositio enim in hac specie paullo variat, ut numerus aculeorum pedum.—Cel. Karsch exemplum Birmanicum *E. albertisii*, quod ad eum misi, *E. enucleatæ*, Karsch, esse pronuntiavit.

136. **Epeira punctigera**, Dol.

Epeira punctigera, *Dol. Nat. Tijdschr. Nederlandsch Indië*, xiii. p. 420 (1857) ; *Thor. Ann. Mus. Genova*, xiii. pp. 59 et 296 (1878) ; id. op. cit. xvii. p. 104 (1881) ; id. op. cit. xxv. p. 181 (1887) ; id. op. cit. xxviii. p. 147 (1890).
Epeira manipa, *Dol. op. cit.* xiii. p. 420.
Epeira triangula, *Keyserl. Sitzungsber. d. Isis zu Dresden*, 1863, p. 98, Taf. v. figg. 12–14 (1863).
Epeira indagatrix, *L. Koch, Die Arachn. Austral.* [i.] p. 66, Taf. v. figg. 8–9a (1871).
Epeira vatia, *Thor. Ann. Mus. Genova*, x. pp. 382 et 384 (1877).
Epeira ephippiata, *id. op. cit.* xvii. p. 101 (1881).
Epeira pavici, *Sim. Actes Soc. Linn. Bordeaux*, xl. p. 150 (1886)?

Sat multa exempla hujus speciei præsertim ad Tharrawaddy collecta sunt, inter ea mares pauci, quorum unum, var. principalis, cum femina varietatis *trabiferæ*, Thor. (loc. cit., 1887), ad Rangoon cepit Cel. Oates : apud hæc duo exempla annotationem " ♂ ♀, July 1887" inveni. Interdum, ut in hoc mare, anticus (apicalis) procursuum ternorum majorum bulbi genitalis in setam gracilem exit, interdum, et ut videtur sæpius, hæc seta non exserta est.

137. **Epeira hispida**, Dol.

Epeira hispida, *Dol. Verh. Nat. Vereen. Nederlandsch Indië*, p. 33, tab. ii. fig. 5 (1859); *Thor. Ann. Mus. Genova*, xxv. p. 179 (1887) (ubi cet. syn. videantur).

Modo pauca specimina adulta et juniora, inter ea mas adultus singulus, ad Tharrawaddy capta sunt. Feminarum adultarum una abdomen insolito modo coloratum habet : supra enim *nigro-cinereum* est, *area maxima triangula nigro-fusca posterius*; in exemplis quibusdam junioribus, quæ hujus speciei credo, abdomen supra *flavo-testaceum* est, *area ejusmodi nigra* (var. *stragulata*, Thor.). *E. junghuhnii*, Dol. (loc. cit., p. 36, tab. x. fig. 11), "abdomine fusco-flavicante, macula magna cordiformi obscure viridi totum fere dorsum occupante," varietas fere ejusmodi *E. hispidæ* forsitan est.

N

138. **Epeira pullata**, Thor.

Epeira pullata, *Thor. Ann. Mus. Genova*, x. p. 385 (1877) ; *id. op. cit.* xxviii. p. 148 (1890) (*ubi cet. syn. videantur*).

Multa hujus araneæ exempla—etiam mares pauci—ad Tharrawaddy unumque ad Rangoon collecta sunt.

139. **Epeira théisii**, Walck.

Epeira théisii [Theïs], *Walck. H. N. d. Ins. Apt.* ii. p. 53 : *Atlas*, pl. 18. fig. 4 (1841) ; *Thor. Ann. Mus. Genova*, xxviii. p. 150 (1890) (*ubi cet. syn. videantur*).

Epeira théisii in Birmania antea modo ad Minhla inventa videtur ; Cel. Oates eam ad Tharrawaddy et Rangoon cepit.

140. **Epeira mitifica**, Sim.

Epeira mitifica, *Sim. Ann. Soc. Linn. Bordeaux*, xl. p. 150 (1886); *Thor. Ann. Mus. Genova*, xxv. p. 187 (1887).

Ab *E. postilena*, Thor.*, hæc species, cujus exempla sat multa in Tenasserim, ad Rangoon et præsertim ad Tharrawaddy collegit Cel. Oates, parum nisi macula magna transversa nigra antice in dorso abdominis differt : exempla *E. postilenæ* a me visa hac macula plane carent. Forma vulvæ paullo differre videntur hæ species : saltem in exemplo *E. postilenæ* a Cel. Workman in ins. Singapore (cum multis exemplis *E. mitificæ*) capto, scapus vulvæ longior est quam in *E. mitifica*, et ad longitudinem excavatus. Conf. descriptionem *E. mitificæ* a me loc. cit. datam.

*141. **Epeira nox**, Sim.

Epeira nox, *Sim. Ann. Soc. Ent. France*, 5ᵉ sér. vii. p. 77 (1877). Epeira pilula, *Thor. Ann. Mus. Genova*, x. p. 388 (1877).

Fominæ tres ad Tharrawaddy sunt inventæ.—Exempla Birmanica iis ex Celebes et Amboina paullo minora sunt (4–4¾ millim. longa); abdomen eorum magis depressum videtur quoque. Vulva ex "corpore" crasso, æque fere longo ac lato, subter subæquali, nigro constat, quod postice in "scapum" brevem, basi retro directum producitur : scapus basi corpus illud latitudine æquat, hic utrinque in tuberculum nitidum ferrugineum elevatus, tum vero subito fortiter angustatus, uncum ferrugineum deorsum flexum formans.

142. **Epeira noegeata, sp. n.

Oculis mediis sessilibus, in rectangulum parum longius quam latius dispositis, anticis eorum modo paullo longius a lateralibus anticis quam inter se remotis ; cephalothorace cum mandibulis testaceo-ferrugineo, palpis et pedibus, 3ⁱ paris pallidioribus exceptis, fusco-rubris.

---

* Ann. Mus. Genova, xiii. p. 70 (1878).

basi latissime pallidioribus, abdomine paullo latiore quam longiore, depresso, rhomboidi-triangulo, antice late angulato-truncato, humeris et apice postico anguste rotundatis, flaventi, declivitate antica et ventre nigricantibus, lateribus fascia ab humeris ad apicem posticum ducta et e linea triplici undulato-flexuosa rubra formata superius ornatis.— ♀ ad. *Long.* 5¼ *millim.*

Femina.—Cephalothorax forma ordinaria, parte cephalica lateribus pæne rectis anteriora versus sensim paullo angustata, fronte dimidiam partem thoracicam latitudine æquante, fortiter rotundata, oculis tamen prominulis. Parum altus est cephalothorax, ipso dorso a latere viso anteriora versus paullo assurgente, inter partes cephalicam et thoracicam paullo depresso, præterea pæne recto, anterius paullulo convexo ; impressiones cephalicæ sat fortes sunt, postice non coëuntes ; fovea ordinaria centralis magna, in declivitate postica locata ; facies a fronte visa satis alta et supra fortiter convexa. Clypei altitudo diametro oculorum mediorum non parum major videtur. *Oculi* sessiles ; series eorum antica a fronte visa recta est, postica fortiter deorsum curvata ; desuper visa series antica fortiter est recurva, postica parum recurva, pæne recta. Oculi medii sat magni, pæne æquali magnitudine, in rectangulum parum longius quam latius ordinati ; laterales, ii quoque subæquales, bini contingentes sunt inter se et mediis multo minores. Spatium inter oculos duos medios anticos (vel posticos) oculi diametrum circiter æquat ; spatia inter medios anticos et posticos hac diametro paullo majora sunt. Oculi medii antici modo paullulo longius a lateralibus anticis quam inter se remoti sunt ; medii postici pæne duplo longius a lateralibus posticis quam inter se distant. *Sternum* læve, pilosum.

Mandibulæ femoribus anticis paullo angustiores, pæne duplo et dimidio longiores quam latiores. *Palporum* pars tarsalis pæne cylindrata, apicem versus parum attenuata. *Pedes* graciles, modice longi, minus dense pilosi ; femora anteriora 1 . 1 . aculeos antice habent, præterea aculeis carere videntur pedes. *Abdomen* parum latius quam longius, depressum, desuper visum rhomboidi-triangulum, angulis humeralibus anguste rotundatis, tubercula distincta non formantibus : dense et tenuiter striatum est, nitidum, pæne glabrum. Antice secundum lineam sat fortiter retro iractam bis truncatum est et angulum prominentem hic in medio igitur format ; ab angulis humeralibus lateribus pæne rectis posteriora versus sensim angustatum est, apice dorsi anguste rotundato. A latere visum antice paullo altius est abdomen quam postice, ante humeros proclive, dorso in medio pæne recto, postice convexo-declivi ; postice modo paullo oblique truncatum est, apice dorsi late rotundato. *Vulva* ex area mediocri elevata subtransversa ferruginea constat, quæ antice et in lateribus rotundata est : in medio posterius hæc area sive corpus vulvæ late emarginata est, et e margine antico emarginationis scapum minutum retro directum emittit, qui foveas duas separare videtur. Anguli postici corporis vulvæ dentes duos deorsum directos formare visi sunt.

Color.—Cephalothorax testaceo-ferrugineus, parce albicanti-pubescens. *Sternum* fusco-testaceum; *maxilla* et *labium* ejusdem coloris, apice pallidiora. *Mandibulæ* testaceo-ferrugineæ. *Palpi* fusco-rubri, parte femorali fusco-testacea. *Pedes* (ut palpi minus dense nigro-pilosi), 3[i] paris obscure testaceis exceptis, fusco-rubri sunt, coxis, trochanteribus et femoribus pallidioribus, fusco-testaceis et in pedibus anterioribus supra magis luteo-ferrugineis; tarsi anteriores pæne toti, posteriores modo apice nigri sunt. *Abdomen* supra et in lateribus flavens est, declivitate antica nigricanti et, supra, tenuiter et inæqualiter rubro-marginata; anguli humerales lunula deorsum curvata rubra supra notati sunt, et in utroque latere, supra, lineis tribus flexuoso-undulatis parallelis rubris—sive fascia lata rubra fortiter flexuoso-undulata et colore flaventi bis geminata—paullo pone humeros initium capientibus et pæne ad apicem posticum extensis ornatum est abdomen. Area dorsi magna flavens ab his fasciis inclusa anterius quattuor puncta impressa majora nigricantia in trapezium disposita ostendit, et, utrinque, striam nigricantem obliquam, ab anterioribus horum punctorum foras et retro ductam; postice lineas longitudinales tenuissimas parallelas obscuras 4 (vel 3, quarum media geminata est) habet, area antico et ramulis duobus obliquis obscuris inter se conjunctas. Venter nigricans; *mamillæ* sublutæ.

Lg. corp. pæne 5¼; lg. cephaloth. pæne 2½, lat. ej. 2, lat. front. 1; lg. abd. pæne 3¾, lat. ej. pæne 4 millim. Ped. 1 circa 7¼, II 7½, III 3¾, IV circa 5¾; pat. + tib. IV 2 millim.

Cel. Oates feminam singulam pulchræ hujus araneolæ ad Tharra-waddy cepit; aliam feminam vidi, a Cel. Workman in Singaporo inventam.

143. Epeira papulata, Thor.

Epeira papulata, *Thor. Ann. Mus. Genova*, xxv. p. 188 (1887).
Epeira petax, *id. op. cit.* xxviii. p. 164 (1890).

Hujus speciei Cel. Oates exempla pauca feminea ad Tharrawaddy aliudque ejusdem sexus ad Toughoo invenit.—*E. petax* modo varietas est *E. papulatæ.*

**144. Epeira lixicolor, sp. n.

Oculis mediis sessilibus, in quadratum dispositis, lateralibus an-ticis spatio pæne dimidio majore a mediis anticis remotis quam quo distant hi inter se, utraque serie oculorum in ♀ sat fortiter, in ♂ fortissime recurva; cephalothorace flavo-testaceo, linea media longitu-dinali plus minus distincta nigra notato, in ♀ formâ plane ordi-nariâ, in ♂ inverse ovato-triangulo, antice valde angusto et promi-nente; pedibus flavo-testaceis, plus minus distincte nigricanti-annu-latis, aculeatis, tibiis præsertim 2[i] paris in ♂ intus aculeis crebri-oribus et fortioribus armatis; abdomine saltem æque longo ac lato, depresso, ovato-triangulo, antice et in humeris rotundato, apice dorsi papula transversa humili saltem in ♀ occupato; dorso et lateribus abdominis albicanti-cinereis, area dorsuali magna triangula posterius ordinibus duobus lineolarum macularumve obliquarum nigrarum antice albo-limbatarum inclusa et in ♂ macula media nigra notata, apice dorsi postice nigro, declivitate abdominis postica in medio lineola transversa nigra signata. — ♂ ♀ ad. *Long.* ♂ *circa* 3, ♀ *circa* 3¼ *millim.*

Femina. — *Cephalothorax* forma ordinaria, modice altus, dorso a latere viso anterius recto, area oculorum modice proclivi ; frons rotundata est, oculis paullo prominentibus ; impressiones cephalicæ leviores. Facies satis alta, a fronte visa supra fortiter convexa ; altitudo clypei diametrum oculorum mediorum paullo superare videtur. *Oculorum* series antica a fronte visa recta, vix sursum curvata, est, series postica fortiter deorsum curvata ; desuper visa series antica fortiter, postica sat fortiter recurva est. Oculi medii sat magni et fere æquales aream quadratam (vel saltem non latiorem antice quam postice) occupant ; spatia, quibus inter se distant, oculi diametrum circiter æquant. Oculi laterales, mediis multo minores, bini inter se contingentes sunt. Oculi medii antici a lateralibus anticis pæne dimidio longius quam inter se remoti sunt ; medii postici pæne duplo longius a lateralibus posticis quam inter se distant.

Mandibulæ femoribus anticis parum angustiores, circa duplo longiores quam latiores, læves, nitidæ. *Palporum* pars tarsalis longa apicem subobtusum versus modo leviter sensim attenuatur. *Pedes* graciles, sat longi, minus dense pilosi et setosi, aculeis paucis gracillimis armati : in femoribus anticis, e. gr., intus aculeos ejusmodi 1 . 1. video ; patellæ anteriores aculeum apice supra ostendunt, et saltem 1ⁱ paris tibiæ unum alterumve aculeum intus ; in tibiis 4ⁱ paris aculeum supra ad basin video. *Abdomen* paullo longius quam latius, triangulo-ovatum, depressum, antice rotundatum, humeris quoque rotundatis: lateribus modo leviter rotundatis apicem anguste rotundatum versus sensim angustatum est, ipso apice dorsi papula quadam magna transversa humili occupato ; a latere visum postice rotundatum (parum obliqua rotundato-truncatum) est abdomen. *Vulva* ex "corpore" paullo transverso convexo lævi fusco constat, quod "scapum" triangulum paullo longiorem quam latiorem, corpore illo paullo longiorem et, basi, paullo angustiorem, marginatum, retro directum, ferrugineum emittit.

Color. — *Cephalothorax* flavo-testaceus, pallido-pilosus, vestigiis striæ mediæ longitudinalis brevis nigricantis ; *sternum, maxillæ* et *labium* flavo-testacea quoque. *Palpi* et *pedes* ejusdem coloris, apice nigris : pedes præterea hic illic vestigia annulorum obscurorum ostendunt. *Abdomen* supra albicanti-cinereum, flaventi-pubescens, et secundum latera ordinibus duobus rectis posteriora versus appropinquantibus lineolarum brevium obliquarum nigrarum antice albicanti-marginatarum circa ternarum notatum, qui ordines fere a medio longitudinis dorsi ad apicem ejus extensi sunt : præterea anterius punctis nigris 1 in trapezium dispositis signatum est dorsum : papula illa, quæ ipsum apicem ejus format, subter et in lateribus lineola nigra cincta est : utrinque paullo ante apices hujus

lineolæ, magis extus, macula minuta nigra conspicitur; in medio
inter hanc lineolam et anum aliam lineolam transversam tenuem
nigram minus distinctam video. Præterea dorsum lineam tenuem
obscuram, utrinque ramulos duos obliquos retro directos emittentem
posterius ostendit. Latera abdominis paullo obscurius cinerea quam
area magna dorsualis sunt; venter nigricans fascias duas longitudinales albicantes in medio angustiores vel abruptas inter rimam
genitalem et mamillas extensas habet, et præterea utrinque ad
mamillas, magis extus, maculam albicantem aliamque minorem
etiam magis postice sitam. *Mamillæ* nigricantes.

Mas.—*Cephalothorax*, nitidus, lævis et pæne glaber, alia forma
est atque in femina : latus et parum convexus, inverse ovato-trian-
gulus fere, in lateribus posterius ample et fortissime rotundatus,
dein, fere a medio, lateribus pæne rectis anteriora versus sensim
fortiter angustatus et antice (area oculorum mediorum) anguste
truncatus ; fovea centrali magna (et sulco longitudinali in ea) longe
pone medium locata prædita est, impressionibus cephalicis brevibus,
in hanc foveam coëuntibus, non usque ad marginem cephalothoracis
pertinentibus. A latere visum dorsum partis cephalicæ pæne rectum
et libratum est, area oculorum mediorum prærupte proclivi et
multum ante clypeum valde reclinatum prominente ; facies a fronte
visa humilior quam in femina videtur, supra levius convexa. *Oculi*
laterales longe pone medios locum tenent, et series eorum ambæ
igitur fortissime recurvæ sunt ; a fronte visa series antica recta
est, postica modice deorsum curvata. Oculi laterales bini contingentes sunt inter se ; medii oculi in quadratum sunt dispositi et
æquali magnitudine, ut in femina, sed spatiis disjuncti, quæ diametro oculi non parum minores sunt. Spatia, quibus medii antici
a lateralibus anticis distant, spatio inter illos circa duplo majora
videntur ; spatia inter medios posticos et laterales posticos etiam,
et non parum, majora sunt.

Mandibulæ angustæ, reclinatæ, in dorso rectæ. *Palpi* breves,
basi graciles, clava magna, femore antico circa dimidio latiore ; pars
patellaris nodiformis est, pars tibialis eâ paullo longior et latior,
subtransversa ; pars tarsalis ad basin procursum fortem procurvum
apice obtusum ostendit, bulbus versus apicem subter procursum
fortem nigrum non ita longum habet, qui certo modo visus dentem
fortissimum procurvum assimilat. *Pedes* præsertim anteriores sat
longi sunt, graciles et aculeis multis armati : omnes tibiæ et metatarsi femoraque omnia aculeata sunt, patellæ anteriores aculeum
longum apice supra habent. In tibiis 1i paris aculeum longum
gracilem et nonnullos breviores video ; in tibiis 2i paris, quæ tibiis
1i paris non parum crassiores sunt, cylindratæ et rectæ, aculei intus
versus apicem (fere secundum $\frac{2}{3}$ longitudinis tibiæ) crebriores, longi
et fortes sunt. Subter femora anteriora (ut coxæ omnes) mutica
videntur ; femora vero 3ii paris subter 1 aculeum, 2i paris femora
subter 1. 1. aculeos habent. *Abdomen* depressum, ovato-triangulum,
antice et in humeris fortiter et ample rotundatum, dein lateribus
pæne rectis posteriora versus angustatum, apice rotundato ; papula
illa apicalis minus distincta est quam in femina.

Color.—*Cephalothorax* testaceus, stria media longitudinali longa, antice posticeque abbreviata, nigricanti notatus. *Sternum* et *partes oris* flavo-testacea. *Palpi* ejusdem coloris, bulbo fusco. *Pedes* quoque flavo-testacei, paullo magis distincte quam in femina annulati : tibiæ, metatarsi et tarsi apice nigri vel fusci sunt ; femora annulis binis obscuris minus distinctis sunt cincta, et tibiæ vestigia annuli medii ostendunt. *Abdomen*, quod ut in femina supra et in lateribus albicanti-cinereum est, loco lineolarum illarum nigrarum antice albicanti-marginatarum maculas paucas obliquas nigras antice albicanti-marginatas utrinque ostendit, quæ maculæ series duas rectas posteriora versus appropinquantes pæne ab humeris ad apicem posticum dorsi pertinentes secundum latera ejus formant : præterea in medio dorsi macula oblonga nigra conspicitur, et ad marginem anticum, versus medium ejus, maculæ duæ minutæ albicantes. Ipso apex dorsi postice transversim niger est, et in medio inter eum et anum lineola transversa nigra adest, ut in femina. Venter nigricans fasciis duabus longitudinalibus incurvis in medio subabruptis flavo-albis notatus est ; ad utrumque latus mamillarum maculæ binæ parvæ flavo-albidæ conspiciuntur, ut in femina. *Mamillæ* nigræ.

♀.—Lg. corp. 3$\frac{1}{4}$: lg. cephaloth. pæne 2, lat. ej. fere 1$\frac{1}{2}$, lat. front. pæne $\frac{3}{4}$: lg. abd. 2$\frac{1}{4}$. lat. ej. pæne 2 millim. Ped. I 6, II 4$\frac{3}{4}$, III 2$\frac{3}{4}$, IV pæne 4$\frac{1}{2}$: pat.+tib. IV 1$\frac{1}{2}$ millim.

♂.—Lg. corp. 3: lg. cephaloth. pæne 2, lat. ej. 1$\frac{1}{2}$; lg. abd. 1$\frac{1}{2}$, lat. ej. 1$\frac{1}{4}$ millim. Ped. I 6$\frac{1}{2}$, II 5, III circa 3, IV circa 4$\frac{1}{2}$; pat. +tib. IV 1$\frac{1}{4}$ millim.

Exemplum singulum utriusque sexus, feminam ad Rangoon, marem vero ad Tharrawaddy, invenit Cel. Oates.

**145. Epeira apiculata, sp. n.

Oculis mediis sessilibus, aream postice latiorem quam antice occupantibus, posticis eorum reliquis oculis multo majoribus, mediis anticis circa dimidio longius a lateralibus anticis quam inter se remotis, serie oculorum etiam postica recurva ; cephalothorace flavo-testaceo, linea longitudinali abbreviata nigra : pedibus flavis, paullo nigricanti-annulatis -maculatisve, tibiis anterioribus apice late nigris ; abdomine suborbiculato, postice in dorso in conum parvum elevato, albicanti-cinerascenti, maculis tribus nigris (lineolis duabus albis separatis) in margine antico dorsi ornato, ventre nigro, maculis 4 flaventibus in quadratum dispositis in medio notato.— ♀ jun. *Long. saltem* 3$\frac{1}{8}$ *millim.*

Femina jun.—*Cephalothorax* forma ordinaria, dorso partis cephalicæ recto, fronte rotundata dimidiam partem thoracicam latitudine superante, spatio inter oculos medios convexo, oculis parum prominulis : impressiones cephalicæ bene expressæ sunt : facies a fronte visa supra fortissime est convexa. *Oculi* sessiles ; series eorum antica a fronte visa recta est. series postica fortissime deorsum curvata : desuper visa series antica fortiter, postica leviter recurva est.

184 ECETRIOIDÆ.

Oculi medii, quorum postici anticis saltem duplo majores sunt et
lateralibus, binis inter se contingentibus, etiam majores, aream non
parum latiorem postice quam antice, et paullo longiorem quam
latiorem antice (paullulo breviorem quam latiorem postice) occupant Spatium inter oculos medios anticos eorum diametro paullulo est majus; spatia reliqua inter oculos medios etiam paullo
majora sunt. Oculi medii antici non parum (vix dimidio tamen)
longius a lateralibus anticis quam inter se distant; medii postici a
lateralibus posticis circa dimidio longius quam inter se remoti sunt.
Mandibulæ femoribus anticis paullulo angustiores sunt, pæne
duplo et dimidio longiores quam latiores. *Palporum* pars tarsalis
sat brevis et crassa, obtusa, fere a medio ad apicem paullo angustata.
Pedes mediocres, parce pilosi, aculeis paucissimis (nullis?). *Abdomen* paullulo latius quam longius, convexum, desuper visum pæne
circulatum; satis altum est, latius tamen quam altius, paullo altius
posterius quam antice: in dorso postice cono sat parvo æque fere
alto ac lato ad basin, sursum et retro directo auctum est, qui longe
supra (et paullo ante) mamillas locum tenet, spatio longo inter eum
et anum a latere viso leviter convexo.

Color.—*Cephalothorax* flavo-testaceus, linea longitudinali abbreviata nigra in medio. *Sternum* nigricans. *Partes oris* et *palpi*
flava, mandibulæ et palpi summo apice, maxillæ et labium basi
nigricantia. *Pedes* flavi, tibiis 4 anterioribus apice late nigris,
tibiis 4[i] paris apice angustius nigricantibus, tarsis quoque apice
nigris: præterea femora saltem anteriora annulos binos nigricantes
minus expressos ostendunt, et tibiæ saltem 1[i] paris maculas paucas
nigras. *Abdomen* supra et in lateribus cum cono illo albicanti-
cinereum est, vel potius olivaceo-cinerascens, maculis parvis albicantibus dense conspersum; in margine antico dorsi seriem transversam macularum nigrarum 3 ostendit, lineolis angustis albis
separatarum; media harum macularum lateralibus paullo major est,
postice paullo dilatata et incisa, vel duabus maculis parvis divaricantibus ibi aucta. Spatium inter conum dorsi et anum lineas
duas longitudinales parallelas pallidiores ostendit, quæ spatium
angustum obscurum includunt, lineola pallida (vel maculis duabus
pallidis) in duas partes subæquales divisum. Venter niger,
maculis 4 sat parvis flaventibus in quadratum dispositis in medio
notatum.

♀ *jun.*—Lg. corp. 3⅙: lg. cephaloth. 1⅓, lat. ej. pæne 1¼, lat.
front. pæne 1: lg. abd. 1⅚, lat. ej. pæne 2 millim. Ped. 1 4¼,
II saltem 3¾, III ?, IV circa 3¼; pat.+tib. IV paullo plus 1 millim.
Exemplum singulum ad Tharrawaddy est inventum. Adulta
haud dubie non parum major est hæc species.

**146. Epeira monoceros, sp. n.

*Cephalothorace subtestaceo, inverse cordiformi fere, procursu parvo
obtuso inter oculos medios anticos munito, oculis mediis in quadratum
dispositis, anticis eorum duplo longius a lateralibus anticis quam inter
se remotis: pedibus, aculeis crebris armatis, subtestaceis, anterioribus*

in dimidio apicali infuscatis, tarsis posticis nigris: abdomine vix duplo longiore quam latiore, supra mamillas sensim non parum retro producto et acuminato, desuper viso ovato-lanceolato, cinereo-albicanti, fascia albicanti secundum dorsum et papula parva nigra in ipso apice ejus prædito.— ♂ ad. Long. circa 5 millim.

Mas.—*Cephalothorax*, humilis, lævis et nitidus, pubescens et pilis porrectis antice sparsus, paullo longior quam latior est, inverse cordiformis fere, lateribus posterius fortiter rotundatis sed præterea pæne rectis usque ad oculos medios anticos sensim angustatus : tuberculum horum oculorum enim sat longe ante reliquos oculos prominet, in medio inter medios anticos in procursum parvum pallidum obtusum, anteriora versus et deorsum directum productum. Impressiones cephalicæ debiles ; fovea ordinaria centralis levis et magna sulcum brevem postice ostendit. Series *oculorum* antica a fronte visa pæne recta est, parum deorsum curvata, series postica modice deorsum curvata ; desuper visa series antica omnium fortissime recurva est, series postica fortiter recurva. Oculi medii, quorum antici posticis paullulo majores videntur, aream plane quadratam occupant : spatium inter medios anticos eorum diametrum æquat ; a lateralibus anticis circa duplo longius quam inter se remoti sunt hi oculi. Oculi bini laterales, tuberculo communi impositi, spatio evidenti separati videntur.

Mandibulæ directæ, femoribus anticis paullo angustiores, plus duplo longiores quam latiores. *Palpi* breves, graciles, clava sat magna, femoribus anticis circa dimidio latiore. Pars patellaris æque lata ac longa est, pars tibialis eâ paullo brevior et latior, paullo obliqua ; pars tarsalis basi procursu forti apice obtusissimo, ad rectos angulos anteriora versus fracto prædita est. Bulbus subrotundatus subter magis extus laminam magnam latissimam transverse positam, anteriora versus curvatam et in medio late et sat profunde emarginatam gerit, cujus pars exterior, quum a latere inspicitur bulbus, formam dentis fortissimi et crassissimi apice procurvi præ se fert : pars laminæ interior in apice late truncato dentata est. *Pedes* mediocres, aculeis crebris sat longis et fortibus armati, præsertim in tibiis anterioribus, quæ formâ ordinaria sunt, neque incrassatæ nec curvatæ : coxæ et femora subter mutica sunt. *Abdomen* vix vel non duplo longius quam latius, supra mamillas non parum retro productum : desuper visum ovato-lanceolatum fere est, antice rotundatum, lateribus anterius leviter rotundatis, postice rectis posteriora versus angustatum et acuminatum : a latere visum in dorso sat leviter convexum est, postice inter mamillas et apicem dorsi late et oblique truncatum ; ipse apex dorsi papula parva rotundata nitidissima (oculum assimilante) occupatur.

Color.—*Cephalothorax*, qui albicanti-pubescens est, *sternum*, *partes oris* et *palpi* (clava nigro-fusca excepta) sordide flavo-testacea sunt. *Pedes* sordide flavo-testacei quoque, tibiis, metatarsis et tarsis pedum anteriorum, præsertim 1¹ paris, infuscatis vel nigricantibus, tarsis pedum posteriorum nigris ; aculei nigri. *Abdomen*, pilis longioribus pallidis conspersum supra et in lateribus cinereo-albicans est, fascia longitudinali purius alba a basi dorsi ad apicem

ejus extensa et posteriora versus angustata notatum, quæ anterius
in dorso puncta duo fusca in utroque margine ostendit et linea vel
fascia obscuriore (utrinque postice ramulos duos retro et paullo foras
directos emittente) geminata est, hac pictura tamen non multo
expressa. In ipso apice postico dorsi macula (papula) parva nigra
conspicitur. Venter secundum medium cum *mamillis* nigricans est,
fasciis duabus longitudinalibus parallelis albicantibus, apicibus paullo
incurvis, a plicatura genitali pæne ad mamillas pertinentibus notatus,
scutis pulmonalibus pallidis; antice, magis versus latera, strias vel
fascias duas albicantes posteriora versus appropinquantes præterea
ostendit venter. Utrinque apud mamillas, anterius, maculam
parvam albicantem video quoque.

Lg. corp. 5; lg. cephaloth. paullo plus 2, lat. ej. pæne 2; lg.
abd. 3, lat. ej. 1¾ millim.　Ped. 1 6¾, II 5½, III 3, IV 4½;
pat.+tib. IV pæne 2 millim.

Marem singulum, ad Tharrawaddy inventum, vidi.

147.　Epeira oxyura, Thor.

Epeira oxyura, *Thor. Ann. Mus. Genova.* x. p. 400 (1877).
Epeira raphanus, *op. cit.* xxv. p. 206 (1887).

Femina male conservata (corrugata), ad Rangoon capta, *E. raphani*
haud dubie est; quam speciem eandem ac *E. oxyuram* (ex Celebes)
nunc credo.

148.　Epeira centrodes, Thor.

Epeira centrodes, *Thor. Ann. Mus. Genova*, xxv. p. 209 (1887); *id.
op. cit.* xxviii. p. 169 (1890).

Singulum exemplum femineum, ad Tharrawaddy captum.

**149.　Epeira latirostris, sp. n.

*Cephalothorace piceo, parte cephalica anteriora versus longe pro-
ducta et antice in apice oculos 4 medios subæquales gerente, his oculis
aream directam paullo latiorem quam longiorem et paullo latiorem
postice quam antice formantibus; oculis binis lateralibus, inter se
contingentibus, longe pone medios locatis ; pedibus testaceis, plus minus
nigro-annulatis, anterioribus ad magnam partem (basi femorum late
testacea saltem excepta) nigris vel infuscatis ; abdomine breviter ovato-
triangulo, humeris ample rotundatis, supra obscure cinereo, macula
magna transversa nigra albicanti-limbata antice ornato et utrinque,
parum pone eam, linea transversa obliqua albicanti, in parte vero
postica lineolis maculisve 2–3 transversis brevibus albicantibus notato.
— ♂ ad. Long. circa 3½ millim.*

Mas.—Cephalothorax multo longior quam latior, subtiliter granu-
lato-coriaceus, lateribus partis thoracicæ modo posterius rotundatis ;
præterea lateribus rectis usque ad oculos laterales sensim sat fortitor
angustatus est, tum utrinque subito fortiter sinuato-angustatus et
in partem apicalem longissime ante mandibulas prominentem,
anteriora versus directam productus, cujus latera, basi excepta,

parallela sunt ; haec pars, quae paullo longior est quam latior antice et
parte thoracica circa 4plo angustior, in angulis apicis truncati et
directi oculos medios gerit, inter hos oculos granulis tribus parvis in
triangulum angustum (apice sursum directo) dispositos superius
munita ; saltem inter oculos medios posticos paullo convexus est
apex, desuper visus. Impressiones cephalicae distinctae et rectae
sunt, in foveam centralem magnam longe retro locatam coeuntes; in
medio partis cephalicae pone procursum oculigerum aliam foveam
levem ostendit dorsum. Spatium inter oculos medios anticos et
marginem clypei longitudine areae oculorum mediorum duplo majus
est. Modice altus et versus latera fortius transversim convexus est
cephalothorax, dorso partis cephalicae a latere viso recto et librato,
modo in parte apicali sensim paullo assurgente. Apud utrumque
oculum lateralem posticum seta porrecta conspicitur, praeterea
cephalothorax ad maximam partem glaber videtur. *Oculi* medii,
qui paene eadem magnitudine sunt, aream occupant non parum
latiorem postice quam antice et aeque longam ac latam antice.
Spatium inter oculos medios posticos eorum diametro duplo majus
videtur ; spatium inter oculos medios anticos eorum diametro
paullo minus est. Oculi bini laterales, qui tuberculo satis alto sunt
impositi, contingentes sunt inter se, et mediis oculis multo minores.

Mandibulae parvae, reclinatae. *Palpi* breves, clava maxima,
femore 1' paris duplo latior. Pars patellaris nodiformis, pars
tibialis transversa, a basi apicem versus sensim fortiter dilatata,
apice lateris exterioris anteriora versus et foras producto. Bulbus
uncos duos, alterum fortem, alterum gracilem extra ostendit, et
procursum brevem obtusum versus apicem. *Pedes* mediocres, saltem
anteriores aculeis sat multis armati ; tibiae 1' paris (praeter alios
aculeos) aculeum valde longum appressum pallidum intus versus
basin habent, tibiae 2' paris intus aculeis circa 7 et supra 3 aculeis
munitae sunt. *Abdomen* paullo longius quam latius, depressum,
breviter ovato-triangulum fere, antice et in humeris ample rotundatum, lateribus dein leviter rotundatis apicem subacuminatum
versus sensim angustatum. *Mamillae* subapicales.

Color.—*Cephalothorax* piceus, parte apicali magis ferruginea ;
saltem in clypeo et in genis pallido-pilosus est. *Sternum* cum coxis
anterioribus ferrugineo-testaceum. *Partes oris* piceae, ut *palpi* ad
maximam partem. In *pedibus* anterioribus femora apice latissime
nigra sunt, internodia insequentia nigricantia vel testaceo-nigricantia, annulo uno alterove pallidiore ; pedes posteriores testacei
sunt, plus minus nigro-annulati. *Abdomen*, supra obscure cinereum,
antice in dorso macula magna subtransversa et subrhomboidi-
elliptica nigra albicanti-limbata ornatum est ; ab angulo postico
hujus maculae lineae duae foras et paullo retro directae albicantes ad
suam quaeque maculam parvam nigram versus latera dorsi, in medio
longitudinis ejus sitam ductae sunt, et etiam posterius in dorso
series macularum lineolarumve 2 3 transversarum brevium in medio
subabruptarum albicantium conspiciuntur. Latera abdominis
inferius infuscata sunt ; venter niger, maculis duabus sat magnis
rotundatis albicantibus fere in medio longitudinis ejus sitis.
Mamillae nigrae.

Lg. corp. $3\frac{1}{2}$; lg. cephaloth. circa $1\frac{1}{4}$, lat. ej. pæne $1\frac{1}{4}$, lat. front. circa $\frac{3}{5}$; lg. abd. $1\frac{3}{4}$, lat. ej. $1\frac{1}{2}$ millim. Ped. 1 paullo plus 5, 1I 4, 1II $2\frac{1}{2}$, 1V $3\frac{1}{2}$; pat. + tib. 1V circa 1 millim.

Singulum exemplum masculum vidi, ad Tharrawaddy captum.— Hæc aranea speciem *Poltyis* parvi præ se fert, ab hoc genere oculis binis lateralibus inter se contingentibus saltem differens. *E. acrocephalæ*, Thor.*, haud dubie valde affinis est, sed vix mas ejus consideranda.

150. Epeira laglaizei, Sim.

Epeira laglaizei, *Sim. Ann. Soc. Ent. France*, 5ᵉ sér. vii. p. 65; *Thor. Ann. Mus. Genova*, xxv. p. 198 (1887); *id. op. cit.* xxviii. p. 167 (1890) (*ubi cet. syn. videantur*).

Exempla sat multa feminea, ad Tharrawaddy et Rangoon et in Tenasserim capta.

151. Epeira (Zilla) melanocrania, Thor.

Epeira (Zilla) melanocrania, *Thor. Ann. Mus. Genova*, xxv. p. 209 (1887).

Pauca exempla, ad Tharrawaddy et Rangoon inventa.

152. Epeira (Zilla) calyptrata, Workm.

Epeira calyptrata, *Workm. Malaysian Spiders*, Part 3, p. 21, pl. 21. fig. *a–f*, & pl. 21 *a* (1894).

Cephalothorace rufescenti-testaceo, parte cephalica nigra ; oculis mediis in trapezium pone æque longum ac latum antice et multo latius antice quam postice dispositis, mediis anticis parum longius a lateralibus anticis quam inter se remotis, mediis posticis spatio minuto disjunctis et multis partibus longius a lateralibus posticis quam inter se separatis ; pedibus testaceis vel fusco-testaceis, pæne unicoloribus, minus dense aculeatis, metatarsis anterioribus intus magis subter serie aculeorum breviorum 3 armatis ; abdomine breviter elliptico-ovato, superius albicanti vel albicanti-cinereo, dorso area magna foliiformi hujus coloris occupato, quæ anterius Λ magno nigro et posterius fasciis duabus undulatis nigris includitur ; vulva ex fovea parva fere semicirculata constante.— ♀ ad. Long. circa 4–4$\frac{1}{2}$ millim.

Femina.—Speciei prioris, *E. melanocraniæ*, feminæ adeo est similis hæc aranea, ut vix nisi statura *multo minore*, forma vulvæ alia et, ut videtur, pedibus paullo minus dense aculeatis differre videatur ; ad structuram quod attinet, ad descriptionem nostram illius speciei (loc. supra cit.) lectorem igitur revocamus, modo ea afferentes, quibus ab *E. melanocrania* distincta videtur *E. calyptrata.*—Series *oculorum* antica a fronte visa evidenter paullulo sursum est curvata. *Mandibulæ* paullo plus duplo longiores quam latiores sunt. *Pedes* 2ⁱ paris vix longiores quam pedes 4ⁱ

* Ann. Mus. Genova, xxv. p. 195 (1887).

paris. Pedum aculei pauciores quam in *E. melanocrania* : supra in femoribus anterioribus modo 1 . 1. aculeos video ; tibiæ 2ⁱ paris (præter alios aculeos) modo 1 aculeum in latere interiore, superius, habent (in *E. melanocrania* 1 . 1. aculeos ibidem), metatarsi anteriores præter 1 aculeum subter 1 . 1 . 1. aculeos breves in latere interiore ostendunt. (In *E. melanocrania* hi aculei longiores sunt, et præterea aculeum 4ᵐ apicalem habet latus interius metatarsorum anteriorum.) *Vulva* ex area parva lævi convexa posteriora versus angustata constat, cujus margo posticus foveam parvam fere semicirculatam format. (In *E. melanocrania* area vulvæ plana inæqualis fusca postice late truncata dici debet, angulis posticis quasi tubercula duo minuta formantibus, inter quæ lobus parvus brevis (non longior quam latior) apice rotundatus et subter excavatus retro directus prominet.)

Color parum a colore *E. melanocraniæ* differt, nisi eo quod pedes vix distincte nigro- vel fusco-annulati sunt, metatarsis et tarsis modo apice angustissime nigris. *Abdominis* color supra magis albicans est quam in specie priore, in lateribus olivaceus vel nigricans ; in area (interdum paullo infuscata), quæ a lineis illis undulatis nigris dorsi, pone ∧ magnum basale nigrum, includitur, fascia vel linea obscura utrinque biramis conspicitur. Venter inter plicaturam genitalem et mamillas, quæ annulo nigro cinguntur, fasciam latam sive plagam obscuram ostendit, præterea ample ochraceus.

Lg. corp. paullo plus 4 ; lg. cephaloth. 2, lat. ej. circa 1½ ; lg. abd. 2¼. lat. ej. pæne 2 millim. Ped. 1 6⅓, 11 5½, 111 circa 4, 1V circa 5¼ ; pat.+tib. 1V 1¼ millim.

Secundum feminam a Cel. Workman in Singapore captam hanc speciem descripsi : Cel. Oates aliam feminam, minus bene conservatam, ad Tharrawaddy invenit. Ibidem aliud exemplum femineum cepit, in quo abdominis dorsum albicans est pæne totum, modo ∧ magno nigro ad basin notatum ; etiam hoc exemplum ad *E. calyptratam* referendum videtur.

Ab *E. pupula*, Thor.*, cui hæc species statura et, ut videtur, etiam forma vulvæ, cet. simillima est, colore abdominis facile distingui potest : in *E. pupula* enim abdomen supra totum flavens est, ∧ illo nigro aliaque pictura distincta plane carens. (In exemplis modo duobus, quæ *E. pupulæ* vidi, aculei pedum pæne omnes detriti sunt ; in latere interiore metatarsorum 1ⁱ paris 1 . 1. aculei tamen adsunt.)

**153. Epeira leucogaster, sp. n.

Serie oculorum antica a fronte visa recta, serie postica desuper visa paullo procurva, area oculorum mediorum, quorum postici anticis majores sunt, paullulo latiore postice quam antice et parum longiore quam latiore postice, oculis mediis anticis paullo longius a lateralibus anticis quam inter se remotis ; cephalothorace, sterno, partibus oris, palpis et pedibus flavo- vel viventi-testaceis, abdomine breviter

* Ann. Mus. Genova, xxviii. p. 159 (1890).

elliptico, humiliore, albicanti, linea longitudinali inæquali sub-ramosa subtestacea in dorso.— ♀ ad. *Long.* 3¼ *millim.*

Femina.—*Cephalothorax* parum longior quam latior, utrinque anterius modice sinuato-angustatus, parte cephalica lateribus rectis anteriora versus paullo angustata, fronte dimidiam partem thora-cicam latitudine fere æquante, tuberculo oculorum mediorum anti-corum sat fortiter prominente et truncato. Lævis et nitidus est cephalothorax, impressionibus cephalicis distinctissimis ; satis altus est, declivitate postica sat longa et alta ab abdomine obtecta, dorso inter hanc declivitatem et oculos medios posticos proclivi et leviter convexo, area oculorum mediorum magis proclivi. Clypeus humil-limus : spatium inter marginem ejus et oculos medios anticos dimi-diam eorum diametrum vix æquat ; spatium inter marginem illum et oculos laterales anticos horum diametrum circiter æquat. *Oculi* medii postici mediis anticis non parum majores sunt; oculi laterales, bini inter se contingentes, reliquis oculis sunt minores. Series oculorum antica a fronte visa recta est, series postica desuper visa paullo procurva. Oculi medii aream sat magnam occupant, quæ paullulo latior est postice quam antice et parum longior quam latior postice. Oculi medii antici spatio eorum diametro circa dimidio majore sejuncti sunt, a lateralibus anticis etiam paullo longius remoti; spatium inter medios posticos eorum diametrum circiter æquat ; a lateralibus posticis pæne dimidio longius quam inter se distant hi oculi.

Mandibulæ subreclinatæ, femoribus anticis vix latiores, fere duplo longiores quam latiores, in dorso versus basin modo leviter convexæ. *Maxillæ* breves, parallelæ ; *labium* circa duplo latius quam longius, apice late rotundato-truncatum. *Pedes* breves, non ita graciles, pilis crassioribus sat dense conspersi, et aculeis ut videtur paucis armati : in exemplo nostro remanent, in pedibus 1' paris, aculeus in femoribus, versus apicem intus, aliusque aculeus in tibiis, intus ; patellæ apice setam fortem gerunt. *Abdomen* paullo longius quam latius, læve, nitidum, glabrum, desuper visum undique rotundatum itaque breviter ellipticum : sat humile est, supra ad longitudinem æqualiter et sat leviter convexum, subter antice, supra petiolum, excavatum ; *mamillæ* sat longe pone apicem rotundatum abdominis positæ sunt. Loco *vulvæ* maculas duas parvas oblongas nigerrimas video, spatio eorum diametro paullo minore sejunctas.

Color.—*Cephalothorax, sternum, partes oris, palpi* et *pedes* flavo-(in vivis virenti-?) testacea sunt, palpi et pedes testaceo-pilosi ; aculei pedum testacei quoque. *Abdomen* albidum, linea media longitudinali inæquali, antice abbreviata, præsertim postice paullo ramosa, subtestacea notatum, punctis impressis ordinariis 4 dorsi ejusdem coloris : anteriora horum punctorum lineola subtestacea transversa, lineam illam decussante, unita sunt. Venter albicans sat denso et crasse subtestaceo-reticulatus est ; utrinque apud *mamillas* subtestaceas macula parva flavo-testacea conspicitur.

Lg. corp. 3¼ ; lg. et lat. cephaloth. paullo plus 1 : lg. abd. pæne

3, lat. ej. 2¼ millim. Ped. I paullo plus 3½, II circa 3¾, III paullo
plus 2, IV circa 3½ ; pat.+tib. IV paullo plus 1 millim.
Singulam feminam vidi, ad Tharrawaddy captam. Fortasse gen.
Mangora, Cambr.*, adscribi potest hæc species.

**154. Epeira catillata, sp. n.

*Area oculorum mediorum, quorum postici anticis paullo majores
sunt, antice paullo latiore quam postice, oculis lateralibus anticis spatio
paullo majore a mediis anticis remoti quam quo distant hi inter se ;
cephalothorace, sterno, mandibulis et femoribus subluteis, pedibus
præterea flavo-testaceis, aculeis nigris ; abdomine breviter ovato,
cinereo-albo, dorso ejus ad basin macula magna rotundata nigra
ornato, pone eam vero saltem posterius paullo infuscato, hac area
infuscata triangulum magnum in lateribus crasse dentatum, antice
(basi) submarginatum, apice pæne ad anum pertinentem formante.
— ♀ jun. Long. saltem 3 millim.*

Femina jun.—Cephalothorax formâ ordinariâ, nitidus, utrinque
anterius modice sinuatus, parte thoracica in lateribus sat fortiter
rotundata, parte cephalica lateribus pæne rectis anteriora versus
paullulo angustata, fronte rotundata, dimidiam partem thoracicam
latitudine circiter æquante, oculis sessilibus ; impressiones cephalicæ
fortes, ut fovea centralis, quæ in declivitate postica, supra, locum
tenet. A latere visum dorsum ante declivitatem illam sat præruptam usque ad oculos paullo proclive et paullulo convexum est,
area oculorum mediorum sat præruptе proclivi ; facies a fronte visa
sat humilis, supra æqualiter et sat fortiter convexa. *Oculorum*
series antica a fronte visa recta est, postica fortiter deorsum
curvata ; desuper visa series antica sat fortiter, postica modo sat
leviter recurva est. Oculi medii, quorum postici anticis paullo
majores sunt, aream æque saltem longam ac latam antice, et paullo
latiorem antice quam postice occupant : oculi laterales bini contingentes sunt inter se. Spatium inter oculos medios anticos eorum
diametrum æquare videtur ; a lateralibus anticis modo paullo
longius quam inter se remoti sunt hi oculi ; medii postici inter se
spatio dimidiam oculi diametrum vix vel non æquante separati
sunt, a lateralibus vero spatio multo majore, duplam diametrum
oculi medii postici pæne æquante.
Mandibulæ femoribus anticis paullo angustiores, paullo plus duplo
longiores quam latiores. *Palporum* pars tarsalis apicem versus
sensim leviter attenuata est. *Pedes* mediocres, parce pubescentes
et pilosi, aculeis mediocribus, saltem in tibiis anterioribus sat
crebris, armati. *Abdomen* paullo longius quam latius, globoso-
ovatum, supra fortiter convexum, *mamillis* subapicalibus.
Color.—Cephalothorax, mandibulæ (summo apice infuscatæ) et
sternum ferrugineo-testacea vel lutea sunt : *maxillæ, labium* et *palpi*
flavo-testacea. *Pedes* flavo-testacei quoque, femoribus magis luteis,

---

* Biologia Centrali-Americana. Zool. Arachn. Aran. p. 13 ; conf. Marx, in
Keyserl., Die Spinnen Amerikas, iv. Epeiridæ, p. viii.

tarsis apice infuscatis ; aculei nigri. *Abdomen,* pilis longis pallidis sparsum, cinereo-albicans dicendum est, macula magna rotundata paullo inaequali nigra ad basin dorsi ornatum, cujus diameter circa ½ latitudinis abdominis aequat : posterius dorsum area magna paene triangula paullo obscuriore, subfusco- vel olivaceo-cinerea, occupatur, quae antice (basi) minus bene limitata est, hic saltem ad medium longitudinis dorsi pertinens, in lateribus minus distincte flexuoso-dentata : dorsum ita modo antice et in lateribus cinereo-album est. In medio dorso, anterius, puncta ordinaria parva impressa 4 conspiciuntur, in medio ejus, posterius, lineae longitudinales tenues parallelae et obscurae tres, quae antice arcu, magis postice ramulis duobus obliquis obscuris inter se conjunctae sunt. Latera abdominis et declivitas ejus antica latissime cinerascenti-alba sunt, venter secundum medium obscure cinerascens, vitta transversa brevi albicanti ad plicaturam genitalem notatus. *Mamillæ* subtestaceæ.

♀ *jun.*—Lg. corp. 3 ; lg. cephaloth. 1½, lat. ej. paullo plus 1 ; lg. abd. 2, lat. ej. circa 1⅔ millim. Ped. 1 4½, II saltem 4, III circa 2½, IV circa 3½ ; pat. + tib. IV circa 1½ millim.

Singulam feminam juniorem vidi ad Tharrawaddy captam. Adulta haud dubie multo major est haec species.

155. Epeira (Cyclosa) insulana, Costa.

Epeira insulana *, *Costa, Cenni zool*, cet. p. 65 (1834) ; *Thor. Ann. Mag. Nat. Hist.* 6 ser. ix. p. 232 (1892) (*ubi cet. syn. videantur*).

Variabilissimae hujus speciei multa exempla collegit Col. Oates, praesertim ad Tharrawaddy et Rangoon ; unum ad Tonghoo cepit.

156. Epeira (Cyclosa) hybophora, Thor.

Epeira hybophora, *Thor. Ann. Mus. Genova*, xxv. p. 217 (1887).

Exempla sat multa ad Tharrawaddy et Rangoon unumque ad Tonghoo cepit Col. Oates. Omnia haec exempla feminea sunt.

157. Epeira (Cyclosa) mulmeinensis, Thor.

Epeira mulmeinensis, *Thor. Ann. Mus. Genova*, xxv. p. 221 (1887).

Sat multa specimina hujus speciei ad Tharrawaddy collegit Col. Oates, inter ea marem adultum singulum. A femina differt hic mas praesertim forma alia cephalothoracis (non constricti), et abdomine globoso-ovato *tuberculis carente*, ad colorem vero cum abdomine feminae conveniente. Cephalothorax piceus est, inverse ovato-cordiformis fere, antice angusto, tuberculo oculorum mediorum fortiter prominente ; postice fortius, anterius levius est convexus, hic usque ad oculos proclivis ; caret impressionibus cephalicis, fovea centrali

---

* *E. insulanam* Costæ eandem speciem esse atque *E. trituberculatam,* Luc. (sive *E. anseripedem,* Walck.), Col. Cavanna primus vidisse videtur : conf. ejus ' Studi e Ricerche d'Aracnologia,' i. p. 23 (1876).

sat parva rotunda postice in sulcum producta parum pone medium
præditus. Subtiliter et dense transversim striatus est, nitidus,
pæne glaber. Palpi breves, clava femore antico fere duplo latiore.
Pars patellaris nodiformis fere est, pars tibialis transversa, rectangula (desuper visa), apice lateris exterioris in dentem foras
directum producto. Pars tarsalis ad ipsam basin, extra, procursum
fuscum obtusum apice anteriora versus curvatum ostendit; bulbus
fuscus subter in latere interiore dentem nigrum anteriora versus,
foras et deorsum directum habet. Tibiæ 4 anteriores forma ordinaria
sunt, cylindratæ, aculeis nonnullis mediocribus armatæ ; femora
subter aculeis carent. Coxæ I' paris apice postice spina brevi sat
forti obtusa sunt armatæ.—Ut in femina femora basi late (cum coxis)
pallida sunt ; annulo basali nigro, quem ostendunt femora *E. hybo-
phoræ*, carent hæc internodia in *E. mulmeinensi.*

158. Epeira (Cyclosa) bifida, Dol.

Epeira bifida, *Dol. Verh. Nat. Vereen. Nederlandsch Indië*, v. p. 38,
   tab. 35. figg. 8-8 c (1859) (=forma principalis) ; *Thor. Ann. Mus.
   Genova*, xxviii. p. 178 (1890).
Epeira macrura, *Thor. Ann. Mus. Genova.* x. p. 404 (1877) (=var.).

Exemplum pulchrum femineum var. *macruræ* ad Rangoon captum
est : alia femina adulta pæne tota nigra duæque juniores ad Tharrawaddy sunt inventæ.

**159. Epeira (Cyclosa) tardipes, sp. n.

*Cephalothorace saltem in parte cephalica nigro-picro, postice ple-
rumque subtestaceo, inter partes thoracicam et cephalicam fortiter
constricto : serie oculorum antica sursum curvata, area oculorum
mediorum multo latiore antice quam postice, oculis mediis anticis non
vel modo paullo longius a lateralibus anticis quam inter se remotis ;
pedibus brevibus, testaceis, dense nigro-annulatis maculatisve, aculeis
paucissimis (nullis?) munitis ; abdomine longe retro pone mamillas
producto, circa triplo longiore quam latiore, subcylindrato et recto,
desuper viso postice truncato, hoc apice truncato tamen in medio in
conum brevem retro producto ; colore abdominis nigro- et cinerascenti-
variati plerumque maculas obscuras pallido-marginatas rotundas
(ocelliformes fere) et subrhomboides formante ; vulva scapo tenui brevi
retro curvato prædita.— ♀ ad. Long. circa 6 millim.*

[*Var. β, ignava, pedibus evidentius aculeatis, femoribus pallidis,
pæne immaculatis, vulva scapo carente ; præterea ut in forma principali est dictum.*]

Femina.—Cephalothorax plus dimidio longior quam latior, utrinque
anterius modo leviter sinuatus, nitidus, pubescens, lateribus partis
thoracicæ magnæ modice, lateribus partis cephalicæ modo leviter
rotundatis anteriora versus sat fortiter angustatus, fronte dimidiam
partem thoracicam latitudine fere æquante, tuberculo oculorum
mediorum fortiter prominente. Inter partes cephalicam et thoraci-

cam constrictus est cephalothorax, a latere visus inter eas fortiter
impressus, parte thoracica valde convexa et non parum altiore quam
est pars cephalica, fovea centrali magna rotundata paullulo transversa fere in summo ejus locata ; pars cephalica hoc modo visa
posterius convexa, antice librata et recta est. A fronte visa series
oculorum antica non parum sursum curvata est, series postica fortiter
deorsum curvata ; desuper visa series antica etiam fortius recurva
est, series vero postica modo levissime recurva. Area oculorum
mediorum, quorum antici posticis non parum majores sunt, æque
longa ac lata antice videtur, multo, pæne dimidio, latior antice quam
postice ; oculi laterales subæquales bini contigentes sunt inter se.
Spatium inter oculos medios anticos eorum diametrum circiter æquat :
spatia, quibus a lateralibus anticis distant hi oculi, parum minora
(saltem non majora) sunt quam spatium, quo inter se distant.
Oculi medii postici spatio modo minuto disjuncti sunt, a lateralibus
posticis spatio oculi diametro non parum majore separati. *Sternum*
læve, nitidum.

Mandibulæ femora antica crassitie æquant, duplo longiores quam
latiores, in dorso versus basin sat fortiter convexæ. *Palpi* longi,
partibus tibiali et tarsali paullo crassioribus quam sunt partes præ-
cedentes, tarsali cylindrata, modo brevi spatio apice sensim attenuata.
Pedes breves, sat graciles, vix vel parum aculeati, modice pilosi.
Abdomen pone mamillas longe retro productum et ita circa triplo
longius quam latius, desuper visum antice rotundatum, lateribus
anterius levissime rotundatis, posterius parallelis posteriora versus
parum angustatum, pæne cylindratum, postice truncatum quidem
sed in medio apicis in conum brevem retro directum productum ;
a latere visum supra pæne rectum est, modo paullo altius in medio
quam antice et postice, postice (apice caudæ) oblique emarginato-
truncatum ; mamillæ saltem æque longe ab apice coni caudalis atque
a petiolo remotæ sunt. *Vulva* ex "corpore" sat magno postice
truncato constat, quod anterius depressum est, posterius transversim
elevatum et convexum, sulco brevi longitudinali subbipartitum :
ex parte ejus anteriore depresso exit "scapus" brevis tenuis deorsum
directus, apice vero retro fractus, qui vix ultra medium corporis
illius pertinet.

Color.—Cephalothorax aut totus piceus vel niger est, aut antice
(parte saltem cephalica) niger, posterius vero pallidior vel pallido-
maculatus, albicanti-pubescens. *Sternum* aut flavum, marginibus
lateralibus nigro-lobatis vel -dentatis, aut nigrum, vitta transversa
marginali antice et macula apicali postice flavis, duabusque
maculis marginalibus ejusdem coloris utrinque. *Partes oris* fuscæ
vel testaceo-fuscæ. *Palpi* basi late testacei, partibus tibiali et
tarsali nigris. *Pedes* testacei, dense nigro- vel fusco-annulati :
femora, tibiæ et metatarsi tres annulos habent, quorum præsertim
medius in maculam parvam sæpe redactus est ; patellæ totæ vel
modo apice sunt infuscatæ ; trochanteres et coxæ quoque plus
minus infuscata vel fusco-maculata esse possunt. *Abdominis* color
non facile describi potest et valde variare videtur ; in dorso et
in lateribus nigricanti- et cinereo- vel albicanti-variatum est,

plerumque linea longitudinali inaequali flexuosa pallida utrinque in
dorso notatum, quae lineae areas pauciores rotundatas vel subrhomboides nigricantes utrinque includunt et seriem ejusmodi arearum
etiam secundum medium dorsi extensam saltem anterius designant ;
etiam in lateribus praesertim postice areas ejusmodi ostendit
abdomen. Maculae paucae albicantes in 2 vel 3 paria secundum
dorsum dispositae interdum conspiciuntur quoque. Venter nigro- et
cinerascenti-variatus et -maculatus est ; spatium inter plicaturam
genitalem et mamillas plerumque lineis duabus incurvis pallidis
includitur. *Mamillae* nigricanti- vel sordide testaceae.

Lg. corp. 6; lg. cephaloth. 1⅔, lat. ej. 1, lat. front. circa ½ ;
lg. abd. 4⅓, lat. ej. paene 1½ millim. Ped. I 1½, II 4, III 2½, IV
circa 4 ; pat.+tib. IV 1 millim.

Paucissima exempla feminea, adulta et juniora, ad Tharrawaddy
cepit Col. Oates.—Araneam ad Singapore invenit Col. Workman,
quam ab his exemplis eo tantum distinguere possum, quod pedes
ejus aculeis parvis non ita paucis armati sunt et vulva alio modo est
conformata ; femora paene tota pallida sunt vel modo annulo singulo
cincta. Vulva laminam format pallidam paene planam sat crassam
(non anterius depressam, nec sulcatam), nitidam, postice truncatam,
anteriora versus sensim angustatam, subtriangulam igitur, *scapo*
(num abrupto ?) *carentem.* Hanc araneam *E. tardipedem*, var.
ignavam appello. An propria species ?

*160. **Epeira** (Cyclosa) quinque-guttata, Thor.

Epeira quinque-guttata, *Thor. Ann. Mus. Genova*, xvii. p. 112 (1881).

Mas, qui hujus speciei videtur, ad Tharrawaddy captus est.
Maculae abdominis ejus albae sunt, non flaventes. In latere interiore tibiarum 2i paris 2 . 2 . 2. aculeos video.

PERILLA *, gen. n.

Cephalothorax longior, fere a medio anteriora et posteriora versus
sensim modice angustatus, transversim convexus, clypeo humillimo ;
impressiones cephalicae non in medio dorsi coëuntes, fovea ordinaria
centralis mediocris vel sat parva.

Oculorum series antica sat fortiter sursum curvata, series postica
levius deorsum curvata vel recta : desuper visa haec series fortiter
recurva est. Area oculorum mediorum non longior quam latior
antice, multo latior antice quam postice : antici horum oculorum ad
ipsum marginem clypei locati sunt, postici subcontingentes inter se ;
oculi laterales bini ii quoque inter se subcontingentes.

Mandibulae directae, parallelae, mediocres.

Maxillae breves, paene parallelae, labio circa duplo longiores ;
labium fere semicirculatum.

Palpi feminae unguiculo sat longo pectinato-dentato muniti.

Pedes ita : I, II, IV, III longitudine se excipientes, I' paris

* *Perillus*, nom. propr. pers.

o 2

exceptis sat breves dicendi ; aculeati sunt, unguiculis ternis sat
magnis in tarsis muniti, unguiculis superioribus dentibus longis
densis pectinatis, unguiculo inferiore longo quoque et prope basin
dente obtuso prædito.

Abdomen longius, subcylindratum, cute molli tectum.

Mamillæ sex, anteriores et posteriores subconicæ, art. 2° brevi,
anteriores posterioribus majores ; mamillæ mediæ minutæ.

Typus : *Perilla teres,* sp. n.

Inter *Miloniam,* Thor., et partem illam generis *Epeira,* quæ *Cyclosa*
(Menge) sæpe appellatur, intermedium hoc genus videtur, cephalothorace neque in femina neque in mare constricto a *Cyclosis*
distinguendum, pedibus anticis sat longis et parte cephalica non
solito majore a *Milonia,* serie oculorum antica fortius (sursum)
curvata quam est series postica (retro) ab utroque horum generum
differens et " habitu " quodam peculiari ab omnibus aliis *Euetrioidis*
mihi cognatis separatum.

**161. Perilla teres, sp. n.

*Cephalothorace rufescenti-fusco vel -testaceo, pedibus testaceo-fuscis,
nigro-annulatis, anterioribus sæpe præterea apicem versus infuscatis :
abdomine duplo-quadruplo longiore quam latiore, subcylindrato, levi,
cinerascenti, fasciis duabus longitudinalibus angustis nigris secundum
totum dorsum extensis notato, his fasciis ad basin et apice dorsi latioribus et nigerrimis, præterea sæpe obsoletis, remanente nigra interdum
modo macula magna in apice abdominis sita, spatio satis angusto inter
has fascias sæpe albo ; mamillis longe ante apicem abdominis locatis.
— ♂ ♀ ad. Long. ♂ circa 5½, ♀ 8-8½ millim.*

Femina. — *Cephalothorax* tibia cum patella 4[i] paris plus dimidio
longior est, paullo plus dimidio longior quam latior, utrinque anterius
sat leviter sinuatus, parte thoracica lateribus ample et, excepto fere
in medio, leviter rotundatis anteriora et præsertim posteriora versus
sensim modice angustata ; pars cephalica satis magna quidem. sed,
quoad libera est, multo brevior quam latior postice, lateribus primum
pæne rectis, dein rotundatis anteriora versus modice angustata, etiam
postice non parum angustior quam est pars thoracica, fronte hac parte
saltem duplo angustiore, truncata, tuberculo oculorum mediorum anticorum ad rectos angulos truncato fortiter prominente tamen, tuberculis oculorum binorum lateralium satis prominulis quoque. Impressiones cephalicæ evidentes sunt sed non coëuntes ; fovea centralis,
quæ sulco in fundo caret, nec magna nec profunda est, subrotundata ;
præterea levissimus et nitidissimus est cephalothorax, pilis tenuibus
parcius sparsus. Sat humilis est, dorso recto et librato, excepto
postice, ubi sat leviter declive et paullo convexum est, et anterius
in parte cephalica, ubi fere eodem modo est proclive ; facies humilis,
a fronte visa supra æqualiter et sat leviter convexa. *Oculi* mediocres,
medii antici reliquis paullo majores. Series oculorum antica a fronte
visa sat fortiter sursum curvata est (linea recta laterales infra tangens
medios non secat, vix tangit), series postica hoc modo visa pæne
recta ; desuper visa series antica fortissime, postica fortiter recurva

est. Oculi medii aream paullo latiorem antice quam longiorem et multo, circa dimidio, latiorem antice quam postice occupant. Oculi medii postici subcontingentes sunt inter se, ut oculi bini laterales. Oculi medii antici spatio sunt separati, quod oculi diametro circa dimidio majus est, ab oculis lateralibus anticis spatiis hac diametro circa duplo majoribus remoti ; intervalla, quibus medii postici a lateralibus posticis distant, his spatiis multo majora sunt. Oculi medii antici a margine clypei vix ullo spatio remoti sunt ; laterales vero antici ab hoc margine spatiis sunt separati, quæ eorum diametrum saltem æquant. *Sternum* pæne dimidio longius quam latius, non inter coxas 4ᵗ paris pertinens, subovatum sed antice truncatum, in lateribus leviter rotundatum, fere a medio ad apicem sensim modice angustatum et sat breviter acuminatum, versus latera transversim paullo convexum ; nitidum est, tuberculis parvis ad coxas munitum et pilis sparsum.

Mandibulæ directæ, paullo plus duplo longiores quam latiores, femora antica crassitie æquantes, subcylindratæ, apice breviter et oblique truncatæ, in dorso versus basin fortissime convexæ, quasi geniculatæ ; sulcus unguicularis brevis antice 3, postice 4 dentibus armatus videtur. Unguis brevis, æqualiter curvatus. *Maxillæ* pæne parallelæ, parum divaricantes, æque latæ apice ac longæ, labio fere duplo longiores, apice late truncatæ, angulo apicis exteriore rotundato, latere exteriore levissime rotundato, pæne recto, latere interiore ante labium parum oblique truncato. *Labium* paullulo latius basi quam longius, apice rotundatum, dimidiato-ellipticum fere, magis versus basin transversim late et leviter impressum. *Palpi* sat longi, parte tarsali cylindrata et obtusa ; unguiculus sat longus, leviter curvatus, dentibus densis circa 8 gradatim cito longitudine crescentibus armatus. *Pedes* antici sat longi, femoribus versus basin intus paullo incrassatis, pedes posteriores, præsertim 3ⁱ paris, brevissimi. Sat dense pilosi et setis fortibus muniti parciusque aculeati sunt pedes, anteriores præsertim : 1ⁱ paris femora, e. gr., aculeos 1 . 1. (et setam fortem) intus ostendunt, præterea vix aculeati ; tibiæ hujus paris subter 1 . 1 . 1. aculeos fortiores habent, antice 1. 1. 1. graciles, metatarsi quoque saltem duobus aculeis instructi sunt. Patellæ etiam apice supra aculeo carent. Unguiculi superiores satis æqualiter curvati, dentibus longis (gradatim longitudine crescentibus) circa 8 pectinati. *Abdomen* pæne quadruplo longius quam latius, pæne cylindratum, antice et postice rotundatum, antice paullulo angustius quam postice, lateribus in medio rectis et parallelis, præterea modo leviter rotundatis ; a latere visum supra parum convexum est, apice postico rotundatum, ventro recto, mamillis æque longe ab hoc apice atque a petiolo remotis. *Vulva* ex area vel lamina opaca nigra postice rotundato-truncata constat, quæ transversim convexa est et posteriora versus sensim plus minus assurgens vel elevata ; sub fornice hoc modo a margine ejus postico formata foveam lunatam, semicirculatam vel semiellipticam pallidiorem ostendit, si ab ano inspicitur.

Color.—*Cephalothorax* rufescenti-fuscus, interdum rufescenti-testaceus, est. *Sternum* nigro-fuscum, fascia longitudinali pallida plus minus abbreviata in medio. *Mandibulæ* nigro-fuscæ ; *maxillæ* et *labium* obscure fusca. *Palpi* pallidi, nigro-pilosi, partem tibialem infuscatam et tarsalem nigram habent. *Pedes*, nigro-pilosi, -setosi et -aculeati, testacei (posteriores flavo-testacei) et nigro-annulati sunt : in pedibus anterioribus tibiæ basi et apice nigræ, femora, metatarsi et tarsi apice nigra sunt, tibiæ et præsertim metatarsi 1¹ paris præterea sæpe inter annulos nigros infuscati ; in pedibus posterioribus modo metatarsi et tarsi apice nigri sunt. *Abdomen* cinereum, pallido-pubescens, fasciis duabus longitudinalibus parallelis nigricantibus secundum totum dorsum extensis ornatum, quæ basi et apice (hic plerumque in plagam nigram apicem abdominis occupantem conflatæ) sat brevi spatio sat latæ et nigerrimæ sunt, præterea sæpe angustæ et obsoletæ, spatio interjecto satis angusto plerumque albo. Latera inferius plerumque nigricantia. Venter ante mamillas secundum medium niger est ; pone eas fasciis duabus sat latis parallelis pallide cinerascentibus et linea nigra separatis plerumque occupatur. *Mamillæ* sordide testaceæ vel subfuscæ.

Mas feminâ paullo minor est, et præterea his rebus ab ea differt. *Cephalothorax* vix dimidio longior est quam latior, magis (inverse) ovatus, anterius utrinque minus evidenter sinuatus, parte thoracica in lateribus ample et fortiter rotundata, parte cephalica lateribus pæne rectis anteriora versus sensim fortius angustata, fronte non ½ partis thoracicæ latitudine æquante. Fovea ordinaria centralis in fundo sulcum ostendit. *Oculi* ut in femina, modo magis conferti : medii antici, e. gr., spatio sunt sejuncti, quod dimidiam eorum diametrum vix æquat. *Mandibulæ* in dorso rectæ sunt, femoribus anticis vix latiores, duplo longiores quam latiores. *Maxillæ*, apice magis oblique truncatæ, in angulo exteriore apicis dentem parvum ostendunt. *Palpi* breves, flavo-testacei, clava ovata nigra femoribus anticis multo, pæne duplo, latiore. Pars patellaris parum longior est quam latior, pars tibialis eâ paullulo angustior et non parum brevior, subtransversa, latere exteriore in procursum paullo longiorem quam latiorem, apice rotundatum, foras directum, pallidum producto. Pars tarsalis, intus vergens et obscure fusca, basi supra dentem fortem sursum directum et foras curvatum format. Bulbus sat complicatus et niger aream sat parvam flavam basi, supra, ostendit, etiam ad basin intus flavens. *Pedes* 1¹ paris paullo longiores et graciliores quam in femina sunt. Tibiæ 1¹ paris intus, superius, 1 . 1 . 1. aculeos, subter versus apicem 1 aculeum habent ; tibiæ 2¹ paris, quæ, ut illæ, plane cylindratæ sunt, in medio intus aculeum fortem et longum ostendunt, quem sequitur series aculeorum 4 parvorum. Metatarsi 1¹ paris toti nigri sunt. Omnia femora subter, ut coxæ, inermia sunt. *Abdomen* brevius quam in femina, vix vel non triplo longius quam latius, mamillis magnis non parum longius a petiolo quam ab apice postico remotis ; dorsum abdominis pæne totum cinerascens est, macula magna apicali nigra excepta.

♀.—Lg. corp. 8½ : lg. cephaloth. pæne 3, lat. ej. 1⅓, lat. front. pæne 1 : lg. abd. 5¼, lat. ej. paullo plus 1½ millim. Ped. 1 8½, II 6½, III 3½, IV paullo plus 5 ; pat. + tib. IV pæne 2½ millim.

♂.—Lg. corp. 5½ : lg. cephaloth. 2¾, lat. ej. pæne 2, lat. front.
pæne ⅔ : lg. abd. 3, lat. ej. pæne 1½ millim. Ped. I 7½, II paullo
plus 6, III circa 3½, IV circa 4 ; pat. + tib. IV pæne 2 millim.

Cel. Oates exempla nonnulla, inter ea feminas adultas paucissimas maremque adultum singulum, ad Tharrawaddy collegit.

MILONIA, Thor., 1890.

**162. Milonia tomosceles, sp. n.

*Cephalothorace circa dimidio longiore quam latiore, ferrugineo-
fusco vel -testaceo, fronte saltem ⅓ partis thoracicæ latitudine æquante;
oculis mediis anticis circa triplo longius a lateralibus anticis quam
inter se remotis ; pedibus pallide testaceis, angustissime nigro-annulatis, pedibus 2ⁱ paris pedes 4ⁱ paris longitudine parum superantibus;
abdomine duplo longiore quam latiore, subdepresso, cylindrato-elliptico, dorso cinerascenti-nigro fasciis duabus parallelis albicantibus
limitato, fascia longitudinali inæquali subgeminata albicanti saltem
antice evidenti secundum medium, et maculis 4 parvis albicantibus,
quadratum fere formantibus, pæne in medio signato, apice vero abdominis postico maculis 4 majoribus obliquis nigris notato.— ♀ jun.
Long. saltem 6¼ millim.*

Femina jun.—*Cephalothorax* tibia cum patella 4ⁱ paris non
parum longior, circa dimidio longior quam latior, anterius utrinque
modo leviter sinuatus, parte thoracica in lateribus posterius modice,
anterius leviter rotundata, parte cephalica magna lateribus modo
levissime rotundatis anteriora versus vix angustata, fronte lata,
leviter rotundata, ¾ partis thoracicæ latitudine saltem æquante,
oculis parum prominulis. Satis altus est cephalothorax, levis et
nitidissimus, anterius pilis sat densis conspersus; a latere visum
dorsum ejus a declivitate postica brevi sensim usque in partem
cephalicam paullo assurgit, in parte thoracica pæne rectum; in
parte cephalica contra dorsum hoc modo visum sat fortiter convexum est et anterius longius et sat fortiter proclive. Facies alta,
a fronte visa supra fortiter convexa. *Oculi* mediocres, medii antici
reliquis non parum majores. Series oculorum antica a fronte visa
recta est, postica fortiter deorsum curvata. Desuper visa series
antica sat leviter est recurva, postica pæne recta, vix vel parum
recurva. Area oculorum mediorum paullo longior est quam latior
antice, et non parum latior antice quam postice: oculi medii antici
spatio disjuncti sunt, quod eorum diametrum æquat, medii postici
vero spatio, quod dimidiam eorum diametrum vix æquare videtur.
Oculi bini laterales contingentes inter se ; antici eorum circa triplo
longius a mediis anticis quam hi inter se distant : spatia, quibus
laterales postici a mediis posticis distant, etiam multo majora sunt.
Spatium inter oculos medios anticos et marginem clypei eorum diametrum æquat. *Sternum* ovatum, antice truncatum.

Mandibulæ directæ, subovatæ, versus apicem intus sensim paullo
rotundato-angustatæ, saltem dimidio longiores quam latiores, crassæ,

femoribus anticis fere dimidio latiores, in dorso versus basin fortiter
convexæ; nitidæ sunt, parcius pilosæ. Sulcus unguicularis denticulis saltem 3 antice et postice est armatus. Unguis sat brevis.
Pedes brevissimi, minus dense pilosi; pedes 2¹ paris pedibus 4¹ paris
parum sunt longiores. In femoribus 1¹ paris aculeum antice,
versus apicem, video; præterea aculeis veris carere videntur pedes.
Abdomen circa duplo longius quam latius, paullo deplanatum, desuper visum cylindrato-ellipticum, antice et præsertim postice
fortiter rotundatum, lateribus parum rotundatis, pæne rectis et
parallelis; nitidissimum est, parce pubescens, *mamillis* non parum
ante apicem posticum locatis.

Color.—Cephalothorax ferrugineo-fuscus, postice pallidior, antico
obscurior. *Sternum* ferrugineo-luteum. *Mandibulæ* nigro-fuscæ,
maxillæ et *labium* obscure testacea. *Palpi* pallide testacei, annulo
uno alterove angustissimo nigro. *Pedes* pallide testacei, anguste
nigro-annulati: in pedibus anterioribus femora et omnia internodia
insequentia apice anguste nigra sunt (femora 1¹ paris apice latius
nigra), in posterioribus pedibus modo tibiæ et metatarsi (tarsique)
summo apice nigra sunt. Metatarsi 1¹ paris præterea maculam nigram in medio antice ostendunt. *Abdominis* dorsum secundum
medium latissime cinereo-nigricans est, hac area nigricanti utrinque
fascia cinereo-albicanti lata recta utrinque limitata, quæ fasciæ
latera abdominis, supra, occupant: secundum medium dorsum
fasciam longitudinalem inæqualem posteriora versus angustatam et
magis obsoletam albidam ostendit, quæ ad basin ejus a lineolis duabus
longitudinalibus albis incurvis vel ∧ formantibus initium capit et
etiam præterea geminata videtur. Utrinque apud hanc fasciam
series longitudinalis punctorum nigrorum 3 conspicitur, quorum
duo posteriora suæ quodque maculæ parvæ albicanti intus adjacent;
in apice postico abdomen maculas 4 nigras majores subtransversas
et paullo obliquas ostendit, rectangulum multo latius quam longius
formantes, ut et striam nigram transversam infra, inter apicem et
mamillas. Latera abdominis inferius obscure cinerea sunt, vestigiis
macularum binarum majorum albicantium anterius; venter cinereo-
nigricans non parum ante mamillas maculas duas oblongas parallelas albas ostendit: etiam utrinque ad mamillas paullo albicanti-
maculatus videtur.

♀ *jun.*—Lg. corp. 6¼; lg. cephaloth. parum plus 2, lat. ej. pæne
1½, lat. front. paullo plus 1; lg. abd. 4½, lat. ej. pæne 2¼ millim.
Ped. I 4½, II parum plus 4, III 2¼, IV 4: pat.+tib. IV 1½ millim.

Femina singula nondum adulta ad Tharrawaddy est capta.
Cephalothorax in hac specie brevior quam in *Miloniis* magis typicis
est.

NOTOCENTRIA, Thor., 1894.

163. **Notocentria sex-spinosa**, Thor.

Notocentria sex-spinosa, *Thor. Bihang Svenska Vet.-Akad. Handl.*
xx. Afd. iv. no. 4, p. 48 (1894).

Feminam juniorem, quam singulam vidi et quam loc. cit. descripsi,
ad Tharrawaddy invenit Col. Oates.

CYRTARACHNE, Thor., 1868.

**164. Cyrtarachne inæqualis, sp. n.

Cephalothorace æqualiter convexo, ferrugineo-luteo, lævi et nitido, palpis pedibusque sordide luteis ; abdomine transverso, crasso, breviter cordiformi, tuberis duobus magnis humilibus obtusissimis supra, paullo pone humeros rotundatos, prædito, supra et in lateribus cinereo- vel flavo-albicanti, cicatricibus majoribus 3 ad marginem anticum et 4 pone eas in trapezium dispositis obscure cinereis, humeris cum tuberis infuscatis aream cinaeream occupantibus, cui antice adjacet macula sat magna nigra, et pone quam macula parva nigra conspicitur ; ventre cinereo-nigricanti, area magna media nigra.— ♀ ad. *Long. circa* 10¼ *millim.*

Femina.—Cephalothorax brevis, nitidus et lævis est, utrinque antice modo leviter sinuatus, parte cephalica lateribus pæne rectis anteriora versus sat fortiter angustata, fronte rotundata, impressionibus cephalicis vix ullis ; posterius in dorso foveolæ duæ oblongæ anteriora versus divaricantes foveam ordinariam centralem repræsentant. A latere visum dorsum usque ad oculos medios posticos fortiter et satis æqualiter convexum est, anterius igitur sat fortiter proclive, area oculorum mediorum etiam paullo fortius proclivi. *Oculorum* series antica a fronte visa paullo deorsum curvata est, series postica modice deorsum curvata ; desuper visa utraque series modice est recurva. Area oculorum mediorum, quorum antici posticis paullo sunt majores, vix vel parum latior est postice quam antice, et paullo latior quam longior ; oculi bini laterales, valde oblique positi, pæne contingentes sunt inter se. Spatium inter oculos medios anticos duplam eorum diametrum pæne æquat : a lateralibus anticis multis partibus longius quam inter se remoti sunt hi oculi. *Sternum* læve, cordiforme, posteriora versus sensim angustatum et acuminatum.

Mandibulæ ovato-conicæ fere, circa dimidio longiores quam latiores, femoribus anticis paullo crassiores basi. *Pedes* breves, non depressi, modice pilosi et pubescentes, aculeis, ut videtur, plane carentes. *Abdomen* magnum, transversum, crassum, breviter cordiforme fere, antice truncatum et, in medio, subemarginatum, ab humeris fortiter et ample rotundatis lateribus anterius leviter rotundatis, postice subsinuatis usque ad apicem dorsi obtusum sensim et cito angustatum : supra non parum pone marginem anticum, prope latera (pone humeros igitur) in tubera duo magna sed humilia et obtusissima est elevatum, inter humeros transversim subexcavatum, et secundum medium quasi carinam latam humilem et obtusissimam formans, quæ inter tubera humeralia initium capiens et versus apicem dorsi ducta ibi tuber obtusissimum humile et latum format. A latere visum abdomen supra fortiter convexum est, ante apicem dorsi paullo depressum : postice in spatio magno inter apicem et mamillas, quæ longe ante eum locum tenent, valde oblique truncatum et superius rotundatum est. Ad marginem anticum dorsi series brevis procurva cicatricum 3 majorum (area impresso-punctata

circumdatarum) conspicitur, et pone eas 4 cicatrices ejusmodi (cicatrices centrales) in trapezium postice multo latius quam antice
dispositis, quorum antici cum lateralibus marginalium anticarum
quadratum fere formant ; duæ cicatrices minores pone centrales
posticos conspiciuntur, unaque utrinque ad humeros, intus, sita.
Vulva humilis transversa marginem anticum in lobum latum, apice
rotundatum, retro et deorsum directum productum habet.

Color.—*Cephalothorax* ferrugineo-luteus, *sternum*, *partes oris*,
palpi et *pedes* paullo clariora, sordide lutea. *Abdomen* flavo- vel
cinerascenti-album est, humeris amplissime, cum tuberculis pone
eos (quæ annulo inæquali albicanti cincta sunt et præterea pallido-
venosa vel reticulata), obscure cinereis, cicatricibus magnis (tribus
marginalibus anticis et quattuor ordinariis centralibus) cinereo-
fuscis ; ipsi humeri extus macula sat magna nigricanti, spatio satis
angusto cinereo a tubero humerali infuscato divisa, occupantur ;
non multo pone hanc maculam, ad latus exterius dorsi, macula sat
parva nigricans conspicitur, paullo pone sigilla centralia posteriora
et non parum pone medium longitudinis dorsi sita. Tuberculum
illud humillimum, quod supra format apex dorsi, paullo infuscatum
est. Latera abdominis striis densis obscurioribus deorsum directis
sunt notata. Venter inter plicaturam genitalem et mamillas sat
late niger est, præterea cinereo-nigricans. *Mamillæ* luteo-ferru-
gineæ.

Lg. corp. $10\frac{1}{3}$; lg. cephaloth. 4, lat. ej. 4, lat. front. paullo plus
2 ; lg. abd. $8\frac{1}{2}$, lat. ej. $11\frac{1}{2}$ millim. Ped. 1 9. II saltem 9, III 6,
IV 8 ; pat. + tib. IV $3\frac{1}{2}$ millim.

Feminam singulam adultam ad Tonghoo aliamque pullam ad
Tharrawaddy invenit Cel. Oates.

165. Cyrtarachne cingulata, sp. n.

*Cephalothorace æqualiter convexo, lævi et nitido, pallide piceo ;
palpis et pedibus nigris, basi latissime pallide piceis ; abdomine
duplo latiore quam longiore, lævi, nitido, pone humeros rotundatos in
lateribus et postice æqualiter rotundato, transversim dimidiato-elliptico
fere, nigerrimo, utrinque prope humeris annulo flavo supra lato, infra
subabrupto cincto.*— ♀ ad. *Long. circa* $5\frac{1}{2}$ *millim.*

Femina.—*Cephalothorax* ad formam fere ut in priore specie est,
a latere visus fortiter convexus, apud (pone) oculos medios posticos
paullo depressus ; nitidus et lævis est, glaber. Series *oculorum*
antica a fronte visa leviter deorsum curvata est, series postica desuper
visa modice recurva. Area oculorum mediorum sat fortiter proclivis et paullo elevata est : hi oculi, qui pæne æquali magnitudine
sunt, rectangulum paullo latius quam longius formant. Oculi laterales bini contingentes sunt inter se. Oculi medii antici spatio
sunt separati, quod eorum diametro paullo majus est ; a lateralibus
anticis spatiis saltem triplo majoribus, quam quo inter se distant,
sunt remoti.

Mandibula subovatæ, apicem versus sensim paullo angustatæ,

pæne duplo longiores quam latiores, femoribus anticis parum crassiores. *Pedes* breves, nitidi, non depressi, minus dense pilosi, aculeis
carentes. *Abdomen*, tuberculis carens, læve, nitidissimum et glabrum,
minus altum sed latissimum est, circa duplo latius quam longius,
transversim dimidiato-ovatum vel sublunatum : antice latissime
truncatum (vel levissime rotundatum) et leviter emarginatum est,
humeris rotundatis foras directis ; pone humeros latissime et amplissime est rotundatum, mamillis non parum ante marginem posticum
locatis. Ad longitudinem postice sat fortiter convexum est, transversim modo versus latera convexum. Dorsum abdominis ad marginem anticum cicatricibus 5 in seriem procurvam dispositis et spatiis
pæne æqualibus separatis est notatum, quarum tres mediæ majores
sunt ; pone eas cicatrices 4 ordinarias centrales in trapezium postice
latius quam antice dispositas ostendit ; etiam utrinque antice versus
humeros cicatricem habet, præter alias minores. *Vulva* laminam
deorsum directam transversam subtriangulam, angulis rotundatis,
format.

Color.—*Cephalothorax* pallide picens. *Mandibulæ* basi ejusdem
coloris sed apice late nigræ. *Sternum, maxillæ* et *labium* nigra.
Palpi nigri, parte femorali pallide picea : *pedes* quoque nigri, femoribus omnibus, apice excepto, et trochanteribus saltem anterioribus
pallide piceis : ut palpi nigro-pilosi sunt pedes. *Abdomen* supra et
in lateribus nigerrimum, fascia longitudinali lata flava utrinque
prope humeros ornatum, quæ fascia et antice et postice deorsum
producta est, ita annulum paullo inæqualem, supra latum, infra
angustiorem et subabruptum, humerum nigrum cingentem formans.
Latitudo spatii inter hos duos annulos, supra, longitudinem abdominis non parum superat. Venter niger vel nigro-piceus. *Mamilla*
nigræ.

Lg. corp. 5½ ; lg. et lat. cephaloth. fere 2, lat. front. paullo plus
1 : lg. abd. 4⅗, lat. ej. 9¼ millim. Ped. I paullo plus 5, II 5, III
3⅓, IV circa 5 ; pat. + tib. IV 1¾ millim.

Femina singula ad Rangoon est capta. Ad formam hæc species
C. nigro-humerali, Van Hass.*, similis est, colore plane alio præsertim facillime dignoscenda.

**166. Cyrtarachne ignava, sp. n.

*Cephalothorace lævi, æqualiter convexo, cum sterno, partibus oris,
palpis et pedibus ferrugineo-luteo, his apicem versus pallidioribus :
abdomine circa dimidio latiore quam longiore, subtriangulo-lunato,
antice latissime rotundato-truncato et utrinque late et levissime sinuato,
humeris anguste rotundatis vel subacuminatis ; dorso abdominis sordide luteo, fascia lata clariore secundum latera, vel saltem macula
magna flaventi paullo pone humeros sita notato (hac pictura tamen
satis obsoleta) ; ventre nigricanti.— ♀ jun. Long. saltem 3½ millim.*

Femina jun.—*Cephalothorax* ad formam ut in priore specie,
C. cingulata, est, lævis et nitidus, glaber, fronte utrinque late et

paullo oblique truncata ; a latere visus sat fortiter convexus et
pone oculos medios paullo depressus est, area horum oculorum paullo
elevata. A fronte visa series *oculorum* antica pæne recta est, parum
deorsum curvata ; desuper visa series postica sat leviter est recurva.
Area oculorum mediorum pæne æqualium aream æque latam antice
ac postice, vix vel parum latiorem quam longiorem occupant. Oculi
medii antici spatio inter se distant, quod eorum diametrum parum
superat ; a lateralibus anticis spatiis saltem triplo majoribus, quam
quo inter se distant, remoti sunt.

Mandibulæ conico-ovatæ, circa dimidio longiores quam latiores.
Pedes breves et graciles, non depressi, modice pilosi, aculeis carentes.
Abdomen saltem dimidio latius quam longius, triangulo-lunatum
fere ; antice latissime rotundato-truncatum et utrinque late et
levissime emarginatum est, humeris anguste rotundatis vel subacuminatis foras et paullo anteriora versus directis ; in lateribus
sat leviter et latissime, postice fortius et minus late rotundatum est.
Nitidum et glabrum est dorsum, dense et subtiliter impresso-
punctatum et serie pæne recta cicatricum mediocrium 5 secundum
marginem anticum munitum, quarum duæ extimæ non parum
longius a sibi proximis quam hi a cicatrice intima distant ; ex
tribus mediis horum cicatricum exteriores duæ cum duabus anticis
cicatricum 4 centralium ordinariorum trapezium non parum latius
antice quam postice formant.

Color.—*Cephalothorax. sternum, partes oris, palpi* et *pedes* ferrugineo-lutea, pedes apicem versus magis testacei. *Abdomen* supra
sordide luteum vel testaceum, ad partem magis flavens, hoc colore
ut videtur maculam magnam utrinque paullo pone humeros sitam,
vel (fortasse) fasciam latissimam minus bene definitam secundum
latera dorsi ductam formante, his fasciis pone humeros initium
capientibus et non parum ante apicem dorsi posticum inter se unitis,
remanentibus obscurioribus area magna transversa triangula antice,
et apice dorsi (cum lateribus ejus anguste). Latera abdominis
saltem ad partem flaventia sunt. Venter in formam trianguli
maximi nigricans ; *mamillæ* nigricantes.

Lg. corp. 3½ ; lg. et lat. cephaloth. circiter 1½, lat. front. circa ⅞ :
lg. abd. 3¾, lat. ej. 5 millim. Ped. I 3¾, II circa 3⅔, III pæne 3,
IV circa 3½ ; pat. + tib. IV pæne 1¾ millim.

Exemplum singulum nondum adultum et subcorrugutum vidi, ad
Rangoon inventum.

**167. Cyrtarachne dimidiata, sp. n.

*Cephalothorace luteo-rufescenti, parte cephalica magna ferrugineo-
fusca serie longitudinali tuberculorum parvorum setam gerentium
munita ; pedibus luteo-flavis ; abdomine paullo latiore quam longiore,
anterius secundum lineam bis retro fractam angulato-rotundato,
præterea lateribus rotundatis apicem posticum satis anguste rotundatum versus sensim angustato, dorso anterius ferrugineo et tuberculis
parvis setam gerentibus conspersa, præterea flaventi, ventre in medio*

inter plicaturam genitalem et mamillas macula magna nigra notato.—
♂ ad. *Long. circa* 2½ *millim.*

Mas.—Cephalothorax paullulo longior quam latior, lateribus
partis thoracicæ sat fortiter rotundatis præsertim anteriora versus
angustatus et utrinque antice sinuato-angustatus, lateribus dein
brevissimis et rectis usque ad oculos laterales paullo angustatus
quoque, fronte angulato-rotundata (tuberculo oculorum mediorum
fortiter prominente) ⅔ partis thoracicæ latitudine fere æquante.
Pars cephalica magna est, rugoso-granulosa et serie tuberculorum
paucorum parvorum setam gerentium secundum medium munita.
A latere visum dorsum cephalothoracis satis æqualiter et sat leviter
est convexum; altitudo clypei sive spatium inter marginem ejus et
oculos medios anticos diametro eorum evidenter minor est, spatium
inter oculos medios anticos et posticos vix æquans. *Oculi* magni,
medii lateralibus majores; medii antici mediis posticis circa dimidio
majores sunt. Oculi bini laterales subcontingentes sunt inter se;
oculi medii in trapezium non parum latius antice quam postice et
æque longum ac latum postice sunt dispositi; spatium inter medios
anticos eorum diametro pæne dimidio majus est, et modo paullo
minus quam spatia quibus a lateralibus anticis sunt remoti; oculi
medii postici, spatio diametro sua paullo majore separati, circa
duplo longius a lateralibus posticis quam inter se distant. *Sternum*
magnum, parum longius quam latius, antice late truncatum;
spatium inter coxas 1ʲ paris maxillarum + labii latitudinem æquat,
coxæ 4ʲ paris spatio earum diametro paullo majore sejunctæ sunt.

Mandibulæ directæ, femora antica latitudine pæne æquantes,
plus duplo longiores quam latiores, in dorso parum convexæ, læves
et nitidæ. *Palpi* breves, clava magna, femoribus anticis pæne
duplo latiore. Pars patellaris vix longior quam latior est; pars
tibialis ea paullo brevior sed latior, transversa, latere exteriore sat
fortiter in formam cunei dilatato; pars tarsalis, intus vergens,
partibus patellari et tibiali conjunctim longior est, pilosa; bulbus
magnus, subglobosus, fuscus, unco forti procurvo nigro subter,
intus, præditus, alioque pallido paullo deorsum curvato in apice
munitus. *Pedes* breves, pilis sat fortibus et sat densis setisque
conspersi; ad basin lateris anterioris tibiarum 1ʲ paris aculeum
pallidum video, præterea aculeis carent pedes. *Abdomen* depressum,
paullo latius quam longius, antice truncatum, tum (ad ⅓ longitudinis fere) lateribus pæne rect⸍ ..asim sat fortiter dilatatum, dein
lateribus modice rotundatis .teriora versus angustatum, apice
rotundato; in margine anterius serie tuberculorum conicorum
minutorum setam gerentium præditum est, etiam præterea anterius
in dorso tuberculis nonnullis ejusmodi sparsum; secundum marginem lateralem, posterius, dorsum seriem punctorum impressorum
ostendit.

Color.—Cephalothorax luteo-rufescens, parte cephalica ferrugineo-
fusca. *Sternum, maxillæ* et *labium* pallide lutea. *Mandibulæ*
subtestaceæ. *Palpi* pallidi, bulbo fusco. *Pedes* pallide lutei,
pallido-pilosi, apicem versus magis flaventes. *Abdomen* supra

antice, pæne usque ad medium, ferrugineum est, et hic, paullo ante
medium, vitta transversa utrinque abbreviata nigra (minus
distincta quidem) notatum: præterea dorsum ejus flavens est,
punctis impressis marginalibus hujus partis flaventis subferrugineis.
Venter, qui in lateribus late flavens est, in medio ante plicaturam
genitalem ferrugineus videtur, inter eam et mamillas macula media
magna transversa nigra notatus. *Mamillæ* subluteæ.

Lg. corp. $2\frac{1}{2}$: lg. cephaloth. pæne $1\frac{1}{4}$, lat. ej. paullo plus 1;
lg. abd. $1\frac{1}{2}$, lat. ej. pæne 2 millim. Ped. I paullo plus 3, II 3, III
fere $2\frac{1}{2}$, IV circa 3: pat.+tib. IV pæne 1 millim.

Mas singulus ad Tharrawaddy est inventus.—Num mas speciei
præcedentis, *C. ignava*, est hæc aranea?

**168. Cyrtarachne melanosticta, sp. n.

Cephalothorace et mandibulis luteis, pedibus totis luteo-rufis:
abdomine pæne duplo latiore quam longiore, dimidiato-elliptico fere,
antice latissime rotundato-truncato et leviter ter sinuato, præterea
usque ab humeris anguste rotundatis posteriora versus cito angustato,
in lateribus levius, postice fortius et ample rotundato: supra pallide
flavo et maculis sat parvis rotundatis 18 nigris ornato; ventre in
medio late testaceo, fascia nigra in lateribus et postice cincto.— ♀ ad.
Long. circa $5\frac{1}{2}$ millim.

Femina.—C. coccinella, Thor.*, hæc species ad colorem simillima
est, præsertim pedibus totis luteo-rufis et abdomine multo latiore
ab ea differens. *Cephalothorax* ad formam pæne ut in *C. coc-*
cinella et prioribus diximus est, lævis et nitidissimus, a latere visus
ante declivitatem posticam fortiter convexus et anterius fortiter
proclivis, area oculorum mediorum etiam fortius proclivi et paullulo
elevata; frons, quæ dimidiam partem thoracicam latitudine paullo
superat, levissime rotundata vel potius utrinque modo paullulo
oblique truncata est. Series *oculorum* antica a fronte visa recta est,
series postica desuper visa evidenter paullo recurva. Oculi medii
subæquales aream paullulo latiorem quam longiorem et vix vel
parum latiorem postice quam antice occupant. Spatium inter
oculos medios anticos eorum diametro parum est majus: a lateralibus anticis circa triplo longius quam inter se distant hi oculi.

Mandibulæ conico-ovatæ, ad basin femoribus anticis pæne
dimidio crassiores, pæne duplo longiores quam latiores, in dorso
versus basin convexæ; læves, nitidæ. *Pedes* breves, graciles, parce
pilosi et seta una alterave muniti, aculeis carentes. *Abdomen* pæne
duplo latius quam longius est, transversim dimidiato-ellipticum vel
sublunatum fere: antice latissime, usque ad humeros, truncatum:
vel potius paullo rotundato-truncatum et leviter sinuatum est, ab
humeris anguste rotundatis posteriora versus sensim fortiter
angustatum, in lateribus sat leviter, postice fortius et anguste

---

* Aracnidi di Nias e di Sumatra, cet., *in* Ann. del Mus. Civ. di Storia Nat.
di Genova, ser. 2ª, x. p. 32.

rotundatum ; a latere visum sat fortiter convexum est, transversim
vero modo leviter convexum. Nitidum et glabrum est, tuberculis
carens ; dorsum 15 cicatrices marginales et 6 centrales ostendit,
quæ pæne omnes in sua quæque macula nigra positæ sunt : 5,
quorum tres mediæ majores sunt, ad marginem anticum in seriem
fortiter procurvam sunt dispositæ ; binæ aliæ utrinque, spatio modo
parvo sejunctæ et seriem pæne rectam cum exterioribus duabus
cicatricum illorum 3 majorum formantes, non parum longius ab iis
quam ii a cicatrice media distant, pæne in medio inter has cicatrices et humeros locum tenentes. Reliquæ 6 cicatrices marginales
seriem fortiter procurvam pæne usque ad humeros pertinentem in
margine dorsi laterali et postico formant. Cicatrices sex centrales
figuram magnam hexagonam æque latam ac longam definiunt :
anticæ et posticæ earum aream paullulo latiorem antice quam postice
et pæne duplo longiorem quam latiorem postice occupant : mediæ,
longius inter se distantes et æque longe ab anticis et posticis
remotæ, cum illis trapezium æque longum ac latum antice et fere
duplo latius postice quam antice formant. Vulva callum transversum altum ostendit, in medio in apicem brevissimum exeuntem.

Color.—Cephalothorax et mandibulæ lutea sunt, sternum, maxillæ
et labium magis ferruginea vel fusca. Palpi rufescenti-lutei. Pedes
luteo-rufi, pallido- et, ad partem, nigro-pilosi ; pedes modo posteriores apice paullo infuscati sunt. Abdomen supra et in lateribus
pallide flavum ; in dorso maculis sat parvis rotundatis 18, 12 marginalibus et 6 centralibus, cicatricem includentibus, ornatum est,
cicatricibus illis binis marginalibus versus humeros sitis tamen
macula singula nigra inclusis; cicatrix media marginis antici
cinerascens est, non in macula nigra posita. Venter, in medio
latissime testaceus, in lateribus et postice fascia nigra usque ad
humeros pertinente et pone mamillas subluteas ducta est cinctus.

Lg. corp. pæne 5½ ; lg. cephaloth. 2¼, lat. ej. paullo plus 2, lat.
front. circa 1⅓ ; lg. abd. pæne 4, lat. ej. 7⅓ millim. Ped. 1 pæne
4¾, II 4½, III parum plus 3, IV circa 4½ ; pat.+tib. IV 1½ millim.
Singula femina ad Rangoon est capta.

CÆROSTRIS, Thor., 1868.

*169. Cærostris paradoxa (Dol.).

Epeira paradoxa, *Dol. Verh. Nat. Vereen. Nederlandsch Indie.* v.
p. 37, tab. ix. figg. 11-11 e, tab. x. figg. 8-8 e.
Cærostris paradoxa, *Butl. Proceed. Zool. Soc. London.* 1879. p. 732
pl. lxviii. figg. 5, 5 b ; *Thor. Ann. Mus. Genova,* xxviii. p. 77
(1890).

Feminam adultam maximam, abdomine in fundo nigro, ad Tonghoo
cepit Cel. Oates ; aliam adultam cum paucis junioribus ad Rangoon
collegit : in his abdomen colore suberis fere est. In omnibus
exemplis fere in medio ventris vitta transversa flavens sat brevis
in medio abrupta et plerumque paullulo retro curvata conspicitur ;

tibiæ saltem anteriores subter in dimidio sua basali pube densa
flava vestitæ sunt, præterea nigræ ; metatarsi subter nigri ibi prope
basin annulum latum e pube alba formatum habent.   Tubera
abdominis humeralia, quæ impressione longitudinali in bina
tubercula divisa sunt, ad altitudinem valde variant, interdum parum
conspicua, interdum altissima (saltem æque alta ac lata); margo
anticus serie recurva tuberculorum 8 est cinctus, et hæc tubercula,
ut bina humeralia (quorum exterius ad seriem illam, tum ex 10
tuberculis formatam, numerari quoque potest), suam quodque verrucam corneam nitidam fuscam, oculum assimilantem, apice gerit.
Præter hæc 12, tubercula ejusmodi 2 paullo pone medium sita
ostendit dorsum, cum tuberculis humeralibus internis aream multo
latiorem quam longiorem et postice paullo angustiorem quam antice
vel pæne rectangulam formantia. et (plerumque) 1 in medio inter
tubercula humeralia.   *Vulva* transversa nigra ex foveis duabus
rotundatis, septo satis angusto separatis constat.
Postquam exempla adulta *C. paradoxæ* vidi. *C.* (*Epeiram*) *mitralem*
(Vins.)* ad eam referre non audeo : hæc enim tibias basi subter non
flavas, sed *cæsio-albidas* habet, et tubercula abdominis crebriora :
conf. descriptionem ejus in *Thor.*, *Freg. Eugenies Resa*, Arachn., i.
p. 4.

PARAPLECTANA (Cap.), 1866.

*170. **Paraplectana depressa**, Thor., var. birmanica.

[Paraplectana depressa, *Thor. Ann. Mus. Genova*, x. p. 354 (1877)
(=*forma principalis*).]

Ex Tenasserim feminam *Paraplectanæ* obtinuit Cel. Oates, quam
modo varietatam *P. depressæ* crediderim, quamquam exemplis
Celebensibus, quæ possideo, non parum minor (4¼ millim. longa)
est et abdomine paullulo breviore (3⅓ millim. longo, 3¼ lato), cet.,
ab iis differt.   Cicatrices dorsi *abdominis* arcis minus depressis
circumdatæ sunt, ideoque multo minus distinctæ quam in exemplis
illis ; puncta impressa harum arcarum minus profunda quoque sunt,
in area cicatricis mediæ anticæ (maximæ) tres circulos quidem
circum cicatricem formantia, in reliquis arcis vero vix unquam in
circulos binos bene expressos ordinata, in plerisque arcis modo in
singulum circulum disposita.   Inter has areas dorsum sat crasse sed
non dense impresso-punctatum est. *Pedes* paullo minus dense aculeati
quam in exemplis Celebensibus videntur.   *Vulva*, ad colorem
subferruginea, ad formam fere ut in illis exemplis est ; constat
ex " corpore " lato transverso fere fusiformi, cujus apices sulco
longitudinali levi a reliquo " corpore " divisi sunt et ita tubercula
duo obtusa formare videntur : a latere anteriore hujus corporis exit
scapus retro curvatus et directus, leviter versus ventrem curvatus
et parum pone " corpus " pertinens : hic scapus basi sat latus est,
dein apicem acuminatum versus sensim angustatus. (In exemplis

* Aran. d. îles de la Réunion, Maurice et Madag. p. 230, pl. ix. figg. 2-4.

ex Celebes vulva nigra est, scapo paullo breviore et in parte retro
directa rectus, non versus ventrem curvatus.) Ad colorem cum
exemplis ex Celebes plane convenit var. *birmanica*, excepto quod
venter subter maculis discretis nigris carere videtur, modo fascia
lata minus bene determinata sive umbra nigricanti paullo pone
vulvam initium capiente et usque paullo pone mamillas nigricantes
continuata præditus.

*171. Paraplectana maritata, Cambr.

Paraplectana maritata, *Cambr. Ann. Mag. Nat. Hist. ser. 4, xix.
p. 32, pl. vii. figg. 7 a 7 e (1877), et Thor. Ann. Mus. Genova, xxviii.
p. 76 (1890) (= forma principalis).
Paraplectana picta, Thor. Ann. Mus. Genova, x. p. 356 (1877); id.
op. cit. xiii. p. 19 (1878) (= var. ?).
Paraplectana nigroanalis, Van Hass. Midden-Sumatra, cet., Aran.
p. 15, pl. i. fig. 13. (1882) (= forma principalis).*

Exempla sat multa vid Tharrawaddy et Rangoon collecta sunt ;
omnia ad formam principalem (nullum ad var. *pictam*) pertinent.
In mare uno adulto pictura abdominis ut in feminis est, colore nigro
modo paullo magis diluto ; in altero mare pæne plane obsoleta est
pictura nigra, remanente modo macula supra anum hujus coloris.
Corpus *vulvæ* sat magnum est, transversum, subtriangulum, postice
truncatum, posteriora versus sensim altius, ab ano visum triangulum
quoque et in medio pal^ddum ; a parte ejus antica exit scapus longus
et gracillimus, basi subito retro fractus, dein lateribus parallelis,
rectus, modo apice obtuso paullo sursum (versus ventrem) curvato
et parum pone "corpus" illud pertinens ; ad colorem aut flavens
est totus hic scapus, aut ad partem niger.

Forma principalis (♀) non tantum colore dorsi abdominis paullo
alio a var. *picta* distingui potest : abdomen ejus supra dense et sat
crasse impresso-punctatum est, quum contra in var. *picta* lævis ibi
videtur abdomen, modo omnium subtilissime et densissime impresso-
punctatum. In structura vulvæ nullam differentiam inter has duas
formas video. Ad colorem quod attinet, pictura nigra antice
in dorso abdominis in forma princip. sive *P. maritata* vera ex
macula magna media rotundata subtransversa, paullo pone marginem
dorsi anticum locata, et ex alia macula magna oblonga utrinque,
ad latera, sita constat, his tribus maculis in lineam rectam transversam dispositis : in var. *picta* hæ maculæ in fasciam transversam
latissimam nigram coalitæ sunt, cujus anguli anteriores anteriora
versus producti sunt et quæ ita maculas duas parvas transversas
flaventes (vel lineolam transversam in medio abruptam flaventem)
in medio ipsius marginis antici dorsi sitas antice includit. Facile
igitur fieri potest, ut *P. picta* propria sit species et non, ut antea *
credidi, modo varietas *P. maritata* sive *nigroanalis*.

---

* Ann. Mus Genova, xxx. p. 301 (1890).

PLECTANA (Walck.), 1841.

172. Plectana arcuata (Fabr.).

Aranea arcuata, *Fabr. Ent. Syst.* ii. p. 425 (1793).
Plectana arcuata, *Thor. Ann. Mus. Genova*, xxv. p. 223 (1887); *id. op. cit.* xxviii. p. 65 (1890) (*ubi cet. syn. videantur*).

Feminæ duæ, altera adulta, altera immatura et duplo minor, ad Tharrawaddy inventæ sunt.

173. Plectana hasseltii (C. L. Koch).

Gasteracantha hasseltii, *C. L. Koch, Die Arachn.* iv. p. 29, tab. cxvi. fig. 267 (1838).
Gasteracantha propinqua, *Cambr. Proceed. Zool. Soc. London*, 1879, p. 288, pl. xxvii. fig. 16.
Plectana hasseltii, *Thor. Ann. Mus. Genova*, xxv. p. 224 (1887); *id. op. cit.* xxviii. p. 70 (1890) (*ubi cet. syn. videantur*).

Exempla nonnulla feminea ad Tharrawaddy, Rangoon et Tonghoo collegit Cel. Oates; mares quoque duos, quod hujus speciei credo, ad Tharrawaddy cepit.

GASTERACANTHA, Sund., 1833.

174. Gasteracantha diades[l]ia, Thor.

Gasteracantha frontata, *Sim. Actes Soc. L. n. Bordeaux*, xl. p. 147 (1886).
Gasteracantha diadesmia, *Thor. Ann. Mus. Genova*, xxv. p. 225 (1887).

Singula femina adulta pulchræ hujus speciei ad Tharrawaddy est capta; 10 millim. longa (sine spinis) est, abdomen 16 (cum spinis 23½ millim.) est latum.—De differentiis inter hanc araneam et *G. vittatam*, Thor., cet., vid. Thor., loc. cit.; quo modo a *G. frontata*, Blackw., dignosci possit, sub hac forma infra, ut et loc. cit., indicavi.

175. Gasteracantha frontata, Blackw.

Gasteracantha frontata, *Blackw. Ann. Mag. Nat. Hist.* ser. 3, xiv. p. 40 (1864); *Cambr. Proceed. Zool. Soc. London*, 1879, p. 283, pl. xxvi. fig. 5 (1879).

Cephalothorace, mandibulis, palpis pedibusque nigris vel piceis, cinerascenti-pilosis, sterno nigro, macula lutea vel flava anterius: abdominis scuto dorsuali supra luteo (nonnumquam vitta transversa singula inæquali nigra per sigilla marginalia anteriora lateralia et centralia anteriora ducta notato), sigillis nigricantibus, parte abdominis postica plerumque obscuriore, macula vel maculis luteis inter spinas posticas; ventre nigro vel subolivaceo, maculis parvis luteis sat dense consperso; abdomine latissimo, plus duplo latiore quam longiore, scuto dorsuali circa duplo et dimidio latiore quam longiore, non plane duplo longiore in medio quam in lateribus, antice modo omnium levissime rotundato et ter sinuato, postice fortius rotundato et utrinque leviter bis sinuato, lateribus brevibus, posteriora versus paullo divaricantibus, rotundato-emarginatis : sigillis scuti medi-ocribus, binis (exterioribus) sigillorum 4 marginalium anteriorum mediorum spatio eorum diametro non multo majore separatis ; spinis abdominis sex pæne libratis, picco- vel cyaneo-nigris, modo nigro-pilosis, spinis anticis et posticis conico-acuminatis, illis sat parvis (longitudine diametrum sigilli proximi plerumque non superantibus), foras et anteriora versus directis, posticis eas magnitudine paullo superantibus, retro et paullulo foras directis, spinis mediis (cornibus) foras et plerumque paullo retro directis, spinis posticis longitudine circa duplo superantibus, tibiam cum metatarso 3ᵘ paris longitudine circiter æquantibus, plus duplo, pæne duplo et dimidio, longioribus quam latioribus basi, non multo crassis (mandibulis evidentissime angustiores sunt), usque a basi ad apicem sensim (plerumque a basi ad medium lateribus pæne rectis paullo, dein latere anteriore leviter rotundato usque ad apicem fortius) angustatis, ipso apice in mucronem continuato ; spatiis inter spinas anticas et medias harum diametrum paullo superantibus, spatio inter spinas posticas spatiis illis vix duplo majore, spatiis inter medias et posticas hoc spatio circa duplo ma-joribus.— ♀ ad. *Long.* 8–9½ *millim.*

Araneæ, quam veram *G. frontatam*, Blackw. (1864) et Cambr., credo, exempla feminea sat multa, præsertim juniora, ad Tharra-waddy collecta sunt.—Speciei priori, *G. diadesmia*, et præsertim *G. vittatæ*, Thor., valde affinis est *G. frontata* : a *G. diadesmia* eo dignosci potest, quod spinæ abdominis mediæ mandibulis evidenter angustiores sunt, pæne æqualiter (modo paullo citius in parte dimidia apicali) a basi ad apicem angustatæ, scuto abdominis supra aut toto luteo, aut modo vitta transversa singula satis inæquali nigra antice notato, spatio sive vitta marginali lutea ante hanc vittam nigram apicibus usque ad basin spinarum anticarum pertinente. In *G. diadesmia* contra spinæ abdominis mediæ mandibulas crassitie æquant et cylindratæ sunt, excepto in parte circa tertia apicali, ubi (præsertim antice) cito apicem versus rotundato-acuminatæ sunt ; scutum abdominis supra flavum pæne semper vittis duabus nigris usque ad margines scuti pertinentibus quasi tripartitum est, his vittis nigris cum vittis tribus flavis alternantibus et eas latitudine pæne æquantibus : vitta flava marginalis apicibus suis *non usque* ad basin spinarum anticarum pertinet, et vitta flava media recta et æqualis, et antice et postice æque bene limitata, usque ad basin spinarum mediarum est ducta. In *G. vittata* spinæ abdominis mediæ ut in *G. frontata* sunt, sed in illa specie, ut in *G. diadesmia*, scutum abdominis sublutenm vittis duabus transversis nigris tripar-titum est (quæ vittæ nigræ tamen vittis tribus sublutcis cum iis alternantibus multo angustiores sunt, sæpe lineæ potius quam vittæ appellandæ). "Sigilla" dorsi abdominis in *G. frontata* non parum majora sunt quam in *G. vittata*, in qua præsertim sigilla marginalia 4 antica minuta sunt, bina (exteriora) eorum spatio duplam diametrum suam CTANA (Walck.), 1841.

G. diadesmia et in *G. vitta* ctana arcuata (Fabr.).
statum est (ideoque magis .
scutum in vicinitate spinaru: *Syst.* ii. p. 425 (1793).
anticum et posticum pæne para." *Mus. Genova*, xxv. p. 223 (1887); *id.*
(*ubi cet. syn. videantur*).

176. **Gasteracantha** tera immatura et duplo minor, ad
Plectana leucomelæna ¦leucomelas
landsch Indië, v. p. 42, tab. xi. fig. ⸴ ⸴ ⸴ ⸴⸴⸴.
Gasteracantha annamita, *Sim. Actes Soc. Linn. Bordeaux*, xl. p. 148
(1886).
Gasteracantha leucomelæna, *Thor. Ann. Mus. Genova*, p. 232 (1887);
id. op. cit. xxviii. p. 58 (1890).

Feminas nonnullas adultas et juniores hujus araneæ ad Tharrawaddy, Rangoon et Tonghoo, unamque in Tenasserim, collegit
Oates; adultæ 6–8 millim. longæ sunt. Vulva nigra ab ano visa
latissime triangula et excavata est ; margo ejus in scapum brevem
est productus, qui a latere visus aculeum conicum rectum sat fortem
assimilat.

Marem minutum (2 millim. longum), quem hujus speciei facile
crediderim, ad Tharrawaddy cepit Col. Oates. *Cephalothorax* ejus,
granulosus et crasse pubescens, ad formam pæne est ut in descriptione maris *G. brevispina* diximus*, non parum longior quam latior,
parte cephalica magna primum, usque ad oculos laterales, lateribus
rectis sensim modo paullo angustata, dein spatio desuper viso pæne
æque longo usque ad oculos medios posticos lateribus subconcavatis
sensim et fortiter angustatus et ante mandibulas productus, anterius
igitur triangulo-acuminatus, tuberculo oculorum mediorum anticorum
tamen truncato. A latere visus altus est cephalothorax, declivitate
postica longa et recta, modo superius cum ipso dorso posterius sat
fortiter convexa, dorso anterius levius convexo' et paullo proclivi,
pone oculos medios subdepresso. *Oculi* ut in *G. brevispina, ♂.*
diximus. Clava *palporum* elliptica est, pæne duplo longior quam
latior, femore antico pæne duplo latior. Pars patellaris saltem æque
longa ac lata est, pars tibialis eâ paullo brevior sed multo latior,
latere exteriore in medio in procursum obtusum basi pallidum, æque
longum ac latum, dimidiam diametrum partis tibialis longitudine
vix æquantem, foras directum producto. Pars tarsalis basi extus
procursu corneo foras directo est munita, qui desuper visus apice
latissime truncatus videtur, apice et antice et postice ita producto,
ut speciem litteræ **T** latissimæ (ramis brevibus) præ se ferat hic
procursus. *Pedes* paullo sunt aculeati ; in pedibus 1ᵘ paris, e. gr.,
femora, patellæ et tibiæ aculeis paucis brevibus non valde gracilibus
armata sunt. *Abdomen* formâ satis notabili est, circiter æque
longum ac latum postice, dimidiato ellipticum fere, postice latissime
truncatum et hic quadri-tuberculatum, spinis carens : scutum
dorsuale ante tubercula sua duo semicirculatum fere est : antice
rotundatum, tum lateribus leviter rotundatis, pæne rectis, posteriora

---

* K. Svenska Vet.-Akad. Handl. xxiv. no. 2. p. 59 (1891).

non plane duplo longiore in medio quam utrinque in tuberculum *omnium levissime rotundato et ter sinuat* et paullo sursum directum *et utrinque leviter bis sinuato, lateribus* dato spinula minuta muni- *paullo divaricantibus, rotundato-ema* issime truncatum est scutum. *ocribus, binis (exterioribus) sigillori* pone scutum locata, sulco forti *mediorum spatio eorum diametro* midio angustior est, brevissima *abdominis sex paene libratis, pi* in pone scutum eminens, angulis *pilosis, spinis anticis et postic* ula duo humillima formantibus. *.... .... ..illi* piceus est, ut *mandibulae, maxillae* et *labium. Palpi* sordide testacei. clava ad maximam partem picea. *Pedes* flavo-testacei, nigro-annulati, femoribus et patellis 1ᵐⁱ paris ad maximam partem nigricantibus. *Abdomen* supra olivaceo-nigrum est, hac pictura flava: secundum medium dorsi seriem macularum 3—4 subgeminatarum ostendit, quarum secunda reliquis paullo major est, prima autem antice utrinque ita dilatata, ut formam litterae T habeat, cujus rami retro, in marginibus dorsi, producti sunt; ad utrumque latus, paullo pone medium, maculam sat magnam in-aequalem subtriangulam paullo deorsum, in latera, productam ostendit dorsum. In declivitate postica vero, pone seriem illam longitudinalem macularum flavarum, vittam transversam flavam inter tubercula scuti habet, aliamque inter tubercula partis abdominis posticae. Venter subolivaceus in medio maculis duabus rotundatis flaventibus notatus est.

177. Gasteracantha brevispina (Dol.).

Plectana brevispina, *Dol. Verh. Nat. Vereen. Nederlandsch Indië*, v. p. 423 (1859).
Gasteracantha brevispina, *Thor. Ann. Mus. Genova*, xxviii. p. 63 (1890) (*ubi alia syn. videantur*); *id. K. Svenska Vet.-Akad. Handl.* xxiv. no. 2, p. 59 (1891).

Feminae pauciores, in Double Island et Tenasserim meridionali inventae.—Cel. Workman nuper in Singapore *Gasteracantham* cepit, quam a *G. brevispina*, ♀, modo eo distinguere possum, quod *abdomen ejus supra et subter nigrum est, pictura nulla*, modo margine antico scuti dorsualis anguste et inaequaliter ferrugineo-piceo; hanc araneam *G. brevispinam*, var. *denigratam*, appellatam vellem.

Tribus CITIGRADÆ.

Fam. LYCOSOIDÆ.

Subfam. CTENINÆ.

CTENUS (Walck.), 1805.

178. **Ctenus trabifer**, Thor.

Ctenus trabifer, *Thor. Ann. Mus. Genova.* xxv. p. 288 (1887).

Cel. Oates duas feminas adultas hujus speciei in Tenasserim cepit, quarum altera 17½, altera modo 10½ millim. longa est. Cephalothorax in his exemplis vix longior est quam tibia cum patella 4ᵢ paris ; in minore eorum venter maculis parvis albis *caret*. *Vulva* constat ex area sat magna sed non multo elevata, transversa et sublunata, paullo convexa, duplo latiore quam longiore, antice latissime emarginato-truncata ibique non parum latiore quam postice, in lateribus et postice leviter rotundata : in medio late ferrugineo-fusca est, utrinque postice nigra, et utrinque prope marginem posticum sulco transverso tenui prædita, qui antice costam brevem transversam paullo obliquam in angulis posterioribus vulvæ limitat. Paullulo ante hanc costam margo lateralis vulvæ tuberculum parvum breve humile obliquum format.

C. trabifer, Karsch *, ex Taprobane, alia species videtur : figura vulvæ ejus enim nullam similitudinem cum vulva nostræ speciei præbet.

179. Ctenus barbatus, sp. n.

Cephalothorace in dorso parte librato, parte cephalica vix altiore quam est pars thoracica et ad longitudinem levissime convexa, subferrugineo, fascia media longitudinali luta pallidiore notato, quæ præsertim posteriora versus sensim angustata et saltem in medio, inter partes cephalicam et thoracicam, constricta est, in parte cephalica latior et subpentagona, angulis obtusis; fronte ⅗ partis thoracicæ latitudine fere æquante ; oculis mediis seriei mediæ (quæ paullo deorsum curvata est) paullo longius inter se quam a lateralibus remotis, et oculis anticis pane duplo majoribus ; penicillo denso pilorum longorum inter partes oris saltem interdum eminente ; pedibus brevibus, sordide luteis, tibiis anterioribus subter 5 paribus, metatarsis anterioribus subter 3 paribus aculeorum armatis, aculeis tibiarum posticarum supra 1 . 1 . 1 ; abdomine cinerascenti-luteo, ventre obscuriore.— ♀ jun. Long. saltem 8½ millim.

Femina jun.—Priori, *C. trabifero*, ad formam simillima, præter penicillo oris colore multo pallidiore præsertim agnoscenda.—*Cepha-*

---

* Berlin. entom. Zeitschr. xxxvi. (1891) 2. p. 295. Taf. xi. figg. 18, 18 b.

lothorax tibia cum patella 4ᵗ paris paullo brevior est, ad formam ut in specie illa, modice altus, dorso a latere viso inter partes cephalicam et thoracicam levissime impresso, parte cephalica parum altiore quam thoracica, ad longitudinem modo levissime convexa et anterius paullo proclivi ; frons truncata ⅔ partis thoracicæ latitudine fere æquat. Facies duplo latior quam altior, a fronte visa pæne semicirculata. Spatium inter marginem clypei et oculos anticos eorum diametrum non æquat. Area *oculorum* pæne dimidio latior est quam longior ; series eorum postica oculi singuli diametro longior est quam series media, quæ saltem duplo et dimidio longior est quam series antica. A fronte visa series media leviter deorsum est curvata : linea recta medios eorum subter tangens laterales fere in medio secat. Oculi medii seriei mediæ oculis anticis pæne duplo majores sunt oculisque posticis paullo majores : oculi laterales seriei mediæ oblongæ, minutæ, reliquis multo minores. Oculi antici cum mediis seriei mediæ trapezium formant, quod postice circa dimidio latius est quam antice et paullo latius postice quam longius ; trapezium, quod formant oculi postici cum mediis seriei mediæ, saltem duplo latius est postice quam antice et parum longius quam latius antice. Oculi antici spatio eorum diametrum pæne æquante separantur, hoc spatio intervallo inter medios seriei mediæ vix minore ; spatia, quibus oculi antici a mediis seriei mediæ distant, spatio illo paullo minora sunt ; oculi laterales a mediis seriei mediæ spatiis etiam paullo minoribus sunt separati, ab oculis posticis vero spatiis multo majoribus, oculi postici diametrum æquantibus.

Mandibulæ fortes, femora antica crassitie æquantes, patellis anticis paullo longiores, plus duplo longiores quam latiores, versus basin sat fortiter convexæ. Inter mandibulas penicillus pilorum longorum magis anteriora versus directus eminet, pone eas vero, inter maxillas, anterius, penicillus magis deorsum directus : etiam utrinque, inter maxillas et coxas 1ᵗ paris, penicillus ejusmodi gracilis eminet. Sulcus unguicularis mandibulæ antice 3, postice 4 dentibus est armatus. *Maxillæ* labio paullo plus duplo longiores sunt, ut in *C. trabifero* formatæ ; *labium* apice truncatum æque latum ac longum videtur. *Pedes* sat robusti, breves, 4ᵗ paris cephalothorace vix vel non triplo longiores. Pedes anteriores modo subter in tibiis et metatarsis aculeis armati sunt, 5 paribus aculeorum in iis, 3 paribus in his : patellæ posteriores 1 aculeum utrinque habent, tibiæ posteriores supra 1 . 1 . 1. aculeos. Unguiculi tarsorum bini in dorso recti sunt, apice fortiter deorsum curvati, dentibus paucissimis raris et brevibus (gradatim longioribus) muniti ; fasciculi unguiculares densi et sat breves, e pilis subacuminatis (non apice dilatatis vel incrassatis) formati. *Abdomen* inverse ovatum, postice latius rotundatum quam antice, foveis quattuor fere in quadratum dispositis anterius in dorso præditum. *Mamillæ* brevissimæ, superiores et inferiores fere eadem magnitudine.

Color.—Cephalothorax ferrugineo-fuscus, fascia media longitudinali ferrugineo-testacea notatus, quæ anterius lata est, posterius angustior, inter partes cephalicam et thoracicam, paullo ante initium sulci centralis, sat fortiter constricta et dein posteriora versus sensim

ovato-angustata et subacuminata ; in parte cephalica anteriora
versus primum sensim dilatata et utrinque paullo incisa vel sinuata
est, dein vero ab angulo obtuso, quem ita utrinque format, lateribus
rectis sensim angustata et apice late truncato inter oculos posteriores
pertinens. *Oculi* nigrore conjuncti. *Sternum* et *maxillæ* sordide
lutea, *labium* paullo obscurius. *Mandibulæ* ferrugineo-testaceæ,
nigro-variatæ et, versus basin, ad longitudinem nigro-venosæ. Pili
illi longi penicillos formantes subfuliginei sunt. *Palpi* et *pedes*
sordide lutei toti, aculeis plerisque non multo obscurioribus. *Abdomen* sordido cinereo-luteum, subter obscurius, cinereo-nigricans ;
mamillæ subtestaceæ.

♀ *jun.*—Lg. corp. 8½ ; lg. cephaloth. paullo plus 4, lat. ej. pæne
3½, lat. front. pæne 2 ; lg. abd. 5, lat. ej. 3½ millim.   Ped. I 9½,
II 9½, III 8½, IV 11¾ ; pat. + tib. IV pæne 4 millim.

Femina nondum adulta et plane detrita, quam singulam vidi, ad
Kycikpadem (Pegu) inventa est.   Penicillis illis longis inter partes
oris eminentibus (an e pilis prædæ, e. gr. larvarum Lepidopterorum,
formatis?) hæc aranea cum specie una alterave generum *Hippasæ*,
Sim., et *Therimachi*, n., convenit, qua arcta affinitate *Ctenina* cum
Lycosinis sint conjunctæ, hæc quoque nota quodam modo probans.
Vid. etiam speciem insequentem, *C. denticulatam* (Sim.).

180. **Ctenus denticulatus** (Sim.).

Leptoctenus denticulatus, *Sim. Ann. Mus. Genova*, xx. p. 355
(1884).

*Cephalothorace tibia cum patella 4^i paris multo breviore, in dorso
recto et librato, nigro-fusco vel pallidiore, fasciis tribus longitudinalibus testaceo-albicantibus ornato, quarum media lata et pæne æqualis
latitudinis est, laterales plerumque in ♀ angustiores et supra-marginales, ipso margine laterali nigro ; fronte dimidiam partem thoracicam latitudine in ♀ (sed non in ♂) æquante, oculis mediis seriei
mediæ, quæ paullo deorsum est curvata, oculis anticis pæne dimidio
majoribus ; pedibus longis et gracilibus (4^i paris cephalothorace in ♀
saltem 4plo, in ♂ plus 4plo et dimidio longioribus), fuscis, pube
pallida vestitis et subpunctatis, tibiis anterioribus 5 parilibus, metatarsis anterioribus 3 parilibus aculeorum subter armatis et in ♂ etiam
supra et in lateribus aculeatis, tibiis posterioribus in ♀ 1.1, in ♂
1.1.1. aculeis supra præditis, patellis posterioribus aculeo utrinque ;
abdomine supra olivaceo-fusco vel nigricanti, fascia lata et pæne
æqualis latitudinis per totum dorsum ducta ornato, quæ in utroque
margine crasse et obtuse 4–6-dentata est ; ventre pallido ; vulva ex
area ferruginea sat parva, æque fere lata ac longa, pentagona, antice
acuminata, postice anguste truncata constante, quæ in utroque angulo
laterali macula magna nigra notata est, a qua callus parvus obliquus
inæqualis ad angulum posticum est ductus ; palpis maris longis, parte
tibiali apice extus aculeis duobus parvis rectis parallelis, anteriora
versus et paullo sursum directis armata, partis tarsalis margine ad
basin, extra, dentem fortem deorsum directum formante.— ♂ ♀.   Long.
♂ 6·7½, ♀ 7½ 10 millim.*

Exempla nonnulla ad Rangoon et Tharrawaddy collecta fuerunt. In maribus scopulæ pedum obsoletæ videntur. In *junioribus* pedes testacei et nigro-variati esse possunt : exemplum ejusmodi parvum, 5 millim. longum, ex Kycikpadem, quod ab hac specie distinguere nequeo, penicillum maximum e pilis longissimis nigris præsertim deorsum et anteriora versus directis formatum inter partes oris emittit, ut e. gr. in specie priore et in adultis *Hippasæ olivaceæ*, Thor.; sed omnia reliqua exempla a me visa, adulta et juniora, quorum minimum modo 6 millim. longum est, hoc penicillo carent. Etiam inter maxillas et coxas 1ⁱ paris, immo inter coxas 1ⁱ et 2ⁱ parium, pili ejusmodi longissimi in exemplo illo ex Kycikpadem conspiciuntur !

Subfam. LYCOSINÆ.

HIPPASA, Sim., 1885.

181. **Hippasa olivacea** (Thor.).

Diapontia olivacea, *Thor. Ann. Mus. Genova.* xxv. p. 297 (1887).
Diapontia Simonis, *id. ibid.* p. 301.

Postquam multa exempla (etiam adulta) hujus speciei vidi, dubitare non possum, quin sit *Diapontia simonis* nostra—exemplum parvum non adultum—cum *D. olivacea* conjungenda, quum vix ab ea differat nisi pubescentia alba lineas transversas (non modo series duas longitudinales punctorum) posterius in dorso abdominis formante. Pleraque exempla adulta a me visa clariora sunt quam illa " *D. olivacea*," loc. cit. a me descripta, *palpis et pedibus totis pallide fusco-testaceis*; nonnulla tamen obscuriora et magis olivacea sunt, ut in " *D. olivacea* " diximus. *Lineæ cephalothoracis longitudinales semper distinctissimæ sunt.* Abdomen in pæne omnibus exemplis adultis a me visis plane detritum est; in uno tamen lineæ duæ parallelæ albæ ad basin dorsi et series duæ longitudinales punctorum alborum pone eas remanent, plane ut in typis " *D. olivaceæ*." *Vulva* non multo est conspicua, pubescentia ad maximam partem tecta : constat e fovea sat profunda pæne semicirculata (postice truncata) pallide ferruginea, cujus margo corneus non crassus saltem in angulis posticis incrassatis niger est. Long. ♀ ad. 14–19 millim. *Mas* nobis ignotus.

Col. Oates multa exempla feminea ad Kycikpadem unumque ad Tharrawaddy collegit. Omnia hæc exempla os fasciculo maximo pilorum plenum habent ! (Conf. species duas priores, *Ctenum barbatum* et *C. denticulatum*.) Juniores paucæ in Tenasserim captæ sunt.

Facile hanc speciem eandem ac *Hippasam greenallia*, ♂ ♀ ad., Sim.*—quæ nullo modo = *Lycosa greenallia*, Blackw., est †—credi-

---

* Bull. Soc. Zool. France, 1885, p. 31.
† Vid. Thor. Ann. Mus. Genova, xxv. p. 301 1887.

derim, si descriptio vulvæ " *H. greenalliæ*" cum vulva *H. olivaceæ*
melius conveniret.—De *Pirata agelenoide*, Sim., quam Cel. Simon
juniorem *H. greenalliæ* suæ credidit, vid. speciem insequentem.

182. Hippasa agalenoides (Sim.).

Pirata agelenoides, *Sim. Ann. Mus. Genova*, xx. p. 10 (1884).
Diapontia agalenoides, *Thor. op. cit.* xxv. pp. 300 et 304 (1887).

*Cephalothorace fusco, piceo vel nigro, summo margine albo-pube-
scenti, pube cinereo-alba fasciam paullo supra-marginalem in maculas
divulsam utrinque formante munito et præterea maculis densis inæqualibus cinereo-albis in radios dispositis consperso, etiam secundum
medium paullo cinereo-albo-maculato; sterno luteo, fascia media
longitudinali nigra; coxis luteis, pedibus præterea fuscis et inæqualiter
nigro-annulatis vel, interdum, nigris et pallido-annulatis; abdomine
nigro-, fusco- et albo-variato, in fundo supra saltem late secundum
medium nigricante vel obscure fusco et fascia longitudinali pallidiore
basali brevi sublanceolata serieque macularum magnarum transversarum pallidiorum retro fractarum vel in medio abruptarum et
punctis binis nigris notatarum (plus minus distinctarum) pone eam
signato, interdum supra in fundo pæne toto nigro, pube alba, qua in
dorso munitum est, plerumque lineas duas breves longitudinales antice
et seriem longitudinalem linearum transversarum plus minus abruptarum pone eas formante, lateribus plerumque pallidis et nigro-variatis,
ventre plerumque pallido pube albicanti tecto et plerumque lineis
duabus longitudinalibus nigris notato; vulva ex procursu brevi lato
truncato retro directo nigricanti dense pallido-pubescenti et ex fovea
semicirculata pallida ab eo tecta (inter eam et ventrem sita) constante, angulis hujus fovea nigris, pilis utrinque apud procursum
illum penicillum parvum acuminatum retro directum formantibus.—
— ♀ ad. Long. 7½–11 millim.*

Exempla pauca ad Tharrawaddy unumque ad Rangoon collecta
cum uno exemplorum typicorum (nondum adultorum) Cel. Simonis
comparare potui. Cephalothorace maculis densis cinereo-albis (non
pure albis), fasciam lateralem utrinque et radios inæquales densos
præterea formantibus consperso, pedibus plus minus inæqualiter et
dense nigro-annulatis, ut et forma vulvæ paullo diversa a specie
insequente, *H. holmeræ*, qua plerumque major quoque est, haud
difficulter distingui potest hæc aranea.

**183. Hippasa holmeræ, sp. n.

*Cephalothorace pallide fusco, summo margine laterali albo-pube-
scenti, lineis duabus albis anteriora versus divaricantibus in parte
cephalica aliisque duabus posteriora versus divaricantibus postice in
parte thoracica signato, his quattuor lineis albis quasi X longissimum
in medio latissime abruptum formantibus, præterea fascia marginali
inæquali et radiis brevibus albis aliisque maculis ejusdem coloris prædito; sterno fusco-testaceo, fascia longitudinali nigra; partibus oris,
palpis pedibusque pallide fuscis; abdomine in fundo supra nigri-*

canti, fascia basali brevi lanceolata clarius fusca inter lineolas duas longitudinales hujus coloris inclusa, et pone eas serie macularum magnarum transversarum clarius fuscarum in medio plus minus evidenter abruptarum notato, pube fusca, nigra et alba supra variato, pube alba lineas duas parallelas suo quamque puncto albo continuatas ad basin formante et pone eas lineas multas transversas plus minus abruptas ; vulva scapo retro directo munita, qui penicillo acuminato pilorum tenuiorum tectus est.— ♂ ♀ ad. *Long.* 6 -8 *millim.*

Femina.—Ad formam haec aranea paene omnibus numeris cum prioribus duabus convenit : descriptio, quam " *Diapontiae simonis* " (varietatis pullae *II. olivacea*) dedi *, praesertim in cam quadrat, paucis exceptis. *Cephalothorax* paullo plus ⅓ longior quam latior est, tibiam 4ᵢ paris longitudine aequans. Area *oculorum* paene dupla oculi postici diametro latior est postice quam antice, et paullulo latior antice quam longior. Series oculorum antica paullo plus diametro oculi lateralis longior est quam series media ; trapezium ab oculis 4 posterioribus formatum plus dimidio latius est postice quam antice et paullulo latius antice quam longius. Oculi duo seriei mediae, oculis posticis paene dimidio majores, spatio oculi diametrum aequante sunt disjuncti, a posticis oculis spatiis hanc diametrum saltem aequantibus separati. Series oculorum antica a fronte visa non parum deorsum est curvata ; linea recta oculos medios anticos infra tangens laterales paullo sub centro secat. Spatium inter marginem clypei et oculos medios anticos eorum diametro duplo majus est. Oculi laterales antici ab oculis seriei mediae spatiis diametro sua saltem dimidio majoribus distant. Oculi medii antici lateralibus anticis vix vel parum majores sunt, duobus posticis oculis fere dimidio, oculis seriei mediae circa duplo minores. *Mandibulae* femoribus anticis parum crassiores. Sulcus unguicularis dentibus postice 3, antice 3 (lateralibus horum medio minoribus) armatus. *Pedes* sat longi, 4ᵢ paris cephalothorace paene 5plo longiores, metatarso tibiam cum patella longitudine aequante. Tibiae et metatarsi anteriores supra aculeis carent, ibi seta vel setis duabus loco aculei praediti, modo subter et in lateribus aculeati. *Vulva* pallide fusca ex parte transversa—vero " corpore " vulvae— et ex " scapo " retro directo, constat, scapo " corpore " multo angustiore, saltem aeque longo ac lato, lateribus parallelis, apice obtuso : ad basin ejus, utrinque (in corpore vulvae), tuberculum nigrum conspicitur. Scapus vulvae pilis albis vestitus est, qui penicillum triangulum retro directum formant. *Mamillarum* superiorum art. 1ᵃ non parum longior quam latior apice est, a basi ad apicem sensim paullo incrassatus, art. 2ᵃ eo paullo brevior sed parum angustior, paullo longior quam latior basi, apicem obtusum versus paullo angustatus. Praeterea descriptio structurae " *Diapontiae simonis* " plane in hanc speciem cadit.

Color.— *Cephalothorax* clarius fuscus est, hae pictura e pubo formata : ipse margo ejus albus est, paullo supra margines laterales

---

fascia longitudinalis in maculas parum æquales divulsa conspicitur; in parte cephalica, posterius, lineæ duæ albæ anteriora versus divaricantes **V** apice abruptum formant, in parte vero thoracica, posterius, duæ aliæ lineæ albæ ejusmodi posteriora versus divaricantes et declivitatem posticam limitantes **Λ** latius, id quoque apice abruptum designant. Inter has duas figuras strias paucas albas minus æquales et radiantes utrinque ostendit cephalothorax, ut et fasciam transversam inter oculos seriei anticæ et mediæ aliamque fasciam utrinque in parte cephalica ab interstitio inter oculos seriei mediæ et oculos posticos oblique deorsum et retro directam, etiam præterea hic illic, e. gr. inter oculos, paullo albo-maculatus. *Sternum* fusco-luteum, fascia longitudinali lata nigra, albo-pilosum. *Mandibulæ*, *maxillæ* et *labium* pallidius fusca, albo-pubescentia. *Palpi* et *pedes* pallide fusci, maculis albis e pube formatis. *Abdomen*, quod supra in fundo nigricans est, ad basin fasciam lanceolatam brevem clarius fuscam inter duas lineas hujus coloris inclusam ostendit, et pone eas seriem longam macularum transversarum in medio plus minus abruptarum, quæ, eæ quoque, clarius fuscæ sunt. Pube fusca, nigra et alba supra variatum est, pube *alba* hanc picturam formante: lineas duas breves parallelas ad basin, et parum pone apices earum puncta duo, dein seriem longitudinalem longam linearum transversarum retro fractarum et plerumque in medio (interdum bis) abruptarum. Latera abdominis et venter pallide fusco-cinerascentia pube alba vestita sunt. *Mamillæ* pallide fuscæ; superiorum art. 1[s] apice supra maculam albam habet, art. earum 2[s] sæpe niger est.

Mas mandibulas et pedes longiores habet, et hos totos longissime hirsutos; 4[i] paris metatarsus tibiâ cum patella paullo longior est: vid. præterea mensuras, infra. *Palpi* longi et graciles sunt, pallide fusci, clava obscuriore tibias anticas latitudine æquante; pars femoralis recta et cylindrata partes insequentes duas conjunctas, eas quoque cylindratas, longitudine fere æquat; pars patellaris duplo longior est quam latior; pars tibialis, apicem versus levissime deorsum curvata et prioribus paullulo angustior, parte patellari circa dimidio longior est et circa 4plo longior quam latior; pars tarsalis, quæ partem tibialem longitudine æquat eaque circa duplo latior est, fere duplo et dimidio longior est quam latior, ovato-lanceolata fere, utrinque magis versus apicem late sinuata, et ita in apicem sat longum producta. Bulbus brevissime ovatus a latere interiore visus ex duabus partibus constare videtur, posteriore magna et inflata, anteriore minuta et humillima.—*Color* maris idem ac feminæ, sed pictura cephalothoracis minus distincta (detrita?) est.

♀.—Lg. corp. 8; lg. cephaloth. $3\frac{1}{4}$, lat. ej. parum plus $2\frac{1}{2}$, lat. clyp. circa $1\frac{1}{4}$; lg. abd. 5, lat. ej. $2\frac{1}{3}$ millim. Ped. I 12, II $11\frac{1}{3}$, III circa $11\frac{1}{3}$, IV 16; pat.+tib. IV et metat.+tars. IV 5 millim.

♂.—Lg. corp. $7\frac{1}{2}$; lg. cephaloth. $3\frac{1}{2}$, lat. ej. $2\frac{1}{4}$, lat. clyp. circa $1\frac{1}{2}$; lg. abd. $4\frac{1}{2}$, lat. ej. pæne 2 millim. Ped. I $13\frac{1}{2}$, II 14, III circa $13\frac{1}{2}$, IV $18\frac{1}{2}$; pat.+tib. IV $5\frac{1}{2}$, metat. IV $5\frac{1}{3}$ millim.

Magnam vim exemplorum ad Tharrawaddy collegit Cel. Oates.—Cel. Workman varietatem hujus speciei ad Singapore cepit, quæ forma principali (Birmanica) paullo obscurior est, pedibus apicem versus paullo nigro-annulatis, et pictura cephalothoracis paullo minus distincta, formâ vulvæ tamen eâdem atque in exemplis Birmanicis: hanc varietatem (num speciem distinctam?) *H. hol-meræ,* var. *sundaicam* appello.

HYGROPODA, Thor., 1894.

(= *Dendrolycosa,* Thor. (*non* Dol.), olim.)

Cephalothorax inverse ovatus, minus altus, dorso in medio paullo depresso, impressionibus cephalicis distinctis, sulco ordinario centrali forti, clypeo non multo alto.

Area oculorum, qui in duas series transversas dispositi sunt, multo latior quam longior. Series oculorum posticorum, qui magnitudine sunt mediocri, longa et fortiter recurva, series anticorum ca multo brevior, a fronte visa deorsum curvata vel recta; oculi hujus seriei sat parvi sunt, medii lateralibus majores. Mandibularum sulcus unguicularis antice et postice 3 dentibus armatus. Maxillæ inverse ovatæ, parallelæ, labio dimidio-duplo longiores; labium longius quam latius.

Pedes ita: I, II, IV (IV, II), III longitudine se excipiunt, aculeis crebris armati; 3ii paris plerumque exceptis longi et graciles sunt, tarsis saltem 1i, 2i et 4i parium longis, gracillimis et flexibilibus Unguiculi tarsorum superiores dentibus sat multis pectinati; unguiculus inferior dente singulo longo præditus.

Abdomen longius; mamillæ breves, superiores et inferiores pæne eadem longitudine.

Typus: *H. prognatha,* Thor.*

Postquam species nonnullas generis illius vidi, quod *Dendrolycosa* a Van Hasselt (?) et a me appellatum fuit, et quod nunc *Hygropodam* appello, magis magisque persuasum mihi habui, eas a gen. *Dendrolycosa,* Dol.—cujus typus *D. fusca,* Dol. †, nimirum est habenda—differre et ad aliud genus esse referendas, quum notis nonnullis magni ponderis a genere illo discrepent, ut jam alio loco monui ‡. Speciem generis *Hygropodæ,* quam saltem unam cognovit Doleschall, ad *Tegenariam* retulit ("*T. dolomedes*"); et parum veri simile igitur est, eum pro alia specie generis *Hygropodæ* (quæ omnes, quantum scio, inter se simillimæ sunt) *novum* genus creavisse. Quid sit ejus *Dendrolycosa fusca,* cujus oculi minimi et æquales dicuntur, et pedes æquales ("gelijk") et ita: IV, I, II, III longitudine se excipientes, plane me fugit. Figura *D. fuscæ* a Doleschall data similitudinem quandam cum *Therimacho robusto,* sp. n. (specie insequente), ostendit quidem, sed in eo oculi certe non "minimi" sunt, et series eorum antica non est recta, ut in *Dendrolycosa,* Dol., sed evidentissime recurva. Quæ

---

* Bull. Soc. Ent. Ital. xxvi. p. 4 (1894).

† Verh. Nat. Vereen. Nederlandsch Indië, v. p. 51, Tab. vii. figg. 9 et 9 a (1859).

‡ Ann. Mus. Genova. x. p. 528 (1877); conf. Van Hass. Tijdschr. v. Entom. xx. p. 53 (1877).

quum ita sint, facile crediderim, *Dendrolycosam* genus esse mihi
ignotum et adhunc modo a Doleschall et in Amboina inventum.

**184. Hygropoda procera, sp. n.

*Cephalothorace rufescenti-cinereo, fasciis duabus latis parallelis
obscurioribus secundum dorsum notato (spatio interjecto linea
obscura geminato), versus margines quoque fascia longitudinali obscuriore et præterea vestigiis linearum tenuium longitudinalium albarum
prædito; palpis et pedibus rufescenti-cinereis, his longissimis, 3''
paris exceptis, qui 1' paris pedibus triplo breviores sunt, tarsis, 3''
paris exceptis, longis et flexibilibus, modo 1' paris tamen metatarso
longioribus; abdomine sublanceolato, dorso obscure fusco fascia antica
lanceolata cinerascenti signato, quæ linea duplici (intus obscure
fusca, extus pallida) utrinque marginata est, his lineis pone fasciam
conjunctis et retro productis, lateribus abdominis rufescenti-cinereis,
hoc colore in margine superiore leviter undulato vel dentato.— ♀ ad.
Long. circa 12 millim.*

Femina.—Cephalothorax non parum longior quam tibia cum
patella 3'' paris, vix ¼ longior quam latior, utrinque antice modice
sinuato-angustatus, parte thoracica in lateribus fortiter et amplissime rotundata, parte cephalica brevi lateribus rectis anteriora
versus paullo angustata, clypeo dimidiam partem thoracicam latitudine saltem æquante, fronte truncata. Humilis est cephalothorax, dorso a latere viso ante declivitatem posticam brevem pæne
recto et librato, in medio tamen leviter depresso, in parte cephalica
paullulo convexo et paullulo proclivi; area oculorum mediorum non
multo fortiter proclivi. Spatium inter marginem clypei et oculos
medios anticos longitudinem areæ oculorum mediorum fere æquat,
diametro oculi medii antici circa duplo majus. Area *oculorum* circa
duplo latior postice quam longior est. Oculi laterales antici mediis
anticis (qui 4 posticis subæqualibus paullo minores videntur) fere
duplo sunt minores. Series oculorum antica a fronte visa leviter
deorsum curvata est, series postica desuper visa fortissime recurva,
ita ut in trapezium postice triplo latius quam antice dispositi dici
possint oculi 4 posteriores. Series oculorum postica fere duplo longior
est quam antica; ordo ab oculis duobus mediis posticis formatus
ordine a tribus oculis seriei anticæ formato modo paullulo brevior
est. Area oculorum mediorum pæne dimidio latior est postice quam
antice, et non parum latior postice quam longior. Oculi bini laterales spatio sunt disjuncti, quod diametro posterioris eorum circa
4plo majus est; oculi medii antici inter se et a mediis posticis
spatiis diametro sua evidenter minoribus sunt separati, a lateralibus
anticis spatiis etiam minoribus remoti. Oculi medii postici spatio
sunt sejuncti, quod eorum diametro circa dimidio majus est: a
lateralibus posticis spatiis hac diametro plus duplo majore distant.

Mandibulæ femoribus anticis paullo crassiores, patellas 2' paris
longitudine æquantes, duplo et dimidio longiores quam latiores,
cylindratæ, in dorso ad longitudinem modo leviter convexæ, ut

maxillæ et labium densius pilosæ; sulcus unguicularis antice et postice 3 dentibus est armatus. *Maxillæ* saltem duplo longiores quam latiores, labio plus dimidio sed non duplo longiores, extra apicem versus fortiter rotundatæ et paullo dilatatæ, apud labium paullo excavato-incurvæ; *labium* saltem dimidio longius quam latius, apice truncatum. *Palpi* sat longi, tibias anticas crassitie æquantes. *Pedes* graciles, metatarsis et præsertim tarsis gracillimis; longi sunt (1ⁱ paris cephalothorace circa $\frac{5}{6}$ plo longiores), 3ⁱⁱ paris tamen brevissimi, 1ⁱ paris pedibus triplo breviores; 4ⁱ paris pedes pedibus 2ⁱ paris longiores sunt. Tarsi, 3ⁱⁱ paris exceptis, longi et flexibiles sunt ; in pedibus 1ⁱ paris metatarsum longitudine superant, in 2ⁱ paris pedibus metatarsum longitudine pæne æquant, in pedibus 4ⁱ paris eo non parum sunt breviores. Aculeis crebris armati sunt pedes; patellæ omnes aculeum utrinque et tertium apice supra ostendunt. Unguiculi tarsorum superiores longi, dentibus circa 10 pectinati; unguiculus inferior modo singulo dente longo munitus est (ita saltem in pedibus 1ⁱ paris). *Abdomen*, in nostro exemplo satis corrugatum, sublanceolatum et duplo longius quam latius fuisse videtur. *Vulva* ex area maxima cornea constat, quæ (a latere visa) in medio transversim profunde est excavata: foveam magnam subtransversam rotundatam continet, quæ antice margine elevato alto est limitata, hoc margine in medio inciso, lobis rotundatis; postice callis duobus crassioribus minus altis sive callo ejusmodi singulo in medio inciso limitatur fovea: in fundo annulum magnum tenuem postice anguste apertum nigrum ostendit, apicibus retro ad hanc incisuram productis.

Color.—Cephalothorax pallide fuscus vel potius rufescenti-cinereus, fasciis duabus longitudinalibus parallelis æqualibus obscurius fuscis secundum totum dorsum extensis notatus, spatio interjecto iis paullo angustiore, antice posticeque breviter acuminato, et linea longitudinali nigro-fusca geminato: præterea secundum margines laterales fasciam obscuriorem habere videtur cephalothorax, spatiis sat latis inter has fascias et fascias illas duas dorsales tenuiter albicanti-marginatis. *Sternum* et *partes oris* pallide rufescenti-fusca, albo-pilosa. *Palpi* et *pedes* ii quoque pallide rufescenti-fusci, rufescenti-albo-pubescentes, aculeis nigris. *Abdominis* dorsum obscure fuscum, fere in parte tertia anteriore longitudinis suæ fascia abbreviata sat lata postice acuminata sublanceolata cinerascenti notatum, quæ lineâ obscure fuscâ utrinque limitata est: hæ duæ lineæ postice in unam sunt conjunctæ, quæ longe retro est continuata: tota hæc figura lineâ pallidâ denuo est marginata. Pubes, qua vestitum est dorsum, pallide rufescenti-ferruginea videtur. Latera abdominis saltem superius fascia lata pallide rufescenti-cinerea occupantur, quæ in margine superiore leviter undulata vel (postice) obtuse dentata est; inferius obscuriora videntur latera: venter rursus rufescenti-cinereus est.

Lg. corp. 12; lg. cephaloth. 5$\frac{3}{4}$, lat. ej. 4$\frac{1}{2}$, lat. clyp. 2$\frac{1}{2}$; lg. abd. 6$\frac{1}{2}$, lat. ej. pæne 3$\frac{1}{4}$ millim. Ped. I 46$\frac{1}{4}$, II 32$\frac{1}{2}$, III 15$\frac{1}{2}$, IV 34$\frac{1}{2}$; pat.+tib. IV 9$\frac{1}{2}$ millim.

Femina singula ad Tharrawaddy capta est.—*H. longimana* (Stol.)*,
ex Calcutta, *H. proceræ* nostræ satis affinis certe est.
Gen. *Trechalea*, Thor., sive *Triclaria*, C. L. Koch †, non longe ab
Hygropoda remotum videtur.

THERIMACHUS, gen. n. ‡.

Cephalothorax utrinque antice sat fortiter sinuato-angustatus,
fronte obtusa, rotundata; sat humilis est, dorso librato in medio
paullo depresso, facie a fronte visa pæne semicirculata, clypei
altitudine longitudinem areæ oculorum mediorum vix vel non
æquante, impressionibus cephalicis et sulco ordinario centrali
distinctissimis.

Area oculorum non magna, sublunata, latior quam longior.
Series oculorum antica a fronte visa paullo sursum est curvata vel
recta; desuper visa series antica levius, postica fortissime recurva
est. Oculi mediocris magnitudinis et subæquales, medii antici
reliquis non multo minores.

Mandibulæ robustæ, facie circa duplo altiores; sulcus unguicularis antice 3, postico 3 dentibus armatus est.

Maxillæ inverse ovatæ fere, labio plus duplo longiores; labium
æque fere longum ac latum, apice rotundatum vel truncatum.

Pedes robusti, breviores, ita: IV, 1, II, III longitudine se excipientes, aculeis fortibus armati; patellæ posteriores utrinque aculeo
munitæ sunt.

Abdomen angustius ovatum, postice subacuminatum; mamillæ
breves, superiores inferioribus parum longiores et angustiores, art.
2° brevi et obtusissimo.

Typus: *Therimachus robustus*, sp. n.

Formâ corporis in universum cum *Dolomede* (Latr.), Sim., hoc
genus convenit, præsertim armatura sulci unguicularis mandibularum a *Dolomede* differens et cum *Pisaura*, Sim. § (sive *Ocyale* script.
plerorumque recentiorum), ut et cum *Tallonia*, id. ||. conveniens,
inter hæc duo genera fere intermedium.—Num idem est hoc genus
ac *Dendrolycosa*, Dol.? Conf. gen. *Hygropodam*, n.. p. 221.

**185. Therimachus robustus, sp. n.

*Cephalothorace tibia cum patella 4^i paris non parum breviore,
nigro vel pallidiore, fasciis duabus longitudinalibus supramarginalibus albis ornato; palpis pedibusque piceis vel clarioribus, pedibus 1^i
et 2^i parium æque longis; abdominis dorso obscure fusco, fascia
abbreviata nigra anguste albo-marginata in parte tertia anteriore
notato, lateribus ejus pallidioribus, his plagis lateralibus in margine*

---

* Journ. Asiat. Soc. Bengal, xxxvii. part ii. no. 4, p. 218, pl. xx. figg. 3-3b
(*Dolomedes longimanus*).
† Die Arachn. xv. p. 65, Taf. dxxii. fig. 1462 (*Triclaria longitarsis*).
‡ Θηρίμαχος, nom. propr. pers.
§ Ann. Soc. Ent. France, 6e sér. v. (1885) p. 354.
|| Ann. Soc. Ent. France, 6e sér. viii. (1888) p. 223.

superiore interiore inæqualiter et crassissime dentatis et, paullo pone medium, intus dilatatis ; serie oculorum antica paullo sursum curvata ; oculis præe æquali magnitudine, lateralibus anticis mediis anticis non vel parum majoribus et plus duplo longius a mediis posticis quam ab iis remotis ; vulva ex fovea sat parva fere Λ-formi constante ; palpis maris longis, parte tibiali circa 5plo longiore quam latiore et in apice lateris exterioris stilo recto porrecto nigro armata.—♂ ♀ ad. Long. ♂ circa 16, ♀ 16-22 millim.

Femina.—Cephalothorax formâ in gen. *Dolomede* ordinariâ est, utrinque ad palpos fortiter sinuato-angustatus, fronte rotundata, serie oculorum antica prominente tamen, clypeo ⅔ partis thoracicæ latitudine non æquante. Sat humilis est cephalothorax, dorso ante declivitatem posticam pæne recto et librato, anterius in parte cephalica tamen leviter proclivi paulloque convexo, area oculorum mediorum abrupte proclivi ; clypeus directus. Facies a fronte visa infra pæne duplo latior quam altior est, pæne semicirculata ; spatium inter marginem clypei et oculos medios anticos horum oculorum diametrum duplam circiter æquat, longitudine areæ oculorum mediorum non parum minus. *Oculi* subæquales, medii postici reliquis fortasse paullo majores. Area oculorum sat parva est, non parum, plus diametro oculi singuli (lateralis) latior quam longior : series eorum postica dupla oculi lateralis diametro longior est quam antica. A fronte visa series antica leviter sursum curvata est (linea recta oculos laterales subter tangens medios non parum sub centro secat), series postica recta : desuper vero visa series antica leviter, postica omnium fortissime est recurva. Area oculorum mediorum pæne dimidio longior est quam latior, parum (evidenter tamen) latior postice quam antice. Oculi bini laterales evidentissime longius inter se distant quam medii antici a mediis posticis ; oculi laterales antici plus duplo longius a mediis posticis quam a mediis anticis distant. Oculi medii antici parum longius a lateralibus anticis quam inter se remoti sunt, spatio dimidiam diametrum oculi circiter æquante separati : medii postici spatio dimidia diametro sua paullo majore disjuncti videntur ; a mediis anticis spatio multo majore (diametro sua dimidio majore) remoti sunt. Oculi laterales postici spatio diametrum suam duplam æquante a mediis posticis sunt separati.

Mandibulæ duplo longiores quam latiores, femoribus anticis paullulo angustiores, patellas 2¹ paris longitudine æquantes : sulcus unguicularis postice 3 dentibus fortibus est armatus, antice 3 dentibus, quorum medius sat fortis est, reliqui duo parvi. *Maxillæ* ovatæ fere, basi angustæ, labio plus duplo longiores ; *labium* paullo latius quam longius apice late rotundatum. *Pedes* robusti, non longi (4¹ paris cephalothorace circa 3¾ longiores), undique in tibiis et metatarsis aculeati : patellæ aculeo utrinque et in apice præditæ sunt. *Abdomen* angustius ovatum, postice subacuminatum. *Vulva* ex area sat parva inæquali plerumque saltem anterius nigra constat, quæ posterius duos callos nitidos ferrugineos, Λ latum

formantes ostendit ; pone eos costa transversa longior procurva
conspicitur, cum iis foveam pæne triangulam includens.

Color.—*Cephalothorax* in fundo niger est, fasciis duabus longitudinalibus pallidis sat latis et paullo inæqualibus, pæne parallelis
et paullo incurvis, in genis initium capientibus et pæne usque ad
marginem posticum pertinentibus ornatus, his fasciis pube densa
appressa alba tectis ; in parte cephalica lineam longitudinalem
tenuem e pube albida formatam interdum ostendit, præterea pube
fusca intermixta albicanti dense vestitus. *Sternum* cum coxis
subter rufescenti-fuscum, fulvo-pubescens. *Mandibulæ* obscurius,
maxillæ et *labium* paullo clarius picea, fuligineo-pilosa. *Palpi* et
pedes obscure fusci vel picei, pube tenui appressa subolivacea et
albicanti vestiti et variati, pilis longis fuligineis hirsuti et aculeis
nigris armati. *Abdomen* in fundo supra obscure fuscum est, in
lateribus late et inæqualiter pallidius (vel luteo-) fuscum et hic ut
videtur dense cinerascenti-pubescens : hæc fascia vel plaga laterum
pallidior, in margine superiore (præsertim posterius) crasse et valde
inæqualiter dentata, utrinque in dorso, pæne duplo longius a basi
quam ab ano, dentem vel angulum præsertim magnum format. Ad
basin dorsum abdominis maculam magnam circa triplo longiorem
quam latiorem (vel potius fasciam postice abbreviatam) atram, pæne
ad ⅓ longitudinis dorsi pertinentem ostendit, quæ linea tenui paullo
inæquali alba utrinque limitatur. Venter dorso pallidior est,
secundum medium sat late infuscatus. *Mamillæ* subfuscæ vel
fuligineæ.

Mas a femina parum nisi palpis differt ; cephalothorax ejus antice
angustior est et oculi paullo minores : spatium inter oculos medios
anticos majus quam in femina saltem videtur, diametrum oculi
æquans. *Palpi* sat longi sunt, pilis longis patentibus sat densis et
setis aculeisque nonnullis longis in parte tibiali conspersi ; clava
subovata femora antica latitudine non æquat. Pars femoralis sat
longa et recta est, aculeis brevioribus et debilibus ut videtur 6
supra munita ; pars patellaris ut ea cylindrata est, duplo longior
quam latior ; pars tibialis priore paullo angustior et plus duplo
longior, circa 5plo longior quam latior, pæne cylindrata, modo
versus apicem sensim paullulo incrassata et apice late et paullo
oblique truncata, apice lateris exterioris, infra, in stilum rectum
gracilem, diametrum internodii longitudine fere æquantem, nigrum
producto. Pars tarsalis parte tibiali pæne duplo latior est, subovata, utrinque versus apicem sinuata, apice ita satis angustato-
producto. Bulbus subter in medio globoso-inflatus et nitidissimus
est : e latere suo antico aculeos duos parallelos anteriora versus
directos et paullulo foras et sursum curvatos emittit.

♀.—Lg. corp. 22 ; lg. cephaloth. 8½, lat. ej. 6½, lat. clyp. 4 ;
lg. abd. 14½, lat. ej. 9 millim. Ped. I 30¼, II 30¼, III 26, IV
31½ ; pat. + tib. IV 10½ millim.

♂.—Lg. corp. 46 ; lg. cephaloth. 6⅔, lat. ej. 5¼, lat. clyp. parum
plus 2½ ; lg. abd. 9⅓, lat. ej. 5½ millim. Ped. I 29, II 29, III 25¼,
IV 30 ; pat. + tib. IV 9 millim.

Interdum, præsertim in junioribus, multo clariora sunt cephalothorax, sternum, partes oris et extremitates; in junioribus abdomen quoque multo pallidius quam in adultis plerumque est.

Interdum, saltem in junioribus, penicillus crassissimus et densissimus pilorum nigricantium inter partes oris exsertus conspicitur! Exempla nonnulla, præsertim juniora et feminea, valde detrita vidi, quæ ad Kyeikpadem et Tharrawaddy collegit Col. Oates; exempla immatura parva, quæ hujus speciei videntur, in Singapore cepit Col. Workman.

Etiam *Dolomedes lipidus*, Thor.*, haud dubie generis *Therimachi* est.

Ad *Ocyalem atalantam*, Sav., Sim., *Therimachum robustum* nostrum referre non audeo, etsi dispositione oculorum species illa, secundum figuram Savignyi†, non ita multum a nostra specie differt. Sed secundum Simon‡ gen. *Ocyale*, Sav., " est beaucoup plus voisin des *Lycosa* du groupe *Arctosa* que des *Dolomedes* et des *Pisaura*;" in *Ocyale*, secundum eum, series oculorum antica parum longior est quam series ab oculis mediis posticis formata, et mamillæ inferiores superioribus longiores; quæ nullo modo in *Therimachum* cadunt.

THALASSIUS (Sim.), 1885.

186. Thalassius albocinctus (Dol.).

? Dolomedes albocinctus, *Dol. Verh. Nat. Vereen. Nederlandsch Indië*, v. p. 9, tab. xv. fig. 4 (1859).
Titurius marginellus, *Sim. Ann. Mus. Genova*, xx. p. 329 (1884).
Thalassius marginellus, *Sim. Bull. Soc. Zool. France*, x. p. 13 (1885).

Feminas nondum adultas tres in Tenasserim meridionali unamque ad Tharrawaddy collegit Col. Oates. Quum maxima illarum (pæne adulta) parum detrita sit, colorem ejus hic describam. *Cephalothorax*, in fundo fuscus, sulco centrali nigricanti, pube densa pulchre rubrofusca vestitus est, excepto in lateribus, ubi fascia latissima marginali pallidiore, dense albo-pubescenti, usque ad clypeum pertinente est cinctus. *Sternum* cum coxis sordide testaceum, pube pallida minus dense vestitum et pilis nigris conspersum. *Mandibulæ* fuscæ, albicanti-testaceo-pilosæ et saltem in latere exteriore versus basin dense albo-pubescentes. *Maxillæ* et *labium* pallidius fusca. *Palpi* pallido fusci, versus basin magis testacei, pube alba et sublutea supra vestiti. *Pedes* pallide fusci, versus basin, præsertim subter in coxis et femoribus, magis testacei, pube alba et sublutea supra vestiti, metatarsis ita basi magis albo-, versus apicem magis luteo-pubescentibus; sordide testaceo-pilosi et scopulati sunt pedes et aculeis nigris armati. *Abdomen*, ut cephalothorax, in fundo fuscum est et pube densa pulchre rubro-fusca tectum, dorso fascia latissima pallidiore, in margine superiore paullo inæquali, dense albo-pubescenti et maculis minutis inæqualibus fuscis conspersa utrinque cincto:

* Ann. Mus. Genova, xxxi. (ser. 2 xi.) p. 149 (1892).
† Description de l'Égypte, *cet.*, Arachnides, pl. iv. fig. 10, *a'*.
‡ Ann. Soc. Ent. France, 6° sér. v. 1885, p. 358.

secundum dorsum series duas longitudinales sat longe inter se remotas punctorum alborum ostendit, quorum sex anteriora præsertim
distincta sunt, duo basalia striæ minutæ potius dicenda. Venter
subfuscus lineas duas longitudinales nigricantes paullo inæquales
ostendit, inter eas punctis obscuris fere in series duas longitudinales
dispositis conspersus; pubc sordide testacea vestitus est.—Lg. hujus
exempli 20½ millim. est; lg. cephaloth. paullo plus 8, lat. ej. 7,
lat. clyp. 3½; ped. I 42, II, 44, III 38, IV 43 millim. longi;
pat. + tib. IV 15 millim.

In exemplis minoribus, detritis, pedes et palpi toti testacei sunt.
Cephalothorax interdum tibiam 3ⁱⁱ paris longitudine æquat, interdum, ut in exemplo dimenso, ea brevior est.

Dolomedes albicinctus, Dol., ex Java, eadem species ac *Thalassius
marginellus*, Sim., esse videtur. Gen. *Dolopœus*, Thor.*, non a
Thalassio differt. *D. cinctus*, Thor.†, tamen a *Th. marginello* sive
albo-cincto nostro verisimiliter distinctus est, quum oculi laterales
postici in illo non parum majores quam medii postici dicantur: in
Th. albocincto oculi 4 postici et medii antici omnes eadem magnitudine videntur.

POLYBŒA ‡, gen. n.

Cephalothorax inverse ovatus, minus altus, dorso in medio paullo
depresso, impressionibus cephalicis distinctissimis fere in semicirculum inter se unitis, sulco ordinario centrali forti et longo.

Oculi medii antici lateralibus anticis reliquisque multo minores.
Area oculorum magna, trapezoides, non multo latior antice quam
longior et paullo latior postice quam antice. Series oculorum antica
deorsum curvata, postica omnium fortissime recurva.

Mandibularum sulcus unguicularis antice 3, postice modo 2
dentibus armatus.

Maxillæ ovatæ, labio saltem duplo longiores; labium paullo
latius quam longius, apice late rotundatum.

Pedes longiores, graciles, aculeis crebris et ad partem longissimis
armati; pedes 1ⁱ et 2ⁱ parium eadem longitudine fere sunt et saltem
interdum 4ⁱ paris pedibus longiores. Unguiculi tarsorum superiores
dentibus multis pectinati, inferior dentibus duobus armatus.

Abdomen longius; mamillæ superiores multo angustiores et
paullo longiores quam inferiores, art. 2° circiter æque longo ac lato,
apice obtuso.

Typus: *Polybœa vulpina*, sp. n.

Perenethi, L. Koch, hoc genus valde affine est, oculis lateralibus
anticis mediis anticis multo majoribus præcipue dignoscendum: in
Perenethi oculi laterales antici mediis anticis vix vel non majores sunt.

---

* K. Svenska Vet.-Akad. Handl. xxiv. no. 2, p. 60 (1891).
† Ibid. p. 61.
‡ Πολύβοια, nom. propr. pers.

**187. Polybœa vulpina, sp. n.

Cephalothorace luteo-ferrugineo, summo margine (et lineis longitudinalibus?) albis, pedibus luteo-ferrugineis, anterioribus reliquis paullo longioribus; abdominis dorso olivaceo-fusco, fascia media angusta postice abbreviata et acuminata pallida fusco-marginata et ut linea fusca retro continuata notato, lateribus et ventre albicantibus, illis fascia longitudinali abbreviata posterius, hoc fasciis duabus longitudinalibus parallelis fuscis secundum medium ornato; oculis mediis anticis reliquis subæqualibus plus duplo minoribus, area oculorum mediorum duplo latiore postice quam antice et paullo latiore postice quam longiore.—♂ jun. Long. saltem 10¼ millim.

Mas jun.—Cephalothorax circa ⅓ longior quam latior, anterius utrinque parum sinuatus sed anteriora versus sensim sat fortiter angustatus, clypeo parte thoracica duplo angustiore, fronte truncata. Sat humilis est, dorso a latere viso ante declivitatem posticam pæne librato, inter partes thoracicam et cephalicam paullo depresso, in hac parte leviter convexo; area oculorum mediorum minus fortiter proclivis est, clypeus directus. Spatium inter marginem clypei et oculos medios anticos longitudinem areæ oculorum mediorum pæno æquat; spatium inter hunc marginem et oculos laterales anticos, spatio illo multo minus, eorum diametro non parum est majus. Area *oculorum* magna paullo latior est antice quam longior, et non parum latior postice quam antice. Oculi medii antici reliquis pæne æqualibus plus duplo minores sunt. Series oculorum antica a fronte visa non parum deorsum curvata est, linea eos supra tangens recta tamen; series oculorum posteriorum omnium fortissime est recurva: trapezium æque longum ac latum antice et duplo latius postice quam antice formant hi oculi. Oculi medii trapezium formant, quod paullo latius est postice quam longius, et circa duplo latius postice quam antice; spatium inter oculos binos laterales eorum diametro circiter quadruplo majus est. Spatium inter oculos medios anticos parvos eorum diametrum æquat; a lateralibus anticis paullo longius quam inter se distant hi oculi, a mediis posticis etiam paullo longius remoti. Oculi medii postici spatio eorum diametrum æquante separati sunt, a lateralibus posticis saltem dimidio longius quam inter se disjuncti.

Mandibulæ femora antica crassitie æquant, patellas anticas longitudine æquantes, duplo et dimidio longiores quam latiores, cylindratæ, in dorso ad longitudinem parum convexæ. Sulcus unguicularis in margine antico quidem dentes 3, in postico vero modo 2 dentes sat parvos habet! *Maxillæ* forma ordinaria; *labium* iis plus duplo brevius, paullo latius quam longius, apice ample rotundatum. *Palpi* mediocres, clava subovata et in apicem longiorem producta, femoribus anticis saltem dimidio latiore. *Pedes* sat longi et graciles, aculeis longis crebris armati; tibiæ et metatarsi undique aculeis longissimis armati sunt. Unguiculi tarsorum superiores sat magni, dentibus circa 12 densis pectinati; unguiculus inferior dentibus 2 sat longis est præditus (ita saltem in pedibus 1ᵢ paris). *Abdomen* longum et angustum, plus triplo longius quam latius,

posteriora versus sensim angustatum et acuminatum, sublanceolatum.

Color.—*Cephalothorax* in fundo luteo-ferrugineus est totus,*sternum*
et *partes oris* paullo clarius ferrugineo-lutea, *palpi* flavi, *pedes* luteo-
ferruginei. Summus margo cephalothoracis albo-pubescens est ;
vestigia pubescentiæ albæ, quæ nescio an duas fascias vel lineas
laterales et lineam mediam longitudinales formaverint (?), præterea
hic illic in cephalothorace video. *Abdominis* dorsum in fundo obscure olivaceo-ferrugineum est, antice fascia longitudinali abbreviata
(non ad medium dorsi pertinente) angusta et postice sensim acuminata, sublutea notatum, quæ linea tenui obscure fusca utrinque
includitur : hæ duæ lineæ, postice in unam conjunctæ, longe retro
continuantur, sensim angustatæ et denique obsoletæ. Latera abdominis et venter albicanti-testacea sunt, illa postice fascia longitudinali abbreviata fusca notata, venter vero fasciis duabus longitudinalibus angustis parallelis fuscis, paullo pone plicaturam genitalem
incipientibus et usque ad mamillas rufo-fuscas continuatis.

♂ *jun.*—Lg. corp. 10¼ ; lg. cephaloth. pæne 4, lat. ej. pæne 3,
lat. clyp. circa 1½ ; lg. abd. paullo plus 7, lat. ej. 2¼ millim. Ped.
I 19, II paullo plus 19, III 16, IV 18½ ; pat. + tib. IV 5¾ millim.
Exemplum masculum nondum adultum aliudque pullum, ambo
plane detrita, vidi, ad Rangoon inventa.

PERENETHIS, L. Koch, 1878.

*188. Perenethis unifasciata (Dol.).

Dolomedes unifasciatus, *Dol. Verh. Nat. Vereen. Nederlandsch Indië*,
v. tab. vi. figg. 6 et 6 a (1859).
Perenethis venusta, *L. Koch, Die Arachn. Austral.* i. p. 980, Taf.
lxxxv. figg. 7-7 e (1878) ; *Thor. Ann. Mus. Genov.* xvii. p. 372
(1881).
Perenethis unifasciata, *id. K. Svenska Vet.-Akad. Handl.* xxiv. no. 2,
p. 61, not. 1 (1891).

Feminam singulam immaturam hujus speciei, in Nova Hollandia,
Amboina et Taprobane antea inventæ, ad Akyab captam vidi.

TARENTULA, Sund., 1833.

**189. Tarentula (Arctosa) ovicula, sp. n.

*Tota fusco-testacea, pallido-hirsuta et pilis nigris sparsa, abdomine
tamen supra ordinibus duobus longitudinalibus macularum parvarum
albarum, e pube formatarum notato, quarum duæ ultimæ, mox supra
anum sitæ, paullo majores, oblongæ et obliquæ sunt ; serie oculorum
antica longiore quam media, recta ; pedibus brevibus, 4' paris cephalothorace non triplo longioribus, anterioribus pedibus aculeis modo
paucis sat parvis armatis.*— ♀ ad. *Long. circa 6¾ millim.*

Femina.—*Cephalothorax* non parum longior quam tibia cum patella
4' paris, patellam + tibiam + dimidium metatarsum 1' paris longitu-

dine circiter æquans, saltem ⅓ longior quam latior, utrinque anterius
modice sinuatus, parte cephalica lateribus rectis, modo antice
levissime rotundatis anteriora versus sensim paullo angustata, fronte
fortiter rotundata. Modice altus est cephalothorax, dorso ante
declivitatem posticam primum (in parte thoracica) recto et librato,
dein, pone oculos, omnium levissime convexo, denique paullo magis
convexo et satis proclivi. Facies directa : a fronte visa fere semicirculata est, supra fortiter convexa, dimidiam mandibularum longitudinem altitudine non ita multo superans. Oculorum area paullo
latior quam longior videtur. Series oculorum antica serie media
evidenter paullo longior est, a fronte visa plane recta ; oculi medii
antici vix dimidio majores quam laterales antici sunt et evidenter
longius inter se quam ab iis remoti ; spatium, quo inter se separati
sunt, eorum diametro multo est minus : a margine clypei spatio
distant, quod eorum diametrum fere æquare videtur, ab oculis seriei
mediæ spatiis paullo minoribus remoti. Spatium inter oculos duos
seriei mediæ (qui duobus posticis pæne duplo majores sunt) eorum
diametro paullo est minus. Trapezium oculorum posteriorum
æque longum ac latum est et multo, circiter dupla oculi postici
diametro, latior postice quam antice.

Mandibulæ patellis anticis parum longiores, femora antica crassitie
æquantes, parum plus duplo longiores quam latiores, in dorso modice
convexæ. Sulcus unguicularis antice dentibus 3 (quorum medius
reliquis multo major est), postice 3 dentibus est armatus. *Pedes*
breves, robusti, 4¹ paris cephalothorace circa 2³ longiores. In
pedibus 1¹ paris femora supra 1 . 1., et antice. ad apicem, 1
aculeum habent : patellæ aculeis carere videntur : in tibiis modo 2
aculeos versus medium sitos, 1 antice, inferius, et 1 (gracillimum)
subter video ; metatarsi horum pedum subter aculeos 2 . 2. habent,
præter duos apicales. Pedum 2¹ paris femora supra 1 . 1 . 1., antice
1 . 1. aculeos ostendunt, patellæ 1 minutum apice supra, tibiæ
1 . 1. antice, 1 subter, metatarsi 2 . 2. subter, 1 antice, præter
apicales. Patellæ 3ii paris aculeum et postice et antice ostendunt,
4¹ paris modo postice. *Abdomen* forma ordinaria est. *Vulva* e
tuberculis duobus humilibus nitidis piceo-nigris, spatio eorum
diametrum æquante separatis constare videtur. *Mamillæ* breves,
superiores et inferiores fere eadem longitudine.

Color.—*Cephalothorax, sternum, maxillæ, labium, palpi* et *pedes*
in fundo fusco-testacea sunt, *mandibulæ* paullo obscuriores, ungui
nigro ; antice pars cephalica paullo infuscata evadit, et sulcus
centralis nigricans est ; oculi nigri. Pube longiore cinereo-testacea
sat dense vestitus est cephalothorax et pilis erectis nigris sparsus.
Sternum eodem modo pubescens et pilosum est, mandibulæ pilis
longioribus cinereo-testaceis vestitæ. Pedes pube cinerascenti-
testacea vestiti sunt et pilis longis erectis ad maximam partem apice
curvatis sat dense hirsuti, aculeis nigris armati ; palpi colore sunt
pedum, apice tamen nigro-pilosi. *Abdomen*, quod in fundo superius
sordide nigricanti- vel fusco-testaceum est, secundum medium dorsi
paullo clarius, et utrinque seriem longitudinalem longam punctorum
nigrorum ostendit, pube longiore subtestacea et pilis longis erectis

sat densis nigris est tectum et ordinibus duobus longitudinalibus longe inter se remotis macularum parvarum albarum e pube formatarum in dorso ornatum, quarum par ultimum, paullulo supra anum sitæ, paullo majores, oblongæ et obliquæ sunt. Venter sordide testaceus et cinereo-testaceo-pubescens in medio paullo infuscatus videtur. *Mamilla* sordide testaceæ.

Lg. corp. $6\frac{3}{7}$; lg. cephaloth. $4\frac{1}{4}$, lat. ej. 3, lat. clyp. $1\frac{3}{4}$; lg. abd. paullo plus 3, lat. ej. $2\frac{1}{4}$ millim. Ped. I $8\frac{2}{3}$, II pæne $8\frac{1}{2}$, III pæne 8, IV pæne 11 ; pat.+tib. IV pæne $3\frac{1}{2}$, metat. IV pæne 3 millim.

Feminas duas ad Rangoon invenit Cel. Oates.

****190. Tarentula (Trochosa) stictopyga, sp. n.**

Cephalothorace tibiam cum patella 4^i paris longitudine æquante, nigro-fusco, fasciis tribus longitudinalibus paullo pallidioribus notato, quarum media valde angusta et pæne æqualis est, laterales latiores, paullo supra-marginales, antice modo ad impressiones cephalicas pertinentes; sterno cum coxis sordide testaceo, nigro-piloso; serie oculorum antica mediam longitudine æquante, recta vel levissime sursum curvata; pedibus sordide testaceo-fuscis, unicoloribus; abdomine in fundo superius sordide fusco vel, præsertim utrinque in dorso, nigricanti, fascia longitudinali abbreviata sublanceolata pallida antice notato, pube olivaceo-fusca supra vestita et posterius maculis nonnullis parvis albis e pube formatis et in seriem longitudinalem dispositis utrinque ornato; vulva ex fovea pallida constante, cujus anguli postici tubercula duo utrinque nigra formant, et quæ septo angusto pallido postice in formam ⊥ dilatato persecta est; palpis maris gracilibus, flavo-testaceis, clava angusta nigricanti. — ♂ ♀ ad. Long. ♂ circa 6, ♀ 6-9 millim.

Femina.—Cephalothorax tibiam cum patella 4^i paris longitudine æquat, pæne $\frac{1}{3}$ longior quam latior, utrinque anterius evidenter et sat late sinuatus, parte cephalica lateribus primum rectis dein paullo rotundatis anteriora versus vix vel parum angustata, fronte rotundata, clypeo dimidiam partem thoracicam latitudine paullo superante. Modice altus est cephalothorax, dorso ante declivitatem posticam usque ad oculos posticos recto et librato, dein paullo proclivi sed vix convexo, facie sub oculis seriei mediæ prærupto proclivi, non plane directa. A fronte visa facies non ita humilis est (altitudo ejus longitudine mandibularum tamen pæne dimidio est minor); multo latior est infra quam supra, ubi (inter oculos posticos) leviter convexa est, lateribus fortiter declivibus modice convexis. Spatium inter marginem verum clypei et oculos medios anticos dimidiam eorum diametrum vix æquat; spatium inter hunc marginem et oculos laterales anticos horum diametrum æquat. Area *oculorum* paullo longior est quam latior postice. Series eorum antica seriem mediam longitudine æquat, non superat: pæne recta est, modo levissime sursum (non deorsum) curvata. Oculi medii hujus seriei lateralibus saltem duplo sunt majores et non parum longius inter se quam ab iis remoti: spatium, quo inter se distant, eorum diametro circa duplo minus est. Oculi laterales antici ab

oculis seriei mediæ sive 2ᵃᵉ spatiis diametrum illorum æquantibus
sunt separati. Oculi seriei mediæ, qui oculis duobus posticis circa
dimidio majores sunt, spatio eorum diametro plus dimidio minore
sunt sejuncti : ab oculis posticis spatiis hanc diametrum circiter
æquantibus remoti sunt. Oculi duo postici oculis mediis anticis
circiter duplo majores sunt. Trapezium oculorum posteriorum
paullo longius est quam latius antice et vix vel non dupla oculi
postici diametro latior postice quam antice.

Mandibulæ femoribus anticis parum angustiores sunt, patellis
anticis non parum longiores, paullo plus duplo longiores quam
latiores, ad longitudinem sat fortiter convexæ. Sulcus unguicularis
antice 3, postice 3 dentibus est armatus. *Pedes* breves (4ᵗⁱ paris
cephalothorace circa 3plo longiores) satisque robusti, minus dense
pilosi. Aculei pedum præsertim anteriorum breves et graciles sunt :
patellæ omnes utrinque aculeum ostendunt : præter aculeos apicales
tibiæ anteriores 2.2. aculeos subter et 1.1. antice et postice
habent, metatarsi anteriores 2.2. subter, 1 antice et postice.
Abdomen forma ordinaria est : *vulva* ex fovea sat parva parum
profunda pallida constat, quæ breviter et inverse ovata vel triangulo-ovata est, postice truncata : costis duabus longitudinalibus
humilibus pallidis plus minus distinctis includitur, quæ postice,
extra, in suum quæque tuberculum exeunt : hæc tubercula intus et
extra maculam parvam nigram ostendunt, quæ maculæ binæ ita
quasi dente obliquo pallido separatæ videntur. Septo humili
angusto pallido postice in formam ⊥ dilatato persecta et postice
clausa est fovea vulvæ. *Mamillæ* superiores et inferiores fere eadem
longitudine sunt.

Color.—*Cephalothorax* in fundo nigro-fuscus, fasciis tribus longitudinalibus clarioribus, testaceo- vel ferrugineo-fuscis, notatus,
quarum media angustissima est (metatarsis anticis non vel parum
latior), in arcam oculorum posticorum plerumque nigricantem
producta, laterales duæ paullo supramarginales et latiores, in
marginibus plus minus inæquales, antice modo ad partem cephalicam pertinentes. Pube pallide fusca ad maximam partem vestitus
videtur cephalothorax. Sulcus ordinarius centralis brevis niger
est. *Sternum* sordide fusco-testaceum, nigro-pilosum. *Mandibulæ*
rufescenti- vel ferrugineo-fuscæ, subtestaceo- et nigro-pilosæ.
Maxillæ et *labium* fusco-testacea, hoc basi obscurius. *Palpi* et *pedes*
testaceo-fusci vel fusco-testacei, unicolores, nigro-pilosi et pubescentes, aculeis nigris : subter magis versus basin pallido-pilosi
quoque sunt pedes. *Abdomen* in fundo superius sordide fuscum,
interdum, præsertim utrinque in dorso, nigricans, fascia abbreviata
longitudinali sublanceolata testaceo-fusca nigro-marginata circiter
ad medium dorsi pertinente antice notatum, pone eam vero maculis
parvis ejusdem coloris (plerumque parum distinctis) variatum : pube
subfusca vestitum est et posterius in dorso ordinibus duobus longitudinalibus pæne parallelis sat longe inter se remotis macularum
parvarum albarum e pube formatarum ornatum. Latera abdominis
in fundo colore obscuriore et pallidiore fusco plus minus variata
sunt, venter cinerascenti-testaceus, pube pallidiore vestitus.
Mamillæ subfuscæ.

Mas, præter structuram palporum, eo præsertim a femina differt, quod in eo clypeus dimidia parte cephalica paullo angustior est et series oculorum anticorum plane recta, nec sursum nec deorsum curvata; oculi hujus seriei spatiis modo minutis et fere æqualibus separati sunt, et medii lateralibus plus duplo majores. Spatium inter oculos seriei mediæ eorum diametro fere duplo minus est. *Mandibulæ* præne duplo et dimidio longiores quam latiores, femoribus anticis multo angustiores, in dorso minus fortiter convexæ. *Palpi* longitudine mediocri, graciles, clava tibias anticas latitudine non æquante. Pars patellaris plus dimidio, pæne duplo longior est quam latior, pars tibialis eâ circa dimidio longior sed parum latior, a basi ad apicem sensim parum incrassata, circa duplo et dimidio longior quam latior. Pars tarsalis partem tibialem longitudine æquat, eâ modo paullo (circa ¼) latior: ovato-lanceolata est, in lateribus versus basin sat leviter rotundata, dein lateribus rectis in apicem reliqua parte tarsali breviorem et subobtusum sensim augustata. Bulbus humilis a latere visus duos procursus breves crassos subconicos anteriora versus et deorsum directos subter ostendit, et inter eos, magis postice, procursum brevem gracillimum nigrum, qui certo modo visus apice dilatatus et bidentatus vel bifidus videtur. Ad colorem palpi flavo-testacei sunt, pallido-pubescentes et paullo nigro-pilosi, clava apice excepta nigricanti. Præterea *color* maris idem ac feminæ color est.

♀.—Lg. corp. 9; lg. cephaloth. 4¼, lat. ej. 3¼, lat. clyp. pæne 2; lg. abd. 5, lat. ej. 3 millim. Ped. I 11, II 10¼, III 10, IV 13½; pat.+tib. IV 4¼, metat. IV 3¼ millim.

♂.—Lg. corp. 6; lg. cephaloth. 4, lat. ej. 2¼, lat. clyp. pæne 1¼; lg. abd. 4, lat. ej. circa 1¾ millim. Ped. I pæne 10, II 9¼, III pæne 9, IV 12; pat.+tib. IV 4, metat. IV paullo plus 3¼ millim.

Exempla paucissima, inter ea masculum singulum, ad Rangoon et Tharrawaddy capta examinavi. — *Trochosa inopi*, Thor.*, ex Sumatra, hæc aranea certe valde similis est, ab ea fortasse non specifice differens.

**191. Tarentula (Trochosa) subinermis, sp. n.

Subhirsuta, cephalothorace in fundo nigro, secundum medium paullo clariore; serie oculorum antica levissime deorsum curvata seriem mediam longitudine modo æquante; palporum parte tarsali patellas anticas latitudine saltem æquante, non duplo longiore quam latiore; pedibus obscure testaceis, dense nigro-annulatis, tibiis anterioribus subter aculeis carentibus; abdomine in fundo nigro et fascia longitudinali abbreviata pallidiore antice in dorso notato, et saltem ad partem pube alba munito, quæ supra anum maculas duas sat parvas et duas majores non parum ante eas format, his 4 maculis in trapezium antice multo latius quam postice dispositis.— ♂ ad. Long. circa 4 millim.

Mas.—Cum descriptione *Trochosæ pulchellæ*, Thor., ♂, (ex Nova Guinea) a nobis data * hæc aranea ad structuram omnibus rebus convenit, his paucis exceptis : non parum minor est, cephalothoracis sulco centrali tenui et sat brevi sed distincto, facie supra parum convexa, serie *oculorum* antica seriem mediam longitudine modo æquante et evidenter etsi levissime deorsum curvata, *palporum* parte tarsali ovato-lanceolata tibiis anticis evidenter latiore et partis tibialis apice circa ¼ latiore, non multo plus dimidio (certe non duplo) longiore quam latiore. *Pedes* anteriores hoc modo sunt aculeati : femora et patellæ aculeis carere videntur ; tibiæ præter aculeos duos apice, modo 1 aculeum, antice situm, ostendunt ; metatarsi horum pedum contra subter 2 . 2. aculeis armati sunt, inter medium et apicem locatis. Pube crassiore vestiti et pilis patentibus vel erectis subhirsuti sunt pedes, ut in *T. pulchella.*

Color.—*Cephalothorax* (in nostro exemplo detritus) in fundo niger est, secundum medium paullo clarior ; versus latera ejus vestigia pubescentiæ cinerascentis, hic illic inter oculos vero albicantis, video. *Sternum, maxillæ* et *labium* obscure fusca, albicanti-pilosa. *Mandibulæ* læte fuscæ. *Palpi* testaceo-fusci, parte femorali apice late, patellari apice anguste, et clava apice longo excepto nigricantibus. *Pedes* obscure testacei, nigro-annulati : femora annulum apicalem latum et medium angustum nigros habent (1¹ paris ad maximam partem nigra sunt), tibiæ quoque binos annulos, basalem angustiorem, apicalem latiorem (tibiæ 1¹ paris excepto apice pæne totæ pallidæ sunt) ; metatarsi ternis annulis nigricantibus sunt cincti. In partibus pallidis dense albo-pubescentes sunt pedes, vel saltem macula alba antice in his partibus notati, præterea nigro-pubescentes, pallido-pilosi. *Abdomen*, quod supra in fundo nigrum est et antice fasciam longitudinalem angustam, fere ad medium dorsi pertinentem, pallidam ostendit, in nostro exemplo excepto postice detritum est : in dorso ejus anterius modo vestigia pubescentiæ albæ (quæ fortasse maculas formavit) conspicitur : mox supra anum vero maculis duabus parvis albis est notatum, et ante vel supra eas duabus majoribus, cum iis trapezium plus duplo latius antice quam postice et paullo latius antice quam longius formantibus ; etiam in medio hujus trapezii albo-pubescens est dorsum, utrinque apud id vero cinerascenti-pubescens. Venter nigricans, cinerascenti-pubescens. *Mamillæ* nigræ.

Lg. corp. 4 : lg. cephaloth. 2¼, lat. ej. circa 1¾, lat. clyp. circa ⅝ ; lg. abd. pæne 2, lat. ej. pæne 1½ millim. Ped. I 5½, II circa 4⅔, III 4¼, IV 7½ ; pat.+tib. IV paullo plus 2, metat. IV pæne 2 millim.

Mas singulus parvæ hujus speciei ad Rangoon est captus. Ad armaturam pedum pæne cum *Trochosa conspersa*, Thor.†, ex Celebes, convenire videtur—num mas ejus ? (Typus *T. subinermis* deperditus est.)

---

* Ann. Mus. Genova, xvii. p. 377 (1881).

† Ann. Mus. Genova, x. p. 529 (1877).

192. Tarentula nigrotibialis (Sim.).

Lycosa nigrotibialis, *Sim. Ann. Mus. Genova*, xx. p. 330 (1884);
id. Bull. Soc. Ent. France, 1885, p. 23.
Tarentula nigrotibialis, *Thor. Ann. Mus. Genova*, xxv. p. 305 (1887).

Exempla feminea nonnulla adulta et juniora, ad Thayetmyo,
Tharrawaddy et Rangoon et in Tenasserim collecta, nunc examinavi. In plerisque adultis mandibulæ non flavo-, sed luteo- vel
luteo-rubro-pilosæ sunt; præterea hæc exempla cum aliis ex
Minhla plane conveniunt, et quoad colorem tibiarum tum anticarum quam posticarum, et quoad formam vulvæ, cet.

LYCOSA (Latr.), 1804.

**193. Lycosa (?) amazonia, sp. n.

*Cephalothorace tibiam cum ½ (♂) vel ⅔ (♀) patellæ 4ⁱ paris lon-
gitudine æquante, sordide testaceo-fusco, fascia laterali angustiore
alba satis alte supra margines partis thoracicæ ducta notato, sterno
sordide testaceo; pedibus sordide fusco- vel olivaceo-testaceis, unicoloribus; abdomine superius in fundo luteo- vel cinerascenti-fusco, fascia
longitudinali brevi sublanceolata purius fusca antice, et prætcrea ordinibus duobus longitudinalibus longis punctorum nigrorum signato,
quorum posteriores lineis transversis nigris binæ conjunctæ sunt, pube
vero alba in dorso series duas longitudinales longos punctorum alborum
formante, quorum postica majora sunt et V inæqnale album supra
anum formant, ventre pallido; mamillis superioribus magnitudine
mediocri, in ♀ mamillas inferiores longitudine multo superantibus, in
♂ eas magnitudine modo æquantibus; vulva ex forea cornea sat forti
constante, cujus margines laterales in apice postico incrassati sunt
intusque in foveolam excavati, et quæ septo angusto postice incrassato
persecta et postice clausa est; palpis maris subtestaceo-fuscis, parte
tibiali et clava atris.— ♂ ♀ ad. Long. ♂ 7–8, ♀ 9–14½ millim.*

Femina.—Cephalothorax, tibiam cum ⅔ patellæ 4ⁱ paris longitudine circiter æquans, fere ¼ longior quam latior est, utrinque anterius
modo leviter sinuatus, parte cephalica brevi lateribus anterius paullo
rotundatis anteriora versus paullo angustato, latitudine clypei dimidiam partis thoracicæ latitudinem saltem æquante. Modice altus
est cephalothorax, dorso ante declivitatem posticam plane recto et
librato, area oculorum posteriorum paullo proclivi, parum convexa.
Facies directa non parum latior est infra quam supra, latior infra
quam altior, sed altior quam latior supra, ubi (inter oculos posticos)
sat leviter convexa est, lateribus altis, præruptc declivibus (non
plane directis) et modice convexis; altitudo ejus longitudine mandibularum non parum (non dimidio tamen) minor est. Spatium inter
marginem clypei et oculos medios anticos eorum diametro duplo
est majus. Area oculorum parum latior est postice quam longior;
series eorum antica serie media multo, plus dimidia diametro oculi
seriei mediæ, brevior est, sat leviter deorsum curvata. Oculi medii

antici, qui spatio dimidiam eorum diametrum vix æquante separati sunt, lateralibus anticis pæne duplo sunt majores, et spatio paullo majore inter se quam ab iis remoti : ab oculis scrici mediæ spatiis diametro sua paullo minoribus separati sunt. Oculi scrici mediæ spatio eorum diametrum pæne æquanto sunt sejuncti, ab oculis posticis, qui iis pæne duplo minores sunt sed mediis anticis plus duplo majores, paullo longius remoti. Trapezium oculorum posteriorum æque pæne longum est ac latum antice, et multo, circa dupla oculi postici diametro, latius postice quam antice.

Mandibulæ circa 2¼ longiores quam latiores, femoribus anticis parum angustiores, tibiam 3⁴ paris longitudine æquantes, in dorso ad longitudinem sat fortiter convexæ ; sulcus unguicularis antice 2, postice 3 (interdum modo 2) dentibus armatus est. *Labium* æque fero longum ac latum videtur, apice truncatum. *Palpi* forma ordinaria, aculeis multis (14) muniti. *Pedes* sat robusti, longitudine mediocri (4¹ paris cephalothorace circa 3⁶⁄₇ longiores), modice pubescentes et parcius pilosi, aculeis in pedibus posterioribus crebris et longis : patellæ in his pedibus aculeum utrinque et tertium apice supra habent, et tibiæ etiam supra 1.1. aculeos. In pedibus anterioribus patellæ aculeum parvum utrinque et setam apice supra gerunt, tibiæ 2.2.2. aculeos subter, 1.1. antice, 1 vel (pedes 2¹ paris) 1.1. postice : metatarsi anteriores subter 2.2., 1 antice, vel (2¹ paris) 1.1. antice et 1 postice, præter 4 parvos apicales. Metatarsi et tarsi anteriores utrinque scopulati sunt. *Abdomen* inverse ovatum. *Vulva*, pube tecta, foveam corneam sat magnam et profundam fuscam format, quæ paullo latior quam longior est, antice rotundata, postice truncata et aperta : margines laterales hujus foveæ apice postico dilatatæ sunt et hic intus in suam quisque foveolam parvam intus apertam excavati : secundum medium vulva septo angusto persecta est, quod postice, inter foveolas illas, subito sed non ita multum est dilatatum, fere clavatum vel lageniforme. *Mamillæ* superiores sat breves, art. 1⁰ vix longiore quam latiore, art. 2⁰ brevissimo, sæpe retracto ; mamillæ inferiores iis multo breviores sunt, brevissimæ, speciem verrucarum duarum ante basin superiorum sitarum sæpe præbentes.

Color.—*Cephalothorax* in fundo sordide testaceo-fuscus est, colorem olivaceum sentiens, area oculorum posteriorum in formam ferri equini (vel saltem utrinque) nigra, colore pallidiore dorsi in hanc aream pertinente ; sulcus centralis niger. Secundum margines partis thoracicæ fasciam angustam inæqualem pallidiorem, pube alba vestitam et spatio sat lato ab ipso margine separatam ostendit cephalothorax, etiam præterea antice, præsertim inter series oculorum anticam et mediam, albo-pubescens, præterea vero pube rariore olivaceo-nigra vestitus et pilis paucis nigris conspersus. *Sternum* cum coxis sordide testaceum, albicanti-pilosum et pilis nigris sparsum ; *maxillæ* et *labium* paullo obscuriora, hoc basi nigricans. *Mandibulæ* testaceo- vel ferrugineo-fuscæ, albicanti-pubescentes et nigro-pilosæ. *Palpi* et *pedes* sordide fusco- vel olivaceo-testacei, unicolores, pube pallidiore, præsertim in femoribus albicanti, vestiti et pilis nigris conspersi, aculeis nigris. *Abdomen* in fundo superius luteo- vel cinerascenti-fuscum, interdum subolivaceum, clarius vel obscurius, est (dorso interdum utrinque magis nigricanti), subter magis cinerascens vel lutescens: antice in dorso fasciam brevem (vix vel non ad medium dorsi pertinentem) postice acuminatam, sublanceolatam, purius fuscam ostendit, et utrinque series duas longitudinales longas punctorum nigrorum, quorum anteriora utrinque apud fasciam illam locum tenent, insequentia vero lineis transversis nigricantibus obsoletis bina unita sunt. Pube subfusca vestitum est dorsum et præterea pube alba munitum, quæ series duas longitudinales punctorum alborum (punctis illis nigris fundi respondentium) format: postice in dorso hæc puncta majora evadunt, utrinque maculas paucas inter se confluentes formantia, quæ **V** album inæquale postice apertum supra anum designant. Etiam in lineis illis transversis nigricantibus fundi, inter series punctorum alborum, transversim paullo albo-striatum vel -maculatum videtur dorsum abdominis. Latera ejus albicanti-variata sunt, venter pube cinereo-alba tectus. *Mamillæ* fuscæ vel testaceo-fuscæ.

Mas.—Mas feminæ simillimus est, præter forma palporum præsertim mamillis superioribus et inferioribus æque longis ab ea differens. *Cephalothorax* tibiam cum dimidia patella 4^i paris longitudine circiter æquat. Faciei altitudo mandibularum longitudinem pæne æquat; clypeus paullo altior quam in femina videtur. *Oculi* ut in illa diximus sunt; *mandibulæ* in dorso parum convexæ, pæne duplo et dimidio longiores quam latiores, femoribus anticis multo angustiores. *Palpi* mediocres, clava femore antico paullo angustiore. Pars patellaris cylindrata pæne dimidio longior est quam latior; pars tibialis parte patellari non parum longior, basi vero angustior, a basi ad apicem sensim paullo dilatata et apice ea paullo latior, saltem dimidio longior quam latior; pars tarsalis partes duas priores conjunctas longitudine æquat, apice partis tibialis pæne duplo latior, paullo plus duplo longior quam latior, sublanceolata, basi utrinque rotundata sed præterea lateribus pæne rectis (versus apicem paullulo sinuatis) sensim angustata, apice subobtuso. Bulbus humilis subter in medio, magis extra, dentem paullo incurvum deorsum et intus directum ostendit. *Pedes* 4^i paris cephalothorace 4plo longiores sunt. Tibiæ et metatarsi anteriores subter 2. 2. 2., antice et postice 1. 1. aculeos habent, præter 4 apicales metatarsorum. *Mamillæ* inferiores eadem longitudine et crassitie sunt ac mamillæ superiores, art. 2° ut in iis vix vel non exserto.

Color maris idem ac feminæ, *palpis* exceptis, quorum partes femoralis et patellaris quidem testaceo-fuscæ et sat dense albo-pubescentes sunt (pars femoralis interdum subter nigra), partes vero tibialis et tarsalis (apice hujus pallidiore excepto) atræ, illa præsertim pilis longis densis atris vel nigris vestita. Pubescentia alba saltem interdum lineolam longitudinalem in area oculorum posteriorum format.

♀.—Lg. corp. $14\frac{1}{2}$; lg. cephaloth. $5\frac{1}{4}$, lat. ej. $4\frac{1}{4}$, lat. clyp. $2\frac{1}{3}$; lg. abd. $4\frac{2}{3}$, lat. ej. paullo plus 3 millim. Ped. I 14. II 14, III $14\frac{1}{4}$, IV $20\frac{1}{4}$: pat.+tib. IV $6\frac{1}{6}$, metat. IV $5\frac{1}{3}$ millim.

♂.—Lg. corp. 8; lg. cephaloth. $4\frac{1}{2}$, lat. ej. $3\frac{1}{3}$, lat. clyp. circa $1\frac{2}{3}$;

lg. abd. 4, lat. ej. paullo plus $2\frac{1}{4}$ millim. Ped. I $13\frac{1}{2}$, II $13\frac{1}{4}$. III 13, IV 18; pat.+tib. IV pæne $5\frac{1}{2}$, metat. IV 5 millim.

Exempla sat multa ad Rangoon et pauca ad Tharrawaddy collegit Cel. Oates, inter ea mascula nonnulla adulta.—*Femina* hujus speciei ad genus *Piratam* referri posset, quum mamillas superiores sat breves quidem sed inferioribus mamillis multo longiores habeat: *mas* tamen hac in re a femina adeo differt, ut a *Lycosa* (Latr.), Sund., removeri nequeat!

Folliculus ovorum cinerascens est, modo paulo deplanatus, diametro maxima 6-7 millim.; in uno circa 140 embrya inveni.

*194. Lycosa pusiola, Thor.

Lycosa pusiola, *Thor. K. Svenska Vet.-Akad. Handl.* xxiv. no. 2, p. 65 (1891); *id. Ann. Mus. Genova,* xxxi. p. 157 (1892).

Feminas paucas hujus speciei, ad magnitudinem valde variantis, ad Tharrawaddy collegit Oates.

**195. Lycosa tenasserimensis, sp. n.

Cephalothorace tibia cum patella 4^i paris paullo breviore, fusco vel nigro, fasciis tribus longitudinalibus pallidis notato, quarum laterales et, posterius, media quoque dense albo-pubescentes sunt: fascia media in medio, ubi sulco centrali est geminata, sat lata et in marginibus inæquali vel denticulata, postice satis angusta, in parte cephalica vero fortius dilatata et in tres ramos divisa, fasciis lateralibus latis, marginalibus, et posterius maculis binis obscuris notatis; sterno pallido; pedibus in fundo plus minus late vel obscure testaceis, in mare pæne unicoloribus, in femina dense et inæqualiter nigro-annulatis, pube alba præterea in utroque sexu annulos abruptos vel maculas supra in pedibus formante; abdomine superius in fundo fusco vel nigro, antice in dorso fascia subhastata rufescenti- vel fusco-testacea, nigro-marginata et fasciis duabus inæqualibus crassis testaceis e maculis ternis conflatis inclusa ornato, pone eam vero serie longitudinali macularum magnarum testacearum circa 4 gradatim magnitudine decrescentium, quarum anteriores transversæ sunt et in medio abruptæ vel postice emarginatæ; pube alba maculas inæquales ad latera fasciæ subhastatæ dorsi et utrinque posterius in eo formante, et in medio posterius seriem vittarum parvarum transversarum macularumve; ventre pallido; palpis maris testaceis, parte tarsali excepta, quæ nigra et pube appressa sericea cinerascenti vestita est, parte tibiali vix longiore quam latiore apice, pallido-pilosa; vulva ex fovea magna constante, quæ septum longitudinale postice abbreviatum (non dilatatum), sulco longitudinali præditum continet.—♂ ♀ ad. Long. ♂ circa 7, ♀ $6-7\frac{1}{2}$ millim.

Mas.—*Cephalothorax* tibia cum patella 4^i paris paullulo brevior est, circa $\frac{1}{4}$ longior quam latior, formâ ordinariâ, utrinque anterius vix sinuatus sed lateribus antice rectis anteriora versus sensim modice angustatus. Facies fere quadrata est, lateribus pæne directis et inferius leviter convexis: æque alta est ac lata supra, parum

latior infra quam supra, ubi (inter oculos posticos) leviter convexa
est. Latitudo clypei dimidiam partis thoracicæ latitudinem non
æquat; altitudo ejus duplam oculorum mediorum anticorum diametrum æquat. *Oculorum* series antica serie media multo, pæne
diametro oculi hujus seriei, brevior est, modice deorsum curvata;
oculi medii antici lateralibus anticis saltem dimidio majores sunt,
inter se spatio, quod eorum diametrum æquat, separati, a lateralibus
spatiis duplo minoribus remoti. Ab oculis seriei mediæ spatiis
diametrum suam saltem æquantibus sejuncti sunt. Oculi seriei mediæ
valde magni, spatio diametrum suam æquante separati; ab oculis
seriei 3ⁱ°, quibus circa dimidio majores sunt, spatiis non parum
majoribus sunt sejuncti. Area oculorum posteriorum vix longior
est quam latior antice, circa diametro oculi seriei 3ⁱ° latior postice
quam antice.

Mandibulæ circa 2¼ longiores quam latiores, femoribus anticis vix
angustiores; sulcus unguicularis dentibus fortibus 3 postice armatus
est, antice quoque 3 dentibus, quorum medius reliquis duobus sat
parvis major est. *Palpi* mediocres, clava femoribus anticis parum
latiore. Pars patellaris saltem dimidio longior quam latior est, pars
tibialis eâ paullo brevior sed, apice, paullulo latior, a basi ad apicem
sensim paullo dilatata, apice æque lata ac longa, in lateribus modice
(non valde dense) pilosa. Pars tarsalis prioribus duabus conjunctis
non parum, circa quarta parte, longior est, lanceolato-ovata, partis
tibialis apice pæne duplo latior, circa duplo longior quam latior.
Bulbus genitalis minus altus; a latere visus subter parum convexus
et basi oblique truncatus est, pone medium incisura angusta præditus, cujus in margine posteriore, magis intus, procursus brevis
sat gracilis apice obtusus vel dilatatus, deorsum et anteriora versus
directus conspicitur: paullo ante eum, in incisura, dentem parvum
video quoque. Pone incisuram niger est bulbus, ante eam subferru-
gineus et æqualis. *Pedes* mediocres, ut in affinibus, e. gr. *L. thalassia*,
Thor.*, cui ad picturam fundi cephalothoracis et abdominis sat
similis est hæc species, aculeati: 4ᵢ paris pedes cephalothorace pæne
4plo longiores sunt, metatarsi hujus paris tibiam cum patella
longitudine æquant.

Color.—*Cephalothorax* in fundo nigro-fuscus est, summo margine
laterali et, ad maximam partem, area oculorum nigris; fasciis tribus
longitudinalibus pallidis est ornatus, quarum media, pæne ad marginem posticum pertinens, in medio—ubi sulco ordinario centrali
geminatur—sat lata est, marginibus plus minus inæqualibus vel
subdenticulatis, posterius vero angustior, tibias anticas hic latitudine
circiter æquans; ante sulcum centralem primum (brevissimo spatio)
denuo angustata est, sed tum, in parte cephalica, cito et fortiter
rotundato-dilatata et in tres ramos divisa, quorum medius sensim
angustatus in aream oculorum posteriorum pertinet: hæc pars
fasciæ dilatata etiam lineolis duabus brevibus crassis parallelis fuscis
notata dici potest. Fasciæ laterales latæ, immo latissimæ sunt,

---

* K. Svenska Vet.-Akad. Handl. xxiv. no. 2, p. 65 (1891).

marginales, usque in clypeum continuatæ. in margine superiore
paullo inæquales, posterius, prope marginem inferiorem, maculis
binis fuscis notatæ. Fascia media antice subtestaceo-, postice albo-
pubescens est, fasciæ laterales dense albo-pubescentes ; area inter
oculos subtestaceo-pubescens antice albo-pubescens ea quoque est.
Clypeus pallidus in medio utrinque maculam vel umbram nigricantem habere videtur. Sternum cum coxis, maxillis et labio luteo-
testaceum ; mandibula fuscæ vel testaceo-fuscæ. Palpi testacei,
parte tibiali paullo obscuriore, parte tarsali nigra : pube alba ut
videtur minus densa muniti sunt, parte tibiali pallido- (non dense
nigro-) pilosa, parte tarsali pube longiore tenui sericea appressa
cinerascenti vestita. Pedes clarius vel obscurius testacei, unicolores
vel modo in femoribus vestigiis annulorum nigricantium præditi ;
pube tenui nigra vestiti sunt ut et pube alba, quæ vittas striasve
transversas et maculas inæquales supra in pedibus format, ita ut
hi inæqualiter albo-annulati videantur. Abdomen in fundo supra
nigrum vel nigro-fuscum et plus minus pallido-variatum est, hac
pictura distinctissima : antice fasciam longitudinalem a basi ad
medium dorsi pertinentem, subhastatam, rufescenti- vel fusco-
testaceam, inæqualiter et angusto nigro-marginatam ostendit, quæ
utrinque fascia inæquali pallide testacea, e maculis tribus sat
magnis conflata limitatur ; tum sequitur series media macularum
testacearum versus anum gradatim et cito decrescentium circa 4,
quarum saltem anteriores magnæ, transversæ et subrecurvæ sunt
et in medio abruptæ vel, postice, incisæ. Latera abdominis pallida
plus minus nigro- vel fusco-variata sunt. Venter testaceus vel
flavens. Supra abdomen ad maximam partem pube testaceo-fusca
est vestitum et maculis sat parvis albis e pube alba formatis sparsum :
utrinque apud fasciam illam subhastatam dorsi maculas duas vel tres
ejusmodi albas ostendit, pone eam vero seriem mediam longitudinalem vittarum brevissimarum transversarum macularumve albarum,
inter maculas illas fundi positarum, et utrinque seriem macularum
paucarum parvarum albarum, quæ duæ series versus anum inter se
appropinquant. Etiam in lateribus albo-maculatum et variatum
est abdomen. Venter pube albicanti minus dense restitus. Mamillæ
pallide testaceæ.

Femina a mare notis solitis differt (conf. mensuras), saltem interdum eo obscurior, et præterea pedibus dense nigro-annulatis ab
eo diversa ; ceterum ei et ad formam et ad colorem simillima.
Mandibulæ femoribus anticis paullo angustiores sunt ; palporum
pars patellaris dimidio longior est quam latior, pars tibialis duplo
longior quam latior. Area vulvæ ferrugineo-fusca fovea magna, in
lateribus antice fortiter rotundata, breviter ovata fere, saltem
postice aperta occupatur, quæ limbo corneo lato utrinque includitur;
anterius in hac fovea septum longitudinale lateribus parallelis et
sulco longitudinali præditum conspicitur, quod postice abbreviatum
est, antice vero paullulo ante marginem anticum foveæ pertinere
videtur. Structura feminæ præterea eadem ac maris.

Color quoque ejus, ut dixi, pæne plane est ut in mare ; cephalothorax in fundo inter fascias magis niger est, sternum cum coxis

B

luteum, *mandibulæ* nigro-fuscæ vel nigræ. *Palpi* nigro-annulati et macula una alterave· alba e pube formata prædíti; *pedes* obscure fusco-testacei vel clariores, sed ita dense et valdo inæqualiter nigro-annulati, ut nigri et pallido-annulati appellari possint: annuli nigri in femoribus 4 sunt, 3 in tibiis et metatarsis, 1 in patellis. Præterea annulis abruptis et maculis albis e pube formatis ut in mare supra ornati sunt pedes. *Abdómen* plane ut in mare diximus, modo in fundo supra (saltem interdum) obscurius.

♂.—Lg. corp. 7¼ ; lg. cephaloth. 4, lat. ej. 3, lat. clyp. circa 1⅛ ; lg. abd. pæne 4, lat. ej. 2 millim. Ped. I 11¾, II 11, III 10½, IV 15 ; pat.+tib. IV et metat. IV 4⅓ millim.

♀.—Lg. corp. 7½ ; lg. cephaloth. 3½, lat. ej. 2½, lat. clyp. pæne 1¾ ; lg. abd. 4, lat. ej. 2½ millim. Ped. I 9¼, II 9, III 8¾, IV 13¼ ; pat.+tib. IV 4, metat. IV 3¾ millim.

Exempla pauca in Tenasserim meridionali collecta sunt.

196. Lycosa birmanica (Sim.).

Pardosa birmanica, *Sim. Ann. Mus. Genova*, xx. p. 333 (1884) (= ♀).
Lycosa ipnochoera, *Thor. ibid.* xxx. (ser. 2ᵃ, x.) p. 138 (1890) ; *id. ibid.* xxxi. (ser. 2ᵃ, xi.) p. 176 (1892) (= ♀).

Cephalothorace in femina sed non in mare paullo breviore quam tibia cum patella 4ⁱ paris, in fundo nigro, plaga media fere stelliformi pallidiore notato, pube cinerascenti vestito; sterno nigro ; pedibus obscure testaceis, dense nigro-annulatis ; abdomine supra in fundo nigro, ordinibus duobus longitudinalibus subincurvis macularum inæqualium pallidarum, quæ spatium sublanceolatum vel ovatum definiunt, antice in dorso ornato, et pone eas serie longitudinali macularum vittarumque transversarum inæqualium pallidarum ; area vulvæ fornicata, postice truncata, angulis posticis dentes duos fortes retro directos formantibus, et ad ipsum marginem posticum fovea parva prædita, quæ septo longitudinali persecta est ; palpis maris in medio late flavis et albo-pubescentibus, præterea nigris.— ♂ ♀ ad. Long. 5½-7 millim.

Mas.—Mari *L. vagulæ*, Thor. *, hic mas simillimus est, sed paullo minor, sterno et clypeo nigris, bulbo genitali alio modo formato, cet., distinguendus. *Cephalothorax* saltem ¼ longior quam latior est, paullo longior quam tibia cum patella 4ⁱ paris, anterius utrinque non sinuatus, lateribus partis cephalicæ parum rotundatis anteriora versus sat fortiter angustatus, fronte rotundato-truncata, clypeo dimidiam partem thoracicam latitudine non æquante. Modice altus est cephalothorax, dorso ante declivitatem posticam pæne recto et librato, modo inter oculos posticos paullo proclivi et levissime convexo. Facies directa, a fronte visa saltem æque alta ac lata, non latior infra quam supra, ubi (inter oculos posticos) levissime convexa est, lateribus directis, immo paullulo reclinatis. Area *oculorum* paullo longior quam latior est ; series eorum antica evidentissime brevior est quam series media et modo leviter deorsum curvata.

* Ann. Mus. Genova, xxx. p. 137 (1890); op. cit. xxxi. p. 169 (1892).

Oculi medii hujus seriei lateralibus circa dimidio majores sunt et spatio circa duplo majore inter se quam ab iis remoti. Spatium inter marginem clypei rerum et oculos medios anticos horum diametro pæue duplo majus est (diametrum oculi seriei mediæ fere æquans), et paullo majus quam spatia, quibus hi oculi ab oculis seriei mediæ distant. Trapezium oculorum posteriorum circa dupla oculi postici diametro latior est postice quam antice, et circa æque longum ac latum antice. Spatium inter oculos seriei mediæ eorum diametro non parum, pæue dimidio, majus est; ab oculis posticis, qui iis circa dimidio sunt majores, spatiis etiam paullo majoribus separantur.

Mandibulæ paullo reclinatæ, circa duplo et dimidio longiores quam latiores, femoribus anticis non parum angustiores, apicem versus sensim paullo angustatæ, altitudinem faciei longitudine paullo superantes, in dorso ad longitudinem modo leviter convexæ: sulcus unguicularis antice 2, postice 3 dentibus armatus est. *Palpi* mediocres, clava femora antica latitudine æquante. Pars patellaris paullo longior est quam latior, pars tibialis ea paullo longior, circa dimidio longior quam latior, desuper visa cylindrata; pars tarsalis priores duas conjunctas longitudine æquat, parte tibiali duplo latior, in apicem sat longum et angustum exiens, præterea desuper visa breviter ovata et utrinque, præsertim extra, sat fortiter rotundata. Bulbus mediocris, modice altus; a latere exteriore visus anterius quattuor procursus sat parvos densos ostendit, quorum apici bulbi proximus brevissimus et pallidus est et subconicus videtur, proxime sequens sive secundus gracilis, piceus et in formam unci incurvus; tertius, magis retro directus, obtusus et pallidus est, quartus acuminatus et pallidus, apice versus apicem prioris vergente. *Pedes* sat graciles, non longi; pedes 4' paris cephalothorace circa 3¼ longiores sunt. Ut in affinibus aculeati sunt pedes: aculei subter in tibiis et metatarsis anterioribus præsertim longi et graciles sunt. *Abdomen* inverso ovatum. *Mamillæ* breves, superiores et inferiores pæne eadem longitudine.

Color.—*Cephalothorax* in fundo niger vel nigro-fuscus est, parte cephalica tota nigra, dorso partis thoracicæ plaga magna pallidiore, paullo longiore quam latiore, sulco ordinario centrali nigro posterius geminata, in lateribus plus minus evidenter ter incisa notato: interdum vestigia fasciæ supramarginalis pallidioris in maculas divulsæ utrinque ostendit. cephalothorax; pube subolivacea, in dorso magis cinerascenti, vestitus fuisse videtur. *Sternum* nigrum, albido-pilosum. *Mandibulæ* nigræ, nigro-pilosæ; *maxillæ* et *labium* paullo clariora. *Palpi* testacei, parte femorali, apice testaceo excepto, et parte tarsali, apice clariore plerumque excepto, nigris: portiones testaceæ cum basi partis tarsalis (satis anguste) dense albo-pilosæ sunt, portiones nigræ vero præterea nigro-pilosæ. *Pedes* obscure testacei, dense nigro-annulati; femora 3 annulos nigros habent, tibiæ et metatarsi (quorum annuli tamen minus expressi sunt) binos annulos nigricantes. Annuli femorum 1' paris interdum inter se confluunt, ita ut hæc femora presertim subter nigra evadant. Etiam patellæ annulum nigrum ostendunt, vix vero tarsi. Pube cinerascenti præsertim in locis pallidis vestiti sunt pedes, præterea nigro-pilosi et pubescentes. *Abdomen* in fundo nigrum est, hac pictura: in dorso antice, utrinque, seriem longitudinalem macularum inæqualium 4 lutearum vel testacearum ostendit, quæ spatium anguste ovatum vel sublanceolatum, ad medium dorsi pertinentem, limitant; pone eas sequitur series media vittarum transversarum ejusdem coloris plus minus evidenter abruptarum, fere ad anum pertinens. Totum dorsum pube crassa olivacea et cinerascenti tectum et variatum fuisse videtur. Venter sordide testaceus, vel nigricans et utrinque subtestaceus, albicanti-pilosus. *Mamillæ* testaceo-fuscæ.

Femina.—Descriptio *L. ipnochoeræ* nostræ, loc. cit., in feminas, quæ *L. birmanicæ* Cel. Simonis haud dubie sunt, plane cadit, his paucis, vix magni momenti, exceptis. Clypeus paullo altior videtur: spatium inter oculos medios anticos et marginem clypei duplam horum oculorum diametrum pæne æquat. Oculi medii antici, spatio eorum diametrum æquante separati, duplo longius inter se quam a lateralibus anticis distant. Trapezium oculorum posteriorum dupla oculi postici diametro latior postice quam antice videtur. Mandibulæ altitudinem faciei longitudine paullo superant. *Vulva* plane ut in *L. ipnochoera* diximus est.

Color quoque fere ut in ea; *cephalothorax*, pube crassiore cinerascenti, postice magis albicanti, vestitus et paullo variatus, in fundo est niger; plagam magnam dorsualem utrinque profunde ter incisam pallidiorem ostendit, et utrinque vestigia fasciæ supramarginalis pallidioris in maculas abruptæ, clypeo quoque pallido. *Sternum* nigrum; *mandibulæ* fuscæ, *maxillæ* testaceæ, basi cum *labio* nigro-fuscæ. *Palpi* sublutei, parum nigro-maculati. *Pedes* olivaceo-testacei, dense nigro-annulati. *Abdomen* (quod in exemplo *L. ipnochoeræ* a me descripto corrugatum erat, pictura non bene expressa) in fundo superius nigrum est, pictura fere ut in *mare*; in spatio vero inter series illas duas macularum pallidarum (ad magnitudinem valde inæqualium) antice in dorso sitas fascia longitudinalis angusta postice abbreviata fusca conspicitur, et maculæ fasciæque transversæ pallidæ, quæ pone eam seriem longitudinalem formant, valde inæquales sunt. Pube densa sat crassa cinerascenti (et albicanti?) vestitum et subvariatum fuisse videtur dorsum abdominis. Latera ejus inferius et venter cinerascentia sunt, albicanti-pubescentia; *mamillæ* luteo-testaceæ.

♂.—Lg. corp. $5\frac{1}{6}$; lg. cephaloth. 3, lat. ej. circa $2\frac{1}{3}$, lat. clyp. paullo plus 1; lg. abd. $2\frac{2}{3}$, lat. ej. $1\frac{4}{5}$ millim. Ped. I $7\frac{1}{2}$, II $7\frac{1}{3}$, III circa $7\frac{1}{3}$, IV 10; pat. +tib. IV paullo plus 3, metat. IV paullo plus 3 millim.

♀.—Lg. corp. 7; lg. cephaloth. parum plus 3, lat. ej. $2\frac{1}{3}$, lat. clyp. circa $1\frac{1}{6}$; lg. abd. $4\frac{1}{6}$, lat. ej. pæne $2\frac{1}{2}$ millim. Ped. I $8\frac{1}{2}$, II paullo plus 8, III 8, IV $11\frac{3}{4}$; pat.+tib. IV $3\frac{1}{2}$, metat. IV $3\frac{1}{2}$ millim.

Mares duos adultos et feminas duas pullas ad Tharrawaddy collegit Oates; feminam adultam ad Rangoon cepit. Cel. Workman marem et feminam adultam hujus speciei in Java invenit; "*L. ipnochoera*" in Sumatra capta est.

**197. Lycosa ludia, sp. n.

Cephalothorace paullo breviore quam tibia cum patella 4^i paris, nigricanti, plaga media fere stelliformi pallidiore et, saltem in femina, fasciis duabus lateralibus angustioribus pone marginalibus pallidis notato, pube cinerascenti saltem ad partem vestito ; sterno testaceo, unicolore ; pedibus olivaceo-testaceis, saltem in femina dense nigro-annulatis ; abdomine superius in fundo nigricanti, fascia longitudinali abbreviata sublanceolata pallidiore antice, et, saltem in femina, maculis parvis pallidis 2–3 utrinque apud eam et vittis transversis inæqualibus pallidis pone eam notato, pube alba in interstitiis inter has vittas lineas abruptas formante ; vulva ex area sat parva sub-transversa antice rotundata constante, quæ postice tubercula duo picea in suam quodque foveam excavata ostendit ; palpis maris obscure testaceis, clava nigricanti, pube et pilis nigricantibus vestitis.—
♂ ♀ ad. *Long.* 4½–5 *millim.*

Femina.—Præcedentis, *L. birmanicæ*, feminæ hæc ad colorem cephalothoracis simillima est, sed statura minore, sterno pallido, cet., ab ea differens. *Cephalothorax* circa ¼ longior est quam latior, tibiam cum dimidia patella 4^i paris longitudine fere æquans, utrinque anterius modo leviter sinuatus, parte cephalica lateribus parum rotundatis anteriora versus sensim non parum angustata, fronte rotundato-truncata, clypeo dimidiam partem thoracicam latitudine circiter æquante. Modice altus est cephalothorax, dorso a latere viso ante declivitatem posticam recto et paullulo assurgente, ante oculos posticos vero paullo declivi sed parum convexo. Facies a fronte visa æque alta ac lata est, non latior infra quam supra, ubi levissime convexa est, lateribus pæne directis et, inferius, paullo convexis ; altitudo faciei longitudinem mandibularum æquat. Series *oculorum* antica leviter deorsum curvata est, et multo, pæne oculi maximi (seriei mediæ) diametro, brevior quam series media. Oculi medii antici lateralibus anticis pæne duplo majores sunt et spatio diametro sua vix vel parum minore separati : a lateralibus anticis spatiis circa duplo minoribus sunt remoti, quam quo inter se distant. A margine clypei spatio separati sunt, quod eorum diametro circa dimidio majus videtur et diametro oculi maximi multo minus est. Spatia, quibus ab oculis seriei mediæ distant oculi medii antici, vix horum diametrum æquant. Oculi seriei mediæ valde magni sunt et spatio disjuncti, quod eorum diametrum æquat ; ab oculis posticis, quibus circa dimidio majores sunt, non parum longius quam inter se distant. Trapezium, quod formant oculi posteriores, saltem æque longum est ac latum antice, et pæne dupla oculi postici diametro latior postice quam antice. *Mandibulæ* patellis anticis circa ¼ longiores, femoribus anticis non parum angustiores, circa 2¼ longiores quam latiores, in dorso ad longitudinem non multo convexæ. *Pedes* sat graciles, ut in affinibus, e. gr. *L. birmanica*, aculeati ; 4^i paris cephalothorace circa 4plo longiores sunt. *Abdomen* forma est ordinaria. *Vulva* ex area parva transversa subovata (vix cornea) paullo infuscata, antice fortius, postice parum rotundata constat, quæ postice tubercula duo picea in suam quodque foveam rotundatam postice apertam excavata ostendit. *Mamillæ* superiores inferioribus parum longiores.

Color.—*Cephalothorax* in fundo nigro-fuscus est, area oculorum et clypeo (saltem in medio) nigris; plaga pallidiore maxima oblonga utrinque bis vel ter incisa, fere stelliformi igitur, est notatus, cujus apex anticus in aream oculorum posticorum pertinet, posticus vero usque ad marginem cephalothoracis posticum, et quæ sulco centrali nigro sat tenui in parte thoracica (ante declivitatem posticam) geminata est; præterea fascia laterali inæquali satis angusta pallidiore in lateribus et postice, prope marginem nigrum, cincta est pars thoracica. Pube cinerascenti saltem versus latera vestitus est cephalothorax, pube areæ oculorum et clypei magis testaceo- vel ferrugineo-fusca. *Sternum, maxillæ* et *labium* testacea, albicanti-pilosa. *Mandibulæ* fuscæ, subtestaceo- et paullo nigro-pilosæ. *Palpi* olivaceo-testacei, paullo nigricanti-maculati. *Pedes* ejusdem coloris, saltem posteriores evidenter nigro-annulati: annulis 3–4 in femoribus, 2–3 in tibiis, 3 in metatarsis. *Abdomen* in fundo superius nigricans est, fascia longitudinali abbreviata satis angusta testaceo-fusca nigro-marginata antice signatum, apud quam utrinque maculæ duæ parvæ ejusdem coloris conspiciuntur: præterea, posterius, maculis et vittis transversis testaceo-fuscis inæqualibus secundum longitudinem est notatum. Pube cinerascenti- vel olivaceo-fusca vestitum est, ut et pube alba, quæ vittas transversas plus minus abruptas in interstitiis inter vittas fundi pallidas formare videntur. Venter pallidus pube alba vestitus est; in fundo ejus lineas duas breves parallelas nigricantes video, a tuberculis vulvæ retro ductas. *Mamillæ* subtestaceæ.

Mas ad formam, præter palpis, *cephalothorace* paullo breviore præsertim a femina differt; *pedes* ejus parum longiores quam in ea sunt. *Oculi* ut in femina diximus; clypeus fortasse paullo altior quam in ea. *Palpi* longitudine mediocri, robusti; pars patellaris pæne dimidio longior est quam latior, pars tibialis ea non parum longior et paullo crassior, a basi ad apicem sensim levissime incrassata, dimidio longior quam latior; pars tarsalis prioribus duabus conjunctis evidentissime brevior est, parte tibiali non multo (vix dimidio) latior, ovato-lanceolata, in lateribus modice rotundata et in apicem subobtusum, reliqua parte tarsali saltem duplo breviorem sensim transiens. Bulbus niger modice altus est, a latere visus subter pæne æqualiter convexus; pars ejus posterior tamen certo modo visa dentem fortem anteriora versus directum formare videtur, et paullo ante apicem hujus dentis, in medio, dentem vel procursum parvum gracilem deorsum directum ostendit bulbus, si a latere interiore inspicitur.

Color maris non multum a feminæ colore differt. *Cephalothorax* in fundo magis niger est, fasciis lateralibus pallidioribus obsoletis, plaga dorsuali vero distincta eademque forma atque in altero sexu. *Mandibulæ* quoque obscuriores sunt quam in femina, *sternum* vero ut in ea testaceum. *Palpi* obscure olivaceo-testacei, clava nigra, apice partis tarsalis pallidiore excepto; pube subfuliginea et pilis nigris· vestiti sunt. *Pedes* olivaceo-testacei, vestigiis annal_rum nigricantium vix ullis. *Abdomen*, in fundo nigricans, fasciam longitudinalem abbreviatam lanceolatam pallidiorem nigro-marginatam antice in dorso habet, maculas vittasque illas transversas pallidas vero minus distinctas. Venter et *mamillæ* ad colorem ut in femina est dictum.

♀. Lg. corp. 5; lg. cephaloth. 2¾, lat. ej. 2, lat. clyp. circa 1 : lg. abd. 2½, lat. ej. circa 1½ millim. Ped. I et II paullo plus 7½. III saltem 7, IV 11: pat.+tib. IV præne 3½, metat. IV paullo plus 3½ millim.

♂. Lg. corp. 4½ ; lg. cephaloth. 2½, lat. ej. 2, lat. clyp. pæne 1 : lg. abd. 2, lat. ej. circa 1¼ millim. Ped. I 8, II 7½, III paullo plus 7, IV 10½ ; pat.+tib. IV 3, metat. IV 3¼ millim.

Exemplum singulum utriusque sexus ad Tharrawaddy cepit Oates. Femina ova nuper deposuerat ; mas valde detritus est.

Fam. OXYOPOIDÆ.

PEUCETIA, Thor., 1869.

198. Peucetia procera, Thor.

Peucetia procera, *Thor. Ann. Mus. Genova*, xxv. p. 321 (1887):

Feminam unam adultam et tres juniores ad Rangoon collectas examinavi.

OXYOPES (Latr.), 1804.

199. Oxyopes javanus, Thor.

†Oxyopes lineatipes, *Sim. Bull. Soc. Zool. France*, x. (1885) p. 441. Oxyopes javanus, *Thor. Ann. Mus. Genova*, xxv. p. 329 (1887) ; *id. op. cit.* xxx. p. 140 (1890) ; *id. op. cit.* xxxi. p. 195 (1892).

Exempla multissima utriusque sexus ad Tharrawaddy collegit Col. Oates, præter feminas duas ad Rangoon unamque ad Tonghoo, maresque duos in Tenasserim meridionali. Nonnunquam, ut in exemplis ex Rangoon, tuberculum forte nitidissimum nigrum, quod in medio format callus vulvæ, non retro sed *deorsum* directum est : hoc tuberculum ab ano inspectum tum in medio pellucens vel pallidum est, sulco apicis transverso non vel parum expresso. Nihil nisi varietatem *O. javani* hanc formam credo. Conf. quæ de feminis hujus speciei in ins. Nicobarium captis dixi *.

*200. Oxyopes lineatipes (C. L. Koch).

Sphasus lineatipes, *C. L. Koch, Die Arachn.* xv. p. 55, Taf. dxviii. fig. 1455 (1848).
Oxyopes lineatipes, *Thor. Ann. Mus. Genova*, xxx. p. 39 (1890) ; *id. K. Svenska Vet.-Akad. Handl.* xxiv. no. 2, p. 71 (1891) ; *id. Ann. Mus. Genova*, xxxi. p. 190 (1892) ; *Th. et M. E. Workman, Malaysian Spiders*, part 1, p. 1, pl. i. figg. *a-f* (1892).

---

* K. Svenska Vet.-Akad. Handl. xxiv. no. 2, p. 71 (1891).

Marem adultum parvum (pæne 6 millim. longum), ad Tharrawaddy captum, ab *O. linealipede* (C. L. Koch), Thor., distinguere
non possum.

201. Oxyopes birmanicus, Thor.

Oxyopes birmanicus, *Thor. Ann. Mus. Genova*, xxv. p. 325 (1887);
id. op. cit. xxx. p. 38 (1890).

Magnam vim exemplorum ad Tharrawaddy collectorum examinavi.

**202. Oxyopes lagarus, sp. n.

*Cephalothorace tibiam 4ⁱ paris longitudine æquante, in fundo luteo-
testaceo, interdum fasciis duabus longitudinalibus marginalibus latis
nigris aliaque dorsuali geminata nigricanti notato; clypeo fasciis
duabus nigris ab oculis anticis versus apicem mandibularum ductis
signato; pedibus testaceis, nigro-lineatis et paullo nigro-maculatis,
tibiis 4ⁱ paris apice nigris, metatarsis hujus paris basi et apice anguste nigris; abdomine longo, in fundo subtestaceo, fascia sensim
angustata subferruginea et fasciis duabus albicantibus inclusa secundum totum dorsum extensa ornato, lateribus supra lineis binis longis
parallelis nigris, infra vero umbra longitudinali plus minus æquali
nigra notatis, ventre fascia longitudinali lata ejusdem coloris; vulva
ex fovea magna transversa parum profunda pallida constante, quæ
postice callo parum alto subtransverso nitidissimo rufo-luteo antice
in triangulum brevem producto clausa est.— ♀ ad. Long. circa 11¼
millim.*

Femina.—Cephalothorax forma ordinaria est, æque longus ac tibia
4ⁱ paris, saltem ¼ longior quam latior : clypeus dimidiam partem
thoracicam latitudine parum superat.   Altitudo clypei longitudinem
areæ ab oculis 2ⁱ et 4ⁱ parium formatæ æquat, longitudine mandibularum evidenter minor.   Sulcus ordinarius centralis brevis et tenuis
est.   Oculi 1ⁱ paris spatio sunt sejuncti, quod eorum diametro vix
dimidio (non duplo) majus est, ab oculis 2ⁱ paris spatio diametrum
suam fere æquante separati.   Oculi 2ⁱ paris, qui oculis 4 posterioribus vix dimidio majores sunt, spatio diametro sua vix vel parum
majore sunt sejuncti, hoc spatio longitudine seriei ab oculis 1ⁱ paris
formatæ non parum minore.   Oculi 3ⁱⁱ paris, qui ab oculis 2ⁱ paris
spatiis horum diametro paullo minoribus sunt remoti, ab oculis 4ⁱ
paris spatiis duplam diametrum suam æquantibus separati sunt, inter
se vero spatio paullo minore, diametro oculi circa dimidio majore.
Mandibulæ ad basin femora antica latitudine æquant, fere triplo
longiores quam latiores basi.   *Labium* versus apicem truncatum
paullo, versus basin vero fortius sensim angustatum est.   *Palporum*
pars patellaris dimidio longior est quam latior, pars tibialis triplo
longior quam latior.   *Pedes* valde graciles, mediocri longitudine;
pedes 1ⁱ paris, qui 4ⁱ paris pedibus paullo sunt longiores, cephalothorace fere 4¼ longiores sunt.   Aculeis longis crebris armati sunt
pedes et palpi, ut in affinibus.   *Abdomen* longum et angustum, circa

triplo longius quam latius, sublanceolatum. *Vulva* ex fovea magna transversa parum profunda subtestacea constat, quæ postice callo subtransverso parum alto sed lato, antice in triangulum brevem latum producto est clausa ; hic callus, qui nitidissimus et rufescenti-luteus est, in margine antico utrinque, ad basin trianguli, maculam minutam nigram ostendit.

Color.—*Cephalothorax* (in nostris exemplis plane detritis) in fundo aut luteo-testaceus est totus, aut luteo-testaceus, fascia marginali lata nigra utrinque, vestigiis quoque, secundum medium, fasciæ nigricantis lineâ pallidâ geminatæ ; ab oculis 1[i] paris fasciæ duæ nigræ per clypeum et *mandibulas* luteo-testaceas versus harum apicem ductæ sunt. *Sternum* cum *labio* et *maxillis* luteo-testaceum. *Palpi* testacei, partibus patellari, tibiali et tarsali linea longitudinali nigra supra notatis. *Pedes* quoque testacei, versus basin subter obscuriores ; femora saltem binas lineas longitudinales nigras ostendunt, in posterioribus pedibus minus distinctas ; tibiæ et metatarsi lineam nigram supra habent. Tibiæ præterea basi et apice utrinque macula parva nigra sunt notatæ, tibiæ 4[i] paris vero apice satis anguste nigerrimæ sunt, metatarsi hujus paris (basi et) apice etiam angustius nigri. *Aculei* nigri. *Abdomen*, in fundo subtestaceum, fascia longitudinali sensim angustata subferruginea est ornatum, quæ fasciis duabus albicantibus limitata est et, ut eæ, a basi dorsi usque ad anum pertinet ; latera abdominis superius lineis binis parallelis nigris secundum totam longitudinem abdominis extensis et linea pallida separatis notata sunt, et infra quoque fascia vel umbra longitudinali nigra, quæ ab iis fascia sat lata pallida est separata. *Venter* pallidus secundum medium fascia lata nigra (lineis duabus longitudinalibus pallidis minus distinctis tripartita) a plicatura genitali ad *mamillas* nigras ducta occupatur. Area vulvæ antice et in lateribus lineis nigris rectangulum subtransversum fere formantibus includitur.

Lg. corp. 11½ ; lg. cephaloth. 3½, lat. ej. pæne 2½, lat. clyp. 1¼ ; lg. abd. 8¼, lat. ej. pæne 3 millim. Ped. I 15½, II 14½, III circa 12, IV 15 ; pat. + tib. IV paullo plus 4¼ millim.

Exempla duo feminea detrita, ad Tharrawaddy capta.—An femina *O. gemelli*, Thor.[*] (ex ins. Pinang), est hæc aranea ? Feminæ *O. longinqui* (speciei insequentis) sat similis est, præsertim pedibus brevioribus et forma alia vulvæ ab ea differens, ut species illæ ab *O. lineatipede* multisque aliis lateribus abdominis superius lineis binis longitudinalibus nigris notatis facillime internoscenda.

*263. Oxyopes longinquus, Thor.

Oxyopes longinquus, *Thor. K. Svenska Vet.-Akad. Handl.* xxiv. no. 2, p. 75, not. 1 (1891) (= ♂) ; *id. ibid.* p. 73 (= ♀) ; *id. Ann. Mus. Genova,* xxxi. p. 198 (1892) (= ♂).

Mas, quem locis cit. descripsi, male conservatus est, pedibus 1[i]

---

* K. Svenska Vet.-Akad. Handl. xxiv. no. 2, p. 71 (1891) :—Th. et M. E. Workman, Malaysian Spiders, part 1, p. 2, pl. 2. figg. *a–e* (1892).

paris casu quodam brevioribus quam sunt· pedes 2^l ot 4^i parium, quod ita non in oxemplis integris est :. conf. mensuras, infra. Præterea in eo a descriptione maris illius differunt exempla, quæ nunc sub oculis habeo, quod pars palporum tibialis in iis, desuper visa, vix plus dimidio longior est quam latior, extra, superius, recta, vix basi quasi paullo dilatato-marginata. Ceterum ad formam ut in exemplo jam descripto est hæc pars, a latere visa a basi ad apicem sensim dilatata, et æque fere lata ac longa, latere exteriore ab apice secundum circa $\frac{2}{3}$ longitudinis excavato, hac excavatione paullo altiore quam longiore, postice, ubi a margine elevato nigro deorsum directo et procurvo limitatur, multo minus alta quam antice, ubi totam latitudinem apicis lateris exterioris occupat ; si recte ab hoc latere inspicitur pars tibialis, angulus inferior apicis ejus obliquo truncatus videtur, angulis truncaturæ in duos dentes parvos triangulos, spatio sat magno separatos exeuntibus (interdum modo dens alter distinctus est). Bulbus genitalis subter procursus tres plus minus evidenter ostendit, si a latere inspicitur : unum pallidum, magis versus basin situm, appressum et porrectum, apice gracillimo deorsum curvato ; secundus aculeum sat longum gracilem curvatum deorsum directum assimilat, tertius, non longe ab eo remotus, dentem nigrum deorsum directum formare videtur. *Cephalothorax* luteo-ruber est, pube rubro-ferruginea et squamulis cæruleo-albis (quæ saltem postice fascias longitudinales.formare videntur) vestitus. *Pedes* argenteo-squamulosi subter in femoribus lineam nigram singulam vel duplicem ostendunt ; præterea plus minus evidenter nigro-lineati et -maculati sunt pedes, interdum paullo nigro-annulati. *Abdomen* fasciam sat latam posteriora versus sensim angustatam e squamulis pallide ferrugineis formatam et secundum totum dorsum extensam ostendit, quæ fasciis duabus argenteis inclusa est ; latera abdominis superius fascia nigra occupantur, fascia angustiore argentea geminata ; inferius squamulis cæruleo-argenteis vestita videntur. Venter subargenteus fascia media lata nigra, interdum in duas divisa, notatus est.

Ad descriptionem *feminæ* (loc. cit.)—quæ cephalothorace et abdomine squamulis niveis vestitis insignis est—quod addam, vix habeo.

♂. Lg. corp. $7\frac{1}{2}$; lg. cephaloth: 3, lat. ej. circa $2\frac{1}{2}$, lat. clyp. circa 1 ; lg. abd. $4\frac{1}{4}$, lat. ej. $1\frac{1}{2}$ millim. Ped. I $16\frac{1}{4}$, II 15, III 12, IV 14 ; pat.+tib. IV $4\frac{1}{3}$ millim.

Exempla nonnulla distinctissimæ hujus speciei ad Tharrawaddy sunt collecta. Præter in Birmania, in ins. Nicobarium (et in Java ?) inventa est.

**204. Oxyopes quadri-dentatus, sp. n.

Cephalothorace tibiam ·cum dimidia patella 4^i paris longitudine æquante, cum mandibulis in fundo luteo, lineis duabus nigris ab oculis 1^i paris pene ad apicem mandibularum ductis : pedibus luteotestaceis, femoribus subter linea nigra notatis ; abdomine in fundo cinerascenti (?) et saltem in ventre lineis duabus longitudinalibus nigris signato, præsertim supra et in lateribus squamulis argenteis vestito ;

palpis subluteis, clava nigra, parte tarsali in apicem brevem exeunte, parte tibiali desuper visa paullo, a latere visa multo latiore quam longiore, subter, exterius, ad longitudinem excavata, hac excavatione laminis duabus longitudinalibus fere parallelis limitata, quarum exterior parum alta sive lata est et in margine deorsum directo, anterius, dentibus duobus parvis munita, interior (a latere interiore partis tibialis, in cuneum magnum deorsum directum producto, formata) multo altior, apice late truncata et hic in dentes duos majores exiens. — ♂ ad. *Long. circa* 6¼ *millim.*

Mas.—Maribus *O. longinqui*, Thor., et *O. gemelli*, id., affinis, sed minor, pedibus brevioribus, apice partis tarsalis palporum multo breviore, alia forma partis tibialis, cet., abunde differens.—*Cephalothorax* tibiam cum dimidia patella 4ⁱ paris longitudine æquat, circa ¼ longior quam latior, clypeo dimidiam partem thoracicam latitudine æquante : altitudo clypei longitudinem arceæ oculorum mediorum, sed non longitudinem mandibularum æquat. Area *oculorum* paullo latior quam longior est ; oculi 1ⁱ paris spatio diametrum suam æquante sunt separati ; spatium inter oculos 2ⁱ paris eorum diametro paullo est majus, sed paullo minus quam longitudo seriei ab oculis 1ⁱ paris formatæ.

Mandibulæ fere duplo longiores quam latiores basi, ubi femora antica latitudine saltem æquant. *Palpi* sat breves, non multo graciles, parte femorali tibias anticas latitudine paullo superante, clava crassa femoribus anticis circa dimidio latiore. Desuper visa pars patellaris parum longior est quam latior, pars tibialis ejus longitudine sed paullo latior, quia hoc modo visa in latere exteriore dilatato-marginata et paullo ante medium dente parvo foras directo armata videtur : a latere visa latior quam longior est, deorsum dilatata. Subter enim, magis extra, ad longitudinem excavata est, hac excavatione laminis duabus longitudinalibus parallelis limitata, quarum exterior, foras et deorsum directa, brevior et non multo lata sive alta est, in margine inferiore latissime truncato dentibus duobus parvis anterius munita ; lamina interior major et multo altior est, deorsum et paullulo anteriora versus directa, versus marginem inferiorem sive apicem sensim paullo angustata (cuneiformis igitur), hoc apice late truncato et in dentes duos majores exeunte, posteriore horum dentium fortiore et incurvo : hic dens is est qui, quum desuper inspicitur pars tibialis, in latere ejus exteriore paullo eminet. Pars tarsalis prioribus duabus conjunctis fere duplo longior est, partis tibialis apice saltem duplo latior, vix duplo longior quam latior, in latere interiore leviter, in exteriore latere fortiter rotundata, in apicem brevem, reliqua parte tarsali plus duplo breviorem, exiens. *Pedes* non multo longi, 1ⁱ paris cephalothorace circa 4⅓ longiores. *Abdomen* modice longum, sublanceolatum.

Color.—*Cephalothorax* (in nostro exemplo detrito) in fundo luteus est, lineis duabus tenuibus ab oculis 1ⁱ paris per clypeum pæne ad apicem *mandibularum* luteo-testacearum pertinentibus notatus, lineaque tenui brevi nigricanti utrinque, ab angulis clypei sursum et retro ducta et curvata; inter oculos dense argenteo-squamulosus fuisse vidctur. *Sternum, maxillæ, labium* ct *pedes*—qui nigro-aculcati sunt ct linea longitudinali nigra subtcr in femoribus præditi—luteo-tcstacca. *Palpi* quoque luteo-tcstacei, dentibus cxcavationis partis tibialis ct clava nigris, apice partis tarsalis pallido cxcepto. *Abdomen* in fundo obscure cinerasccns videtur, vestigiis lineæ longitudinalis nigræ in utroque latcre, ct lineis duabus ejusmodi sat longe inter se remotis secundum ventrem ; supra ct in lateribus squamulis argentcis vestitum est, etiam in ventre, scd minus dcnse, subargentco-squamu-losum. *Mamillæ* fusco-tcstaceæ.

Lg. corp. 6¼ ; lg. ccphaloth. pæno 3, lat. cj. parum plus 2, lat. clyp. circa 1 ; lg. abd. 3½, lat. ej. circa 1½ millim. Ped. I 12½, II 11¼, III 8¾, IV 11½ ; pat.+tib. IV pæne 3½ millim.

Marcm singulum, ad Tharrawaddy captum, vidi.

**205. Oxyopes russulus, sp. n.

Cephalothorace tibiam cum patella 4ⁱ paris longitudine æquante, in fundo fusco-rufo, modo maculis ocularibus nigris ; pedibus rufo-lutcis, versus basin paullo clarioribus, versus apicem subinfuscatis, lineis nigris carentibus ; abdomine in fundo supra sordide fusco-lutco, prætercea nigricanti (?) ; palpis testaceis, clava nigra, parte patellari paullo longiore quam latiore, parte tibiali fusca partem patellarem longitudine æquante et ea paullulo latiore, a latere visa apice pro-funde et oblique incisa, portione inferiore procursum fortem anteriora versus et deorsum directum, quasi a basi partis tibialis exeuntem formante, incisura illa callum oblongum anguste triangulum nigrum extra continente, cujus apex sursum directus dentem format ; parte tarsali partis tibialis apice fere triplo latiore, latere interiore fortissime rotundato, exteriore latere pœne recto et in apicem sub-triangulum, reliqua parte tarsali circa triplo breviorem exeunte.—♂ ad. Long. circa 6 millim.

Mas.—*Cephalothorax*, qui tibiam cum patella 4ⁱ paris longitudine circiter æquat, brevis ct altus est, circa ¼ longior quam latior, lateribus amplissime ct in medio posticeque sat fortiter, anterius leviter rotundatis anteriora versus sat fortitcr angustatus, clypeo ct fronte ⅓ partis thoracicæ latitudine circiter æquantibus. Clypeus altus ct valde præruptc proclivis (non dircctus) est ; altitudo ejus longitudinem arcœ ab oculis 2ⁱ et 4ⁱ parium formatæ saltem æquat, longitudine mandibularum tamen cvidcuter minor. Sulcus ccntralis tenuissimus, longus, in foveam minutam postice dcsinens. Area *oculorum* paullulo latior quam longior. Oculi minuti 1ⁱ paris inter se et ab oculis 2ⁱ paris spatiis diametrum suam fere æquantibus sunt sejuncti ; oculi 2ⁱ paris, oculis 4 posterioribus pæne æqualibus non parum (sed non dimidio) majores, spatio sunt separati, quod corum diametrum saltem æquat et parum minus est quam longitudo scriei ab oculis 1ⁱ paris formatæ : ab oculis 3ⁱⁱ paris paullo longius, spatiis diametro sua cvidenter paullo majoribus, remoti sunt. Oculi 3ⁱⁱ paris ctiam paullo longius (spatiis diametro sua saltem duplo majoribus) ab oculis 4¹ paris distant : hi oculi spatio paullo minore, diametro sua pæne duplo majore, inter se quam ab oculis 3¹¹ paris separati sunt. Area ab oculis 2¹ et 4¹ parium occupata rectangula, vix dimidio longior quam latior.

Mandibulæ plus duplo longiores quam latiores basi, ibi femoribus anticis paullo angustiores. *Labium* fere duplo longius quam latius, a medio et versus basin, et apicem truncatum versus sensim angustatum. *Palpi* sat breves, graciles, clava lata, femora antica latitudine paullo superante.: Pars patellaris paullo longior quam latior ; pars tibialis ejus longitudine eaque parum latior, apice oblique truncata, quadrato-trapezoides fere (desuper inspecta) ; a latere visa paullo latior quam longior est, apice oblique, late et ita profunde incisa, ut portio sive ramus ejus inferior procursum fortem rectum obtusum anteriora versus et deorsum directum, fere a basi partis tibialis exeuntem formare videatur ; in et ante hanc incisuram, in latere exteriore partis tibialis, callum vel laminam angustam oblongam deorsum directam video, versus apicem inferiorem truncatum (sive basin) sensim paullo dilatatam, angulo anteriore baseos dentem formante : apex hujus calli superior acuminatus dentem format quoque, qui etiam visibilis est quum desuper inspicitur pars tibialis, tum ad apicem lateris ejus exterioris eminens. Pars tarsalis prioribus duabus conjunctis saltem duplo longior est, partis tibialis apice pæne triplo latior, vix duplo longior quam latior, fortiter convexa, basi non ita late et oblique truncata, latere exteriore parum rotundato et basi angulum rotundatum formante, latere exteriore fortissime rotundato et in marginealbo-ciliato, apud apicem, in quem exit, sinuata, hoc apice subtriangulo, parum longiore quam latiore basi, reliqua parte tarsali circa triplo breviore. Bulbus basi, extra, tuberculum forte foras directum format : subter saltem duos procursus sat fortes deorsum directos ostendit. *Pedes* mediocres, 1¹ paris cephalothorace circa 4plo longiores. *Abdomen* ovato-lanceolatum.

Color.—Cephalothorax in fundo rufo-fuscus est totus, modo maculis ocularibus nigris. *Sternum* flavo-testaceum. *Mandibulæ* luteæ, *maxillæ* et *labium* obscuriora, subfusca. *Palpi* testacei, parte tibiali fusca, clava nigra, apice pallido excepto. *Pedes* rufo-lutei, basi subter paullo pallidiores, versus apicem subinfuscati, aculeis nigris armati. *Abdomen* in fundo supra sordide fusco-luteum est, vestigiis fasciæ abbreviatæ sublanceolatæ obscurioris antice : latera ejus et venter nigricantia sunt—an ita in exemplis illæsis? *Mamillæ* nigricantes.

Lg. corp. 6 ; lg. cephaloth. 2¼, lat. ej. circa 2¼, lat. clyp. fere 1 ; lg. abd. 3½, lat. ej. 1⅓ millim. Ped. I 10, II circa 9, III 7, IV paullo plus 7 ; pat.+tib. IV 2½ millim.

Marem singulum plane detritum et etiam præterea male conservatum vidi, in Tenasserim meridionali captum. Structura palporum hæc species cum *Tapponiis* plerisque convenire videtur, ab iis forma labii, ut et clypeo angusto, differens.

TAPPONIA, Sim., 1885.

206. Tapponia hieroglyphica (Thor.).

Oxyopes hieroglyphicus, Thor. Ann. Mus. Genova, xxv. p. 332 (1887).

Feminas duas adultas ad Tharrawaddy, duas juniores ad Tonghoo, et marem adultum detritum ad Rangoon invenit Cel. Oates. Descriptio *Oxyopis superbi*, Thor.*, ♂, excepto colore cephalothoracis et abdominis, adeo bene in hunc marem cadit, ut in dubium vocari possit, an sit re vera *T*. (*O*.) *superba* species a *T. hieroglyphica* distincta. In exemplo masculo *T. hieroglyphicæ*, quod nunc sub oculis habeo, et quod in fundo colore clariore (subluteo) est quam illud *T. superbæ* loc. cit., a me descriptum, cephalothorax tamen *tibiam 4ᵢ paris longitudine modo æquat*, et pars tibialis. palporum ad structuram fortasse ab hac parte in *T. superba* paullulo differt. Fusco-testacea est pars tarsalis, et apico profundo incisa, portionc sive ramo inferiore breviore et angustiore procursum fortem obtusum anteriora versus et paullo deorsum directum paulloque sursum curvatum formante, ut in *T. superba*, ♂. In latere exteriore hæc incisura callum sat longum pæne rectum nitidum nigrum sursum et paullo anteriora versus directum, margini portionis superioris incisuræ appressum continet, qui versus apicem superiorem, extra, in dentem sat parvum est elevatus : si desuper inspicitur pars tibialis, hic callus formam procursus brevis foras directi et apice late truncati habet, angulo anteriore hujus apicis in dentem parvum anteriora versus directum producto. Bulbus genitalis ad basin marginis exterioris callum longitudinalem fortem latum et pro-tuberantem nigrum, sulco longitudinali quasi geminatum ostendit, qui apice suo postico callo illo partis tibialis pæne adjacet ; sed a latere visus nullum procursum deorsum directum ostendit—num ita semper ? Margo partis tarsalis exterior basi in lobum subtrian-gulum deorsum directum est dilatatus, qui callo illo bulbi anterius arcte adjacet.

207. Tapponia superba (Thor.).

Oxyopes superbus, Thor. Ann. Mus. Genova, xxv. p. 335 (1887).

Marem valde corrugatum, decolorem et detritum, ad Tharrawaddy captum, potius ad hanc formam quam ad *T. hieroglyphicam* (speciem præcedentem) referendum credo, præsertim quum cephalothorax ejus *tibiam cum dimidia patella 4ᵢ paris* longitudine æquet, et color ejus multo obscurior fuisse videatur quam in mare *T. hieroglyphicæ* a me viso. Structura partis tibialis palporum melius cum descriptione loc. cit. maris *T. superbæ* quam cum hac parte in *T. hieroglyphica*, ♂, convenire videtur, saltem quoad formam " calli " vel " laminæ " nigræ in incisura apicis lateris exterioris hujus partis locatæ.

---

* Ann. Mus. Genova, xxv. p. 335.

Bulbus a latere visus duos procursus subter in medio ostendit, alterum (posteriorem) nigrum, alterum pallidum, lamelliformem, apice late truncatum. Conf. tamen quæ de *T. hieroglyphica* supra dixi.

**208. Tapponia severa, sp. n.

Cephalothorace piceo vel clariore, in mare tibiam 4' paris longitudine æquante et pube densa lutea tecto, in femina tibiam cum ⅗ patellæ 4' paris æquante et pube densa albicanti et ferruginea vestito et variato; clypeo dimidiam mandibularum longitudinem altitudine non superante; pedibus testaceo-fuscis vel clarioribus (saltem metatarsis nigro-annulatis), pube virescenti et alba vestitis, 4' paris in mare paullo, in femina vix pedes 3'' paris longitudine superantibus; abdomine lanceolato vel ovato-lanceolato, in fundo supra cinereo-testaceo vel obscuriore, plerumque fascia longitudinali lanceolata abbreviata antice signato, supra in mare pube lutea tecto, sed in femina pube alba, testacea et ferruginea tecto et variato, lateribus nigris vel virentibus maculis 2–3 valde inæqualibus albis, e pube formatis saltem in femina ornatis, ventre secundum medium nigro, fascia alba utrinque; palpis maris brevibus, clava lata, parte tibiali brevi subter in dentem fortem obtusum pallidum anteriora versus et deorsum directum producto, apice lateris exterioris incrassato supra in dentem fortem acuminatum anteriora versus et foras directum elevato; vulva ex fovea transversa subelliptica pallida, antice aperta, postice modo leviter rotundata, diametrum femoris postici latitudine fere æquante formata, ante quam maculæ duæ nigræ sat parvæ conspiciuntur.— ♂ ♀ ad. Long. ♂ 7–7½, ♀ 9–12½ millim.

Mas.—*Cephalothorax* tibiam 4' paris longitudine æquat, circa ¼ longior quam latior, utrinque anterius vix sinuatus, anteriora versus sensim modice angustatus, clypeo dimidiam partem thoracicam latitudine evidenter superante. Modice altus est cephalothorax: altitudo faciei longitudinem mandibularum æquat, sed altitudo clypei hac longitudine saltem duplo minor est. Spatium inter *oculos* 1' paris eorum diametrum æquat, non superat. Oculi 2' paris oculis 3'' paris circa dimidio majores; spatium, quo inter se separati sunt, eorum diametrum æquat, paulluloque majus est quam spatia, quibus ab oculis 3'' paris distant, longitudine serici ab oculis 1' paris formatæ parum minus. Oculi 4' paris vix vel non longius inter se quam ob oculis 3'' paris remoti, spatio diametro sua circa duplo majore separati. Area ab oculis 4 mediis (sive 2' et 4' parium) occupata rectangula est, vix vel non latior antice quam postice, et circa ¼ longior quam latior.

Mandibulæ duplo longiores quam latiores basi, ubi femoribus anticis paullo latiores sunt. Sulcus unguicularis antice duos dentes minutos ostendit: dens marginis posterioris granulo nigro repræsentatur. *Maxillæ* fere triplo longiores quam latiores, in medio, extra, paullo constrictæ (non apicem versus dilatatæ), labio fere dimidio longiores. *Labium* circa dimidio longius quam latius, lateribus pæne parallelis. *Palpi* breves, parte femorali tibias anticas in earum medio crassitie æquante, clava femoribus anticis circa dimidio latiore. Pars patellaris pæne dimidio longior est quam latior : pars tibialis prioris longitudine, sed apice eâ paullo latior, a basi ad apicem late et paullo oblique truncatum sensim paullo dilatata ; a latere visa paullo latior apice quam longior est, et fere in medio subter in dentem fortem sat longum obtusum pallidum, deorsum et anteriora versus directum producta. In latere exteriore apex partis tibialis aream incrassatam anguste triangulam (apice sursum directo) format, cujus apex in dentem fortem foras et anteriora versus paulloque sursum directum est elevatus ; hic dens præsertim facilis visu est si pars tibialis desuperne inspicitur. Pars tarsalis prioribus duabus conjunctis non parum, pæne duplo, longior est, partis tibialis apice pæne triplo latior, circa dimidio longior quam latior, in latere exteriore leviter, in interiore latere excepto apice omnium fortissime rotundata : apex in quem exit brevis est, reliqua parte tarsali fere triplo brevior, parum longior quam latior, subtriangulus. Basi sat breviter truncata est pars tarsalis et hic, extra, in tuberculum retro et foras directum elevata, quod versus apicem dentis nigri partis tibialis directum est. Bulbus paullo ante basin subter saltem plerumque laminam transversam ostendit, quæ magis a fronte visa dentem deorsum directum assimilat ; in medio subter convexus et subinflatus est bulbus ; magis antice procursu nigro deorsum directo est munitus, qui a latere exteriore inspectus L parvo crasso similis est. *Pedes* graciles, mediocri longitudine (1ᶦ paris cephalothorace circa 4½ longiores), aculeis longis crebris armati ; pedes 4ᶦ paris pedibus 3ᶦᶦ paris paullo longiores sunt. *Abdomen* sublanceolatum, duplo—duplo et dimidio longius quam latius.

Color.—*Cephalothorax* in fundo ferrugineo-fuscus vel piceus est, interdum clarior, area oculorum nigra, et fascia lata sensim dilatata nigricante ab oculis ad marginem clypei ducta et linea longitudinali pallida geminata plerumque notatus ; pube densa lutea tectus est, pube alba lineam longitudinalem tenuem secundum medium faciei et lineas duas laterales crassiores ab interstitiis inter oculos 3ᶦᶦ et 4ᶦ parium ad angulos clypei ductas formante. *Sternum* testaceum, marginibus fuscis vel fusco-maculatis, albicanti-pilosum. *Mandibulæ* nigræ vel fuscæ, vitta fortissime sursum curvata e pube alba formata saltem interdum in medio dorsi ornatæ. *Maxillæ* et *labium* fusca vel subtestacea. *Palpi*, clava nigra excepta, fusco-testacei et saltem ad partem albo-pubescentes sunt. *Pedes* fusco-testacei, coxis luteis, vix vel parum distincte nigro-annulati, saltem in femoribus pube densa virescenti et alba (lineas vel maculas formante) supra vestiti, subter, ut videtur, magis albo-pubescentes. *Abdomen* in fundo supra sordide cinereo-testaceum vel -albicans est, fascia media longitudinali longa sublanceolata obscuriore plus minus evidenti notatum, in lateribus vero nigrum, et hic, supra, maculis binis pallidis subobliquis interdum præditum, ventre nigro, fascia longitudinali albicanti utrinque : supra pube densa lutea vestitum est, lateribus pube obscure virenti vestitis et serie longitudinali macularum albarum e pube formatarum ornatis ; venter, pube olivacea vestitus, fasciis duabus albis e pubo formatis inclusus est.

Femina.—*Cephalothorax* tibiam cum $\frac{2}{3}$ patellæ 4[i] paris longitudine circiter æquat; clypeus dimidia parte thoracica paullo latior est. Altitudo faciei mandibularum longitudinem fere æquat, altitudo clypei dimidia earum longitudine minor est. *Oculi* ut in mare diximus, *partes oris* ut in eo quoque. *Pedes* 1[i] paris cephalothorace paullo plus 4plo longiores sunt. *Abdomen* lanceolato-ovatum fere, circa duplo longius quam latius. *Vulva* constat ex fovea transversa subelliptica pallida, margine paullo elevato sat tenui nigro limitata, postice leviter, in lateribus fortius rotundata, antice sat late aperta, circa dimidio latiore quam longiore, femorum posticorum diametrum latitudine fere æquante : paullo ante eam maculas duas sat parvas rotundatas nigras video, spatio earum diametrum æquante separatas.

Color.—*Cephalothorax* in fundo ut in mare est dictum, sed pubes, qua denso est vestitus, albicans et, secundum dorsum, pallide ferruginea est ; præterea pube ferruginea maculas parvas inæquales formante est variatus. *Sternum*, *maxillæ* et *labium* ut in mare ; *mandibulæ* nigræ, fuscæ vel pallidiores sat dense albo-pubescentes videntur. *Palpi* fusco-testacei, paullo nigro-annulati ; basi subter plerumque nigricantes sunt, parte tarsali plus minus infuscata. Pube alba ad magnam partem vestiti et variati sunt. *Pedes*, coxis luteis exceptis, fusco-testacei, femoribus sæpe nigris vel fuscis ; tibiæ saltem posticæ plerumque sat late nigræ sunt, metatarsi annulis ternis nigris cincti. Pube densa albicanti et ferruginea tecti et variati vel ferrugineo-maculati videntur pedes ; aculei eorum nigri sunt. *Abdomen* in fundo aut supra et in lateribus nigricans vel sordide fuscum est, aut supra cinereo-testaceum et secundum latera nigrum, maculis duobus albicantibus sat magnis subobliquis in utroque latere, ventre semper secundum medium sat late nigro, utrinque in formam fasciæ albicanti ; interdum in dorso anterius fundus fasciam longitudinalem latam sublanceolatam obscuriorem, in lateribus subundulatam, ad medium dorsi pertinentem ostendit. In exemplo satis illæso dorsum pube alba, subtestacea et ferruginea tectum et variatum est, fascia illa sublanceolata ejusdem coloris fere, sed lineis duabus subundulatis albis limitata ; in lateribus inæqualiter nigris maculas ternas valdo inæquales albas striasque ejusdem coloris video, eas quoque e pube formatas. Fasciæ albicantes ventris pube albissima vestitæ sunt ; area ejus media nigra et nigro-pubescens lineis duabus pallidis in tres fascias divisa esse potest.

In *pullis* cephalothorax flavo-testaceus est, fascia longitudinali lata nigra, pedes flavo-testacei, annulis latis nigris, abdomen supra nigrum, in lateribus testaceum, ventre secundum medium infuscato.

♂.—Lg. corp. 7$\frac{1}{2}$; lg. cephaloth. 3, lat. ej. pæne 2$\frac{2}{3}$, lat. clyp. pæne 1$\frac{1}{2}$; lg. abd. 4$\frac{1}{4}$, lat. ej. pæne 2 millim. Ped. I 13$\frac{1}{2}$, II 13$\frac{1}{4}$, III 12, IV 12$\frac{2}{3}$; pat.+tib. IV 4 millim.

♀.—Lg. corp. 12 ; lg. cephaloth. paullo plus 4, lat. ej. 3, lat.

clyp. paullo plus 2 ; lg. abd. 8, lat. ej. 4½ millim.   Ped. I 17½, II
16, III 13, IV 13 ; pat.+tib. IV paullo plus 5 millim.

Exempla nonnulla utriusque sexus, adulta et juniora, ad Tharrawaddy collecta examinavi, ut et feminam adultam ad Rangoon
inventam. Omnia plus minus (pleraque pæne plane) detrita sunt,
et color fundi interdum solus remanet, non tantum in feminis,
verum etiam in maribus.

209. Tapponia cornuta, sp. n.

*Cephalothorace tibiam cum patella 4ⁱ paris longitudine pæne
æquante, in fundo nigro-fusco, pube ferrugineo-rubra et, ad margines
posticeque, pube alba vestito, fronte inter oculos posteriores cornu e
pilis densis formato prædita ; pedibus obscure fuscis, basi pallidis,
et paullo pallido-annulatis, pedibus 4ⁱ paris pedes 3ⁱⁱ paris longitudine superantibus ; abdominis dorso pube rubra intermixta alba
vestito, et fascia longitudinali abbreviata sat lata sublanceolata nigricanti anterius signato, quæ ut linea nigricans retro continuata est,
lateribus abdominis albo-pubescentibus macula longa nigra notatis,
ventre secundum medium late nigricanti et subrubro-pubescenti, in
lateribus pallido et albo-pubescenti.—♀ jun. Long. saltem 5⅓
millim.*

Femina jun.—*Cephalothorax* pæne æque longus ac tibia cum
patella 4ⁱ paris, circa ¼ longior quam latior, clypeo fero ⅔ partis
thoracicæ latitudine æquante, fronte rotundata in medio arcæ
oculorum posteriorum cornu parvo sat forti, e pilis densis sat longis
formato, sursum et anteriora versus directo et paullo deorsum
curvato munita. Faciei altitudo mandibularum longitudinem evidenter superat ; clypei altitudo dimidiam earum longitudinem fere
æquat. *Oculi* 1ⁱ paris spatio sunt sejuncti, quod eorum diametrum
saltem æquat : etiam oculi 2ⁱ paris spatio diametrum eorum saltem
æquante separati sunt.   Area oculorum 2ⁱ et 4ⁱ parium fere ¼
longior quam latior est, plane rectangula.

Mandibulæ breves, plus dimidio (non duplo) longiores quam
latiores, femoribus anticis non parum crassiores basi. *Labium* fere
duplo longius quam latius. *Pedes* sat longi, 1ⁱ paris cephalothorace
pæne 5plo longiores ; pedes 4ⁱ paris pedibus 3ⁱⁱ paris evidenter
longiores sunt. *Abdomen* sublanceolatum.

Color.—*Cephalothorax* in fundo nigro-fuscus est, pube densa
ferrugineo-rubra saltem ad magnam partem vestitus, postice vero et
in margine laterali albo-pubescens : facies lineam tenuem longitudinalem mediam et fascias duas obliquas sinuatas, inter oculos 2ⁱ et
3ⁱⁱ parium initium capientes et versus angulos clypei ductas ostendit ;
utrinque, inter oculos 3ⁱⁱ et 4ⁱ parium, macula inæqualis alba
præterea conspicitur. Cornu frontis luteo-ferrugineum. *Sternum*,
ad margines laterales fuscum vel fusco-maculatum, cum basi coxarum
subter testaceum est et, ut coxæ subter, albo-pilosum. *Mandibulæ*
nigricantes, rubro-pubescentes et albicanti-pilosæ ; *maxillæ* et *labium*
testaceæ. *Palpi* obscure fusci, pube alba variati et nigro-pilosi.

Pedes quoque obscure fusci, femoribus basi testaceis, tibiis annulo pallido versus apicem (in pedibus posticis magis in medio), metatarsis quoque annulo pallido vel, in pedibus posterioribus, annulis binis pallidis cinctis. Pube albicanti et ferruginea vestiti et variati fuisse videntur pedes. *Abdomen* in fundo supra rubro-fuscum videtur; fascia longitudinali abbreviata sat lata lanceolata nigra, saltem ad partem subrubro-pubescenti, fere ad medium dorsi pertinente antice signatum est, quæ linea longitudinali nigricanti versus anum continuatur; ceterum pube rubra, intermixta pube albicanti, vestitum est dorsum abdominis. Latera ejus maculam longam nigram pone medium, supra, ostendunt, præterea albicanti-pubescentia; venter secundum medium late nigricans et subrubro-pubescens est, utrinque vero pallidior et albo-pubescens. *Mamillæ* nigricantes.

♀ *jun.*—Lg. corp. $5\frac{1}{3}$; lg. cephaloth. $2\frac{1}{4}$, lat. cj. pæne 2, lat. clyp. pæne $1\frac{1}{2}$; lg. abd. $3\frac{1}{6}$, lat. cj. $1\frac{1}{3}$ millim. Ped. I $8\frac{1}{2}$, II $7\frac{1}{2}$, III $6\frac{1}{2}$, IV pæne 7; pat.+tib. IV fere $2\frac{1}{3}$ millim.

Singulam feminam immaturam hujus speciei, quæ priori, *T. severæ*, valde affinis est, sed cornu capitis et alio colore præsertim abdominis sine negotio agnosci potest, ad Tonghoo invenit Col. Oates. Adulta certe non parum est major quam exemplum supra descriptum.

**210. Tapponia incompta, sp. n.

Cephalothorace tibiam cum patella 4i paris longitudine superante, alto et lato, in fundo ferrugineo-luteo, maculis ocularibus nigris, pube alba saltem ad partem vestito; pedibus luteis, pube alba munitis, pedibus 1i paris posterioribus pedibus plus dimidio longioribus; abdomine breviore, in fundo superius pallide luteo-cinereo, saltem ad partem pube alba vestito, lateribus ad longitudinem nigro-striatis, ventre secundum medium late subinfuscato et ferrugineo-rubro-pubescenti, in lateribus pallido et albo-pubescenti; vulva ex fovea elliptica duplo latiore quam longiore, postice et in lateribus rotundata, antice aperta, et margine elevato nigro cincta constante, cujus apices in maculas duas magnas nigras desinunt, his maculis cum duabus aliis minoribus nigris trapezium postice latius quam antice formantibus.—♀ ad. *Long. circa* 8 *millim.*

Femina.—*Cephalothorax* pæne $\frac{1}{4}$ longior quam latior, non parum longior quam tibia cum patella 4i paris, tibiam 1i paris longitudine æquans, lateribus posterius modice, anterius leviter rotundatis anteriora versus paullo angustatus, clypeo fere $\frac{3}{4}$ partis thoracicæ latitudine æquante, fronte amplo et sat leviter rotundata. Altitudo faciei mandibularum longitudinem æquat; clypei altitudo plus dimidiam, pæne $\frac{2}{3}$ longitudinis earum æquat. Spatium inter *oculos* minutos 1i paris eorum diametro parum majus est; spatium, quo oculi 2i paris sunt separati, eorum diametro circa dimidio est majus, et æque magnum ac longitudo seriei ab oculis 1i paris formatæ. Oculi 2i paris non magni, parum majores quam oculi 3ii paris (qui oculis 4i paris paullo majores sunt) et paullulo longius ab iis quam inter se remoti. Oculi 4^i paris, spatio duplam eorum diametrum saltem æquante separati, parum longius ab oculis 3^{ii} paris quam inter se distant. Area ab oculis 2^i et 4^i parium occupata paullulo latior antice quam postice videtur, et vix $\frac{1}{4}$ longior quam latior.

Mandibulæ pæne duplo longiores quam latiores basi, ibi femoribus anticis paullo crassiores; sulcus unguicularis dentibus minutis 2 antice et 1 postice munitus est. *Maxillæ* duplo longiores quam latiores, labio circa dimidio longiores, latere exteriore recto apicem versus sensim dilatatæ, apice late et paullo oblique rotundato-truncato, angulo ejus exteriore ample et fortiter rotundato. *Labium* circa dimidio longius quam latius, lateribus pæne parallelis. *Palporum* pars patellaris dimidio longior quam latior, pars tibialis duplo longior quam latior; pars tarsalis duas priores conjunctas longitudine æquat. *Pedes* anteriores sat longi, pedes posteriores breves et eadem longitudine; pedes 1^i paris cephalothorace circa $3\frac{3}{5}$ longiores sunt et pedibus 4^i paris plus dimidio longiores. *Abdomen* subovatum. *Vulva* fere inverse ◯-formis: constat ex fovea transversa fere duplo latiore quam longiore, postice et in lateribus rotundata, antice late aperta, quæ margine elevato corneo nigro limitatur, apicibus incurvis hujus marginis in maculas duas magnas nigras exeuntibus: ante eas maculæ duæ paullo minores nigræ conspiciuntur, cum iis trapezium latius postice quam antice et paullo latius postice quam longius formantes. Latitudo vulvæ diametrum patellæ 4^i paris æquare videtur.

Color.—*Cephalothorax* in nostro exemplo detrito in fundo ferrugineo-luteus est, modo maculis ocularibus nigris; pubescentia alba hic illic, ut ad margines laterales et utrinque in clypeo, præditus (vestitus?) est. *Sternum* testaceum, albicanti-pilosum. *Mandibulæ* ferrugineo-luteæ, saltem in lateribus squamulis albis vestitæ. *Maxillæ* et *labium* fusco-testacea. *Palpi* testacei, apice infuscati; squamulis vel pube alba præditi sunt, apice breviter nigro-piloso. *Pedes* lutei, vestigiis pubescentiæ albæ (et sublutecæ?), qua vestiti fuisse videntur; aculei nigri. *Abdomen* in fundo supra pallide luteo-cinereum est, vaso dorsuali (corde) pellucente paullo obscuriore, et remanentibus hic illic in dorso vestigiis pubescentiæ albæ; latera ejus ad longitudinem dense et inæqualiter nigro-striata sunt; venter secundum medium late subfuscum et ferrugineo-rubropubescens videtur, in lateribus pallidus et albicanti-pubescens. *Mamillæ* fusco- vel luteo-testaceæ.

Lg. corp. 8; lg. cephaloth. $3\frac{3}{4}$, lat. ej. circa $2\frac{3}{4}$; lat. clyp. paullo plus 2; lg. abd. $4\frac{1}{2}$, lat. ej. $2\frac{1}{2}$ millim. Ped. I $13\frac{1}{2}$, II $11\frac{1}{2}$, III $8\frac{1}{2}$, IV $8\frac{1}{2}$: pat. + tib. IV parum plus 3 millim.

T. frontoni ('Thor.)* hæc aranea haud dubie valde est affinis, sed, ut videtur, diversa, quum pedes 1^i paris non parum longiores, præsertim cum posterioribus pedibus comparatos, habeat, et etiam formâ vulvæ et colore paullo aliis ab ea distingui possit. Formâ maxillarum non parum a reliquis hic descriptis *Tapponiis* differt *T. incompta.*

---

* Ann. Mus. Genova, xxxi. p. 209 (1892) (*Oxyopes fronto*).

Exemplum femineum supra descriptum (valde detritum) ad Rangoon est captum. Alia femina, ad Tharrawaddy inventa, quam *varietatem* hujus speciei habeo, modo 6½ millim. longa est, pedibus 4[i] paris pedes 3[ii] paris longitudine paullulo superantibus, præterea ad structuram cum exemplo illo ex Rangoon conveniens, *colore* præsertim pubescentiæ corporis magis differens. *Cephalothorax* ejus, in fundo luteo-ferrugineus, area oculorum infuscata, pube albicanti-testacea saltem ad magnam partem vestitus est (pube pallide ferruginea utrinque antice maculas formante?), in genis et utrinque in clypeo albo-pubescens, stria longitudinali alba e pube formata inter oculos anteriores quoque, pube lutea maculam parvam utrinque, supra oculos 2[i] paris, saltem formante; clypeus præterea, ut *mandibulæ* (quæ ferrugineo-luteæ sunt et pilis longis pallidis sparsæ), pube sublutea, intermixta alba, vestitus et subvariatus. *Sternum, maxillæ* et *labium* luteo-testacea, albicanti-pilosa. *Palpi* lutei, albo-pubescentes vel -squamulosi, *pedes* lutei, versus basin paullo clariores, versus apicem paullo obscuriores. *Abdomen* in fundo pallide cinereo-luteum; in nostro exemplo, ad maximam partem detrito, pube albicanti et subferruginea saltem postice in dorso est munitum, in lateribus albo-pubescentibus serie inæquali macularum fusco-ferruginearum e pube formatarum ornatum, quarum una, reliquis major, parum pone medium locum tenet: macula ante eam sita formam fasciæ brevis crassæ obliquæ habet. *Venter* magis sordide luteo-testaceus pube albicanti, intermixta subferruginea, vestitus est. *Mamillæ* sublutea. Lg. cephaloth. pæne 3 millim. Ped. I 9⅚, II 9½, III 7¼, IV 7⅔ millim. longi; pat.+tib. IV 2½ millim.

Tribus LATERIGRADÆ.

Fam. HETEROPODOIDÆ*.

SELENOPS, Latr., 1819.

211. Selenops birmanicus, sp. n.

Cephalothorace obscure fusco, pube sordide lutea vestito, oculis mediis exterioribus mediis interioribus, qui spatio eorum diametrum vix vel non æquante separati sunt, paullulo majoribus, et lateralibus anticis plus duplo majoribus; sulco unguiculari mandibularum plerumque antice 3, postice 2 dentibus armato; pedibus ferrugineo-luteis, cinereo- vel sordide luteo-pubescentibus et pilosis, sæpe supra nigricanti-annulatis; pedibus 1[i] paris reliquis brevioribus, tibiis 1[i] et 4[i] parium in mare cephalothorace non parum longioribus, in femina vero eo brevioribus; abdomine supra sordide luteo, paullulo fusco-variato, pube sublutea vestito; palporum parte tibiali in mare apice extus procursibus duobus divaricantibus fortibus latis apice obtusissi-

* *Heteropodoidæ,* Thor., 1873=*Sparassidæ,* Sim., 1874.

mis prædito, quorum superior longior est et foras, anteriora versus et paullo deorsum directus ; vulva ex area circiter æque lata postice ac longa, anteriora versus sensim paullo angustata et apice rotundata constante, quæ sulco transverso procurvo in duas partes divisa est, parte anteriore lævissima, testacea, vix vel parum longiore quam latiore, parte posteriore breviore, picea, impressione profunda subtriangula et sulco longitudinali in fundo prædita persecta.— ♂ ♀ ad. *Long.* ♂ *circa* 12, ♀ 10–13½ *millim.*

Mas.—*Cephalothorax* paullo latior quam longior est, inverse cordiformis fere, utrinque paullo pone oculos laterales posticos sinuatus et usque ad hos oculos lateribus postice fortissime, anterius leviter rotundatis anteriora versus angustatus, postice latissime et leviter emarginatus, fronte leviter rotundata, latitudine clypei dimidiam partis thoracicæ latitudinem non æquante. Humillimus et planus est cephalothorax, impressionibus cephalicis sat fortibus, sulco centrali profundo, sat brevi, tarsis 1ⁱ paris plus dimidio breviore. Oculi 4 medii, non multo inæquales (exteriores eorum interioribus tamen evidenter paullo majores), seriem a fronte visam rectam, desuper visam leviter recurvam formant: interiores eorum spatio diametro sua paullo minore separati sunt, ab exterioribus vero spatiis circa duplo minoribus (dimidia diametro oculi non parum minoribus) quam inter se remoti. Oculi laterales antici parvi, mediis exterioribus plus duplo minores, circiter diametro sua humilius quam ii locati et spatiis diametrum oculi medii exterioris circiter æquantibus ab iis separati. Oculi laterales postici magni, mediis oculis saltem dimidio majores, a lateralibus anticis spatiis diametrum suam circiter æquantibus sejuncti ; cum oculis 4 mediis seriem longissimam sat fortiter recurvam formant, ab exterioribus eorum spatiis diametro sua saltem dimidio majoribus remoti.

Mandibulæ paullo plus dimidio longiores quam latiores, femoribus anticis multo angustiores ; sulcus unguicularis antice dentibus 3 (basali excepto sat fortibus), postice 2 dentibus fortibus armatus (num ita semper ?). *Maxillæ* divaricantes, subrhomboides, apice (extra) anguste rotundato, labio saltem duplo longiores. *Labium* vix longius quam latius, apice late rotundatum. *Palporum* pars patellaris pæne dimidio longior quam latior est ; pars tibialis ejus longitudine et prope apicem ejus latitudine quoque, a basi versus apicem sensim paullo incrassata, ipso apice denuo angustato ; latus exterius hujus partis prope apicem, *supra*, in procursum (laminam) fortem, latum, apice sat late rotundatum, nigrum est productum, qui postice leviter convexus est, antice ad longitudinem excavatus, foras, anteriora versus et paullo sursum directus, circa dimidio longior quam latior, diametro partis tibialis non parum brevior, *inferius* vero in procursum pæne ejusmodi paullo breviorem, anteriora versus et paullo foras et deorsum directum, qui cum procursu superiore basi conjunctus est, margine apicali lateris exterioris partis tibialis inter eos profunde rotundato-emarginato. Pars tarsalis prioribus duabus conjunctim paullo brevior est iisque pæne duplo latior, femoribus anticis paullo angustior, circa dimidio longior quam latior, fere triangulo-ovata ; bulbus nigricans humilis secundum latus interius

subexcavatum est et hic inter medium et apicem area vel parte
quadam fusca basi testacea præditus, quæ in ipso apice bulbi in
dentem foras directum desinit; ad latus exterius, anterius, aliam
partem oblongam anteriora versus directam testaceam ostendit,
cujus apex gracilis niger uncum parvum incurvum format. *Pedes*
longi, ita: II, III, IV, I, longitudine se excipientes; tibiæ 1ᵗ et 4ᵗ
parium cephalothorace non parum longiores sunt. Femora 1ᵗ paris
supra et antice aculeis 1.1.1. prædita sunt, tibiæ 4ᵗ paris subter
2.2., antice et postice 1.1. aculeis. *Abdomen* planum, pæne circulatum, sed paullulo longius quam latius et antice pæne truncatum.

Color.—Cephalothorax in fundo obscure fuscus, pube longiore
sordide lutea vestitus et pilis brevissimis suberectis, intermixtis
longioribus præsertim antice, dense conspersus. *Sternum* testaceofuscum, sordide luteo-pilosum. *Mandibulæ* nigro-piceæ, pilis longioribus fortibus obscure luteis et nigricantibus sparsæ. *Maxillæ* et
labium picea, apice clariora. *Palpi* ferrugineo-lutei, parte tibiali
infuscata, parte tarsali subpicea. *Pedes* ferrugineo-lutei, apicem
versus obscuriores, vestigiis annulorum nigricantium ; ut palpi pube
pallida, sublutea vel cinerascenti, vestiti sunt, sublutco-pilosi, aculeis
ferrugineis. *Abdomen* in fundo supra sordide fusco-luteum est,
paullulo et inæqualiter fusco-variatum et linea transversa undulata
fusca parum distincta supra anum notatum, pone quam pallidius est ;
pube sublutea est vestitum. Venter clarior, sordide testaceus.
Mamillæ sublutcæ.

Femina, præter palpis, parum nisi pedibus brevioribus a mare
differt. *Mandibulæ* femoribus anticis dimidio angustiores sunt :
e dentibus sulci unguicularis unus alterve tum in margine ejus
antico quum in postico deesse potest. *Pedes* ita : IV, II, III
(vel III, II), I, longitudine se excipiunt : 2ᵗ et 3ᵗⁱ parium eadem
longitudine fere sunt ; tibiæ 1ᵗ et 4ᵗ parium cephalothorace
paullo sunt breviores. *Vulva* ex area sat parva humili nitida,
anteriora versus sensim angustata, æque fere longa ac lata
postice, apice (antice) rotundata constat, quæ sulco transverso
profundo fortiter et subangulatim procurvo in partes duas divisa
est, parte anteriore plana lævissima testacea vix vel non longiore
quam latiore, pentagono-rotundata fere, parte posteriore latiore,
breviore et altiore, picea, et impressione magna profunda subtriangula (apice anteriora versus directo), quæ in fundo sulcum
longitudinalem ostendit, in duas divisa.

Color feminæ idem ac maris, pedibus magis distincte nigricantiannulatis, in his annulis nigro-, præterea cinerascenti-pubescentibus.
Abdomen in lateribus et postice fascia nigricanti cinctum videtur.

Variat pallidior, in junioribus interdum testaceus pæne totus.

♂.—Lg. corp. pæne 12 : lg. cephaloth. 5⅔, lat. ej. 6½, lat. clyp.
circa 2⅚ : lg. abd. 6, lat. ej. 5¼ millim. Ped. I 28½ (tib. 7), II
32½, III 30½, IV 30 : pat.+tib. IV 9¼ (tib. paullo plus 7) millim.

♀.—Lg. corp. 13½ : lg. cephaloth. 6½, lat. ej. 7½, lat. clyp. circa
3¼ ; lg. abd. 7, lat. ej. 6⅔ millim. Ped. I 19½ (tib. 5), II 22, III 22,
IV 24 : pat.+tib. IV pæne 8 (tib. pæne 5½) millim.

Exempla sat multa, sed pæne omnia immatura, ad Tharrawaddy

collegit Oates. Hæc forma *S. malabarensi*, Sim.*, certe valde affinis est, sed veri similiter diversa, quum typus *S. malabarensis* (♂) pedibus 4^i paris reliquis brevioribus, oculis 4 mediis anticis æque magnis, spatio inter duos interiores eorum diametrum oculi saltem æquante, et spatiis inter exteriores et interiores dimidia eorum diametro majoribus a *S. birmanico* differat—saltem secundum descriptionem *S. malabarensis* a Cel. Simon 1880 data. Femina contra, quam 1884, sub eodem nomine descripsit † (vel saltem exemplum femineum illud junius ad Minhla Birmaniæ captum), nescio an *S. birmanici* sit.

HETEROPODA, Latr., 1804.

212. Heteropoda venatoria (Linn.).

Aranea venatoria, *Linn. Syst. Nat.* ed. x. i. ii. p. 1035 (1758).
Heteropoda venatoria, *Thor. Ann. Mus. Genova*, xxv. p. 236 (1887) (ubi, ut *id. op. cit.* x. p. 484 (1877), xiii. p. 195 (1878), et xxxi. p. 22 (1892), alia syn. videantur).

Multa exempla, adulta et juniora, ad Rangoon, Tharrawaddy, Thayetmyo, Kyeikpadem, Akyab et in Tenasserim collecta sunt. In exemplo masculo adulto ex Kyeikpadem non tantum tibiæ anteriores, verum etiam tibia 3^{ii} paris lateris sinistri 1 . 1 . 1. aculeos supra habent; conf. Thor. Ann. Mus. Genova, xxx. p. 47 (1890).

*213. Heteropoda thoracica (C. L. Koch).

Ocypete thoracica, *C. L. Koch, Die Arachn.* xii. p. 42, tab. ccccvii. fig. 982.
Heteropoda thoracica, *Thor. Ann. Mus. Genova*, xiii. p. 192 (1878) (= ♂); *id. op. cit.* xxxi. p. 24 (1892) (= ♀); ubi cet. syn. vid.

Feminam juniorem, 16 millim. longam, ad Rangoon inventam, hujus speciei potius quam *H. venatoriæ* judico, non tantum quia pedes annulis distinctissimis nigris cinctos habet, verum etiam quia pedes ejus longiores quam in *H. venatoria* sunt: tibiæ 3^{ii} paris cephalothoracem longitudine æquant, et pedes 2^i paris cephalothorace pæne 5plo longiores sunt.

214. Heteropoda leprosa, Sim.

Heteropoda leprosa, *Sim. Ann. Mus. Genova*, xx. p. 336 (1884) ; *Thor. op. cit.* xxv. pp. 237 et 241 (1887).

Femina singula subadulta ad Rangoon inventa est.

215. Heteropoda plebeja, Thor.

Heteropoda plebeja, *Thor. Ann. Mus. Genova*, xxv. p. 237 (1887).

Præter feminam juniorem bene conservatam, quam ad Rangoon cepit, exempla pauca juniora et feminea adulta ad Kyeikpadem

---

* Actes Soc. Linn. Bordeaux, 1880, p. 14.
† Ann. Mus. Genova, xx. p. 335 (1884).

collegit Col. Oates; quæ exempla pæne plane detrita sunt et lineis longitudinalibus nigris in ventre carent. Maxima harum feminarum 17 millim. longa est, minima (adulta) modo 10 millim. In illa pedes in fundo rufescentes sunt et vix evidenter nigro-maculati, femoribus totis nigris vel nigro-piceis, præsertim subter, ubi saltem anteriora eorum cyaneum colorem sentiunt. In reliquis exemplis ex Kyeikpadem pedes in fundo testaceo-fusci vel testacei sunt, saltem in junioribus sat denso nigro-maculati, femoribus anterioribus subter nigris vel fascia longitudinali nigra notatis, interdum etiam supra infuscatis; abdomen in fundo cinereo-testaceum est, dorso maculis minutis nigris consperso et plerumque linea brevi Λ-formi nigra posterius notato.

**216. Heteropoda lutea, sp. n.

Cephalothorace parum longiore quam latiore, tibiam 3ii paris longitudine æquante, in fundo ferrugineo-luteo, punctis obscurioribus rarioribus consperso et pube flaventi vestito; altitudine clypei diametrum oculorum anticorum multo superante; serie oculorum antica parum sursum curvata, serie postica eâ multo longiore, desuper visa recta; oculis lateralibus anticis medios anticos et laterales posticos magnitudine parum superantibus, mediis posticis reliquis oculis minoribus; pedibus longis, in fundo luteis et paullo fusco-punctatis maculatisque, tibiis aculeo supra carentibus; abdomine longiore, subluteo, supra pube densa luteo-flava vestito et punctis quattuor obscuris anterius notato.— ♀ ad. Long. circa 10½ millim.

Femina.—*Cephalothorax* paullo longior quam latior, tibia 4i paris non parum brevior, tibiam 3ii paris longitudine fere æquans, utrinque anterius sat fortiter sinuato-angustatus, in medio postice truncatus, vix emarginatus, fronte truncata; pars thoracica in lateribus ample et præsertim posterius fortiter rotundata est, pars cephalica brevis anteriora versus parum angustata, latitudine clypei dimidiam partis thoracicæ latitudinem fere æquante. Modice altus est cephalothorax, radiis partis thoracicæ et præsertim impressionibus cephalicis bene expressis, sulco centrali sat profundo sed brevi, tarsis 3ii paris non parum breviore. Ante declivitatem posticam, quæ a latere visa valde prærupta et recta est et dimidium reliqui dorsi longitudine æquat, paullo proclive est dorsum et rectum, modo versus oculos levissime convexum; area oculorum mediorum magis proclivis est, clypeus pæne directus. Spatium inter marginem clypei et oculos anticos eorum diametro saltem dimidio, pæne duplo est majus. Series *oculorum* antica a fronte visa pæne recta est, parum sursum curvata, desuper visa leviter recurva; series postica, quæ eâ multo (saltem tripla diametro oculi lateralis postici) longior est, desuper visa plane est recta vel saltem non procurva, a fronte visa leviter deorsum curvata. Spatium inter oculos medios anticos eorum diametrum pæne æquat et saltem duplo majus est quam spatia, quibus hi oculi ab oculis lateralibus anticis distant. Oculi medii postici inter se spatio diametrum suam plus dimidio, pæne duplo majore sunt separati, a lateralibus posticis etiam paullo longius remoti. *Sternum* æque latum antico ac longum, antice rotundato-truncatum, lateribus antorius fortius rotundatis posteriora versus angustatum, postice sat breviter acuminatum.

Mandibulæ duplo longiores quam latiores, femora antica latitudine, patellas 3^{ii} paris longitudine æquantes, versus basin modice convexæ. Sulcus unguicularis postice 4 dentibus armatus est, quorum intimus reliquis est minor ; antice 3 dentes ostendit, quorum laterales medio multo minores sunt. *Maxillæ* fere ovatæ, pæne duplo longiores quam latiores, labio circa triplo longiores ; *labium* multo latius quam longius, versus apicem late truncatum paullo angustatum. *Palporum* partes patellaris, tibialis et tarsalis conjunctim cephalothoracem longitudine æquant. *Pedes* sat graciles, longi, anteriores præsertim : pedes 2^{i} paris cephalothorace fere 6plo longiores sunt. Patellæ aculeum postice habent ; tibiæ aculeis supra carent ; femora 1^{i} paris supra 1 . 1., antice et postico 1 . 1 . 1. aculeis sunt prædita. Scopulæ angustæ, minus densæ ; in pedibus sex anterioribus ad basin metatarsorum pertinent, in pedibus 4^{i} paris modo ad medium eorum. *Abdomen* (post partum) fere duplo longius quam latius est, lateribus pæne parallelis. Area *vulvæ* ferruginea transversa antice emarginata ad maximam partem callis duobus longitudinalibus latissimis convexis incurvis nigris occupatur, qui postice modo sulco longitudinali brevi separati sunt, præterea vero anteriora versus paullo divaricant et in medio inter se aream parvam corneam transversam subtriangulam postice acuminatam, antice latissime emarginatam includunt, ante quam cum ea foveam profundam pallidam limitare videntur. *Mamillæ* superiores cylindratæ paullo longiores et plus duplo angustiores sunt quam mamillæ inferiores, quæ crassæ et subconicæ sunt.

Color.—*Cephalothorax* in fundo ferrugineo-luteus, punctis nonnullis fuscis versus latera et postice sparsus ; pube flaventi totus vestitus fuisse videtur. *Sternum* flavens, cum *maxillis* labioque subluteis et coxis subtestaceis subluteo-pilosum. *Mandibulæ* luteæ, subtestaceo-pilosæ. *Palpi* et *pedes* in fundo lutei sunt, punctis obscurioribus minus dense conspersi, tibiis in latere anteriore saltem versus basin macula parva fusca notatis ; pube tenui pallido flaventi et pilis albicantibus minus dense vestiti sunt pedes et palpi, aculeis nigris, scopulis pedum sordide cinerascentibus ; pars tarsalis palporum apice late infuscata est. *Abdomen* in fundo luteum, punctis obscuris 4 pæne in quadratum dispositis antorius in dorso notatum, et in lateribus postice, supra, paullo fusco-striatum ; pube densa luteo-flava superius est vestitum et pilis pallidioribus conspersum. Venter, qui in fundo secundum medium sat late paullo infuscatum videtur, ibi vestigia linearum duarum parallellarum (vel duorum ordinum punctorum) nigricantium ostendit (?) ; cum lateribus infra pube albicanti-testacea vestitus est. *Mamillæ* luteæ.

Lg. corp. $10\frac{1}{2}$; lg. cephaloth. 5, lat. ej. $4\frac{3}{4}$, lat. clyp. $2\frac{1}{2}$; lg. abd. paullo plus 6, lat. ej. 3 millim. Ped. 1 28, II $29\frac{1}{2}$, III 20, IV 24 ; pat.+tib. IV paullo plus 8 millim.

Femina singula, ad Tharrawaddy capta. Hæc species vix nisi oculis mediis anticis laterales anticos magnitudine pæne æquantibus et clypeo solito altiore a formis magis typicis gen. *Heteropodæ* differt.

PANDERCETES, L. Koch, 1874.

**217. Pandercetes macilentus, sp. n.

Cephalothorace in fundo ferrugineo-fusco, fusco-subradiato et pube densa versus latera alba, magis intus albo-flaventi vestito; oculis mediis anticis mediis posticis pæne duplo majoribus; palpis et pedibus in fundo fusco-testaceis, nigro-maculatis, parte palporum tibiali, partem patellarem longitudine paullulo superante, fascia longitudinali nigra supra notato; apice lateris exterioris partis tibialis spina sat forti, apicem acuminatum versus sensim angustata supra armato, infra vero in calcar fortius et brevius exeunte; pedibus 1[i] paris reliquos longitudine superantibus, cephalothorace circa 8plo longioribus; abdomine supra nigro, subfusco-variato (?) et pube flaventi et fusca saltem ad partem vestito.—♂ ad. Long. circa 10½ millim.

Mas.—*Cephalothorax* ad formam ut in *P. longipede*, Thor.*, et affinibus est, æque latus ac longus, tibiâ 4[i] paris circa dimidio brevior; spatium inter marginem clypei et oculos laterales anticos eorum diametrum circiter æquaro videtur. Series duæ *oculorum* versus extremitates vix divaricant; spatium inter binos laterales tamen evidenter paullo majus est quam spatia, quibus oculi medii antici a mediis posticis distant, his spatiis diametro oculi medii antici saltem dimidio majoribus. Series oculorum postica desuper visa modice recurva est; series antica hoc modo visa leviter est recurva, a fronte visa vero recta: linea recta per centrum lateralium hujus seriei ducta medios in centro, vix supra centrum, secat. Oculi laterales antici mediis anticis multo, pæne dimidio, majores sunt, lateralibus posticis evidenter majores quoque; laterales postici mediis posticis duplo sunt majores. Oculi medii antici spatio eorum diametro fere duplo minore separati sunt, a lateralibus posticis spatiis etiam multo minoribus sejuncti. Spatium inter oculos medios posticos eorum diametrum saltem æquat: spatia, quibus a lateralibus posticis remoti sunt hi oculi, eorum diametro fere quadruplo majora sunt. Area oculorum mediorum rectangula, circa ¼ longior quam latior.

Mandibulæ paullo porrectæ, fere duplo et dimidio longiores quam latiores, patellis anticis paullo breviores, femoribus anticis angustiores; sulcus unguicularis antice dentibus 3, quorum laterales medio multo minores sunt, postice 4 dentibus est armatus. *Maxillæ* in labium paullo inclinatæ, pæne duplo longiores quam latiores et labio circa triplo longiores, basi latæ et valde oblique truncatæ, in latere exteriore vix sinuatæ, apice intus late et oblique truncatæ. *Labium* paullo latius quam longius et apice rotundatum videtur. *Palporum* pars patellaris dimidio longior est quam latior; pars tibialis ea paullulo longior et, apice, paullo latior est, a basi ad apicem sensim paullo incrassata: apex lateris exterioris ejus supra in spinam fortem, sensim angustatam et acuminatam, pæne rectam exit, quæ anteriora versus, foras et paullo sursum est directa, diametro partis tibialis paullo brevior; infra apex hujus lateris calcar latius sed multo brevius, a basi lata sensim angustatum, anteriora versus et

---

* Ann. Mus. Genova, xvii. p. 312 (1881).

deorsum directum format, cujus apex gracilis incurvus est.   Inter spinam et calcar, magis intus, dentem porrectum ostendit apex partis tibialis.   Pars tarsalis priores duas conjunctim longitudine multo superat, iis fere duplo latior, circa quadruplo longior quam latior, lanceolato-ovata fere ; bulbus versus basin elevationem oblongam nitidam testaceam, limbo elevato lato piceo cinctam format, e cujus latere interiore, ad basin, exit seta omnium longissima, fortissima, ipsa basi intus, tum anteriora versus directa et circum bulbum 'ita curvata, ut gyrum duplicem postice format et tum secundum marginem interiorem partis tarsalis procurrens in apicem longum gracillimum tortuosum desinit.   *Pedes* graciles et longissimi ; 1¹ paris reliquis longiores sunt et cephalothorace fere 8plo longiores.   Tibiæ anteriores subter 2 . 2 . 2 . 2., supra 1 . 1 . 1 . 1., aculeos habent (tibiæ posteriores supra modo 1 vel 1 . 1.), metatarsi anteriores subter 2 . 2. aculeos.   *Abdomen* depressum, longius quam latius.

Color.—*Cephalothorax*, in fundo ferrugineo-fuscus, summo margine laterali et area oculorum nigris, pube longa densa flavo-albida (versus latera purius alba) vestitus est et striis vel maculis fuscis e pube formatis posterius magis intus quasi radiatus.   *Sternum* cum *maxillis, labio* et coxis testaceum, albicanti-pilosum.   *Mandibulæ* testaceo-fuscæ, versus basin albo-pubescentes et hic fascia longitudinali abbreviata fusca e pube formata notatæ, præterea pilis longis fortibus subfulvis dense conspersæ.   *Palpi* pallide fusco-testacei, cinerascenti-pubescentes et -pilosi ; pars femoralis linea brevi lata sive macula oblonga nigra, versus apicem, extra, notata est, pars patellaris macula ejusmodi utrinque, pars tibialis linea lata longitudinali supra : pars tarsalis basi plagam nigricantem ostendit.   *Pedes* quoque fusco-testacei, dense et inæqualiter nigro-maculati, maculis subter in femoribus posterioribus in fasciam longitudinalem inæqualem confluentibus ; pube albicanti, cinerea, fulva et nigra vestiti et variati sunt pedes, pallido-pilosi, aculeis nigris.   *Abdomen* in exemplo nostro satis detrito in fundo supra nigrum et pallido-(subfusco- ?) variatum fuisse videtur, pube longiore ad partem flaventi, ad partem fusca vestitum ; ad latera dorsi vestigia punctorum alborum video quoque.   Venter cum *mamillis* pallide cinereotestaceus est, albicanti-pubescens.

Lg. corp. 10½ ; lg. et lat. cephaloth. parum plus 5, lat. clypei circa 2¼ ; lg. abd. paullo plus 6, lat. ej. pæne 4 millim.   Ped. 1 38, II 36, III 24, IV 31½ ; pat. + tib. IV 10½ (tib. 8) millim.

Mas singulus, in Tenasserim meridionali inventus.—*P. longipedi,* Thor., ex ins. Jobi (prope Novam Guineam), hic mas etiam ad structuram palporum simillimus est, pedibus 1¹ (non 2¹) paris reliquos longitudine superantibus præsertim et facile internoscendus.

PALYSTES, L. Koch, 1875.

218. Palystes kochii, Sim.

Palystes kochi, *Sim. Actes Soc. Linn. Bordeaux,* 1880, p. 45 (= ♀).
Palystes melanichnys, *Thor. Ann. Mus. Genova,* xxx. p. 53 (1890) (= ♀).

Mas multis rebus a femina loc. cit. a me descripta differt.

Cephalothorax ejus minus altus est, antice fortius angustatus, clypeo dimidiam partem thoracicam latitudine parum superante. *Oculi* ut in femina. *Mandibulæ* femoribus anticis paullo angustiores, patellis anticis paullulo breviores, pæne duplo et dimidio longiores quam latiores, ad longitudinem leviter convexæ. *Labium* paullo latius quam longius, apice late truncato-triangulo : in medio enim apex quasi in tuberculum paullo elevatus vel productus videtur. *Palpi* mediocres, clava femoribus anticis paullulo angustiore. Pars patellaris plus dimidio, pæne duplo longior quam latior est, pars tibialis eâ non parum longior sed apice vix latior, pæne cylindrata, modo basi sensim paullo angustata, non parum plus duplo longior quam latior ; apex lateris exterioris ejus in unguem fortem fortiter deorsum curvatum, supra convexum, subter excavatum, anteriora versus forasque directum, nigrum exit, qui basi saltem ad medium longitudinis latus est, dein gracilior et sensim angustato-acuminatus. Pars tarsalis priores duas conjunctas longitudine fere æquat, parte tibiali vix duplo latior, circa duplo et dimidio longior quam latior, anguste ovato-elliptica, apice obtusa. Bulbus excepto antice lævi et nitidus est, secundum medium rufescens vel luteus, in lateribus niger ; e medio anterius procursum sat longum, crassum, subcylindratum, secundum longitudinem sulcatum, pallidum, anteriora versus directum et foras curvatum, non ante bulbum eminentem emittit. *Pedes* longi, 1¹ paris cephalothorace fere 5plo longiores. Tibiæ sex anteriores supra 1.1.1. vel 1.1. aculeos habent, tibiæ posteriores supra modo 1 aculeum, versus apicem situm.

Color.—*Cephalothorax* in fundo rufescenti-fuscus, pube densa sericea flaventi-cinerea vestitus, linea tenui nigra a declivitate postica usque inter oculos ducta notatus. *Sternum* cum *maxillis* et *labio* nigricans vel piceum. *Mandibulæ* piceæ vel fuscæ, pilis longioribus cinereo-luteis minus dense conspersæ, apice rufo-ciliatæ. *Palpi* fusci, eodem modo pilosi, parte tarsali tamen nigra, basi et in lateribus posterius dense nigricanti-pubescenti, area magna apicali anguste ovata opaca omnium densissime et brevissime nigro-cinereo-pubescenti. *Pedes* quoque fusci, femoribus paullo clarioribus, rufescenti-fuscis, tibiis concoloribus ; pilis longioribus flaventi-cinereis vestiti sunt pedes, sed pube illa brevi alba et fusca carent, qua pedes in femina inter pilos tecti et variati sunt. Scopulæ olivaceo-nigræ, aculei nigri. *Abdomen* superius pilis densis sordide flaventi- vel luteo-cinereis est vestitum et pilis longis erectis fere ejusdem coloris conspersum, linea media longitudinali tenuissima nigra postice in dorso notatum (qua caret femina). Venter, pube densa flaventi vestitus, lineas duas longitudinales nigras posteriora versus appropinquantes, basi (apud plicaturam genitalem) foras curvatas ostendit, ut et lineam vel vittam transversam nigram vel fuscam, quæ plicaturam genitalem continet, et, pone medium utrinque, umbram longitudinalem posteriora versus angustatam nigricantem plus minus distinctam.

Femina ad. a Cel. Oates capta ab illa, quam loc. cit. descripsi, his modo rebus differre videtur : paullo minor est (25½ millim. longa) ; sternum ejus cum partibus oris et coxis subter nigrum est ; tibiæ subter non tantum versus apicem vittam transversam vel maculam

magnam nigram ostendunt, verum etiam prope basin macula ejusmodi vel umbra nigra præditæ sunt. Venter, præter vittam transversam nigram, quæ plicaturam genitalem continet, lineasque duas
longitudinales nigras basi foras curvatas et posteriora versus appropinquantes, posterius umbras duas nigricantes, conjunctim V latissimum postice apertum formantes ostendit, et pone (apud) eas lincolas
duas breves transversas obliquas recurvas nigras, spatio sat parvo
fere semicirculato inter eas et mamillas punctis nonnullis nigricantibus consperso ; etiam secundum medium ventris, inter lineas illas
nigras, puncta nigra in series duas longitudinales disposita conspiciuntur. Pedes inter pilos longos ferrugineo-cinereos, quibus sunt
vestiti, pube brevi alba et fusca maculas minutas formante tecti et
dense variati sunt.

♂.—Lg. corp. 21 ; lg. cephaloth. 10, lat. ej. 7½, lat. clyp. pænc 4 ;
lg. abd. 11, lat. ej. 6¼ millim. Ped. I 49½, II 47½, III 35½ (tib. 9½),
IV 42½ ; pat.+tib. IV 14 (tib. 11) millim.

Feminam adultam (et juniorem mutilatam) ut et marem adultum
ad Rangoon cepit Cel. Oates, alium marem ad Tharrawaddy, tertium
in Tenasserim meridionali.—Quamquam Cel. Simon nullam mentionem lineæ longitudinalis nigræ cephalothoracis, coloris nigri
scopularum, et vittæ vel vittarum transversarum nigrarum subter
in tibiis feminæ *P. kochii* facit, vix dubium nunc mihi videtur,
quin sit hæc species eadem ac *P. melanichnys* noster, præsertim postquam Simon* is quoque *P. kochii* ex Tenasserim obtinuit.

SAROTES (Sund.), 1833.

219. Sarotes impudicus, Thor.

Sarotes impudicus, *Thor. Ann. Mus. Genova*, xxv. p. 241 (1887); *id.*
Ann. Mag. Nat. Hist. 6 ser. ix. p. 233 (1892).

Mares tres adulti, ad Tharrawaddy inventi.

220. Sarotes punctipes (Sim.).

Olios punctipes, *Sim. Ann. Mus. Genova*, xx. p. 337 (1884).
Sarotes punctipes, *Thor. op. cit.* xxv. p. 244 (1887).
Sarotes venustus, *id. ibid.* p. 248 (?).
Sarotes callipygus, *id. ibid.* p. 250 (?).

Exempla feminea paucissima ad Tharrawaddy collecta ad *S. puncti-
pedem*, Sim., refero. Feminæ duæ juniores (cum pullis duabus)
hujus speciei haud dubie sunt; major earum 20¼ millim. longa est,
altera 18 millim. In utraque pedes ad maximam partem in fundo
inter annulos nigros læte fusco-rufescentes sunt, cephalothorax in
fundo rufo-ferrugineus, modo fascia frontali nigricanti, abdomen
antice rotundatum vel rotundato-truncatum (in pullo altero ibi
retusum est) ; sed in *majore* earum dorsum abdominis cum declivitate

---

* Journ. Asiatic Soc. Bengal, lvi., ii. (1887) p. 103.

antica totum sublutcum est, exceptis fascia media longitudinali sublanceolata pallidiore antice, et vitta transversa recurva nigra in
medio anguste abrupta, quæ marginem anticum dorsi cingit et
utrinque obliquo deorsum præne usque ad ventrem producta est : hac
area magna sublutea tamen non usque ad anum pertinente. In
exemplo *minore* pictura illa dorsi, quam in *mare* " *S. punctipedis* "
loc. cit. descripsi, tota distinctissima est (ut in pullis, quorum venter
totus pallidus est). In lateribus abdominis nigris (colore nigro
etiam supra anum pertinente) color pallidus vittas binas obliquas
(anteriorem majorem) format; venter exempli majoris niger est,
lineis duabus longitudinalibus postice dilatatis luteis, quæ fasciam
latam nigram postice breviter acuminatam limitant, notatus ; in
exemplo minore contra venter sublutcus est, fascia media longitudinali minus lata nigra : in hoc exemplo pedes 1^i paris modo parum
longiores sunt quam pedes 4^i paris (ut in " *S. venusto* " fere), quum
in omnibus reliquis exemplis pedes 1^i paris 4^i paris pedes longitudine multo superant !—Tertia femina junior ($15\frac{1}{2}$ millim. longa)
modo colore obscuriore ab exemplo $20\frac{1}{4}$ millim. longo differt : cephalothorax ejus in fundo piceus est, pedes inter annulos paucos nigros in
fundo obscurius fusci, corpus subter nigrum, pictura dorsi abdominis
vero eadem atque in exemplo illo 18 millim. longo. Quum tali
modo variare possit hæc species, nescio an *varietates* ejus potius
quam propriæ species habendæ sint et *S. venustus*, Thor., et *S. callipygus*, id. !

Etiam feminam singulam *adultam* (pedibus 1^i paris carentem)
invenit Cel. Oates, quæ ab illis supra adumbratis modo colore fundi
multo obscuriore (excepto in dorso abdominis) differre videtur : ad
formam præne plane cum descriptione *S. callipygi* nostri (♀ *ad.*),
loc. cit. data convenit. *Cephalothorax* (qui tibiam cum $\frac{4}{3}$ patellæ
4^i paris longitudine æquat) in fundo totus niger est, pube pallide
testaceo-cinerea vestitus, fascia ordinaria frontali cum mandibulis—
quæ femoribus 2^i paris non parum crassiores sunt,—nigerrima.
Sternum cum *maxillis, labio, palpis* et coxis nigrum. *Pedes* etiam
præterea in fundo nigri sunt, sed pube pallide cinerea et nigra in
femoribus, patellis et tibiis ita vestiti, ut pallido cinerascentes,
nigro-annulati et dense nigro-maculati punctatique evadant : femora
basi et apice nigra sunt, tibiæ præsertim basi annulo distincto nigro
cinctæ ; metatarsi et tarsi nigri, scopulis latis olivaceo-nigris præditi. *Abdomen* subter et in lateribus nigrum est; dorsum ejus area
maxima pallidiore, pube densa sordide lutea tecta occupatur, quæ
area tamen non usque ad anum pertinet et in margine antico vitta
transversa nigra in medio anguste abrupta limitatur ; declivitas
antica saltem in medio pallida est, et color dorsi pallidus utrinque
in formam vittæ obliquæ per latera versus ventrem producitur. Area
vulvæ cornea ad longitudinem convexa in medio foveam longam
anteriora versus sensim angustatam, anguste triangulam fere continet, quæ posterius, ubi profunda est, triangulo minore albicanti
occupatur. Lg. corp. $24\frac{1}{2}$; lg. et lat. cephaloth. 10, lat. clyp.
$6\frac{1}{4}$ millim. ; ped. I ?, II $48\frac{3}{4}$, III 35, IV 38 ; pat. +tib. IV
$13\frac{1}{4}$ millim.—Hæc femina in præsenti *S. punctipes*, var. *sordidata*

appellari potest. Sed si re vera modo varietates aut species distinctæ sint formæ, de quibus hic sum locutus, vix dijudicari poterit antequam mares eorum adulti inventi fuerint.

MIDAMUS, Sim., 1880.

221. Midamus lutescens, Thor.

Midamus lutescens, *Thor. Bihang Svenska Vet.-Akad. Handl.* xx. *Afdeln.* iv. no. 4, p. 12 (1894).

Cephalothorace albicanti-sericeo-pubescente cum mandibulis luteo ; palpis pedibusque pallidius luteis, metatarsis infuscatis annulo basali nigro et, supra versus medium, linea longitudinali brevi nigra notatis, abdomine subtestacco, pube sericea albicanti vestito ; oculorum serie antica leviter sursum curvata, serie postica desuper visa recta, vix evidenter procurva ; oculis binis lateralibus sessilibus, et spatio separatis, quod non parum minus est quam spatia, quibus distant medii antici a mediis posticis ; oculis mediis anticis reliquis non parum majoribus, oculis posticis reliquis minoribus et spatiis æqualibus separatis ; vulva ex area mediocri elevata inverse et breviter subovata postice truncata atra constante, quæ sulco longitudinali profundo in duas divisa est.— ♀ ad. Long. circa $9\frac{1}{2}$ *millim.*

Variat *pedibus pallide luteis, immaculatis, metatarsis et tarsis modo infuscatis.*

Femina.—*Cephalothorax* paullo longior quam latior, anterius utrinque sat fortiter sinuato-angustatus, parte thoracica postice emarginata, in lateribus posterius fortiter, antice leviter rotundata, parte cephalica quoad libera est brevissima, lateribus rectis anteriora versus vix vel parum angustata, fronte modice rotundata ; clypeus latitudine dimidiam partem thoracicam circiter æquat. Modice altus est cephalothorax, dorso a margine postico usque ad oculos sat fortiter et pæne æqualiter convexo, anterius tamen fortius convexo-proclivi ; area oculorum mediorum etiam paullo magis præruptc proclivis est, clypeus directus. Spatium inter marginem clypei verum et oculos laterales anticos eorum diametrum æquat ; spatium inter hunc marginem et oculos medios anticos eorum diametro evidenter est minus. Sulcus centralis tarsis 3[u] paris paullo brevior, sat profundus. Series duæ *oculorum,* quorum postica circiter dupla oculi lateralis diametro longior est quam antica, extremitatibus non parum inter se appropinquant ; series antica a fronte visa leviter sursum curvata est, desuper visa levissime recurva ; series postica, quæ a fronte visa leviter deorsum est curvata, desuper visa recta est, vix evidenter procurva. Oculi medii antici lateralibus anticis saltem dimidio majores sunt et spatio dimidiam diametrum suam saltem æquante separati, a lateralibus anticis spatiis duplo minoribus remoti. Oculi laterales antici oculis 4 posticis parvis et spatiis æqualibus (duplam eorum diametrum circiter æquantibus) sejunctis non parum majores sunt. Oculi bini laterales sessiles (tuberculo evidenti non impositi) et spatio anterioris eorum diametrum æquantibus separati ; oculi medii antici spatiis non parum majoribus, oculi medii antici diametrum saltem æquantibus, a mediis posticis distant. Area quam formant oculi medii rectangula est, paullo longior quam latior.

Mandibulæ duplo longiores quam latiores, femora antica latitudine, patellas anticas longitudine æquantes, etiam ad longitudinem sat fortiter convexæ, nitidissimæ. Sulcus unguicularis antice 2, postice 3 dentibus est armatus. *Maxillæ* subovatæ, latere interiore in labium paullo inclinatæ, eoque saltem duplo longiores, apice late et paullo oblique rotundato-truncatæ, intus ante labium paullo rotundatæ quoque ; *labium* duplo latius quam longius, apice late truncato-rotundatum, pæne semicirculatum. *Palporum* pars patellaris dimidio longior quam latior est, pars tibialis saltem duplo longior quam latior. *Pedes* crassitie mediocri, anteriores sat longi (2^i paris cephalothorace circa 5plo longiores), 3^{ii} paris 2^i paris pedibus circa dimidio breviores. Patellæ aculeis carere videntur ; femora 1^i paris antice 1 (vel 1.1.), supra 1.1., postice 1.1.1. aculeos habent, tibiæ anteriores 2.2. subter, 1.1. antice et postice ; supra aculeis carere videntur tibiæ. Metatarsi anteriores subter versus basin 2.2. aculeos valde longos ostendunt, et 1.1. aculeos in utroque latere. Scopulæ non multo latæ, in pedibus anterioribus pæne ad basin metatarsorum pertinentes, in pedibus 4^i paris modo apicem eorum occupantes. *Abdomen* ovatum, convexum (non depressum) ; *vulva* ex area mediocris magnitudinis, satis alta, convexa, inæquali, nitida, atra constat, quæ postice truncata est, æque circiter lata ac longa, lateribus pæne rectis anteriora versus paullo angustata, antice rotundata : sulco longitudinali profundo posterius dilatato in partes duas divisa est. *Mamillæ* superiores cylindratæ, circa duplo longiores quam latiores, spatio diametrum suam saltem æquante separatæ ; mamillæ mediæ graciles et cylindratæ inter (et paullo ante) eas locatæ sunt, iis fere duplo breviores. Mamillæ inferiores crassissimæ, subconicæ, superioribus paullo breviores et multo crassiores, mediis non parum longiores.

Color.—*Cephalothorax* luteus, pube tenui minus densa albicanti vestitus, et anterius, cum mandibulis luteis quoque, pilis longioribus fere ejusdem coloris consperso : *sternum* cum *maxillis* et *labio* paullo pallidius luteum, parum dense et sat breviter testaceo-albicanti-pilosum. *Palpi* pallide lutei, testaceo-albicanti-pilosi et subpubescentes, parte tarsali apice late infuscata. *Pedes* quoque pallide lutei, testaceo-albicanti-pilosi et subpubescentes, metatarsis et tarsis fuscis, illis basi annulo nigro cinctis et præterea supra in medio linea brevi longitudinali nigra notatis, in apice supra macula minus distincta nigra præditi quoque. Etiam tibiæ supra maculis parvis nigris 2-3 notatæ sunt, aliaque paullo majore ad basin lateris anterioris. Scopulæ pallide testaceæ, aculei nigricantes. *Abdomen*, quod pube densa sericea albicanti est vestitum, in fundo superius flavo-testaceum est, vaso dorsuali ut fascia sublanceolata paullo obscuriore pellucente ; punctis 4 impressis nigricantibus in trapezium dispositis anterius in dorso notatum est, postice vero, ad latera et supra anum, striis vel maculis paucis minutis nigricantibus con-

T

spersum. Venter magis flavens est; pone vulvam atram vestigia
linearum duarum longitudinalium nigricantium, V angustissimum
formantium ostendit. *Mamillæ* luteæ.

Lg. corp. 9½; lg. cephaloth. 5, lat. cj. paullo plus 4, lat. clyp. 2¼,
lg. abd. 6½, lat. cj. pæne 4½ millim. Ped. I 18½, II 21, III 14½,
IV 16¼; pat.+tib. IV 5¾ (tib. circa 4⅜) millim.

Feminæ duæ adultæ ad Tharrawaddy sunt captæ. In altera
earum metatarsi quidem infuscati sunt, sed, ut pedes præterea, plane
immaculati, mandibulæ apice late infuscatæ et vulvæ duæ partes
supra pæne planæ, non convexæ; vix propriæ speciei est hæc aranea,
quum præterea omnibus rebus cum exemplo typico supra descripto
convenire videatur. Ad hanc varietatem fortasse pertinet mas
junior, ex insula Maris Javaui, cujus loc. supra cit. mentionem feci.

In exemplo femineo immaturo pedes toti pallide lutei sunt.

Col. Workman ad Singapore, in nido Sphegoidis (?) cujusdam,
feminam nondum adultam 9 millim. longam invenit, quæ forsitan
varietas *M. lutescentis* est, quamquam his rebus ab exemplo typico
differt: metatarsi ejus, præsertim pedum anteriorum, dense et
inæqualiter nigro-maculati sunt, tibiæ supra, ut femora anteriora
subter, punctis nigro-fuscis dense conspersæ, et abdomen cinerascens,
immaculatum (num ita in vivis?); series oculorum postica desuper
visa evidenter paullulo procurva est, series antica a fronte visa recta,
area oculorum mediorum paullo latior postice quam antice et vix
longior quam latior postice; oculi medii antici modo paullo (non
duplo) longius inter se quam a lateralibus anticis distant. Lg.
cephaloth. 4¼, lat. cj. parum plus 4 millim.; ped. 1 18, II 20,
III 13, IV 15½; pat.+tib. IV 5½ millim. Hæc forma ad tempus
M. (lutescens, var.?) *pedestris* appelletur.

Sarotes tener, Thor.* (ex Assam), gen. *Midami,* Sim., videtur, et
M. lutescenti valde affinis.

THELCTICOPIS, Karsch, 1884.

**222. Thelcticopis birmanica, sp. n.

*Cephalothorace æque longo ac tibia cum patella 4ⁱ paris, plus ⅓
longiore quam latiore, piceo, pube pallide cinerascenti vestito; abdomine in fundo nigricanti, pube sordide olivacea tecto; sterno cum
partibus oris obscure fusco; pedibus fusco-rufis, scopulis nigris,
4ⁱ paris pedibus pedes 1ⁱ paris longitudine æquantibus; vulva nigra
ex fovea magna postice aperta constante, quæ callis duobus incurvis
antice inter se unitis limitatur et postice figuram Y-formem e costis
formatam includit.— ♀ ad. Long. circa 14½ millim.*

Femina.—Th. modesta, Thor.†, ex insula Pinang, hæc aranea
valde affinis est et fortasse modo varietas ejus habenda, his rebus
tamen ut videtur a specie illa differens: *Cephalothorax* modo æque

---

* K. Svenska Vet.-Akad. Handl. xxiv. p. 80.
† Ann. Mus. Genova, xxx. (ser. 2ᵃ, x.) p. 329.

longus est ac tibia cum patella 4' paris, plus $\frac{1}{3}$ (non $\frac{1}{4}$ tantum) longior quam latior, parte thoracica lateribus postice modice, præterea leviter rotundatis anteriora versus paullo angustata, clypeo $\frac{2}{3}$ partis thoracicæ latitudine circiter æquante. Series oculorum postica desuper visa recta est, vix evidenter procurva. Oculi medii antici lateralibus posticis, qui lateralibus anticis modo paullo minores sunt, plus dimidio, pæne duplo majores videntur, laterales postici mediis posticis circa dimidio majores. Sulcus mandibularum unguicularis postice serie dentium parvorum 7 est præditus, antice 3 dentibus, quorum medius reliquis parvis multo major est. *Maxillæ* in latere exteriore rectæ, vix sinuatæ, labio circa triplo longiores. *Pedes* 4' paris pedes 1' paris longitudine æquant, vix superant. *Vulva* fere ut in *Th. modesta* est, sed figura illa a costis duabus gracilibus in fundo ejus formata et postice in costam brevem mediam retro producta magis V (apice truncato) quam U similis est, itaque, cum costa illa brevi crassa postica, Y-formis. *Sternum* et *partes oris* obscure fusca sunt, *pedes* fusco-rufescentes toti, pallide cinereopubescentes, scopulis nigris. *Abdomen* superius in fundo nigricans est, pictura dorsi subtestacea vix evidenti nisi si in fluido immersa est aranea: tum anterius ex vittis tribus transversis crassis brevibus in medio abruptis constare videtur, quas sequitur series longitudinalis linearum nonnullarum transversarum tenuium brevium, retro fractarum et gradatim decrescentium. Venter nigro-fuscus, fascia longitudinali sat lata paullo obscuriore. *Mamillæ* fusco-luteæ. Præterea descriptio nostra *Th. modestæ* et ad structuram et ad colorem in *Th. birmanicam* quadrat.

Lg. corp. 14½; lg. cephaloth. pæne 7, lat. ej. 5, lat. clyp. paullo plus 3: lg. abd. 8, lat. ej. 5 millim. Ped. I 18¾, II 18½, III pæne 15¼, IV 18¾; pat. +tib. IV pæne 7 millim.

Feminam singulam in Tenasserim cepit Oates.—*Th. canescens*, Sim.*, ea quoque ex Birmania vel Siam, a *Th. modesta* et a *Th. birmanica* diversa videtur, præsertim quia descriptio vulvæ illius speciei in vulvam harum non cadit.

POTHÆUS †, gen. n.

Cephalothorax paullo longior quam latior, inverse cordiformis fere, parte cephalica præsertim superius anteriora versus sensim angustata: frons clypeo non parum et parte thoracica plus duplo angustior est; clypeus directus, altus, longitudinem areæ oculorum mediorum altitudine superans.

Area oculorum, qui in duas series parallelas dispositi sunt et quorum laterales antici reliquis sunt majores, sat parva, saltem duplo latior quam longior: series oculorum antica a fronte visa recta vel paullo deorsum curvata est, series postica antica non parum longior, desuper visa paullo recurva. Area oculorum mediorum

* Journ. Asiatic Soc. Bengal, lvi. ii. p. 103.
† Ποθαῖος, nom. propr. pers.

non longior quam latior, latior postice quam antice ; oculi medii
(saltem postici) longius inter se quam a lateralibus ejusdem seriei
remoti.

Mandibulæ pæne directæ et cylindratæ.

Maxillæ duplo longiores quam latiores, ovatæ fere, labio pæne
duplo longiores ; labium vix longius quam latius, apicem rotundato-
truncatum versus sensim angustatum.

Pedes ita : II, I (I, II), IV, III longitudine se excipientes, fortiter et crebre aculeati, non multo robusti, vix scopulati, apicem
versus sensim attenuati, tarsis metatarsis plus duplo brevioribus ;
pedes anteriores longi, posteriores iis graciliores et circa duplo
breviores. Unguiculi fortes, non longi, in dorso modo leviter
curvati, dentibus robustis pectinati ; fasciculi unguiculares densi, e
pilis acuminatis formati.

Abdomen subovatum.

Mamillæ mediocres, superiores cylindratæ, art. 2° obtuso et æque
fere longo ac lato ; inferiores iis paullo breviores et multo crassiores,
subconicæ.

Typus : *Pothæus armatus*, sp. n.

Gen. *Dolothymo*, Thor. *, affinis est *Pothæus*, clypeo alto, area
oculorum mediorum non longiore quam latiore, serie oculorum
antica non sursum sed potius deorsum curvata, cet., a *Dolothymo*
differens, generibus *Midamo* et *Micrommate* primo adspectu subsimilis, sed, præter aliis notis, pedibus anterioribus posterioribus
pedibus circa duplo longioribus (ut in subfam. *Misumeninarum*) longe
a generibus illis remotus.

****223. Pothæus armatus, sp. n.**

*Cephalothorace cum mandibulis luteo-testaceo ; sterno, maxillis,
labio, palpis pedibusque flavo-testaceis, metatarsis tarsisque anterioribus cum tarsis posterioribus plus minus infuscatis ; tibiis et metatarsis anterioribus aculeis longis et fortibus, tuberculis nigricantibus
impositis armatis : 5 paribus aculeorum ejusmodi subter in tibiis,
3 paribus subter in metatarsis ; abdomine pæne toto flaventi.—♀ ad.
Long. circa 11 millim.*

Femina.—*Cephalothorax* paullo longior quam latior, paullo
longior quam tibia cum patella 4ⁱ paris, utrinque antice sat fortiter
sinuato-angustatus, lateribus partis thoracicæ posterius fortiter,
antice leviter rotundatis et lateribus partis cephalicæ subrectis
anteriora versus, præsertim supra, sat fortiter angustatus, fronte
(serie oculorum postica) circa $\frac{2}{3}$ latitudinis clypei æquante, clypeo
dimidiam partem thoracicam latitudine vix superante ; modice
altus est, dorso ante declivitatem posticam (quæ reliquo dorso non
parum brevior est, sat leviter declivis et recta, excepto supra, ubi
convexa est) sensim paullo proclivi et pæne recto, vix vel parum
convexo. Impressiones cephalicæ et sulci radiantes in parte thoracica
distinctissimæ sunt ; fere in medio cephalothorax impressiones sive
foveolas leves 4 ostendit, fere in quadratum parvum dispositas.

---

* Ann. Mus. Civ. Genova, xxxi. p. 62.

Facies circiter æque alta est ac lata infra ; latera ejus sat fortiter declivia, excepto brevi spatio sub oculis lateralibus posticis, ubi directa sunt ; clypei altitudo longitudine areæ oculorum mediorum non parum est major. Lævis et nitidus est cephalothorax, modo in clypeo paullo pilosus (nonne detritus?). Series oculorum postica saltem dupla oculi lateralis antici diametro longior est quam antica ; a fronte visa series postica leviter, antica parum deorsum est curvata ; desuper visa series postica leviter, antica parum recurva est. Oculi laterales antici sat magni, lateralibus posticis, qui mediis posticis non parum majores sunt, evidenter majores ; medii antici parvi, lateralibus anticis pæne triplo, mediis posticis pæno duplo minores. Area oculorum mediorum parum latior est postice quam longior, et pæne duplo latior postice quam antice. Spatium inter oculos binos laterales duplam anterioris eorum diametrum æquare videtur et paullulo minus est quam spatia, quibus distant medii antici a mediis posticis. Spatium inter oculos medios anticos eorum diametrum circiter æquat et parum majus est quam spatia, quibus a lateralibus anticis distant ; medii postici evidenter paullo longius inter se quam a lateralibus posticis remoti sunt, spatio diametro sua pæne duplo majore separati. Sternum ovatum, antice truncatum et leviter emarginatum, apice postico brevi non inter coxas 4[i] paris (quæ inter se contingentes sunt) pertinente ; læve est, nitidum, pubescens.

Mandibulæ pæne directæ, sat graciles (femoribus anticis saltem dimidio angustiores), paullo plus duplo longiores quam latiores, pæne cylindratæ, apice intus tamen late et oblique rotundato-truncatæ, versus basin ad longitudinem modice convexæ, læves, nitidæ, pilosæ; sulcus unguicularis utrinque ciliatus est et dentibus ternis parvis armatus : unguis sat longus et fortis. Palpi graciles, breves ; unguiculus eorum robustus est, formâ unguiculorum tarsorum, et dentibus circa 5 fortissimis (basalibus gracilioribus exceptis) pectinatus. Pedes parcius et brevius pilosi, aculeis sat crebris armati ; anteriores pedes longi sunt (1[i] paris cephalothorace pæne 5plo longiores), aculeis subter in tibiis et metatarsis fortibus, longis et margine postico tuberculiformi foveolarum levium sat magnarum impositis: femora horum pedum, vel saltem 1[i] paris, aculeis 8 brevibus prædita sunt, tibiæ 5 paria aculeorum subter habent (et 1 vel 2 aculeos parvos in lateribus), metatarsi 4 paria aculeorum etiam majorum et magis appressorum subter, et utrinque 1 aculeum parvum versus basin situm, præter parvum apicalem. In pedibus posterioribus omnes aculei minores et sessiles sunt. Scopulas distinctas modo in tarsis posterioribus video ! Abdomen circa dimidio longius quam latius, ovatum vel inverse ovatum. Vulva parum conspicua ; e foveolis duabus minutis nigris constare videtur, a quibus lineolæ duæ incurvæ obscuræ ad plicaturam genitalem ductæ sunt.

Color. Cephalothorax cum mandibulis pallido-pilosis luteo-testaceus est, sternum, maxillæ et labium magis flavo-testacea. Palpi et pedes quoque flavo-testacei, metatarsis tarsisque pedum anteriorum plus minus infuscatis, tarsis cum apice metatarsorum pedum posteriorum infuscatis quoque. Pallido-pilosi sunt pedes, aculeis plus minus obscure fuscis armati; aculei præsertim subter in tibiis et metatarsis anterioribus ipsa basi nigri sunt, et foveæ in quibus sistunt, infuscatæ. Unguiculi fortes, in dorso sat brevi pæne recti, apice deorsum flexo longo et forti; dentibus nonnullis fortissimis (ad basin unguiculi tamen gracilioribus et densis) pectinati sunt. *Abdomen* flavens: in dorso ejus, anterius, puncta 4 impressa trapezium postice latius formantia, et linea longitudinalis postice abbreviata (vas dorsuale pellucens) paullo obscuriora conspiciuntur. *Mamillæ* pallidæ.

Lg. corp. 11 ; lg. cephaloth. 4⅓, lat. ej. pæne 4, lat. clyp. parum plus 2, lat. front. circa 1¼ ; lg. abd. 7, lat. ej. 5¾ millim. Ped. 1 19, II paullo plus 19, III paullo plus 9, IV pæne 12 ; pat.+tib. IV 4 millim.

Femina adulta ovis plena cum alia minore quæ nondum adulta videtur, pullæque duæ quæ hujus speciei fortasse sunt, in Birmania meridionali captæ.

ANGÆUS, Thor., 1881.

*224. Angæus rhombifer, Thor., var. leucomenus.

Angæus rhombifer, *Thor. Ann. Mus. Genova,* xxx. p. 150 (1890) ;
  id. op. cit. xxxi. p. 67 (1892) (=*forma principalis*).

Feminæ duæ juniores mutilatæ, 7¼ millim longæ, ad Tharrawaddy captæ sunt ; altera earum plane, altera parum est detrita. A descriptione exempli *A. rhombiferi* (ex Sumatra) loc. cit. data parum nisi eo differunt hæc exempla, quod abdomen in iis antice et in lateribus magis æqualiter rotundatum est, angulis lateralibus fortiter lateque rotundatis, non prominentibus, ita ut abdomen vix rhomboide, sed brevissime subpentagono-ovatum dici possit. Color ejus quoque paullo differt: cinereo-nigrum est, figura rhomboidi nigra distincta carens ; paullo ante medium fascia transversa pallida bis procurva in medio abrupta (quasi e lunulis duabus formata) est notatum, quæ postice ad partem nigro-limbata est ; anterius lineam mediam longitudinalem pallidam ostendit dorsum, apice postico pallidum quoque. In exemplo minus detrito fasciculis pilorum (quorum plerique minores sunt quam pedum fasciculi) præsertim versus latera et postice conspersum est, ut et pilis brevibus erectis nigris ; pube crassiore cinerascenti et fusca est vestitum et punctis maculisve minutis nigris hic illic sparsum. Cephalothorax, cujus fasciæ duæ longitudinales nigræ parum sunt expressæ, fuscus est, in parte cephalica tuberculis parvis humilibus sat raris sparsus ; pube crassiore rufo-ferruginea, intermixta alba et nigra (hæc maculas minutas formante), est vestitus. Sulcus unguicularis mandibularum et antice et postice duos dentes ostendit, in margine antico ad magnitudinem valde inæquales.—Fortasse propria species est hic (*A. rhombifer,* var.) *leucomenus* noster.

A Cel. Workman exemplum parvum immaturum *A. rhombiferi,* *forma principalis,* in ins. Singapore inventum est.

Fam. MISUMENOIDÆ.

Subfam. PHILODROMINI.

PHILODROMUS (Walck.), 1825.

**225. Philodromus melanostomus, sp. n.

Cephalothorace cinereo-albo, parte thoracica plaga magna inæquali nigro-fusca utrinque, intus, ornato; sterno cinereo-albo, maxillis et labio vero nigris, mandibulis nigricantibus, versus basin vitta transversa cinereo-albicanti notatis; pedibus subtestaceis, paullo nigro-striatis, articulationibus plerisque anguste albis; abdomine subpentagono et æque lato ac longo, supra cinereo-albicanti, linea breviore transversa bis procurva nigricanti in medio notato.— ♀ jun. *Long. saltem 3½ millim.*

Femina jun.—*Cephalothorax* paullo latior quam longior, tibia cum patella 4ⁱ paris paullo longior, antice utrinque evidenter sinuato-angustatus, postice latissime emarginato-truncatus, in lateribus partis thoracicæ præsertim posterius fortissime rotundatus, parte cephalica quoad libera est parva et brevi lateribus pæne rectis anteriora versus sat fortiter angustata, fronte rotundata vix ⅓ latitudinis partis thoracicæ latitudine æquante. Humillimus est cephalothorax, dorso a latere viso inter declivitatem posticam sat lenem pæne recto (non convexo) et vix proclivi, inter oculos evidenter proclivi. Clypeus non plane directus sed valde prærupte proclivis videtur; altitudo ejus diametro oculi medii antici circa triplo majus est, sed saltem dimidio minor quam spatia quibus oculi medii antici a mediis posticis distant. *Oculi* sessiles, parvi, laterales antici reliquis, vel saltem mediis anticis (qui posticis oculis æqualibus paullulo minores videntur) paullo majores. Area oculorum lunata est; series eorum postica, anticâ multo longior, desuper visa modice recurva est, series antica a fronte et desuper visa modice sursum et retro (fere æque fortiter ac postica) est curvata. Area oculorum mediorum magna parum latior est postice quam longior, pæne dimidio latior postice quam antice. Spatium inter oculos binos laterales, anterioris eorum diametro circiter quadruplo majus, vix majus est quam spatia, quibus medii antici a mediis posticis sunt separati. Oculi medii antici, spatio eorum diametro circa triplo majore sejuncti, circa duplo longius inter se quam a lateralibus anticis distant: spatium, quo ab his oculis sunt remoti, diametrum oculi lateralis antici æquat. Oculi medii postici circa dimidio longius inter se quam a lateralibus posticis separati sunt; ab oculis binis lateralibus, antico et postico, æque longe distat oculus medius posticus. *Sternum* latius quam longius, antice late emarginato-truncatum, non inter coxas 4^{i} paris, quæ spatio maguo disjunctæ suut, productum.

Mandibulæ subreclinatæ, parvæ, subconicæ, circa dimidio longiores quam latiores. *Pedes* sat graciles, 2^{i} paris cephalothorace plus $3\frac{1}{2}$ longiores; aculeis mediocribus (in exemplo nostro abrasi) armati fuisse videntur. *Abdomen* humile, depressum, æque longum ac latum, pentagonum : antice rotundato-truncatum est, tum lateribus pæne rectis ad $\frac{3}{4}$ vel $\frac{4}{5}$ longitudinis sensim non parum dilatatum, denique lateribus parum rotundatis cito angustatum.

Color.—*Cephalothorax* cinerascenti-albus dici potest; pars cephalica tota hujus coloris est, sed pars thoracica utrinque plaga magna exterius valdo inæquali nigro-fusca occupatur, remanentibus cinereo-albis limbis laterali (inæquali) et postico, ut et maculis duabus sat magnis in medio, paullo pone apicem partis cephalicæ. *Sternum* cinereo-album. *Mandibulæ* basi fuscæ, in dimidio apicali nigro-fuscæ, vitta transversa cinereo-alba magis versus basin notatæ. *Maxillæ* et *labium* nigra. *Palpi* subtestacei, cinereo-albo-annulati. *Pedes* quoque subtestacei, articulationibus plerisque anguste albis; præterea ad longitudinem hic illic paullo nigro-striatæ sunt, præsertim antice in femoribus et coxis 1^{i} paris. *Abdominis* dorsum cinereo-album est, cæruleum colorem paullo sentiens : in medio lineam nigricantem transversam sat brevem, in medio in angulum fortiter retro fractam, utrinque paullo procurvam ostendit, quæ linea utrinque seriem transversam punctorum impressorum nigrorum 3 continere videtur. Venter cinereo-testaceus est, *mamillæ* subtestaceæ.

♀ *jun.*—Lg. corp. $3\frac{1}{2}$; lg. cephaloth. paullo plus $1\frac{1}{2}$, lat. ej. fere 2; lg. et lat. abd, $2\frac{1}{4}$ millim. Ped. 1 5, II paullo plus 6, III ?, IV $4\frac{3}{4}$; pat.+tib. IV circa $1\frac{1}{4}$ millim.

Feminam singulam nondum adultam, detritam et mutilatam vidi, in Birmania meridionali inventam. Adulta non parum major certe est hæc species, quæ ad habitum in universum *Ph. margaritato* (Clerck) sat similis est.

**226. Philodromus albo-limbatus.

Flavo- vel virenti-testaceus, pube alba vestitus, cephalothorace humillimo in fundo magis luteo-testaceo et limbo angusto albo cincto; abdomine dimidio-duplo longiore quam latiore, subovato, antice late truncato, dorso ejus utrinque sat late sed minus æqualiter albo-limbato, et interdum in medio V maguo albo notato quoque.— ♂ ad. *Long. circa* $3\frac{3}{4}$ *millim.*

Mas.—*Cephalothorax* paullulo latior quam longior, inverse et breviter subcordiformis, utrinque antice paullo sinuatus, postice late truncatus, in lateribus præsertim posterius fortissime rotundatus, parte cephalica quoad libera est brevissima lateribus pæne rectis anteriora versus fortiter angustata; frons leviter rotundata, ut clypeus $\frac{1}{3}$ partis thoracicæ latitudine vix æquans. Humillimus est cephalothorax, dorso a latere viso ante declivitatem posticam brevem et satis præruptam recto et modice proclivi; spatium inter marginem clypei directi et oculos medios anticos evidenter minus est quam spatia, quibus hi oculi a mediis posticis distant, et dupla oculi medii antici diametro non majus. Lævis et nitidus est cephalothorax, ut abdomen supra, pedes, cet., pube appressa vestitus, impressionibus cephalicis distinctissimis. *Oculi* parvi, medii postici reliquis æqualibus non parum minores, laterales saltem postici tuberculo parvo impositi. Series oculorum postica antica multo longior est, fortiter recurva, series antica a fronte visa modice sursum curvata, desuper visa modice recurva. Area oculorum mediorum transversa est, pæne dimidio latior postice quam antice et paullulo latior antice quam longior. Spatium inter oculos binos laterales evidenter majus est quam spatia quibus distant medii antici a mediis posticis. Oculi medii antici, spatio eorum diametro duplo majore sejuncti, duplo longius inter se quam a lateralibus anticis distant: medii postici vix dimidio longius inter se quam a lateralibus posticis remoti sunt. *Sternum* paullo latius quam longius, antice late truncatum, postice anguste truncatum et non inter coxas 4⁴ paris, quæ spatio earum diametrum saltem æquante separatæ sunt, productum.

Mandibulæ parvæ, directæ, cylindrato-conicæ, circa dimidio longiores quam latiores, femoribus anticis multo angustiores. *Maxillæ* in labium valde inclinatæ eoque saltem dimidio longiores; *labium* paullo longius quam latius et apice rotundatum videtur. *Palpi* mediocres, vix aculeati, clava sat parva. Pars patellaris fere dimidio longior quam latior est, pars tibialis eâ paullulo brevior et angustior, cylindrata et fere dimidio longior quam latior: seta forti in medio lateris interioris aliaque supra, versus basin, sita prædita est; apex lateris exterioris dentem brevem nigrum emittit. Pars tarsalis ovata est, apice obtusa, fere duplo longior quam latior, parte tibiali non parum longior et paullo latior: bulbus a latere visus angulato-convexus, ut videtur parum complicatus, fuscus. *Pedes* graciles, sat longi (2⁴ paris, qui etiam 1⁴ paris pedes longitudine multo, circa dimidio, superant, cephalothorace circa 4½ longiores sunt); paullo pilosi, ut reliquum corpus pube vestiti; aculeis gracilibus non multo crebris armati sunt. In pedibus anterioribus, e. gr., femora supra aculeos 1. 1. 1., antice et postice 1. 1. habere videntur, tibiæ et metatarsi subter 2. 2., antice et postice 1. 1. 1. aculeos. Scopulæ vix ullæ. *Abdomen* dimidio-duplo longius quam latius, depressum, subovatum, antice tamen late truncatum, postice subacuminatum: vestigia foveolarum duarum longarum vel potius lineolarum impressarum longitudinalium parallelarum pone medium dorsi ostendit.

Color.—Cephalothorax in fundo luteo-testaceus, secundum medium paullo pallidior, parte thoracica in lateribus et postice limbo angusto albo cincta; pube appressa densa alba saltem ad magnam partem vestitus est et antice pilis albis sparsus. *Oculi* suo quisque annulo angustissimo albo circumdati. *Sternum* albicanti-cinereum. *Mandibulæ* luteo-testaceæ, pilis albis sparsæ; *maxillæ* et *labium* paullo obscuriora. *Palpi* pallide virenti-flavi, parte tarsali infuscata

summo apice puncto nigro notata; *pedes* quoque pallide virenti-
flavi, metatarsis tarsisque parum infuscatis ; aculeis pallide fuscis
armati sunt et, ut palpi, pube alba appressa sat dense vestiti, præsertim in metatarsis albicanti-pilosi. *Abdomen* in fundo pallide
testaceum, dorso utrinque sat late et minus æqualiter albo-limbato ;
in exemplo juniore dorsum ejus præterea in medio **V** magnum
album ostendit, cujus extremitates anteriores cito retro et paullo
foras fractæ sunt ; etiam venter limbo albicanti utrinque munitus
esse potest. Pube alba præsertim supra appressa vestitum est
abdomen. *Mamillæ* pallide testaceæ.

Lg. corp. $3\frac{3}{4}$; lg. cephaloth. pæne 2, lat. ej. 2, lat. clyp. circa $\frac{2}{3}$;
lg. abd. $2\frac{1}{4}$, lat. ej. circa $1\frac{1}{3}$ millim. Ped. I 6, II 9, III $5\frac{1}{2}$, IV
circa $5\frac{1}{2}$; pat.+tib. IV circa $1\frac{1}{2}$ millim.

Exempla paucissima, inter ea singulum adultum, ad Rangoon
inventa.

AMYCIÆA, Sim., 1886.

*227. Amyciæa forticeps (Cambr.).

Amycle forticeps, *Cambr. Proceed. Zool. Soc. Lond.* 1873, p. 122,
pl. xiii. figg. 6 a–6 g.

*Cephalothorace luteo-rufo, tuberculis oculorum majorum pallidis ;
area oculorum non parum latiore quam longiore, vix latiore postice
quam antice, area oculorum mediorum vix vel parum latiore postice
quam longiore, sed pœne dimidio latiore postice quam antice ; abdomine cinereo-luteo vel -testaceo, supra maculis parvis albis plus minus
consperso et utrinque postice macula majore nigra notato, dorso præterea anterius vitta transversa nigra vel fusca, integra vel in medio
abrupta et plus minus deorsum et paullo retro in latera producta,
posterius vero serie longitudinali linearum transversarum fuscarum
brevium et densarum signato ; pedibus subluteis, basi clarioribus, femoribus supra saltem basi, cum linea longitudinali supra in patellis,
tibiis et metatarsis (tarsisque totis) albicantibus, femoribus saltem
posticis linea longitudinali nigra postice notatis ; palpis luteis, linea
longitudinali nigra intus in partibus patellari, tibiali et tarsali.—*
♀ ad. *Long.* 5–6 *millim.*

Feminam adultam (aliamque pedibus omnibus carentem) ad
Tharrawaddy cepit Col. Oates.—An revera subfamiliæ *Philodromi-
norum* est hæc aranea ?

Subfam. MISUMENINÆ.

BOLISCUS, Thor., 1891.

*228. **Boliscus segnis**, Thor.

Boliscus segnis, Thor. *K. Svenska Vet.-Akad. Handl.* xxiv. p. 98 (1891).

Femina singula junior, 3¼ millim. longa, pullique tres, ex Birmania meridionali.—Color in hac specie valde variat : in femina illa juniore abdomen supra totum cinereo-albicans est, subter et in lateribus, ut et in declivitate postica reclinata, subfuscum, macula oblonga sive vitta crassa deorsum et paullo anteriora versus directa in utroque latere, postice, notatum, quæ vittæ declivitatem abdominis posticam utrinque limitant : in pullis abdomen ferrugineo-testaceum est aut pæne totum, aut transversim paullo pallido-striatum, vittis illis nigris plus minus evidentibus. In pullo masculo spinulæ laterales dorsi abdominis paullo majores quam in reliquis exemplis (femineis) videntur.

Femina *adulta*, ex Singapore, a Cel. Workman nuper mecum communicata, modo paullo plus 4 millim. longa est.

LOXOBATES, Thor., 1877.

229. **Loxobates quinque-notatus, sp. n.

Cephalothorace cum mandibulis luteo, area oculorum saltem ad partem alba, area oculorum mediorum plane rectangula, paullo longiore quam latiore ; palpis pedibusque luteo-testaceis, metatarsis saltem 2ᵢ paris apice supra macula rubra notatis ; abdomine supra testaceo-albicanti, maculis parvis quinque rubris plus minus distinctis notato, quarum una in apice dorsi antico sita est, reliquæ trapezium magnum fere in medio dorso formant ; tibiis anterioribus subter aculeorum paribus 4–5, metatarsis anterioribus ibidem 6 paribus aculeorum armatis.— ♀ jun. Long. saltem 6¼ millim.*

Femina jun.—Cephalothorax æque longus et latus, tibiam cum patella 1ᵢ paris longitudine circiter æquans, pæne circulatus, anteriora versus parum angustatus, utrinque antice paullo sinuatus, in lateribus partis thoracicæ fortiter et æqualiter rotundatus, antice latus et minus fortiter quam in lateribus rotundatus, latitudine clypei ⅔ latitudinis partis thoracicæ fere æquante. Altissimus et valde convexus est cephalothorax, nitidus et glaber, impressionibus cephalicis obsoletissimis, fovea centrali minuta, fere punctiformi ; dorsum a latere visum ante declivitatem posticam, quæ prærupta et pæne recta est et reliquum dorsi longitudine æquat, usque ad oculos libratum (vix proclive) et modo leviter convexum, inter oculos medios paullo magis proclive. Clypeus hoc modo visus rectus et prærupte proclivis est ; altitudo ejus longitudine areæ oculorum mediorum saltem dimidio est majus. *Oculi* parvi dicendi, lateralibus anticis exceptis, qui oculis posticis pæne æqualibus saltem dimidio majores sunt ; oculi medii antici mediis posticis paullo minores videntur. Area quam occupant oculi sat parva est, subluuata ; series eorum postica serie antica plus dupla oculi maximi diametro longior est. Series antica a fronte visa sat leviter sursum est curvata, ambæ series desuper visæ sat fortiter et pæne æqualiter recurvæ. Area oculorum mediorum rectangula est, paullo longior quam latior ; spatium inter oculos binos laterales, tuberculo communi obliquo humili impositos, æque magnum est ac spatia, quibus oculi medii antici a mediis posticis sunt separati. Oculi medii antici, spatio diametro sua plus duplo majore sejuncti, parum longius inter se quam a lateralibus anticis distant ; medii postici evidentissime longius a lateralibus posticis quam inter se remoti sunt. *Sternum* parum longius quam latius, antice truncatum, præterea rotundatum, postice vix acuminatum, non inter coxas 4¹ paris, quæ inter se contingentes sunt, pertinens.

Mandibulæ femora antica crassitie æquant, plus dimidio longiores quam latiores, versus apicem intus paullo pilosæ. *Pedes* mediocres, parcissime pubescentes, præter aculeis mediocribus subter in tibiis et metatarsis anterioribus modo aculeis paucis brevibus armati. Femora anteriora 2 aculeos parvos supra habent, tibiæ anteriores vel saltem 1¹ paris 4–5 paria aculeorum subter et 1. 1. aculeos parvos utrinque ; metatarsi anteriores 6 paria subter et 1. 1. parvos utrinque. *Abdomen* circa duplo longius quam latius, fusiformi-ovatum fere ; a latere visum dorso pæne recto anteriora versus sensim assurgit, antice igitur altum, oblique truncatum et reclinatum, hac parte abdominis antica cephalothoracis partem posticam tegente. Læve et nitidum est abdomen, ut videtur glabrum.

Color.—*Cephalothorax.* area oculorum albicanti et interdum in medio ferruginea excepta, cum *mandibulis* luteus est ; *sternum, mamillæ, labium, palpi* pallido-pilosi et *pedes* flavo-testacea sunt, hi pallido-pubescentes, pallide testaceo- et fusco-aculeati ; metatarsi anteriores vel saltem 2¹ paris macula parva rubra apice supra notati sunt. *Abdomen* supra testaceo-albicans, in lateribus et infra magis testaceum ; in dorso, præter puncta ordinaria 5 impressa sub-infuscata, maculas parvas plus minus distinctas 5 rubras ostendit, quarum una in apice antico dorsi posita est ; reliquæ 4, quarum anteriores paullo ante, posteriores paullo pone medium dorsi et non longe a lateribus ejus locum tenent, trapezium magnum formant, quod non parum latius est postice quam antice, et circiter æque longum ac latum antice. Præterea in ipso apice postico dorsi vestigia punctorum duorum rubrorum vidisse videor. *Mamillæ* pallide testaceæ.

♀ *jun.*—Lg. corp. 5⅔ ; lg. et lat. cephaloth. 2⅛. lat. clyp. circa 1⅛ ; lg. abd. 4⅓, lat. ej. 2⅓ millim. Ped. I 7¾, II pæne 7¾, III 5, IV paullo plus 5 ; pat.+tib. IV circa 1¾ millim.

Feminas duas juniores ad Tonghoo cepit Col. Oates. In altera (majore et dimensa) maculæ rubræ abdominis obsoletæ sunt.

LYCOPUS *, gen. n.

Notæ hujus generis eædem sunt ac gen. *Loxobate*, Thor.†, his exceptis:

Clypei altitudo longitudinem areæ oculorum mediorum vix vel non superat. Area oculorum magna est, totam frontis latitudinem occupans; oculi laterales suo quisque tuberculo sat magno impositi sunt; oculi seriei anticæ spatiis pæne æqualibus separati.

Ut in *Loxobate*, oculi medii aream fere rectangulam, vix vel non latiorem antice quam postice, et paullo longiorem quam latiorem occupant.

**230. Lycopus edax, sp. n.

Cephalothorace cum mandibulis ferrugineo-rufo, area oculorum utrinque albicanti; area oculorum mediorum paullulo latiore postice quam antice; palpis pedibusque testaceis; abdomine circa dimidio longiore quam latiore, inverse ovato-pentagono fere, dorso cinerascenti maculis duabus albicantibus sat parvis inter se appropinquantibus paullo ante medium signato, pone medium vero linea transversa albicanti, cui antice adjacent maculæ duæ fuscæ, et utrinque parum pone eam, in angulis lateralibus, lineola parva transversa fusca notato.— ♀ ad. (?). *Long. circa 4 millim.*

Femina.—Cephalothorax paullo longior quam tibia cum patella 1¹ paris, paullo longior quam latior, lævis et nitidus, ad formam fere ut in specie præcedente, *Loxobate quinque-notato*, diximus, clypeo tamen paullo minus prærupto et altitudine longitudinem areæ oculorum mediorum modo æquante. Area oculorum magna, totam latitudinem frontis occupans; longitudo seriei oculorum posticæ latitudinem clypei paullo superat. Oculi mediocres; laterales antici lateralibus posticis paullo majores; medii postici evidentissime majores quam medii antici, sed lateralibus posticis non parum minores. Series oculorum antica a fronte visa levissime sursum curvata est; desuper visa modo leviter est recurva, quum contra series postica fortiter recurva est. Area oculorum mediorum saltem æque longa est ac lata postice et paullulo angustior antice quam postice. Oculi bini laterales spatio paullo majore sunt separati, quam quibus distant medii antici a mediis posticis. Oculi medii antici, spatio eorum diametro plus duplo majore separati, vix vel non longius inter se quam a lateralibus anticis distant; medii postici saltem dimidio longius a lateralibus posticis quam inter se remoti sunt. *Sternum* ut in specie priore, modo paullo longius.

Mandibulæ magnæ, femora antica latitudine æquantes, duplo longiores quam latiores basi. *Maxillæ* labio dimidio longiores; *labium* saltem duplo longius quam latius. *Pedes* mediocres, sat

---

graciles, parcius pilosi: femora supra 1. 1. aculeos parvos habent; in tibiis anterioribus tibiæ subter 2 paria, metatarsi subter 4 paria aculeorum paullo majorum ostendunt. *Abdomen* fere dimidio longius quam latius, inverse ovato-pentagonum fere, antice leviter rotundatum, lateribus dein, pæne ad $\frac{2}{3}$ longitudinis, rectis vel leviter rotundatis sensim paullo dilatatum, denique eodem modo sed citius sensim angustatum et acuminatum, angulis lateralibus rotundatis, non prominentibus, pilis supra sparsum. A latere visum sensim anteriora versus assurgit dorsum: antice igitur altum est abdomen, oblique truncatum et reclinatum. Paullo ante plicaturam genitalem maculam subtransversam corneam nitidam nigram (vulvam?) video.

Color.—Cephalothorax cum *mandibulis* ferrugineo-rufus, *sternum*, *maxillæ* et *labium* cum coxis pedum lutea, *pedes* præterea, ut *palpi*, flavo-testacei, aculeis nigris. *Abdomen* supra cinerascens, hac pictura: paullo ante medium maculas vel lineolas trnnversas duas parvas plus minus procurvas et spatio sat parvo separatas ostendit dorsum ejus, utrinque, apud et ante eas, paullo fusco-maculatum; pone medium vero, paullulo ante angulos laterales, alia linea longiore transversa alba, cui antice adjacent maculæ duæ triangulæ fuscæ, est notatum, et paullulo pone eas, in ipsis angulis lateralibus, supra, lineola transversa brevissima fusca. Etiam in declivitate postica transversim et breviter albicanti-lineatum esse potest dorsum abdominis. Latera ejus inferius albicantia sunt, oblique fusco-striata. Venter secundum medium sat late niger est, in lateribus testaceus.

Lg. corp. pæne 4: lg. cephaloth. 2, lat. ej. circa $1\frac{3}{4}$, lat. clyp. circa $1\frac{1}{3}$; lg. abd. $2\frac{1}{2}$, lat. ej. $1\frac{2}{3}$ millim. Ped. I pæne $4\frac{1}{2}$, II $4\frac{1}{4}$, III pæne $3\frac{1}{3}$, IV $3\frac{1}{2}$: pat.+tib. IV circa $1\frac{1}{2}$ millim.

Femina, quæ adulta videtur, cum alia juniore et multo minore in Birmania meridionali capta est.

Generis *Lycopi* nostri etiam *Loxobates rubro-pictus*, Workm.*, haud dubie est, etsi forma abdominis a typo hujus generis magnopere differt.

RHYTIDURA †, gen. n.

Cephalothorax formâ ordinariâ, humilis, paullo longior quam latior, parte cephalica parva, fronte angusta, impressionibus cephalicis et sulco ordinario centrali distinctissimis; clypeus valde præruptus, altitudine longitudinem areæ oculorum mediorum circiter æquans.

Area oculorum, qui in duas series recurvas pæne parallelas dispositi sunt, lunata; oculi laterales antici reliquis sat parvis majores. Series oculorum antica a fronte visa sat leviter sursum curvata est, desuper visa recurva; series postica ea multo longior et fortius recurva. Area oculorum mediorum paullo longior quam latior,

* 'Malaysian Spiders,' part 4 (nondum edita).
† Ῥυτίς, ruga; οὐρά, cauda.

rectangula vel paullo angustior antice quam postice : oculi antici
spatiis pæne æqualibus separati.

Mandibulæ directæ, conicæ.

Maxillæ plus duplo longiores quam latiores, labio circa dimidio
longiores, ad insertionem palpi dilatatæ, ante eam in labium inclinatæ ; labium saltem dimidio longius quam latius, a medio ad
apicem sensim paullo angustatum.

Pedes, ita : I, II (II, I), IV, III, longitudine se excipientes, sat
graciles sunt, anteriores posterioribus multo longiores : aculeis crebris gracilibus sunt armati, non multo pilosi, scopulis carentes sed
fasciculis unguicularibus prædati, qui e pilis apice dilatatis et compressis formati sunt. Unguiculi tarsorum dentibus multis sat longis
et densis pectinati, apice deflexo sat brevi.

Abdomen multo longius quam latius : mamillæ apicales.

Typus : *Rhytidura attenuata*, sp. n.

Loxobatæ et *Lycopo* affine est hoc genus, ab iis præsertim cephalothorace humili et parte cephalica parva distinguendum ; etiam cum
Diæa et *Misumena* magnam similitudinem ostendit, clypeo altiore
et non plano directo, fasciculis unguicularibus pedum et forma peculiari abdominis ab iis differens.

**231. Rhytidura attenuata, sp. n.

*Cephalothorace luteo, linea media longitudinali albicanti, et serie
longitudinali macularum albicantium (vel linea flexuosa albicanti)
utrinque, in lateribus, notato : palpis, pedibus et abdomine flavo-
testaceis, abdominis parte tertia posteriore supra sulcis paucis transversis tenuibus quasi in segmenta, quæ saltem interdum in margine
postico serie pilorum paucorum nigrorum retro directorum munita
sunt, divisa.— ♂ ad. Long. circa 6 millim.*

Mas.—*Cephalothorax* paullo longior quam latior, tibia cum patella
4' paris non parum longior, utrinque antice fortiter sinuato-angustatus, in lateribus ample, fortiter et pæne æqualiter rotundatus,
parte cephalica parva lateribus quoad libera est brevissimis et rectis
anteriora versus sat fortiter angustata, fronte leviter rotundata ⅓
partis thoracicæ latitudine vix æquante. Humilis est cephalothorax,
dorso a latere viso ante declivitatem posticam modice præruptam et
superius convexam usque ad oculos recto et modice proclivi, inter
oculos medios paullo magis proclivi. Clypeus, et transversim et ad
longitudinem convexus, valde præruptæ proclivis (non plane directus)
est ; altitudo ejus longitudinem areæ oculorum mediorum paullo
superat, longitudine mandibularum non multo minor. Præter impressiones cephalicas et sulcum ordinarium centralem tres impressiones leves radiantes utrinque ostendit cephalothorax ; lævis et nitidus
est et, ut videtur, glaber. *Oculorum* area sublunata totam latitudinem frontis occupat. Oculi laterales antici oculis mediis parvis
et pæne æqualibus fere duplo majores sunt, laterales postici mediis
paullo majores. Series oculorum postica, quæ plus tripla oculi lateralis antici diametro longior est quam antica, desuper visa sat for-

titer recurva est. Series antica, a fronte visa sat leviter sursum curvata, desuper visa paullo fortius retro est curvata. Area oculorum mediorum evidenter longior est quam latior, plane rectangula. Spatium inter oculos binos laterales vix vel non majus est quam spatia, quibus medii antici a mediis posticis sunt separati: hæc spatia oculi medii diametro circa triplo majora sunt. Oculi medii antici, spatio eorum diametro plus dimidio sed non duplo majore sejuncti, vix longius inter se quam a lateralibus anticis distant ; medii postici contra spatio pæne duplo majore a lateralibus posticis quam inter se remoti sunt. *Sternum* fere ovato-triangulum inter coxas 4¹ paris spatio sat magno separatas pertinere videtur.

Mandibulæ pæne duplo longiores quam latiores basi, ubi femoribus anticis saltem dimidio angustiores sunt. *Palpi* mediocres, clava femora antica latitudine æquante. Pars patellaris paullo longior quam latior est ; pars tibialis eâ non parum brevior sed apice multo latior, a basi ad apicem late et oblique emarginato-truncatum sensim dilatata ; apex lateris exterioris ejus in procursum crassum incurvum pallidum anteriora versus directum est productus, cujus apex subito in spinam nigram foras et anteriora versus directam et deorsum curvatam angustatus et fractus est ; apice subter pars tibialis procursum sat fortem obtusum pallidum anteriora versus directum ostendit. Pars tarsalis prioribus duabus conjunctis non parum longior est, parte patellari circa triplo latior, pæne duplo longior quam latior, breviter ovata fere, pæne a medio ad apicem lateribus rectis sensim angustato-acuminata ; bulbus non altus, a latere visus subter levius convexus. *Pedes* sat graciles, anteriores longi et posterioribus pedibus non parum fortiores et pæne duplo longiores (1¹ paris cephalothorace saltem 4plo longiores sunt). Aculei pedum graciliores, in pedibus anterioribus crebri et præsertim subter valde longi : in pedibus 1¹ paris, e. gr., 10 aculeos in femoribus video, in patellis 1 utrinque et 1 apice supra, in tibiis 2.2.2. subter, 1.1.1. utrinque (vel 2.2.2.2. subter et 1.1. utrinque) et 1.1. supra : metatarsi horum pedum aculeos 2.2. subter et 1.1. in lateribus habere videntur. Parce pilosi et pubescentes sunt pedes, in metatarsis et tarsis magis pilosi. *Abdomen* circa 4plo longius quam latius, antice subtruncatum, posteriora versus sensim paullo angustatum, foveolis duabus oblongis paullo ante medium dorsi munitum ; in parte circiter tertia posteriore dorsum ejus circa sex rugas vel sulcos tenuissimos transversos ostendit, quibus obsolete annulatum vel quasi segmentatum videtur, præterea nitidum, læve, pæne glabrum. (In exemplo juniore in apice " segmentorum " illorum seriem transversam pilorum quaternorum longiorum nigrorum retro directorum video.)

Color.—Cephalothorax cum *mandibulis* lutens est, vestigiis fasciæ vel lineæ mediæ longitudinalis albicantis, et utrinque, in lateribus, serie subincurva macularum albicantium (in exemplo juniore in lineam flexuosam coëuntium) notatus ; tubercula parva, quibus oculi sunt impositi, alba vel cæruleo-alba sunt. *Sternum, maxillæ, labium, palpi* (bulbo fusco excepto) flavo-testacea sunt, aculei pedum testacei vel pallide fusci, fasciculi unguiculares vero nigri. *Abdomen* quoque (cum *mamillis*) flavo-testaceum, foveolis duabus dorsi paullo infuscatis ; in exemplo juniore dorsum vestigia picturae cujusdam (fasciarum longitudinalium ?) albicantis ostendit.

♂ *ad.*—Lg. corp. 6 ; lg. cephaloth. 2¼, lat. ej. paullo plus 2, lat. clyp. saltem ¾ ; lg. abd. 4, lat. ej. parum plus 1 millim. Ped. 1 9½, II paene 9½, III circa 4¾, IV 5 ; pat.+tib. IV fere 1½ millim.

Quattuor exempla, quorum singulum (masculum) adultum est, in Birmania meridionali sive inferiore lecta.

DARADIUS. Thor., 1870.

*232. Daradius laglaizei (Sim.).

Thomisus laglaizi, *Sim. Ann. Soc. Ent. France*, 2ᵉ sér. vii. p. 65 (1877). Daradius javanus, *Thor. Ann. Mus. Genova*, xxx. p. 151 (1890); *id. op. cit.* xxxi. p. 78 (1892).

Exempla nonnulla adulta utriusque sexus cum paucis junioribus femineis cognovi ; in Birmania (meridionali) inventa sunt.

Feminae feminis speciei insequentis, *D. stoliczkae*, simillimae sunt, pedibus immaculatis (annulis albis carentibus) paene semper facillime dignoscendae tamen ; praeterea metatarsos anteriores subter 5 paribus aculeorum (non, ut in *D. stoliczkae*, ♀, 4 paribus tantum) fere semper armatos habent, et vulvam quoque paullo diversam ; in *D. laglaizii* enim vulva ex punctis duobus nigricantibus sat longe inter se remotis ante plicaturam genitalem sitis formata videtur. Mares harum formarum, qui dente in latere exteriore mandibularum carent, praesertim structura partis tibialis palporum sine negotio distingui possunt ; conf. eorum descriptiones hic et infra citatas. Praeterea dente forti deorsum directo, quo basi armata est pars femoralis palporum in *D. stoliczkae*, ♂, caret mas *D. laglaizii* (ut mas *D. dentigeri*).

Quum descriptio *Thomisi laglaizi*, Sim., bene in nostrum *Daradium javanum* cadat, nomen specificum *laglaizii* in hac specie accipio. *Thomisus laglaizi*, Sim., in ins. Philippinis (Luçon) inventa est.

233. Daradius stoliczkæ, Thor.

Daradius stoliczkae, *Thor. Ann. Mus. Genova*, xxv. p. 271 (1887) (= ♂).

Cephalothorace ferrugineo-testaceo, parte cephalica plerumque alba et plaga magna subcordiformi ferrugineo-testacea anterius occupata ; oculis mediis anticis parae dimidio longius a lateralibus anticis quam inter se remotis ; pedibus ferrugineo-testaceis, dense albo-annulatis, annulis plerisque abruptis vel ad maculas redactis ; metatarsis anterioribus 4 paribus aculeorum subter armatis ; abdomine subpentagono, angulis lateralibus prominentibus, flavo-testaceo, lineola transversa vel macula parva nigra (nonnumquam obsoleta) utrinque in dorso, in angulis, notato, pictura nigra praeterea in abdomine, ut in cephalothorace et pedibus, carente ; vulva ex fovea pallida constante, qua

lineolas duas longitudinales minutas nigras, spatio angustissimo sepa-
ratas ostendit.— ♀ ad. *Long.* 4½–7 *millim.* (*forma principalis*).

Var. β, *tibiis* (*et metatarsis*) *anterioribus annulo nigro vel fusco vel*
macula nigra prope apicem præditis, femoribus anterioribus subter
maculis nigris 1–2; *cephalothorace plerumque fascia plus minus*
abbreviata vel macula nigra vel fusca utrinque antice notato, abdo-
mine plerumque in lateribus, paullo ante tubercula, vitta deorsum
directa vel macula nigra ornato, et sæpe præterea anterius in dorso
paullo nigro-maculato vel -punctato; ceterum ut supra, in forma
principali, est dictum.— ♀ ad.

Maris descriptionem vid. loc. cit.—Pars palporum femoralis basi
subter spina est armata, qua carent mares *D. laglaizii* et *D. den-*
tigeri.

Femina, quæ mari minuto valde dissimilis est, ad formam cum
descriptione nostra *D. armillati* * pæne plano convenit, modo paucis
exceptis. *Cephalothorax* parum brevior est quam tibia cum patella
1ᵢ paris; frons desuper visa truncata est, utrinque omnium levissime
sinuata. Nitidus est cephalothorax, omnium tenuissime (sæpe vix
evidenter) granulosus, excepto in partibus albis, ubi subtilissime
quidem sed evidentissime granulosus est, in parte posteriore partis
cephalicæ minus dense, in margine clypei et in area magna subtriangula faciei (præsertim in lateribus hujus areæ) dense granulosus: etiam in lateribus tamen granulis parvis raris sparsus esse
potest; pæne glaber videtur, modo pilis brevissimis pallidis sparsus.
Oculi medii antici spatio fere dimidio majore a lateralibus anticis
quam inter se distant, medii postici spatio saltem dimidio majore a
lateralibus posticis quam inter se. *Pedes* anteriores cephalothorace
2¾–3plo longiores sunt. Femora 1ᵢ paris aculeis 5 (vel paucioribus)
brevissimis sunt armata; tibiæ 1ᵢ paris subter plerumque 2.2.
vel 2.1. (interdum 1.2.1.) aculeos, metatarsi anteriores subter
2.2.2.2. aculeos sat fortes, diametro maxima internodii non vel
parum longiores, testaceos vel ferrugineos (non nigros) habent.
Vulva ex fovea mediocri non profunda pallida constat, quæ antice
plerumque quasi elevationem vel costam transversam bis recurvam
pallidam continet, pone eam vero costas duas minutas longitudinales
nigras, sulco pallido separatas et vix vel non usque ad plicaturam
genitalem pertinentes.

Color "formæ principalis" hic est: *Cephalothorax* ferrugineo-
testaceus vel luteus, parte cephalica tamen supra apud oculos in
formam fasciæ transversæ (oculos includentem) alba, et in dimidia
parte postica fere in formam cordis alba quoque, his duabus partibus
albis lineis longitudinalibus gracillimis vel quasi venis albis inter se
unitis; pars cephalica alba diei quoque potest, plaga maxima ferrugineo-testacea albo-venosa anterius occupata. Latera cephalothoracis secundum medium et pars obscurior partis cephalicæ
granulis minutis raris albis sæpe sparsa sunt. Interdum tamen
pars posterior alba deest, et cephalothorax tum supra, excepto antice

---

* K. Svenska Vet.-Akad. Handl. xxiv. p. 91.

apud oculos plus minus anguste, totus ferrugineo-testaceus vel luteus
est. Facies in formam trianguli basi (postice) latissimi, angulo
antico truncato vel rotundato (saepe cum margine clypei albo con-
juncto) alba vel albo-limbata est, plus minus ferrugineo-maculata,
interdum magis ferruginea; per oculos medios posticos linea transversa obscura versus apicem angulorum frontalium ducta est.
Sternum et *labium* subtestacea, illud saepe antice album vel albo-
maculatum. *Mandibulae* apice latissime albae, basi inaequaliter sub-
luteae. *Maxillae* saepe infuscatae sunt, plerumque extus albo-limbatae.
Palpi sublutei, albo-annulati et -maculati. *Pedes* lutei, anteriores
vittis transversis vel annulis supra abruptis, saepe ad maculas
redactis, 3 in femoribus et in tibiis (apicali et basali saepe angustis
vel obsoletis), singulo apicali angusto in patellis ornati; etiam metatarsi et tarsi maculam mediam albam supra ostendunt, illi saepe
etiam basi albi, hi apice late infuscati. In pedibus posterioribus
pictura alba ex annulo apicali angusto patellarum et tibiarum prae-
cipue vel unice constat. Pilis minutis pallidis sparsi sunt pedes;
aculei, ut dixi, pallidi quoque. Interdum, praesertim in junioribus,
pictura pedum alba obsoleta est, remanente modo macula albicanti
plus minus distincta subter in medio femorum et tibiarum. *Abdomen*
flavum vel luteo-flavum, lineola transversa nigra vel puncto nigro
supra in utroque angulo laterali notatum, quibus lineolis vel punctis
tamen nonnunquam caret. Venter secundum medium purius flavum
esse solet, hic punctis minutis impressis nigricantibus in duas series
longitudinales ordinatis munitus. *Mamillae* luteae.

Sub " *Var.* β " omnes illas conjungo varietates—et multas sane
habet haec species—quae eo agnosci possunt, quod saltem *pedes anteriores* picturam quandam nigram vel fuscam (praeter albam ut in
forma principali dispositam) ostendunt; quae pictura ex annulo lato
subapicali nigro vel fusco (nonnunquam modo ex macula antica
nigra) in tibiis, et paene semper ex macula vel maculis duabus, basali
et subapicali, ejusdem coloris, subter in femoribus sitis constat;
etiam metatarsi horum pedum annulo lato subapicali obscuro plerumque notati sunt, et coxae et trochanteres saepe nigro-maculata:
in pedibus 4ⁱ paris metatarsi interdum annulum vel maculam apicalem fuscam vel nigram ostendunt et tarsi apice infuscati sunt.
Sternum saepe macula nigra antice est signatum. *Cephalothorax* et
abdomen *aut* ut in forma principali ad colorem sunt, *aut* plus minus
nigro- (vel fusco-) maculata: cephalothorax tum utrinque antice
fascia longitudinali nigra vel fusca, apud clypeum initium capiente,
plus minus inaequali, plerumque postice abbreviata et tum saepe in
maculas duas abrupta vel ad maculam singulam redacta est notatus,
abdomen vero saepissime in lateribus paullulo *ante* angulos laterales
vitta deorsum directa vel macula nigra ornatum, et interdum etiam
antice in lateribus macula nigra notatum et in dorso anterius—
immo etiam in declivitate antica—punctis vel maculis paucis parvis
nigris (nonnunquam hic illic lineola nigra binis conjunctis) sparsum.
In exemplo uno puncta quattuor nigra mamillas et anum circumdant. Nonnunquam etiam *mandibulae* macula nigra notatae sunt.
Praeterea color Var. β idem ac formae principalis est.

Lg. corp. 7 ; lg. cephaloth. 3, lat. ej. pæne 3, lat. clyp. paullo plus
1½ ; lg. abd. 4, lat. ej. 5½ millim.   Ped. 1 9, II circa 9, III fere 5,
IV 6 ; pat.+tib. IV circa 2¼ millim.

Cel. Oates magnam vim exemplorum (modo pauca tamen Var. β,
feminæ) in Birmania inferiore collegit.—*D. callidus*, Thor.*, ex
Sumatra, vulvam alio modo formatam atque in *D. stoliczkæ*, ♀,
habere videtur ideoque vix ejusdem speciei esse potest.   *D. armil-
latum*, Thor., varietatem *D. stoliczkæ* facile credidissem, nisi pedum
pictura ab omnibus, quæ vidi exemplis hujus speciei (♀), differret:
modo *femora* anteriora *D. armillati*, ♀, vittis vel lineis transversis
nigris subter notata sunt.—A *D. annulipede*, Thor.†, ex Celebes, cui
etiam sine dubio valde affinis est *D. stoliczkæ*, femina hujus saltem
eo distingui potest, quod metatarsi anteriores ejus modo 4 (non 5)
paribus aculeorum subter armati sunt, et quod vitta vel macula
nigra posterius in lateribus abdominis—si adest—paullo *ante*, non
pono angulos laterales locum tenent : itaque non, ut in *D. annulipede*, in declivitate postica abdominis sitæ sunt hæ maculæ (vel
fasciæ).

**234. Daradius histrionicus, sp. n.

*Cephalothorace ferrugineo-testaceo, fascia inæquali postice abbre-
viata nigra antice in lateribus notato, parte cephalica albicanti plaga
subcordiformi ferrugineo-testacea anterius occupata ; oculis mediis
saltem dimidio longius a lateralibus ejusdem seriei quam inter se
remotis ; pedibus luteis, anterioribus albo-annulatis vel -maculatis,
tibiis et metatarsis annulo lato subapicali nigro cinctis ; metatarsis
anterioribus subter aculeis pallidis 5 in serie exteriore, 4 in serie interiore armatis ; abdomine subpentagono, angulis lateralibus prominentibus, luteo-testaceo, utrinque supra, in angulis lateralibus, lineola
transversa nigra notato, in lateribus vero, postice, paullo ante eam,
macula deorsum directa nigra ; ventre macula magna nigra posterius
ornato.*— ♀ ad. *Long. circa* 9½ *millim.*

Femina.—*D. stoliczkæ*, ♀, ad structuram simillima est, parum
nisi statura majore, aculeis metatarsorum anteriorum 5 + 4 et forma
vulvæ paullo alia ab ea dignoscenda, ad colorem cum exemplis
quibusdam Var. β *D. stoliczkæ* conveniens, excepto quod maculam
magnam nigram postice in ventre habet.—*Cephalothorax*, æque fere
longus ac tibia cum patella 1ᵢ paris, ad formam in universum ut in
reliquis feminis gen. *Daradii* a me descriptis est ; recte desuper
visus ante marginem frontalem latissime et levissime emarginatus
et utrinque brevi spatio (inter angulum frontalem et oculum lateralem anticum) leviter est sinuatus ; pars saltem media clypei cum
oculis mediis anticis tum visibilis est.   Granula cephalothoracis ut
in *D. stoliczkæ*, ♀, disposita sunt, modo paullo fortiora.   Area
faciei subtriangula (apice truncato cum margine clypei conjuncta et

---

* Ann. Mus. Genova, xxx. p. 61.
† *Op. cit.* x. p. 501.

ibi denuo paullo dilatata) in lateribus densissime, præterea parce
granulosa est. *Oculi* medii utriusque seriei (non posterioris tantum)
saltem dimidio longius a lateralibus quam inter se distant. *Partes
oris* et *palpi* formae sunt ordinariae. *Pedes* fortes, sat breves (2' paris
cephalothorace pæne 3plo longiores). In femoribus 1' paris aculeos
5 brevissimos video, in tibiis hujus paris 1.2.1. et 2.1.2. (pauciores sunt in 2' paris tibiis); metatarsi anteriores aculeorum paribus
5, vel saltem aculeis 5 (extra) +4 (intus) armati sunt, his aculeis
fortibus, diametrum internodii vix longitudine superantibus. Superius pedes subtiliter et plus minus dense granulosi sunt, patellis,
tibiis et metatarsis fasciis binis longitudinalibus lævibus, præsertim
in tibiis distinctissimis, supra præditis; femora 1' paris antice
granulis humilibus densis subscabra sunt, ut in affinibus. *Abdomen*
ut in iis ad formam, dorso granulis minutis piliferis sparso et in
margine ante angulos laterales subtiliter denticulato. *Vulva*, in
area fusca posita, ex foveis duabus sat parvis annulo nigro intus
aperto cinctis et spatio eorum diametrum saltem aequante separatis
constat, ante quas alia fovea pallida major et minus profunda conspicitur; quæ foveæ tres figuram trifolii fere praebent, limbo communi
granuloso nigro antice et in lateribus circumdati.

Color, haud dubie variabilis, in nostro exemplo sic se habet:
Cephalothorax ferrugineo-testaceus est, ad marginem frontalem
fascia albicanti notatus, parte cephalica etiam postice late albicanti, spatio inter has partes albicantes cordiformi ferrugineo-
testaceo et albicanti-venoso; inter apices angulorum frontalium
linea nigra per oculos medios posticos ducta est. Utrinque in lateribus, antice, fascia longitudinali valde inæquali nigra notatus est
cephalothorax. Facies excepto in lateribus clypei area maxima
triangula, angulo antico sive inferiore (in margine clypei) truncato
et paullo dilatato, ferruginea occupatur, quæ nigro-marginata est
et præterea in lateribus (extra) linea alba foras curvata et in
clypeum producta limitatur. *Sternum* luteum, macula magna oblonga nigra notatum. *Mandibulæ* in dorso ad maximam partem
albicantes, basi luteo-maculatæ. *Maxillæ* et *labium* subluten. *Palpi*
lutei, albicanti-subannulati. *Pedes* lutei: femora anteriora subter
maculas tres albicantes (apicalem angustissimam) et præterea maculam nigram antice versus apicem sitam ostendunt; patellæ anteriores
apice anguste albæ sunt, tibiæ anteriores, quæ tres annulos angustos
albos habent, et metatarsi anteriores, qui saltem basi supra albi
sunt, annulo lato pæne apicali nigro sunt cincti Omnes tarsi apice
fusci sunt, metatarsi posteriores apice nigri: præterea pedes posteriores toti lutei sunt, internodiis plerisque modo summo apice supra
albis. Aculei pedum pallidi, ut pili minuti rari, quibus sparsa est
aranea. *Abdomen* pallide luteum, utrinque in dorso, in angulis
lateralibus, lineola transversa paullo obliqua nigra, et in lateribus,
paullo ante eam, macula oblonga nigra deorsum directa notatum:
etiam antice latera maculam nigricantem ostendunt. Venter ante
mamillas macula magna nigra ornatus est. *Mamillæ* superiores
testaceæ, inferiores magis fuscæ et exterius nigro-maculatæ.

Lg. corp. 9$\frac{2}{3}$; lg. cephaloth. 5, lat. ej. 4$\frac{1}{3}$, lat. clyp. pæne 2$\frac{5}{8}$;

lg. abd. 6, lat. ej. 6½ millim. Ped. I pæne 14, II. 14, III 8, IV 9½; pat.+tib. IV 3½ millim.

Feminam singulam, in Birmania meridionali captam vidi.— Num femina speciei insequentis, *D. dentigeri*, est hæc aranea?

235. Daradius dentiger, Thor.

Daradius dentiger, *Thor. Ann. Mus. Genova*, xxv. p. 274 (1887).

Cel. Oates mares duos hujus speciei, cujus femina adhuc non certo cognita est, in Birmania meridionali sive inferiore cepit.

RUNCINIA, Sim., 1875.

*236. Runcinia disticta, Thor.

Runcinia disticta, *Thor. K. Svenska Vet.-Akad. Handl.* xxiv. p. 93 (1891); *id. Ann. Mus. Genova*, xxxi. p. 89 (1892).

Feminæ paucæ juniores, ex Birmania inferiore.

*237. Runcinia kinbergii, Thor.

Runcinia kinbergii, *Thor. K. Svenska Vet.-Akad. Handl.* xxiv. p. 94 (1891); *id. Ann. Mus. Genova*, xxxi. p. 86 (1892).

Exempla nonnulla, pæne omnia immatura, ex Birmania inferiore. —*Mas ad.* hujus speciei feminæ locis cit. descriptæ simillimus est, ad colorem ab ea vix nisi tibiis anterioribus apice infuscatis vel nigricantibus differens : pedes, præsertim anteriores, longiores quam in femina sunt (I[i] paris cephalothorace circa 7plo longiores) et densius quam in ea aculeati. In I[i] paris femoribus 8 aculeos video ; tibiæ anteriores supra 1.1., utrinque 1.1.1. aculeos habent, subter 3-4 paria aculeorum longorum : metatarsi anteriores utrinque aculeis 1.1., subter circa 6-7 paribus aculeorum armati sunt : aculei subter in metatarsis et præsertim in tibiis horum pedum graciles sunt et setis longis fortibus mixti ideoque difficiliores visu. *Palpi* breves et graciles, clava basin metatarsorum anticorum latitudine vix æquante; pars patellaris parum longior est quam latior, pars tibialis ea fere duplo brevior, transversa, a basi angustiore apicem paullo oblique truncatum versus sensim dilatata, apice lateris exterioris in procursum crassum obtusissimum pallidum anteriora versus directum producto, qui in ipso apice spina sive dente parvo acuminato porrecto nigro præditus est. Pars tarsalis prioribus duabus modo paullo latior iisque conjunctim paullo brevior, ovata ; bulbus circulatus.—Long. pæne 5¼ millim.

**238. Runcinia manicata, sp. n.

Cephalothorace paullulo longiore quam latiore, ferrugineo-luteo, linea longitudinali alba, in medio dorso in plagam dilatata, et linea transversa alba inter angulos sive tubercula frontalia brevissima ex-

tensa notato; pedibus subtestaceis, anterioribus magis luteis, apice tibiarum sat late et metatarsis ad magnam partem infuscatis; abdomine circa duplo longiore quam latiore, subcylindrato, subtestaceo, saepe in dorso punctis vel lituris nigris aut duabus aut quattuor (in trapezium vel rectangulum magnum posterius dispositis), et interdum linea media longitudinali albicanti notato; mamillis apicalibus.— ♂ ad. Long. 3-4 millim.

Mas.—Cephalothorax parum longior quam latior, tibia I‘ paris multo brevior, parte thoracica paene circulata, parte cephalica quoad libera est brevissima, anteriora versus paullo dilatata, fronte dimidiam partem thoracicam latitudine circiter aequante; utrinque antice, paullo pone oculos posticos, fortiter et in angulum valde obtusum sinuato-angustatus est cephalothorax: frons enim utrinque, inter oculos binos laterales, in tuberculum latum deplanatum subconicum foras directum est producta, his tuberculis brevissimis, ita ut spatium inter apices eorum longitudinem seriei oculorum posticae modo aequet, non superet. Inter tubercula frons late truncata est, costa transversa humillima usque in haec tubercula continuata praedita, angulis frontis oblique truncatis. Humilis est cephalothorax, dorso ante declivitatem posticam reliquo dorso multo breviorem modice proclivi et parum convexo; facies humilis et directa; clypei altitudo spatium inter oculos medios anticos et posticos vix vel non superat. Laevis et nitidus est cephalothorax, paene glaber, setis tamen paucis in margine clypei instructus; impressiones cephalicae distinctae sunt, sulcus vero centralis obsoletus. Area *oculorum* plus triplo, paene quadruplo latior est quam longior: oculi laterales antici sat magni, lateralibus posticis non parum, mediis anticis saltem dimidio majores; oculi medii postici minuti, mediis anticis et praesertim lateralibus posticis dimidio-duplo minores. Series oculorum antica paene recta, parum sursum curvata: series postica, ea multo longior, sat leviter est recurva. Area oculorum mediorum transversa, saltem dimidio latior postice quam antice, sed paullo longior quam latior antice. Spatium inter oculos binos laterales saltem aeque magnum est ac spatia, quibus medii antici a mediis posticis distant, et paullo minus quam spatia, quibus medii postici a lateralibus posticis sunt remoti, sed paullo majus quam spatia, quibus medii antici a lateralibus anticis distant. Spatium inter medios anticos, quod oculi diametro vix dimidio majus est, evidenter est minus quam spatia, quibus hi oculi a lateralibus anticis sunt sejuncti; medii postici contra non parum longius inter se quam a lateralibus posticis distant. *Sternum* subovatum, antice truncatum, postice inter coxas 4‘ paris, quae spatio eorum diametro plus duplo minore sunt separati, productum.

Mandibulae directae, apicem versus sensim paullo angustatae, apice intus oblique rotundato-truncatae: duplo longiores quam latiores basi sunt, femoribus anticis fere dimidio angustiores; sulcus unguicularis vix ullus vel saltem inermis. Unguis brevis, non fortis, modice curvatus. *Maxillae* in labium inclinatae, circa duplo longiores quam latiores et labio fere duplo longiores; *labium* paullulo longius quam latius basi, apicem rotundatum versus sensim paullo angustatum. *Palpi* breves, graciles, clava basin metatarsorum crassitie vix superante. Pars patellaris saltem dimidio longior est quam latior, pars tibialis ea plus duplo brevior et paullulo angustior, subtransversa, procursibus carens ; pars tarsalis prioribus paullo latior est iisque conjunctis paullo brevior, anguste subovata fere. Bulbus pæne circulatus et lævis paullo plus quam dimidium (basale) lateris inferioris partis tarsalis occupat. *Pedes* graciles, anteriores longi (1ᵢ paris cephalothorace circa 6plo longiores), pedibus posterioribus saltem duplo longiores iisque non parum robustiores ; ut palpi parcius pilosi sunt (tibiis, metatarsis et tarsis anterioribus tamen densius et longius pilosis) et aculeis crebris parvis et gracilibus (circiter 5 paribus subter in tibiis et metatarsis anterioribus vero longis) armati. *Abdomen* sat longum et angustum, circa duplo longius quam latius, apice rotundatum, *mamillis* apicalibus.

Color.—*Cephalothorax* ferrugineo-luteus, linea media longitudinali albicanti-testacea, quae fere in medio ejus in maculam magnam oblongam dilatata est, notatus, aliaque linea transversa alba, inter tubercula frontalia albicantia extensa ; setæ clypei nigræ sunt. *Sternum* flavo-testaceum, subluteo-marginatum. *Mandibulæ* ferrugineo-luteæ ; *maxillæ* et *labium* paullo clariora. *Palpi* flavo-testacei, clava paullo infuscata. *Pedes* posteriores pallide flavo- vel virenti-testacei toti, anteriores luteo- vel virenti-testacei, tibiis apice sat late et metatarsis (saltem 1ᵢ paris) basi excepta infuscatis vel nigricantibus : ut palpi ad maximam partem pallido-pilosi sunt pedes, aculeis fuscis vel nigris armati. *Abdomen* supra flavo-testaceum, punctis ordinariis impressis 4–5 subinfuscatis : interdum duo postica eorum, paullo pone medium sita, puncto nigro vel striola longitudinali nigra occupata sunt, et nonnunquam aliæ duæ striolæ minutæ transversæ nigræ longe postice, sed non parum supra anum, sitæ, cum illis rectangulum vel trapezium paullo latius postice quam antice et multo longius quam latius formant. Interdum abdomen lineam mediam longitudinalem abbreviatam albam in dorso ostendit. Venter subtestaceus est, sat dense albicanti-pubescens. *Mamillæ* subtestaceæ.

Lg. corp. 4 ; lg. cephaloth. 1⅘, lat. ej. pæne 1⅘, lat. clyp. pæne ⅘, lat. front. circa 1 ; lg. abd. pæne 2½, lat. ej. fere 1¼ millim. Ped. I pæne 10, II 9. III 3½, IV 5 : pat.+tib. IV circa 1½ millim.

Mares paucissimi adulti, ex Birmania inferiore.

RHYNCHOGNATHA, Thor., 1887.

239. Rhynchognatha tuberculata, sp. n.

Cephalothorace pæne duplo longiore quam latiore, cum sterno nigro-piceo : abdomine nigro-piceo et in lateribus secundum longitudinem pallido-lineato, angusto et cylindrato, postice supra mamillas in cornu fortem sursum et retro directum elevato, qui transversim sulcatus est et tuberculatus : pedibus sublutcis, densius fusco-punctatis et aculeis brevibus nigris sparsis.— ♂ ad. *Long. circa 6 millim.*

Mas ad.—*Cephalothorax* paene duplo longior quam latior, tibiam cum patella 4' paris longitudine circiter aequans et tibiâ 1' paris fere duplo brevior, postice truncatus, anteriora versus usque ad oculos posticos lateribus paene rectis paullo dilatatus, dein lateribus rotundatis paullo angustatus, denique, ad clypeum, fortiter sinuato-angustatus, clypeo paene porrecto, desuper viso paene rectangulo et duplo latiore quam longiore, longitudine sive altitudine longitudinem areae oculorum mediorum paullo superante. Sat humilis est cephalothorax, transversim fortiter convexus, a latere visus postice praerupte declivis, paene directus, dorso praeterea modo leviter convexo et inter oculos paullo proclivi ; clypeus etiam paullo magis proclivis est. Impressionibus cephalicis et sulco vel fovea centrali caret cephalothorax : laevis est, opacus, pilis paucis sat longis suberectis munitus. *Oculi*, lateralibus anticis magnis exceptis, sat parvi sunt, laterales postici lateralibus anticis circa dimidio minores, sed mediis posticis parum majores ; medii antici parvi sunt, mediis posticis saltem dimidio minores. Area oculorum plus duplo latior est quam longior, clypeum latitudine postice paullo superante. Series oculorum postica plus dupla oculi lateralis diametro longior est quam series antica, quae a fronte visa paullo deorsum curvata est ; series postica desuper visa leviter (paullo fortius quam antica) est recurva. Area oculorum mediorum paullo latior postice quam longior, et multo latior postice quam antice. Oculi bini laterales, suo quisque tuberculo impositi, spatio inter se distant, quod oculi maximi diametro paene duplo majus est, et paullo majus quam sunt spatia, quibus distant medii antici a mediis posticis. Oculi medii antici spatio sunt sejuncti, quod eorum diametro plus duplo, paene triplo majus videtur et aeque magnum est ac spatia, quibus a lateralibus anticis distant, his spatiis oculi lateralis antici diametrum circiter aequantibus. Oculi medii postici spatio diametro sua plus triplo majore sunt separati, aeque longe a lateralibus posticis atque inter se remoti. Spatia inter oculos medios anticos et posticos multo majora sunt quam spatium inter duos medios anticos.

Mandibulae anteriora versus et deorsum directae, in dorso geniculato-convexae, tibiis anticis basi paullo crassiores, saltem dimidio longiores quam latiores basi. *Palpi* mediocres, parte patellari paullulo longiore quam latiore, parte tibiali eâ non parum breviore, transversa, a basi ad apicem sensim paullo dilatata ; subter ad apicem lateris exterioris procursum fortiorem obtusum cylindratum pallidum anteriora versus et deorsum directum emittit haec pars, et apex lateris exterioris ejus in spinam brevem acuminatam, foras directam, basi pallidam, apice nigram exit ; dens vel spina paullo minor ea quoque foras et paullo retro directa paullo ante hanc spinam e latere exteriore partis tarsalis exit. Pars tarsalis prioribus duabus circa duplo latior est iisque conjunctim paullo longior, sat breviter ovata, apicem versus subacuminata : bulbus sat magnus, humilis, circulatus. *Pedes* sat graciles et, praesertim anteriores, longi (1' paris cephalothorace paene 6plo longiores), tibiis metatarsos longitudine superantibus, metatarsis gracilibus, sat longis. Pilis brevibus minus dense vestiti sunt pedes ; saltem anteriores aculeis multis brevibus

gracilibus sunt conspersi : tibiæ horum pedum non tantum subter
et in lateribus, verum etiam supra aculeatæ sunt. *Abdomen* longum
et angustum (circa 5plo longius quam latius), cylindratum fere, sed
postice supra mamillas in conum fortem sursum et retro productum ;
qui conus superius transversim sulcatus est et in tubercula sat
magna, suum quodquo pilum fortem gerentia elevatus.

Color.—*Cephalothorax*, pilis paucis nigris sparsus, nigro-piceus
est, clypeo paullo clariore. *Sternum* nigro-piceum. *Mandibulæ*
piceo-fuscæ, *maxillæ* et *labium* testaceo-fusca. *Palpi* sordide lutei,
parte tarsali basi late infuscata. *Pedes* sordide lutei quoque,
excepto in metatarsis et tarsis sat dense fusco-punctati ; in pedibus
anterioribus metatarsi apice subinfuscati sunt et tarsi clarius lutei
vel flaventes. Breviter et minus dense nigro-pilosi sunt pedes,
aculeis nigris armati. *Abdomen* nigro-piceum, vestigiis linearum
longitudinalium albicantium secundum latera ; pili, quibus sparsum
est, nigri.

Lg. corp. paullo plus 6 ; lg. cephaloth. saltem 2, lat. ej. pæne 1⅓,
lat. clyp. circa ⅓ ; lg. abd. paullo plus 4, lat. ej. paullo plus 1 millim.
Ped. I 11½, II 10½, III 5, IV circa 5½ ; pat.+tib. IV circa 2
millim.

Marem singulum vidi, ad Tharrawaddy captum.

TMARUS, Sim., 1875.

**240. Tmarus latifrons, sp. n.

*Cephalothorace fusco, fascia longitudinali subtriangula albicanti,
antice latissima et totam aream oculorum et medium clypei occupante
ornato ; fronte lata, tuberculis oculorum lateralium posticorum magnis,
crassis et impressione obliqua in duas partes divisis ; pedibus subtestaceis, superius albicanti-variatis, tibiis, metatarsis et tarsis apice
late nigris ; abdomine oblongo, inverse pentagono-ovato fere, subdepresso et in dorso tuberculis sat parvis consperso, supra albicanti et
saltem postice paullo nigro-variato, in lateribus fusco, ventre secundum
medium late fuligineo.— ♀ ad. Long. circa 5½ millim.*

Femina.—*Cephalothorax* paullo longior quam latior, tibia cum
patella 4ᵢ paris paullo longior, formæ in hoc genere ordinariæ, eo
excepto quod anteriora versus paullo minus angustatus est quam
in, e. gr., *T. pigro* (Walck.) : frons præsertim lata est, utrinque in
tuberculum magnum crassum, foras et paullulo sursum directum
dilatato-elevata. quod impressione obliqua in duas partes divisum
est, parte inferiore-anteriore subconica, parte altera multo crassiore
et obtusissima, oculum lateralem posticum postice, extra, gerente ;
oculus lateralis anticus ad basin hujus tuberculi, in tuberculo alio
multo humiliore, locum tenet. Præterea modice altus est cephalothorax, lævis et nitidus, pilis nonnullis fortibus conspersus. Clypeus,
oblique deorsum et anteriora versus directus, altus est, longitudinem
areæ oculorum mediorum altitudine fere æquans. Area *oculorum*
magna et lata ; series eorum antica a fronte visa modo leviter
sursum est curvata, series postica, ea multo, saltem tripla oculi

lateralis antici diametro longior, modice recurva est. Oculi laterales
magni, antici eorum posticis parum majores, sed mediis anticis
parvis 3-4plo majores; oculi medii postici mediis anticis paullo
majores sunt. Area oculorum mediorum paullulo longior est quam
latior postice, et non parum latior postice quam antice. Oculi
medii antici paullo longius a lateralibus anticis quam inter se
remoti sunt, spatio diametro sua circa triplo majore separati; oculi
medii postici, spatio diametro sua saltem quadruplo majore sejuncti,
non parum longius a lateralibus posticis quam inter se remoti sunt.
Spatium inter oculos binos laterales parum majus videtur quam
sunt spatia, quibus medii antici a mediis posticis distant. *Sternum*
latum, subovatum, inter coxas 4i paris pertinens.

Mandibulæ basi femora antica latitudine fere æquant, plus
dimidio longiores quam latiores basi, subgeniculato-convexæ.
Maxillæ basi latæ, in *labium* sublanceolatum inclinatæ eoque circa
¼ longiores. *Palpi* mediocres, parte patellari non dimidio, parte
tibiali plus dimidio longiore quam latiore; pars tarsalis, plus duplo
longior quam latior, parte tibiali paullo longior et angustior est.
Pedes mediocres, minus dense pilosi, aculeis gracilibus non longis
armati. Femora anteriora circa 8 aculeos ostendunt; tibiæ anteriores, præter unum alterumve aculeum debilem supra, utrinque
vel saltem antice 1. 1. 1. aculeos habent, subter saltem 1. 2.: metatarsi anteriores utrinque 1. 1. aculeis et subter 3 paribus aculeorum
armati sunt visi (?). *Abdomen* inverse pentagono-ovatum, antice
sat anguste rotundatum, tum, ad circa ¾ longitudinis, lateribus
rectis sensim modice dilatatum, denique lateribus leviter rotundatis
sensim angustatum et subacuminatum, angulis lateralibus vix prominentibus; in dorso, quod ante eos pæne rectum et subdeplanatum
est, pone eos fortiter declive, tuberculis sat parvis est conspersum
parciusque pilosum. *Vulva* fusca ex callis duobus parvis nitidis
obliquis subincurvis, conjunctim semicirculum fere formantibus
(et ex costa tenui in semicirculum procurva et inter vel parum
ante eos sita) constare videtur, qui aream rotundatam nitidam
postice et in lateribus circumdant.

Color.—*Cephalothorax* in lateribus late fuscus et plus minus
dense albicanti-variatus est, secundum medium albicans, colore
albicanti fasciam subtriangulam antice latissimam et totam aream
oculorum, cum tuberculis eorum, occupantem et per medium clypei
ad marginem ejus productam formante, quæ fascia in dorso posteriora
versus sensim angustata est et in marginibus suis inæqualis, usque
ad declivitatem posticam fuscam pertinens. *Sternum* cum labio
fuligineo-fuscum. *Mandibulæ* albicantes, plus minus fusco-variatæ,
apice nigræ; *maxillæ* sordide testaceæ. *Palpi* subtestacei, superius
albicanti-variati et nigro-subannulati. *Pedes* quoque subtestacei et
superius albicanti-variati, patellis tamen infuscatis et tibiis, metatarsis tarsisque apice late nigris; femora 1i paris antice fusca vel
nigra sunt. *Abdomen* supra albicans, saltem postice paullo fusco-
variatum vel -punctatum; venter secundum medium late fuligineum
est, in lateribus anguste albicans. *Mamillæ* superiores testaceæ,
inferiores nigricantes.

Lg. corp. $5\frac{1}{2}$: lg. cephaloth. $2\frac{2}{3}$, lat. ej. $2\frac{1}{2}$, lat. clyp. $1\frac{1}{2}$, lat. front. (cum tuberculis) circa 2 ; lg. abd. $3\frac{1}{2}$, lat. ej. $2\frac{3}{4}$ millim. Ped. I $9\frac{1}{2}$, II $9\frac{3}{4}$, III $5\frac{1}{2}$, IV $6\frac{1}{4}$; pat.+tib. IV $2\frac{1}{2}$ millim.

Feminam singulam adultam aliamque juniorem ex Birmania inferiore vidi.—Tuberculis maximis oculorum lateralium posticorum hæc species similitudinem non levem cum *Pherecyde tuberculato*, Cambr.*, ex Caffraria, præbet, distributione oculorum tamen a *Pherecyde* differens et cum *Tmaro* conveniens.

HEDANA, L. Koch, 1874.

*241. Hedana ocellata, Thor.

Hedana ocellata, *Thor. Ann. Mus. Genova*, xxx. p. 153 (1890); *id. op. cit.* xxxi. p. 109 (1892).

Exempla nonnulla, adulta et juniora, ad Tharrawaddy et (masculum singulum) ad Tonghoo sunt collecta. Si, ut credo, ad *H. ocellatam* (ex Java et Sumatra) referenda sunt, hæc species ad colorem non parum variat : in his exemplis enim cephalothorax inter fascias duas longitudinales fuscas et limbum marginalem nigricantem pictura alba caret, et abdomen supra maculis et vittis nigris interdum caret : maculis rotundis albis plus minus evidenter nigro-marginatis sive " ocellis " vero semper est conspersum, quorum duo, paullo ante medium dorsi siti et reliquis paullo majores, interdum in macula nigra positi sunt : hæ duæ maculæ nigræ nonnunquam posteriora versus ut fasciæ continuantur. Utrinque, non parum pone medium dorsi, macula magna inæqualis, sæpe subtriangula, nigra plerumque conspicitur, quæ maculas parvas albas sive ocellos 4–5 continet, quorum 2–3 anteriores in seriem obliquam sunt ordinati : ocelli antici harum macularum nigrarum cum illis duobus ante medium dorsi sitis trapezium latius postice quam antice formant. Paullo pone has maculas nigras, ad declivitatem dorsi posticam, fasciam transversam nigram sæpissime ostendit dorsum, cui postice adjacet series transversa ocellorum alborum quattuor, et pone eam lineas 1–3 transversas nigras : etiam his lineis, vel saltem primæ earum, series ocellorum quattuor multo minorum adjacere potest. Venter pallidus plerumque plagam mediam nigricantem ostendit. *Pedes* plus minus evidenter et dense nigricanti- vel fusco-annulati sunt.

Pars tibialis palporum *maris* ad apicem subter non tantum procursum fortem obtusum pallidum anteriora versus directum et magis intus situm ostendit, verum etiam, extra, dentem nigrum foras directum : paullo ante hunc dentem dens paullo gracilior sive spina nigra procurva deorsum directa conspicitur, ut videtur e margine exteriore partis tarsalis, prope basin ejus, exiens.— *Vulva* ex fovea sat parva et profunda subquadrata constat, quæ in lateribus costis duabus minutis parallelis fuscis limitata videtur, si in fluido immersa est aranea.

---

* Proceed. Zool. Soc. London, 1883, p. 363, pl. xxxvii. figg. 8 *a*-8 *g*.

Genera *Hedana*, L. Koch, *Ocyllus*, Thor., *Tharpyna*, L. Koch,
Cerinus, Thor., et *Tharrhalea*, L. Koch, inter se valde affinia sunt
et non semper certo internoscenda. In omnibus his generibus oculi
medii antici a lateralibus æque longe ac vel longius quam
inter se distant, et area oculorum mediorum saltem æque lata est
postice atque antice : in omnibus, excepto in *Tharrhalea*, hæc area
saltem æque lata est ac longa : in *Tharrhalea* contra evidentissime
longior est quam latior *. In *Hedana* series oculorum antica (*i. e.*
linea per centra eorum ducta) a fronte visa recta vel parum sursum
curvata est, ut in *Ocyllo* : in *Tharpyna* †, in *Tharrhalea* et in
Cerinio hæc series fortius sursum est curvata. In *Hedana* et in
Cerinio series oculorum postica vix vel parum longior est quam
antica, in *Ocyllo*, *Tharpyna* (et *Tharrhalea*) series postica antica
non parum longior est. Series oculorum duæ in *Hedana* multo
fortius versus apicem divaricant quam saltem in *Cerinio* et (præsertim) *Tharrhalea* : oculi laterales antici non parum majores in
Hedana, at non parum minores in *Tharrhalea*, sunt, quam in reliquis
his generibus.

OCYLLUS, Thor., 1887.

**242. Ocyllus pallens, sp. n.

*Cephalothorace cum mandibulis luteo, sterno, palpis (clava infus-
cata excepta) et pedibus flavo-testaceis, abdomine magis cinerascenti-
testaceo, foveolis duabus longis subparallelis paullo pone medium
dorsi prædito : serie oculorum antica a fronte visa plane recta.—
♂ ad. Long. circa 3¾ millim.*

Mas.—Cephalothorax paullo longior quam latior, paullo longior
quam tibia cum patella 4¹ paris, utrinque anterius leviter sinuato-
angustatus, lateribus partis thoracicæ posterius fortiter, anterius sat
leviter rotundatis, parte cephalica lateribus leviter rotundatis anteriora versus modice angustata, fronte truncata dimidiam partem
thoracicam latitudine fere æquante. Humilis est cephalothorax,
dorso a latere viso inter oculos et declivitatem posticam (quæ convexa et satis prærupta est et dimidium reliqui dorsi longitudine
circiter æquat) modo leviter et æqualiter convexo et paullo proclivi,
area oculorum mediorum fortius proclivi ; facies sat humilis est,
plus duplo latior quam longior sive altior, dimidian mandibularum
longitudinem altitudine parum superans. Spatium inter marginem
clypei directi et oculos medios anticos spatia inter hos oculos et
medios posticos æquat. Lævis et nitidus est cephalothorax, glaber,
oculis binis lateralibus costæ communi sat crassæ in medio paullo
impressæ impositis ; impressiones cephalicæ distinctissimæ sunt sed
non postice coëuntes ; sulcus centralis levissimus quidem sed distinctus

et latus, longe postice locatus. Area *oculorum* totam latitudinem
frontis occupat, circa triplo latior quam longior. Oculi medii
antici parvi, medii postici minutissimi ; oculi laterales antici contra
magni, lateralibus posticis plus dimidio, pæne duplo majores et
mediis anticis triplo-quadruplo majores. Series oculorum duæ non
parum extremitates versus divaricant ; series postica serie antica
circa dupla oculi lateralis antici diametro longior est, desuper visa
fortiter recurva ; series antica a fronte visa plane est recta (linea
per centra oculorum anticorum ducta recta enim est), desuper visa
vix recurva. Area oculorum mediorum pæne quadrata, paullulo
latior postice quam longior, et modo paullulo latior postice quam
antice. Spatium inter oculos binos laterales oculi maximi diametro
vix dimidio majus est, sed non parum majus quam spatia, quibus
distant medii antici a mediis posticis. Oculi medii antici evidenter
paullo longius a lateralibus anticis quam inter se remoti sunt, spatio
horum oculorum diametrum saltem æquante separati. Oculi medii
postici pæne duplo longius a lateralibus posticis quam inter se
distant. *Sternum* triangulo-cordiforme fere, paullo longius quam
latius, læve, nitidum, inter coxas 4[i] paris, quæ spatio earum diametrum pæne æquante disjunctæ sunt, paullo pertinens.

Mandibulæ directæ, duplo longiores quam latiores, femoribus
anticis paullo angustiores, conico-cylindratæ, dorso pæne recto et
subtilissime transversim striato in latere interiore secundum totam
longitudinem levissime concavato sive subemarginato. *Palpi*
mediocres, clava basin mandibularum latitudine æquans. Pars
patellaris paullo longior quam latior est, pars tibialis ea non parum
brevior sed, apice, paullulo latior, a basi ad apicem sensim paullo
dilatata, subtriangula igitur, pæne æque longa ac lata apice : apex
lateris exterioris in spinam gracilem rectam pallidam anteriora
versus et paullo foras directam exit ; in apice subter procursum pallidum anteriora versus directum ostendit pars tibialis. Pars tarsalis
prioribus duabus conjunctis longitudine saltem æquat, iis circa
duplo latior, subovata, a medio ad apicem lateribus rectis angustato-
acuminata ; bulbus humilis fuscus spina longissima nigra in circulum involuta cinctus est. *Pedes* sat graciles, longitudine mediocri
(2[i] paris cephalothorace circa triplo et dimidio longiores), aculeis
sat crebris, in pedibus posterioribus brevioribus, in anterioribus
pedibus sat longis, armati ; in pedibus 1[i] paris, e. gr., femora aculeos
1 . 1 . 1. vel 1 . 1 . 1 . 1. supra, 1. postice (et 1 . 1 . 1. minores antice
versus basin ?) habent, tibiæ subter 2 . 2 . 2., præter duos apicales
parvos, antice 1, postice 1 . 1. aculeos ; metatarsi 2 . 2. subter et
1 . 1. in utroque latere. *Abdomen* sat depressum, circa dimidio
longius quam latius, subovatum, antice parum rotundatum, pæne
truncatum, postice subacuminatum, lateribus antice rectis, præterea
modice rotundatis ; paullo pone medium dorsum ejus foveas duas
sat longas et fortes posteriora versus paullulo divaricantes ostendit,
præterea læve, nitidum, pæne glabrum.

Color.—*Cephalothorax* luteus est, tuberculis oculorum lateralium
cæruleo-albicantibus. *Sternum, maxillæ, labium, palpi* (clava
infuscata excepta) et *pedes*, qui pallido-pilosi et -aculeati sunt,

flavo-testacea ; *mandibulæ* magis luteæ. *Abdomen* cum *mamillis* cinerascenti-testaceum.

Femina jun. flavo-testacea est (in vivis fortasse magis virescens), *cephalothorace* anterius subluteo ; *abdomen*, vix dimidio longius quam latius et breviter pentagono-ovatum dicendum, foveas illas dorsi breviores quam in mare habet ; ante eas puncta duo alba, paullo magis inter se appropinquantia video, ut et duo alia puncta ejusmodi paullo ante anum, in marginibus dorsi, sita. *Mandibulæ* paullo breviores quam in mare, formà ordinariâ, magis conicæ. *Pedes* quoque paullo breviores quam in mare. Praeterea parum nisi palpis ab eo differt femina junior.

♂.—Lg. corp. 3¾ ; lg. cephaloth. 2, lat. ej. circa 1½. lat. clyp. paene 1 ; lg. abd. 2½, lat. ej. paene 1¾ millim. Ped. I paene 7, II 7, III saltem 3½, IV 4 ; pat.+tib. IV paullo plus 1½ millim. Mas singulus adultus feminaque junior (Birmania inferior).

PHILODAMIA, Thor.*, 1894.

**213. Philodamia armillata, sp. n.

Cephalothorace nigro-fusco, limbo laterali et plaga dorsuali magna subovata ab area oculorum ad marginem posticum pertinente fusco-testaceis notato ; area oculorum mediorum modo paullo latiore antice quam postice et paullulo longiore quam latiore postice ; pedibus fusco-testaceis, tibiis et metatarsis anterioribus apice late nigris ; abdominis dorso, in lateribus et in apice postico satis anguste et inæqualiter cinerascenti, praeterea plaga maxima nigra, maculis sat parvis inæqualibus albis conspersa occupato.— ♀ ad. *Long. circa 4 millim.*

Femina.—Cephalothorax æque longus ac latus est, tibiam cum patella 4¹ paris longitudine æquans, antice utrinque vix sinuatus, lateribus partis thoracicæ fortiter, partis cephalicæ parum rotundatis anteriora versus modice angustatus, fronte truncata dimidiam partem thoracicam latitudine fere æquante. Minus altus est cephalothorax, dorso a latere viso ante declivitatem posticam sat leviter convexo et proclivi, area oculorum mediorum magis proclivi, clypeo directo ; lævis et nitidus est, setis nonnullis longis fortibus suberectis praesertim utrinque antice et postice ut et in clypeo sparsus. Spatium inter verum marginem clypei et oculos medios anticos spatiis, quibus hi oculi a mediis posticis distant, paullo minus videtur. Impressiones cephalicæ modo anterius distinctæ sunt, sulcus centralis vix ullus. *Oculi* laterales, suo quisque tuberculo magno non alto impositi, magni sunt, antici eorum posticis paullo majores, mediis anticis vero, qui mediis posticis minutis paullo majores sunt, saltem quadruplo majores. Area oculorum magna, praesertim lata, totam frontis latitudinem occupans ; series oculorum duæ, quarum postica

* Bull. Soc. Ent. Ital. xxvi. (1894) p. 26.

anticam dupla oculi maximi diametro longitudine superat. versus
extremitates sat fortiter divaricant. Series antica a fronte visa
pæne recta est, parum sursum curvata; series postica fortiter est
recurva. Area oculorum mediorum paullo latior antice quam
postice, paullo latior antice quam longior, sed paullulo longior quam
latior postice. Spatium inter oculos binos laterales paullo majus
videtur quam spatia, quibus distant medii antici a mediis posticis.
Oculi medii antici, spatio diametro sua circa quadruplo majore
separati, circa duplo longius inter se quam a lateralibus anticis
distant; medii postici contra fere dimidio longius a lateralibus
posticis quam inter se remoti sunt, non parum longius ab iis quam
a lateralibus anticis sejuncti. *Sternum* breviter subovatum, non inter
coxas 4[i] paris, quæ spatio earum diametro pæne æquante separatæ
sunt, pertinens.

Mandibulæ subconicæ, femoribus anticis non parum, pæne dimidio,
angustiores, dimidio longiores quam latiores basi, setis fortibus sparsæ.
Maxillæ in labium inclinatæ eoque saltem dimidio longiores; *labium*
apice rotundatum, circa dimidio longius quam latius. *Pedes* mediocres,
anteriores non ita multo longiores et robustiores quam posteriores,
et cephalothorace paullo plus triplo longiores. Sat dense pilosi sunt
pedes et aculeis nec crebris nec fortibus armati, aculeis supra in
femoribus 1 . 1. tamen longis, pæne setiformibus; 1[i] paris femora
præterea antice 2–3 aculeis ejusmodi paullo minoribus prædita
sunt; patellæ aculeis carere videntur. In pedibus anterioribus
tibiæ modo aculeos debiles 1 . 2. subter et 1. vel 1 . 1. supra habere
sunt visi, metatarsi vero subter 2 . 2 . 2. aculeos paullo fortiores.
Abdomen ad formam est ut in e.gr. *Xysticis* ordinariis, breviter et
inverse pentagono-ovatum fere, satis depressum, pilis longis sat
dense conspersum. *Vulva* ex fovea parum profunda nitida constat,
quæ in lateribus costis duabus rectis anteriora versus
divaricantibus includitur; quæ costæ apice postico suo quæque
tuberculo parvo humili pæne adjacent. his tuberculis spatio diametro sua paullo minore separatis.

Color.—*Cephalothorax* nigro-fuscus, nigro-setosus, in dorso fascia
latissima fusco-testacea, ab oculis posticis ad marginem posticum
pertinente, breviter ovata et antice ad longitudinem paullo nigro-
fusco striata notatus, et limbo satis angusto fusco-testaceo in lateribus partis thoracicæ cinctus; clypeus albicans est; tubercula
oculorum lateralium cæruleum colorem sentiunt. *Sternum* testaceum, *maxillæ* et *labium* fusco-testacea. *Mandibulæ* obscure fuscæ.
Palpi pallide fusco-testacei, nigricanti-subannulati; *pedes* quoque
pallide fusco- vel luteo-testacei, tibiis et metatarsis anterioribus
apice late nigris: etiam femora omnia versus apicem supra vestigia
annuli vel vittæ transversæ nigricantis ostendunt. *Abdominis*
dorsum plaga inæquali nigra, maculis albicantibus sat parvis
inæqualibus conspersa ad maximam partem occupatur, marginibus
dorsi lateralibus et postico inæqualiter pallidis, subcinereis.
Latera abdominis nigra et pallido-variata sunt, venter late cinereo-
testaceus, ad latera anguste albicans. *Mamillæ* cinereo-testaceæ.

Lg. corp. 4; lg. et lat. cephaloth. 2, lat. clyp. pæne 1; lg. abd.

2⅔, lat. ej. paullo plus 2 millim. Ped. I circa 6¼, II 6½, III 5,
IV paullo plus 5 ; pat.+tib. IV 2 millim.
Singula femina, ex Birmania inferiore.

STRIGOPLUS, Sim., 1885.

*244. Strigoplus albo-striatus, Sim.

Strigoplus alb⸗striatus, *Sim. Bull. Soc. Zool. France*, 1885, p. 446.
Peltorhynchus rostratus, *Thor. K. Svenska Vet.-Akad. Handl.* xxiv.
no. 2, p. 88 (1891); *id. Ann. Mus. Genova*, xxxi. p. 114 (1892) ;
Workm. Malaysian Spiders, part 2, p. 3, pl. 3. figg. *a-f* (1892).

Duo specimina utriusque sexus; in Birmania inferiore sive meridionali inventa sunt.

STIPHROPUS, Gorst., 1873.

245. Stiphropus ocellatus, Thor.

Stiphropus ocellatus, *Thor. Ann. Mus. Genova*, xxv. p. 258 (1887)
(= ♀ jun.).

Mas ad. (pæue 3 millim. longus) præter palpis eo præsertim a
diagnosi feminæ junioris loc. cit. a me data discrepat, quod cephalothorax ejus, antice infuscatus, punctis impressis sat fortibus et sat
densis conspersus est ; mandibulæ nigræ sunt, et abdominis dorsum
totum plaga sordide lutea (e cuto paullo duriore formata) occupa-
tum, venter quoque sublutous : modo latera abdominis igitur nigra
sunt. Paullo pone medium dorsum ejus impressionibus duabus
sive foveis oblongis, breviter ellipticis, sat levibus, concoloribus
præditum est, quæ in fundo foveolam breviorem et obscuriorem
ostendunt : præterea, antice, foveolis tribus parvis munitum est
dorsum, ut in femina.—Cephalothorax postice, pone lineam impressam mediam, impressiones *duas* longitudinales ostendit. Spatia,
quibus oculi medii antici a lateralibus anticis distant, vix duplo
majora sunt quam id, quo inter se sunt separati. Spatium inter
marginem clypei et oculos medios anticos eorum diametrum æquare
mihi videtur.—Palpi breves et fortes, clava femora antica non parum
latitudine superante ; pars patellaris æque fere longa ac lata est :
pars tibialis, apice lata et valde oblique truncata, brevissima, præsertim in latere interiore : apex lateris exterioris ejus, superius,
in spinam porrectam acuminatam apice paullulo foras curvatam est
productus. Pars tarsalis apicem subacuminatum versus sensim
angustata, breviter subovata fere, circa dimidio longior quam latior,
partes duas priores conjunctas longitudine non parum superans,
iisque circa dimidio latior.

Femina adulta 5 millim. longa est. Pars cephalica in ea ut in
mare antice est infuscata ; plaga dorsualis abdominis sublutea et
maculis duabus magnis oblongis breviter ellipticis lævibus ferrugineis, foveola in medio præditis notata, maximam dorsi partem

X

occupat. *Vulva* ex area vel fovea sat magna, parum profunda, inverse ovata fere, pallida constat, quæ antice aperta est, in lateribus vero costis duabus nigris anteriora versus paullo appropinquantibus limitata.

Marem singulum adultum mutilatum in Birmania inferiore invenit Cel. Oates.—Feminam adultam a Cel. Fea in Birmania captam vidi quoque.

MISUMENA (Latr.), 1804.

*246. Misumena dierythra, Thor.

Misumena dierythra, *Thor. Ann. Mus. Genova*, xxx. p. 152 (1890); *id. op. cit.* xxxi. p. 92 (1892).

Duæ feminæ juniores, ad Tharrawaddy inventæ.

247. Misumena timida, Thor.

Misumena timida, *Thor. Ann. Mus. Genova*, xxv. p. 281 (1887) (= ♀).

Cephalothorace ferrugineo-luteo, sterno, partibus oris, palpis pedibusque subluteis, femoribus, patellis, tibiis et metatarsis anterioribus apice ferrugineis, tibiis anterioribus subter 2–3, metatarsis anterioribus subter 3 paribus aculeorum armatis; abdomine subpentagono-ovato, subluteo, macula magna nigra in utroque latere, postice, notato, dorso albicanti pictura lata sublutea ferrugineo-maculata secundum dorsum ornato, quæ antice triangulum, postice vero utrinque vittas duas transversas fere format; parte palporum tibiali paullo longiore quam latiore, subcylindrata, apice lateris exterioris in spinam rectam producto.— ♂ ad. *Long. circa 3⅓ millim.*

Exempla paucissima a Cel. Oates in Birmania inferiore inventa præsertim ad colorem non parum inter se et a typo (♀ *ad.*) loc. cit. descripto differunt. In exemplis *femineis* (quæ nondum plene adulta videntur) aculei subter in tibiis anterioribus pauciores sunt quam in specimine typico, 4+2, vel, præsertim in pedibus 2' paris, etiam pauciores; sed metatarsi anteriores subter 5–6 paria aculeorum ostendunt. In *mare adulto* tibiæ anteriores 1.2.2. vel 2.2. aculeos subter habent (præter 1.1.1. in lateribus et 1.1. supra), metatarsi ejus subter modo aculeos 2.2.2. (et 1.1. in lateribus).—*Cephalothorax* luteo- vel ferrugineo-testaceus est, interdum fasciis duabus obscurioribus a vicinitate oculorum lateralium posticorum retro ductis et postice abbreviatis notatus ; *pedes* aut lutei vel luteo-testacei, modo apice plus minus late et evidenter infuscati, aut (in *mare*) femoribus, patellis, tibiis et metatarsis apice sat late ferrugineis, tibiis etiam basi hujus coloris. *Abdominis* color fortasse plerumque in utroque sexu fere idem. Subluteum est, plaga vel macula magna nigra in utroque latere postice, prope anum; dorsum ejus versus latera præsertim anterius albicans est, remanente sublutea fascia media longitudinali lata, quæ antice subtriangula vel lato subhastata est, posterius vero utrinque vittas duas transversas breves format : in his vittis, ut apud apicem anticum fasciae, maculae paucae ferrugineae vel nigrae interdum conspiciuntur. In femina una abdomen supra et in lateribus totum albicans est, macula subtriangula nigricanti antice et vittis transversis nigricantibus utrinque tribus postice in dorso notatum. Vid. etiam descriptionem nostram, loc. cit.

In mare (cephalothorace pæne 2 millim. longo, pedibus anterioribus 8¼ millim.) palpi graciles et sat breves sunt, clava metatarsos anticos latitudine circiter æquante; sublutei sunt, macula basali albicanti supra in parte tarsali. Pars patellaris paullo (non dimidio) longior est quam latior, pars tibialis pæne ejus longitudine, paullo longior quam latior, subcylindrata, apice lateris exterioris in spinam gracilem rectam anteriora versus et paullo foras directam pallidam producto, quæ spina a latere inspecta valde oblique truncata videtur : apice subter procursum obtusum pallidum sursum curvatum, anteriora versus et paullo deorsum directum ostendit pars tibialis. Pars tarsalis prioribus duabus partibus conjunctis paullo brevior est iisque pæne dimidio latior, fere duplo longior quam latior, lanceolato-ovata fere, lateribus a medio ad apicem rectis sensim angustata et acuminata. Bulbus parvus, humilis, circulatus, fuscus.

MASSURIA, Thor., 1887.

218. Massuria angulata, Thor.

Massuria angulata, Thor. Ann. Mus. Genova, xxv. p. 278 (1887).

Femina singula junior, 6 millim. longa, in Tenasserim inventa. Supra in pedibus posterioribus aculeos parvos brevissimos erectos, 1 in femoribus, 1 in patellis et 1 vel 1.1. in tibiis video ; pedes anteriores ut in ♀ ad. loc. supra cit. descripta aculeati sunt.

PHRYNARACHNE, Thor., 1869.

*249. Phrynarachne papulata, Thor., var. aspera.

Phrynarachne papulata, Thor. K. Svenska Vet.-Akad. Handl. xxiv. no. 2, p. 95 (=forma principalis).

Cephalothorace nigro-piceo, parte cephalica cum mandibulis ferrugineo-picea, pedibus ferrugineo-fuscis, femoribus supra nigro-piceis, metatarsis et tarsis omnibus cum tibiis posterioribus nigris, tibiis anterioribus apice latissime piceis ; abdomine superius sordide luteo, pustulis rubris consperso et utrinque, ad latera dorsi, macula media valde inæquali nigra transversim geminata notato.— ♀ ad. Long. circa 14 millim.

Feminam singulam ex Tenasserim meridionali, a Cel. Oates communicatam examinavi. Non nisi colore paullo alio a descriptione exempli typici *Phr. papulata* (ex Sumatra), quam loc. cit. dedi, differre videtur, quare nescio an modo varietas hujus sit speciei. *Cephalothorax*, in lateribus et postice tenuiter elevato-marginatus, nigro-piceus est, parte cephalica cum *mandibulis* ferrugineo-picea; *sternum* ferrugineo-fuscum. *Labium* nigrum, *maxillæ* pallidiores. *Palpi* picei, parte femorali obscuriore, parte tarsali ferruginea. *Pedes* ferrugineo-fusci dicendi, coxis sex anterioribus subter flaventi-maculatis, femoribus supra, apice excepto, nigro-piceis, subter vero maculis parvis flavis (plerisque in seriem longitudinalem ordinatis) notatis; metatarsi et tarsi nigri sunt, ut tibiæ posteriores. Tibiæ anteriores modo dimidium apicale obscurius, nigro-piceum, habent; tarsi basi supra macula parva flava sunt signati. Aculei pedum flavi. *Abdomen* supra et in lateribus sordide luteum (anterius in dorso subroseum) est, macula magna inæquali nigra, quæ vitta transversa inæquali pallida in duas est divisa, ad utrumque latus dorsi, fere in medio longitudinis ejus, ornatum; pustulæ, quibus sparsa sunt dorsum et latera, rubræ sunt pæne omnes. Præter pustulas majores *anterius* in dorso et lateribus (et pustulas parvas granulaque, quibus undique conspersa sunt dorsum et latera), *posterius* has pustulas ostendit abdomen: ad utrumque dorsi latus, pone maculas illas nigras, tuber sat magnum humile habet, quod pustulas duas magnas et 2–3 minores gerit; pone ea vero, in ipsis angulis dorsi posticis, vel potius in declivitate postica, supra, aliud tuber ejusmodi etiam paullo majus, pustulas binas magnas et 4–5 minores gerens utrinque conspicitur. Etiam sub iis, in lateribus postice, bina tubera minora pustulam gerentia video. Venter sordide flavens est. Præterea descriptio formæ principalis in hanc varietatem cadit.

Lg. corp. 14; lg. et lat. cephaloth. paullo plus 5½; lg. abd. 8⅓, lat. ej. pæne 10 millim. Ped. 1 17¼, II 18, III 9½, IV pæne 10; pat.+tib. IV circa 3½ millim.

**250. Phrynarachne bimaculata, sp. n.

Cephalothorace nigro-fusco, paullo pallido-variato, tuberculis consperso, spatio inter oculos binos laterales in tuberculum breve conicum elevato; pedibus nigro-fuscis, femoribus posterioribus versus basin annulo pallidiore cinctis, tarsis posterioribus basi albicantibus; abdomine depresso, in dorso et in lateribus tuberculis sat dense sparso, nigro-fusco, subferrugineo-maculato vel -variato et macula sat magna alba, tuberculа 2–3 ejusdem coloris continente, in utroque margine dorsi, posterius, ornato.— ♂ ad. Long. circa 3⅓ millim.

Mas.—*Cephalothorax* vix longior quam latior, in lateribus æqualiter et sat fortiter rotundatus, pæne circulatus, utrinque antice tamen evidenter sinuato-angustatus et antice et postice fere æque late truncatus, clypeo dimidiam partem thoracicam latitudine fere æquante; frons clypeo paullo angustior est. Modice altus et convexus est cephalothorax, sat crasse coriaceus et opacus (parte cephalica vero supra pæne plana magis lævi), et tuberculis non-

nullis inæqualibus præsertim in lateribus partis thoracicæ sparsus ;
spatium inter oculos binos laterales in tuberculum majus crassum
breve conicum sursum directum elevatum est ; apud (supra) oculos
medios anticos frons tubercula duo minuta inter se proxima, unum
utrinque, format. Tubercula duo in medio cephalothoracis (unum
utrinque), ad apicem partis cephalicæ, sita sat magna sunt, reliqua
omnia etiam minora, parva ; fere omnia spinulam vel setam brevem
apice gerunt. Facies saltem duplo latior quam altior est, clypeus
prope marginem transversim paullo impressus vel sulcatus, altitudine spatium inter oculos medios anticos paullo superans. *Oculi*
sat magni ; laterales antici lateralibus posticis paullo, mediis anticis
saltem dimidio majores sunt ; medii postici mediis anticis paullo
sunt minores. Series oculorum antica a fronte visa modice sursum
est curvata, desuper visa minus fortiter recurva ; series postica, quæ
serie antica saltem dupla oculi lateralis antici diametro longior est,
desuper visa sat fortiter est recurva. Spatium inter oculos binos
laterales tamen non majus sed potius paullo minus est quam
spatia, quibus distant medii antici a mediis posticis, diametro oculi
lateralis antici paullo majus. Area oculorum mediorum non
parum, vix vero dimidio, latior est postice quam antice et
paullo latior postice quam longior, paullo longior vero quam
latior antice. Oculi medii antici spatio modo paullulo majore
inter se quam a lateralibus anticis, et spatio horum diametrum
æquante, sunt separati ; oculi medii postici ii quoque modo paullulo
(parum) longius inter se quam a lateralibus posticis distant. *Sternum* breviter ovatum fere, non inter coxas 4[l] paris pertinens.

Mandibulæ femoribus anticis multo angustiores, pæne duplo
longiores quam latiores, parum convexæ, setis brevissimis et pilis
nonnullis sparsæ. *Palpi* breves, sat fortes, clava femoribus anticis
circa dimidio angustiore. Pars patellaris vix longior quam latior
est ; pars tibialis etiam paullo brevior, subtransversa, in lateribus
pilis paucis sat longis patentibus munita, apice lateris exterioris in
spinam sensim angustatam et acuminatam, levissime incurvam,
foras et anteriora versus directam producto, quæ ipsam partem
tibialem longitudine saltem æquat. Pars tarsalis prioribus duabus
partibus circa duplo latior est iisque conjunctis paullo longior,
breviter ovata, convexa, pilis fortibus sat dense sparsa. Bulbus
humilis subter lævis videtur. *Pedes* breves, fortes, coriacei, sat
dense et crasse pilosi et setosi ; femora 1[l] paris reliquis multo
fortiora sunt, antice et supra tuberculis obtusis inæqualibus dense
conspersa, ut femora proxime sequentia spinula saltem singula
brevi crassa supra prædita ; tibiæ hujus paris, quæ sursum
curvatæ sunt, ut metatarsi subter magis antice aculeis parvis fortibus, tuberculis sat altis impositis, sunt armatæ. *Abdomen* paullo
longius quam latius, breviter et inverse pentagono-ovatum fere,
depressum, coriaceum, opacum, tuberculis inæqualibus, setam apice
gerentibus, in dorso et in lateribus sat dense et satis æqualiter
conspersum ; duo horum tuberculorum paullo ante medium sita
cum duobus aliis minoribus multo magis postice (in medio inter
tubercula lateralia alba) locatis reliquis paullo majora sunt, et in

trapezium magnum, longius quam latius et latius antice quam
postice, disposita.

Color.—*Cephalothorax* nigro-fuscus est. paullo pallido-variatus,
tuberculis saltem illis mediis et frontalibus pallidioribus; setæ
apicales tuberculorum pallidæ. *Sternum* cum *maxillis* et *labio*
obscure fusco-ferrugineum. *Mandibulæ* nigro-fuscæ, ut *palpi* et
pedes, qui nigro-setosi et -pilosi sunt; femora posteriora tamen
annulum pallidum ad basin habere videntur, et tarsi posteriores
annulum basalem albicantem; femora anteriora supra, ut dixi,
aculeum unum alterumve brevem fortem subtestaceum ostendunt;
tubercula et granula femorum 1^i paris setam minutam pallidam
apice gerunt. Aculei tibiarum et metatarsorum nigri sunt. *Abdomen* nigro-fuscum, fascia longitudinali anguste fusiformi pallidiore,
subferruginea, in medio dorso notatum, et præterea tuberculis
plerisque pallidioribus sat dense variatum; in utroque margine,
postice (ad circa $\frac{3}{4}$ longitudinis), dorsum ejus macula mediocri alba
est signatum, quæ posterius tubercula duo (alterum supra alterum),
ea quoque alba, continet. Venter nigricans.

Exemplum singulum ad Tharrawaddy captum, cujus pedes aut
defracti aut mutilati sunt, examinavi. Fortasse modo varietas *Phr.
nigræ* (Cambr.) *, ex India (Bombay) et ins. Taprobane, est hæc
aranea, quæ dorso abdominis macula distinctissima alba utrinque
posterius notato præsertim facile agnosci potest. Femina ejus non
certo nota est.

SYNÆMA, Sim., 1864.

251. Synæma opulentum, Sim.

Synæma opulentum, *Sim. Actes Soc. Linn. Bordeaux,* xl. p. 144
(1886).
Synæma opulentum, var. birmanica, *Thor. Ann. Mus. Genova,* xxv.
p. 266 (1887).

Exempla duo utriusque sexus ad Tonghoo invenit Cel. Oates.
Pictura dorsi in femina tota lutea est, non posterius obscure san-
guinea, ut in typo (ex Siam) a Cel. Simon descripto. Venter
latissime niger antice plaga sublutea declivitatis anticæ abdominis
oblique deorsum et retro continuatæ utrinque limitatur, posterius
vero fascia longitudinali angustiore lutea paullo sursum curvata.
Sternum pallide virens est; mandibulæ colore cephalothoracis,
olivaceo-fuscæ vel -rufescentes, palpi ejusdem coloris vel sublutei.
In altera feminarum (nondum adulta) modo apex tibiarum et
metatarsorum pedum anteriorum nigra sunt; linea transversa in
margine antico dorsi abdominis brevis (ideoque non recurva) est et
in medio subabrupta.

Mas ad structuram a femina solito modo differt. *Palpi* graciles
et sat breves. Pars earum patellaris dimidio longior est quam
latior, pars tibialis ea paullo brevior et apice paullulo latior,

---

* Proceed. Zool. Soc. London, 1884, p. 202, pl. xv. figg. 4 *a*–4 *c* [*Ornitho-
scatoides nigra*].

a basi ad apicem paullo oblique truncatum sensim paullo dilatata, æque longa ac lata apice : apex lateris exterioris ejus in spinam fortem rufescentem apice nigro paullo incurvo exit, quæ partem tibialem longitudine æquat et anteriora versus paulloque foras directa est. Pars tarsalis, quæ duas priores conjunctas longitudine æquat, iis non dimidio latior est, femoribus anticis plus duplo angustior, plus dimidio sed non duplo longior quam latior, fere ovata sed apice obtusissima et in latere exteriore magis postice (ad apicem procursus tibialis) a basi sensim paullo angulato-dilatato. Bulbus niger breviter ovatus et humilis est, in medio subter transversim impressus, præterea lævis ; ad apicem ejus, exterius, exit spina longa primum fortis et retro paulloque foras directa, dein cito foras curvata et anteriora versus, secundum latus exterius bulbi, directa et in setam gracilem desinens. *Abdomen* anterius magis rotundatum quam in femina, angulis lateralibus parum evidentibus. Conf. præterea mensuras.

Colore præsertim pedum anteriorum excepto, maris color cum feminæ pæne convenit. *Cephalothorax* enim olivaceo-rufescens est, *sternum* virens. *Partes oris* nigræ sunt, *palpi* nigricantes, partibus patellari et tibiali cum apice partis tarsalis pallidioribus. *Pedes* anteriores toti nigri sunt, exceptis coxis et trochanteribus testaceis, et tarsis, qui basi testacei sunt, præterea fusci. *Pedes* posteriores toti testacei. *Abdomen* nigrum plane eandem picturam atque in femina ostendit. *Mamillæ* nigræ.

♀.—Lg. corp. 9 ; lg. cephaloth. pæne 5, lat. ej. 4½, lat. clyp. circa 3 ; lg. abd. 5½, lat. ej. pæne 4 millim. Ped. I 15, II parum plus 15, III 9, IV 9½ ; pat.+tib. IV pæne 4 millim.

♂.—Lg. corp. 7½ : lg. cephaloth. 3¾, lat. ej. 3½, lat. clyp. circa 2¼ ; lg. abd. 3¾, lat. ej. pæne 3½ millim. Ped. I 15½, II 16, III 8, IV 8½ ; pat.+tib. IV pæne 3¼ millim.

CAMARICUS, Thor., 1887.

252. **Camaricus striatipes** (Van Hass.).

Platythomisus striatipes, *Van Hassell. Midden Sumatra, cet., Araneæ,* p. 43, pl. iii. figg. 7 & 8 (1882).
Camaricus formosus. *Thor. Ann. Mus. Genova.* xxv. p. 262 (1887) ; *id. op. cit.* xxx. p. 60* (1890); *Workm. Malaysian Spiders,* part 1, p. 4. figg. *a–e.*
Camaricus striatipes, *Thor. Bihang Svenska Vet.-Akad. Handl.* xx. afd. iv. no. 4, p. 54 (1894).

Feminas duas adultas cum mare adulto (alioque mutilato) ad Rangoon cepit Cel. Oates.—In *femina* adulta *cephalothorax* ruber in lateribus posterius anguste nigro-marginatus est, *sternum* testaceum, umbra lata nigricanti posterius ; color *partium oris* ut in mare est ; *palpi* toti flavo-testacei, parte tarsali versus apicem paullo infuscata. *Pedes* ad maximam partem testacei. Omnes pedes coxas et tro-

---

* *C. fornicatus* est lapsus calami pro *C. formosus.*

chanteres testacea habent ; pedes anteriores vero femora et patellas
nigra, illorum (præsertim 2' paris) basi testacea excepta ; tibiæ apice
satis anguste nigræ sunt, basi quoque utrinque (etiam angustius)
nigricantes, et linea longitudinali nigra subter notatæ, metatarsi et
tarsi contra lineam longitudinalem nigram supra ostendunt.   In
pedibus posterioribus femora et patellæ apice angustissime nigra
sunt, tibiæ saltem apice subter nigra quoque ; metatarsi (saltem
apice) et tarsi linea longitudinali nigra supra notati sunt.   *Abdominis* dorsum nigrum fere eandem picturam flaventem atque in maro
habet : fasciam mediam longitudinalem subgeminatam a basi pone
medium pertinentem, et utrinque, ad latera, fasciam longitudinalem
obliquam paullo incurvam non usque ad medium pertinentem, quæ
duæ fasciæ conjunctim aream dorsualem anterius includunt ; dein
utrinque, ad latera dorsi, in medio vel paullo pone medium ejus.
maculam vel fasciam brevem transversam, et denique, utrinque
supra anum, maculam minorem subobliquam.   Spatium sat parvum
inter has duas maculas (et anum) luteo-fuscum est et transversim
parum evidenter nigro-lineatum.   Venter pone plicaturam genitalem saltem versus latera pallidam area magna oblonga nigra
occupatur, quæ fasciis duabus incurvis flaventibus includitur.
Vulva parum conspicua est.

♀.—Lg. corp. 7 ; lg. cephaloth. 3⅙, lat. ej. 3, lat. clyp. pæne 3 ;
lg. abd. 4, lat. ej. 3 millim.   Ped. I 8½, II 8¾, III circa 5¾,
IV 6½ : pat.+tib. IV fere 2½ millim.

TALAUS, Sim., 1886.

*253. Talaus nanus (Thor.).

Talaus nanus, *Thor. Ann. Mus. Genova*, xxx. (2ᵃ ser. x.) ⎫
  p. 154 (1890).   ⎬ (= ♀.)
Microcyllus nanus, *id., op. cit.* xxxi. p. 121 (1892).   ⎭

*Cephalothorace nigro vel nigro-piceo, pedibus anterioribus piceis,
patellis flavo-testaceis, tarsis subtestaceis quoque, pedibus posterioribus
luteo-testaceis ; abdominis dorso, scuto e cute duriore formato tecto,
nigro vel piceo, macula subovata subtestacea antice, vitta transversa
hujus coloris utrinque in medio longitudinis, et macula antice rotundata testaceo-fusca vel flava postice notato, lateribus subtestaceis,
ventre obscuro, ano et mamillis in macula rotundata pallida positis.
— ♂ ad. Long. circa 2⅛ millim.*

Mas.—Cephalothorax ad formam in universum ut in *T. eleganti*
(Thor.) diximus *, paullulo longior quam tibia cum patella 4' paris,
excepto posterius lateribus pæne rectis anteriora versus sensim
paullulo dilatatus, fronte latissima modice rotundata ; clypei altitudo paullo minor est quam spatium inter oculos medios anticos et
posticos.   Subtilissime coriaceus est cephalothorax, punctis minutis
impressis piliferis conspersus, quæ in parte thoracica utrinque tres

---

* Ann. Mus. Genova, xxx. p. 154 ; op. cit. xxxi. p. 119 [*Microcyllus elegans*].

series radiantes formáre videntur, et pilis paucis longis munitus quoque. Ceterum cephalothorax et *oculi* sunt ut in *T. eleganti* est dictum ; partes oris quoque ut in eo videntur, excepto quod *mandibulæ*, quæ ut clypeus punctato-rugosæ sunt, ad basin femora antica latitudine æquant, patellis anticis non longiores. *Palpi* graciles, sat breves, clava femoribus anticis evidenter angustiore. Pars patellaris parum longior quam latior est, pars tibialis eâ paullo latior sed fere duplo brevior, latere exteriore in spinam sat fortem incurvam apice obtusam nigram producto ; subter, magis extra et antice, alium procursum sat gracilem porrectum ostendit hæc pars, qui apice in triangulum paullo dilatatus (bifidus?) videtur. Pars tarsalis prioribus duabus conjunctis non parum longior est, parte patellari plus duplo latior, ovata, apice subacuminato ; bulbus ferrugineus rotundatus est, humilis et subter lævis. *Pedes* sat graciles et, præsertim posteriores, breves, ut palpi minus dense pilosi, aculeis tibiarum et metatarsorum anteriorum longis et sat gracilibus. *Abdomen* pæne circulatum ; dorsum ejus scuto maximo nitido parum convexo e cute duriore formato est tectum.

Color.—*Cephalothorax* totus cum *mandibulis* niger vel piceo-niger est, *sternum, maxillæ* et *labium* picea. *Palpi* testaceo-fusci. *Pedes* anteriores picei, coxis et trochanteribus testaceo-fuscis, patellis et (saltem interdum) tarsis testaceis, aculeis et pilis subfuscis ; pedes posteriores toti luteo-testacei sunt, modo tarsis clarioribus. *Abdomen* supra—i. e. scutum ejus—nigro-piceum est, macula media sat magna subovata testaceo-fusca ad marginem anticum, et in medio longitudinis vitta transversa ejusdem coloris in medio late abrupta (sive utrinque vitta brevi transversa) ornatum, quæ usque ad . marginem testaceo-fuscum, quo utrinque cinctum est scutum, pertinet ; etiam in margine postico maculam sat magnam mediam transversam antice rotundatam testaceo-fuscam vel flavam ostendit scutum. Area transversa magna picea pone vittam illam transversam utrinque colore testaceo-fusco quasi emarginata est. Latera abdominis cum declivitate dorsi postica flavo-testacea sunt, mamillis et ano in macula rotunda ejusdem coloris positis ; venter contra æqualiter nigricans est, ante plicaturam genitalem magis ferrugineus.

Femina ad.—Singula femina adulta in Birmania capta et a me visa cum descriptione loc. cit. 1892 a me data plane convenit, eo excepto quod color dorsi abdominis idem est atque in feminis junioribus plerisque (vid. infra), et venter testaceo-nigricans ; pedes omnes fusco-testacei sunt, femoribus anterioribus nigris, apice fusco-testaceis.

Juniores et *pulli*, ut femina adulta, mare adulto clariores sunt ; cephalothoracem lævem nitidum ferrugineo-fuscum et interdum macula pallida utrinque, inter oculos binos laterales, notatum habent ; abdomen (ut in ♀ ad. scuto dorsuali carens) plerumque, ut in exemplo Birmanico adulto a me viso, supra et inæqualiter in lateribus flavo-testaceum est dicendum, hac pictura picea vel nigra : dorsum maculas duas sat magnas plerumque oblongas antice ostendit, posterius vero vittam magnam transversam inæqualem

postice late emarginatam et utriuque (in extremitatibus) bifidam vel
emarginatam quoque, quæ vittâ vel maculâ mediâ cum maculis illis
duabus anticis unita est.   Interdum hæc pictura nigra in plagam
maximam inæqualem, in lateribus paullo incisam et antice lineola
longitudinali pallida notatam confluit, ut in femina adulta ex Java
loc. cit. a me adumbrata igitur; interdum color dorsi abdominis
magis ut in mare adulto est, pictura pallida modo clariore, flavo-
testacea.   Anus et mamillæ in macula magna rotundata flavo-
testacea sunt posita, quæ colore obscuro ventris postice et in
lateribus cincta et limitata est.

♂ ad.—Lg. corp. 2½; lg. cephaloth. pæne 1¼, lat. ej. (frontis) 1⅓,
lat. clyp. fere 1; lg. abd. 1½, lat. ej. paullo plus 1½ millim. Ped. 1
circa 3¾, II circa 4, III et IV circa 2½ : pat.+tib. IV circa 1
millim.

Exempla nonnulla in Birmania inferiore inventa examinavi.

Tribus SALTIGRADÆ.

Fam. SALTICOIDÆ.

Subfam. LYSSOMANINÆ.

ASEMONEA, Cambr., 1869.

254. **Asemonea cingulata, sp. n.

*Cephalothorace in fundo nigro-fusco, fascia longitudinali pallida
notato, clypeo subcupreo-squamuloso, area interoculari olivaceo-flavo-
pubescenti; pedibus pallide flaventibus, nigro-lineatis, 4' paris reliquos longitudine superantibus; abdomine longo et angusto, apice
breviter angustato-acuminato, lateribus pæne rectis et parallelis, dorso
anterius, ad circa ⅔ longitudinis, nigricanti, dein in formam vittæ
transversæ latæ pallido, denique (apice) atro, ventre apice et basi
nigris exceptis pallido; mamillis superioribus longis, atris, art. 2°
1ᵐ longitudine superante et foras curvato.— ♂ ad. Long. circa 4⅔
millim.*

Mas.—*Cephalothorax* circa ⅓ longior quam latior, inverse ovatus
fere, utriuque antice vix sinuatus, parte thoracica lateribus posterius
fortiter rotundatis anterius rectis anteriora versus sensim non parum
angustata, parte cephalica brevi lateribus brevissimis anteriora
versus sensim paullo angustata quoque, fronte truncata, dimidiam
partem thoracicam latitudine evidenter superante. Impressiones
cephalicæ distinctæ sunt, sulcus ordinarius centralis tenuissimus,
sat longus. Minus altus est cephalothorax, parte cephalica paullo
altiore quam est pars thoracica; a latere visa pars illa supra pæne
recta et paullo proclivis est, pone (apud) oculos posticos brevi spatio
abrupte declivis, dorsum dein rectum et libratum, denique sat
leniter declive et leviter convexum, hac parte declivi partem libratam longitudine circiter æquante. Clypeus valde reclinatus, longo

ante basin mandibularum prominens, altitudine dimidiam diametrum oculi maximi æquans. Quadrangulus *oculorum* (area oculorum sex posteriorum) circa duplo latior est antice quam longior, et multo latior antice quam postice. Oculi serici 1^æ (sive medii antici), totam latitudinem faciei occupantes, valde prominentes sunt, inter se contingentes, oculis 2^æ seriei circa triplo majores ; oculi seriei 2^æ oculis seriei 4^æ paullo majores sunt, oculi seriei 3^æ oculis seriei 4^æ paullo minores. Series oculorum 2^a, qui pone oculos seriei 1^æ, magis extra, locati sunt et ab iis spatiis modo parvis sejuncti, serie 1^a paullo longior est, series vero 3^{ia} serie 2^a saltem dimidio brevior et serie 4^a modo paullulo brevior ; oculi 4 posteriores igitur aream pæne rectangulam circa dimidio latiorem quam longiorem occupant. Spatia inter oculos seriei 2^æ et oculos seriei 3^æ horum diametrum æquant et duplo minora sunt quam spatia, quibus oculi seriei 3^{iæ} ab oculis seriei 4^æ distant. *Sternum* rotundatum, parum longius quam latius ; spatium inter coxas 1ⁱ paris magnum est, spatium inter coxas 4ⁱ paris multo minus, dimidiam earum diametrum circiter æquans.

Mandibulæ valde reclinatæ, debiles, femoribus anticis paullo angustiores, circa duplo longiores quam latiores. *Maxillæ* vix longiores quam latiores, apice late truncatæ. *Labium* parvum subtriangulum (?) et maxillis circa duplo brevius est visum. *Palpi* sat longi, robusti, clava femoribus anticis circa duplo latiore. Pars patellaris paullo longior quam latior est, apicem versus sensim incrassata ; secundum latus exterius spina maxima compressa sive lamina quadam omnium longissima, apicem versus sensim angustata, porrecta et fortiter deorsum curvata prædita est, quæ ab apice partis femoralis usque ad basin partis tarsalis pertinet, ipso apice dilatato et inæqualiter inciso. Pars tibialis parte patellari paullo brevior et crassior est, valde inæqualis et nodosa, procursu breviore sed fortissimo anteriora versus et paullo deorsum curvato, in apice truncato bifido, e latere exteriore partis tibialis, supra, excunte præsertim conspicuo. Pars tarsalis prioribus duabus partibus conjunctis non parum longior est, iis fere dimidio latior, saltem dimidio longior quam latior, subovata, apicem versus angustato-acuminata : bulbus valde complicatus. *Pedes* graciles valde, ut videtur ita : IV, I, II, III (III, II ?) longitudine se excipientes, omnes aculeis nonnullis gracillimis et longis armati ; subter in tibiis anterioribus aculei 2.2.2.2. videntur. Femur 1ⁱ paris femur cum ⅓ patellæ 2ⁱ paris longitudine æquat. *Abdomen* longum et angustum, cephalothorace multo angustius, saltem triplo longius quam latius, basi rotundato-truncatum, lateribus pæne rectis et parallelis, apice excepto, ubi cito angustato-acuminatum est. *Mamillæ* superiores longæ (tarsos 4ⁱ paris longitudine fere æquantes), art. 1° cylindrato et duplo longiore quam latiore, art. 2° eo non parum longiore et paullo angustiore, apicem versus sensim paullo angustato, paullo *foras* curvato. Mamillæ inferiores superiorum art. 1° crassiores et paullo breviores sunt, obtusissimæ ; art. earum 1^a paullo latior est quam longior, art. 2^a etiam brevior, apice rotundato.

Color.—*Cephalothorax* nigro-fuscus, summo margine nigro, et

fascia subtestacea ab oculis anticis ad marginem posticum ducta
notatus, quae inter oculos angustior est, dein lata et, posterius,
sensim angustato-acuminata ; oculi tres posteriores utriusque lateris
in plaga nigra positi sunt. In nostro exemplo ad maximam partem
detrito clypeus squamulis cupreo-micantibus tectus est et area
interocularis anterius pube olivaceo-flaventi vestita ; praeterea pilis
albicantibus sparsus fuisse videtur cephalothorax. *Sternum, maxillæ*
et *labium* pallide flaventia. *Mandibulæ* flaventes, basi obscuriores.
Palpi fusci, basi pallidiores. *Pedes* pallide flaventes, nigro-lineati :
femora ad apicem, postice, lineam longitudinalem nigram plus minus
brevem ostendunt, tibiae, metatarsi et tarsi postice lineam ejusmodi
longam, quae in pedibus 1ᵢ paris etiam per patellam ducta est ; in
his pedibus metatarsi et tarsi etiam antice fasciam longitudinalem
nigram habent. Aculei pedum pallide flaventes. *Abdomen* apice
inaequaliter et satis anguste nigrum est, praeterea in fundo supra et
in lateribus, ad ⅔ longitudinis fere, nigricans, apice atro ab hac area
nigricanti annulo vel vitta transversa sat lata pallida, cinerascenti-
flava (in ventrem continuata) separato : venter basi et apice nigris
exceptis pallide cinerascenti-flavens est, hoc colore pallido utrinque
anterius sursum, in latera, producto. In lateribus vestigia squamularum cupreo-micantium et, in partibus pallidis, pubescentiæ albæ
video ; in utroque latere vero partis apicalis atræ pilis densis atris
retro et paullo foras directis munitum et quasi plumatum est abdomen,
in declivitate antica nigro-pilosum quoque. *Mamillæ* superiores
atræ, mediæ pallidæ, inferiorum art. 1ˢ niger, 2ˢ pallidus.

Lg. corp. 4¾ ; lg. cephaloth. (sine oculis seriei 1ᵃᵉ) 2, lat. ej. 1½ ;
lg. abd. 3, lat. ej. fere 1 millim. Ped. I 7, II 6½, III paullo plus 6,
IV 7½ ; pat.+tib. I 2½, pat.+tib. IV paene 2½, metat.+tars. I 2½,
metat.+tars. IV 3 millim.

Marem singulum ad Tharrawaddy invenit Oates. *Asemonea*
(*Lyssomanes*) *tennipes*, Cambr.*, ex ins. Taprobane, alia species esse
debet, quum mas ejus non tantum colore paullo alio, verum etiam
pedibus 1ᵢ paris reliquos longitudine superantibus et palpis alio
modo formatis †, cet., a mare *A. cingulatæ* nostræ discrepet.

**255. Asemonea cristata, sp. n.

*Cephalothorace in fundo nigro-fusco, fascia longitudinali pallida
notato ; pedibus sordide testaceis, nigro-lineatis, 1ᵢ paris pedibus
reliquos longitudine superantibus, tibiis et metatarsis eorum basi
apiceque nigris ; abdomine longo et angusto, cylindrato-lanceolato, in
fundo testaceo-nigricanti, umbra vel macula transversa nigra posterius
in dorso ; mamillis superioribus sat longis, nigricantibus, art. 2ᵒ art.
1ᵒ circa duplo breviore, non duplo longiore quam latiore, recto.--
♂ ad. Long. circa 4¼ millim.*

---

* Ann. Mag. Nat. Hist. ser. 4, iii. p. 65, pl. v. figs. 50-52.--Conf. G. W. et
E. G. Peckham et W. M. Wheeler, Transact. Wisconsin Acad. of Sciences, Arts
and Letters, vii. p. 243, pl. xii. figg. 5 et 19-19 b [*Asamonea tennipes*].

† Conf. Peckh. et Wheel., loc. cit. pl. xii fig. 5.

Mas.—Priori, *A. cingulata*, ♂, ad formam simillimus quidem est, sed mamillarum superiorum art. 2ª brevi, præter structura palporum alia alioque colore abdominis, cet., facile internoscendus.— *Cephalothorax* ut in *A. cingulata*, ♂, diximus est, modo parte (posteriore) dorsi declivi evidenter longiore quam est pars ejus librata, et oculis seriei 2ª paullo magis foras prominentibus, quo fit, ut antice paullo latior videatur cephalothorax quam in mare illo. *Oculi, sternum et partes oris* ut in eo. *Palpi* sat breves et fortes sunt, clava femur 1ⁱ paris latitudine æquante : pars femoralis subter, magis intus, tuberculum forte nigro-pilosum ostendit, et apice, extra, spinis paucis brevibus munita est ; pars patellaris æque longa est ac lata. Pars tibialis eâ paullo brevior sed, apice, latior est : supra, magis intus, in laminam sive cristam magnam erectam exterius excavatam est elevata, quæ apice, magis postice, spinam parvam erectam obtusam gerit : apex lateris exterioris partis tibialis in alium procursum magnum et latum, apice angustatum, anteriora versus et paullo deorsum directum productus est. Pars tarsalis prioribus duabus partibus conjunctim non parum longior iisque latior est, duplo longior quam latior, lanceolato-ovata. Bulbus satis altus, præsertim posterius : quum a latere inspicitur, pars ejus anterior spinam retro et deorsum directam formare videtur. *Pedes* graciles, ita : IV, I, III. II longitudine se excipientes, omnes aculeis nonnullis gracilibus muniti ; tibiæ 1ⁱ paris 4 paria aculeorum subter ostendunt, præter 1 . l. in utroque latere et 1 . l. supra ; metatarsi hujus paris 4 paria aculeorum subter habere videntur. *Abdomen* longum et angustum, saltem triplo longius quam latius, *non* utrinque postice subplumato-pilosum. *Mamillæ* superiores sat longæ, inferioribus circa dimidio longiores, divaricantes : art. earum 1ˢ pæne cylindratus est et saltem duplo longior quam latior, art. 2ˢ eo circa duplo brevior et multo angustior, vix dimidio longior quam latior, rectus, cylindratus, apice rotundatus, magis intus directus.

Color.—*Cephalothorax* (in nostro exemplo detrito) nigro-fuscus est, summo margine nigro, et oculis tribus posterioribus utriusque lateris in plaga nigra positis ; præterea fasciam mediam longitudinalem pallidam a margine frontali retro ductam, postice abbreviatam et acuminatam ostendit, et utrinque, in parte cephalica, fasciam brevem pallidam subobliquam ; inter (supra) oculos seriei 1ᵃˢ, qui annulo angusto albo cincti sunt, remanent vestigia pubescentiæ albæ. *Sternum* et *labium* nigricantia, *mandibulæ* et *maxillæ* sordide testaceæ. *Palpi* fusco-testacei. *Pedes* sordide testacei, 1ⁱ paris paullo obscuriores ; pedes anteriores in utroque latere secundum femur, patellam et tibiam fascia vel linea nigra notati sunt (tarsi omnes lineam ejusmodi tenuem ostendunt) ; in pedibus posterioribus, vel saltem 4ⁱ paris, talis linea vel fascia saltem in femoribus plus minus distincta est : in his pedibus tibia et metatarsi basi et apice utrinque plus minus evidenter nigra sunt, et metatarsi 4ⁱ paris lineam longitudinalem nigram magis subter ostendunt. *Abdomen* in fundo testaceo-nigricans est, pictura vix ulla nisi umbra transversa posterius in dorso, ad circa ⅔ longitudinis ejus. *Mamillæ* testaceo-nigricantes.

Lg. corp. 4¾ : lg. cephaloth. saltem 1⅚, lat. ej. fere 1¼ : lg. abd.
3, lat. ej. circa 1 millim. Ped. 1 7, II 6½, III 6¾, IV paullo plus 7 ;
pat.+tib. 1 et pat.+tib. IV paullo plus 2½, metat.+tars. I 2½,
metat.+tars. IV 3 millim.
Mas singulus, ad Tharrawaddy captus.

**256. Asemonea picta, sp. n.

*Cephalothorace pallide luteo, parte cephalica supra sericeo-albi-
canti et utrinque antice macula inæquali subtrapezoidi atra maculaque parva rubra supra oculos serici 1ᵃᵉ situ ornata, parte thoracica
lineis duabus longitudinalibus nigris (vel V magno nigro) plus minus
expressis notata, clypeo squamulis appressis tenuissimis et densissimis
sericeo-albis tecto ; abdomine in fundo flavo-cinerascenti, supra pone
medium macula Λ-formi nigra et utrinque, secundum latera, linea
longitudinali angulato-undulata nigra, vel punctis paucis nigris,
signato ; sterno, partibus oris, palpis et pedibus flaventibus, tibiis
omnibus basi et apice utrinque, ut femoribus apice, lineola longitudinali vel macula nigra notatis ; tibiis anterioribus subter 5 paribus
aculeorum armatis.— ♀ ad. Long. circa 4⅔ millim.*

Femina.—Cephalothorax paullo brevior quam tibia cum patella 4ⁱ
paris, circa dimidio longior quam latior, fronte late truncata, parte
cephalica lateribus rectis anteriora versus paullulo dilatata, parte
thoracica lateribus antice rectis et parallelis, dein rotundatis posteriora versus primum paullulo dilatata, denique cito et fortiter
angustata, postice anguste rotundata. Impressiones cephalicæ distinctæ sunt, sulcus ordinarius centralis tenuis, modice longus.
Modice altus est cephalothorax, area oculorum reliquo dorso paullo
altiore, antice multo, præterea paullo proclivi, dorso dein librato et
recto vel paullulo concavato, denique, in parte thoracica, sensim sat
fortiter declivi, hac parte declivi partem libratam longitudine
superante. Clypei altitudo dimidiam diametrum oculi serici 1ᵃᵉ non
parum superat. Quadrangulus *oculorum* pæne duplo latior est
antice quam postice, et pæne duplo latior antice quam longior ; ad
magnitudinem et distributionem oculi ut in *A. cingulata* sunt :
series oculorum 2ᵃ dupla horum oculorum diametro longior est
quam series 1ᵃ, quæ non parum longior est quam series 4ᵃ ; oculi 4
posteriores aream pæne rectangulam et pæne dimidio latiorem quam
longiorem formant. *Sternum* et interstitia inter coxas ut in
A. cingulata.
Mandibulæ directæ, altitudine faciei multo breviores, pæne duplo
longiores quam latiores. *Maxillæ* parallelæ, ovatæ fere, basi
angustæ, apice rotundatæ, paullo longiores quam latiores apice,
labio triplo longiores ; *labium* parvum transversum et apice late
rotundatum videtur. *Pedes* sat graciles, modice longi (4ⁱ paris pedes
cephalothorace pæne 3½ longiores sunt), ita : IV, I, III, II longitudine se excipientes ; pedes 1ⁱ paris tamen pedibus 3ⁱⁱ paris parum
longiores sunt. Femur 1ⁱ paris femore 2ⁱ paris parum longius.
Pedes anteriores in tibiis et in metatarsis, præter unum alterumve

aculeum in lateribus tibiarum, subter 5 paria aculeorum sat longorum habent ; præterea pedes aculeis paucis gracilibus armati
sunt. *Abdomen* anguste ovatum vel ellipticum, duplo longius quam
latius. *Vulva* ex duabus maculis parvis nigerrimis, spatio sat
magno inter se separatis constat, quæ postice, intus, cum sua quæque
ejusmodi macula conjunctæ sunt. *Mamillæ* superiores inferioribus
angustiores et circa dimidio longiores, art. 2ᵘ subconico et parum
longiore quam latiore basi.

Color.—*Cephalothorax* in fundo pallide luteus est, parte cephalica
supra in formam trianguli sericeo-albicanti et utrinque macula
nigerrima subtrapezoidi, quasi e maculis tribus conflata et oculos
tres posteriores utriusque lateris continente notata ; area interocularis antice tenuiter albo-pubescens fuisse videtur, et supra (apud)
utrumque oculum seriei 1ᵃᵉ macula parva rubra e pube formata conspicitur : clypeus squamulis appressis tenuissimis et densissimis sericeo-albis tectus est. Pars thoracica lineas duas tenues
nigras, anterius paullo incurvas et subparallelas, dein posteriora
versus appropinquantes et postice inter se unitis, a parte cephalica
pæne ad marginem posticum ductas, **V** magnum pæne formantes
ostendit, summo margine laterali nigro quoque. *Sternum* cum
partibus oris et palpis pallide flavens, *pedes* quoque pallide flaventes, summo apice tarsorum nigro, tibiis omnibus basi et apice
utrinque lineola longitudinali vel macula parva nigra notatis :
femora quoque apice utrinque punctum nigrum ostendunt. *Abdomen*, in nostro exemplo detritum (pube alba certe vestitum fuit),
flavo- vel subroseo-cinerascens est, hac pictura nigricanti in dorso :
secundum latera, usque a basi, lineæ duæ crassissime dentato-undu-
latæ extensæ sunt, basi incurvæ et inter se unitæ : inter eas, non
parum pone medium, macula **V**-formis conspicitur, et pone eam,
paullo supra anum, macula minor subrhomboides, utrinque vero
apud eam, ad latera (pone lineas illas), punctum vel macula parva.—
In altero exemplo pictura nigricans abdominis, quod ad partem
pube sericea alba est vestitum, obsoleta est, remanentibus distinctis
lineola obliqua longitudinali utrinque prope basin, macula **V**-formis
pone medium, macula parva supra anum, aliæque binæ parvæ ad
latera, altera in medio longitudinis, altera magis postice. Etiam
lineæ duæ nigræ partis thoracicæ in hoc exemplo minus distinctæ
sunt et postice abbreviatæ.

Lg. corp. 4⅔ : lg. cephaloth. 1¾. lat. ej. pæne 1¼, lg. abd. paullo
plus 3, lat. ej. 1½ millim. Ped. I paullo plus 5½, II 5, III 5½, IV
6¼ : pat.+tib. IV parum plus 2, metat.+tars. IV 2⅔ millim.

Duæ feminæ ad Tharrawaddy sunt captæ.—An femina *A. cingulatæ*, vel *A. cristatæ*, est hæc aranea ?

*257. Asemonea tenuipes, Cambr.

Asemonea (Lyssomanes) tenuipes, *Cambr. in Ann. Mag. Nat. Hist.*
    4 ser. iii. p. 65, pl. v. figg. 50-52 (1869).
Asamonea tenuipes, *Peckh. et Wheel. Transact. Wisconsin Acad.*

320   SALTICOIDÆ.

of Sciences, Arts and Letters, vii. p. 243, pl. xii. figg. 19-19 *b* (1888).

Cephalothorace pallide luteo, parte cephalica supra sericeo-albicanti et utrinque antice macula inæquali subtrapezoidi nigerrima notata, clypeo squamulis appressis tenuissimis et densissimis sericeo-albis tecto; abdomine luteo-flavo; sterno, partibus oris, palpis et pedibus flaventibus, tibiis 4[i] paris basi et apice intus lineola longitudinali vel macula parva nigra notatis, tibiis anterioribus subter 4 paribus aculeorum armatis.—♀ ad. *Long. circa* 4½ *millim.*

Exempla duo feminea ad Tharrawaddy sunt capta, quæ sine dubio illius sunt formæ, quam—nescio an recte—ut feminam *A. tennipedis,* Cambr. (♂) descripserunt Cel. Peckhamii et Wheeler. A specie præcedente, *A. picta,* n. (♀), vix nisi forma vulvæ alia, tibiis tarsisque anterioribus subter modo 4 paribus aculeorum armatis, et colore paullo alio differunt. Pedes longitudine ita : IV, I, III, II se excipiunt quidem, sed 1[i]-3[ii] parium pedes pæne eadem longitudine sunt; femur 1[i] paris femore 2[i] paris parum longius est; aculei in pedibus posterioribus pauci videntur, ut in priore specie. Pedes toti immaculati, excepto quod tarsi summo apice nigri sunt, et quod tibiæ 4[i] paris basi et apice intus lineolam vel maculam parvam nigram ostendunt. In exemplo altero dorsum abdominis flavo-lutei vestigia umbræ transversæ subfuligineæ paullo pone medium, aliusque paullo supra anum sitæ, ostendit. *Vulva* ex area sat magna pallide ferruginea constat, quæ maculas 4 parvas nigras in trapezium multo latius postice quam antice et longius quam latius antice dispositas ostendit : quum sicca est aranea, hæc area foveis duabus magnis, septo triangulo postice acuminato separatis, occupata videtur, sed quum in spiritu vini est immersa, fasciæ duæ breves latæ pallidæ posteriora versus appropinquantes ab anterioribus macularum illarum retro, versus interstitium inter maculas posteriores, ductæ conspiciuntur.

Lg. corp. 4½ ; lg. cephaloth. pæne 2, lat. ej. circa 1½ ; lg. abd. pæne 3, lat. ej. parum plus 1 millim. Ped. I 6½, II 6¼, III pæne 6½, IV paullo plus 7 ; pat.+tib. IV 2¼ millim.

                              Subfam. SALTICINÆ.

                            ASCALUS, Thor., 1894.

                        258. Ascalus lætus (Thor.).

Synemosyna læta, *Thor. Ann. Mus. Genova,* xxv. p. 339 (1887) (= ♂).
Synemosyna prælonga, *id. op. cit.* xxx. p. 64 (1890) (= ♂, var.).
Ascalus lætus, *id. Bihang Svenska Vet.-Akad. Handl.* xx. afd. iv. no. 4, p. 55 (1894).

Exempla sat multa utriusque sexus ad Tharrawaddy maremque

singulum ad Rangoon collegit Cel. Oates. Feminam juniorem
possideo, in Java captam; alia femina, quæ hujus speciei videtur, a
Cel. Workman in Singapore inventa est.—Ad magnitudinem valde
variat hæc species: exemplum masculum maximum a me visum $8\frac{1}{4}$
millim. longum est, cum mandibulis $11\frac{1}{4}$ millim., exemplum minimum modo $4\frac{1}{2}$ (cum mandibulis 6) millim. longum! Maxima
feminarum (nondum adulta) sine mandibulis 10, minima (adulta)
$6\frac{1}{2}$ millim. longa est.

Mas, desuper visus, figuræ *Saltici providentis* a Cel. Peckham *
datæ simillimus est, excepto quod mandibulæ speciei nostræ in
latere exteriore multo minus fortiter rotundatæ sunt. Ad longitudinem valde variant mandibulæ. Plerumque cephalothorace non
multo breviores sunt, 3–4plo, immo 5plo, longiores quam latiores;
nonnunquam vero vix $2\frac{1}{4}$ longiores sunt quam latiores! In altero
ejusmodi exemplo, vix 6 millim. longo, dens unguis mandibulæ
evidens quidem sed humillimus est; in altero multo majore (cum
mandibulis 9 millim. longo) unguis mandibulæ *dente plane caret!*
Pedes 1^i paris in exemplis nunc a me dimensis pedibus 3^{ii} paris
longiores sunt: tibiæ 1^i paris 4–5 paria, tibiæ 2^i paris 3–4 paria
aculeorum subter habent, et femora anteriora 3 aculeos parvos
superius habere possunt (ut in "*Synemosyna prolonga*"). Abdomen ante locum, ubi est constrictum, plerumque subfuscum est,
pone eum nigrum et nitidissimum, in strictura illa plus minus
evidenter albo-pubescens.

Femina, formicæ simillima, a mare præsertim (præter palpis) eo
differt, quod *pars cephalica* parum altior est quam pars thoracica, et
mandibulæ anteriora versus et deorsum directæ, breviores et alio modo
formatæ: fere duplo longiores quam latiores sunt, parte cephalica
paullo breviores, subcylindratæ, apice intus oblique rotundatæ, in
dorso ad longitudinem modice convexæ, in medio dorso paullo
deplanatæ, margine dorsi interiore costa recta sat tenui a basi versus
(non usque ad) apicem mandibulæ ducta definito. Sulcus unguicularis
in margine antico serie densa dentium parvorum 10–11 armatus
est, in margine postico serie paullo breviore denticulorum etiam
minorum et densiorum circa 12; unguis sat brevis, æqualiter
curvatus. *Vulva* ex tuberculis tribus parvis in triangulum breve
(apice anteriora versus directo) dispositis constare videtur: ante
(apud) anterius eorum lineolas duas longitudinales parallelas breves
nigras video, spatio exiguo separatas. *Cephalothoracis* color idem
est atque in mare; *abdomen* vero plerumque paullo clarius quam in
eo est, ante stricturam cinerascens, pone eam cinerascens, cinereo-
nigrum vel purius nigrum, plus minus albicanti-pubescens; præter
vittam transversam albam anterius, quæ plerumque in medio
abrupta est et deorsum et retro in lateribus continuata et dilatata,
dorsum posterius vittas duas transversas recurvas albas plus minus
distinctas ostendit, quarum anterior posteriore latior est. *Palpi*

---

* G. W. et E. G. Peckham, Occasional Papers of the Nat. Hist. Society of
Wisconsin, ii. 1, p. 34, pl. iii. fig. 3.

subfusci, *pedes* anteriores pæne toti flavo-testacei, metatarsis et tarsis vix infuscatis, (coxis et) femoribus 2^i paris fascia longitudinali nigricanti in utroque latere notatis ; femora posteriora cum trochanteribus et coxis 3^{ii} paris, ut et tibiæ 4^i paris saltem basi et apice, et apex patellarum hujus paris, nigra sunt, pedes posteriores præterea flavo-testacei.

"*Synæmosyna prælonga*," ex ins. Nias, certe non nisi varietas "*S. lata*" est, cephalothorace pæne toto ferrugineo-rubro a forma principali, quæ partem cephalicam nigram vel cyaneo-nigram habet, differens : ceteris notis exempla Birmanica nunc a me examinata melius cum descriptione *S. prælonga* quam cum descriptione exempli typici *S. lata* conveniunt, in quo pedes 1^i paris pedibus 3^{ii} paris breviores sunt (?) et aculei pedum ad magnam partem defracti.

**259. Ascalus vestitus, sp. n.

Satis angustus, niger, opacus, pube albicanti-cinerea vestitus, cephalothorace utrinque, in impressionibus cephalicis, vitta cuneata alba notato, parte cephalica parte thoracica parum altiore, a latere visa supra leviter convexa, pedibus 4 anterioribus flavo-testaceis, nigro-lineatis, coxis 2^i paris nigris, pedibus posterioribus nigricantibus, 3^{ii} paris apice late testaceis, 4^i paris trochanteribus cum maxima parte patellarum flavis.—♀ ad. Long. 6–7$\frac{1}{2}$ millim.

Femina.—Feminæ *A. nigri* (Thor.)[*] valde affinis, sed ut videtur ab ea differens, sat dense cinereo-albicanti-pubescens, et præterea parte cephalica minus convexa, pedibus longioribus, cet., distinguenda. *Cephalothorax* subopacus est, subtiliter coriaceus, sat dense pubescens, tibiâ cum patellâ 4^i paris modo paullo longior, non parum plus duplo longior quam latior, fere in medio profundissime constrictus : pars cephalica parte thoracica parum altior sed ea non parum latior et brevior (ut in *A. nigro*), a latere visa supra modice proclivis et leviter (postice fortius) convexa, declivitate postica satis prærupta et paullo convexa longitudine sive altitudine dimidiam longitudinem superficiei superioris superante ; desuper visa ut in *A. nigro* diximus est pars cephalica. Pars thoracica plus dimidio, pæne duplo longior est quam latior, lateribus pæne rectis anteriora versus vix angustata, posterius breviore spatio citius angustata, postice rotundata et elevato-marginata ; a latere visa fortiter et pæne æqualiter convexa est, antice proclivis, postice longius declivis. *Petiolus* paullo longior quam latior, pubescens ; margo posticus art. ejus anterioris supra in dentem solito fortiorem elevatus est. *Oculi* et *sternum* ut in *A. nigro*.

Partes oris et *palpi* quoque ut in eo est dictum. Sulcus unguicularis *mandibulæ* antice modo 3 dentibus, postice serie densa dentium 7 armatus est. *Pedes* ut in *A. nigro* aculeati videntur, sed paullo longiores sunt : pedes 4^i paris cephalothorace saltem duplo et dimidio sunt longiores. *Abdomen* ovatum, saltem dimidio

---

[*] Ann. Mus. Genova, x. p. 544 [*Synæmosyna nigra*].

longius quam latius, dense pubescens : antice superius impressione
transversa longa praeditum est, sed vix constrictum dicendum.
Fulva ex areis (foveis) duabus sat magnis rotundatis et paullulo
longioribus quam latioribus plerumque albis constat, quae spatio vel
septo angusto separatae sunt.

Color.—*Cephalothorax* in fundo niger est, parte thoracica interdum magis picea ; *abdomen* quoque in fundo nigrum, *mamillae* tamen
testaceae, non nigrae. Cephalothorax cum petiolo et palpis pube
sat densa albicanti-cinerea vestitus est : in dorso abdominis haec
pubescentia etiam densior est, praesertim vero ita in (strictura
et in) lateribus ejus, anterius, ubi purius alba est, in utroque
latere vittam oblique deorsum et retro directam et saepe in ventre
retro productam formans ; etiam praeterea in lateribus et ventre
plus minus dense albicanti-cinereo-pubescens est abdomen. *Sternum*
cum *labio*, hujus apice late pallido excepto, nigrum. *Mandibulae*
rufo-fuscae. *Maxillae* piceae, intus pallidiores. *Pedes* 1[i] paris flavo-
testacei, coxis et trochanteribus totis hujus coloris (macula una
alterave nigra interdum excepta). femoribus, patellis et tibiis in
utroque latere fascia vel linea longitudinali nigra notatis, metatarsis tarsisque nigris (in tibiis fasciae nigrae saepe ita dilatatae sunt,
ut tibiae nigrae evadant, modo apice oblique testaceae) ; pedes 2[i]
paris quoque flavo-testacei, sed coxis piceis. femoribus linea nigra
intus notatis, patellis et tibiis linea ejusmodi utrinque, metatarsis
tarsisque testaceis. Pedes posteriores nigri vel picei sunt, excepto
quod 3[ii] paris metatarsi (basi excepta) et tarsi testacei sunt, et 4[i]
paris trochanteres, ut patellae hujus paris (excepta earum fascia
apicali anguste triangula nigra, supra), flavo-testacei : interdum
etiam tarsi 4[i] paris apice pallidi sunt.

Lg. corp. 7½ ; lg. cephaloth. 3½, lat. part. cephal. paene 1½, lat.
part. thor. circa 1⅓; lg. abd. paene 3⅔, lat. ej. 2⅛ millim. Ped. I
6⅓, II 5¼, III paene 5¾, IV 9 ; pat. + tib. I 2⅜, pat. + tib. IV
parum plus 3 : metat. + tars. I paullo plus 1½, metat. + tars. IV
3 millim.

Feminae paucae ex Tharrawaddy unaque (dimensa) ex Rangoon.

*260. **Ascalus manducator** (Westw.).

Salticus manducator, *Westw. Mag. de Zool.* année 1841, pl. 1.
Salticus luridus, *Sim. Bull. Soc. Zool. France.* 1885, p. 453 (1886) ?

*Cephalothorace testaceo-rufo, in medio fortiter constricto, parte
cephalica parte thoracica multo altiore sed vix latiore, fronte anguste
nigra, oculis utriusque lateris nigrore cinctis, clypeo albicanti-piloso ;
abdomine inverse ovato, anterius constricto et rufescenti-fusco, posterius in dorso nigro ; pedibus rufo-testaceis, tarsis flaventibus, metatarsis 1[i] paris nigris ; mandibulis longissimis, cephalothorace longioribus, latere interiore toto recto, a basi ad medium angustis parallelis et rufescentibus, dein incrassato-dilatatis et nigris et desuper
visis anguste dimidiato-ellipticis fere, ungui longo, sinuato et basi
apiceque incurvo, mutico, inter series duas dentium recepto, quarum*

anterior brevis ex circa 7, *exterior longissima ex* 15 *vel pluribus dentibus formata est.*— ♂ ad. *Long. circa* 6 (*cum mandibulis circa* 10) *millim.*

Mas.—*Cephalothorax* paullo brevior quam tibia cum patella 4ᵢ paris, plus duplo longior quam latior, in medio profunde constrictus, omnium subtilissime coriaceus, subnitidus; pars cephalica multo altior est quam pars thoracica, paullulo longior quam latior, ante oculos posticos anteriora versus vix angustata, fronte et lateribus modo leviter rotundatis, lateribus pone hos oculos fortius rotundatis posteriora versus angustata; pube tenui et pilis paucis longis sparsa est, facie et præsertim clypeo satis alto pilis densis vestito. A latere visa supra recta et paullulo proclivis est; declivitas ejus postica modice est prærupta et pæne recta, dimidium reliqui dorsi partis cephalicæ longitudine (altitudine) æquans. Pars thoracica anguste elevato-marginata parte cephalica parum brevior et vix angustior est, paullo longior quam latior: latera anterius recta et parallela habet, lateribus dein rotundatis posteriora versus sensim angustata est, postice rotundata; a latere visa antice brevi spatio paullo proclivis est, dein paullo convexa, declivitate postica longa, pæne recta. Quadrangulus *oculorum*, qui postice evidenter angustior est quam cephalothorax eodem loco, parum (non $\frac{1}{4}$) latior est quam longior, paullo latior postice quam antice; series oculorum antica paullo sursum curvata est (linea hos oculos supra tangens recta est vel parum deorsum curvata); oculi ejus medii lateralibus fere triplo majores sunt et inter se spatiis evidentissimis separati. Oculi seriei 2ᵃᵉ plus dimidio longius ab oculis posticis quam a lateralibus anticis distant; oculi seriei 3ᵃᵉ lateralibus anticis paullo minores sunt. *Sternum* coxis intermediis paullo angustius, postice acuminatum; coxæ 4ᵢ sed non 1ᵢ paris inter se contingentes sunt.

Mandibulæ porrectæ, longissimæ, cephalothorace longiores, circa 5plo longiores quam latiores versus apicem (loco ubi latissimæ sunt), nitidissimæ, pæne glabræ, latere interiore toto recto et plano et in margine suo superiore costa limitato, quæ in apice mandibulæ deorsum curvatur et hic in dentem apicis fortissimum deorsum directum desinit; usque ad medium angustæ, rectæ, parallelæ et subcylindratæ sunt et levissime transversim striatæ, dein et supra et in latere exteriore non parum incrassatæ, hac parte incrassata desuper visa circa triplo longiore quam latiore, dimidiato-elliptica, in latere exteriore æqualiter et sat leviter rotundata, apice truncato paullo latiore quam basi; supra et in latere exteriore transversim et levissime convexa est hæc pars, etiam a latere visa supra (et, sed sat leviter, infra quoque) convexa. Sulcus unguicularis nullus: unguis inter series duas dentium recipitur, quarum interior, mandibula plus duplo brevior, e dentibus mediocribus 7–8 constat, 1° horum dentium spatio modo parvo a 2° et a dente illo fortissimo deorsum directo quem format apex mandibulæ intus, remoto; series exterior, hic illic inæqualis vel quasi duplex, totam longitudinem mandibulæ excepto ad apicem occupat, et ex circiter 15–20 dentibus inæqualibus formata est. Unguis mandibulam longitudine æquat, basi fortiter incurvus, dein usque ad circa $\frac{2}{3}$ longitudinis rectus, tum paullo foras curvatus et breviore spatio pæne rectus, denique, apice, incurvus. *Labium* multo longius quam latius, apice truncatum. *Palpi*, graciles et longi, extensi pæne ad $\frac{2}{3}$ longitudinis mandibulæ pertinent. Pars patellaris non duplo longior est quam latior, lateribus pæne parallelis; pars tibialis ea plus duplo longior et apice saltem dimidio latior, a basi ad apicem sensim paullo dilatata, circa triplo longior quam latior apice, ubi, extra, spina gracili porrecta paullo deorsum curvata armata est: pars tarsalis parte tibiali non parum brevior et paullo latior est, lateribus pæne parallelis, apice rotundata. Bulbus subovatus humilis antice spina longa in circulum parvum convoluta occupatur. *Pedes* graciles, sat longi (4[i] paris cephalothorace circa 3$\frac{3}{4}$ longiores), aculeis parvis gracillimis (ut videtur 2 . 2 . 2 . 2 . subter in tibiis et 2 . 2 . subter in metatarsis anterioribus, et saltem 1 aculeo supra in femoribus) armati. *Abdomen* inverse ovatum, ante medium fortiter constrictum, læve, nitidissimum, parce et tenuiter pubescens. *Petiolus* non multo longior quam latior.

Color.—*Cephalothorax* testaceo-rufus, fronte angustissime nigra, oculis binis anterioribus utriusque lateris in macula communi nigra positis, et oculis seriei 3[iæ] annulo nigro cinctis. Clypeus pilis densis albicantibus vestitus est. *Oculi* medii antici aureo-ænei. *Sternum* cum *maxillis* et *labio* rufescenti-testaceum. *Mandibulæ* in parte dimidia basali rufescentes et certo modo visæ colorem æneum sentientes, præterea nigræ, ungui piceo apice pallidiore. *Palpi* rufescenti-testacei. *Pedes* testaceo-rufi, basi pallidiores, tarsis flaventibus: trochanteres 4[i] paris, ut pedes 2[i] paris toti, reliquis paullo pallidiores sunt, metatarsi vero ad maximam partem nigri. *Abdominis* dorsum anterius rufescenti-fuscum est, postice vero nigricans, apice pallidiore: venter et latera sordide cinereo-fusca. *Mamillæ* subtestaceæ.

♂.—Lg. corp. (sine mandib.) 6$\frac{1}{4}$: lg. cephaloth. 3$\frac{1}{6}$, lat. ej. 1$\frac{2}{3}$: lg. abd. pæne 3$\frac{1}{6}$, lat. ej. pæne 1$\frac{2}{3}$ millim. Ped. I paullo plus 10, II 7$\frac{1}{4}$, III 7$\frac{3}{4}$, IV 11$\frac{3}{4}$; pat. + tib. I pæne 4, pat. + tib. IV 4; metat. + tars. I circa 2$\frac{2}{3}$, metat. + tars. IV 3$\frac{1}{4}$ millim. Lg. mandib. 3$\frac{5}{6}$ millim.

A. clavigero (Thor.)*, et præsertim *A. plataleoidi* (Cambr.)†, hæc species simillima videtur, ab illa defectu cunei albi in impressionibus cephalicis et annuli albi mandibularum facile distinguenda; ab *A. plataleoidi* forma mandibularum et unguis earum paullo alia (præsertim parte mandibulæ dilatata multo longiore) saltem differt.

Mares duos (supra descriptos) ad Tharrawaddy cepit Oates. Marem minorem, (sine mandibulis) 5 millim. longum et multo obscuriorem, ad Rangoon invenit, qui, excepto statura minore et numero dentium mandibularum majore, cum descriptione et figuris *Saltici manducatoris*, Westw., loc. cit., optime convenire videtur.

---

* Ann. Mus. Genova, x. p. 548 [*Synemosyna clavigera*].

† Ann. Mag. Nat. Hist. ser. 4, iii. p. 63, pl. vi. figs. 61–65 [*Salticus plataleoides*].

***261. Ascalus rhopalotus, sp. n.

Cephalothorace in medio fortiter constricto, piceo, parte cephalica partem thoracicam altitudine et latitudine superante, clypeo albicanti-piloso ; abdomine ovato, vix constricto, lævi, nigro ; pedibus 1ⁱ paris ad maximam partem nigris, femoribus apice excepto piceo-rubris, pedibus 2ⁱ paris testaceis, nigro-lineatis, posterioribus pedibus piceo-rubris, coxis 4ⁱ paris flavcentibus ; mandibulis porrectis, longis sed cephalothorace paullo brevioribus, latere interiore toto recto, a basi pone ad ⅓ longitudinis angustis et subcylindratis, fusco-rubris, dein incrassato-dilatatis et supra subpiceis et, desuper visis, angustius dimidiato-ellipticis fere ; ungui longo, basi modice incurvo et tum dente intus armato, dein recto, apice incurvo, inter series duas dentium pone æque longas recepto, quarum interior ex circa 6, exterior ex circa 11 dentibus constat.— ♂ ad. Long. (sine mandib.) circa 5⅙ millim.

Mas.—Priori, *A. manducatori*, affinis, sed minor, præsertim brevior, parte cephalica partem thoracicam latitudine non parum superante, mandibulis brevioribus et alio modo armatis, colore alio, cet., internoscendus ; figuræ *Saltici spissi*, Peckh.*, ex Taprobane, ad formam in universum similis videtur, sed sine dubio alius est speciei. —*Cephalothorax* patella cum tibia 4ⁱ paris paullo longior est, circa duplo longior quam latior, in medio profunde constrictus, nitidus : pars cephalica multo altior est quam pars thoracica, lateribus ante oculos posticos leviter rotundatis et parallelis, pone hos oculos lateribus fortius rotundatis posteriora versus sat fortiter angustata, fronte leviter rotundata ; supra subtilissime et dense impresso-punctata videtur, pube tenui et pilis paucis longis (duabus in medio stricturæ, duabus sursum curvatis in clypeo) sparsa ; clypeus modice altus pilis sat longis densis vestitus est. A latere visa supra modo levissime convexa et paullo proclivis est pars cephalica, declivitate postica levissime convexa quoque, modice prærupta et dimidium longitudinis reliqui dorsi hujus partis longitudine (altitudine) æquante. Pars thoracica parte cephalica non parum angustior sed vix brevior est, paullo longior quam latior, ceterum ad formam ut in specie præcedente, nitidissima, foveis duabus levibus postice. Quadrangulus *oculorum*, postice evidenter paullo angustior quam cephalothorax eodem loco, et paullulo latior postice quam antice, circa ¼ latior est quam longior, paullo plus ⅓ longitudinis cephalo-thoracis occupans. Linea oculos seriei anticæ supra tangens paullulo deorsum curvata est ; oculi medii antici, inter se contin-gentes, lateralibus anticis pæne triplo majores sunt et ab iis spatiis evidentissimis separati ; oculi seriei 2^æ vix dimidio longius ab oculis posticis quam a lateralibus anticis distant. Oculi postici lateralibus anticis parum minores sunt. *Sternum* inter coxas anteriores iis angustius est ; coxæ 1ⁱ paris spatio labii latitudine non parum minore separatæ.

---

* Occasional Papers Nat. Hist. Soc. Wisconsin, ii. 1, p. 37, pl. ii. figg. 8–8 *B*.

Mandibulæ pæne porrectæ, longæ. cephalothorace paullo breviores, fere 4plo longiores quam latiores (loco latissimo), nitidissimæ, in parte basali supra transversim rugosæ, pæne glabræ ; latus eorum interius totum rectum et planum est, in margine superiore costa tenui definitum, quæ in apice mandibulæ deorsum curvatur et ibi infra, ad ipsam basin unguis, in dentem fortem deorsum directum desinit. Usque ad pæne ⅓ (non dimidium) longitudinis angustæ et subcylindratæ sunt mandibulæ, dein supra et in latere exteriore non parum incrassato-dilatatæ, hac parte incrassata desuper visa in latere exteriore satis æqualiter et sat fortiter rotundata apiceque truncata, dimidiato-elliptica fere, et saltem duplo et dimidio longiore quam latiore, a latere visa supra fortiter convexa, infra vero recta. In parte anteriore incrassata mandibulæ conjunctim fortiter transversim convexæ sunt. Series duæ dentium, inter quas unguis recipitur. pæne eadem longitudine sunt et ab apice pæne ad basin mandibulæ pertinentes : series interior ex dentibus sat longis circa 6 longius inter se remotis constat, series exterior ex dentibus minoribus circa 11. Unguis mandibulam longitudine pæne æquat : basi, ad ⅓ longitudinis fere, modice incurvus est et ad apicem hujus partis incurvæ, intus, dente mediocri armatus, dein rectus et denique, apice, incurvus. *Palpi* sat graciles, mediocri longitudine, mandibulas longitudine æquantes. Pars patellaris paullo, vix dimidio, longior est quam latior, a basi ad apicem sensim modo paullo dilatata ; pars tibialis parte patellari saltem dimidio longior et, apice, duplo latior est. a basi ad apicem sensim non parum dilatata, circa dimidio longior quam latior apice : in apice, ad latus exterius, spinam parvam sinuatam porrectam ostendit. Pars tarsalis, quæ ipsa basi lateris exterioris spina etiam paullo minore recta retro directa est munita. partis tibialis longitudine est eaque paullulo latior, fere duplo longior quam latior, lateribus pæne parallelis, apice rotundata : bulbus humilis ad magnam partem spina longissima in saltem duos gyros circulatos convoluta occupatur. *Pedes* graciles, non longi : pedes 4¹ paris cephalothorace paullo plus 2½ longiores videntur. Aculeis paucis brevibus et gracilibus armati sunt pedes : subter in tibiis 1¹ paris, e. gr., tres aculeos (tria paria aculeorum ?) video, 1 . 1. magis versus apicem, 1. magis versus basin : femora omnia 1 . 1. aculeos supra habent. *Abdomen* ovatum, nitidissimum, vix constrictum. tenuiter pubescens. *Petiolus* non vel parum longior quam latior.

Color.—*Cephalothorax* piceus, parte cephalica supra nigra. tenuiter subtestaceo-pubescens : clypeus pilis sordide albis vestitus est. *Oculi* medii antici colore margaritæ. in colorem cyaneum exeuntes. *Sternum*, cum labio apice anguste testaceo, nigro-piceum. *Mandibulæ* fusco-rubræ, parte incrassata supra magis picea ; *maxillæ* rufotestaceæ, extus piceo-marginatæ. *Palpi* picei, parte femorali testaceo-rufa. Coxæ omnes et trochanteres sex anteriores pallide picea sunt : præterea *pedes* 1¹ paris nigri dicendi, femoribus (apice nigro excepto) piceo-rubris, patellis vero subter et tibiis apice subtestaceis : pedes 2¹ paris testacei, femoribus fascia longitudinali nigra, et patellis, tibiis et metatarsis linea ejusmodi, utrinque notatis ;

pedes posteriores piceo-rubri, tarsis 3^{11} paris et trochanteribus 4^1
paris flavo-testaceis. *Abdomen* nigrum ; *mamillæ* sordide testaceæ.
Lg. corp. $5\frac{1}{4}$; lg. cephaloth. pæne 3, lat. partis cephal. $1\frac{1}{2}$, lat.
partis thor. paullo plus 1 ; lg. abd. 2, lat. cj. $1\frac{1}{6}$ millim. Ped. 1 $5\frac{1}{2}$,
II pæne $4\frac{1}{2}$, III pæne $5\frac{1}{4}$, IV $7\frac{2}{3}$; pat. + tib. $1\frac{2}{4}$, pat. + tib. IV $2\frac{1}{2}$;
metat. + tars. I $1\frac{2}{3}$, metat. + tars. IV circa $2\frac{1}{2}$ millim. Mandib.
pæne $2\frac{1}{2}$ millim. longæ.

Mas singulus, ad Tharrawaddy captus.

TOXEUS, C. L. Koch, 1846.

262. Toxeus maxillosus, C. L. Koch.

Toxeus maxillosus, *C. L. Koch, Die Arachn.* xiii. p. 19, tab. ccccxxxvi.
    fig. 1090.
Synemosyna procera, *Thor. Ann. Mus. Genova*, x. p. 538 (1877).
Toxeus procerus, *id. op. cit.* xxv. p. 346 (1887) ; *id. op. cit.* xxxi.
    p. 220 (1892).
Salticus modestus, *id. Ann. Mag. Nat. Hist.* ser. 6, ix. p. 235 (1892)
    (= ♀ *jun.*).

Femina ad. magnæ hujus speciei, quæ paribus 6–7 aculeorum
longorum fortiorum subter in tibiis anterioribus notabilis est, pedibus 4^1 paris pedes 1^i paris longitudine superantibus, præter aliis
rebus, a mare differt. *Cephalothorax* ejus lævis et nitidus est, glaber
(an detritus?), parte cephalica a latere visa supra levissime convexa ;
pars thoracica utrinque posterius foveam levem sat magnam ostendit.
Mandibulæ pæne porrectæ, paullo plus duplo longiores quam latiores,
partem cephalicam longitudine æquantes, apice intus oblique
rotundato-truncatæ, desuper visæ exterius levissime rotundatæ,
intus rectæ et, supra, costa tenui limitatæ, supra nitidissimæ, pæne
læves, modo subtilissime impresso-punctatæ et versus apicem magis
intus paullulo rugulosæ ; a latere visæ versus basin supra valde
geniculato-convexæ sunt. Sulcus unguicularis in margine antico
serie dentium circa 8 armatus est, quorum duo primi et ultimus
minuti sunt, reliqui 5 sat fortes ; in margine postico serie densa
denticulorum circa 10 est munitus. Unguis mandibulâ pæne duplo
brevior, ipsa basi fortiter, præterea sat leviter incurvus, non longe a
basi, intus, tuberculo humili obtusissimo præditus. *Palpi* mandibulis
multo et femoribus anticis paullo longiores sunt ; pars eorum femoralis longa, angusta, compressa et incurva est, pars patellaris paullo
longior quam latior apice, a basi angusta sensim modice dilatata ;
partes insequentes apice ejus saltem duplo latiores, depressæ, nitidæ
et in margine interiore dense pilosæ et conjunctim laminam magnam
fere triplo longiorem quam latiorem, subellipticam, intus modo
leviter, extra paullo fortius rotundatam formantes ; pars tibialis
parte patellari paullo plus duplo longior est, pars tarsalis etiam
paullo longior, apice angusto rotundata. *Pedes* ad formam ut in
mare et ut in eo aculeati, sed paullo graciliores ; 1^i et præsertim
4^i paris pedes breviores sunt quam in mare, 1^i paris cephalothorace
modo circa $2\frac{3}{4}$, 4^i paris eo circa $2\frac{4}{5}$ longiores. *Abdomen* fortasse

paullo brevius quam in mare, in dorso excepto postice cute paullo
duriore nitidissima et lævissima tectum. Præterea cum mare
convenit femina, etiam ad *colorem*, excepto quod magis nigro-picea
quam nigra est, partibus pedum obscuris magis piceo-fuscis quam
nigris, metatarsis tarsisque 1' paris tamen nigris.

♀ *ad.*—Lg. corp. (sine mandib.) 8 ; lg. cephaloth. 3¼, lat. part.
cephal. parum plus 2½, lat. part. thor. paullo plus 2 ; lg. abd. 4,
lat. ej. 3 millim. Ped. 1 10¼, II pæne 7. III 7, IV 11 ; pat.+tib.
I 4½ (tibia paullo plus 3), pat.+tib. IV 3½ (tib. circa 2⅝); metat.+
tars. 1 parum plus 2, metat.+tars. IV 2½ millim. Lg. mandib.
parum plus 2 millim.

Exempla pauca ad Tharrawaddy et Rangoon et in Tenasserim
meridionali cepit Cel. Oates, inter ea feminam singulam adultam
ad Tharrawaddy, maremque adultum in Tenasserim.

Salticus nemorensis, Peckh.*, ex Birmania, vix huic speciei est
subjiciendus, præsertim quum cephalothoracem vitta transversa alba
in strictura notatum et coxas 1' paris inter se contingentes habere
dicatur.

Subfam. ATTINÆ.

HARMOCHIRUS, Sim., 1886.

*263. Harmochirus malaccensis, Sim.

Harmochirus malaccensis, *Sim. Bull. Soc. Zool. France*, 1885,
    p. 441 (1886) (= ♂ ad.): *Thor. Ann. Mus. Genova*, xxx. p. 68
    (1890); *id. K. Svenska Vet.-Akad. Handl.* xxiv. no. 2, p. 100
    (1891).
Harmochirus nervosus, *Thor. Ann. Mus. Genova*, xxx. p. 68 (1890);
    id. op. cit. xxxi. p. 246 (1892).

H. nervosus, Thor., nescio an = *H. malaccensis*, Sim., sit, etsi
secundum Cel. Simon *H. malaccensis*, ♂ ad., tibiam 1' paris "subglobosam" haberet : in "*H. nervoso*" (♂ ad.) tibia 1' paris compressa
a latere visa 2½–3plo longior quam latior est. Inter mares adultos
quattuor (3 ex Indo-malesia, 1 ex Birmania), quos cognovi, nullus
est qui tibiam 1' paris subglobosam habeat : omnes "*H. nervosi*"
sunt. Quae exempla sub nomine *H. malaccensis* locis cit. descripsi
(feminas adultas et marem juniorem) ejusdem speciei credo : ejusmodi feminam ad Tharrawaddy cepit Cel. Oates, qui exemplum
masculum magnum "*H. nervosi*," 4 millim. longum, in Tenasserim
invenit. Alium marem adultum multo minorem (2⅝ millim. longum)
possideo, in Java captum et a Cel. Van Hasselt dono mihi datum.—
Quum in spiritu vini immersus est ♂ ad., dorsum abdominis ejus,
quod nigro-piceum est, in fundo lineam tenuem transversam pallidam
postice ostendit, pictura præterea carens.

* Occasional Papers Nat. Hist. Soc. Wisconsin, ii. 1, p 28, pl. ii. figg. 3 et 3 A.

HOMALATTUS, White, 1841.

*264. Homalattus latidens (Dol.).

Salticus latidens, *Dol. Verh. Nat. Vereen. Nederlandsch Indië*, v. p. 21,
tab. x. fig. 6 (1859).
Simaetha aheneola*, *Sim. Bull. Soc. Zool. France*, 1885, p. 454 (1886).
Homalattus latidens, *Thor. K. Svenska Vet.-Akad. Handl.* xxiv.
no. 2, p. 102 (1891); *id. Ann. Mus. Genova*, xxxi. p. 262 (1892).

Mares duo, ad Tharrawaddy capti.

265. Homalattus bufo (Dol.).

Salticus bufo, *Dol. Verh. Nat. Vereen. Nederlandsch Indië*, v. p. 25
(1859).
Attus bufo, *id. ibid.* tab. iv. fig. 7.
Homalattus bufo, *Thor. Ann. Mus. Genova*, xxxi. p. 275 (1892).

Exempla mascula paucissima, ad Rangoon et Tharrawaddy collecta.—Dens ille crassissimus et obtusissimus in dorso mandibularum, ad apicem earum, intus, interdum humillimus est et in tuberculum humile redactus.—Exemplum ex Rangoon *variatatis* pulcherrimae est: tota pictura o pube formata, quae alba esse solet, in
hoc exemplo pulchre *flava* est, et fascia illa lata hujus coloris, qua
cephalothorax utrinque supra est ornatus, lineis duabus longitudinalibus paullo obliquis tripartita est—fere ut in figura maris
Rhanis flavigerae, C. L. Koch †, cujus abdomen tamen plane alio
colore quam in *H. bufone*, ♂, est.
Rhanim albigeram, C. L. Koch ‡, exemplum masculum *H. bufonis*
secundum medium dorsi abdominis detritum (vitta ejus transversa
postica ita in maculas duas abrupta) credidissem, nisi figura *Rh. al-
bigeri* maculas duas posteriores (multo majores et) multo magis
anteriora versus—usque ad medium dorsi—pertinentes ostenderet;
quod ita in *H. bufone* esse non potest.

266. Homalattus rubriger, Thor.

Homalattus rubriger, *Thor. Ann. Mus. Genova*, xxv. p. 347 (1887)
(= ♂).
Homalattus analis, *id. ibid.* p. 350 (= ♀); *id. K. Svenska Vet.-Akad.
Handl.* xxiv. no. 2, p. 107 (1891).

" *H. analem* " feminam " *H. rubrigeri* " esse, persuasum nunc mihi
habeo.—Marem adultum, qui pellem nuper exuerat, cum junioribus
paucis ad Tharrawaddy collegit Oates; feminam adultam ad Rangoon
invenit. Saltem in junioribus area apicalis dorsi abdominis plerumque nigra vel nigricans interdum eodem modo ac reliquum
dorsum pube densa flaventi vestita est.

---

* Spelt *areneola* in Proc. Verb. p. xxxix.
† Die Arachn. xiv. p. 87. Taf. cccclxxx. fig. 1340.   ‡ *Ibid.* fig. 1341.

ZEUXIPPUS, Thor., 1891.

**267. Zeuxippus atellanus, sp. n.

Cephalothorace in fundo ferrugineo-fusco, pube densa ad maximam partem albicanti-cinerea, ad partem nigro-fusca vestito et paullo variato ; abdomine circa duplo longiore quam latiore, posteriora versus angustato-acuminato, dorso, quod pube albicanti et squamulis tenuibus aureis inaequaliter vestitum est, in fundo rufescenti-cinereo et linea laterali nigra utrinque limitato, linea media longitudinali abbreviata subpicea antice notato et maculis parvis inaequalibus subpiceis sparso, quarum duae utrinque, postice, sitae majores, transversae et albo-limbatae sunt ; pedibus anticis robustis et ferrugineis, femoribus intus nigris, posterioribus pedibus pallidis et nigro-annulatis ; oculis seriei 2^{ae} circa 4plo longius ab oculis posticis quam a lateralibus anticis remotis.— ♂ ad. Long. 3¼–5 millim.

Mas.—*Cephalothorax* aeque longus ac latus, tibiam cum patella 1^i paris longitudine aequans et paullo longior quam patella + tibia + metatarsus 4^i paris, desuper visus paene circulatus, antice rotundatus, lateribus usque a declivitate postica anterius et posterius fortius, in medio leviter rotundatis, postice lateribus leviter rotundatis sensim cito angustatus. Sat humilis est cephalothorax, ante oculos posticos transversim planus, a latere visus ante declivitatem posticam (quae longe pone oculos posticos initium capit, modice declivis et recta est et dimidium reliqui dorsi longitudine fere aequat) leviter convexus itaque ante oculos posticos paullo proclivis, pone eos paullo declivis ; facies humilis, altitudine clypei vix ⅓ diametri oculi maximi aequante. Quadrangulus *oculorum*, qui saltem dimidiam longitudinem cephalothoracis occupat, multo, non vero dimidio, latior est postice quam antice, paullo latior antice quam longior, et non quadrupla oculi postici diametro—angustior postice quam cephalothorax eodem loco. Linea recta oculos medios anticos supra tangens laterales anticos inter medium et marginem superiorem secat. Oculi medii antici sat magni sunt, spatio modo minuto separati, lateralibus anticis parvis fere 4plo majores, et ab iis spatiis remoti, quae lateralium diametro paullo minora sunt. Oculi minuti seriei 2^{ae} fere 4plo longius ab oculis posticis quam a lateralibus anticis distant, spatiis horum oculorum diametro evidenter majoribus ab iis separati. Oculi postici lateralibus anticis paullo majores sunt. *Sternum* inverse ovatum fere, coxis anticis paullo latius ; spatium inter coxas 1^i paris labii latitudinem saltem aequat.

Mandibulae directae, parallelae, parum longiores quam latiores, tibiis anticis evidenter latiores, in dorso deplanatae, transversim rugosae et intus, paene in medio (paullo magis versus apicem), impressione levi sat magna praeditae ; in latere exteriore fortissime rotundatae sive convexo-arcuatae sunt. In margine antico sulci ungnicularis dentes duos video, in margine postico dentem singulum (duos ?). Unguis sat longus et, praesertim in dimidio basali, fortis. *Palpi* longitudine mediocri, clava basin metatarsi 1^i paris latitudine aequante. Pars patellaris parum longior est quam latior, pars tibialis ea non parum brevior et paullo latior, subtransversa, spina porrecta paullo deorsum curvata in apice lateris exteriores armata. Pars tarsalis duabus prioribus conjunctis paullo longior est, duplo longior quam latior, parte tibiali vix latior, lateribus pæne parallelis, apice late rotundata. Bulbus basi inflatus et rotundatus paulloque retro productus. *Pedes* breves, 1¹ paris cephalothorace saltem duplo longiores. Pedes hujus paris crassi sunt, coxa pæne dimidio latiore quam longiore, trochantere câ circa duplo breviore, vix longiore quam latiore, femore compresso supra fortiter convexo-arcuato, circa duplo longiore quam latiore, a latere viso; patella et tibia desuper visæ æque longæ sunt, tibia subter pilis longis hirsuta et aculeis 1.1. armata, metatarsus subter 2.2. aculeis præditus. Etiam in pedibus 2¹ paris metatarsi subter 1.1. aculeos habent; in apice metatarsorum 4¹ paris unum alterumve aculeum parvum adest, præterea nullos aculeos video. Tibia cum patella 4¹ paris longior est quam tibia cum patella 3¹¹ paris. *Abdomen* depressum, duplo longius quam latius, ovato-lanceolatum.

Color.—*Cephalothorax* in fundo ferrugineo-fuscus est, summo margine laterali nigro, vitta transversa frontali recurva et oculos 2ª seriei continente nigricanti, ut et maculis duabus parvis nigricantibus antice in medio partis cephalicæ, notatus; pube densa subappressa ad maximam partem pallide cinerea, ad partem vero obscuriore, fusca vestitus et paullo nebulosus est, secundum marginem lateralem albo-pubescens, ad marginem superiorem laterum præsertim antice magis luteo-pilosus, clypeo minus dense pallide cinereo-pubescenti et -piloso. *Sternum* fuscum, pilis albis subhirsutum: *mandibulæ* piceæ, basi. extra, densius albicanti-pilosæ, *maxillæ* et *labium* nigro-piceа. *Palpi* piceo-fusci, nigro- et albicanti-pubescentes, parte tarsali nigra apice supra albicanti-pubescenti. *Pedes* 1¹ paris ferruginei, coxis et trochanteribus piceis; ut reliqui pedes albicanti- et cinerascenti-pilosi et -pubescentes sunt, intus tamen, magis subter, nigri et nigro-pilosi. Reliqui pedes pallide flaventes, articulationibus plerisque angusto nigris, femoribus 2¹ paris antice et postice nigris et nigro-pilosis. *Abdominis* dorsum, quod in utroque latere linea nigra limitatur, in fundo pallide rufescenti-cinereum est, linea vel fascia media longitudinali postice abbreviata anguste lanceolata subpicea antice notatum, et præterea maculis parvis inæqualibus subpiceis sparsum et variatum, quarum duæ, postice in dorso utrinque sitæ, majores et subtransversæ sunt et postice plus minus evidenter albo-marginatæ; in medio inter hæc duo paria par tertium macularum multo minorum et spatio multo minore separatarum conspicitur. Totum dorsum excepto in his maculis pube albicanti inæqualiter vestitum et subhirsutum est, interstitiis squamulis minutis aureis vestitis, pictura subpicea tamen translucente. Latera abdominis sub linea illa nigra dorsum cingente albicantia et pube alba tecta sunt, venter late niger; *mamillæ* nigræ.

Lg. corp. 5; lg. et lat. cephaloth. parum plus 2, lat. front. paullo plus 1½; lg. abd. pæne 3, lat. ej. paullo plus 1¼ millim. Ped. 1 4¼, II parum plus 3, III 3, IV 3¾; pat.+tib. IV pæne 1¼, metat.+ tars. IV parum plus 1 millim.

Tres mares vidi, ad Tharrawaddy captos.—Hæc species *Z. hirsuto*, Thor.*, ex India, valde affinis est, sed non adeo villosa et præterea clypeo humiliore et pictura dorsi abdominis paullo alia præsertim ab ea distinguenda.

268. Zeuxippus pallidus, sp. n.

Cephalothorace in fundo pallide ferrugineo-testaceo, pube albicanti vestito, abdomine pæne duplo longiore quam latiore, angustius ovato, non depresso, testaceo- vel albicanti-cinereo, dorso plerumque maculis parvis plus minus densis subpiceis consperso et pube alba (squamulisque aureis) vestito, hac pube posterius lineas transversas undulatas plus minus evidentes formante; pedibus brevissimis, pallide testaceis, 1ᶦ paris reliquis multo crassioribus et paullo saturatius coloratis: oculis 2ᵃᵉ seriei circa 4plo longius ab oculis posticis quam a lateralibus anticis remotis.— ♀ ad. Long. 5–6 millim.

Femina.—*Cephalothorax*, *sternum* et *oculi* ut in specie priore, *Z. atellano*, eo excepto quod cephalothorax tibia cum patella 1ᶦ paris non parum est longior. *Mandibulæ* paullo longiores quam latiores basi, tibias 1ᶦ paris latitudine æquantes, a basi ad apicem minus late et non multo oblique truncatum sensim paullulo angustatæ, latere exteriore ad longitudinem modo levissime rotundato: in dorso leviter convexæ, nitidæ, basi densius pilosæ, præterea pube brevi crassiore plus minus dense vestitæ. Sulcus unguicularis antice dentes duos minutos, postice dentem singulum majorem habere videtur: unguis brevis, modice curvatus. *Labium*, maxillis pæne duplo brevior, parum longius quam latius videtur. *Pedes* brevissimi: 1ᶦ paris reliquis multo crassiores sunt, femore subcompresso apice intus setis paucis brevibus munito, tibia, quæ patellam longitudine æquat, subter versus apicem 2.2. aculeis brevibus sat fortibus armata, metatarso 2.2. ejusmodi aculeis subter. Metatarsi 2ᶦ paris 1.2. aculeos subter habent; in apice metatarsorum posteriorum aculeos paucos gracillimos video. *Abdomen* pæne duplo longius quam latius, angustius ovatum, supra modice convexum. *Vulva* ex foveis duabus parvis rotundatis saltem exterius infuscatis constat, quæ septo angusto posteriora versus paullo dilatato separatæ sunt.

Color.—*Cephalothorax* luteus vel pallide ferrugineo-testaceus est, fascia frontali oculos sex anteriores conjungente nigricanti, et utrinque macula parva nigra, in qua oculus seriei 3ᵃᵉ positus est, notatus: antice in parte cephalica maculæ duæ minutæ nigricantes spatio parvo separatæ conspiciuntur quoque. *Sternum, partes oris* et *pedes* pallide testacea, pedes 1ᶦ paris colore paullo saturatiore, *palpi* magis flaventes. Pube albicanti vestitus est cephalothorax, facie cum mandibulis albo-pubescenti, clypeo et basi mandibularum dense albo-pilosis; palpi et pedes albo-pubescentes et -pilosi sunt; aculei pedum 1ᶦ paris nigri. *Abdomen* subtestaceo-cinerascens est, sed maculis minutis albis adeo dense undique conspersum, ut albi-

canti-cinereum evadat, ventre paullo clariore ; in dorso præterea
punctis et maculis parvis inæqualibus nigris vel piceis præsertim
versus latera densis plerumque conspersum est, quæ maculæ versus
apicem dorsi lineolas parvas transversas formare possunt. Pube
albicanti (et squamulis minutis aureis) vestitum est dorsum, hac
pube posterius in dorso lineas vel vittas transversas undulatas
plus minus distinctas albas formante. *Mamillæ* testaceæ.

Lg. corp. paullo plus 6 ; lg. cephaloth. parum plus 2, lat. ej. 2,
lat. front. circa 1½ ; lg. abd. 4, lat. ej. 2¼ millim. Ped. I circa 5,
II et III circa 3, IV circa 4⅔ ; pat.+tib. IV 1½, metat.+tars. IV
fere 1 millim.

Feminæ tres, ex Tharrawaddy.—Quamquam ad colorem multisque
aliis rebus a specie priore, *Z. atellano*, differt hæc forma, facile fieri
potest, ut nihil nisi femina ejus sit.

BIANOR, Peckh., 1885.

**269. Bianor trepidans, sp. n.

*Cephalothorace in fundo nigro-piceo, supra pube et, antice, squa-
mulis subaureis vestito, clypeo pilis albis tecto ; pedibus 1ⁱ paris
reliquis longitudine superantibus, compressis et robustissimis, ad
maximam partem piceis, apice testaceis, femoribus sæpe obscurioribus ;
abdominis dorso pube densa alba et flaventi vel aurea vestito et variato,
pube alba, quæ præsertim antice et secundum medium densa est,
præterea maculas quattuor (antice macula nigra limbatas) fere in
quadratum magnum pone medium dispositas, et maculas duas
minutas in ipso apice dorsi sitas formante.— ♀ ad. Long. 4¼-
7 millim.*

Femina.—*Cephalothorace* circa ¼ longior quam latior, patellam+
tibiam + ⅓ metatarsi 1ⁱ paris, vel patellam+tibiam+metatarsum
4ⁱ paris longitudine circiter æquans ; modice altus est, a medio ad
oculos laterales anticos lateribus parum rotundatis sensim sat
fortiter angustatus, a medio posteriora versus lateribus pæne rectis
etiam paullo fortius angustatus, antice levissime rotundatus, postice
truncatus. A latere visum dorsum ipsum ejus ante oculos posticos
modo paullo convexum et modice proclive est, pone eos spatio sat
brevi fortius declive et paullo convexum et sine limite in declivitatem
posticam modice præruptam, pæne rectam et reliquo dorso non
parum breviorem transiens. Clypei altitudo circiter ¼ diametri
oculi maximi æquare videtur. Quadrangulus *oculorum* multo latior
est postice quam antice, ubi non parum latior quam longior est ;
postice vix vel non angustior est quam cephalothorax eodem loco.
Linea oculos anticos supra tangens paullo sursum curvata est ;
medii horum oculorum lateralibus circa triplo majores sunt et ab iis
spatiis modo minutis separati. Oculi seriei 2ᵃᵉ paullo, non dimidio,
longius ab oculis posticis quam a lateralibus anticis distant. Oculi
postici, laterales anticos magnitudine pæne æquantes, et saltem diametro sua altius quam ii positi, duplo longius inter se quam a
margine cephalothoracis distant. *Sternum* fere duplo longius quam

latius : coxis posterioribus sed non coxis 1' paris latius est ; spatium inter coxas 1' paris labii latitudinem æquat.

Mandibulæ directæ, parallelæ, circa dimidio longiores quam latiores, altitudinem faciei longitudine pæne æquantes, sub-cylindratæ, apicem versus tamen sensim paullo angustatæ, in dorso sat leviter convexæ et paullo rugosæ, apice paullo oblique truncatæ. Sulcus unguicularis in margine postico dentem singulum, in margine antico, intus, 2(?) dentes ostendit. *Pedes* breves, 1' paris reliquis non parum longiores et multo fortiores : in hujus paris pedibus coxa non parum (vix dimidio tamen) longior quam latior est, trochanter coxa non parum angustior et pæne duplo brevior, extra sed non intus brevior quam latior. Femur compressum a latere visum trochantere triplo latius est, basi supra subito et fortiter dilatatum, ita ut basis ejus oblique truncata et modo superius rotundata evadat : supra præsertim versus basin fortiter convexo-arcuatum est, subter rectum, plus dimidio sed non duplo longius quam latius (altius). A latere visæ tibia et patella femore pæne duplo angustiores sunt ; tibia desuper visa patella non parum est longior, cam latitudine æquans, apicem versus sensim parum angustata et circa duplo et dimidio longior quam latior : a latere vero visa parum plus duplo longior est quam latior basi, et patellä non parum longior. Metatarsus apice tibiæ plus duplo angustior et eä non parum brevior est, cylindratus ; tarsus metatarso pæne duplo brevior. Reliqui pedes multo graciliores sunt, attamen sat fortes dicendi ; in pedibus 2' paris tibia patellam longitudine modo æquat, in sequentibus, vel saltem in 4' paris pedibus, tibia patellä evidenter longior est. Tibiæ 1' paris 2.2.2., metatarsi hujus paris 2.2. aculeos fortes et sat longos subter ostendunt. Tibiæ 2' paris subter 1.1., antice 1(1.1.?) aculeos habent. Metatarsi posteriores vel saltem 3" paris aculeo versus basin (præter aculeis ad apicem) præditi sunt. *Abdomen* lanceolato-ovatum (in exemplo dimenso, quod ovis plenum est, magis inverse ovatum). *Vulva* ex duabus foveolis minutis ferrugineis contingentibus inter se constare videtur, quibus postice adjacet costa parva transversa nigra, sulcum trans-versum continens.

Color.—Cephalothorax in fundo nigro-piceus, pube densa et crassa albicanti supra vestitus, excepto anterius in parte cephalica, ubi squamulis subaureis vestitus est : in lateribus squamulis ejusmodi (vel cinerascentibus flavisve) sparsus est et linea submarginali alba in utroque latere cinctus. Clypeus (cum genis) pilis longis et pube albis vestitus est : oculi antici annulis angustissimis luteo-olivaceis cincti videntur. *Sternum* piceum, albo-pilosum. *Partes oris* piceæ, mandibulæ basi albo-pilosæ. *Palpi* flavo-testacei, albo-pilosi et -pubescentes. *Pedes* 1' paris picei sunt (tibiæ interdum in dimidio basali clariores), metatarsis subferrugineis, apice nigris, tarsis testaceis ; pilis nigris et albis minus dense vestiti sunt pedes hujus paris, aculeis nigris armati. Pedes sex posteriores ferrugineo-testacei vel testacei sunt, femoribus interdum testaceo-piceis, patellis et tibiis apice plus minus evidenter infuscatis ; sat rare albo- et nigro-pilosi sunt hi sex pedes. *Abdomen*, supra in fundo

subfuscum vel piceum, pube densa alba et flava vel aurea tectum et
variatum est, pube alba præsertim antice et secundum medium dorsi
densa, et præterea hanc picturam formante : utrinque in dorso, ad
latera ejus, maculas duas mediocres, antice macula inæquali nigra
limbatas, quarum anteriores paullo ante, posteriores non parum
pone medium dorsi locum tenent, et maculas duas minutas in ipso
apice dorsi, unam utrinque : maculæ illæ 4 majores albæ (quarum
anteriores interdum minus evidentes sunt) fere in quadratum sunt
dispositæ. Latera abdominis maculas vel fascias obliquas binas
albas ostendunt, præterea subaureo- vel flavo-pubescentia. Venter
in fundo obscurus et secundum medium pallidius pube albicanti
tenuiore vestitus est. *Mamillæ* nigro-piceæ.

Lg. corp. 7 ; lg. cephaloth. 2¾, lat. ej. 2¼ ; lg. abd. 4¼, lat. ej.
2¾ millim. Ped. I 5¾, II 4, III 4½, IV 5 ; pat. + tib. IV fere 1¾,
metat. + tars. IV pæne 1½ millim.

Feminæ paucissimæ, ad Tharrawaddy collectæ.—Hæc aranea
B. incitato, Thor.*, ♀ , valde affinis est, præter colore paullo alio,
cephalothorace minus alto, pedibus 1ⁱ paris robustioribus et pedes
4ⁱ paris longitudine superantibus, cet., distinguenda.

LIGDUS †, gen. n.

Corpus valde depressum ; cephalothorax humilis, planus, multo
longior quam latior, clypeo satis alto.

Oculi medii antici magni, pæne totam frontis latitudinem occupantes, lateralibus anticis, qui pone eos, paullo magis extra, locati
sunt, multis partibus majores. Quadrangulus oculorum plus ⅔ sed
non dimidium longitudinis cephalothoracis occupat ; pæne quadratus
est, parum latior quam longior, et non parum angustior postice
quam cephalothorax eodem loco. Oculi serici 2ⁱᵉ minutissimi
longius ab oculis posticis quam a lateralibus anticis distant ; series,
quam formant oculi tres utriusque lateris, levissimo foras curvata
est.

Sternum subellipticum, fere dimidio longius quam latius, coxis
etiam anticis multo latius, antice truncatum, apice postico inter
coxas 4ⁱ paris spatio sat parvo separatas pertinens : spatium inter
coxas 1ⁱ paris maxillarum et labii latitudinem (conjunctim) pæne
æquat.

Mandibulæ breves, parallelæ.

Maxillæ porrectæ, parallelæ, subovatæ, basi angustæ, apice
rotundatæ, labio plus triplo longiores ; labium minutum, paullo
transversum, apice rotundatum.

Pedes ita : I, IV, II, III (III, II ?) longitudine se excipiunt ;
pedes 1ⁱ paris, qui in plano librato extensi et articulati sunt,
depressi, sat longi et robusti, reliquis brevissimis et gracilibus multo
longiores et latiores, subter (intus) in tibiis et metatarsis aculeis

---

* Ann. Mus. Genova, xxx. p. 73 ; op. cit. xxxi. p. 259.
† Nom. propr. pers.

brevibus armati. Tibia cum patella 4[i] paris longior est quam tibia cum patella 3[ii] paris.

Abdomen humile, pæne planum, longum sed non multo angustum.

Typus : *L. chelifer*, sp. n.

Aranea parva valde depressa, ad quam recipiendam hoc genus creavi, fugaci oculo adspecta *Chelonetho* quodam sat similis est, pedibus 1[i] paris in plano librato incurvis palpos Chelonethorum repræsentantibus ; positione oculorum lateralium anticorum magis pone anticos medios locatis, sterno lato et forma partium oris transitum ad *Lyssomaninas* format, præterea, ut videtur, magis cum *Holoplatye*, Sim., conveniens.

**270. Ligdus chelifer, sp. n.

Pallide flavens totus, modo maculis ocularibus ordinariis binis utrinque in parte cephalica oculisque pedum 1[i] paris nigris, et abdomine supra plus minus evidenter pallide luteo-maculato vel -variato.— ♀ jun. (pulla ?). *Long. saltem* 4½ *millim.*

Femina jun.—Ad notas, quas generis *Ligdi* supra dedi, modo paucas hic addere possum, quum singulum quod vidi exemplum valde immaturum videatur.—*Cephalothorax* duplo longior est quam latior, lateribus leviter rotundatis anteriora et posteriora versus æqualiter paullo angustatus, antice truncatus (non rotundatus), postice quoque truncatus et pæne æque latus atque antice. Humillimus et supra planus est, a latere visus in dorso ante declivitatem posticam brevem et satis præruptam libratus et rectus, impressionibus cephalicis et sulco centrali carens. Clypeus valde reclinatus, dimidiam oculi maximi diametrum altitudine superans. *Oculi* medii antici maximi et inter se contingentes, lateralibus anticis parvis circiter sextuplo majores et ab iis spatiis parvis sed distinctis separati ; linea oculos seriei 1[æ] supra tangens recta est, si plane a fronte inspicitur facies. Oculi seriei 2[æ] minuti saltem dimidio longius ab oculis posticis quam a lateralibus anticis distant. Oculi postici laterales anticos magnitudine saltem æquant. Quadrangulus oculorum paullulo latior est postice quam antice, saltem æque latus antice ac longus, et postice tripla-quadrupla diametro oculi postici (pæne dupla hac diametro *utrinque*) angustior quam cephalothorax eodem loco.

Mandibulæ minutæ, pæne directæ, parum longiores quam latiores. *Palpi* mediocres. *Pedes* 1[i] paris reliquis pedibus circa duplo longiores et (desuper visi) triplo-quadruplo latiores : coxa eorum paullo longior est quam latior, trochanter eâ multo brevior et paullo angustior, transversus ; femur ipsa basi (postice sive) extra cito paullo convexo-dilatatum et præterea extra leviter convexum est, intus rectum, apicem versus sensim paullulo angustatum, saltem 4plo longius quam latius ; patella femore et tibia circa triplo brevior et, etiam apice, non parum angustior, paullo longior quam latior : tibia femore paullulo longior et non parum latior, circa

z

triplo longior quam latior in medio, cylindrato-ovata, extra modo
leviter, intus paullo fortius convexo-arcuata, 3 paribus aculeorum
brevium sed sat fortium intus armata. Metatarsus hujus paris sub-
cylindratus et paullo incurvus est, tibia duplo brevior et circa triplo
angustior, aculeis minutis brevissimis 2 . 2. intus (subter) munitus;
tarsus metatarso pæne duplo brevior. Reliqui pedes brevissimi et
graciles sunt, longitudine non multo inter se discrepantes, aculeis
carentes. *Abdomen* depressum, circa triplo longius quam latius,
antice truncatum et cephalothoraci arcte applicatum (quo fit, ut
corpus, desuper visum, inter cephalothoracem et abdomen modo
leviter constrictum videatur), postice rotundatum, lateribus parallelis
antice et postico rotundatis, præterea pæne rectis.

Color.—Cephalothorax pallide flavens est, maculis duabus parvis
nigris utrinque in parte cephalica notatus, altera oblonga et angusta,
oculum lateralem anticum cum oculo seriei 2ª conjungente, altera
paullo majore et rotundata, oculum seriei 3ª cingente ; pube tenui
densa alba in lateribus (et supra?) vestitus est cephalothorax.
Sternum, partes oris, palpi et *pedes* pallide flaventia, aculeis tibiarum
et metatarsorum 1ª paris nigris. *Abdomen* pallide cinereo-flavens :
secundum medium dorsum ejus inæqualiter pallide luteum vel luteo-
maculatum est, et latera saltem posterius maculis pallide luteis
sunt notata, hac pictura tamen valde obsoleta; vestigia pubescentiæ tenuis albæ hic illic vidisse videor. Venter cum *mamillis*
pallide flavens.

Lg. corp. 4½ ; lg. cephaloth. 1½, lat. ej. saltem ¾ ; lg. abd.
pæne 3, lat. ej. pæne 1 millim. Ped. I circa 4½, II et III circa 2¼,
IV circa 2⅗ ; pat.+tib. IV et metat.+tars. IV circa ⅞ millim.
Singulum exemplum femineum immaturum, ex Tharrawaddy.

PIRANTHUS *, gen. n.

Cephalothorax circa dimidio longior quam latior, humilis, planus,
in lateribus leviter rotundatus, dorso ante declivitatem posticam
brevem vix convexo sed recto et librato ; clypeus sat humilis.

Oculi antici contingentes inter se, medii valde magni lateralibus
circa quadruplo majores : linea hos quattuor oculos supra tangens
recta est. Quadrangulus oculorum pæne ⅔ longitudinis cephalothoracis occupat : paullo latior est quam longior, æque latus antice
ac postice, et non parum angustior postice quam cephalothorax
eodem loco. Oculi 2ª seriei minuti multo longius a posticis oculis
quam a lateralibus anticis distant ; oculi postici circa duplo longius
inter se quam a margine cephalothoracis remoti sunt.

Sternum inverse ovatum, antice angustum, coxis etiam anticis
latius ; spatium inter has coxas labii latitudinem æquat.

Mandibulæ (saltem in femina) breves, directæ : maxillæ porrectæ,
anguste ovatæ, labio modo paullo longiore quam latiore fere duplo
longiores.

Pedes brevissimi, saltem in femina ita : IV, I, II, III longitudine
se excipientes, anteriores, præsertim 1ª paris, posterioribus multo

---

robustiores, femoribus compressis et latis; tibiae 1¹ paris et metatarsi anteriores aculeis paucis parvis subter armati sunt, praeterea
pedes aculeis carere videntur.

Abdomen longum et angustum, sed non depressum; mamillae
mediocres.

Typus: *P. decorus*, sp. n.

Hoc genus parti illi generis *Marptusa*, Thor. et L. Koch, quae a
Simon *Holoplatys* vocatur, in primis affinis videtur, abdomine non
depresso sed transversim convexo. et oculis 2¹ paris multo longius
ab oculis posticis quam a lateralibus anticis remotis praesertim
Holoplatye diversum.

**271. Piranthus decorus, sp. n.

*Cephalothorace toto nigro, palpis flavis albo-pilosis, pedibus brevis-
simis, rufis vel rufo-testaceis, plerumque nigro-annulatis; abdomine
duplo longiore quam latiore. cylindrato-elliptico, nigro. fascia media
longitudinali sat lata, non usque ad anum pertinente, rufo-testacea
ornato, quae fascia nigra, postice ut linea nigra continuata, geminata
est, lateribus abdominis linea longitudinali subobliqua a basi dorsi
usque in ventrem et paene ad mamillas ducta et hic ramulum sursum
emittente notatis, ventre secundum medium pallido.—♀ ad. Long.
circa 8¼ millim.*

Femina.—Cephalothorax tibia cum patella 4¹ paris paene duplo
longior est, paene dimidio longior quam latior, a medio anteriora
versus lateribus parum rotundatis, paene rectis non parum angustatus. praeterea lateribus fortius rotundatis posteriora versus magis
angustatus, postice breviter truncatus et retusus; frons parum
rotundata parte thoracica quarta parte sua angustior est. Humilis
est cephalothorax, dorso toto ante declivitatem posticam brevem (circa
⅓ reliqui dorsi longitudine aequantem), satis praeruptam et paene
rectam librato et paene recto, oculis posticis ab hac declivitate
paullo longius quam ab oculis lateralibus anticis remotis; sat crasse
coriaceus est, arcubus supraciliaribus oculorum posticorum bene expressis, pone hos oculos levissime depressus, praeterea planus et
aequalis, sulco ordinario centrali brevissimo fere in medio inter
oculos posticos et declivitatem posticam sito. Clypeus ⅓ diametri
oculi maximi altitudine aequare videtur. Quadrangulus *oculorum*
paene ⅔ longitudinis cephalothoracis occupat, aeque latus antice ac
postice, et fere ¼ latior quam longior, postice saltem tripla diametro
oculi postici angustior quam cephalothorax eodem loco. Linea
oculos anticos (qui inter se contingentes sunt) supra tangens recta,
vix sursum curvata est; medii antici valde magni lateralibus
anticis quadruplo majores videntur: oculi serici 2ᵃᵉ minuti duplo
longius a posticis oculis quam a lateralibus anticis distant. Oculi
postici laterales anticos magnitudine aequant, paullo altius quam ii
positi et circa duplo longius inter se quam a margine cephalothoracis remoti.

Mandibulae directae, parallelae, vix dimidio longiores quam latiores.
tibiis anticis paullo angustiores, subcylindratae, apicem versus sen-

sim paullo angustatæ, versus basin modice convexæ, transversim striatæ, nitidæ; sulcus unguicularis antice 3, postice 2 (3?) dentibus parvis est armatus. *Palpi* mediocri longitudine, basi angustæ, parte patellari paullo longiore quam latiore, parte tibiali eam longitudine æquante sed apice eâ paullulo latiore; pars tarsalis priore non parum longior est, fere duplo longior quam latior, saltem a medio ad apicem lateribus leviter rotundatis sensim paullo angustata, apice rotundata. *Pedes* anteriores, præsertim 1[i] paris, posterioribus pedibus multo robustiores sunt, femoribus compressis et basi, supra, cito dilatatis, supra fortiter convexo-arcuatis. In pedibus 1[i] paris femur latissimum a latere visum vix vel non duplo longius quam latius est, patella hoc modo visa apicem versus incrassata: desuper visa patella cylindrata est, pæne duplo longior quam latior, et æque longa ac tibia, quæ paullulo angustior est, duplo longior quam latior, præsertim a latere visa apicem versus sensim paullo angustata. Metatarsus 1[i] paris, qui $\frac{2}{3}$ tibiæ longitudine circiter æquat, desuper visus a basi ad apicem sensim angustatus est, a latere visus vero cylindratus et apice tibiæ fere duplo angustior; tarsus cylindratus metatarso non multo brevior est. In pedibus 3[ii] paris patella tibiâ paullo longior est; 4[i] paris tibia patellâ paullo longior. Coxæ parum longiores quam latiores sunt, et trochanteres transversi, excepto in pedibus 4[i] paris, quorum coxæ circa dimidio longiores quam latiores sunt et trochanteres paullo longiores quam latiores. Subter in tibiis 1[i] paris, intus, 1.1.1. aculeos parvos breves video, et 2.2. aculeos etiam minores subter in metatarsis hujus (et 2[i]) paris: præterea pedes aculeis carere videntur. *Abdomen* circa triplo longius quam latius, in lateribus levissime, basi et apice fortius rotundatum, cylindrato-ellipticum fere. *Vulva* ex fovea valde magna (diametrum coxæ 4[i] paris latitudine superante), subtransversa et rotundata constat, quæ septo angusto in duas foveas profundas divisa est. *Mamillæ* superiores inferioribus non parum longiores, art. 2° saltem æque longo ac lato, obtuso.

Color.—*Cephalothorax* niger, præsertim in lateribus, anterius, pube crassiore alba, supra vero pilis brevibus erectis pallidis conspersus: margo frontalis, supra oculos medios anticos, pilis longioribus sursum et anteriora versus directis præditus est; clypeus pilis longis albis, basin mandibularum tegentibus, est vestitus; mandibulæ nigræ præterea pube alba sparsæ sunt. *Sternum* cum labio et *maxillis* nigro-piceum. *Palpi* flavi, densius albo-pilosi et -pubescentes. *Pedes* rufescentes (posteriores magis rufo-testacei vel testacei), plus minus nigro-annulati: tibiæ 1[i] paris, ut 4[i] paris femora cum basi tibiarum oblique, et linea longitudinalis utrinque in metatarsis hujus paris, nigra sunt. Minus dense et sat breviter nigro- et albo-pilosi sunt pedes, aculeis nigris. *Abdomen* in fundo nigrum, hac pictura: secundum medium dorsi fasciam latam a basi longe retro sed non usque ad apicem extensam, posteriora versus sensim modo paullo angustatam, postice truncatam, testaceam ostendit, quæ fasciâ mediâ nigrâ, in dimidio suo basali sat latâ, dein subito in lineam angustatâ est geminata; interdum pars anteriora (latior) hujus fasciæ nigræ colore testaceo est repleta et ita ad lineas duas longitudinales nigras redacta. In utroque latere abdomen lineam longam retro et sensim paullo deorsum directam, testaceam, albo-pubescentem ostendit, quæ in ventrem continuata pæne ad mamillas pertinet, hic, paullo magis antice, ramum sursum in latus emittens; quæ duæ lineæ non tantum in ventre, apud mamillas, verum etiam ad basin dorsi pæne inter se unitæ sunt. Dorsum et latera nigra pilis brevioribus flaventibus sat dense conspersa sunt. Venter niger, fascia media lata posteriora versus angustata pallida, non usque ad *mamillas* nigras pertinente.

Lg. corp. 8½: lg. cephaloth. paullo plus 3½, lat. ej. 2½, lat. front. pæne 2; lg. abd. 5, lat. ej. 2¼ millim. Ped. I 5½, II paullo plus 4½, III 4, IV 6½; pat.+tib. III 1½, pat.+tib. IV 2, metat.+tars. IV pæne 1⅔ millim.

Feminam adultam et duo exempla immatura ad Tharrawaddy cepit Cel. Oates.

THIANIA (C. L. Koch), 1846.

272. Thiania bhamoënsis, Thor.

Thiania bhamoënsis, *Thor. Ann. Mus. Genova,* xxv. p. 357 (1887) (*saltem ad partem* : ♀).

Feminas duas adultas et mares duos juniores, qui hujus speciei haud dubie sunt, quum *pictura abdominis,* et non tantum forma vulvæ feminarum, cum descriptione *Th. bhamoënsis,* ♀, conveniunt, ad Tharrawaddy collegit Cel. Oates: marem adultum ad Rangoon invenit, quem ejusdem speciei crediderim, etsi procursum partis tibialis palporum apice *integrum* habet, ut in *Th. demissa,* Thor.* : in *Th. bhamoënsi,* ♂, hic procursus apice *bifidus* dicitur. An hoc modo variare potest procursus ille?—vel alius speciei est mas, quem ut marem *Th. bhamoënsis* descripsi?

Species generis *Thianiæ* inter se simillimæ sunt, et feminæ, quas cum maribus descripsi, fortasse non semper recte cum iis conjunctæ fuerunt. *Th. oppressa,* ♀, Thor. †, ad formam vulvæ vix a *Th. bhamoënsi,* ♀, differre videtur, sed mas *Th. oppressæ* a maribus *Th. bhamoënsis* et *Th. demissæ* non parum differunt, saltem secundum descriptiones. (Typi harum formarum non ad manus mihi sunt.)

TAPINATTUS, Thor., 1887.

273. Tapinattus melanognathus (Luc.).

Attus melanognathus, *Luc., in Barker-Webb et Berthelot. H. N. d. îles Canaries,* ii. 2, *Anim. Arctic.,* p. 29, pl. 27. figg. 4–4 b.
Icius (?) convergens, *Thor. Ann. Mus. Genova,* xiii. p. 232 (1878).
Icius (?) dissimilis, *id. op. cit.* xvii. p. 461 (1881).
Tapinattus melanocephalus, *id. op. cit.* xxv. p. 362 (1887).

Exempla paucissima ex Tharrawaddy, et mas ex Tonghoo.

---

* Ann. Mus. Genova, xxx. p. 79; op. cit. xxxi. p. 295.
† K. Svenska Vet.-Akad. Handl. xxiv. no. 2, p. 114; Ann. Mus. Genova, xxxi. p. 300 [*Marptusa oppressa*].

274. Tapinattus brachygnathus, Thor.

Tapinattus brachygnathus, *Thor. Ann. Mus. Genova*, xxv. p. 364 (1887).

Feminam (et marem qui hujus speciei videtur) ad Tharrawaddy invenit Oates.—Mas vix alia nota a *Th. melanognatho*, ♂, certo distingui potest, quam quod partem palporum tibialem apice exterius *dente* (non ut in *Th. melanognatho*, ♂, *spina*) armatam habet.

CEGLUSA *, gen. n.

Cephalothorax circa ⅓ longior quam latior, anteriora versus non vel parum angustatus, non multo altus, dorso ipso a latere viso modice convexo, clypei altitudine dimidiam diametrum oculi maximi non æquante.

Quadrangulus oculorum pæne dimidiam longitudinem cephalothoracis occupat, paullo latior antice quam postice, parum latior postice quam longior. Series oculorum anticorum, quorum medii lateralibus non multo plus duplo majores sunt, sat fortiter sursum curvata: oculi seriei 2æ minuti pæne in medio inter oculos posticos et laterales anticos positi: oculi postici pæne æque longe inter se atque a margine cephalothoracis remoti.

Sternum latum, suborbiculatum, coxis saltem duplo latius: spatium inter coxas 1ⁱ paris labii latitudinem multo superat.

Mandibulæ (saltem in ♀) directæ et parallelæ.

Maxillæ ovatæ, labio parum longiore quam latiore et apice rotundato circa duplo longiores.

Pedes sat graciles, ita: I, IV (IV, I), III, II longitudine se excipientes, anteriores posterioribus parum robustiores; tibia cum patella 1ⁱ paris non parum longior est quam tibia cum patella 3ⁱⁱ paris. Parce pilosi et pubescentes sunt pedes, aculeis sat brevibus et debilibus armati, excepto in tibiis et metatarsis anterioribus, præsertim 1ⁱ paris, quorum tibiæ subter 4 paribus aculeorum valde longorum et satis gracilium armatæ sunt, metatarsi subter 2 paribus aculeorum etiam paullo longiorum.

Abdomen multo longius quam latius, ut reliquum corpus parce pilosum et pubescens.

Mamillæ longæ, art. 2° superiorum brevissimo, obtuso.

Typus: *C. polita*, sp. n.

Hujus generis typus a *Marvia, Chrysilla*, et generibus iis affinibus armatura pedum anteriorum præsertim differt, hac armatura et metatarsis anticis solito brevioribus affinitatem cum *Toxeo, Saltico*, cet., præbens, forma cephalothoracis ad longitudinem satis convexi præsertim a Salticinis differens.

**275. Ceglusa polita, sp. n.

Cephalothorace fusco-rubro, parte cephalica supra violaceum colorem

* Nom. propr. mythol.

sentiente ; pedibus pallide fusco-testaceis, tibiis et patellis 1ⁱ *paris in latere exteriore, metatarsis hujus paris et tibiis* 4ⁱ *paris in utroque latere fascia vel linea longitudinali nigra notatis ; abdomine testacea, in dorso antice lineis tribus longitudinalibus nigris ornato, tum, in medio ejus utrinque, macula sat magna inaequali nigra, et denique lineis transversis quattuor retro flexis et in seriem longitudinalem dispositis signato, in utroque latere vero lineis duabus longitudinalibus parallelis nigris.*— ♀ ad. *Long. circa* 5 *millim.*

Femina.—Ad notas, quas ut generis *Ceglusa* supra dedi, hic paucae addendae sunt. *Cephalothorax* parum longior est quam tibia cum patella 4ⁱ paris ; ante oculos posticos latera recta et parallela habet, et frons leviter rotundata parte thoracica igitur parum angustior est ; pone oculos posticos, posterius, lateribus rotundatis posteriora versus angustior evadit, postice late rotundatus. Arcus supraciliares oculorum posticorum debiles sunt ; sulcus ordinarius centralis brevissimus. Pars cephalica supra subtilissime coriacea videtur (verisimiliter detrita) ; praeterea laevis et nitidus est cephalothorax, parce pubescens. Modice altus est, dorso ipso a latere viso ante oculos posticos sat fortiter proclivi et paullo convexo, pone eos spatio circa duplo breviore fortius declivi et paene recto et in declivitatem posticam non multo praeruptam, rectam et reliquo dorso paullo breviorem transeunte. Altitudo clypei circa ⅓ diametri oculi maximi aequare videtur. Quadrangulus *oculorum* saltem diametro oculi singuli postici angustior est postice quam cephalothorax eodem loco. Oculi antici paene contingentes sunt inter se ; linea recta medios anticos supra tangens laterales in vel paullo sub centro secat. Oculi 2^æ seriei parum longius ab oculis posticis quam a lateralibus anticis distant.

Mandibulae subcylindratae, altitudinem faciei longitudine vix aequantes, femoribus anticis paullo crassiores, paene duplo longiores quam latiores ; sulcus unguicularis dentibus sat parvis antice 2, postice 1 armatus est. Unguis sat brevis. Tibiae omnium *pedum* patellà multo longiores sunt, metatarsus praesertim 1ⁱ paris tibià multo brevior. Aculei 2 . 2 . 2 . 2. subter in tibiis et 2 . 2. subter in metatarsis pedum anteriorum non parum breviores et graciliores sunt in pedibus 2ⁱ paris quam in 1ⁱ paris pedibus ; praeterea modo in femoribus aculeis paucis gracilibus muniti videntur pedes anteriores. Pedes posteriores modo aculeis paucis brevibus armati sunt. Omnes patellae aculeis carere videntur ; metatarsi posteriores vix nisi apice unum alterumve aculeum habent. *Abdomen* circa duplo et dimidio longius quam latius est, anguste ellipticum, paene glabrum. *Vulva* fusca ex areis duabus sat magnis circulatis inter se contingentibus constat, quae sulco vel sulcis binis foras curvatis exarati videntur. Membrana illa quae basin *mamillarum* subter, in apice ventris, plerumque circumdat, in hac aranea in lacinias quattuor brevissimas divisa videtur.

Color.—*Cephalothorax* in fundo fusco-ruber, parte cephalica paullo obscuriore, colorem violaceum sentiente, maculis duabus ocularibus ordinariis nigris utrinque ; secundum summum marginem

344

linea e pube albicanti formata præditus est cephalothorax, pube sat
tenui pallida in parte thoracica sparsus, clypeo pæne glabro;
pubescentia circum oculos anticos annulum angustissimum subferrugineum, infra albicantem, format. *Sternum* cum *maxillis* et
labio fuscum, hoc basi nigricans. *Mandibulæ* nigricantes. *Palpi*
flavi, pallido-pilosi. *Pedes* pallide fusco-testacei, tibiis 1¹ paris in
latere exteriore et metatarsis hujus paris in utroque latere fascia
longitudinali nigra notatis, patellis vero linea ejusmodi extra;
etiam in 4¹ paris pedibus tibiæ lineam longitudinalem nigram
utrinque ostendunt. Parcius pallido-pilosi sunt pedes et aculeis
nigris armati. *Abdomen* testaceum est, hac pictura in dorso: basis
ejus linea recurva longe retro in lateribus producta cingitur; fere
in medio dorso adsunt maculæ duæ sat magnæ inæquales nigræ, una
utrinque, et inter eas et basin dorsi lineæ vel fasciæ longitudinales
tres, quarum media sublanceolata est et lateralibus paullo latior et
longior et apice postico usque inter maculas illas pertinens, cum iis
subconjuncta; pone medium dorsum fascias transversas quattuor
retro flexas nigras in seriem longitudinalem dispositas habet,
quarum una mediarum reliquis longior est et in latera continuata.
In utroque latere, superius, lineam longam paullo inæqualem nigram
ostendit abdomen, cum illa e basi ejus (inferius) continuata paral-
lelam. Venter cinerascenti-testaceus arcum nigrum ad ipsam
basin, ante plicaturam genitalem, ostendit, et summus apex ventris
niger quoque est. *Mamillæ* superiores nigræ, inferiores fusco-
testaceæ.

Lg. corp. 5; lg. cephaloth. paullo plus 2, lat. ej. 1½, lat. front.
pæne 1½, lg. abd. 3¼, lat. ej. 1¼ millim. Ped. I 5½, II 4½, III
paullo plus 5, IV 5½; pat.+tib. III 1¾, pat.+tib. IV 2, metat.+tars.
IV pæne 2 millim.

Singula femina, ad Tharrawaddy inventa.

CHRYSILLA, Thor., 1887.

*276. Chrysilla versicolor (C. L. Koch).

Plexippus versicolor, *C. L. Koch, Die Arachn.* xiii. p. 103,
tab. ccccxlix. fig. 1165 (1846).
Mevia picta, *id. ibid.* xiv. p. 72, tab. ccccxxviii. fig. 1328 (1848).
Chrysilla versicolor, *Thor. K. Svenska Vet.-Akad. Handl.* xxiv.
no. 2, p. 117 (1891).

Multa exempla mascula adulta, 4½-8¼ millim. longa, et non
pauca præsertim juniora et ad maximam partem plane detrita
formæ illius, quam feminam hujus speciei habeo, etsi mari valde
dissimilis est (conf. Thor., loc. cit. p. 119), ad Tharrawaddy collegit
Col. Oates. Etiam ad Rangoon marem invenit. Exemplum masculum adultum ex Sumatra (Lampong) possideo, quod vix 3 millim.
longum est!—Cephalothorax feminarum detritarum sæpe pallido
testaceus est, pictura, præter maculis ocularibus ordinariis nigris,
vix ulla; abdomen tum quoque supra testaceo-cinerascens est, aut
unicolor, aut maculis minutis fuscis plus minus densis conspersum.

MÆVIA.   345

MÆVIA (C. L. Koch), 1848.

277. Mævia vittata (C. L. Koch).

Plexippus vittatus, *C. L. Koch, Die Arachn.* xiii. p. 125, tab. cccliii.
fig. 1185 (1846).
Hyllus alternans, *id. ibid.* p. 169, tab. ccclx. p. 1222.
Mævia alternans, *Thor. K. Svenska Vet.-Akad. Handl.* xxiv. no. 2,
p. 122 (1891).
Mævia vittata, *id. Ann. Mus. Civ. Genova,* xxxi. p. 335 (1892).

Multa exempla, præsertim feminea juniora et mascula adulta, ad
Tharrawaddy collecta sunt.—Quin sit " *Plexippus vittatus* " femina
" *Hylli alternantis,*" nunc non dubium mihi videtur. Nomen
specificum *vittata* antiquius quam *alternans* est, quum in fasciculo
priore voluminis xiii. operis ' Die Arachniden ' publici juris sit
factum.—Mares adulti hujus speciei, ut prioris, *Chrysillæ versicoloris,* et insequentis, *Mævia clathrata,* ad magnitudinem valde
variant.

278. Mævia clathrata, sp. n.

*Cephalothorace in fundo nigricanti, limbo sat lato fusco-testaceo in
lateribus posticeque cincto et vitta transversa longa quadricuspidi
ejusdem coloris pone oculos posticos sita in fundo notato, maculisque
nonnullis albis e squamulis formatis præterea ornato; pedibus clarius
vel obscurius testaceis, plus minus nigro-annulatis; abdomine in
fundo superius ad maximam partem nigricanti, squamulis aureis
vestito et hac pictura alba e squamulis formata ornato: tribus maculis
ad basin, in lineam recurvam vel in triangulum dispositis, tribus
aliis nigrore limitatis et seriem transversam longam fere in medio
dorsi formantibus, denique maculis duabus minoribus paullo supra
anum sitis.— ♂ ♀ ad. Long. ♂ 3-6, ♀ circa 4½ millim.*

Mas.—Cephalothorax tibiam cum patella 4[i] paris longitudine
saltem æquat, pæne ½ longior quam latior, a medio anteriora versus
lateribus modo levissime rotundatis evidenter paullo angustatus.
Modice altus est, dorso ipso a latere viso ante oculos posticos (qui
paullo pone medium ejus locum tenent) parum proclivi et vix
convexo, pone eos sat fortiter declivi et parum convexo, et in
declivitatem posticam satis præruptam, pæne rectam et dorso ipso
paullo breviorem sensim transeunte. Sulcus ordinarius centralis
brevis sed distinctissimus est, in depressione subtriangula paullo
pone oculos posticos positus. Clypeus dimidiam diametrum oculi
maximi altitudine æquat. Quadrangulus *oculorum* circa ⅔ longitudinis cephalothoracis occupat; æque latus antice ac postice est
(nonnunquam paullulo latior antice quam postice videtur), et circa ⅓
latior quam longior; postice circa dupla oculi postici diametro
angustior est quam cephalothorax eodem loco. Linea recta oculos
medios anticos supra tangens laterales anticos non parum sub
margine superiore secat; oculi illi his oculis vix triplo majores
sunt, spatio parvo ab iis remoti. Oculi minuti seriei 2[æ] plane in
medio inter oculos posticos et laterales anticos locati videntur.

Oculi postici magni, ut videtur lateralibus anticis paullulo majores, et longius a margine cephalothoracis quam inter se remoti. *Sternum* breviter ovatum, non multo longius quam latius; spatium inter coxas 1i paris labii latitudinem saltem æquat.

Mandibulæ deorsum et paullo anteriora versus directæ, modo basi, secundum fere ¼ vel ⅓ longitudinis, contingentes inter se, præterea fortiter, circiter ad rectos angulos, divaricantes, paullo foras curvatæ; a basi apicem versus sensim paullo angustatæ sunt, saltem quadruplo longiores quam latiores basi, ubi apice patellarum anticarum paullo crassiores videntur. Sulcus unguicularis inermis est, in marginibus et antico et postico dentibus plane carens. Unguis longus et gracilis, basi et apice incurvus, præterea rectus vel modo in medio paullo sinuatus; paullo pone apicem, extra vel supra, paullo constrictus est. (In exemplis minimis mandibulæ multo breviores sunt, modo apice divaricantes et foras curvatæ.) *Maxillæ* apice extra angulum fortem foras directum formant; præterea subovatæ sunt, labio duplo longiores; *labium* parum longius quam latius, apicem anguste truncatum versus sensim angustatum. *Palpi* longi et graciles, clava tibias anticas latitudine paullo superante. Partes patellaris et tibialis cylindratæ et eadem crassitie sunt, illa saltem duplo longior quam latior, hæc paullo (non dimidio) longior quam latior; in apice lateris exterioris, magis infra, pars tibialis dentem brevem subobtusum nigrum, anteriora versus, foras et deorsum directum, nigrum ostendit. Pars tarsalis prioribus duabus modo paullo latior est, iis conjunctis non multo brevior, fere triplo longior quam latior, apicem obtusum versus sensim modo paullo angustata. Bulbus humilis niger antice abbreviatus est, postice retro, sub partem tibialem, productus. *Pedes* graciles, sat longi, ita: I, IV, III, II longitudine se excipientes, parcius pilosi et aculeis gracilibus sat crebris armati. Patellæ anteriores aculeis carere videntur, patellæ posteriores aculeum postice ostendunt; tibiæ anteriores subter 2 . 2 . 2., antice 1 . 1 . 1. et postice 1 . 1. aculeos habent; supra aculeis carent tibiæ. Metatarsi posteriores non tantum apice aculeati. *Abdomen* fere duplo longius quam latius, posteriora versus angustato-acuminatum. *Mamillæ* sat longæ.

Color.—*Cephalothorax* in fundo niger est, fascia marginali lata fusco-testacea in lateribus et postice cinctus (summo margine tamen nigro) et vitta magna transversa ejusdem coloris pone oculos posticos notatus, quæ in medio lata, versus apices sensim angustior evadit et antice ramum brevem subtriangulum emittit, postice vero alterum ramum angustiorem, qui ad vittam (fasciam) marginalem pertinet: tota vitta transversa quadricuspis igitur dici potest. Maculis plerumque 7 albis e pube formatis superius ornatus est cephalothorax: una, transversa, ad marginem frontalem, altera utrinque paullo pone oculum seriei 2ʲᵃᵉ sita et sæpe sub oculum posticum producta, una media inter oculos posticos locata, et tribus (quarum media major et transversa est) seriem transversam fere in medio inter oculos posticos et marginem posticum formantibus et interdum in vittam confluentibus. Fascia pallida marginalis utriusquo lateris ea quoque pube alba plus minus densa tecta est, hae pube sæpe maculas formante. Clypeus fasciis duabus transversis albis est ornatus. Margo frontalis pilis brevibus densissimis nigricantibus (interdum subferrugineis) vestitus est ; annuli circum oculos anticos subferruginei, excepto subter, ubi albi sunt. *Sternum* fusco-testaceum, pilis albis sparsum. *Mandibulæ* fuscæ, ungui pallidiore. *Maxillæ* fusco-testaceæ, *labium* piceum. *Palpi* flavi, basi infuscati, clava nigricanti ; tenuiter sericeo-albo-squamulosi sunt et versus apicem nigro-pilosi. *Pedes* sordide testacei, plus minus nigro-annulati (femoribus et patellis 1[i] paris sæpe nigris vel fuscis) ; femora (et metatarsi) apice, tibiæ basi et apice plerumque nigra sunt. Eodem modo ac palpi squamulosi sunt pedes, pilis et aculeis nigris sparsi. Interdum pedes pallide testacei sunt pæne toti. *Abdomen* in fundo nigricans vel clarius est, plaga magna subovata pallida postice, supra anum ; supra squamulis aureis vestitum est et præterea hac pictura e squamulis quoque formata ornatum : ad basin tres maculas albas in semicirculum vel triangulum breve ordinatas ostendit, in medio vero tres maculas albas (mediam majorem et transversam), quæ plerumque nigro-limbatæ sunt, pæne contingentes inter se et in seriem longam transversam dispositæ ; apud anum maculæ duæ minores albæ conspiciuntur, et inter eas macula nigra fundi. Latera abdominis et venter, qui plerumque secundum medium fasciam nigricantem ostendit, squamulis tenuissimis sericeo-albis plus minus dense vestita sunt. *Mamillæ* flavo-testaceæ.

Femina ad formam non parum a mare differt. *Cephalothorax* ejus anteriora versus non angustatus est, frons igitur partem thoracicam latitudine æquat ; minus altus est quam in mare, ipso dorso a latere viso magis æqualiter convexo, altitudine clypei vix ⅓ diametri oculi maximi æquante. Quadrangulus *oculorum*, qui vix ¼ longitudinis cephalothoracis occupat, paullulo latior est antice quam postice et plus dimidio latior quam longior. *Mandibulæ* subcylindratæ, parallelæ, duplo longiores quam latiores ; sulcus unguicularis antice dentibus 2, postice dente singulo armatus est ; unguis longitudine mediocri, sat gracilis, leviter curvatus. *Pedes* breves, multo breviores quam in mare, ita : IV, III, I, II, longitudine se excipientes ; aculei eorum pauciores quam in altero sexu. *Abdomen* inverse ovatum.

Color.—*Cephalothorax* ut in mare est, excepto quod clypeus lineis illis duabus transversis albis caret. *Sternum* testaceum : *partes oris* fuscæ. *Palpi* flavi. *Pedes* pæne toti flavo-testacei. *Abdomen* in fundo ut in mare, excepto quod dorsi maculæ pallidæ plures sunt, et plaga apicalis pallida non tantum maculam nigram ad apicem, verum etiam fasciam nigricantem obliquam utrinque plerumque ostendit ; pictura alba eadem atque in mare videtur.

♂.—Lg. corp. 5½ ; lg. cephaloth. 2¾, lat. ej. 2, lat. front. circa 1¾ ; lg. abd. 2¾, lat. ej. 1½ millim. Ped. 1 8½, II 6½, III 7¾, IV 8 : pat.+tib. III 2⅓, pat.+tib. IV et metat.+tars. IV parum plus 2¼ millim.

♀.—Lg. corp. 4½ ; lg. cephaloth. parum plus 2. lat. ej. circa 1⅓, lat. front. circa $1\frac{1}{3}$; lg. abd. pæne $2\frac{2}{5}$, lat. ej. circa $1\frac{3}{4}$ millim. Ped. I pæne 4, II circa $3\frac{1}{4}$, III circa $4\frac{1}{2}$, IV $4\frac{3}{4}$; pat.+tib. III $1\frac{1}{4}$, pat.+tib. IV $1\frac{1}{3}$, metat.+tars. IV pæne $1\frac{1}{2}$ millim.

Exempla sat multa, ad maximam partem mascula, pulcherrimæ hujus araneolæ ad Tharrawaddy collegit Col. Oates.

VINDIMA*, gen. n.

Cephalothorax satis altus, pæne duplo longior quam latior, lateribus pæne rectis et parallelis, pæne directis, clypei altitudine dimidiam diametrum oculi maximi superante.

Quadrangulus oculorum, fere $\frac{2}{3}$ longitudinis cephalothoracis occupans, latior est antice quam postice, circa $\frac{1}{3}$ latior quam longior et saltem diametro oculi singuli postici angustior postice quam cephalothorax eodem loco. Series oculorum antica modice sursum curvata est; oculi seriei 2^{ae} non longius ab oculis posticis quam a lateralibus anticis remoti. Oculi postici multo altius quam laterales antici locati sunt et vix vel parum longius inter se quam a margine cephalothoracis remoti.

Mandibulæ directæ vel reclinatæ, parallelæ, forma non insolita.

Maxillæ ovatæ, labio apice late rotundato et vix longiore quam latiore saltem duplo longiores.

Pedes graciles, ita: IV, III, I, II (II, 1) longitudine se excipientes, sat crebre aculeati; tibia cum patella 4^i paris multo longior est quam tibia cum patella 3^{ii} paris; metatarsus cum tarso 4^i paris tibiam cum patella ejusdem paris longitudine æquat. Metatarsi posteriores non tantum apice aculeati sunt.

Abdomen longius, ovato-ellipticum: mamillæ mediocres.

Typus: V. maculata, sp. n.

Nulli generum eorum, quæ adhuc recepta sunt, subjungere potui speciem parvam et pulchram, ad quam recipiendam hoc genus creandum credidi; in vicinitate Chrysillæ et Mæviæ nescio an locari possit.

**279. Vindima maculata, sp. n.

Cephalothorace nigricanti, albo-marginato et maculis sat multis albis et ferrugineis picto; clava palporum maxima, nigra; pedibus nigricanti- vel sordide testaceis, nigro- et albo-annulatis; abdomine supra nigricanti, lineis transversis recurvis albicantibus supra ornato, subter pube albicanti munito, quæ fascias longitudinales format.— ♂ ad. Long. circa $4\frac{1}{4}$ millim.

Mas.—Cephalothorax pæne duplo longior quam latior est, lateribus excepto postice parum rotundatis, pæne parallelis, et valde præruptis vel potius directis; frons levissime rotundata parte thoracica igitur parum angustior est. Arcus supraciliares oculorum posticorum parum expressi; sulcus ordinarius centralis tenuis sed sat longus. Satis altus est cephalothorax, dorso ipso a latere viso

---

* Nom. propr. mythol. latinum.

ante oculos posticos (qui paullo ante medium ejus locati sunt) sat
fortiter proclivi et paullo convexo, pone eos paullo minus declivi
et parum convexo; declivitas postica ipso dorso multo brevior est,
sat fortiter præcrupta, recta, immo paullulo concavata, modo
superius paullo convexa. Clypeus angustus sed altus, dimidiam
diametrum oculi maximi altitudine superans. Quadrangulus oculorum circa $\frac{2}{5}$ longitudinis cephalothoracis occupat; non parum
latior est antice quam postice, fere ⅓ latior quam longior, et vix
dupla oculi postici diametro antice postice quam cephalothorax
eodem loco. Linea oculos anticos supra tangens leviter sursum
curvata est; medii eorum lateralibus plus duplo majores sunt et ab
iis spatiis evidentissimis separati; oculi seriei 2æ ab oculis posticis
pæne æque longe ac (non longius quam) a lateralibus anticis distant.
Oculi postici lateralibus anticis paullulo minores sunt, plus diametro
sua altius quam ii positi et fere æque longe a margine cephalothoracis atque inter se remoti. *Sternum* breviter ellipticum, coxis
duplo latius; spatium inter coxas anticas labii latitudinem æquat.

Mandibulæ parallelæ, directæ vel reclinatæ, pæne cylindratæ et
duplo longiores quam latiores, altitudinem faciei longitudine et
tibias anticas crassitie æquantes, apice intus valde oblique truncatæ :
sulcus unguicularis antice dentibus 4 mediocribus, postice serie
denticulorum minutorum densorum 4 vel 5 armatus est; unguis
longior dicendus. *Palpi* breves, clava magna, femora antica
latitudine superante. Pars patellaris æque longa ac lata est, pars
tibialis eâ paullulo longior et duplo latior, transversa et triangula,
basi lata, apicem versus sensim fortiter angustata (desuper visa) : a
latere visa deorsum in formam cunei obtusi producta est; subter
inter hanc ejus partem deorsum productam et bulbum genitalem
spinam sursum curvatam video. Pars tarsalis prioribus duabus
partibus pæne triplo latior est iisque conjunctim circa duplo longior,
ovata, non multo convexa, pæne dimidio longior quam latior, in
latere exteriore leviter, in interiore latere sat fortiter rotundata,
apice breviter acuminato; bulbus magnus, rotundatus, humilis,
pallide fuscus, seta longa nigra in circulum curvata cinctus. *Pedes*
graciles, sat longi; tibiæ et metatarsi anteriores fere solito modo
aculeati sunt, cæ 2.2. vel 2.2.2. (?), hi 2.2. aculeis ibi armati;
patellæ saltem posteriores aculeum utrinque ostendunt. *Abdomen*
anguste subellipticum, duplo longius quam latius.

Color.—*Cephalothorax* nigro-fuscus, obscure olivaceo-pubescens,
margine laterali, genis et, in utroque latere, 2-3 maculis directis
(transversis) et ut videtur in binas abruptis albis, ut et ∧ albo
postice, supra petiolum, notatus: præterea supra maculas tres
parvas albicantes frontales, inter oculos anticos sitas, ostendit.
maculam ferrugineam ante aliamque pone oculum posticum utriusque lateris, et tertiam maculam ferrugineam inter hos duos oculos,
denique lineolam longitudinalem ejusdem coloris inter eam et ∧
illud album: tota hæc pictura e pube formata est. Clypeus pube
longiore alba est tectus, macula nigra ad basin utriusque mandibulæ.
Sternum subfuscum, tenuiter albicanti-pubescens. *Partes oris*
ferrugineo-fuscæ. *Palpi* nigro-fusci, parte femorali apice late

albicanti-pubescenti. *Pedes* sordide testacei (femora anteriora magis nigricantia) et sat dense nigro-annulati; pubescentia alba annulos vel maculas in pedibus format quoque. *Abdomen* nigrum, subolivaceo-pubescens, secundum totum dorsum serie linearum transversarum recurvarum (vel leviter undulatarum) sat longarum albicantium circa 5 e pube formatarum ornatum, quarum prima ipsam basin dorsi circumdat; inter eam et proxime sequentem macula albicans conspicitur, aliaque in ipso apice dorsi; etiam in lateribus, superius, albo-maculatum est abdomen. Venter cum lateribus inferius pube albicanti vestitus est, quae fascias longitudinales sex formare videtur. *Mamillæ* nigricantes.

Lg. corp. 4¼; lg. cephaloth. paullo plus 2, lat. ej. 1¼, lat. front. pæne 1⅓; lg. abd. 2½, lat. ej. pæne 1¼ millim. Ped. I et II 4, III 5, IV 5½; pat.+tib. III 1½, pat.+tib. IV 2, metat.+tars. IV circa 2 millim.

Mas singulus, ex Tharrawaddy.

CHARIPPUS *, gen. n.

Cephalothorax modice altus, saltem dimidio longior quam latior, anteriora et posteriora versus lateribus leviter rotundatis modo paullo angustatus, dorso ipso ad longitudinem parum convexo, pæne recto, et subito in declivitatem posticam transeunte; altitudo clypei circa ⅓ diametri oculi maximi æquat.

Quadrangulus oculorum non multo plus ⅓ longitudinis cephalothoracis occupat, paullo latior antice quam postice, circa ¼ latior quam longior, et circa dupla oculi postici diametro angustior postice quam cephalothorax eodem loco. Series oculorum anticorum magnorum fortius sursum curvata est; oculi minuti seriei 2ᵃᵉ longius ab oculis lateralibus anticis quam ab oculis posticis distant. Oculi postici saltem æque longe inter se atque a margine cephalothoracis sunt remoti.

Mandibulæ directæ, subcylindratæ.

Maxillæ subovatæ, labio circa duplo longiores; labium vix longius quam latius, apice late rotundato-truncato.

Pedes, mediocres, ita: IV, I, III, II longitudine se excipere videntur, aculeis mediocribus sat crebris armati; tibia cum patella 4ⁱ paris tibiâ cum patella 3ⁱⁱ paris paullo longior est, metatarsus cum tarso 4ⁱ paris tibiam cum patella hujus paris longitudine æquat.

Abdomen subovatum; mamillæ mediocres.

Typus: *Ch. errans*, sp. n.

Hoc genus *Cyrba*, Sim., præsertim affine videtur, a typo gen. *Cyrba* (*C. algerina*, Sim.,=*Stasippus inornatus*, Thor.) serie oculorum anticorum fortius sursum curvata, oculis seriei 2ᵃᵉ longius a lateralibus anticis quam a posticis oculis remotis, et sulco ordinario centrali brevi (præter armaturam alia sulci unguicularis mandi-

---

* Χάριππος, nom. propr. pers. mythol.
+ Ann. Mus. Genova, xxv. (ser. 2ᵃ, v), 1887, p. 374.

bularum) saltem differt. Etiam dorso ipso cephalothoracis pacne recto cum declivitate postica ca quoque recta angulum brevissime rotundatum formante (non sensim in eam transeunte) praeterea satis notabile videtur hoc genus.

**##280. Charippus errans, sp. n.

Cephalothorace nigro, fascia longitudinali e pube crassa aureoflaventi formata ornato, quae in parte cephalica late geminata est et utrinque ramulum ad oculum seriei 2ᵃᵉ emittit; palpis pedibusque fusco-testaceis, nigro-annulatis; abdomine nigricanti, dorso ejus in fundo anterius linea vel fascia longitudinali et pone eam serie linearum transversarum, utrinque vero maculis inaequalibus notato, hac pictura fundi obscure testacea: dorso praeterea pube cinerascenti (et squamulis aureis?) vestito.— ♂ ad. Long. circa 5¼ millim.

Mas.—Cephalothorax plus dimidio longior quam latior, patellam +tibiam+metatarsum 1¹ paris longitudine aequans, parum brevior quam patella+tibia+metatarsus 4¹ paris: a medio anteriora versus lateribus levissime rotundatis sensim paullo angustatus est, posteriora versus lateribus anterius leviter, posterius sat fortiter rotundatis paullo fortius angustatus, postice truncatus et in medio paullo retusus; frontis latitudo paullo minor est quam latitudo partis thoracicae. Arcus supraciliares oculorum posticorum vix ulli dicendi; sulcus ordinarius centralis brevis sed distinctissimus. Modice altus est cephalothorax, dorso ipso a latere viso ante oculos posticos (qui parum pone medium ejus locati sunt) paullulo proclivi, pone eos recto et in declivitatem posticam eo non parum breviorem, rectam et satis praeruptam non sensim, sed subito transeunte. Clypei altitudo dimidiam diametrum oculi maximi fere aequat. Quadrangulus *oculorum* paullo plus ¼ longitudinis cephalothoracis occupare videtur; vix ¼ latior est quam longior, paullulo latior antice quam postice, et dupla oculi postici diametro angustior postice quam cephalothorax eodem loco. Oculi antici valde magni: linea eorum margines supra tangens non parum sursum est curvata, linea recta laterales subter tangens medios in vel potius paullo supra medium secat; medii lateralibus duplo majores sunt et ab iis spatiis parvis remoti. Oculi seriei 2ᵃᵉ minuti non parum longius ab oculis lateralibus anticis quam ab oculis posticis remoti sunt. Oculi postici lateralibus anticis paullo minores, vix diametro sua altius quam ii positi et parum longius inter se quam a margine cephalothoracis remoti. *Sternum* breviter (inverse) ovatum, coxis multo latius; spatium inter coxas 1¹ paris labii latitudinem multo superat.

Mandibulae directae, patellas 1¹ paris latitudine aequantes, altitudinem faciei longitudine superantes, duplo longiores quam latiores, in dorso ad longitudinem parum convexae et magis versus apicem late et leviter impressae, apice non multo oblique truncatae; in latere exteriore, ad apicem, ad longitudinem rotundatae sunt et hic serie pilorum satis longorum subplumatae; sulcus unguicularis ad angulum interiorem marginis anterioris dentibus 2 parvis, ad angulum interiorem marginis posterioris dentibus 2 paullo majoribus armatus est.

Unguis sat brevis, magis versus medium apicis mandibulæ insertus.
Palpi sat longi, clava magna. Pars patellaris (ut femoralis)
cylindrata pæne duplo longior est quam latior ; pars tibialis, ejus
latitudine, sed duplo brevior, non longior quam latior est : e latere
ejus exteriore, ad apicem, exit procursus anteriora versus directus,
leviter in formam S sinuatus, qui ipsa parte tibiali circa dimidio
longior est, desuper visus a basi sat lata sensim angustatus, denique
vero versus apicem obtusissimum et leviter emarginatum sensim
paullo dilatatus. Pars tarsalis partes duas priores conjunctim
longitudine æquat, iis non parum latior, circa duplo et dimidio
longior quam latior, sublanceolata, apice obtusa, in margine
interiore præsertim dense pilosa. Bulbus magnus et parte tarsali
latior in apice spinam gracilem longissimam in gyrum vel gyros
circulatos convolutam ostendit. *Pedes* longitudine mediocri, anteriores (præsertim 1[i] paris, cujus femora subcompressa et latissima
sunt) reliquis robustiores, ut ii æqualiter et non multo dense pilosi.
Pedes 4[i] paris reliquis paullulo longiores sunt, pedes 2[i] paris
reliquis paullo breviores. Aculei pedum anteriorum sat debiles sunt :
in patellis anterioribus nullum aculeum video, sed posteriores patellæ
aculeum utrinque ostendunt ; supra tibiæ aculeis carent ; tibiæ
anteriores subter 2 . 2 . 2. et metatarsi anteriores subter 2 . 2. aculeos
habent, vix in lateribus aculeata. Metatarsi posteriores ad apicem,
medium et basin aculeati sunt. *Abdomen* pæne ovatum, pæne duplo
longius quam latius. *Mamilla* mediocres.

Color.—*Cephalothorax* niger, pube crassa aureo-flava saltem
secundum medium vestitus, quæ pubes fasciam longitudinalem latam
formare videtur, in parte cephalica latissime geminatam et ibi
utrinque ramulum brevem foras directum emittentem ; in genis
densius, præterea in lateribus anterius parce albo-pubescens est
cephalothorax. Margo frontalis pube crassa porrecta sat densa, in
medio frontis aureo-flava, utrinque vero (supra oculos laterales
anticos) ferrugineo-rubra, munitus est ; præterea annuli circum
oculos anticos albicantes sunt. Clypeus pæne glaber. *Sternum*
obscure fuscum. *Mandibulæ* cyaneo-nigræ. *Maxillæ* et *labium*
nigro-picea, illæ apice sat late clariores. *Palpi* fusco-testacei,
paullo nigro-annulati, parte femorali basi late nigra. *Pedes* quoque
fusco-testacei, nigro-annulati ; femora apice late nigra sunt (1[i]
paris ad maximam partem nigricantia), patellæ apice nigricantes
vel infuscatæ, tibiæ et metatarsi apice late et basi anguste nigra.
Abdomen in fundo nigricans, hac pictura parum expressa sordide
testacea in dorso : anterius lineam longitudinalem et utrinque apud
eam maculas inæquales ostendit, pone eam vero, inter medium et
anum, seriem longitudinalem linearum circa 5 transversarum retro
fractarum : et in lateribus et versus ea paullo sordide testaceo-
maculatum est abdomen. Saltem secundum medium postice pube
ferrugineo-cinerascenti vestitum est dorsum ejus, præterea squamulis aureo-nitentibus sparsum (vestitum ?). *Maxillæ* nigræ, apice
pallidæ.

Lg. corp. 5¾ ; lg. cephaloth. 3, lat. ej. 1⅗, lat. front. 1½ ; lg. abd.
pæne 3, lat. ej. circa 1¾ millim. Ped. 1 5, II pæne 4 (?), III pæne

5, IV paullo plus 5; pat.+tib. III $1\frac{2}{3}$, pat.+tib. IV $1\frac{4}{5}$, metat.+tars. IV $1\frac{4}{5}$ millim.

Exemplum singulum masculum satis detritum vidi, ad Rangoon inventum.

EPOCILLA, Thor., 1887.

281. Epocilla prætextata, Thor.

Epocilla prætextata, *Thor. Ann. Mus. Genova*, xxv. p. 378 (1887); *id. K. Svenska Vet.-Akad. Handl.* xxiv. no. 2, p. 120.

Mares tres adulti ad Tharrawaddy sunt capti, quorum maximus $7\frac{1}{2}$, minimus 5 millim. longus est.

**282. Epocilla innotata, sp. n.

Cephalothorace cinereo- vel flavo-testaceo, maculis duabus ocularibus ordinariis utrinque in parte cephalica nigris, hac parte supra squamulis tenuibus argenteis et aureis vel flavis vestito; pedibus subtestaceis, aculeis nigris; abdomine cinereo-testaceo, supra et in lateribus squamulis tenuissimis argenteo-aureis tecto, pictura nulla.—♂ jun. *Long. saltem* $8\frac{1}{2}$ *millim.*

Mas jun.—*Cephalothorax* circiter æque longus ac patella+tibia $+\frac{3}{4}$ metatarsi 4ⁱ paris, a medio anteriora versus lateribus pæne rectis non parum angustatus, fronte leviter rotundata parte thoracica pæne dimidio angustiore; pone medium lateribus rotundatis posteriora versus angustatus est, postice late truncato-rotundatus. Arcus supraciliares oculorum posticorum vix ulli; sulcus ordinarius centralis brevissimus, in impressione inter et paullo pone oculos posticos positus. In medio, inter et paullo ante hos oculos, tuberculum parvum obtusum ostendit cephalothorax, præterea lævis. Minus altus est, dorso ipso a latere viso leviter et æqualiter convexo: declivitas postica eo non parum brevior est, convexa, sat lenis. Altitudo clypei $\frac{1}{4}$ diametri oculi maximi fere æquat. Quadrangulus *oculorum* paullo plus $\frac{1}{3}$, non $\frac{2}{5}$, longitudinis cephalothoracis occupat; parum latior est antice quam postice, circa $\frac{1}{3}$ latior quam longior, et saltem dupla, fere tripla, oculi postici diametro angustior postice quam cephalothorax eodem loco. Linea recta oculos medios anticos supra tangens laterales paullo sub margine superiore secat. Oculi seriei 2^æ minuti plane in medio inter oculos posticos et laterales anticos locum tenent. Oculi postici, laterales anticos magnitudine æquantes, æque longe inter se atque a margine laterali cephalothoracis distant. *Sternum* inverse ovatum, coxis non parum latius; spatium inter coxas 1ⁱ paris labii latitudinem saltem æquat.

Mandibulæ directæ et parallelæ, patellas anticas longitudine et crassitie fere æquantes, duplo longiores quam latiores, subcylindratæ, in dorso ad longitudinem modice convexæ, apice oblique rotundato-truncatæ, læves et nitidæ: sulcus unguicularis antice dentibus 2 parvis, postice dente singulo majore armatus est. Unguis sat gracilis, longitudine mediocri. *Maxillæ* subovatæ,

labio paene dimidio longiores : *labium* paullo longius quam latius,
apicem truncatum versus lateribus rectis sensim angustatum.
Pedes non multo robusti, sat breves, ita : I, IV, III, II longitudine
se excipientes ; tibia cum patella 4^i paris paullulo longior est quam
tibia cum patella 3^{ii} paris. Patellæ anteriores aculeis carent, sed
saltem in patellis 3^{ii} paris, postice, aculeus conspicitur. Tibiæ
omnes aculeo supra carent : tibiæ anteriores subter 2.2.2, et
(saltem 1^i paris tibiæ) 1 aculeum ad apicem antice habent ; metatarsi anteriores modo 2.2. aculeis subter sitis armati sunt ;
metatarsi posteriores non tantum apice aculeati. *Abdomen* plus
duplo longius quam latius, antice rotundatum, lateribus modo
leviter rotundatis posteriora versus angustatum et subacuminatum.
Mamillæ sat longæ ; art. 2^{s} superiorum obtusissimus, saltem æquo
longus ac latus.

Color.—Paene tota aranea in fundo cinerascenti- vel flavo-testacea
est, maculis ocularibus duabus ordinariis supra utrinque in parte
cephalica nigris ; praeterea nullam picturam distinctam ostendunt
cephalothorax et abdomen. *Cephalothorax*, in parte thoracica pube
vel squamulis minus densis pallidis conspersus, in parte cephalica
(*maris* jun.) vestigia limbi lati e squamulis magis albis quam aureis
formati utrinque ostendit : pars cephalica supra squamulis argenteo-
albis, intermixtis utrinque antice aureis, vestita est. (In *fœmina*
jun. squamulæ, quibus pars cephalica supra et in facie est vestita,
potius flavæ et subaureæ sunt dicendæ.) *Abdomen* supra et in
lateribus squamulis tenuibus argenteo-aureis vestitum est, venter
squamulis tenuissimis magis argenteo-albis. *Pedes* testacei vel
flavo-testacei vestigia squamularum pallidarum ostendunt. *Mamillæ*
flavo-testaceæ.

♂ *jun.*—Lg. corp. 8¼ ; lg. cephaloth. pæne 3¾, lat. ej. 2½, lat.
front. parum plus 1½ ; lg. abd. 5⅓, lat. ej. pæne 2½ millim. Ped. I
7, II 5¼, III 6½, IV 6¾ ; pat.+tib. III 2, pat.+tib. IV paullo
plus 2, metat.+tars. IV 2 millim.

Tria exempla immatura ad Tharrawaddy sunt inventa.

BRETTUS*, gen. n.

Cephalothorax non dimidio longior quam latior, a medio anteriora
versus non parum angustatus, altissimus, ante oculos 2^{æ} seriei
valde proclivis, inter eos et oculos posticos multo minus proclivis,
ab his oculis usque ad marginem posticum convexo-declivis.

Quadrangulus oculorum sat parvus, circa ½ longitudinis cephalothoracis occupans, angustior postice quam antice, latior saltem
antice quam longior. Series oculorum anticorum fortius sursum est
curvata ; oculi 2^{æ} seriei, qui oculis posticis non multo minores sunt,
paullo longius ab iis quam a lateralibus anticis distant. Oculi postici
multo longius a margine cephalothoracis quam inter se remoti sunt.

Sternum subellipticum, circa dimidio longius quam latius ;
spatium inter coxas 1^i paris labii latitudinem æquat.

Mandibulæ mediocres, parallelæ et directæ.

---

* Nom. propr. mythol.

Maxillæ paullo divaricantes, ovatæ, labio vix vel parum longiore quam latiore circa duplo longiores.

Pedes longi, ita: IV, I, II, III longitudine se excipientes, graciles, metatarsis tarsisque longissimis, illis apice tibiæ abrupte angustioribus. Pedes anteriores posterioribus modo paullo robustiores sunt; omnes tibiæ patellâ multo longiores. Tibia cum patella 4[i] paris longior est quam tibia cum patella 3[ii] paris, sed brevior quam metatarsus cum tarso 4[i] paris. Tibiæ saltem anteriores "fimbria" pilorum longorum densorum subter munitæ sunt; patellæ utrinque aculeum habent; tibiæ omnes etiam supra aculeis armatæ sunt; metatarsi posteriores non tantum apice aculeati.

Abdomen longius, ovatum vel lanceolatum.

Mamillæ mediocres, art. 2[u] superiorum non multo longiore quam latiore.

Typus: B. cingulatus, sp. n.

Gen. Lino, Peckh., valde affinis est Brettus, cephalothorace anteriora versus magis angustato et, a latere viso, modo ante oculos 2[æ] seriei (non usque ab oculis posticis) æqualiter (sive secundum lineam rectam) et fortissime proclivi, inter oculos 4 posteriores vero modo leviter proclivi, ita ut ante oculos posticos convexo-declivis dici possit; pilis illis densis, qui in Lino fasciculos parvos in abdomine, cet., formant, carere videtur hoc novum genus.

**283. Brettus cingulatus, sp. n.

Cephalothorace in fundo piceo-fusco, fascia (vitta) marginali latissima alba e pube formata undique cincto; pedibus anterioribus nigricantibus vel subpiceis, posterioribus sordide testaceis; abdomine in fundo superius sordide testaceo-nigricanti, vestigiis vittæ vel vittarum transversarum nigricantium postice in dorso, pube alba saltem supra petiolum et squamulis æneo-viridibus saltem hic illic in lateribus prædito, ventre nigro.— ♀ ad. Long. circa 6½ millim.

Mas.—Cephalothorace saltem ¼ longior quam latior est, paullo brevior quam tibia cum patella 4[i] paris, lateribus antice parum rotundatis, pæne rectis, præterea ample et præsertim postice fortiter rotundatis anteriora et posteriora versus angustatus, latitudine maxima parum pone medium; postice non parum angustior quam antice, ubi truncatus est et ubi latitudo ejus pæne ? latitudinis maximæ æquat. Altissimus est cephalothorax, dorso a latere viso ante oculos seriei 2[æ] valde præerupte proclivi, inter eos et oculos posticos (spatio brevi igitur) parum proclivi, pone hos oculos usque ad marginem posticum convexo et primum minus fortiter, denique fortiter declivi et recto. Clypeus directus (vix reclinatus) dimidiam oculi maximi diametrum altitudine fere æquare videtur. Arcubus supraciliaribus aliisque elevationibus caret cephalothorax; non parum ante medium, pone oculos posticos, impressionem /·-formem ostendit, in quo sulcus ordinarius centralis brevissimus et tenuissimus conspicitur. Oculi medii antici mediocres sunt, inter se contingentes et a lateralibus anticis, quibus circa triplo majores

videntur, spatio distinctissimo separati. Linea recta oculos medios
anticos supra tangens laterales fere in centro secat. Quadrangulus
oculorum vix $\frac{1}{3}$ longitudinis cephalothoracis occupat; non parum
latior est antice quam postice, parum latior postice quam longior,
et saltem quadrupla oculi postici diametro angustior postice quam
cephalothorax eodem loco. Oculi 2ᵃᵉ seriei oculis posticis modo
paullo minores sunt et ab iis paullo longius quam a lateralibus
anticis remoti; oculi postici, lateralibus anticis parum minores,
multo longius a margine cephalothoracis quam inter se remoti
sunt. Oculi tres utriusque lateris seriem non parum foras curvatam formant.

Mandibulæ directæ et parallelæ, tibias anticas latitudine
æquantes, plus duplo longiores quam latiores, subcylindratæ, in
latere interiore levissime sinuatæ, in dorso ad longitudinem parum
convexæ, apice valde oblique truncatæ, nitidæ, læves; sulcus unguicularis antice dentibus 3 (quorum duo sat magni sunt), postice,
intus, denticulis minutis et densis 4 armatus. Unguis sat longus,
non multo fortis. *Palpi* fortes, mediocri longitudine, clava femur
anticum latitudine æquante. Pars patellaris paullo longior quam
latior est, pars tibialis eâ parum brevior sed multo latior, transversa, latere exteriore in uncum sive spinam fortissimam, anteriora
versus et paullo foras directam, paullo incurvam, a latere interiore
et desuper inspectam apice acuminatam, præterea apice obtusissimam producto (sub basi ejus pars tibialis angulum acuminatum
deorsum directum formare videtur); subter magis intus in procursum fortem paullo breviorem, anteriora versus et paullo deorsum
directum productus est apex partis tibialis. Pars tarsalis prioribus
duabus conjunctis non parum longior est et parte patellari plus
duplo latior, saltem duplo longior quam latior, inverse et inæqualiter
ovata fere, apice subacuminato. Bulbus modice altus, a latere
visus subter parum convexus et in medio impressus vel incisus.
Pedes longi et graciles, metatarsis et tarsis gracillimis, iis tibia
repente angustioribus. Tibiæ anteriores (et verisimiliter 4ᵗ paris)
subter "fimbria" e pilis longis densis formata præditæ. Aculeis
mediocribus crebris præsertim in femoribus et tibiis armati sunt
pedes; patellæ omnes aculeum utrinque ostendunt; tibiæ anteriores
non tantum subter 2.2. et in utroque latere 1.1., verum etiam
supra 1.1. aculeis munitæ sunt. Metatarsi etiam posteriores non
tantum apice aculeati. *Abdomen* plus duplo longius quam latius,
posteriora versus angustato-acuminatum, ovato-lanceolatum fere.
Mamillæ mediocres; superiorum art. 2ˢ 1ᵘ non parum angustior et
circa triplo brevior est, subconicus, saltem æque longus ac latus
basi.

Color.—*Cephalothorax* in nostro exemplo supra detrito in fundo
piceo-fuscus est, cingulo marginali latissimo e pube alba formato
undique, etiam postice et in clypeo (ubi minus latus est), circum-
datus; in declivitate postica, apud hunc cingulum, vestigia pubescentiæ vel squamularum cuprearum et violacearum video, quibus
saltem hic dense vestitus fuisse videtur cephalothorax. *Sternum*
paullo albo-pilosum cum *partibus oris* piceum est: mandibulæ pilis

nigris sunt sparsae. *Palpi* picei, clava magis nigra. *Pedes* 1[i] paris nigro-picei, apice paullo pallidiores ; pedes 2[i] paris testaceo-picei, reliqui paullo clariores, sordide testacei ; fimbriae et aculei nigra. *Abdomen* (detritum) in fundo supra sordide testaceo-nigricans est, vitta lata transversa nigricanti satis obsoleta (vel vittis tribus nigricantibus?) posterius in dorso praeditum ; in declivitate antica apud petiolum pubescentiam albam ostendit, et in lateribus vestigia squamularum aeneo-viridium ; venter niger est. *Mamilla* testaceo-nigricantes.

Lg. corp. $6\frac{1}{2}$; lg. cephaloth. 3, lat. ej. paene $2\frac{1}{2}$, lat. front. circa $1\frac{3}{4}$; lg. abd. $3\frac{1}{2}$, lat. ej. paullo plus $1\frac{1}{2}$ millim. Ped. 1 10, II 8, III $7\frac{3}{4}$, IV 11 ; pat.+tib. III paullo plus $2\frac{1}{2}$, pat.+tib. IV $3\frac{1}{3}$, metat.+ tars. IV $4\frac{1}{2}$ millim.

Mas singulus, paene plane detritus, ad Tharrawaddy captus.

COCALUS (C. L. Koch). 1846.

**284. Cocalus lancearius, sp. n.

Cephalothorace in fundo ferrugineo-rufescenti, saltem secundum margines laterales pube albicanti, intermixta ferruginea, late vestito, dorso ipso pone oculos posticos paene librato, declivitate postica vero satis praerupta ; pedibus in fundo pallide fusco-testaceis, tibiis anterioribus (praeter aculeis subter et in lateribus) 1.1.1. aculeis supra armatis, tibiis posterioribus supra aculeis 1.1. ; abdomine in fundo cinereo-albicanti vel -testaceo ; latere exteriore partis tibialis palporum in procursum fortem valde longum (usque ad $\frac{2}{3}$ longitudinis partis tarsalis pertinentem), sensim angustatum et acuminatum, porrectum producto, cujus margo superior in medio dentem anteriora versus et sursum directum format.— ♂ ad. Long. circa 8 millim.

Mas.—*Cephalothorax* circa $\frac{1}{3}$ longior quam latior est, patellam+ tibiam 1[i] paris, et patellam+tibiam+$\frac{1}{2}$ metatarsi 4[i] paris longi- tudine aequans, lateribus antice parum rotundatis anteriora versus sensim non parum angustatus, in lateribus praeterea ample et fortiter rotundatus, ita ut pars ejus posterior semiorbiculata sit ; frons levissimo rotundata $\frac{2}{3}$ partis thoracicae latitudine aequat. Altissimus est cephalothorax, dorso ipso a latere viso ante oculos posticos (qui non parum ante medium ejus locum tenent) secundum lineam rectam paullo inaequalem praerupte proclivi ; pone hos oculos dorsum spatio sat longo paene rectum et modo paullo declive est, dein in declivitatem posticam valde praeruptam et paene rectam, ipso dorso plus duplo breviorem transiens. Arcus supraciliares oculorum posticorum bene expressi sunt ; apud oculos serici 2[ae], intus, magis postice, elevatio distinctissima conspicitur ; sulcus ordinarius centralis, in depressione magna inter oculos posticos initium capiens, valde longus et fortis est, diametro oculi postici plus triplo longior. Altitudo clypei vix $\frac{1}{3}$ diametri oculi maximi aequare videtur. *Oculi* medii antici, inter se contingentes, late- ralibus anticis paene triplo majores sunt et ab iis spatiis parvis separati; linea oculos anticos supra tangens recta vel potius paullulo deorsum curvata est. Quadrangulus oculorum circa ⅔ longitudinis cephalothoracis occupat: evidenter latior est antice quam postice et paullo latior antice quam longior, vix vero latior postice quam longior. Oculi serici 2⁰⁰, vix duplo minores quam oculi postici, paullo longius ab iis quam a lateralibus anticis remoti sunt; spatium, quo inter se distant oculi postici, minus est quam spatia, quibus a margine cephalothoracis sunt remoti. Oculi tres utriusque lateris seriem paullo foras curvatam formant. *Sternum* subovatum, plus dimidio longius quam latius; spatium inter coxas 1ⁱ paris labii latitudinem æquat.

Mandibula directæ, parallelæ, cylindratæ, tibias anticas latitudine saltem æquantes, duplo longiores quam latiores, apice valde oblique truncatæ; sulcus unguicularis antice dentibus 3 rarioribus (quorum tamen intimus parvus marginis postici esse dici potest), postice dentibus 4 densioribus armatus est. *Maxillæ* parallelæ, oblongæ, apice intus oblique rotundato-truncatæ, labio saltem duplo longiores; *labium* parum longius quam latius. *Palpi* sat breves, robusti. clava maxima femoribus anticis paullo latiore. Pars patellaris æque longa ac lata est, supra æqualiter convexa; pars tibialis parte patellari paullo brevior sed latior est, transversa, toto latere exteriore in procursum longissimum, a basi lata sensim angustatum et acuminatum, primum paullo incurvum, dein rectum et anteriora versus directum, ad ¾ longitudinis partis tarsalis pertinentem producto, qui in medio marginis superioris dentem anteriora versus et sursum directum format; in medio subter apex partis tibialis procursum fortem multo breviorem obtusum sursum curvatum format. Pars tarsalis prioribus duabus conjunctis multo, pæne duplo, longior est, parte patellari circa triplo latior, circa duplo longior quam latior, convexa et deorsum curvata, oblique ovata fere, latere exteriore ample et sat fortiter rotundato et ipsa basi tuberculum parvum formante, latere interiore basi fortiter rotundato, dein vero late et sat profunde sinuato (pæne ⌣ -formi igitur), apice late rotundato: pars tarsalis igitur versus apicem foras curvata dici potest. Bulbus magnus, subovatus, parum altus. *Pedes* longitudine mediocri, anteriores posterioribus parum robustiores, 4 paris reliquis, qui eadem longitudine videntur, paullo longiores; patellæ omnes tibiâ multo breviores sunt et utrinque aculeo armatæ. Tibiæ anteriores subter 2.2.2., antice et postice 1.1. et supra 1.1.1. aculeos habent, tibiæ posteriores subter 2.2.2., antice et postice 1.1., supra 1.1.: etiam metatarsi anteriores præter aculeos subter et in lateribus 1 aculeum supra habent. Metatarsi posteriores basi, in medio et apice aculeati sunt. *Abdomen* angustius ovatum, circa duplo longius quam latius. Art. 1ˢ *mamillarum* superiorum circa triplo longior quam latior basi, 2ˢ subconicus, paullo longior quam latior basi.

Color.—*Cephalothorax* in fundo ferrugineo-rufescens est, saltem secundum margines laterales pube albicanti, intermixta hic illic ferruginea, vestitus, quæ verisimiliter fasciam marginalem latam utrinque formavit, supra quam pubescentia rufo-ferruginea adfuisse

videtur; ceterum in nostro exemplo adeo detritus est. ut modo supra
in parte cephalica anterius ut et in genis remaneant vestigia pubescentiæ pallide ferrugineæ; clypeus pube et pilis subferrugineo-
vel sordide luteis vestitus fuisse videtur, et oculi pube densa
obscure ferruginea cincti sunt. *Sternum* pallide testaceo-fuscum.
cum coxis subter paullo albicanti-pilosum vel -subhirsutum.
Mandibulæ ferrugineo-fuscæ, dimidio basali pube densa tecto, quæ
ad basin mandibulæ pallide vel luteo-ferruginea est, præterea
alba. *Maxillæ* et *labium* nigra, illæ apice intus pallidæ. *Palpi*
pallide testaceo-fusci, clava plus minus infuscata. *Pedes* quoque
pallide testaceo-fusci, summo apice tarsorum nigro, et interdum
vestigiis annulorum nigricantium præsertim in metatarsis posterioribus prædita; ut palpi subter albo-pubescentes sunt, præterea
pube albicanti et hic illic pallide ferruginea vestiti et paullo variati,
aculeis nigris. *Abdomen* in fundo cinereo-albicans vel -testaceum,
interdum subter nigricans; supra petiolum et inferius in lateribus
pube alba vestitum est; præterea in nostris exemplis adeo est
detritum, ut modo hic illic in dorso remaneant vestigia pubis
tenuioris pallide ferrugineæ et albicantis. *Mamilla* subtestaceæ.

Lg. corp. pæne 8; lg. cephaloth. 4½, lat. ej. paullo plus 3, lat.
front. parum plus 2; lg. abd. 4½, lat. ej. pæne 2¼ millim. Ped. 1,
II et III parum plus 10, ped. IV 11; pat.+tib. III 3½, pat.+tib.
IV paullo plus 3½; metat.+tars. IV 4 millim.

Mares duos detritos examinavi, quorum alter ad Tharrawaddy,
alter (valde mutilatus et contusus) ad Tonghoo captus est.

LINUS, Peckh., 1885.

285. Linus labiatus, Thor.

Sinis fimbriatus, *Van Hass. Midden Sumatra, cet. Aran.* p. 50. pl. v.
 fig. 16 (= ♂).
Linus labiatus, *Thor. Ann. Mus. Genova,* xxv. p. 354 (1887) (= ♀).
Linus dentipalpis, *id. op. cit.* xxviii. p. 35 (1890). et xxxi. p. 352
 (1892) (= ♂).

Marem adultum et feminam juniorem, illum ad Tharrawaddy
inventum, hanc in Tenasserim captam nunc examinavi, præter mares
duos ex Java, quos Cel. Van Hasselt ad me misit. Postquam hos
mares vidi, facile intellexi, *Sinim fimbriatum,* Van Hass., loc. cit.,
sive *Linum dentipalpem,* Thor., marem *L. labiati* esse.

Palpum *maris* loc. cit. bene delineavit Van Hasselt. In hoc
sexu cephalothorax in fundo niger est, area oculari pallide ferruginea, squamulis ferrugineis vel subcupreis vestita; utrinque fascia
marginali latissima alba est ornatus (clypeus vero vitta transversa
alba *caret*), et fascia media longitudinali alba notatus quoque, parte
thoracica præterea pube subolivacea vestita. Abdomen, quod supra
in fundo nigricans (interdum antice pallidius) est, maculas quinque
pallidas, quattuor in rectangulum longiorem dispositas et quintam
in medio inter eas positam, pube alba vestitas et interdum antice
pube rubra marginatas ostendit, quarum duæ posticæ reliquis tribus

majores sunt; etiam antice albicanti-pubescens est dorsum, præterea
pube ferruginea vestitum. Cephalothorax tibiam cum dimidia
patelia 4¹ paris longitudine æquat: pedes 4¹ paris pedibus 1¹ paris
longiores sunt, cephalothorace 3¾ longiores. Long. corp. 6½-
7 millim.

PLEXIPPUS (C. L. Koch), 1846.

286. Plexippus paykullii (Aud. in Sav.).

Attus paykulli, *Aud., in Sav. Descr. de l'Égypte*, 2ᵉ éd. xxii. p. 172,
    pl. vii. fig. 22.
Menemerus (?) paykullii, *Thor. Ann. Mus. Genova*, xvii. ⎫ *ubi cet.*
    p. 501 ;   ⎬ *syn. vide-*
Plexippus paykullii, *id. op. cit.* xxv. p. 372 (1887), ⎭ *antur.*

Magnam vim exemplorum utriusque sexus ex Tharrawaddy non-
nullaque ex Rangoon, Tonghoo et Tenasserim meridionali examinavi.
—Mas adultus parvus (modo 5½ millim. longus), ex Tonghoo,
clypeum et basin partis tarsalis palporum solito pulchrius flava
habet.

287. Plexippus culicivorus (Dol.).

Salticus culicivorus, *Dol. Verh. Nat. Vereen. Nederlandsch Indië*, v.
    p. 14, tab. ix. fig. 5 (1859).
Menemerus (?) culicivorus, *Thor. Ann. Mus. Genova*, xvii. p. 508
    (1881) (*ubi alia syn. videantur*).
Plexippus culicivorus, *id. op. cit.* xxv. p. 373 (1887).

Exempla non pauca ex Tharrawaddy, Rangoon et Tonghoo.

**288. Plexippus coccinatus, sp. n.

*Cephalothorace in fundo rufo-fusco, parte cephalica supra utrinque
nigra, parte saltem thoracica cinereo- et subrubro-pubescenti; oculis
posticis longius inter se quam a margine cephalothoracis remotis:
palpis et pedibus rufescenti- vel testacco-fuscis, basi subter pallidioribus,
parum evidenter nigricanti-annulatis; abdomine ovato, subdepresso,
supra pube rubra, intermixta cinerea et nigra, vestito, ad ipsam basin
dorsi cinereo- et nigro-variato, præterea fascia media longitudinali
posterius late et inæqualiter nigro-limbata ornato, quæ ex tribus partibus constat: parte prima satis angusta, geminata, cinerea, usque
pone medium dorsi pertinente, secunda multo latiore et breviore, paullo
longiore quam latiore, ex lineolis tribus transversis retro fractis cinereis
colore rubro separatis constante, parte tertia eâ paullo breviore, æneo-
viridi.— ♀ ad. Long. circa 9 millim.*

Femina.—Cephalothorax patellam+tibiam+dimidium metatarsi
4¹ paris, et patellam+tibiam+⅔ metatarsi 1¹ paris longitudine
circiter æquat; circa ⅓ longior quam latior est, modice altus,
anteriora versus lateribus levissime rotundatis sensim paullo angustatus, fronte leviter rotundata circa ⅘ partis thoracicæ latitudine

æquante. Arcus supraciliares oculorum posticorum sat fortes, eminentiæ duæ ante oculos serici 2ᵃᵉ, magis intus, sitæ bene expressæ quoque. Dorsum ipsum a latere visum modice et satis æqualiter convexum est, ante oculos posticos (qui paullo pone medium ejus locum tenent) tamen paullo fortius proclive, pone eos paullo minus fortiter declive ; declivitas postica ipso dorso fere dimidio brevior est, satis prærupta et pæne recta. Clypei altitudo dimidiam oculi maximi diametrum vix æquat. Series oculorum antica modice sursum est curvata ; linea margines eorum superiores tangens levissime sursum curvata est. Oculi medii antici lateralibus anticis saltem duplo sunt majores et ab iis spatiis modo parvis separati. Quadrangulus oculorum paullo plus ⅓, pæne ⅖ longitudinis cephalothoracis occupat, postice modo oculi singuli postici diametro angustior quam cephalothorax eodem loco : circa ¾ latior quam longior est, parum latior antice quam postice. Oculi 2ᵃᵉ seriei paullo longius ab oculis posticis quam a lateralibus anticis distant ; oculi postici laterales anticos magnitudine pæne æquant, evidenter paullo longius inter se quam a margine cephalothoracis remoti. Sternum inverse ovatum ; spatium inter coxas 1ⁱ paris labii latitudinem æquat ; coxæ 4ⁱ paris spatio evidenti separatæ sunt.

Mandibulæ directæ, cylindratæ, tibias anticas latitudine æquantes, duplo longiores quam latiores, altitudinem faciei longitudine superantes, basi sat leviter convexæ, pilis sat longis sparsæ ; sulcus unguicularis antice 2 dentibus, postice dente singulo est armatus. Unguis mediocris. Palporum pars tarsalis cylindrata, obtusissima. Pedes breves, 4ⁱ paris cephalothorace duplo longiores ; tibia cum patella 4ⁱ paris tibia cum patella 3ⁱⁱ paris parum longior est. Tibiæ 1ⁱ paris pæne triplo, metatarsi 1ⁱ paris circa triplo et dimidio longiores quam latiores basi. Aculei crebri et sat fortes. Patellæ anteriores 1 aculeum antice, posteriores patellæ 1 utrinque ostendunt. Tibiæ anteriores 2.2.2. aculeos subter et 1.1. antice habent, postice et supra aculeis carentes : metatarsi anteriores modo 2.2. aculeis, subter sitis, armati sunt. Tibiæ et metatarsi posteriores versus apicem, medium et basin aculeati. Abdomen ovatum, subdepressum. Vulva ex area sat parva inæquali subtriangula posteriora versus sensim dilatata constat, cujus apex anticus foveolam ostendit : pone eam, in medio, transversim rufescens et satis inæqualis vel quasi ad longitudinem bis impressa est hæc area, denique, postice, callo transverso sat magno nigro occupatur, qui impressionibus duabus longitudinalibus in tubercula tria nitidissima divisus est. Mamillæ superiores et inferiores pæne eadem longitudine, non breves, sat fortes.

Color.—Cephalothorax in fundo rufo-fuscus est, parte cephalica utrinque superius nigra, et transversim inter oculos posticos anguste nigra quoque ; in parte thoracica, posterius, fascia longitudinali testacea posteriora versus paullo dilatata notatus est, quæ fascia pube crassiore albo-cinerea est vestita ; præterea cephalothorax pube cinerascenti et rufescenti vestitus et subvariatus fuisse videtur, excepto supra in parte cephalica, ubi vestigia pubescentiæ squamuliformis subcupreæ video. Clypeus in margine

pilis longis porrectis pallidis munitus est, præterea inter oculos
anticos, infra, albicanti-pubescens; superius annuli angustissimi
horum oculorum subrubri sunt. *Sternum* cum coxis pallide fusco-
testaceum, albicanti-pilosum. *Mandibulæ* testaceo-rufescentes,
pallido-pilosæ; *maxillæ* et *labium* obscure fusco-testacea. *Palpi*
rufescenti-fusci, pilis sat longis pallidis intermixtis nigris vestiti.
Pedes quoque rufescenti- vel obscure testaceo-fusci, basi subter
pallidiores; parum evidenter nigricanti-annulati sunt, minus dense
nigro- et pallido-pilosi, squamulisque subaureo-micantibus et pube
alba hic illic maculas formante muniti. *Abdomen* totum pube
densa et squamulis tectum est, ut color fundi detegi non possit.
Dorsum ejus cum lateribus superius pube densa subrubra, cui admixta
est cinerea et nigra, est vestitum, ad ipsam basin cinereo- et nigro-
variatum, præterea hac pictura ornatum: secundum totum dorsum
extensa est fascia media inæqualis cinerascens, quæ antice, usque
pone medium dorsi, satis angusta est et geminata (quasi ex duabus
lineis longitudinalibus formata igitur); dein subito, paullo pone
medium, latior fit hæc fascia, quasi e tribus lineolis transversis
retro fractis cinereis et colore subrubro separatis formata, denique
paullo angustior et æneo-viridis est. Tota pars dilatata hujus
fasciæ, inter medium dorsi et anum, utrinque late et inæqualiter
nigro-marginata est; etiam latera abdominis cinerascentia et nigro-
punctata maculas majores nigras superius ostendunt. Venter, ad
latera cinerascens et nigro-punctatus, secundum medium nigricans
est, hac area nigricanti fasciam latissimam posteriora versus angustatam et pæne ad *mamillas* nigro-fuscas pertinentem formante.
Lg. corp. 9, lg. cephaloth. 4½, lat. ej. pæne 3½, lat. front. 2¼;
lg. abd. 5, lat. ej. paullo plus 2½ millim. Ped. I paullo plus 8, II 8,
III 9, IV 9½; pat.+tib. III pæne 3¼, pat.+tib. IV 3¼, metat.+
tars. IV 3 millim.
Singula femina, cujus cephalothorax satis detritus est, ad Rangoon
est inventa; aliam feminam vidi, in ins. Singapore a Col. Workman
captam.—Hæc species *P. paykullii* (Aud. *in* Sav.) et *P. culicivoro*
(Dol.) valde affinis est, colore rubro abdominis et forma alia vulvæ
præsertim ab iis differens.

**289. Plexippus albo-punctatus, sp. n.

*Cephalothorace in fundo rufescenti, parte cephalica supra nigra et
dense cinereo-æneo-pubescenti; oculis posticis non longius inter se
quam a margine cephalothoracis remotis; palpis et pedibus rufescenti-
testaceis, tibiis supra aculeo carentibus; abdomine angustius ovato,
dorso cinerascenti, ad basin nigro-punctato et striolato, utrinque vero
fascia sat lata subinæquali et antice abbreviata nigra notato, quæ
fasciæ supra anum coalitæ et ad marginem suum interiorem maculis
binis parvis albissimis notatæ sunt, his quattuor maculis ita postice in
dorso trapezium antice latius quam postice formantibus: spatio inter
fascias nigras fasciam secundum totum dorsum extensam sat latam
paullo inæqualem cinerascentem, posterius æneo-micantem formante.—
♀ ad. Long. 7½–8½ millim.*

Femina.—Hæc aranea ea quoque feminis *P. paykullii* et *P. culici-vori* simillima est, sed forma vulvæ plane alia et maculis quattuor parvis albissimis posterius in dorso abdominis ab utraque earum facile internoscenda.—*Cephalothorax* ⅓ longior est quam latior, longitudine patellam+tibiam+dimidium metatarsi 4[i] paris æquans, et paullo brevior quam patella+tibia+metatarsus 1[i] paris, modice altus, dorso ipso ad longitudinem pæne æqualiter et modice convexo : declivitas postica eo non parum brevior, pæne recta et satis prærupta. Clypei altitudo dimidiam diametrum oculi maximi fere æquat. Linea *oculos* anticos supra tangens levissime sursum curvata est : medii eorum lateralibus plus duplo majores sunt et spatiis modo parvis ab iis separati. Quadrangulus oculorum paullo plus ⅓, pæne ⅖ longitudinis cephalothoracis occupat ; circa ¼ latior est quam longior, rectangulus (vix latior antice quam postice), et dupla oculi postici diametro angustior postice quam cephalothorax eodem loco. Oculi 2[æ] seriei minuti paullo longius ab oculis posticis quam a late-ralibus anticis remoti sunt. Oculi postici, qui paullo pone medium dorsi ipsius cephalothoracis locum tenent, laterales anticos magni-tudine æquant, evidenter, sed non diametro sua, altius quam ii positi, et saltem æque longe a margine cephalothoracis atque inter se remoti.

Mandibulæ directæ, tibias anticas crassitie et faciei altitudinem longitudine æquantes, basi fortiter convexæ : sulcus unguicularis antice 2 dentibus, postice dente singulo armatus est ; unguis medio-cris. *Palporum* pars tarsalis cylindrata, obtusissima. *Pedes* sat breves, anteriores posterioribus paullo robustiores, 4[i] paris reliquis longiores et cephalothorace saltem 2¼ longiores : tibia cum patella 4[i] paris tibia cum patella 3[ii] paris modo paullulo longior est ; tibiæ 1[i] paris triplo longiores quam latiores sunt, metatarsi anteriores saltem triplo longiores quam latiores basi. Aculeis crebris et sat fortibus armati sunt pedes ; patellæ anteriores aculeum debilem antice, posteriores patellæ aculeum utrinque ostendunt : tibiæ omnes aculeo supra carent : tibiæ anteriores, præter 2 . 2 . 2. aculeos subter, 1 vel 1 . 1. aculeos antice habent, metatarsi anteriores modo 2 . 2. aculeos, subter. Tibiæ et metatarsi posteriores non tantum apice verum etiam ad basin et medium aculeati sunt. *Abdomen* longius ovatum, subdepressum. *Vulva* ex area parva vix longiore quam latiore, antice rotundata, postice paullo latiore et late emarginata, nigra constat, quæ sulco longitudinali brevi sat lato et antice rotundato quasi bipartita est. *Mamillæ* longiores, angustæ, cylin-dratæ.

Color.—*Cephalothorax* in fundo rufo-testaceus vel ruber, parte cephalica supra (saltem ad latera et antice) nigra et pube densa appressa cinerascenti et paullo æneo- vel sericeo-micante tecta : præterea pube minus densa albicanti-cinerea vestitus vel sparsus est cephalothorax et pilis longioribus magis erectis nigris conspersus : clypeus pilis longis albis sparsus est, annuli circum oculos anticos albi quoque. *Sternum* et *partes oris* testacea vel rufo-testacea, albicanti-pilosa, mandibulæ in dorso purius albo-pilosæ. *Palpi* testacei, albicanti-pilosi ; *pedes* toti rufescenti-testacei (non evidenter nigricanti-annulati), albicanti- et paullo nigro-pilosi, albo-pubescentes, pube alba hic illic quasi maculas formante ; aculei nigri. *Abdomen* supra cinerascens est et dense pallide cinereo-pubescens, ad basin ad longitudinem paullo nigro-striatum et -punctatum, et dein utrinque, ad latera, fascia longitudinali inæquali sat lata nigra ornatum, quæ duæ fasciæ postice, paullo supra anum, inter se unitæ sunt, antice abbreviatæ sed saltem ad medium dorsi pertinentes, et ad marginem interiorem maculis binis parvis rotundatis albissimis (anteriore paullo majore quam posteriore) notatæ ; quæ maculæ quattuor postice in dorso trapezium latius antice quam postice et circa æque longum ac latum antice designant. Spatium inter has fascias nigras fasciam longitudinalem format, quæ antice (ad basin dorsi) brevi spatio satis angusta et subgeminata est, et tum utrinque macula parva obliqua subcuneiformi nigra notata, præterea vero sat lata et in marginibus inæqualis (ante medium sæpe substellato-dentata), et pube densa appressa cinerea æneo-micante tecta. Latera abdominis et venter cinereo-testacea, cinerascenti-pubescentia, plus minus nigricanti-striata ; venter sæpe lineam longitudinalem nigricantem pone vulvam ostendit. *Mamillæ* subtestaceæ.

♀.—Lg. corp. 8½ ; lg. cephaloth. pæne 4, lat. ej. 3, lat. front. pæne 2¼ ; lg. abd. 4½, lat. ej. 2⅔ millim. Ped. 1 7½, II 6⅔, III 8½, IV 9 ; pat. + tib. III 2⅔, pat. + tib. IV pæne 3, metat. + tars. IV 2⅔ millim.

Exempla pauca feminea, ad Tharrawaddy collecta.

Maris, qui hujus speciei fortasse est, descriptionem nunc dabo.— *Cephalothorax* ejus patellam + tibiam + dimidium metatarsum 1¹ paris, et patellam + tibiam + ⅓ metatarsi 4¹ paris longitudine æquat, præterea ad formam ut in femina supra descripta diximus : clypeus tamen dimidiam oculi maximi diametrum altitudine non æquare videtur. *Oculi* quoque ut in ea, excepto quod oculi seriei 2æ non longius, potius paullulo brevius, ab oculis posticis quam a lateralibus anticis distant, quod oculi postici his oculis non minores videntur, et quod quadrangulus oculorum parum plus oculi singuli postici diametro angustior est postice quam cephalothorax eodem loco. *Mandibulæ* tibias anticas crassitie æquant, duplo longiores quam latiores, in dorso modo leviter convexæ et transversim striatæ ; sulcus unguicularis in angulo interiore dentibus parvis 2 antice, et dente singulo postice, armatus est ; unguis non multo longus. *Palpi* sat breves, clava basi metatarsorum 1¹ paris non multo latiore. *Pars* femoralis in dimidio apicali plane cylindrata, non subclavata est, nec penicillum brevem crassum versus apicem, extra, ostendit ; pars patellaris cylindrata, vix dimidio longior quam latior ; pars tibialis desuper visa ejus latitudine est sed paullo brevior, modo paullo longior quam latior, et a basi ad apicem sensim paullulo dilatata, a latere visa subtransversa, latere inferiore in formam cunei brevis paullo deorsum producto. Apex lateris exterioris partis tibialis in procursum porrectum, longum (longitudine diametrum internodii æquantem), non ita gracilem, apice subobtusum, leviter et æqualiter incurvum productus est. Pars tarsalis prioribus duabus partibus paullo latior est iisque conjunctis paullo longior, circa duplo et dimidio longior quam latior, sublanceolata. Bulbus oblongus sat humilis pallidus in margine exteriore tuberculum foras directum format ; e medio lateris interioris ejus exit spina longa pæne recta nigra oblique anteriora versus et paullo foras directa. *Pedes* ad longitudinem a pedibus feminae parum differunt (conf. mensuras) : ut in ea tibia cum patella 4ᵗ paris parum longior est quam tibia cum patella 3ᵗ paris. Pedes 1ⁱ paris subter saltem in patellis, tibiis et metatarsis pilis densis longioribus nigris subhirsuti sunt. Ut in femina diximus aculeati sunt pedes. *Abdomen* duplo longius quam latius, subovatum, postice acuminatum. *Mamilla* sat longae.

Color.—Cephalothorax in fundo ad maximam partem nigro-fuscus videtur, plaga magna pallidiore anterius in parte thoracica ; etiam infra in lateribus, anterius, pallidior videtur. Pars cephalica supra squamulis tenuibus aureo-olivaceis vestita est, macula magna alba e pube formata inter oculos medios ; praeterea cephalothorax maculas nonnullas inaequales ejusmodi utrinque ostendit, quae verisimiliter in exemplis illaesis conjunctim fasciam marginalem latam aliamque fasciam supra in lateribus ab oculis lateralibus anticis retro ductam et posterius incurvam utrinque formant. Clypeus in margine albo-pilosus est, annuli circum oculos anticos rubri, excepto infra, ubi albi sunt ; etiam oculi postici annulo rubro sunt cincti ; utrinque, inter oculum posticum et oculum seriei 2ᵃᵉ, macula alba adesse videtur. *Sternum* cum *mamillis* et *labio* fusco-testaceum ; *mandibulae* nigro-piceae, vestigiis pilorum alborum ad basin, praesertim intus. *Palpi* pallide fusco-testacei, paullo nigricanti-annulati, nigro- et paullo albo-pilosi et pube alba praesertim ad apicem partium femoralis et patellaris, extra, vestiti. *Pedes* picei dicendi, annulis latis testaceis albo-pubescentibus ornati : coxae testaceae sunt, femora sex posteriora annulum latissimum fere medium aliumque angustum apicalem ostendunt, patellae basi pallidae sunt, tibiae annulum latum magis versus basin habent, metatarsi anteriores annulum subbasalem. metatarsi posteriores annulos binos latissimos, basalem et apicalem. Tarsi, summo apice nigro excepto, subtestacei sunt. *Abdomen*, in fundo cinereo-testaceum, punctis nigris conspersum et pube densa pallide cinerea vestitum, in dorso hoc modo est pictum : basis dorsi vitta recurva albicanti cingitur ; secundum medium dorsi extensa est fascia cinereo-testacea albicanti-pubescens, quae antice satis angusta et subgeminata est, dein lata et quasi e lineolis transversis retro flexis composita: haec fascia utrinque antice fascia brevi nigra (vel maculis duabus coalitis nigris) limitata est, postice vero fasciis duabus nigris, quae sua quaeque macula oblonga transversa subobliqua cinereo-testacea albo-pubescenti interrupta est et postice macula minore rotundata ejusdem coloris terminatur ; hae quattuor maculae, majores et minus pure albae quam in femina supra descripta, ut in ea trapezium antice latius quam postice (et paene aeque longum ac latum antice) postice in dorso formant. Venter lineam longitudinalem nigricantem pone vulvam ostendit. *Mamillae* cinerascenti-testaceae.

♂. – Lg. corp. 6 ; lg. cephaloth. 3. lat. ej 2¼, lt. front. paullulo plus 2 : lg. abd. 3, lat. cj. 1¼ millim. Ped. I 6¼, II 6, III 6¼, IV 6¾ ; pat.+tib. III pæne 1½, pat.+tib. IV 1½, metat.+tars. IV pæne 1¼ millim.

Marem supra descriptum et dimensum, cujus cephalothorax satis detritus est, ad Tharrawaddy cepit Col. Oates ; alium marem minus bene conservatum ad Rangoon invenit.—A mare *P. culicivori*, cui sat similis sed minor est, præsertim alia forma palporum et colore cephalothoracis alio haud difficulter dignosci potest mas supra descriptus *. Si propriæ speciei, et non *P. albo-punctati*, est, *P. nebulosus* (n. sp.) appellari debet.

**290. Plexippus perfidus, sp. n.

Cephalothorace in fundo nigricanti, fascia media satis angusta testacea albicanti-pubescenti secundum partem thoracicam, et fascia supra-marginali pallida in utroque latere notato ; palpis nigris, parte patellari lutea, parte tarsali apicem versus angustata ; pedibus nigris, coxis luteis, metatarsis tarsisque subluteis quoque, patellis et tibiis posterioribus subluteo-annulatis ; abdomine nigricanti, fascia satis angusta cinerascenti secundum dorsum extensa ornato, quæ antice angustior est, fere in medio serie lineolarum retro fractarum paucissimarum albicantium notata, postice utrinque in dentem cinereum foras directum producta et in his dentibus puncto albicanti notata, denique, paullo supra anum, alio puncto albo in utroque margine signato : his quattuor punctis trapezium non parum latius antice quam postice formantibus.— ♀ ad. Long. circa 8 millim.

Femina.—*Cephalothorax* patellam+tibiam+dimidium metatarsum 4[i] paris longitudine æquat, pæne æque longus ac patella+tibia+metatarsus 1[i] paris, pæne dimidio longior quam latior, anteriora versus longiore spatio lateribus in dimidio anteriore rectis sensim paullo angustatus, fronte leviter rotundata pæne ⅓ partis thoracicæ latitudine æquante. Arcus supraciliares oculorum posticorum debiles sunt, sulcus ordinarius centralis fortis. Minus altus est cephalothorax ; dorsum ipsum a latere visum ante oculos posticos (qui plane in medio ejus locati videntur) modice convexum et satis proclive est, pone eos levius convexum et minus declive ; declivitas postica dorso ipso multo brevior, modice prærupta et pæne recta est. Clypeus (verus) reclinatus altitudine dimidiam diametrum oculi maximi non æquat. Linea *oculos* anticos supra tangens levissime sursum curvata, pæne recta est ; medii horum oculorum lateralibus plus duplo sunt majores et ab iis spatiis evidentibus separati. Quadrangulus oculorum vix ⅓ longitudinis cephalothoracis occupat ; plus ⅓ latior est quam longior, vix vel non latior antice quam postice, et parum plus diametro oculi singuli postici angustior postice quam cephalothorax eodem loco. Oculi seriei 2[æ] paullulo

---

* Conf. descriptionem maris *P. culicivori* in Thor. Ann. Mus. Genova, xii. p. 237 (1878) [*Menemerus* (?) *culicivorus*].

longius ab oculis posticis quam a lateralibus anticis distant. Oculi
postici lateralibus anticis paullo minores sunt et saltem diametro
sua altius quam ii positi ; a margine cephalothoracis aeque longe
atque inter se distant. *Sternum* inverse ovatum ; spatium inter
coxas 1[i] paris labii latitudinem aequat ; coxae 4[i] paris vix ullo
spatio separatae sunt.

Mandibula directae, patellas crassitie et altitudinem faciei longitudine aequantes, paene duplo longiores quam latiores, in dorso
fortissime convexae ; sulcus unguicularis dentibus antice 2, postice 1
armatus est ; unguis mediocris. *Palporum* pars tarsalis non cylindrata sed apicem subobtusum versus sensim angustata est. *Pedes*
breves, 4[i] paris cephalothorace paullo plus duplo longiores, anteriores sat robusti ; patella + tibia 4[i] paris paullo longior est quam tibia
cum patella 3[ii] paris. Tibiae anteriores triplo longiores quam latiores
sunt, metatarsi anteriores, iis non parum breviores, vix vel parum
plus triplo longiores quam latiores basi videntur. Aculei femorum
pauciores et magis setiformes quam in affinibus sunt visi ; patellae
posteriores aculeum saltem postice habent, in patellis anterioribus
nullum aculeum detegere potui. Tibiae supra aculeo carent. Tibiae
anteriores subter 2 . 2 . 2. et antice 1, metatarsi anteriores subter
2 . 2. aculeos mediocres ostendunt. Tibiae et metatarsi posteriores
secundum totam longitudinem aculeata sunt. *Abdomen* ovato
ellipticum, non depressum, fere duplo longius quam latius. *Vulva*
ex area sat parva oblonga antice rotundata, postice truncata constat,
quae antice fovea paene circulata pallida, V minutum continente
occupatur, pone eam vero ex area cornea nigra subquadrata,
quae impressione transversa aliaque longitudinali subquadri-partita
videtur. *Mamilla* sat longae, paene eadem longitudine, cylindratae.

Color.—*Cephalothorax* in fundo fuligineo-niger, parte cephalica
supra purius nigra ; pars thoracica fascia satis angusta testacea
pube albicanti vestita secundum totam longitudinem extensa notata
est. In lateribus aliam fasciam supra-marginalem subtestaceam
minus distinctam ostendit cephalothorax, quae cinerascenti-pubescens
fuisse videtur : praeterea in parte thoracica subolivaceo-pubescens
est, in parte cephalica superius pube squamuliformi obscure aureo-
cuprea vestitus, et pilis nigris conspersus. Clypeus pilis longis
porrectis albicantibus sparsus est ; annuli angusti circum oculos
anticos flaventes. *Sternum* cum coxis luteum. *Mandibula* rufe-
scenti-fuscae, *maxillae* et *labium* nigricantia, apice testacea. *Palpi*
nigricantes : pars saltem patellaris lutea est, et pars tarsalis, apice
pallidiore excepto, purius nigra. *Pedes* nigri, metatarsis et tarsis
sordide luteis ; pedes posteriores (praesertim in tibiis et patellis)
sordide luteo-annulati sunt, coxae ut dixi luteae, ut trochanteres
paene toti. Subter versus basin pedes albicanti-pilosi sunt, praeterea
minus dense nigro-pilosi, aculeis nigris. *Abdomen* supra et in
lateribus usque in ventrem nigricans et subferrugineo-pubescens
est, fascia recurva e pube albicanti formata basin dorsi cingente ;
secundum medium dorsi fascia satis angusta cinerascenti albicanti-
pubescenti est ornatum, quae pone basin initium capit et hic breviore
spatio angustior quam praeterea est, dein, paullo ante medium,

paullo dilatata et usque ad anum pæne eadem latitudine procurrens, in marginibus paullo inæqualis, fere in medio serie lineolarum parvarum transversarum retro fractarum 3 albicantium notata et magis postice (ad apices posticæ harum lineolarum) dentem cinereum foras directum utrinque formans, cujus in apice punctum albicans conspicitur; paullo supra anum uterque margo fasciæ aliud punctum album distinctissimum ostendit; quæ quattuor puncta trapezium non parum latius antice quam postice et fere æque longum ac latum antice formant. Venter fasciæ media latissima albicanti-cinerea, lineâ nigrâ geminata occupatur, quæ posterius lateribus leviter rotundatis sensim angustior evadit, apice obtuso pæne ad mamillas pertinens. (In alio exemplo subcorrugato abdomen totum cum ventre nigricans est, fascia dorsi obsoleta.) *Mamillæ* obscure fuscæ, apice pallidiores: mamillæ intermediæ tamen totæ sordide testaceæ sunt.

Lg. corp. pæne 8; lg. cephaloth. 3½, lat. ej. 2½, lat. front. pæne 2; lg. abd. 5¼, lat. ej. 2¾ millim. Ped. I circa 6¼, II pæne 6, III 6½, IV 7½; pat.+tib. III 2¼, pat.+tib. IV 2⅓, metat.+tars. IV circa 2¾ millim.

Feminæ duæ (quarum una subcorrugata et decolor) ad Tharrawaddy sunt captæ.

**291. Plexippus (?) pocockii, sp. n.

Cephalothorace in fundo ferrugineo-fusco, pube albicanti minus dense et paullo inæqualiter vestito, parte cephalica supra nigra et squamulis tenuibus densis æneo-cinereis tecta; palpis et pedibus fusco-testaceis; abdomine cinereo-testaceo, albo- et subæneo-pubescenti, maculis parvis nigris ad maximam partem in lineas obliquas digestis sat dense consperso, et postice, supra anum, maculis duabus magnis oblongis nigris, spatio albicanti posteriora versus angustato separatis, ornato.— ♀ ad. Long. circa 8 millim.

Femina.—*Cephalothorax* paullulo plus ⅓ longior quam latior est, æque longus ac patella + tibia + metatarsus 4¹ paris, lateribus anterius parum rotundatis pæne rectis sensim anteriora versus modo paullo angustatus: frons leviter rotundata parte thoracica modo paullo angustior est. Arcus supraciliares oculorum posticorum parum expressi; sulcus ordinarius centralis minutus, brevissimus. Clypeus, qui reclinatus est, vix dimidiam oculi maximi diametrum altitudine æquare videtur. Modice altus est cephalothorax, dorso ipso leviter et æqualiter convexo (modo ante oculos posticos, qui in medio ejus locum tenent, paullo magis proclivi): declivitas postica ipso dorso pæne dimidio brevior est, non valde prærupta, recta. Quadrangulus *oculorum* ⅔ longitudinis cephalothoracis fere occupat; plane rectangulus est, circa ⅓ latior quam longior, et paullo plus diametro oculi singuli postici angustior postice quam cephalothorax eodem loco. Linea oculos anticos supra tangens leviter sursum curvata est; hi oculi non magni sunt dicendi, medii lateralibus plus duplo, pæne triplo majores, et ab iis spatiis parvis sed distinctis separati.

Oculi seriei 2æ vix longius ab oculis posticis quam a lateralibus anticis distant. Oculi postici lateralibus anticis paullulo minores sunt, plus diametro sua altius quam ii positi, et evidenter longius inter se quam a margine cephalothoracis remoti. *Sternum* inverse ovatum, coxis paullo latius ; spatium inter coxas 1ᵢ paris labii latitudinem æquat.

Mandibulæ, directæ, subcylindratæ et modice convexæ, tibias anticas crassitie æquant, pæne duplo longiores quam latiores : sulcus unguicularis antice dentibus 2. postice 1 dente simplici armatus est ; unguis mediocris. *Palpi* densius et longius pilosi, parte tarsali apicem obtusum versus paullulo angustata. *Pedes* breves, fortes, sat dense pilosi et aculeis crebris armati : pedes 3ᵢⁱ et 4ᵢ parium plane eadem longitudine sunt, ut tibiæ cum patella horum parium. Patellæ anteriores antice, patellæ posteriores utrinque aculeum ostendunt. Tibiæ omnes aculeo supra carent ; tibiæ anteriores subter 2.2.2., antice 1.1. aculeis sunt armati, metatarsi anteriores aculeis 2.2. subter. Tibiæ et metatarsi posteriores ad apicem, basin et in medio aculeata sunt. *Abdomen* sat longum, plus dimidio longius quam latius, ovato-ellipticum, postice subacuminatum. *Vulva* ex foveis duabus rotundis, costa ℃-formi nigra limitatis et separatis, constat, parte anteriore hujus septi ℃-formis latiore quam est pars ejus posterior.

Color.— *Cephalothorax* in fundo ferrugineo-testaceus, parte cephalica supra nigra et squamulis tenuibus densis æneo-cinereis vestita et pilis suberectis albis conspersa, parte thoracica minus dense et minus æqualiter albo-pubescenti : sub utroque oculo 2æ seriei fasciculus angustus acuminatus sursum directus paullo incurvus (" cornu ") e pilis nonnullis densis nigris formatus conspicitur. Clypeus versus medium pilis longis albicantibus munitus est, sub oculis lateralibus anticis vero pube albicanti minus dense vestitus, hac pube u'rinque quasi lineas transversas tres formante. Annuli circum oculos anticos angustissimi, ferrugineo-cinerei fere. *Sternum* cum *maxillis* et *labio* fusco-testaceum, *mandibulæ* magis ferrugineæ, cinereo-albicanti-pilosæ. *Palpi* et *pedes* fusco-testacei, albicanti-pilosi et -pubescentes, aculeis nigris. *Abdomen* cinereo-testaceum est, supra et in lateribus maculis minutis nigris sat dense conspersum (his maculis ad magnam partem utrinque in dorso et in lateribus in lineas obliquas digestis), et postice in dorso, supra anum, maculis duabus sat magnis oblongis nigerrimis ornatum ; spatium satis angustum posteriora versus angustatum inter has duas maculas clarius, magis albicans, est. Venter secundum medium lineam nigram plus minus distinctam ostendit. *Mamilla* cinereo-testaceæ, superiores apice nigricantes.

Mas, quem hujus speciei credo— etsi ad colorem præsertim cephalothoracis a femina supra descripta satis differt, " cornubus " illis caret et supra in tibiis posterioribus aculeo præditus est—ad formam ab ea parum nisi palpis differt : *cephalothorax* et *oculi* ut in ea sunt, *pedes* anteriores vero subter pilis longis directis nigris subhirsuti, tibiæ posteriores, ut dixi, etiam supra aculeo gracili armatæ, et *abdomen* longius ovato-lanceolatum. *Cephalothorax* paullo brevior est quam

patella+tibia+metatarsus 4ᵗ paris ; clypeus dimidiam diametrum
oculi maximi altitudine non æquat. *Mandibulæ* directæ, duplo
longiores quam latiores, tibias anticas vix crassitie æquantes, parum
convexæ, transversim striatæ. *Palpi* breves et fortes sunt, clava
patellas anticas latitudine saltem æquante : pars patellaris æque
lata est ac longa, pars tibialis eâ duplo brevior, transversa, circa
duplo latior quam longior, in apice lateris exterioris, magis infra,
procursu cito acuminato pæne recto nigro, foras et anteriora versus
directo, partis tibialis diametrum longitudine æquante armata.
Pars tarsalis prioribus duabus partibus paullo plus duplo latior et iis
conjunctis circa duplo longior est, fere dimidio longior quam latior,
apice subobtusa, latere interiore fortissime rotundato, exteriore
latere pæne recto sed basi late et leviter emarginato sive sinuato.
Bulbus rufo-fuscus, qui seta longissima nigra in circulum curvata
cingitur, magnus, humilis et orbiculatus est ; tuberculum latum
humile subter, exterius, format, præterea ut videtur lævis.

Color.—*Cephalothorax* in fundo rufo-fuscus est, subferrugineo-
pubescens, parte cephalica supra nigra et vitta frontali latissima e
pube alba formata ornata, et etiam ante oculos posticos transversim
albo-pubescenti, præterea pube squamuliformi aureo-fusca vestita ;
ab utroque oculo laterali antico fascia alba e pube formata et posterius incurva retro ducta est, his duabus fasciis coronam cephalothoracem in lateribus superius cingentem, in medio postice abruptam
formantibus ; præterea in lateribus, posterius, cephalothorax sat
late albo-marginatus est. Clypeus niger pilis nigris conspersus est ;
annuli circum oculos anticos subrubri. *Sternum* cum *partibus oris*
et coxis nigro-fuscum. *Palpi* picei, nigro-pilosi, parte tarsali, basi
excepta, pallidiore et apice albo-pubescenti. Tarsi omnes flavo-
testacei sunt : *pedes* anteriores præterea picei, summa basi clariores,
patellis, tibiis et metatarsis subter pilis longis densis deorsum directis
nigris hirsutis ; pedes posteriores magis sordide testacei et nigricanti-annulati sunt, nigro- et albo-pilosi, albo-pubescentes : pubes
alba præsertim supra in apice femorum omnium maculam vel annulum
abruptum format. *Abdomen* totum pube adeo densa est vestitum, ut
color fundi distingui vix possit. Supra, ubi pilis longis albis
sparsum est, secundum medium fasciam longitudinalem non multo
latam, paullo inæqualem, posteriora versus paullo angustatam, albam
ostendit, quæ postice, supra anum, macula oblonga sat magna nigra
utrinque limitatur : ante has maculas dorsum utrinque nigricans est
vel maculas magnas nigricantes ostendit plus minus in fasciam confluentes et pube obscure aurea plus minus inter se et a fascia media
alba separatas. Latera abdominis sordide testacea et albo-pubescentia sunt, venter late niger vel sordide testaceus. *Mamillæ*
testaceæ, superiores apice nigræ.

♀.—Lg. corp. 8 ; lg. cephaloth. parum plus 3, lat. ej. 2, lat.
front. 1¾ ; lg. abd. 4¼, lat. ej. 2¾ millim. Ped. I 5¼, II paullo
plus 5, III 5¼, IV circa 5¼ ; pat.+tib. III et IV paullo plus 2,
metat.+tars. IV pæne 2 millim.

♂.—Lg. corp. 6 ; lg. cephaloth. 3, lat. ej. parum plus 2, lat.
front. circa 1⅚ ; lg. abd. 3, lat. ej. 1½ millim. Ped. I 6, II paullo

plus 5, III parum plus 6, IV paullo plus 6, pat.+tib. III et IV et metat.+tars. IV 2½ millim.

Exempla duo utriusque sexus ad Tharrawaddy sunt collecta.—Quamquam tibiam cum patella 4ᵗ paris (non longiorem quam sed) modo æque longam ac tibiam cum patella 3ᵗ paris habet hæc species, potius ad *Plexippum* quam ad *Ergatem* referenda mihi videtur.

TELAMONIA, Thor., 1887.

292. Telamonia festiva, Thor.

Telamonia festiva, *Thor. Ann. Mus. Genova,* xxv. p. 386 (1887).

Femina singula, quæ hujus speciei videtur, ad Tharrawaddy capta.

VICIRIA, Thor., 1877.

*293. Viciria hasseltii, Thor.

Sinis (?) hasseltii, *Thor. Ann. Mus. Genova,* xiii. pp. 6 et 274 (1878).
Viciria hasseltii, *Van Hass. Tijdschr. v. Entomol.* xxii. p. 220 (1879);
Thor. Ann. Mus. Genova, xxxi. p. 389 (1892).
Viciria scoparia, *Sim. Act. Soc. Linn. Bordeaux,* xl. p. 138 (1886).

Mares paucissimi, ex Rangoon, Tharrawaddy et Tenasserim meridionali. Mas parvus ex Tharrawaddy *varietatem* format, a forma principali eo diversum, quod metatarsi 1ᵗ paris ejus toti pallidi et æqualiter pilosi sunt (*non* apice sat late nigri et hic supra et præsertim subter pilis longis densis et patentibus nigris fimbriati). Femora 1ᵗ paris fascia longitudinali nigra laterum sæpe caret.

294. Viciria elegans, Thor.

Viciria elegans, *Thor. Ann. Mus. Genova,* xxv. p. 390 (1887) (= ♂ *jun.*).

Exempla pauca juniora et feminas duas adultas ad Tharrawaddy collegit Cel. Oates; marem adultum, loc. inc. Indiæ Neêrlandicæ captum, et feminam juniorem ex Sumatra (Lampong) dono mihi dedit amicus Van Hasselt. *Femina* a descriptione maris junioris loc. cit. a me data parum discrepat: maculæ rubræ cephalothoracis tamen interdum obsoletæ sunt, et etiam fasciæ duæ longitudinales abdominis rubræ (vel nigræ et apice antico rubræ) saltem in junioribus obsoletæ vel nullæ esse possunt. Cephalothorax patellam+tibiam+dimidium metatarsum 4ᵗ paris longitudine saltem æquat. Sulcus unguicularis mandibularum antice 2 dentibus, postice dente singulo sat forti armatus est. Tibia cum patella 3ᵗ paris tibiâ cum patella 4ᵗ paris vix vel parum longior est. *Vulva* ex duabus foveis sat parvis rotundis obscuris, spatio earum diametro minore separatis, constare videtur.

Mas ad.—*Cephalothorax* ad formam ut in ♂ *jun.* loc. cit. descripto est; patellam+tibiam+⅓ metatarsi 4ᵗ paris longitudine circiter æquat, ut in eo. Clypei altitudo dimidiam diametrum oculi maximi vix vel non æquat. Quadrangulus *oculorum* paullulo latior antice

quam postice videtur, pæne quadrupla oculi postici diametro angustior
postice quam cephalothorax eodem loco.   Oculi 2ˣ seriei non parum
longius ab oculis posticis quam a lateralibus anticis distant.   *Mandibulæ* directæ, parallelæ, plus duplo longiores quam latiores, tibiis
anticis parum latiores, altitudine faciei circa dimidio longiores, in
dorso vix convexæ sed subplanæ et, intus, costa tenui limitatæ, apice
oblique truncato ; sulcus unguicularis in margine antico 2 dentibus,
in margine postico dente singulo armatus est ; unguis sat brevis.
Palpi mediocres, clava femoribus anticis paullo angustiore ; pars
patellaris paullo longior quam latior est, pars tibialis eâ paullo
angustior et saltem dimidio brevior, parum latior quam longior,
antice angusta : latus ejus exterius in procursum fortem pæne
rectum (vix vel parum foras curvatum), apicem versus vix angustatum sed apice valde oblique truncatum et subtilissime crenulatum
productus est, hoc procursu partem tibialem longitudine pæne
æquante, anteriora versus et foras directo.   Pars tarsalis prioribus
duabus conjunctis non parum longior est et parte patellari circa
duplo latior, subovata, vix duplo longior quam latior, latere interiore ad basin angustam fortissime rotundato-dilatato, lateribus
præterea sat leviter rotundatis apicem subobtusum versus sensim
angustata.   *Pedes* mediocres, anteriores 3ⁱⁱ paris pedibus paullo
robustiores, 4ⁱ paris reliquis non parum graciliores ; pedes 1ⁱ et 4ⁱ
parium, qui æque fere longi sunt, pedibus 2ⁱ et 3ⁱⁱ parium æque
longis evidenter sunt longiores.   Patellæ et femora anteriora fimbria
e pilis longis densis formata subter munita sunt.   Tibiæ anteriores
non tantum subter aculeatæ, verum etiam in utroque latere 1 . 1 . 1.
aculeis præditæ ; tibiæ posteriores etiam supra aculeum ostendunt :
metatarsi posteriores non tantum apice aculeati sunt.   Ceterum
pedes ut in ♂ *jun.* diximus formati et aculeati videntur.   *Abdomen*
longum et angustum, posteriora versus sensim angustatum.

Color.—Cephalothorax in fundo testaceus, fascia marginali nigra
sat lata undique cinctus, parte cephalica supra infuscata et macula
magna nigra circum oculum posticum aliaque macula nigra inter
oculum lateralem anticum et oculum 2ⁱ paris utrinque notata : declivitas postica umbram mediam longitudinalem nigram ostendit quoque.   Pube sat crassa flava ad maximam partem, supra fasciam
illam marginalem nigram (saltem ad partem, superius, rubro-
pubescentem), vestitus est cephalothorax, parte cephalica utrinque,
inter oculos utriusque lateris, rubro-pubescenti, annulis angustis
circa oculos medios anticos rubris quoque ; clypeus niger saltem in
margine (ut videtur minus dense) albo-pilosus est.   *Sternum* nigrum,
pilis albis sparsum ; *partes oris* nigræ.   *Palpi* fusci, ad magnam
partem pube rubra vestiti.   *Pedes* anteriores picei, femoribus, patellis et tibiis utrinque vel saltem antice nigris et colorem cyaneum
sentientibus, metatarsis et tarsis, horum apice nigro excepto,
testaceis ; fimbriæ nigræ sunt ; præterea albo-pilosi et pube rubra
et alba præditi sunt hi pedes.   Pedes 3ⁱⁱ paris magis testacei, femoribus utrinque versus apicem nigris, patellis et tibiis apice nigris ;
pedes 4ⁱ paris pæne toti testacei.   Coxæ omnes fasciam testaceam
subter ostendunt.   *Abdomen* supra et in lateribus subtestaceum est,

fasciis duabus longitudinalibus angustis rubris e pube formatis
ornatum, inter eas pubo flava, præterea pube albicanti vestitum.
Venter niger; mamillæ nigræ quoque.

♂ ad.—Lg. corp. 8; lg. cephaloth. paullo plus 3½, lat. cj. 2¾,
lat. front. paullo plus 2; lg. abd. 4½, lat. cj. circa 1½ millim.
Ped. I 9, II 8½, III circa 8½, IV circa 9; pat. + tib. III paullo
plus 3, pat. + tib. IV pæne 3, metat. + tars. IV 2⅚ millim.

*295. Viciria terebrifera, Thor.

Viciria terebrifera, *Thor. Ann. Mus. Genova*, xxx. p. 168 (1890);
id. *op. cit.* xxxi. p. 397 (1892).

Mas mutilatus et detritus, in Tenasserim inventus.

HYLLUS (C. L. Koch), 1846.

*296. Hyllus diardii (Walck.).

Attus diardi, *Walck. II. N. d. Ins. Apt.* i. p. 460 (1837).
Plexippus mutillarius, *C. L. Koch, Die Arachn.* xiii. p. 93,
tab. cccexlvii. figg. 1155 et 1156 (1846).
Hyllus diardi, *Sim. Actes Soc. Linn. Bordeaux,* xl. p. 139 (1886).
Hyllus mutillarius, *Thor. Ann. Mus. Genova,* xxxi. p. 381 (1892).

Feminas duas immaturas ad Rangoon inventas examinavi.

**297. Hyllus pudicus, sp. n.

*Cephalothorace in fundo piceo vel subfusco, fascia longitudinali
pallida argenteo-squamulosa (♂) vel albicanti-pubescenti (♀) in
utroque latere sub oculis ornato, ut et fascia tertia ejusmodi antice
lata posteriora versus sensim angustata secundum medium partis
thoracicae; quadrangulo oculorum non parum latiore postice quam
antice; mandibulis etiam in ♂ brevibus, directis et cylindratis;
palpis et pedibus nigricantibus vel clarioribus, parum distincte annulatis; abdomine supra in fundo nigro (in ♂ squamulis obscure aureis
vestito), fascia longitudinali sat lata pallida per pæne totum dorsum
extensa ornato, quæ ante medium dorsi plerumque geminata est, dein
utrinque crasse dentata vel ex maculis recurvis vel ex triangulis inter
se unitis formata, in utrinque latere vero serie macularum majorum
3-4 albarum notato; ventre nigro utrinque fascia albicanti limitato.
—♂ ♀ ad. Long.* 8½-10 *millim.*

Mas.—*Cephalothorax* patellam + tibiam + ¾ metatarsi 4[i] paris
longitudine circiter æquat, modo paullo longior quam latior, in
lateribus fortiter et ample, usque ad oculos laterales anticos, rotundatus, posteriora versus fortius quam anteriora versus angustatus;
frons leviter rotundata latitudine vix ⅔ partis thoracicae æquat.
Arcus supraciliares oculorum posticorum distincti; sulcus ordinarius centralis brevis et fortis. Satis altus est cephalothorax: a
latere visum dorsum ipsum modice convexum habet, ante et pone
oculos posticos (qui in medio dorsi ipsius locum tenent) pæne

æqualiter proclive et declive; declivitas postica ipso dorso non parum brevior est, satis prærupta et pæne recta. Clypei altitudo dimidiam diametrum oculi maximi æquare videtur. Quadrangulus *oculorum* circa $\frac{2}{7}$ longitudinis cephalothoracis occupat: circa dupla oculi postici diametro latior est postice quam antice, circa dimidio latior postice quam longior, et saltem dupla oculi postici diametro angustior postice quam cephalothorax eodem loco. Linea oculos anticos supra tangens recta, vix sursum curvata, est; medii horum oculorum lateralibus circa triplo majores sunt et ab iis spatiis distinctissimis separati. Oculi minuti seriei $2^{æ}$ pæne duplo longius ab oculis posticis quam a lateralibus anticis distant. Oculi postici laterales anticos magnitudine æquant, diametro sua altius quam ii positi; paullo longius inter se quam a margine cephalothoracis remoti videntur.

Mandibulæ forma non insolita, directæ, parallelæ, subcylindratæ, patellas anticas crassitie, altitudinem faciei longitudine æquantes, duplo longiores quam latiores, transversim striatæ, in dimidio basali dense squamuloso-pubescentes; sulcus unguicularis antice dentibus 2, postice dente singulo est armatus; unguis longior dicendus. *Palpi* sat breves et graciles, clava apice tibiarum anticarum angustiore. Partes patellaris et tibialis fere eadem longitudine (et latitudine) sunt, vix dimidio longiores quam latiores: pars tibialis apicem versus sensim paullulo incrassata est, apice intus oblique truncata, apice extra dente sat forti foras et anteriora versus directo armata, qui in apice oblique truncato denticulatus est. Pars tarsalis parte tibiali dimidio latior et pæne dimidio longior est, fere dimidio longior quam latior, apice obtusissimo, latere exteriore pæne recto, interiore rotundato. Bulbus non altus; simplex et subter lævis videtur. *Pedes* præsertim anteriores sat fortes, 1^{i}, 3^{ii} et 4^{i} parium longitudine parum discrepantes et cephalothorace pæne duplo longiores; patella+tibia 3^{ii} paris æque longa ac patella+tibia 4^{i} paris est. Patellæ anteriores aculeum antice, patellæ posteriores aculeum utrinque habent; tibiæ anteriores subter aculeis 2 . 2 . 2. et præterea antice 1 . 1. aculeis armatæ sunt, metatarsi anteriores 2 . 2. subter. Tibiæ et metatarsi anteriores ad basin, medium et apicem aculeati. *Abdomen* circa duplo longius quam latius, lateribus leviter rotundatis posteriora versus angustatum et subacuminatum. *Mamillæ* superiores inferioribus non parum longiores.

Color.—*Cephalothorax* piceus, pube squamuliformi densa subolivacea et cinereo-argentea vestitus: pube cinereo-argentea fasciam longitudinalem latam inæqualem sub oculis utriusque lateris et in genis et fasciam tertiam antice valde latam et posteriora versus sensim angustatam secundum medium partis thoracicæ formante, pube subolivacea præsertim partem thoracicam posterius tegente; pars cephalica supra squamulis magis æneo-cinerascentibus vestita est; margines cephalothoracis paullo albicanti-pubescentes videntur. Clypeus pilis densis brevibus subargenteis, certo modo visis magis olivaceo-viridibus, tegitur; annuli circum oculos anticos (qui virides sunt) angustissimi, subferruginei. *Sternum* et *partes oris* nigra, mandibulæ basi dense argenteo-squamulosæ. *Palpi* nigro-picei,

apice nigri, minus dense nigro-pilosi, et pilis albicantibus parce
sparsi. *Pedes* anteriores nigri, praesertim in tibiis et metatarsis
subter pilis sat longis et densis deorsum directis hirsuti ; pedes posteriores magis picei et nigro-subannulati sunt, parcius nigro-pilosi et
praesertim subter in femoribus pilis albicantibus conspersi. Aculei
nigri. *Abdomen* in fundo nigricans, supra et in lateribus squamulis
tenuibus sordide aeneis saltem ad magnam partem vestitum ; secundum paene totum dorsum fasciam mediam latam pallidam saltem
ad partem, praesertim posterius, albo- et subargenteo-pubescentem
vel -squamulosam ostendit, quae fere in medio constricta est et dein
posteriora versus sensim paullo angustata et utrinque crasse bi- vel
tridentata vel quasi ex serie macularum paucarum retro curvatarum
composita. Basis dorsi in declivitate antica vittam transversam
recurvam pallidam ostendit ; in utroque latere abdomen serie longa
macularum 4 majorum obliquarum albicanti-pubescentium ornatum
est. Pilis longis albis supra parce est sparsum. Venter niger
utrinque fascia alba minus lata includitur. *Mamillae* nigrae.

Femina.—Ad formam, praeter structura palporum, eo praesertim
differt femina a mare, quod cephalothorax ejus (patellam +tibiam +
⅔ metatarsi 4¹ paris longitudine aequans) paullo longior est, circa ¼
longior quam latior, in lateribus minus fortiter rotundatus, fronte
ita ⅔ partis thoracicae latitudine aequante. *Mandibulae* tibiis anticis
angustiores sunt, in dorso modice convexae, laeves et nitidae, aequaliter
pilosae ; sulcus unguicularis ut in mare antice 2 dentibus, postice
singulo armatus est ; unguis brevior quam in eo. *Pedes* quoque
paullo breviores quam in mare, aequaliter pilosi vel subhirsuti.
Eodem modo atque in mare diximus aculeati sunt pedes, excepto
quod tibiae anteriores modo subter aculeis (2 . 2 . 2.) armatae sunt,
aculeis in latere anteriore carentes ; fortiores quam in mare videntur
aculei illi. (In femoribus anterioribus apice superius seriem transversam aculeorum 6, et pone eam, supra, 1 . 1. aculeos video.)
Abdomen paullo latius quam in mare, lanceolato-ovatum. *Vulva*
ex area sat parva nitida constat, quae lineola transversa bis procurva
in duas partes est divisa : pars anterior antice rotundata ita paene
reniformis evadit, pars posterior paullo brevior transversa et paeno
rectangula est, paene laevis et in medio postice late impressa vel
subemarginata.

Color.—In femina abdominis pictura paene eadem est atque in
mare, praeterea vero color multo est clarior quam in eo. *Cephalothorax* testaceo-fuscus est, maculis ordinariis ocularibus nigris, subferrugineo-pubescens et pilis nigris sparsus ; fascia longitudinali
sat lata pallida et pube albicanti vestita sub oculis utriusque lateris
ducta et usque per clypeum continuata (ibi angustiore) notatus est,
et etiam in medio partis thoracicae fasciam ejusmodi sed antice
latissimam et posteriora versus sensim angustatam, inter oculos
posticos initium capientem ostendit, postice in parte cephalica
quoque transversim pallidus et albicanti-pubescens. et praeterea
macula media frontali ut et duabus aliis parvis utrinque, altera
pone oculum lateralem anticum, altera ad oculum seriei 2ae, intus,
sita, iis quoque pallidis et albo-pubescentibus, praeditus. Sub utroque

oculo seriei $2^{æ}$ fasciculus angustus pilorum nigrorum longissimorum
erectorum et paullo incurvorum (" cornu ") conspicitur. Clypeus
albo-pilosus et -pubescens est, annuli angusti circum oculos anticos
albi quoque. *Sternum* et *partes oris* testaceo-fusca, pilis albis sparsa.
Palpi testacei, præsertim versus apicem longius albo-pilosi. *Pedes*
testaceo-fusci, versus basin præsertim subter pallidiores, testacei,
parum evidenter nigricanti-annulati, pilis nigris et præsertim albis
subhirsuti, aculeis nigris. *Abdomen* supra nigrum, arcu pallido
albo-pubescenti basin dorsi in declivitate antica cingente, et pone
eum fascia media longitudinali sat lata pallida albo-pubescenti per
pæne totum dorsum extensa ornatum : quæ fascia antice, ante
medium, colore rufescenti geminata est, dein utrinque profunde
dentata vel potius e serie lineolarum 5–6 retro fractarum vel curvatarum albarum, rubedine separatarum composita. In utroque
latere series macularum majorum albarum 3–4 conspicitur. Venter
in medio pone plicaturam genitalem plaga magna oblonga posteriora versus angustata, triangulo-ovata, nigra occupatur, quæ
utrinque fascia sat lata testaceo-albicanti limitata est. *Mamillæ*
superiores fuscæ, reliquæ magis testaceæ.

♂.—Lg. corp. 9 ; lg. cephaloth. $4\frac{1}{2}$, lat. ej. 4, lat. front. $2\frac{1}{2}$; lg.
abd. $5\frac{1}{4}$, lat. ej. paullo plus $2\frac{1}{2}$ millim. Ped. 1 $8\frac{1}{2}$, II 8, III $8\frac{1}{2}$,
IV $8\frac{1}{2}$; pat.+tib. III $2\frac{3}{4}$, pat.+tib. IV $2\frac{3}{4}$, metat.+tars. IV $2\frac{3}{4}$
millim.

♀.—Lg. corp. $8\frac{1}{2}$; lg. cephaloth. $4\frac{1}{2}$, lat. ej. pæne $3\frac{1}{2}$, lat. front.
$2\frac{1}{2}$; lg. abd. $4\frac{3}{4}$, lat. ej. $2\frac{1}{4}$ millim. Ped. 1 $7\frac{1}{4}$, II $7\frac{1}{4}$, III 8, IV
parum plus 8 ; pat.+tib. III pæne 3, pat.+tib. IV 3, metat.+tars.
IV $2\frac{3}{4}$ millim.

Exempla paucissima, inter ea exemplum singulum adultum
femineum et duo mascula, ad Tharrawaddy sunt capta. In *junioribus* venter totus pallidus esse potest, et fascia dorsi abdominis
utrinque profunde dentata quidem, sed nec geminata neque in
triangula vel maculas divisa.

*298. Hyllus ianthinus (C. L. Koch).

Plexippus janthinus, *C. L. Koch*, *Die Arachn.* xiii. p. 97,
tab. ccccxlviii. fig. 1160 (1846).
Plexippus succinctus, *id. ibid.* p. 98, tab. ccccxlviii. fig. 1161 ?

Mas adultus pæne 16 millim. longus, quem hujus speciei credo,
ad Rangoon inventus est ; alios mares duos adultos non parum
minores (12 et $13\frac{1}{2}$ millim. longos), ex " India Neêrlandica," ipse
possideo, a Cel. Van Hasselt ad me missos. A figura et descriptione
Plexippi janthini C. L. Kochii (loc. cit.) modo eo differre videntur hi
mares (satis detriti), quod inter oculos posticos maculam albicantem
e pube formatam ostendunt, quæ macula saltem in uno eorum ut
fascia longitudinalis posteriora versus continuata est. *Cephalothorax*,
in fundo piceo-niger, præterea ad maximam partem pube subferru-
gineo-olivacea vestitus fuisse videtur ; facies tota pube squamuliformi sordide aurea tecta est. Quadrangulus *oculorum* brevissimus
plane rectangulus mihi videtur ; circa dimidio latior quam longior est,

circa quadrupla oculi postici diametro angustior postice quam cephalothorax eodem loco. *Mandibulæ* pæne duplo et dimidio longiores quam latiores, pæne parallelæ, deorsum et paullo anteriora versus directæ, patellas anticas latitudine circiter æquantes ; desuper visæ apicem oblique truncatum versus sensim paullo angustatæ sunt, in latere exteriore ad longitudinem leviter rotundatæ, dorso ad longitudinem sat leviter convexo, exterius transversim convexo quoque, sed præterea subdeplanato et interiora versus declivi : transversim rugosæ sunt, nitidæ, æneo- vel cyaneo-nigræ, pilis longioribus sordide vel ferrugineo-testaceis dense conspersi. Sulcus unguicularis dentibus mediocribus antice 2, postice 1 armatus est : unguis mediocris. *Palpi* non longi dicendi, clava tibiis anticis non parum angustiore ; pars patellaris pæne dimidio longior quam latior est, pars tibialis ea saltem dimidio brevior et, apice, paullo latior, paullo latior apice quam longior : in apice lateris exterioris hæc pars procursu vel spina brevi sat forti anteriora versus et paullo foras directa, apice foras flexo vel curvato munita est : quæ spina certo modo visa apice oblique et latissime truncata videtur, apice angustato-acuminato foras directo. Pars tarsalis ipsa basi, extra, angusta est, ita ut palpus extra inter partes tibialem et tarsalem incisa videatur : breviter ovata est hæc pars, partibus duabus prioribus conjunctis non parum brevior, parte patellari circa dimidio latior, circa dimidio longior quam latior, apice deflexo obtusissimo. Bulbus humilis postice pallidus, antice niger est. *Pedes* in fundo nigro-picei : apex metatarsorum omnium anguste albissimus. *Abdomen* in fundo nigrum est (in medio versus basin fundus tamen obscure fuscus vel piceus videtur), et squamulis tenuibus nigro-æneis vel sordide cupreis supra vestitum ; ad basin dorsi fasciam recurvam, in medio late abruptam albam ostendit, et in utroque latere fascias duas obliquas breves albas, alteram paullo pone medium lateris, alteram pæne in medio inter eam et mamillas sitam. In uno exemplo (ex India Neèrlandica) maculam distinctam albam antice in dorso præterea video. Venter, squamulis nigro-æneis tectus, lineas duas longitudinales albas, vel fascias duas latiores pallidas, versus latera ostendit.

Lg. corp. pæne 16 : lg. cephaloth. 8, lat. ej. pæne 7, lat. front. 4 ; lg. abd. 8, lat. ej. 5 millim. Ped. I 22½, II 18⅔, III 18, IV parum plus 18 ; pat.+tib. III 6, pat.+tib. IV saltem 6, metat.+tars. IV pæne 6 millim.

THYENE, Sim., 1885.

299. Thyene imperialis, W. Rossi.

Attus imperialis, *W. Rossi, Haiding. Naturwissensch. Abhandl.* i. p. 12 (1847).
Thyene imperialis, *Thor. Ann. Mus. Genova,* xxxi. (ser. 2ª, xi.) p. 387 (1892) (*ubi cet. syn. videantur*).

Singulum exemplum adultum utriusque sexus, ex Tharrawaddy. In his exemplis cephalothorax non in fundo fusco-ferrugineus est sed testaceus, area oculorum in mare infuscata.—Color præsertim abdominis in hac specie valde variat.

CARRHOTUS, Thor., 1891.

300. Carrhotus viduus (C. L. Koch).

Plexippus viduus, *C. L. Koch, Die Arachn.* xiii. p. 104, tab. ccccxlix. fig. 1166 (1846).
Plexippus albo-lineatus, *id. ibid.* p. 105, tab. ccccxlix. fig. 1167 (1847).
Plexippus cumulatus, *Karsch, Berliner entom. Zeitschr.* xxxvi. p. 301, Taf. xii. fig. 28 (1892) (= ♀) ?
Carrhotus viduus, *Thor. Ann. Mus. Genova,* xxxi. (ser. 2ª, xi.) p. 407 (1892) (= ♂).

Color fundi in *mare* sæpius niger quam piceus videtur; quum plane illæsus (non detritus) est, cephalothorax ejus inter fascias duas albas, pæne in medio inter oculos posticos, maculam parvam albam ostendit.

Femina (haud dubie hujus speciei) mari satis dissimilis est, præsertim ad colorem abdominis. Ad magnitudinem non parum variat, plerumque 7–8½ millim. longa. *Cephalothorax* eadem est forma atque in mare, et *oculi* quoque ut in eo dispositi. *Mandibulæ* vero differunt: forma enim non insolita sunt, sed fortissimæ, femora antica crassitie æquantes, in dorso valde convexæ, circa dimidio longiores quam latiores, transversim striatæ, in latere exteriore ad longitudinem sat leviter rotundatæ: sulcus unguicularis antice 2 dentibus, postice 1 dente forti armatus est. (In *mare*, cujus mandibulæ alius formæ sunt, sulcus unguicularis ut in femina antice 2 dentes quidem habet et postice dentem singulum, sed fortissimum; crista illa intus directa, quam format margo interior mandibulæ maris inter medium et apicem, dentem anteriora versus directum apice, ante sulcum unguicularem, ostendit: basi vero, i. e. versus medium mandibulæ, dentem *retro* directum format hæc crista.) Unguis sat brevis, fortis. *Pedes* præsertim 1¹ paris breviores quam in mare; tibia cum patella 3¹¹ paris vix vel parum longior, interdum paullulo brevior quam tibia cum patella 4¹ paris est! *Abdomen* ovatum. *Vulva* ex fovea parva parum profunda constat, quæ costa tenui postice abrupta limitatur et in fundo septum longitudinale gracillimum ostendit.

Color.—*Cephalothorax* niger vel piceus est, olivaceo- et subferrugineo-pubescens, fasciis duabus longitudinalibus sat latis, posteriora versus appropinquantibus et in declivitate postica pæne parallelis, ab oculis lateralibus anticis ad marginem posticum ductis, pallidis et pube alba vestitis ornatus, margine laterali quoque albo-pubescenti; in utroque latere partis cephalicæ sub oculis linea longitudinalis alba sæpe conspicitur. Clypeus et genæ pilis et pube utrinque in lineas transversas ordinata vestita sunt; annuli circum oculos anticos supra rufescentes, præterea albicantes. *Sternum* nigrum, ut pedes subter versus basin albo-subhirsutum. *Mandibulæ* ferru-

gineo-fuscæ, pilis albicantibus sparsæ. *Palpi* ferrugineo-fusci, albo-
et paullo nigro-pilosi : *pedes* nigri, picei vel clariores, vix evidenter
annulati, nigro- et albicanti-pilosi et pube sat crassa et densa
albicanti et subferruginea vestiti. *Abdomen* nigrum vel piceum,
supra pube subolivacea vel -ferruginea vestitum et hac pictura in
fundo testacea vel flaventi et pube alba vel ad partem subferruginea
tecta pulchre pictum : antice, ad declivitatem anticam, dorsum
fascia longa recurva alba cingitur, paullo pone eam sæpe maculis
duabus parvis albis vel subferrugineis notatum : tum, paullo ante
medium, duæ maculæ vel lineolæ longitudinales parallelæ albæ non
longius inter se quam a margine laterali dorsi remotæ conspiciuntur,
et pone eas sæpe series media longitudinalis lineolarum parvarum
retro flexarum et in medio abruptarum albarum vel ferruginearum ;
in utroque latere dorsi series macularum majorum ternarum angu-
latarum albarum adest, quarum media præsertim magna est, prima
parum ante medium longitudinis dorsi sita, tertia paullo supra anum.
Latera abdominis nigra vel nigricantia sunt, venter secundum
medium hujus coloris sed ad latera albicans vel cinerascens. *Mamillæ*
plerumque nigricantes.

In *junioribus* pedes interdum testacei vel flavi sunt.

♀.—Lg. corp. 8½ ; lg. cephaloth. 4, lat. ej. pæne 3, lat. front. 2¼ ;
lg. abd. 5, lat. ej. 3½ millim. Ped. 1 8, II 7½, III parum plus 7½,
IV 8 ; pat.+tib. III 3, pat.+tib. IV 3, metat.+tars. IV paullo
plus 2¼ millim.

Exempla pauca adulta mascula, 5½-8½ millim. longa, ad Tharrawaddy et Rangoon a Col. Oates sunt inventa ; feminas sat multas
sed plerasque nondum adultas ad Tharrawaddy collegit, et exempla
bina juniora ad Rangoon et ad Tonghoo.—Quum nullam feminam
colore " *Plexippi albo-lineati*," C. L. Koch, viderim, hanc araneam
non *feminam*, ut dicit Koch, sed *marem* juniorem " *P. vidui* " esse,
nunc facile crediderim.

**301. Carrhotus tristis, sp. n.

*Cephalothorace nigro, subolivaceo-pubescenti, fasciis duabus latissi-
mis albis ab oculis lateralibus anticis retro ductis, posterius incurvis
et in declivitate postica satis appropinquantibus, ut et vitta transversa
alba in parte cephalica, magis postice, ornato ; pedibus nigris, testaceo-
annulatis, annulis albo-pubescentibus ; abdomine nigro, subolivaceo-
pubescenti, dorso fasciis duabus longitudinalibus latissimis inæqualibus
albis anterius notato, in medio pone eas vero serie longitudinali lineolarum parvarum retro fractarum albarum, lateribus abdominis
maculis vel lineolis longitudinalibus binis albis signatis.— ♂ ad.
Long. circa 6 millim.*

Mas.—Cephalothorax fere dimidio longior quam latior est, patel-
lam+tibiam+dimidium metatarsi 1' paris, vel patellam+tibiam+⅔
metatarsi 4' paris longitudine æquans, lateribus anterius fortius,
posterius leviter rotundatis posteriora versus multo fortius quam
anteriora versus sensim angustatus, fronte levissime rotundata parte

thoracica modo paullo angustiore. Clypei altitudo dimidiam oculi
maximi diametrum non æquare videtur; arcus supraciliares oculorum
posticorum debillimi sunt. Satis altus est cephalothorax, dorso ipso
a latere viso ante oculos posticos (qui in medio longitudinis ejus
sunt locati) sat fortiter convexo et præsertim antice fortiter proclivi,
pone eos parum convexo et modo paullo declivi ; declivitas postica
dorso ipso paullo brevior est, recta et modice prærupta. Quadrangulus *oculorum* ⅓ longitudinis cephalothoracis occupat; paullo latior
est postice quam antice, plus ⅓, pæne dimidio, latior postice quam
longior, et vix dupla oculi postici diametro angustior postice quam
cephalothorax eodem loco. Linea oculos anticos supra tangens
levissime sursum est curvata ; medii horum oculorum valde magni
sunt, lateralibus fere triplo majores et ab iis spatiis magnis, oculi
lateralis diametro parum minoribus, separati. Oculi seriei 2ᵃᵉ minuti
plane in medio inter oculos posticos et laterales anticos locati
videntur ; oculi postici laterales anticos magnitudine pæne æquant,
diametro sua altius quam ii positi, et saltem æque longe inter se
atque a margine cephalothoracis remoti. *Sternum* ovatum, coxis
paullo latius ; spatium inter coxas 1ⁱ paris labii latitudinem æquat.

Mandibulæ sat magnæ, directæ, parallelæ, tibiis 1ⁱ paris plus
duplo latiores, saltem duplo longiores quam latiores, subprismaticæ,
intus planæ et ad longitudinem paullulo concavatæ, dorso pæne plano
quoque et costa longitudinali a latere interiore separato ; apice recte
(non oblique) truncatæ sunt, sulco unguiculari antice dentibus 2 mediocribus, postice dente singulo majore in angulo interiore armato.
Unguis sat longus, æqualiter curvatus. *Palpi* mediocres ; pars patellaris cylindrata paullo longior quam latior est, pars tibialis câ paullulo
angustior et paullo brevior, desuper visa subquadrata, in apice lateris
exterioris spina sat brevi acuminata, anteriora versus et paullo foras
directa armata. Pars tarsalis forma est insolita : partibus duabus
prioribus parum est latior et eas conjunctim longitudine æquat,
circa duplo et dimidio longior quam latior, a basi ad apicem obtusissimum lateribus pæne parallelis et rectis (modo levissime sinuatis)
sensim non angustata sed potius paullulo dilatata. Bulbus, qui
modo dimidium basale partis tarsalis occupat et paullo longior quam
latior est, ad basin lateris exterioris tuberculum forte foras directum
format ; e medio hujus lateris spina gracilis longissima pæne recta
anteriora versus directa (cum margine exteriore partis tarsalis pæne
parallela) exit, et prope apicem subter spina (?) brevis pallida anteriora versus directa et fortiter sursum curvata adesse videtur. *Pedes*
mediocres ; aculei eorum graciles propter pilositatem minus faciles
sunt visu. Patellæ utrinque aculeum ostendunt, tibiæ aculeo supra
carent ; tibiæ anteriores subter 2 . 2 . 2., antice 1 . 1. aculeos habere
videntur, metatarsi anteriores subter 2 . 2., antice 1 . 1.; metatarsi
posteriores versus apicem, medium et basin aculeati sunt. *Abdomen*
longius ovatum ; *mamillæ* mediocres.

Color.—*Cephalothorax* in fundo niger, fasciis duabus longis et
latis albis ab oculis lateralibus anticis sub oculis posterioribus retro
ductis, antice parallelis, posterius incurvis et in declivitate postica
denuo pæne parallelis, sed hic spatio sat parvo separatis ; in parte

cephalica, inter oculos seriei 2ᵃᵉ et oculos posticos, vitta transversa
alba conspicitur, quæ ex maculis 4 composita videtur(?), in medio
paullo pone oculos posticos vero macula sat parva alba; quæ pictura
alba e pube sat crassa formata est. Clypeus intra pilis longis albis
est munitus, sub oculis anticis albo-pubescens; annuli circum oculos
anticos superius rufescentes videntur. Ceterum cephalothorax pilis
longis suberectis obscuris conspersus est et pube olivaceo-viridi vestitus, excepto anterius in parte cephalica, ubi pube appressa squamuliformi cupreo-olivacea est tectus. *Sternum* cum *maxillis* et *labio*
nigrum, ut coxæ et femora subter albo-subhirsutum. *Mandibula*
nigræ, præsertim basi late et oblique albo-pilosæ. *Palpi* nigri,
nigro- et albo-pilosi et hic illic albo-pubescentes. *Pedes* nigri
quoque, annulis testaceis præsertim in tibiis, metatarsis et tarsis
cincti, his annulis plerisque dense albo-pubescentibus; præterea
pedes pilis longioribus nigris et albis quoque subhirsuti sunt et
aculeis nigris armati. *Abdomen* nigrum, supra olivaceo-pubescens
vel -squamulosum, pilis longis albis, præsertim ad basin dorsi densis,
sparsum, et hac pictura e pube sat crassa formata in dorso ornatum:
a basi ejus fere ad medium longitudinis ductæ sunt fasciæ duæ
parum divaricantes latæ subincurvæ inæquales albæ (quæ postice
macula magna inæquali continuatæ videntur), spatio interjecto, iis
non multo latiore, fasciam nigram sat brevem utrinque bis vel ter
sinuatam formante; pone eas, secundum partem suam posticam,
dorsum seriem mediam lineolarum parvarum transversarum retro
flexarum albarum ostendit. In utroque latere, posterius, abdomen
maculis duabus oblongis lineolisve albis notatum est; venter albus
secundum medium fasciam longitudinalem nigram latissimam
ostendit. *Mamillæ* nigræ.

Lg. corp. pæne 6; lg. cephaloth. 3, lat. ej. 2, lat. front. 1⅓; lg.
abd. 3, lat. ej. 1½ millim. Ped. I 6⅓, II 5, III 5⅓, IV 5¼; pat.+
tib. III 2, pat.+tib. IV 1¾, metat.+tars. IV 1½ millim.

Mas singulus, ex Tharrawaddy.

PHILOTHERUS*, gen. n.

Cephalothorax sat longus et angustus, circa dimidio longior quam
latior, modice altus, in dimidio anteriore lateribus rectis sensim
modo paullo angustatus, dorso ipso longo, præsertim in margine
frontali dense setoso; declivitas postica valde prærupta est; altitudo
clypei oculi maximi diametrum fere æquat.

Quadrangulus oculorum vix ⅓ longitudinis cephalothoracis occupat: circa dimidio latior quam longior est, non latior postice quam
antice, modo paullo angustior postice quam cephalothorax eodem
loco. Oculi antici non magni: linea margines eorum superiores
tangens parum sursum curvata est; oculi seriei 2ᵃᵉ minuti paullo
longius ab oculis lateralibus anticis quam a posticis oculis distant.
Oculi postici inter se paullo longius quam a margine cephalothoracis
sunt remoti.

* Φιλόθηρος, nom. propr. pers.

Mandibulæ parallelæ, paullo reclinatæ, satis angustæ.

Maxillæ breviter subovatæ, labio saltem duplo longiores.

Labium non longius quam latius, apicem rotundatum versus sensim angustatum.

Pedes breves vel brevissimi, ita: III, IV (IV, III), I, II (II, I) longitudine se excipientes, aculeis sat crebris armati; tibia cum patella 3ⁱⁱ paris tibiâ cum patella 4ⁱ paris paullo longior est; metatarsus cum tarso 4ⁱ paris tibiam cum patella hujus paris longitudine circiter æquat.

Abdomen brevius; mamillæ mediocres.

Typus: *Ph. setosus*, sp. n.

Generibus *Phlegræ*, Sim., et *Pelleni*, id., hoc genus affine credo; a *Phlegra* tibiâ cum patella 3ⁱⁱ paris tibiam cum patella 4ⁱ paris longitudine superante statim internosci potest; a *Pellene* cephalothorace longiore, quadrangulo oculorum non latiore postice quam antice, cet., differt: ab utroque quadrangulo oculorum lato et brevissimo (fere ut in *Carrhoto*, Thor.) et cephalothorace antice dense setoso, cet., distinctum est.

**302. Philotherus setosus, sp. n.

Cephalothorace nigro, utrinque albo-marginato et supra fasciis duabus longitudinalibus albis ornato; palpis luteis; pedibus nigris, tarsis sublateis, posterioribus pedibus pallido-annulatis; abdomine supra nigro, vitta transversa lata cinerascenti ad basin, alia vitta transversa lata cinerascenti (apicibus procurvis) apicem dorsi occupante, maculis duabus albissimis paullo pone medium, et serie media longitudinali punctorum cinerascentium ornato.— ♂ jun. *Long. saltem 6 millim.*

Mas jun.—*Cephalothorax* dimidio longior quam latior, patellam + tibiam + dimidium metatarsum 4ⁱ paris, et patellam + tibiam + metatarsum + tarsum 1ⁱ paris longitudine æquans, lateribus anterius rectis anteriora versus sensim paullo angustatus, lateribus postice fortiter rotundatis sat brevi spatio posteriora versus angustatus, latitudine frontis latitudine partis thoracicæ modo paullo minore. Modice altus est cephalothorax, dorso ipso a latere viso ante oculos posticos (qui longe ante medium ejus locum tenent) satis convexo et antice—ante oculos seriei 2ᵃᵉ—fortiter proclivi, pone eos parum declivi et in declivitatem posticam brevem et valde præruptam sensim transeunti. Arcus supraciliares oculorum posticorum obsoleti; sulcus ordinarius centralis, pubescentia occultus, verisimiliter brevis. Altitudo clypei diametrum oculi maximi pæne æquat. (Quadrangulus *oculorum* ⅓ longitudinis cephalothoracis vix occupat, pæne dimidio latior quam longior, et vix vel parum latior antice quam postice; postice parum (non diametro oculi singuli postici) angustior est quam cephalothorax eodem loco. Linea oculos anticos supra tangens recta vel parum sursum curvata est; medii horum oculorum lateralibus vix duplo sunt majores et spatiis sat parvis ab iis separati. Oculi seriei 2ᵃᵉ minuti paullo longius a lateralibus anticis quam a posticis oculis distant. Oculi postici lateralibus anticis non parum minores sunt, plus diametro sua altius quam ii positi, et inter se paullo longius quam a margine cephalothoracis remoti. *Sternum* oblongum, coxis modo paullo latius; spatium inter coxas 1' paris labii latitudinem æquat.

Mandibulæ parallelæ, reclinatæ, apicem versus sensim paullo angustatæ, metatarsis anticis vix crassiores, longitudine altitudinem faciei non æquantes, circa duplo longiores quam latiores, in dorso ad longitudinem vix convexæ, læves. Sulcus unguicularis in margine postico dente singulo forti, ad angulum internum marginis antici dentibus 2 minoribus armatus est. *Palpi* fortes ; pars tibialis transversa cum parte tarsali clavam anguste ovatam, parte patellari pæne dimidio latiorem et patellas 1' paris latitudine æquantem format. *Pedes* breves et sat robusti, præsertim anteriores, qui brevissimi sunt, tibia patellam vix longitudine superante ; tibia 1' paris non duplo longior quam latior est, metatarsus hujus paris duplo longior quam latior, tarsus longitudine metatarsi sed angustior, attamen robustus et apice obtusissimus. Aculei non multo fortes, ad partem satis difficiles visu, propter setas et pilos, quibus pedes subhirsuti sunt. Patellæ posteriores in utroque latere aculeum ostendunt ; in patellis anterioribus nullum aculeum video. Tibiæ posteriores etiam supra aculeum habent ; tibiæ anteriores, præter 2 . 2 . 2. aculeis subter, 1 . 1. aculeo antice præditæ sunt. Metatarsi anteriores subter 2 . 2. aculeos ostendunt, quorum apicales magis supra, fere in lateribus, locum tenent (num ita in adultis ?). *Abdomen* dimidio longius quam latius, subovatum sed antice late truncatum, lateribus primum pæne parallelis, postice lateribus rotundatis sensim angustatum et subacuminatum.

Color.—*Cephalothorax* niger, pube densa nigra, anterius in parte cephalica ferruginea, tectus, utrinque fascia marginali alba sat lata e pube formata cinctus, et præterea, supra, fasciis duabus ejusmodi pæne parallelis cinerascenti-albis, intra (apud) oculos utriusque lateris a fronte usque in declivitatem posticam ductis et ad marginem frontalem vitta transversa cinerascenti minus distincta inter se unitis ornatus ; clypeus quoque albicanti-pubescens est et in medio pilis longis porrectis pallidis munitus, annuli angustissimi circum oculos anticos rubri. Ceterum cephalothorax pilis fortibus vel potius setis nigris plus minus erectis, præsertim anterius densis, conspersus est, his setis in margine frontali magis porrectis, ita ut oculi antici vix videri possint, quum desuper inspicitur cephalothorax. *Sternum, labium* et *maxillæ* (apice late clariores) obscure fusca sunt et pube densa cinerascenti subhirsuta. *Mandibulæ* quoque obscure fuscæ, pilis cinerascentibus sparsæ. *Palpi* luteoflavi, apice partis tarsalis infuscata, pube cinerascenti et pilis nigris vestiti. *Pedes* nigri, tarsis totis (summo apice excepto) luteis, coxis et trochanteribus subter sordide luteis et dense cinerascenti-pubescentibus ; paullo subluteo-annulati sunt pedes saltem posteriores et in his annulis albo-pubescentes. *Abdomen* supra nigrum et pube nigra vestitum, hac pictura e pube formata ornatum : paullo pone medium maculas duas sat parvas rotundas saltem posterius albis-

simas (unam utrinque) ostendit ; basis dorsi vitta transversa
lata cinerascenti est notata, et apex ejus alia vitta transversa
lata inæquali cinereo-alba (apicibus anteriora versus curvatis) occupatur, quæ vitta in medio macula parva nigra notata est : secundum
medium dorsi, pone vittam basalem, conspicitur series longitudinalis
punctorum cinereo-albicantium, quorum 5 anteriora pentagonium
parvum formant, reliqua (3) seriem simplicem, inter maculas illas
albas initium capientem et versus vittam apicalem ductam.   Declivitas antica pilis longis fortibus sive setis pæne erectis nigris dense
vestita est.   Latera abdominis et venter, qui maculis parvis nigris
sparsus est, sordide cinerascentia et pube sat crassa cinerascenti
vestita.   *Mamillæ* superiores nigræ, inferiores fusco-testaceæ.

♂ *jun.*—Lg. corp. 6 : lg. cephaloth. 3, lat. ej. paullo plus 2, lat.
front. 2 millim. ; lg. abd. 3, lat. ej. paullo plus 2 millim.   Ped. 1 5,
II circa 5, III 6½, IV pæne 6½ ; pat.+tib. III 2½, pat.+tib. IV 2⅓,
metat.+tars. IV 2⅓ millim.

Unicum exemplum masculum nondum adultum, in Tenasserim
captum.

BATHIPPUS, Thor., 1890.

**303. Bathippus birmanicus, sp. n.

Cephalothorace in fundo nigro-piceo ; palpis longis et gracilibus,
testaceo-ferrugineis, clava infuscata ; pedibus rufescenti-ferrugineis,
tibiis supra aculeo carentibus ; abdomine anguste ovato vel elliptico,
in dorso nigricanti et fascia longitudinali fusco-testacea valde inæquali
et posterius in maculas triangulas vittasque retro flexas divulsa notato,
et versus latera ut in iis maculis fusco-testaceis sparso ; mandibulis
anteriora versus et deorsum directis, pæne usque a basi valde divari-
cantibus, cephalothorace pæne dimidio brevioribus, valde compressis et
subovatis, in dorso et in latere exteriore ad longitudinem fortiter
rotundatis, supra in dorso costa longitudinali præditis, quæ magis
versus apicem dentem minutum format, præterea, subter, dentibus scr
armatis, quorum tres, vel saltem duo primi deorsum directi, alter ad
basin unguis, extra, locatus, alter etiam magis extra, fere in medio
longitudinis mandibulæ, positus, valde magni sunt, reliqui, in mar-
ginibus sulci unguicularis siti, gradatim minores : ungui longo,
incurvo, in dimidio basali robusto, in medio intus dente mediocri
armato.—♂ ad. Long. circa 8½ millim.

Mas.—*Cephalothorax* circa ¾ longior quam latior, tibiam cum
dimidia patella 1ᵢ paris, vel patellam + tibiam + dimidium metatarsum 4ᵢ paris longitudine æquans, æque fere altus ac latus, sensim
(sed paullo inæqualiter) anteriora versus paullo angustatus, posteriora
versus breviore spatio lateribus fortiter rotundatus angustatus,
postice late rotundatus sed ibi in medio truncatus : frons levissime
rotundata ⅘ partis thoracicæ latitudine circiter æquat.   Dorsum
ipsum cephalothoracis a latere visum fortiter et pæne æqualiter
convexum est, pone oculos posticos paullo fortius declive quam ante
eos proclive ; satis æqualiter in declivitatem posticam eo paullo

breviorem, modice præruptam et pæne rectam transit. Altitudo clypei ¼ diametri oculi maximi æquat. Arcus supraciliares oculorum posticorum sat fortes sunt : sulcus ordinarius centralis, fortis et sat brevis, in impressione recurva fere semicirculata inter oculos posticos positus. Quadrangulus *oculorum* paullo plus ⅓ longitudinis cephalothoracis occupat ; fere ⅓ latior est antice quam longior, evidentissime latior antice quam postice, et plus dupla oculi postici diametro angustior postice quam cephalothorax eodem loco. Linea oculos anticos supra tangens leviter sursum est curvata ; medii eorum lateralibus plus duplo, fere duplo et dimidio, majores sunt. Oculi serici 2ᵉ parvi paullo longius a lateralibus anticis quam a posticis oculis distant : hi lateralibus anticis paullulo minores sunt, diametro sua altius quam ii locati, et non parum longius a margine cephalothoracis quam inter se remoti. *Sternum* breviter ovatum, coxis non parum latius ; spatium inter coxas 1ⁱ paris labii latitudine multo majus est.

Mandibulæ deorsum, anteriora versus et foras directæ, ⅝ cephalothoracis longitudine circiter æquantes, valde oblique et fortiter compressæ, circa dimidio longiores quam latiores (altiores), desuper visæ basi brevissimo spatio intus parallelæ et contingentes inter se, dein vero fortissime divaricantes, apicem versus angustatæ, præsertim extra fortiter ad longitudinem rotundatæ, subovatæ, sed ad apicem utrinque paullo sinuatæ ; præsertim a latere visæ supra fortiter convexæ sunt, costa longitudinali (magis versus apicem dentem minutum formante) præditæ, quæ dorsum mandibulæ a latere ejus superiore-interiore pæne plano separat. Subter dentibus sex armatæ sunt mandibulæ : uno longo et fortissimo deorsum directo in apice, ad basin mandibulæ, extra, locato, altero (secundo) etiam longiore et deorsum directo, et etiam paullo magis extra, fere in medio longitudinis mandibulæ, posito ; tum sequitur, paullo magis postice et fere in margine anteriore sulci unguicularis, dens tertius fere æque magnus ac duo priores ; paullo pone eum, in margine sulci posteriore, dens quartus paullo minor conspicitur ; etiam paullo magis postice, pone dentem tertium, alium dentem (quintum) pæne æque magnum video, et dentem parvum (sextum) paullo pone eum. Unguis longus, in dimidio basali robustus et paullo inæqualiter incurvus, et hic intus vel subter granulo vel denticulo minuto munitus ; fere in medio intus dente sat parvo sed distinctissimo est armatus, denique gracilior et magis æqualiter incurvus. *Palpi* graciles, longi, clava fere latitudinis basalis metatarsi 1ⁱ paris ; pars patellaris circa 4plo longior quam latior est, pars tibialis ejus crassitie sed circa dimidio longior, utrinque minus dense subplumato-pilosa : in apice lateris exterioris spina anteriora versus et foras directa armata est, quæ diametro hujus internodii non parum est brevior. Pars tarsalis parte tibiali pæne dimidio latior sed multo brevior est, partem patellarem longitudine fere æquans, ovato-lanceolata, fere triplo longior quam latior ; bulbus ovatus, subter modice convexus, spina gracili nigra in circulum parvum convoluta in apice instructus, præterea lævis, pallide fuscus. *Pedes* 1ⁱ paris reliquis non parum (et cephalothorace plus triplo) longiores, præsertim

2 c

subter (saltem in femoribus etiam supra) pilis longioribus densis
quasi fimbriati; pedes 4¹ paris reliquis graciliores sunt. Tibiæ
1¹ paris subter aculeos 2.2.2.2., antice 1.1. (postice nullum)
habent, metatarsi hujus paris subter 2.2., antice (apice) 1. In
tibiis 2¹ paris subter 2.2.2., antice 1 aculeos video, in metatarsis
hujus paris subter 2.2., antice 1.1. Supra omnes tibiæ aculeo
carent. Patellæ posteriores aculeum utriuque ostendunt; patellæ
anteriores aculeis carere videntur. Metatarsi posteriores ad apicem,
medium et basin aculeati. Abdomen anguste elliptico-ovatum, circa
duplo et dimidio longius quam latius.

Color.—*Cephalothorax* in fundo totus nigro-piceus est, arcubus
supraciliaribus oculorum posticorum nigris, annulis angustis circa
oculos anticos rufescentibus. *Sternum* cum coxis saltem posterioribus testaceo-fuscum (coxæ 1¹ paris obscuriores sunt). *Mandibulæ*
piceæ; unguis ejusdem coloris, parte apicali graciliore rufo-testacea.
Maxillæ et *labium* picea. *Palpi* pallide vel testaceo-ferruginei, parte
tarsali infuscata. *Pedes* testaceo- vel rufescenti-ferruginei, nigro-
pilosi et -aculeati. *Abdomen* in fundo supra et in lateribus nigricans
vel subpiceum, in dorso fascia longitudinali lata sordide testacea
valde inæquali notatum, quæ posterius in maculas et lineolas subtriangulas vel retro flexas divulsa est; etiam versus latera dorsi et
in lateribus maculis inæqualibus sordide testaceis est conspersum.
Venter sordide testaceus vel cinerascens lineam vel fasciam longitudinalem nigricantem ostendit. *Mamillæ* nigræ.

Lg. corp. 8½; lg. cephaloth. 4, lat. ej. pauc 3¼, lat. front. 2⅔;
lg. abd. 5, lat. ej. paullo plus 2 millim. Ped. I 13, II 9, III 11¼,
IV 9½; pat. + tib. III 3½, pat. + tib. IV 3, metat. + tars. IV
3¼ millim.

Mas singulus, pæne plane detritus, ad Rangoon inventus.

**304. Bathippus (?) trinotatus, sp. n.

*Cephalothorace in fundo obscure testaceo, maculis ocularibus ordi-
nariis nigris, pube lutea saltem inter oculos utriusque lateris munito;
palpis flavis, pedibus sublutcis, femoribus et patellis apice, tibiis basi et
apice subferrugineis, tibiis supra aculeo carentibus, tibiis anterioribus
modo subter et antice, metatarsis anterioribus modo subter aculeatis;
abdomine duplo longiore quam latiore, posterius lateribus rectis sensim
angustato-acuminato, cinereo-testaceo, in dorso anterius lineis duabus
longitudinalibus parallelis subundulatis nigris, pone eas vero fascia
singula nigra a medio dorsi ad anum ducta notato.— ♀ jun. Long.
saltem 9 millim.*

Femina jun.—Pæne intermedia inter genera *Viciriam* et *Bathip-
pum* videtur hæc aranea, a *Viciria* præsertim oculis seriei 2ᵃᵉ longius
a lateralibus anticis quam a posticis oculis remotis, a feminis gen.
Bathippi mihi cognitis mandibulis *non* basi geniculatis, sulco earum
unguiculari postice modo singulo dente armato, pedibus brevioribus,
cet., differens. *Cephalothorax* patellam + tibiam + dimidium
metatarsum 1¹ paris longitudine saltem æquat; æque longus ac

patella + tibia + $\frac{2}{3}$ metatarsi 4^i paris est, circa $\frac{1}{2}$ longior quam latior,
anteriora versus parum angustatus, fronte leviter rotundata parte
thoracica parum angustiore. Altus est, dorso ipso a latere viso ante
oculos posticos modice proclivi et recto, pone eos brevi spatio fortius
declivi et convexo et in declivitatem posticam longam (reliquo dorso
parum breviorem), pæne rectam et etiam magis præruptc declivem
transeunte. Arcus supraciliares oculorum posticorum et eminentia
inter oculum lateralem anticum et oculum 2^{ii} seriei, magis intus, sita
satis bene expressa sunt ; pone (apud) oculos posticos impressio
media transversa recurva conspicitur, sulcum ordinarium centralem
brevissimum continens. Clypei altitudo $\frac{1}{3}$ diametri oculi maximi
æquat. *Oculi* medii antici contingentes inter se, magni, lateralibus
anticis fere triplo majores et ab iis spatiis sat parvis remoti.
Quadrangulus oculorum pæne dimidiam longitudinem cephalothoracis occupat ; non parum latior est antice quam postice, circa
$\frac{1}{3}$ latior antice quam longior, et fere dupla oculi postici diametro
angustior postice quam cephalothorax eodem loco. Linea oculos
anticos supra tangens levissime sursum curvata est ; oculi seriei 2^{ee}
evidenter paullo longius ab oculis lateralibus anticis quam a posticis
oculis distant. Oculi postici laterales anticos magnitudine æquant :
plus diametro sua altius quam ii positi sunt et æque longe inter se
atque a margine cephalothoracis remoti. *Sternum* coxis multo
latius, vix dimidio longius quam latius ; spatium inter coxas 1^i paris
labii latitudine est majus.

Mandibulæ directæ, parallelæ, pæne cylindratæ, plus dimidio
(non duplo) longiores quam latiores, altitudinem faciei longitudine
æquantes, femoribus anticis parum angustiores, in dorso modice
convexæ ; sulcus unguicularis dentibus mediocribus antice 2,
postice 1 armatus est. *Maxillæ* breves, ovatæ, labio paullo longiore
quam latiore non duplo longiores. *Palpi* graciles ; pars patellaris
plus dimidio longior est quam latior, pars tibialis duplo longior quam
latior, pars tarsalis etiam paullo longior, a medio ad apicem sensim
paullo angustata : in latere exteriore aculeum gracilem ostendit hæc
pars. *Pedes* breves, ut videtur ita : III, IV, I, II longitudine se
excipientes ; anteriores posterioribus paullo fortiores sunt, 4^i paris
reliquis graciliores. Patella 3^{ii} paris patella 4^i paris longior (et
fortior) est, tibia 4^i paris vero longior quam tibia 3^{ii} paris. Aculeis
sat fortibus et crebris armati sunt pedes : patellæ omnes aculeum
utrinque habent, tibiæ anteriores 2 . 2 . 2. subter et 1 . 1 . 1. antice,
quorum tertius, versus apicem et magis deorsum, positus reliquis
duobus major est. Supra tibiæ omnes aculeis carent. Metatarsi
anteriores subter 2 . 2. aculeis muniti sunt ; metatarsi posteriores
non tantum apice aculeati. *Abdomen* circa duplo longius quam
latius, basi et in lateribus antice rotundatum, lateribus præterea
rectis posteriora versus angustato-acuminatum. *Mamillæ* longæ,
art. 2° superiorum tamen vix longiore quam latiore.

Color.—*Cephalothorax* obscure testaceus vel subluteus est, maculis
binis ocularibus ordinariis, utrinque in parte cephalica supra, nigris :
saltem inter oculos utriusque lateris et sub iis pube crassa lutea
vestitus fuisse videtur ; annuli circum oculos anticos flavi sunt,

excepto sub mediis anticis, ubi albi sunt bi annuli. (Præterea plane detritus est cephalothorax exempli nostri.) *Sternum* et *partes oris* obscure testacea : mandibulæ fasciam longitudinalem obscuram in dorso ostendunt. *Palpi* flavi, pallido-pilosi. *Pedes* obscure testacei, femoribus et patellis apice, et tibiis basi et apice subferrugineis. Aculei pedum nigri ; præterea pedes pallido-pubescentes fuisse videntur. *Abdomen* in fundo cinereo-testaceum est, hac pictura in dorso : pæne a basi ad medium ejus ductæ sunt duæ lineæ sive fasciæ angustæ parallelæ leviter undulatæ nigræ, quæ paullo longius inter se quam a margine laterali abdominis distant ; pone eas fascia singula paullo latior nigra a medio dorsi ad anum ducta conspicitur. Venter cinereo-testaceus. *Mamillæ* superiores subfuscæ, inferiores pallidiores.

Lg. corp. 9 ; lg. cephaloth. 3½, lat. ej. circa 2⅔, lat. front. circa 2¼; lg. abd. 5½, lat. ej. 3 millim. Ped. I 7¼, II 6½, III 8¼, IV 7⅔; pat.+tib. III 2⅔, pat.+tib. IV 2½, metat.+tars. IV pæne 2½ millim.

Singulum exemplum femineum nondum adultum, valde detritum, ad Tharrawaddy inventum est.

CYTÆA (Keys.), 1882.

**305. Cytæa guentheri, sp. n.

Cephalothorace in fundo rufo-testaceo, parte cephalica paullo infuscata, maculis ocularibus ordinariis nigris ; sterno, partibus oris, palpis pedibusque rufo-testaceis quoque ; abdomine testaceo-flavo, squamulis tenuibus aureis supra vestito et maculis circa 10 nigris in series duas parallelas secundum latera dorsi digestis ornato.— ♀ ad. Long. fere 7 millim.

Cephalothorace in fundo nigricanti, vitta lata paullo supramarginali pallida et albo-pubescenti in lateribus et postice cincto, et plaga maxima pallida, formâ fere rara, in medio notato; pedibus testaceis, femoribus 1ⁱ paris fascia longitudinali nigra subter signatis : abdomine flavo-testaceo, squamulis tenuibus aureis supra vestito, maculis inæqualibus nigris sex in duas series secundum latera dorsi digestis et macula transversa nigra supra anum ornato.— ♂ ad. Long. circa 4½ millim.

Femina.—Cephalothorax dimidio longior quam latior, patellam+tibiam+metatarsum 1ⁱ paris longitudine æquans, paullo brevior quam patella+tibia+metatarsus 4ⁱ paris, lateribus in dimidio anteriore vix vel parum rotundatis anteriora versus sensim paullulo angustatus, lateribus in dimidio posteriore (quod anteriore paullulo latius est) posterius modice rotundatis posteriora versus magis angustatus, in medio postice truncatus, fronte levissimo rotundata parte thoracica paullo angustiore. Arcus supraciliares oculorum posticorum humiles, sulcus ordinarius centralis brevis et tenuis sed distinctissimus. Modice altus est cephalothorax, dorso ipso a latere viso pæne librato sed leviter et pæne æqualiter convexo, in medio

tamen (brevi spatio) pæne recto, et satis æqualiter in declivitatem
posticam fere duplo breviorem, inferius valde præruptam et rectam,
superius convexam sensim transeunte. Clypei altitudo circa $\frac{1}{4}$ diametri oculi maximi æquat. Quadrangulus *oculorum* $\frac{2}{3}$ longitudinis
cephalothoracis occupat ; rectangulus est, circa $\frac{1}{3}$ latior quam longior,
et vix plus oculi singuli postici diametro angustior postice quam
cephalothorax eodem loco. Linea oculos anticos supra tangens
pæne recta est, parum sursum curvata ; medii horum oculorum
lateralibus plus duplo majores sunt et ab iis spatiis distinctis
separati. Oculi seriei 2^{ae} minuti vix vel non longius ab oculis
posticis quam a lateralibus anticis distant. Oculi postici, lateralibus anticis paullo minores, pæne diametro sua altius quam ii
positi sunt ; spatium, quo inter se distant, evidenter majus est quam
id, quo a margine cephalothoracis sunt remoti. *Sternum*, in medio
coxis multo latius, postice in apicem parvum acuminatum triangulum
desinit ; spatium inter coxas 1^{i} paris labii latitudinem æquare
videtur.

Mandibulæ directæ, subcylindratæ, crassitie femora antica
æquantes, altitudine faciei paullo longiores, parum plus dimidio
longiores quam latiores : in latere exteriore et in dorso, ubi læves
et nitidissimæ sunt, ad longitudinem modice sunt convexæ. Sulcus
unguicularis ad angulum interiorem marginis anterioris serie dentium
parvorum 4, in margine posteriore dentibus 2 discretis et paullo
majoribus armatus est. Unguis brevis et crassus. *Pedes* breves,
crebre aculeati. Tibia cum patella 3^{ii} paris parum longior est quam
tibia cum patella 4^{i} paris ; patellæ omnes aculeum utrinque habent,
tibiæ omnes aculeum sat parvum supra : tibiæ anteriores præterea
subter 2.2.2. et in utroque latere 1.1. aculeos ostendunt, tarsi
anteriores subter 2.2., in utroque latere 1 aculeum. Metatarsi
posteriores apice, in medio et ad basin aculeati sunt. *Abdomen* subovatum. *Vulva* ex foveolis duabus minutis pallidis, quæ antice in
fundo punctum nigrum ostendunt, constare videtur. *Mamillæ*
mediocres.

Color.—*Cephalothorax* in fundo rufo-testaceus est, parte cephalica
supra paullo infuscata, maculis ordinariis ocularibus nigris. Margo
clypei niger pilis nonnullis longis pallidis munitus est ; annuli circum
oculos anticos inter oculos anticos medios et laterales rufescentes,
præterea albicantes ; etiam in utroque latere inter oculos vel potius
sub iis pubescentia rufescens conspicitur. (Præterea plane detritus
est cephalothorax in exemplis nostris.) *Sternum* et *partes oris*
rufo-testacea. *Palpi* et *pedes* ejusdem coloris, aculeis nigris.
Abdomen in fundo flavo-testaceum est, maculis decem in duas
series pæne parallelas secundum latera dorsi dispositis : duæ primæ,
ad basin dorsi sitæ, paullo obliquæ sunt, vittam transversam in
medio late abruptam formantes, et, ut duæ insequentes, quæ parvæ
sunt, nigro-fuscæ ; dein sequuntur maculæ 4 majores nigræ, in rectangulum subtransversum dispositæ, et denique, non parum supra
anum, maculæ duæ subobliquæ nigro-fuscæ, vittam recurvam in medio
abruptam formantes. Dorsum abdominis squamulis aureis saltem
ad maximam partem vestitum fuisse videtur. Venter cinerascenti-

testaceus maculam parvam nigricantem paullo ante mamillas ostendit, et squamulis tenuibus argenteo-albis vestitus est. *Mamillæ* sub-testaceæ.

Mas non parum ad colorem, præsertim cephalothoracis, a femina differt, eâ minor, sed forma cephalothoracis, dispositione oculorum, armatura sulci unguicularis mandibularum et pedum, cet., cum ea conveniens. *Mandibulæ* minores et in dorso minus convexæ sunt quam in femina. *Palpi* sat parvi, clava angusta. Pars femoralis supra 1.1.3. aculeis est armata. Pars patellaris pæne dimidio longior est quam latior, pars tibialis eâ paullo angustior sed vix brevior, ut ea cylindrata, circa dimidio longior quam latior et in apice lateris exterioris in spinam sat fortem, foras et anteriora versus directam, partis tibialis diametrum longitudino fere æquantem producta. Pars tarsalis partes duas priores conjunctas longitudine circiter æquat, parte tibiali fere dimidio latior, plus duplo longior quam latior, sublanceolata, apice obtusa. Bulbus sat parvus, oblongus, pallidus.

Color.—*Cephalothorax* in fundo nigricans est, vitta paullo supra-marginali lata rufescenti-testacea albo-squamulosa in lateribus et postice cinctus, summo margine nigro : præterea plaga media maxima rufescenti-testacea subtransversa pæne triangula (apice obtuso anteriora versus directo) et in medio postice in formam lineolæ brevis retro producta notatus est ; pars cephalica, in medio clarior, squamulis cinereo-æneis est vestita. Clypeus niger, sub oculis lateralibus anticis albo-squamulosus, præterea pilis longioribus albis sparsus est ; annuli circum oculos anticos flaventes vel albicantes. *Sternum, maxillæ* et *labium* flavo-testacea. *Mandibulæ* nigræ, pilis albi-cantibus conspersæ, apice magis intus flaventes. *Palpi* testacei, parte tibiali et basi partis tarsalis nigricantibus. *Pedes* testacei, femoribus 1i paris subter fascia longitudinali nigra notatis. *Abdomen* flavo-testaceum, pictura dorsi paullo alia quam in femina : ad basin ejus maculæ duæ longæ paullo obliquæ nigricantes con-spiciuntur ; tum, paullo pone medium, maculæ duæ magnæ paullo transversæ nigræ, et pone eas duæ minores, cum iis trapezium paullo transversum et paullo latius antice quam postice formantes ; denique, supra anum, macula transversa nigricans. Supra abdomen squamulis aureis tenuissimis vestitum est, subter squamulis ejus-modi argenteis. Venter paullo ante *mamillas* flavo-testaceas maculam parvam nigricantem ostendit.

♀.—Lg. corp. pæne 7 ; lg. cephaloth. 3, lat. ej. 2, lat. front. 1¾ ; lg. abd. 4, lat. ej. 2¼ millim. Ped. I 5¾, II 5½, III paullo plus 6, IV parum plus 6 ; pat.+tib. III parum plus 2, pat.+tib. IV et metat.+tars. IV 2 millim.

♂.—Lg. corp. 4½ ; lg. cephaloth. 2½, lat. ej. 1¾, lat. front. circa 1⅔ ; lg. abd. pæne 2¼, lat. ej. pæne 1¼ millim. Ped. I saltem 4¾ (?), II 4¼, III et IV circa 4¼ ; pat.+tib. III 1⅚, pat.+ tib. IV et metat.+tars. IV pæne 1⅚ (?) millim.

Feminam singulam maresque duos distinctissimæ hujus speciei ad Tharrawaddy invenit Cel. Oates.

ERGANE (L. Koch), 1881.

306. Ergane sannio, sp. n.

Plexippus (?) sannio, *Thor. Ann. Mus. Genova*, x. p. 617 (1877).
Hasarius coronatus, *id. ibid.* xxv. (ser. 2ª, v.) p. 404 (1887) (*ubi alia syn. videantur*).
Hasarius virens, *id. K. Sceuska Vet.-Akad. Handl.* xxiv. no. 2, p. 147 (1891); *Workm. Malays. Spid.* pt. ii. p. 16, pl. 16 (1892) (= ♀ , *var.*).

Exempla pauca ad Tharrawaddy, inter ea duo "*Hasarii virentis*," quem varietatem feminæ hujus speciei nunc judico, inventa sunt.

**307. Ergane pulchella, sp. n.

Cephalothorace piceo, fasciis tribus longitudinalibus testaceis, media antice latissima, postice angusta et in parte thoracica pube alba vestita, duabus lateralibus supramarginalibus, latis, abbreviatis et linea longitudinali angusta alba notatis, cephalothorace præterea saltem maculis tribus frontalibus albis signato, clypeo et genis pube tenui albicanti-cærulea vestitis; pedibus 1' paris nigris et testaceo-lineatis, reliquis pedibus testaceis; abdomine supra nigricanti, fascia longitudinali posteriora versus sensim angustata et acuminata alba (in fundo testacea) ornato.— ♂ ad. Long. circa 5 millim.

Mas.—Cephalothorax circa ⅓ longior quam latior, patellam + tibiam + metatarsum tum 1' quum 4' paris longitudine æquans, lateribus excepto postice, ubi rotundata sunt, pæne rectis et parallelis, fronte levissime rotundata parte thoracica igitur vix angustiore. Arcus supraciliares oculorum posticorum debillimi; sulcus ordinarius centralis minutissimus. Clypeus reclinatus dimidiam oculi maximi diametrum altitudine saltem æquat. Modice altus est cephalothorax, dorso ipso a latere viso ante oculos posticos (qui in medio ejus locati sunt) leviter et æqualiter convexo et modice procliviti, pone eos etiam minus convexo et parum declivi; declivitas postica ipso dorso multo brevior est, recta et satis prærupta. Quadrangulus *oculorum* plus ¾ longitudinis cephalothoracis occupat; plane rectangulus mihi videtur, circa ¼ latior quam longior, et parum angustior postice quam cephalothorax eodem loco. Linea oculos anticos supra tangens recta est; medii horum oculorum maximi sunt, lateralibus circa duplo et dimidio majores et spatiis non ita parvis ab iis separati. Oculi minuti seriei 2ᵃᵉ certe non longius ab oculis posticis quam a lateralibus anticis remoti sunt. Oculi postici lateralibus anticis parum sunt minores et diametro sua altius quam ii positi; paullo longius inter se quam a margine cephalothoracis distant. *Sternum* inverse ovatum, coxis non parum latius; spatium inter coxas 1' paris labii latitudinem æquat.

Mandibulæ parvæ, reclinatæ, tibiis anticis vix latiores, altitudine faciei paullo breviores, conico-cylindratæ, circa duplo longiores quam latiores, nitidissimæ; sulcus unguicularis dentes mediocres antice 2, postice singulum ostendit. Unguis gracilis, mediocri longitudine. *Palpi* breves; pars femoralis fortis et ad longitudinem supra convexa

est : pars patellaris paullo (vix dimidio) longior quam latior, pars
tibialis ea paullo latior sed pæne duplo brevior, transversa, a basi
ad apicem sensim paullulo dilatata, apice lateris exterioris in procursum anteriora versus et foras directum, rectum, a basi lata
sensim angustatum et subacuminatum, ipsa parte tibiali circa
dimidio longiorem producto. Pars tarsalis prioribus duabus conjunctis paullo longior est, parte tibiali plus dimidio, pæne duplo,
latior, circa dimidio longior quam latior, subovata, apice subobtusa,
in latere interiore sat fortiter rotundata, latere interiore ad basin
(secundum procursum partis tibialis) late et valde oblique truncato,
dein pæne recto. Bulbus altus, subter fortiter convexus ; spina
longa forti nigra retro directa extra quasi marginatus videtur.
Pedes breves, femoribus 1ⁱ paris sat crassis et ad longitudinem convexis ; pedes 3ⁱⁱ paris reliquis non parum longiores sunt, tibia cum
patella 3ⁱⁱ paris non parum longior quam tibia cum patella 4ⁱ paris.
Aculei mediocres, sat crebri ; patellæ anteriores aculeum antice
habent, patellæ posteriores aculeum utrinque ; tibiæ anteriores vel
saltem 1ⁱ paris 2 . 2 . 2. subter et 1 . 1. vel 1.utrinque ; tibiæ posteriores (sed non anteriores) aculeum gracillimum ad basin supra
ostendunt. Metatarsi anteriores vel saltem 2ⁱ paris subter 2 . 2.
aculeos, antice 1 . 1., postice 1 aculeum habent. Metatarsi posteriores ad basin, medium et apicem aculeati sunt. *Abdomen* ovatum,
postice acuminatum ; *mamillæ* mediocres.

Color.—Cephalothorax in fundo piceus, fascia longitudinali lata
testacea antice et præsertim postice abbreviata in utroque latere,
aliaque fascia testacea media, antice latissima et pæne totam partem
cephalicam supra occupante, tum, in medio, sensim angustata, postice
vero satis angusta et lateribus parallelis usque ad marginem posticum
cephalothoracis pertinente ornatus ; pars cephalica. quæ supra pub e
squamuliformi rufo-lutea vestita est, inter et pone oculos anticos,
supra, tres maculas vel lineolas longitudinales albas ostendit, pone
mediam earum duas(?) vel unam, in medio inter oculos posticos
sitam : dein, in parte thoracica, sequitur fascia media longitudinalis
alba, quæ usque ad marginem posticum pertinet : etiam in utroque
latere, in fascia ejus testacea, fascia vel linea longitudinalis alba conspicitur. Tota hæc pictura alba e pube formata est. Clypeus et
genæ pube tenui albicanti-cærulea vestita sunt ; annuli angustissimi
circum oculos anticos albi. *Sternum* pallide fusco-testaceum. *Mandibulæ* nigræ, apice pallidæ ; *maxillæ* et *labium* fusca, illæ apice
pallidæ. *Palpi* nigri, paullo pallido-maculati. *Pedes* 1ⁱ paris nigri,
ad longitudinem testaceo-lineati (et -maculati): reliqui pedes testacei.
Abdomen superius nigricans, squamulis tenuissimis æneo-olivaceis
vestitum, et fascia paullo inæquali testacea per totum dorsum extensa
ornatum, quæ antice sat lata est, dein posteriora versus sensim angustata et acuminata : in ea fascia longitudinalis alba ejusdem fere
formæ sed angustior et postice abbreviata, e pube formata, conspicitur.
Latera inferius et venter sordide luteo- vel fusco-testacea sunt ;
venter utrinque lineam longitudinalem e punctis nigricantibus
formatam, et in medio postice puncta pauca nigricantia, ostendit.
Mamillæ subtestaceæ.

Lg. corp. 5 ; lg. cephaloth. $2\frac{2}{3}$, lat. ej. 2, lat. front. pæne 2 : lg.
abd. pæne $2\frac{1}{4}$, lat. ej. paullo plus 1 millim. Ped. 1 $4\frac{1}{3}$(?), II 4,
III $5\frac{1}{4}$, IV $4\frac{1}{2}$; pat.+tib. III $1\frac{3}{4}$, pat.+tib. IV $1\frac{1}{2}$, metat.+tars.
IV $1\frac{1}{2}$ millim.

Mares duo ad Tharrawaddy sunt capti.

HASARIUS (Sim.), 1870.

308. Hasarius adansonii (Aud. in Sav.).

Attus adansoni, *Aud. in Sav., Descr. de l'Egypte,* 2ᵉ éd. xxii. p. 169,
  pl. vii. fig. 8 (1827).
Hasarius adansonii, *Thor. Ann. Mus. Genova,* xxxi. (ser. 2ᵃ, xi.)
  p. 426 (1892) (*ubi cet. syn. videantur*).

Feminas duas ad Tonghoo, marem in Double Island (Moulmein)
aliumque in Tenasserim cepit Col. Oates.

**309. Hasarius (?) egænus, sp. n.

*Cephalothorace in fundo pico ; pulpis mediocribus, pilis nigris
utrinque subplumatis, parte tarsali parte tibiali pæne dimidio longiore ; pedibus apice testaceis, anterioribus pedibus præterea subpiceis
et subter longius nigro-pilosis, pedibus posterioribus subtestaceis et
paullo nigro-annulatis, tibia cum patella 4ᵢ paris tibiam cum patella
3ᵢ paris longitudine non parum superante, tibiis etiam supra aculeo
munitis; abdomine brevius subovato, supra in fundo nigricanti et
plaga maxima sordide testacea notato, quæ ex maculis quinque valde
inæqualibus confusa videtur.— ♂ ad. Long. circa 5 millim.*

Mas.—Cephalothorax circa $\frac{1}{3}$ longior quam latior, patellam+
tibiam+dimidium metatarsum 4ᵢ paris longitudine circiter æquans,
lateribus ante oculos posticos pæne rectis et parellelis, pone eos,
posterius, lateribus sat fortiter rotundatis posteriora versus modice
angustatus et postice sat late rotundato-truncatus, fronte parum
rotundata partem thoracicam latitudine pæne æquante. Arcus
supraciliares oculorum posticorum debillimi, sulcus ordinarius centralis brevissimus et tenuissimus. Satis altus est cephalothorax,
dorso ipso ante oculos posticos (qui paullulo pone medium ejus
locum tenent) fortiter proclivi et parum convexo, pone eos saltem
æque fortiter declivi et recto, vix convexo; declivitas postica ipso
dorso non parum brevior est, modico prærupta, recta. Clypeus
dimidiam oculi maximi diametrum altitudine æquat. Quadrangulus
oculorum, qui circa $\frac{2}{5}$ longitudinis cephalothoracis occupat, vix latior
est antice quam postice, circa $\frac{1}{3}$ latior quam longior, et æque
latus postice ac cephalothorax eodem loco. Linea oculos anticos
supra tangens leviter sursum est curvata ; medii horum oculorum
valde magni lateralibus duplo majores sunt et ab iis spatiis non
parvis separati. Oculi seriei 2ᵃ minuti non longius ab oculis
posticis quam a lateralibus anticis distare videntur. Oculi postici

magni, sed lateralibus anticis paullo minores, plus diametro sua
altius quam ii positi et non parum longius inter se quam a margine
cephalothoracis remoti. *Sternum* subovatum, coxis non parum
latius; spatium inter coxas 1ⁱ paris labii latitudinem saltem æquat.
Mandibulæ directæ, tibiis anticis paullo latiores, duplo longiores
quam latiores, in dorso modice, in latere exteriore levius ad longitudinem convexæ, subtiliter coriaceæ et parum evidenter transversim striatæ. Sulcus unguicularis in angulo interiore marginis
anterioris dentes duos parvos ostendit, versus medium marginis
posterioris dentem paullo majorem geminatum sive bicuspidem.
Unguis mediocris. *Palpi* mediocres quoque, clava femoribus anticis
paullo angustiore. Pars patellaris circa dimidio longior est quam
latior. Pars tibialis ejus longitudine sed basi eā angustior est, a basi
ad apicem sensim paullo dilatata, et circa dimidio longior quam
latior apice: apex lateris exterioris, magis infra, in spinam mediocrem leviter incurvam est productus, quæ diametro apicali partis
tibialis non parum brevior est. Pars tarsalis prioribus duabus
partibus conjunctis paullo brevior est, partis tibialis apice non
parum latior, sublanceolata, lateribus in dimidio basali rotundatis,
dein lateribus pæne rectis vel potius subconcavatis apicem plane
truncatum versus sensim angustata. In utroque latere, præsertim
exteriore, pilis sat longis plumato-pilosi sunt palpi, saltem in partibus tibiali et tarsali. Bulbus rotundatus, parum altus, pallidus: e
latere ejus interiore, paullo ante medium, exit spina fortis paullo
intus curvata, anteriora versus et foras directa, quæ paullo ante
apicem bulbi pertinet. *Pedes* mediocres, anteriores posterioribus
robustiores: pedes 4ⁱ paris pedibus 3ⁱⁱ paris multo longiores sunt, et
tibia cum patella 4ⁱ paris non parum longior quam tibia cum patella
3ⁱⁱ paris. Patellæ aculeum utrinque habent, tibiæ omnes (?)
aculeum etiam supra; tibiæ et metatarsi anteriores solito modo
subter et in lateribus aculeati sunt. Metatarsi posteriores ad
apicem, in medio et ad basin aculeati. *Abdomen* breviter subovatum,
antice subtruncatum; *mamillæ* mediocres.

Color.—*Cephalothorax* in fundo rufo-piceus, maculis ordinariis
ocularibus nigris: in lateribus ejus remanent vestigia pubescentiæ
flaventis, et in clypeo, saltem sub oculis lateralibus anticis, pili albicantes; annuli circum oculos medios anticos rufescentes videntur
(præterea in nostro exemplo plane detritus est cephalothorax).
Sternum fusco-testaceum, cum *maxillis* piceis apice pallidis et coxis
subter albicanti-subhirsutum. *Mandibulæ* piceæ, tenuiter nigro-
pilosæ. *Palpi* picei, nigro-plumato-pilosi: pars femoralis versus
apicem, exterius, cinerascenti-pubescens est. *Pedes* anteriores picei,
patellis basi clarioribus, tibiis nigerrimis subter nigro-fimbriatis,
metatarsis ad maximam partem (apice) et tarsis totis subtestaceis:
pedes posteriores magis fusco-testacei, saltem in tibiis et metatarsis
annulo apicali nigricanti cincti. *Abdomen* in fundo fuligineo-
nigrum, pictura sordide testacea parum distincta in dorso, quæ ex
plaga media antice, maculis duabus inæqualibus pone (apud) eam,
una utrinque, et duabus aliis maculis inæqualibus etiam majoribus
pone eas, inter medium et anum sitis (his quattuor maculis trapezium

postice latius quam antice formantibus) constat ; tota hæc pictura
tamen in plagam maximam inæqualem sordide testaceam confusa
est. Ad basin dorsi vestigia pubescentiæ albicantis video. Venter
testaceo-nigricans pube crassiore cinerascenti vestitus fuisse videtur.
Mamillæ sordide testaceæ.

Lg. corp. 5 ; lg. cephaloth. paullo plus $2\frac{1}{4}$, lat. ej. circa $2\frac{1}{4}$, lat.
front. 2 : lg. abd. $2\frac{1}{4}$, lat. ej. $1\frac{1}{4}$ millim. Ped. I 5, II pæne 4 (?),
III paullo plus 4, IV $5\frac{3}{4}$; pat. + tib. III $1\frac{1}{4}$, pat. + tib. IV et
metat.+tars. IV pæne 2 millim.

Mas singulus detritus et mutilatus, ex Rangoon. Mari præcedentis, *H. adansonii*, sat similis est, sed differt præsertim forma
paullo alia palporum, qui breviores sunt, non ut in illo in latero
interiore longe et dense albo-pubescentes, sed pilis nigris subplumati,
pedibus anterioribus subter longius nigro-pilosis, tibia cum patella
4^i paris non parum longiore quam tibia cum patella 3^{ii} paris, et
pedibus 4^i paris pedes 3^{ii} paris longitudine multo superantibus ;
nescio an alius (novi) generis igitur habendus.

**310. Hasarius plumipalpis, sp. n.

*Cephalothorace in fundo piceo, parte cephalica supra anterius pube
ferrugineo-rubra vestita, inter oculos posticos albo-pubescenti ; palpis
mediocribus, pilis longis olivaceis utrinque plumatis ; pedibus apice
testaceis, anterioribus robustis, præsertim 1^i paris, qui picei sunt,
subter pilis longis densis nigris vestiti et etiam supra in femoribus
fascia (fimbria) densa pilorum nigrorum muniti, pedibus posterioribus
clarioribus; tibia cum patella 3^{ii} paris tibiam cum patella 4^i paris longitudine æquante, tibiis aculeo supra carentibus ; abdomine subovato,
dorso in fundo nigricanti et pictura sordide testacea notato, quæ ex
arcu basali longo, macula antica oblonga pone eum, maculis duabus
inæqualibus, una utrinque, apud eam, posterius, plaga utrinque incisa
pone eas, et serie media longitudinali lineolarum paucarum transversarum retro flexarum inter hanc plagam et anum constat.— ♂ ad.
Long. circa $6\frac{1}{2}$ millim.*

Mas.—*Cephalothorace* circa $\frac{1}{4}$ longior quam latior, paullo brevior
quam patella+tibia+metatarsus 4^i paris, patellam+tibiam+$\frac{1}{4}$
metatarsi 1^i paris longitudine æquans, lateribus ante oculos posticos
pæne rectis et parallelis, lateribus pone eos, posterius, rotundatis
posteriora versus angustatus, postice sat late truncatus vel modo
levissime rotundatus ; frons levissime rotundata parte thoracica
parum angustior est. Arcus supraciliares oculorum posticorum
parum expressi ; sulcus ordinarius centralis brevissimus et tenuissimus. Satis altus est cephalothorax, dorso ipso a latere viso ante
oculos posticos, qui paullo pone medium longitudinis ejus locum
tenent, sat fortiter proclivi et modo leviter convexo, pone eos parum
declivi et vix convexo ; declivitas postica ipso dorso non parum
brevior est, satis prærupta et ad maximam partem recta. Clypeus
modo $\frac{1}{3}$ vel $\frac{1}{4}$ diametri oculi maximi altitudine æquare videtur.
Quadrangulus *oculorum*, qui circa $\frac{2}{5}$ longitudinis cephalothoracis

occupat, saltem ⅓ latior est quam longior, rectangulus, vix latior
postice quam antice, et vix dimidia diametro oculi singuli postici
angustior postice quam cephalothorax eodem loco. Oculi antici
maximi, medii eorum lateralibus duplo majores et ab iis spatiis
evidentissimis separati. Linea oculos anticos supra tangens levissime sursum curvata est. Oculi serici 2^æ vix longius ab oculis
posticis quam a lateralibus antici remoti sunt. Oculi postici lateralibus anticis paullulo minores et diametro sua altius quam ii
positi; spatium, quo inter se distant, paullulo majus videtur quam
id, quo a margine cephalothoracis sunt remoti. *Sternum* coxis
paullo latius; spatium inter coxas 1ⁱ paris labii latitudinem
superat.

Mandibulæ directæ, apicem versus paullulo angustatæ, apice
oblique truncatæ, in dorso sat leviter convexæ et versus apicem,
intus, oblique et levissime impressæ, præterea transversim sub-
rugosæ et crassius coriaceæ; in latere exteriore ad longitudinem
leviter rotundatæ sunt. Sulcus unguicularis in angulo interiore
marginis antici dentibus duobus minutis densissimis armatus est,
versus medium marginis postici dente singulo majore bicuspidi.
Unguis mediocris. *Maxillæ* in margine, pone angulum exteriorem
apicis, leves, non denticulatæ. *Palpi*, præsertim in partibus tibiali
et tarsali utrinque pilis longis patentibus dense plumati, mediocri
sunt longitudine, sat fortes, clava tibiis anticis multo angustiore.
Pars patellaris dimidio longior est quam latior, pars tibialis ea
angustior et non parum longior, cylindrata, pæne duplo et dimidio
longior quam latior, in apice lateris exterioris, infra, spina parum
incurva, anteriora versus et foras directa armata, quæ diametrum
partis tibialis longitudine æquat: pars tarsalis prioribus duabus
conjunctis non parum brevior est, et parte tibiali non parum latior
basi, circa duplo et dimidio longior quam latior, sublanceolata, in
dimidii basalis lateribus rotundata, dein lateribus rectis apicem
obtusum versus angustata. Bulbus vix dimidium basale partis
tarsalis occupat, humillimus, circulatus, pallidus; ante medium
marginis exterioris ejus exit spina anteriora versus directa, fortiter
incurva, paullo ante apicem bulbi pertinens. *Pedes* mediocri longitudine, anteriores, præsertim 1ⁱ paris, qui supra plani sunt,
robusti, et subter in tibiis, in basi metatarsorum et in apice patellarum pilis longis densis vestiti (fimbriati): etiam in femoribus,
supra, fimbria e pilis brevioribus formata muniti sunt. Patellæ
aculeum utrinque ostendunt; supra tibiæ omnes aculeo carent; tibiæ
et metatarsi anteriores illæ 2.2.2., hi 2.2. aculeos subter habent,
et præterea in lateribus 1.1. vel 1. (difficiles visu). Metatarsi
posteriores ad basin, medium et apicem aculeati. *Abdomen* ovatum,
postice subacuminatum. *Mamillæ* mediocres.

Color.—Cephalothorax in fundo piceus, in medio transversim
magis piceo-rufus, maculis ordinariis ocularibus nigris. Pars
cephalica supra saltem anterius et in utroque latere superius, sub
oculis, pube ferrugineo-rubra vestita est: inter oculos posticos
vestigia maculæ magnæ albæ e pube formatæ video. Clypeus pilis
longis pallidis sparsus est, et annuli angustissimi circum oculos

anticos supra rufescentes, infra albicantes sunt (præterea cephalothorax in nostro exemplo detritus est). *Sternum* fuscum. *Mandibulæ*
piceæ, parcius subcinerascenti-pilosæ; *labium* et *maxillæ*, quæ apice
pallidæ sunt, nigro-piceæ. *Palpi* picei, subolivaceo-plumati; pars
femoralis apice, pars patellaris basi albo-pubescens est. *Pedum*
tarsi et, basi fusca excepta, etiam metatarsi testacei sunt; præterea
pedes anteriores nigro-picei sunt, fimbriis nigris, pedes posteriores
testaceo-fusci, femoribus supra nigricantibus et nigro-pilosis, ceterum
præsertim pallido-pilosi. *Abdomen* in fundo nigricans, in dorso
punctis sordide testaceis dense conspersum et præterea hac pictura
sordide testacea signatum: arcu inæquali lato ipsam basin dorsi
cingente, et utrinque, pone apices ejus, ad latera, macula subtransversa; porro macula antica media oblonga sat magna, et utrinque
apud eam, postice, macula inæquali mediocri rotundata, paullo ante
medium longitudinis dorsi sita; dein, pone medium, plaga magna
inæquali transversa utrinque profunde incisa, antice multo angustiore
quam postice, ubi latissime subtruncata est (maculis illis inter se
et cum hac plaga pæne confusis vel unitis): denique, inter eam
et anum, serie media lineolarum parvarum transversarum paullo
retro flexarum. Latera abdominis subtestaceo-maculata ea quoque
sunt, venter ad maximam partem, in medio, nigricans. Superius
pubo subferruginea et albicanti (hac saltem in arcu illo basali)
vestitum fuisse videtur abdomen. *Mamillæ* sordide testaceæ.

Lg. corp. 6½; lg. cephaloth. 3½, lat. ej. 2¾, lat. front. 2¼; lg.
abd. 3½, lat. ej. 2¼ millim. Ped. I pæne 7¼, II 6¼, III et IV pæne
7¼; pat.+tib. III et IV 2½, metat.+tars. IV 2½ millim.

Mas singulus, ad Tharrawaddy captus. Priori, *H.* (?) *egeno*,
hæc aranea valde similis est, sed major, tibia cum patella 3ii paris
æque longa ac tibia cum patella 4i paris præsertim facile ab ea
dignoscenda; fere intermedia inter genera *Hasarium* et *Plocasium*
Cel. Simonis esse videtur.

ALPHABETICAL INDEX.

406

ALPHABETICAL INDEX.

PRINTED BY TAYLOR AND FRANCIS, RED LION COURT, FLEET STREET.

NATURAL HISTORY PUBLICATIONS
OF THE TRUSTEES OF THE
BRITISH MUSEUM.

The following publications can be purchased through the Agency of *Messrs.* LONGMANS & Co., 39, *Paternoster Row* ; *Mr.* QUARITCH, 15, *Piccadilly* ; *Messrs.* KEGAN PAUL, TRENCH, TRÜBNER & Co., *Paternoster House, Charing Cross Road;* and *Messrs.* DULAU & Co., 37, *Soho Square;* or at the NATURAL HISTORY MUSEUM, *Cromwell Road, London, S.W.*

Catalogue of the Specimens and Drawings of Mammals, Birds, Reptiles, and Fishes of Nepal and Tibet. Presented by B. H. Hodgson, Esq., to the British Museum. 2nd edition. By John Edward Gray. Pp. xii., 90. [With an account of the Collection by Mr. Hodgson.] 1863, 12mo. 2s. 3d.

Report on the Zoological Collections made in the Indo-Pacific Ocean during the voyage of H.M.S. "Alert," 1881–2. Pp. xxv., 684. 54 Plates. 1884, 8vo.

Summary of the Voyage	By Dr. R. W. Coppinger.
Mammalia	„ O. Thomas.
Aves	„ R. B. Sharpe.
Reptilia, Batrachia, Pisces	„ A. Günther.
Mollusca	„ E. A. Smith.
Echinodermata	„ F. J. Bell.
Crustacea	„ E. J. Miers.
Coleoptera	„ C. O. Waterhouse.
Lepidoptera	„ A. G. Butler.
Alcyonaria and Spongiida	„ S. O. Ridley.

1*l*. 10*s*.

MAMMALS.

List of the Specimens of Mammalia in the Collection of the British Museum. By Dr. J. E. Gray, F.R.S. Pp. xxviii., 216. [With Systematic List of the Genera of Mammalia, Index of Donations, and Alphabetical Index.] 1843, 12mo. 2s. 6d.

List of the Osteological Specimens in the Collection of the British Museum. By John Edward Gray. Pp. xxv., 147. [With Systematic Index and Appendix.] 1847, 12mo. 2s.

Catalogue of the Bones of Mammalia in the Collection of the British Museum. By Edward Gerrard. Pp. iv., 296. 1862, 8vo. 5s.

Catalogue of Monkeys, Lemurs, and Fruit-eating Bats in the Collection of the British Museum. By Dr. J. E. Gray, F.R.S., &c. Pp. viii., 137. 21 Woodcuts. 1870, 8vo. 4s.

Catalogue of Carnivorous, Pachydermatous, and Edentate Mammalia in the British Museum. By John Edward Gray, F.R.S., &c. Pp. vii., 398. 47 Woodcuts. 1869, 8vo. 6s. 6d.

Hand-List of Seals, Morses, Sea-Lions, and Sea-Bears in the British Museum. By Dr. J. E. Gray, F.R.S., &c. Pp. 43. 30 Plates of Skulls. 1874, 8vo. 12s. 6d.

Catalogue of Seals and Whales in the British Museum. By John Edward Gray, F.R.S., &c. 2nd edition. Pp. vii., 402. 101 Woodcuts. 1866, 8vo. 8s.

———— Supplement. By John Edward Gray, F.R.S., &c. Pp. vi., 103. 11 Woodcuts. 1871, 8vo. 2s. 6d.

List of the Specimens of Cetacea in the Zoological Department of the British Museum. By William Henry Flower, LL.D., F.R.S, &c. [With Systematic and Alphabetical Indexes.] Pp. iv., 36. 1885, 8vo. 1s. 6d.

Catalogue of Ruminant Mammalia (*Pecora*, Linnæus) in the British Museum. By John Edward Gray, F.R.S., &c. Pp. viii., 102. 4 Plates. 1872, 8vo. 3s. 6d.

Hand-List of the Edentate, Thick-skinned, and Ruminant Mammals in the British Museum. By Dr. J. E. Gray, F.R.S., &c. Pp. vii., 176. 42 Plates of Skulls, &c. 1873, 8vo. 12s.

Catalogue of the Marsupialia and Monotremata in the Collection of the British Museum. By Oldfield Thomas. Pp. xiii., 401. 4 coloured and 24 plain Plates. [With Systematic and Alphabetical Indexes.] 1888, 8vo. 1l. 8s.

BIRDS.

Catalogue of the Birds in the British Museum :—

Vol. III. Catalogue of the Passeriformes, or Perching Birds, in the Collection of the British Museum. *Coliomorphæ*, containing the families Corvidæ, Paradiseidæ, Oriolidæ, Dicruridæ, and Prionopidæ. By R. Bowdler Sharpe. Pp. xiii., 343. Woodcuts and 14 coloured Plates. [With Systematic and Alphabetical Indexes.] 1877, 8vo. 17s.

Vol. IV. Catalogue of the Passeriformes, or Perching Birds, in the Collection of the British Museum. *Cichlomorphæ*: Part 1., containing the families Campophagidæ and Muscicapidæ. By R. Bowdler Sharpe. Pp. xvi., 494. Woodcuts and 14 coloured Plates. [With Systematic and Alphabetical Indexes.] 1879, 8vo. 1l.

Catalogue of the Birds in the British Museum—*continued.*

Vol. V. Catalogue of the Passeriformes, or Perching Birds, in the Collection of the British Museum. *Cichlomorphæ:* Part II., containing the family Turdidæ (Warblers and Thrushes). By Henry Seebohm. Pp. xvi., 426. Woodcuts and 18 coloured Plates. [With Systematic and Alphabetical Indexes.] 1881, 8vo. 1*l.*

Vol. VI. Catalogue of the Passeriformes, or Perching Birds, in the Collection of the British Museum. *Cichlomorphæ:* Part III., containing the first portion of the family Timeliidæ (Babbling Thrushes). By R. Bowdler Sharpe. Pp. xiii., 420. Woodcuts and 18 coloured Plates. [With Systematic and Alphabetical Indexes.] 1881, 8vo. 1*l.*

Vol. VII. Catalogue of the Passeriformes, or Perching Birds, in the Collection of the British Museum. *Cichlomorphæ:* Part IV., containing the concluding portion of the family Timeliidæ (Babbling Thrushes). By R. Bowdler Sharpe. Pp. xvi., 698. Woodcuts and 15 coloured Plates. [With Systematic and Alphabetical Indexes.] 1883, 8vo. 1*l.* 6*s.*

Vol. VIII. Catalogue of the Passeriformes or Perching Birds, in the Collection of the British Museum. *Cichlomorphæ:* Part V., containing the families Paridæ and Laniidæ (Titmice and Shrikes) ; and *Certhiomorphæ* (Creepers and Nuthatches). By Hans Gadow, M.A., Ph.D. Pp. xiii., 386. Woodcuts and 9 coloured Plates. [With Systematic and Alphabetical Indexes.] 1883, 8vo. 17*s.*

Vol. IX. Catalogue of the Passeriformes, or Perching Birds, in the Collection of the British Museum. *Cinnyrimorphæ,* containing the families Nectariniidæ and Meliphagidæ (Sun Birds and Honey-eaters). By Hans Gadow, M.A., Ph.D. Pp. xii., 310. Woodcuts and 7 coloured Plates. [With Systematic and Alphabetical Indexes.] 1884, 8vo. 14*s.*

Vol. X. Catalogue of the Passeriformes, or Perching Birds, in the Collection of the British Museum. *Fringilliformes:* Part I., containing the families Dicæidæ, Hirundinidæ, Ampelidæ, Mniotiltidæ, and Motacillidæ. By R. Bowdler Sharpe. Pp. xiii., 682. Woodcuts and 12 coloured Plates. [With Systematic and Alphabetical Indexes.] 1885, 8vo. 1*l.* 2*s.*

Vol. XI. Catalogue of the Passeriformes, or Perching Birds, in the Collection of the British Museum. *Fringilliformes:* Part II., containing the families Cœrebidæ, Tanagridæ, and Icteridæ. By Philip Lutley Sclater, M.A., F.R.S. Pp. xvii., 431. [With Systematic and Alphabetical Indexes.] Woodcuts and 18 coloured Plates. 1886, 8vo. 1*l.*

Vol. XII. Catalogue of the Passeriformes, or Perching Birds, in the Collection of the British Museum. *Fringilliformes:* Part III., containing the family Fringillidæ. By

Catalogue of the Birds in the British Museum—*continued.*
R. Bowdler Sharpe. Pp. xv., 871. Woodcuts and 16
coloured Plates. [With Systematic and Alphabetical
Indexes.] 1888, 8vo. 1*l.* 8*s.*

Vol. XIII. Catalogue of the Passeriformes, or Perching
Birds, in the Collection of the British Museum. *Sturni-*
formes, containing the families Artamidæ, Sturnidæ,
Ploceidæ, and Alaudidæ. Also the families Atrichiidæ
and Menuridæ. By R. Bowdler Sharpe. Pp. xvi., 701.
Woodcuts and 15 coloured Plates. [With Systematic
and Alphabetical Indexes.] 1890, 8vo., 1*l.* 8*s.*

Vol. XIV. Catalogue of the Passeriformes, or Perching
Birds, in the Collection of the British Museum. *Oligo-*
myodæ, or the families Tyrannidæ, Oxyrhamphidæ, Pipridæ,
Cotingidæ, Phytotomidæ, Philepittidæ, Pittidæ, Xenicidæ,
and Eurylæmidæ. By Philip Lutley Sclater, M.A.,
F.R.S. Pp. xix., 494. Woodcuts and 26 coloured Plates.
[With Systematic and Alphabetical Indexes.] 1888,
8vo. 1*l.* 4*s.*

Vol. XV. Catalogue of the Passeriformes, or Perching
Birds, in the Collection of the British Museum. *Tracheo-*
phonæ, or the families Dendrocolaptidæ, Formicariidæ,
Conopophagidæ, and Pteroptochidæ. By Philip Lutley
Sclater, M.A., F.R.S. Pp. xvii., 371. Woodcuts and 20
coloured Plates. [With Systematic and Alphabetical
Indexes.] 1890, 8vo. 1*l.*

Vol. XVI. Catalogue of the Picariæ in the Collection of the
British Museum. *Upupæ* and *Trochili,* by Osbert Salvin.
Coraciæ, of the families Cypselidæ, Caprimulgidæ, Podar-
gidæ, and Steatornithidæ, by Ernst Hartert. Pp. xvi.,
703. Woodcuts and 14 coloured Plates. [With Systematic
and Alphabetical Indexes.] 1892, 8vo. 1*l.* 16*s.*

Vol. XVII. Catalogue of the Picariæ in the Collection of
the British Museum. *Coraciæ* (contin.) and *Halcyones,*
with the families Leptosomatidæ, Coraciidæ, Meropidæ,
Alcedinidæ, Momotidæ, Totidæ, and Coliidæ, by R. Bowdler
Sharpe. *Bucerotes* and *Trogones,* by W. R. Ogilvie
Grant. Pp. xi., 522. Woodcuts and 17 coloured Plates.
[With Systematic and Alphabetical Indexes.] 1892,
8vo. 1*l.* 10*s.*

Vol. XVIII. Catalogue of the Picariæ in the Collection of
the British Museum. *Scansores,* containing the family
Picidæ. By Edward Hargitt. Pp. xv., 597. Woodcuts
and 15 coloured Plates. [With Systematic and Alphabetical Indexes.] 1890, 8vo. 1*l.* 6*s.*

Vol. XIX. Catalogue of the Picariæ in the Collection of
the British Museum. *Scansores* and *Coccyges:* containing the families Rhamphastidæ, Galbulidæ, and Bucconidæ,
by P. L. Sclater; and the families Indicatoridæ, Capitonidæ,
Cuculidæ, and Musophagidæ, by G. E. Shelley. Pp. xii.,

Catalogue of the Birds in the British Museum—*continued*.
484 : 13 coloured Plates. [With Systematic and Alphabetical Indexes.] 1891, 8vo. 1*l.* 5*s.*

Vol. XX. Catalogue of the Psittaci, or Parrots, in the Collection of the British Museum. By T. Salvadori. Pp. xvii., 658 : woodcuts and 18 coloured Plates. [With Systematic and Alphabetical Indexes.] 1891, 8vo. 1*l.* 10*s.*

Vol. XXI. Catalogue of the Columbæ, or Pigeons, in the Collection of the British Museum. By T. Salvadori. Pp. xvii., 676 : 15 coloured Plates. [With Systematic and Alphabetical Indexes.] 1893, 8vo. 1*l.* 10*s.*

Vol. XXII. Catalogue of the Game Birds (*Pterocletes, Gallinæ, Opisthocomi, Hemipodii*) in the Collection of the British Museum. By W. R. Ogilvie Grant. Pp. xvi., 585 : 8 coloured Plates. [With Systematic and Alphabetical Indexes.] 1893, 8vo. 1*l.* 6*s.*

Vol. XXIII. Catalogue of the Fulicariæ (Rallidæ and Heliornithidæ) and Alectorides (Aramidæ, Eurypygidæ, Mesitidæ, Rhinochetidæ, Gruidæ, Psophiidæ, and Otididæ) in the Collection of the British Museum. By R. Bowdler Sharpe. Pp. xiii, 353 : 9 coloured Plates. [With Systematic and Alphabetical Indexes.] 1894, 8vo. 20*s.*

Hand-List of Genera and Species of Birds, distinguishing those contained in the British Museum. By G. R. Gray, F.R.S., &c. :—

Part II. Conirostres, Scansores, Columbæ, and Gallinæ. Pp. xv., 278. [Table of Genera and Subgenera: Part II.] 1870, 8vo. 6*s.*

Part III. Struthiones, Grallæ, and Anseres, with Indices of Generic and Specific Names. Pp. xi., 350. [Table of Genera and Subgenera : Part III.] 1871, 8vo. 8*s.*

List of the Specimens of Birds in the Collection of the British Museum. By George Robert Gray :—

Part III., Section I. Ramphastidæ. Pp. 16. [With Index.] 1855, 12mo. 6*d.*

Part III., Section II. Psittacidæ. Pp. 110. [With Index.] 1859, 12mo. 2*s.*

Part III., Sections III. and IV. Capitonidæ and Picidæ. Pp. 137. [With Index.] 1868, 12mo. 1*s.* 6*d.*

Part IV. Columbæ. Pp. 73. [With Index.] 1856, 12mo. 1*s.* 9*d.*

Part V. Gallinæ. Pp. iv., 120. [With an Alphabetical Index.] 1867, 12mo. 1*s.* 6*d.*

Catalogue of the Birds of the Tropical Islands of the Pacific Ocean in the Collection of the British Museum. By George Robert Gray, F.L.S., &c. Pp. 72. [With an Alphabetical Index.] 1859, 8vo. 1*s.* 6*d.*

REPTILES.

Catalogue of the Tortoises, Crocodiles, and Amphisbænians in the Collection of the British Museum. By Dr. J. E. Gray, F.R.S., &c. Pp. viii., 80. [With an Alphabetical Index.] 1844, 12mo. 1s.

Catalogue of Shield Reptiles in the Collection of the British Museum. By John Edward Gray, F.R.S., &c. :—

Part I. Testudinata (Tortoises). Pp. 79. 50 Plates. 1855, 4to. 2l. 10s.

Supplement. With Figures of the Skulls of 36 Genera. Pp. ix., 120. 40 Woodcuts. 1870, 4to. 10s.

Appendix. Pp. 28. 1872, 4to. 2s. 6d.

Part II. Emydosaurians, Rhynchocephalia, and Amphisbænians. Pp. vi., 41. 25 Woodcuts. 1872, 4to. 3s. 6d.

Hand-List of the Specimens of Shield Reptiles in the British Museum. By Dr. J. E. Gray, F.R.S., F.L.S., &c. Pp. iv., 124. [With an Alphabetical Index.] 1873, 8vo. 4s.

Catalogue of the Chelonians, Rhynchocephalians, and Crocodiles in the British Museum (Natural History). New Edition. By George Albert Boulenger. Pp. x., 311. 73 Woodcuts and 6 Plates. [With Systematic and Alphabetical Indexes.] 1889, 8vo. 15s.

Gigantic Land Tortoises (living and extinct) in the Collection of the British Museum. By Albert C. L. G. Günther, M.A., M.D., Ph.D., F.R.S. Pp. iv., 96. 55 Plates, and two Charts of the Aldabra group of Islands, north-west of Madagascar. [With a Systematic Synopsis of the Extinct and Living Gigantic Land Tortoises.] 1877, 4to. 1l. 10s.

Catalogue of the Specimens of Lizards in the Collection of the British Museum. By Dr. J. E. Gray, F.R.S., &c. Pp. xxviii., 289. [With Geographic, Systematic, and Alphabetical Indexes.] 1845, 12mo. 3s. 6d.

Catalogue of the Lizards in the British Museum (Natural History). Second Edition. By George Albert Boulenger :—

Vol. I. Geckonidæ, Eublepharidæ, Uroplatidæ, Pygopodidæ, Agamidæ. Pp. xii., 436. 32 Plates. [With Systematic and Alphabetical Indexes.] 1885, 8vo. 20s.

Vol. II. Iguanidæ, Xenosauridæ, Zonuridæ, Anguidæ, Anniellidæ, Helodermatidæ, Varanidæ, Xantusiidæ, Teiidæ, Amphisbænidæ. Pp. xiii., 497. 24 Plates. [With Systematic and Alphabetical Indexes.] 1885, 8vo. 20s.

Vol. III. Lacertidæ, Gerrhosauridæ, Scincidæ, Anelytropidæ, Dibamidæ, Chamæleontidæ. Pp. xii., 575. 40 Plates. [With a Systematic Index and an Alphabetical Index to the three volumes.] 1887, 8vo. 1l. 6s.

Catalogue of the Snakes in the British Museum (Natural History)
By George Albert Boulenger, F.R.S. :—

Vol. I., containing the families Typhlopidæ, Glauconiidæ,
Boidæ, Ilysiidæ, Uropeltidæ, Xenopeltidæ, and Colubridæ
aglyphæ, part. Pp. xiii., 448: 26 Woodcuts and 28
Plates. [With Systematic and Alphabetical Indexes.]
1893, 8vo. 1l. 1s.

Vol. II., containing the conclusion of the Colubridæ aglyphæ.
Pp. xi., 382: 25 Woodcuts and 20 Plates. [With
Systematic and Alphabetical Indexes.] 1894, 8vo. 17s. 6d.

Catalogue of Colubrine Snakes in the Collection of the British
Museum. By Dr. Albert Günther. Pp. xvi., 281. [With
Geographic, Systematic, and Alphabetical Indexes.] 1858,
12mo. 4s.

BATRACHIANS.

Catalogue of the Batrachia Salientia in the Collection of the
British Museum. By Dr. Albert Günther. Rp. xvi., 160. 12
Plates. [With Systematic, Geographic, and Alphabetical
Indexes.] 1858, 8vo. 6s.

Catalogue of the Batrachia Salientia, s. Ecaudata, in the Collection
of the British Museum. Second Edition. By George Albert
Boulenger. Pp. xvi., 503. Woodcuts and 30 Plates. [With
Systematic and Alphabetical Indexes.] 1882, 8vo. 1l. 10s.

Catalogue of the Batrachia Gradientia, s. Caudata, and Batrachia
Apoda in the Collection of the British Museum. Second
Edition. By George Albert Boulenger. Pp. viii., 127. 9
Plates. [With Systematic and Alphabetical Indexes.] 1882,
8vo. 9s.

FISHES.

Catalogue of the Fishes in the Collection of the British Museum.
By Dr. Albert Günther, F.R.S., &c. :—

Vol. III. Acanthopterygii (Gobiidæ, Discoboli, Oxudercidæ,
Batrachidæ, Pediculati, Blenniidæ, Acanthoclinidæ, Cone-
phoridæ, Trachypteridæ, Lophotidæ, Teuthididæ, Acro-
nuridæ, Hoplognathidæ, Malacanthidæ, Nandidæ, Polycen-
tridæ, Labyrinthici, Luciocephalidæ, Atherinidæ, Mugilidæ,
Ophiocephalidæ, Trichonotidæ, Cepolidæ, Gobiesocidæ,
Psychrolutidæ, Centriscidæ, Fistularidæ, Mastacembe-
lidæ, Notacanthi). Pp. xxv., 586. Woodcuts. [With
Systematic and Alphabetical Indexes, and a Systematic
Synopsis of the Families of the Acanthopterygian Fishes.]
1861, 8vo. 10s. 6d.

Catalogue of Fishes, &c.—*continued.*

> Vol. IV.   Acanthopterygii pharyngognathi and Anacanthini.
> Pp. xxi., 534.   [With Systematic and Alphabetical
> Indexes.]   1862, 8vo. 8s 6d.
>
> Vol. V.   Physostomi (Siluridæ, Characinidæ, Haplochitonidæ,
> Sternoptychidæ, Scopelidæ, Stomiatidæ).   Pp. xxii., 455.
> Woodcuts.   [With Systematic and Alphabetical Indexes.]
> 1864, 8vo. 8s.
>
> Vol. VII.   Physostomi (Heterophygii, Cyprinidæ, Gono-
> rhynchidæ, Hyodontidæ, Osteoglossidæ, Clupeidæ, Chiro-
> centridæ, Alepocephalidæ, Notopteridæ, Halosauridæ).
> Pp. xx., 512.   Woodcuts.   [With Systematic and Alpha-
> betical Indexes.]   1868, 8vo. 8s.
>
> Vol. VIII.   Physostomi (Gymnotidæ, Symbranchidæ, Murœ-
> nidæ, Pegasidæ), Lophobranchii, Plectognathi, Dipnoi,
> Ganoidei, Chondropterygii, Cyclostomata, Leptocardii.
> Pp. xxv., 549.   [With Systematic and Alphabetical
> Indexes.]   1870, 8vo. 8s. 6d.

List of the Specimens of Fish in the Collection of the British
Museum.   Part I.   Chondropterygii.   By J. E. Gray.   Pp. x.,
160.   2 Plates.   [With Systematic and Alphabetical Indexes.]
1851, 12mo. 3s.

Catalogue of Fish collected and described by Laurence Theodore
Gronow, now in the British Museum.   Pp. vii., 196.   [With a
Systematic Index.]   1854, 12mo. 3s. 6d.

Catalogue of Lophobranchiate Fish in the Collection of the British
Museum.   By J. J. Kaup, Ph.D., &c.   Pp. iv., 80.   4 Plates.
[With an Alphabetical Index.]   1856, 12mo. 2s.

MOLLUSCA.

Guide to the Systematic Distribution of Mollusca in the British
Museum.   Part I.   By John Edward Gray, Ph.D., F.R.S.,
&c.   Pp. xii., 230.   121 Woodcuts.   1857, 8vo. 5s.

List of the Shells of the Canaries in the Collection of the British
Museum, collected by MM. Webb and Berthelot.   Described
and figured by Prof. Alcide D'Orbigny in the " Histoire
Naturelle des Iles Canaries."   Pp. 32.   1854, 12mo. 1s.

List of the Shells of Cuba in the Collection of the British Museum,
collected by M. Ramon de la Sagra.   Described by Prof. Alcide
d'Orbigny in the " Histoire de l'Ile de Cuba."   Pp. 48.   1854,
12mo. 1s.

List of the Shells of South America in the Collection of the British
Museum.   Collected and described by M. Alcide D'Orbigny in
the " Voyage dans l'Amérique Méridionale."   Pp. 89.   1854,
12mo. 2s.

Catalogue of the Collection of Mazatlan Shells in the British Museum, collected by Frederick Reigen. Described by Philip P. Carpenter. Pp. xvi., 552. 1857, 12mo. 8s.

List of Mollusca and Shells in the Collection of the British Museum, collected and described by MM. Eydoux and Souleyet in the "Voyage autour du Monde, exécuté pendant les années "1836 et 1837, sur la Corvette 'La Bonite,'" and in the "Histoire naturelle des Mollusques Ptéropodes." Par MM. P. C. A. L. Rang et Souleyet. Pp. iv., 27. 1855, 12mo. 8d.

Catalogue of the Phaneropneumona, or Terrestrial Operculated Mollusca, in the Collection of the British Museum. By Dr. L. Pfeiffer. Pp. 324. [With an Alphabetical Index.] 1852, 12mo. 5s.

Nomenclature of Molluscous Animals and Shells in the Collection of the British Museum. Part I. Cyclophoridæ. Pp. 69. [With an Index.] 1850, 12mo. 1s. 6d.

Catalogue of Pulmonata, or Air Breathing Mollusca, in the Collection of the British Museum. Part I. By Dr. Louis Pfeiffer. Pp. iv., 192. Woodcuts. 1855, 12mo. 2s. 6d.

Catalogue of the Auriculidæ, Proserpinidæ, and Truncatellidæ in the Collection of the British Museum. By Dr. Louis Pfeiffer. Pp. iv., 150. Woodcuts. 1857, 12mo. 1s. 9d.

List of the Mollusca in the Collection of the British Museum. By John Edward Gray, Ph.D., F.R.S., &c.
Part I. Volutidæ. Pp. 23. 1855, 12mo. 6d.
Part II. Olividæ. Pp. 41. 1865, 12mo. 1s.

Catalogue of the Conchifera, or Bivalve Shells, in the Collection of the British Museum. By M. Deshayes :—
Part I. Veneridæ, Cyprinidæ, Glauconomidæ, and Petricoladæ. Pp. iv., 216. 1853, 12mo. 3s.
Part II. Petricoladæ (concluded); Corbiculadæ. Pp. 217-292. [With an Alphabetical Index to the two parts.] 1854, 12mo. 6d.

BRACHIOPODA.

Catalogue of Brachiopoda Ancylopoda or Lamp Shells in the Collection of the British Museum. [Issued as "Catalogue of the Mollusca, Part IV."] Pp. iv., 128. 25 Woodcuts. [With an Alphabetical Index.] 1853, 12mo. 3s.

POLYZOA.

Catalogue of Marine Polyzoa in the Collection of the British Museum. Part III. Cyclostomata. By George Busk. F.R.S. Pp. viii., 39. 38 Plates. [With a Systematic Index.] 1875, 8vo. 5s.

CRUSTACEA.

Catalogue of Crustacea in the Collection of the British Museum.
Part I.   Leucosiadæ.   By Thomas Bell, V.P.R.S., Pres. L.S.,
&c.   Pp. iv., 24.   1855, 8vo. 6d.

Catalogue of the Specimens of Amphipodous Crustacea in the
Collection of the British Museum.   By C. Spence Bate, F.R.S.,
&c.   Pp. iv., 399.   58 Plates.   [With an Alphabetical Index.]
1862, 8vo.   1l. 5s.

MYRIOPODA.

Catalogue of the Myriapoda in the Collection of the British
Museum.   By George Newport, F.R.S., P.E.S., &c.   Part I.
Chilopoda.   Pp. iv., 96.   [With an Alphabetical Index.]
1856, 12mo. 1s. 9d.

INSECTS.

Coleopterous Insects.

Nomenclature of Coleopterous Insects in the Collection of the
British Museum :—

> Part IV. Cleridæ.   By Adam White.   Pp. 68.   [With
> Index.]   1849, 12mo. 1s. 8d.

> Part V. Cucujidæ, &c.   By Frederick Smith.   [Also issued
> as " List of the Coleopterous Insects.   Part I."]   Pp. 25.
> 1851, 12mo. 6d.

> Part VI. Passalidæ.   By Frederick Smith.   Pp. iv., 23.
> 1 Plate   [With Index.]   1852, 12mo. 8d.

> Part VII. Longicornia, I.   By Adam White.   Pp. iv., 174.
> 4 Plates.   1853, 12mo. 2s. 6d.

> Part VIII. Longicornia, II.   By Adam White.   Pp. 237.
> 6 Plates.   1855, 12mo. 3s. 6d.

> Part IX. Cassididæ.   By Charles H. Boheman, Professor of
> Natural History, Stockholm.   Pp. 225.   [With Index.]
> 1856, 12mo. 3s.

Illustrations of Typical Specimens of Coleoptera in the Collection
of the British Museum.   Part I. Lycidæ.   By Charles Owen
Waterhouse.   Pp. x., 83.   18 coloured Plates.   [With Systematic and Alphabetical Indexes.]   1879, 8vo. 16s.

Catalogue of the Coleopterous Insects of Madeira in the Collection
of the British Museum.   By T. Vernon Wollaston, M.A., F.L.S.
Pp. xvi., 234 : 1 Plate.   [With a Topographical Catalogue and
an Alphabetical Index.]   1857, 8vo. 3s.

Catalogue of the Coleopterous Insects of the Canaries in the Collection of the British Museum. By T. Vernon Wollaston, M.A., F.L.S. Pp. xiii., 648. [With Topographical and Alphabetical Indexes.] 1864, 8vo. 10s. 6d.

Catalogue of Halticidae in the Collection of the British Museum. By the Rev. Hamlet Clark, M.A., F.L.S. Physapodes and Œdipodes. Part 1. Pp. xii., 301. Frontispiece and 9 Plates. 1860, 8vo. 7s.

Catalogue of Hispidae in the Collection of the British Museum. By Joseph S. Baly, M.E.S., &c. Part 1. Pp. x., 172. 9 Plates. [With an Alphabetical Index.] 1858, 8vo. 6s.

Hymenopterous Insects.

List of the Specimens of Hymenopterous Insects in the Collection of the British Museum. By Francis Walker, F.L.S. :—
Part II. Chalcidites. Additional Species. Appendix. Pp. iv., 99–237. 1848, 12mo. 2s.

Catalogue of Hymenopterous Insects in the Collection of the British Museum. By Frederick Smith. 12mo. :—
Part I. Andrenidae and Apidae. Pp. 197. 6 Plates. 1853, 2s. 6d.
Part II. Apidae. Pp. 199–465. 6 Plates. [With an Alphabetical Index.] 1854, 6s.
Part III. Mutillidae and Pompilidae. Pp. 206. 6 Plates. 1855, 6s.
Part IV. Sphegidae, Larridae, and Crabronidae. Pp. 207–497. 6 Plates. [With an Alphabetical Index.] 1856, 6s.
Part V. Vespidae. Pp. 147. 6 Plates. [With an Alphabetical Index.] 1857, 6s.
Part VI. Formicidae. Pp. 216. 14 Plates. [With an Alphabetical Index.] 1858, 6s.
Part VII. Dorylidae and Thynnidae. Pp. 76. 3 Plates. [With an Alphabetical Index.] 1859, 2s.

Descriptions of New Species of Hymenoptera in the Collection of the British Museum. By Frederick Smith. Pp. xxi., 240. [With Systematic and Alphabetical Indexes.] 1879, 8vo. 10s.

List of Hymenoptera, with descriptions and figures of the Typical Specimens in the British Museum. Vol. I., Tenthredinidae and Siricidae. By W. F. Kirby. Pp. xxviii., 450. 16 Coloured Plates. [With Systematic and Alphabetical Indexes.] 1882, 8vo. 1l. 18s.

Dipterous Insects.

List of the Specimens of Dipterous Insects in the Collection of the British Museum. By Francis Walker, F.L.S. 12mo. :—
Part II. Pp. 231–484. 1849. 3s. 6d.
Part IV. Pp. 689–1172. [With an Index to the four parts, and an Index of Donors.] 1849. 6s.

List of the Specimens of Dipterous Insects, &c.—*continued.*

> Part V. Supplement I. Stratiomidæ, Xylophagidæ, and
> Tabanidæ. Pp. iv., 330. 2 Woodcuts. 1854   4s. 6d.
> Part VI. Supplement II. Acroceridæ and part of the
> family Asilidæ. Pp. ii., 331–506. 8 Woodcuts. 1854. 3s.
> Part VII. Supplement III. Asilidæ. Pp. ii., 507–775.
> 1855. 3s. 6d.

Lepidopterous Insects.

Illustrations of Typical Specimens of Lepidoptera Heterocera in
the Collection of the British Museum:—

> Part I. By Arthur Gardiner Butler. Pp. xiii., 62. 20
> Coloured Plates. [With a Systematic Index.]   1877,
> 4to. 2l.
> Part III. By Arthur Gardiner Butler. Pp. xviii., 82.
> 41–60 Coloured Plates.   [With a Systematic Index.]
> 1879, 4to. 2l. 10s.
> Part V. By Arthur Gardiner Butler. Pp. xii., 74.
> 78–100 Coloured Plates. [With a Systematic Index.]
> 1881, 4to. 2l. 10s.
> Part VI. By Arthur Gardiner Butler. Pp. xv., 89.
> 101–120 Coloured Plates. [With a Systematic Index.]
> 1886, 4to. 2l. 4s.
> Part VII. By Arthur Gardiner Butler. Pp. iv., 124.
> 121–138 Coloured Plates. [With a Systematic List.]
> 1889, 4to. 2l.
> Part VIII. The Lepidoptera Heterocera of the Nilgiri
> District. By George Francis Hampson. Pp. iv., 144.
> 139–156 Coloured Plates. [With a Systematic List.]
> 1891, 4to. 2l.
> Part IX. The Macrolepidoptera Heterocera of Ceylon. By
> George Francis Hampson. Pp. v., 182. 157–176.
> Coloured Plates. [With a General Systematic List of
> Species collected in, or recorded from, Ceylon.] 1893,
> 4to. 2l. 2s.

Catalogue of Diurnal Lepidoptera of the family Satyridæ in the
Collection of the British Museum. By Arthur Gardiner Butler,
F.L.S., &c. Pp. vi., 211. 5 Plates. [With an Alphabetical
Index.] 1868, 8vo. 5s. 6d.

Catalogue of Diurnal Lepidoptera described by Fabricius in the
Collection of the British Museum. By Arthur Gardiner Butler,
F.L.S., &c. Pp. iv., 303. 3 Plates. 1869, 8vo. 7s. 6d.

Specimen of a Catalogue of Lycænidæ in the British Museum. By
W. C. Hewitson. Pp. 15. 8 Coloured Plates. 1862, 4to. 1l. 1s.

List of Lepidopterous Insects in the Collection of the British
Museum. Part I. Papilionidæ. By G. R. Gray, F.L.S.
Pp. 106. [With an Alphabetical Index.] 1856, 12mo. 2s.

List of the Specimens of Lepidopterous Insects in the Collection of the British Museum. By Francis Walker. 12mo. :—

Part I. Lepidoptera Heterocera. Pp. iv., 278. 1854, 4s.

Part IV. ——————— Pp. 776–976. 1855, 3s.

Part VI. ——— ——— Pp. 1258–1507. 1855, 3s. 6d.

Part VII.——————— Pp. 1508–1808.
[With an Alphabetical Index to Parts I.-VII.] 1856, 4s. 6d.

Part X. Noctuidæ. Pp. 253–491. 1856, 3s. 6d.

Part XI. ——— Pp. 492–764. 1857, 3s. 6d.

Part XII. ——— Pp. 765–982. 1857, 3s. 6d

Part XIII. ——— Pp. 983–1236. 1857, 3s. 6d.

Part XIV. ——— Pp. 1237–1519. 1858, 4s. 6d.

Part XV. ——— Pp. 1520–1888. [With an Alphabetical Index to Parts IX.-XV.] 1858, 4s. 6d.

Part XVI. Deltoides. Pp. 253. 1858, 3s. 6d.

Part XVII. Pyralides. Pp. 254–508. 1859, 3s. 6d.

Part XVIII. ——— Pp. 509–798. 1859, 4s.

Part XIX. ——— Pp. 799–1036. [With an Alphabetical Index to Parts XVI.-XIX.] 1859, 3s. 6d.

Part XX. Geometrites. Pp. 1–276. 1860, 4s.

Part XXI. ——— Pp. 277–498. 1860, 3s.

Part XXII. ——— Pp. 499–755. 1861, 3s. 6d.

Part XXIII. ——— Pp. 756–1020. 1861, 3s. 6d.

Part XXIV. ——— Pp. 1021–1280. 1862, 3s. 6d.

Part XXV. ——— Pp. 1281–1477. 1862, 3s.

Part XXVI. ——— Pp. 1478–1796. [With an Alphabetical Index to Parts XX.-XXVI.] 1862, 4s. 6d.

Part XXVII. Crambites and Tortricites. Pp. 1–286. 1863, 4s.

Part XXVIII. Tortricites and Tineites. Pp. 287–561. 1863, 4s.

Part XXIX. Tineites. Pp. 562–835. 1864, 4s.

Part XXX. ——— Pp. 836–1096. [With an Alphabetical Index to Parts XXVII.-XXX.] 1864, 4s.

Part XXXI. Supplement. Pp. 1–321. 1864, 5s.

Part XXXII. ——— Part 2. Pp. 322–706. 1865, 5s.

Part XXXIII. ——— Part 3. Pp. 707–1120. 1865, 6s.

Part XXXIV. ——— Part 4. Pp. 1121–1533. 1865, 5s. 6d.

Part XXXV. ——— Part 5. Pp. 1534–2040. [With an Alphabetical Index to Parts XXXI.-XXXV.] 1866, 7s.

Neuropterous Insects.

Catalogue of the Specimens of Neuropterous Insects in the Collection of the British Museum. By Francis Walker. 12mo. :—
Part I. Phryganides—Perlides. Pp. iv., 192. 1852, 2s. 6d.
Part II. Sialidæ—Nemopterides. Pp. ii., 193–476. 1853, 3s. 6d.
Part III. Termitidæ—Ephemeridæ. Pp. ii., 477–585. 1853, 1s. 6d.
Part IV. Odonata. Pp. ii., 587–658. 1853, 12mo. 1s.

Catalogue of the Specimens of Neuropterous Insects in the Collection of the British Museum. By Dr. H. Hagen. Part I. Termitina. Pp. 34. 1858, 12mo. 6d.

Orthopterous Insects.

Catalogue of Orthopterous Insects in the Collection of the British Museum. Part I. Phasmidæ. By John Obadiah Westwood, F.L.S., &c. Pp. 195. 48 Plates. [With an Alphabetical Index.] 1859, 4to. 3l.

Catalogue of the Specimens of Blattariæ in the Collection of the British Museum. By Francis Walker, F.L.S., &c. Pp. 239. [With an Alphabetical Index.] 1868, 8vo. 5s. 6d.

Catalogue of the Specimens of Dermaptera Saltatoria [Part I.] and Supplement to the Blattariæ in the Collection of the British Museum. Gryllidæ. Blattariæ. Locustidæ. By Francis Walker, F.L.S., &c. Pp. 224. [With an Alphabetical Index.] 1869, 8vo. 5s.

Catalogue of the Specimens of Dermaptera Saltatoria in the Collection of the British Museum. By Francis Walker, F.L.S., &c.—
Part II. Locustidæ (continued). Pp. 225–423. [With an Alphabetical Index.] 1869, 8vo. 4s. 6d.
Part III. Locustidæ (continued).—Acrididæ. Pp. 425–604. [With an Alphabetical Index.] 1870, 8vo. 4s.
Part IV. Acrididæ (continued). Pp. 605–809. [With an Alphabetical Index.] 1870, 8vo. 6s.
Part V. Tettigidæ.—Supplement to the Catalogue of Blattariæ.—Supplement to the Catalogue of Dermaptera Saltatoria (with remarks on the Geographical Distribution of Dermaptera). Pp. 811–850; 43; 116. [With Alphabetical Indexes.] 1870, 8vo. 6s.

Hemipterous Insects.

List of the Specimens of Hemipterous Insects in the Collection of the British Museum. By W. S. Dallas, F.L.S. :—
Part I. Pp. 368. 11 Plates. 1851, 12mo. 7s.
Part II. Pp. 369–590. Plates 12–15. 1852, 12mo. 4s.

Catalogue of the Specimens of Heteropterous Hemiptera in the
Collection of the British Museum. By Francis Walker, F.L.S.,
&c. 8vo. :—
Part I.   Scutata. Pp. 240. 1867. 5s.
Part II.   Scutata (continued). Pp. 241–417. 1867. 4s.
Part III. Pp. 418–599. [With an Alphabetical Index to
    Parts I., II., III., and a Summary of Geographical
    Distribution of the Species mentioned.] 1868. 4s. 6d.
Part IV. Pp. 211. [Alphabetical Index.] 1871. 6s.
Part V.   Pp. 202. ————————— 1872. 5s.
Part VI. Pp. 210. ————————— 1873. 5s.
Part VII. Pp. 213. ————————— 1873. 6s.
Part VIII. Pp. 220. ————————— 1873. 6s. 6d.

Homopterous Insects.

List of the Specimens of Homopterous Insects in the Collection of
the British Museum. By Francis Walker. Supplement. Pp.
ii., 369. [With an Alphabetical Index.] 1858, 12mo. 4s. 6d.

VERMES.

Catalogue of the Species of Entozoa, or Intestinal Worms, contained in the Collection of the British Museum. By Dr. Baird.
Pp. iv., 132. 2 Plates. [With an Index of the Animals in
which the Entozoa mentioned in the Catalogue are found ; and
an Index of Genera and Species.] 1853, 12mo. 2s.

ANTHOZOA.

Catalogue of Sea-pens or Pennatulariidæ in the Collection of the
British Museum. By J. E. Gray, F.R.S., &c. Pp. iv., 40.
2 Woodcuts. 1870, 8vo. 1s. 6d.
Catalogue of Lithophytes or Stony Corals in the Collection of the
British Museum. By J. E. Gray, F.R.S., &c. Pp. iv., 51.
14 Woodcuts. 1870, 8vo. 3s.
Catalogue of the Madreporarian Corals in the British Museum
(Natural History). Vol. I. The Genus Madrepora. By
George Brook. Pp. xi., 212. 35 Collotype Plates. [With
Systematic and Alphabetical Indexes, Explanation of Plates,
and a Preface by Dr. Günther.] 1893, 4to. 1l. 4s.

BRITISH ANIMALS.

Catalogue of British Birds in the Collection of the British
Museum. By George Robert Gray, F.L.S., F.Z.S., &c. Pp.
xii., 248. [With a List of Species.] 1863, 8vo. 3s. 6d.
Catalogue of British Hymenoptera in the Collection of the British
Museum. Second edition. Part I. Andrenidæ and Apidæ.
By Frederick Smith, M.E.S. New Issue. Pp. xi., 236. 11
Plates. [With Systematic and Alphabetical Indexes.] 1891,
8vo. 6s.

Catalogue of British Fossorial Hymenoptera, Formicidæ, and
Vespidæ in the Collection of the British Museum. By Frederick
Smith, V.P.E.S. Pp. 236. 6 Plates. [With an Alphabetical
Index.] 1858, 12mo. 6s.

A Catalogue of the British Non-parasitical Worms in the Collection of the British Museum. By George Johnston, M.D., Edin.,
F.R.C.L. Ed., Ll.D. Marischal Coll. Aberdeen, &c. Pp. 365.
Woodcuts and 24 Plates. [With an Alphabetical Index.]
1865, 8vo. 7s.

Catalogue of the British Echinoderms in the British Museum
(Natural History). By F. Jeffrey Bell, M.A. Pp. xvii., 202.
Woodcuts and 16 Plates (2 coloured). [With Table of Contents, Tables of Distribution, Alphabetical Index, Description
of the Plates, &c.] 1892, 8vo. 12s. 6d.

List of the Specimens of British Animals in the Collection of the
British Museum; with Synonyma and References to figures.
12mo. :—

Part 1. Centroniæ or Radiated Animals. By Dr. J. E.
Gray. Pp. xiii., 173. 1848, 4s.

Part IV. Crustacea. By A. White. Pp. iv., 141. (With
an Index.) 1850, 2s. 6d.

Part V. Lepidoptera. By J. F. Stephens. 2nd Edition.
By H. T. Stainton and E. Shepherd. Pp. iv., 224. 1856,
1s. 9d.

Part VI. Hymenoptera. By F. Smith. Pp. 134. 1851,
2s.

Part VII. Mollusca, Acephala, and Brachiopoda. By Dr.
J. E. Gray. Pp. iv., 167. 1851, 3s. 6d.

Part VIII. Fish. By Adam White. Pp. xxiii., 164.
(With Index and List of Donors.) 1851, 3s. 6d.

Part IX. Eggs of British Birds. By George Robert Gray.
Pp. 143. 1852, 2s. 6d.

Part XI. Anoplura or Parasitic Insects. By H. Denny.
Pp. iv., 51. 1852, 1s.

Part XII. Lepidoptera (continued.) By James F. Stephens.
Pp. iv., 54. 1852, 9d.

Part XIII. Nomenclature of Hymenoptera. By Frederick
Smith. Pp. iv., 74. 1853, 1s. 4d.

Part XIV. Nomenclature of Neuroptera. By Adam White.
Pp. iv., 16. 1853, 6d.

Part XV. Nomenclature of Diptera, I. By Adam White.
Pp. iv., 42. 1853, 1s.

Part XVI. Lepidoptera (completed). By H. T. Stainton.
Pp. 199. [With an Index.] 1854, 3s.

Part XVII. Nomenclature of Anoplura, Euplexoptera, and
Orthoptera. By Adam White. Pp. iv., 17. 1855, 6d.

PLANTS.

A Monograph of Lichens found in Britain : being a Descriptive
Catalogue of the Species in the Herbarium of the British
Museum. By the Rev. James M. Crombie, M.A., F.L.S.,
F.G.S., &c. Part I. Pp. viii., 519 : 74 Woodcuts. [With
Glossary, Synopsis, Tabular Conspectus, and Index.] 1894, 8vo.
16s.

A Monograph of the Mycetozoa : being a Descriptive Catalogue
of the Species in the Herbarium of the British Museum. By
Arthur Lister, F.L.S. Pp. 224. 78 Plates and 51 Woodcuts.
[With Synopsis of Genera and List of Species, and Index.]
1894, 8vo. 15s.

List of British Diatomaceæ in the Collection of the British Museum.
By the Rev. W. Smith, F.L.S., &c. Pp. iv., 55. 1859, 12mo. 1s.

FOSSILS.

Catalogue of the Fossil Mammalia in the British Museum (Natural
History). By Richard Lydekker, B.A., F.G.S. :—
    Part I. Containing the Orders Primates, Chiroptera, Insec-
    tivora, Carnivora, and Rodentia. Pp. xxx., 268. 33
    Woodcuts. [With Systematic and Alphabetical Indexes.]
    1885, 8vo. 5s.
    Part II. Containing the Order Ungulata, Suborder Artio-
    dactyla. Pp. xxii., 324. 39 Woodcuts. [With Systematic
    and Alphabetical Indexes.] 1885, 8vo. 6s.
    Part III. Containing the Order Ungulata, Suborders Peris-
    sodactyla, Toxodontia, Condylarthra, and Amblypoda. Pp.
    xvi., 186. 30 Woodcuts. [With Systematic Index, and
    Alphabetical Index of Genera and Species, including
    Synonyms.] 1886, 8vo. 4s.
    Part IV. Containing the Order Ungulata, Suborder Probos-
    cidea. Pp. xxiv., 235. 32 Woodcuts. [With Systematic
    Index, and Alphabetical Index of Genera and Species,
    including Synonyms.] 1886, 8vo. 5s.
    Part V. Containing the Group Tillodontia, the Orders Si-
    renia, Cetacea, Edentata, Marsupialia, Monotremata, and
    Supplement. Pp. xxxv., 345. 55 Woodcuts. [With
    Systematic Index, and Alphabetical Index of Genera and
    Species, including Synonyms.] 1887, 8vo. 6s.
Catalogue of the Fossil Birds in the British Museum (Natural
History). By Richard Lydekker, B.A. Pp. xxvii., 368. 75
Woodcuts. [With Systematic Index, and Alphabetical Index of
Genera and Species, including Synonyms.] 1891, 8vo. 10s. 6d.
Catalogue of the Fossil Reptilia and Amphibia in the British
Museum (Natural History). By Richard Lydekker, B.A.,
F.G.S. :—
    Part I. Containing the Orders Ornithosauria, Crocodilia,
    Dinosauria, Squamata, Rhynchocephalia, and Proterosauria.
    Pp. xxviii., 309. 69 Woodcuts. [With Systematic Index,

Catalogue of the Fossil Reptilia and Amphibia—*continued*.

and Alphabetical Index of Genera and Species, including
Synonyms.] 1888, 8vo. 7s. 6d.

Part II. Containing the Orders Ichthyopterygia and Sau-
ropterygia. Pp. xxi., 307. 85 Woodcuts. [With Systematic Index, and Alphabetical Index of Genera and
Species, including Synonyms.] 1889, 8vo. 7s. 6d.

Part III. Containing the Order Chelonia. Pp. xviii., 239.
53 Woodcuts. [With Systematic Index, and Alphabetical
Index of Genera and Species, including Synonyms.] 1889,
8vo. 7s. 6d.

Part IV. Containing the Orders Anomodontia, Ecaudata,
Caudata, and Labyrinthodontia; and Supplement. Pp.
xxiii., 295. 66 Woodcuts. [With Systematic Index,
Alphabetical Index of Genera and Species, including
Synonyms, and Alphabetical Index of Genera and Species
to the entire work.] 1890, 8vo. 7s. 6d.

Catalogue of the Fossil Fishes in the British Museum (Natural
History). By Arthur Smith Woodward, F.G.S., F.Z.S. :—

Part I. Containing the Elasmobranchii. Pp. xlvii., 474. 13
Woodcuts and 17 Plates. [With Alphabetical Index, and
Systematic Index of Genera and Species.] 1889, 8vo. 21s.

Part II. Containing the Elasmobranchii (Acanthodii), Holo-
cephali, Ichthyodorulites, Ostracodermi, Dipnoi, and Teleo-
stomi (Crossopterygii and Chondrostean Actinopterygii).
Pp. xliv., 567. 58 Woodcuts and 16 Plates. [With
Alphabetical Index, and Systematic Index of Genera and
Species.] 1891, 8vo. 21s.

Systematic List of the Edwards Collection of British Oligocene and
Eocene Mollusca in the British Museum (Natural History),
with references to the type-specimens from similar horizons
contained in other collections belonging to the Geological
Department of the Museum. By Richard Bullen Newton,
F.G.S. Pp. xxviii., 365. [With table of Families and Genera,
Bibliography, Correlation-table, Appendix, and Alphabetical
Index.] 1891, 8vo. 6s.

Catalogue of the Fossil Cephalopoda in the British Museum
(Natural History). By Arthur H. Foord, F.G.S. :—

Part I. Containing part of the Suborder Nautiloidea, consisting of the families Orthoceratidæ, Endoceratidæ, Actino-
ceratidæ, Gomphoceratidæ, Ascoceratidæ, Poterioceratidæ,
Cyrtoceratidæ, and Supplement. Pp. xxxi., 344. 51
Woodcuts. [With Systematic Index, and Alphabetical
Index of Genera and Species, including Synonyms.]
1888, 8vo. 10s. 6d.

Part II. Containing the remainder of the Suborder Nautiloidea, consisting of the families Lituitidæ, Trochoceratidæ,
Nautilidæ, and Supplement. Pp. xxviii., 407. 86 Woodcuts. [With Systematic Index, and Alphabetical Index
of Genera and Species, including Synonyms.] 1891, 8vo. 15s.

A Catalogue of British Fossil Crustacea, with their Synonyms and the Range in Time of each Genus and Order. By Henry Woodward, F.R.S. Pp. xii., 155. [With an Alphabetical Index.] 1877, 8vo. 5s.

Catalogue of the Blastoidea in the Geological Department of the British Museum (Natural History), with an account of the morphology and systematic position of the group, and a revision of the genera and species. By Robert Etheridge, jun., of the Department of Geology, British Museum (Natural History), and P. Herbert Carpenter, D.Sc., F.R.S., F.L.S. (of Eton College). [With Preface by Dr. H. Woodward, Table of Contents, General Index, Explanations of the Plates, &c.] Pp. xv., 322. 20 Plates. 1886, 4 to. 25s.

Catalogue of the Fossil Sponges in the Geological Department of the British Museum (Natural History). With descriptions of new and little known species. By George Jennings Hinde, Ph.D., F.G.S. Pp. viii., 248. 38 Plates. [With a Tabular List of Species, arranged in Zoological and Stratigraphical sequence, and an Alphabetical Index.] 1883, 4to. 1l. 10s.

Catalogue of the Fossil Foraminifera in the British Museum (Natural History). By Professor T. Rupert Jones, F.R.S., &c. Pp. xxiv., 100. [With Geographical and Alphabetical Indexes.] 1882, 8vo. 5s.

Catalogue of the Palæozoic Plants in the Department of Geology and Palæontology, British Museum (Natural History). By Robert Kidston, F.G.S. Pp. viii., 288. [With a list of works quoted, and an Index.] 1886, 8vo. 5s.

Catalogue of the Mesozoic Plants in the Department of Geology, British Museum (Natural History). The Wealden Flora. Part I. Thallophyta-Pteridophyta. By A. C. Seward, M.A., F.G.S., University Lecturer in Botany, Cambridge. Pp. xxxviii. 179 : 17 Woodcuts and 11 Plates. [With Preface by Dr. Woodward, Alphabetical Index of Genera, Species, &c., Explanations of the Plates, &c.] 1894, 8vo. 10s.

GUIDE-BOOKS.

(*To be obtained only at the Museum.*)

A General Guide to the British Museum (Natural History), Cromwell Road, London, S.W. [By W. H. Flower.] With 2 Plans, 2 views of the building, and an illustrated cover. Pp. 78. 1893, 8vo. 3d.

Guide to the Galleries of Mammalia (Mammalian-Osteological, Cetacean) in the Department of Zoology of the British Museum (Natural History). [By A. Günther.] 5th Edition. Pp. 126. 57 Woodcuts and 2 Plans. Index. 1894, 8vo. 6d.

Guide to the Galleries of Reptiles and Fishes in the Department of Zoology of the British Museum (Natural History). [By A. Günther.] 3rd Edition. Pp. iv., 119. 101 Woodcuts and 1 Plan. Index. 1893, 8vo. 6d.

Guide to the Shell and Starfish Galleries (Mollusca, Echinodermata, Vermes), in the Department of Zoology of the British Museum (Natural History). [By A. Günther.] 2nd Edition. Pp. iv., 74. 51 Woodcuts and 1 Plan. 1888, 8vo. 4d.

A Guide to the Exhibition Galleries of the Department of Geology and Palæontology in the British Museum (Natural History), Cromwell Road, London, S.W. [New Edition. By Henry Woodward.]—

    Part I. Fossil Mammals and Birds. Pp. xii., 163. 119 Woodcuts and 1 Plan. 1890, 8vo. 6d.

    Part II. Fossil Reptiles, Fishes, and Invertebrates. Pp. xii., 109. 94 Woodcuts and 1 Plan. 1890, 8vo. 6d.

Guide to the Collection of Fossil Fishes in the Department of Geology and Palæontology, British Museum (Natural History), Cromwell Road, South Kensington. [By Henry Woodward.] 2nd Edition. Pp. 51. 81 Woodcuts. Index. 1888, 8vo. 4d.

Guide to Sowerby's Models of British Fungi in the Department of Botany, British Museum (Natural History). By Worthington G. Smith, F.L.S. Pp. 82. 93 Woodcuts. With Table of Diagnostic Characters and Index. 1893, 8vo. 4d.

A Guide to the Mineral Gallery of the British Museum (Natural History). [By L. Fletcher.] Pp. 32. Plan. 1891, 8vo. 1d.

An Introduction to the Study of Minerals, with a Guide to the Mineral Gallery of the British Museum (Natural History), Cromwell Road, S.W. [By L. Fletcher.] Pp. 120. With numerous Diagrams, a Plan of the Mineral Gallery, and an Index. 1894, 8vo. 6d.

The Student's Index to the Collection of Minerals, British Museum (Natural History). New Edition. Pp. 32. With a Plan of the Mineral Gallery. 1893, 8vo. 2d.

An Introduction to the Study of Meteorites, with a List of the Meteorites represented in the Collection. [By L. Fletcher.] Pp. 94. [With a Plan of the Mineral Gallery, and an Index to the Meteorites represented in the Collection.] 1894, 8vo. 6d.

W. H. FLOWER,
Director.

British Museum
    (Natural History),
        Cromwell Road,
            London, S.W.

December 1st, 1894.

www.ingramcontent.com/pod-product-compliance
Lightning Source LLC
Chambersburg PA
CBHW020905210326
41598CB00018B/1784